U0240808

金属化学转化膜实用手册

李鑫庆　欧阳贵　王菊荣　编著

机械工业出版社

本书系统地介绍了各种金属材料的脱脂、除锈、抛光等预处理技术和化学氧化、阳极氧化、钝化、磷化、着色等化学转化膜技术。书中介绍的被处理金属材料包括钢铁、铝及铝合金、镁及镁合金、锌及锌合金、镉及镉合金、铜及铜合金、钛及钛合金、其他金属等，几乎涵盖了所有工业应用的金属材料，特别是作为结构材料的金属材料。本书理论部分深入浅出，简明扼要，篇幅较少；大量的篇幅是介绍实用的技术和配方，配方新颖、实用。本书重点介绍了相关标准中规定的或者正在工业上大规模应用的、传统的化学转化膜技术，也简单介绍了这一领域的一些前瞻的、替代性的技术。

本书可供表面工程技术人员、工人阅读使用，也可供相关专业在校师生及研究人员参考。

图书在版编目（CIP）数据

金属化学转化膜实用手册/李鑫庆，欧阳贵，王菊荣编著. —北京：机械工业出版社，2016.1

ISBN 978-7-111-52693-3

Ⅰ.①金… Ⅱ.①李…②欧…③王… Ⅲ.①金属-化学转化膜-技术手册 Ⅳ.①TG174.4-62

中国版本图书馆CIP数据核字（2016）第014551号

机械工业出版社（北京市百万庄大街22号 邮政编码100037）
策划编辑：陈保华 责任编辑：陈保华
封面设计：马精明 责任校对：李锦莉 刘秀丽
责任印制：乔 宇
北京京丰印刷厂印刷
2016年3月第1版·第1次印刷
148mm×210mm·19印张·563千字
标准书号：ISBN 978-7-111-52693-3
定价：76.00元

前　言

在21世纪信息化产业革命的背景下，金属材料的应用呈爆炸性增长，钢铁已经不再是唯一的金属结构材料。铝合金、镁合金、钛合金等金属材料的应用越来越普及。它们和钢铁相比，密度低，具有比强度高，循环利用更简便的优点。但是它们也有明显的缺点，如化学性质更活泼，硬度较低，在使用环境中容易腐蚀和磨损，现实生活中几乎没有直接应用的例子。表面保护处理对于这些金属材料来说，是极其重要和不可或缺的。

钢铁通常通过电镀惰性金属层获得最佳表面保护，而铝合金、镁合金等金属材料，在大气中表面往往有层氧化膜，电镀金属层在其表面附着力不佳，难以达到最好的保护效果。但是，其表面却很容易获得性能优异的化学转化膜。因此，在铝合金、镁合金等金属材料表面处理技术中，化学转化膜技术比电镀技术更具应用价值。

以前，关于化学转化膜的技术图书较少，有关化学转化膜方面的内容往往以章节的形式出现在有关的金属表面技术、电镀技术、金属加工技术的书籍中，内容分散并且不够全面，读者在查阅过程中，多有不便。2005年，作者编著出版了《化学转化膜技术与应用》一书。时隔10年，作者在《化学转化膜技术与应用》基础上，编写了这本《金属化学转化膜实用手册》。

编写本书的目的就是想给读者提供一本内容全面、实用性强的化学转化膜处理技术手册。内容全面体现在两个方面：一是在被处理金属材料方面，几乎涵盖所有工业应用的金属材料，特别是作为结构材料的金属材料；二是在对化学转化膜处理技术的介绍方面，内容比较全面，不仅介绍了正在工业上大规模应用的、传统的化学转化膜技术，也介绍了这一领域的一些前瞻的、替代性的技术。实用性强是指本书既没有长篇大论的叙述成膜的机理，也不是将各种处理工艺配方不知其所以然地堆积在一起，而是将这两者有机地结合在一起，以讲道理的方式，叙述转化膜的成膜机理，尽量简明扼要，避免引用较深的专业知识，力求深入浅出，讲清楚工艺配方中各主要成分的作用原理，便于读者学习使用。本书多讲工艺过程、工艺配方，少讲机理；多介绍内容公开的、容易实现的工艺配方，少介绍包含代号产品、专利产品、不容易实现的工艺配方。

本书可供金属表面处理专业厂、金属加工企业表面处理车间的工程技术人员、工人阅读使用，也可供金属表面处理专业的科研人员，在用到化学转化膜技术时参考，还可供高等院校金属加工专业、金属表面处理专业、金属热处理专业、电化学专业的在校师生参考。

本书章节的编排是以被处理金属材料为线索的，这与以处理工艺为线索编排的书籍有所不同，本书这样做的理由是：①化学转化膜处理涉及的被处理金属材料品种较多，不同金属材料的物理、化学性质有较大的差异。这样就导致了相同的处理工艺，对于不同种金属材料而言有着完全不同的内容。如果把这些不同的内容写在一起，读者容易发生混淆、出错。②许多金属加工厂只涉及一种或几种需要化学转化膜处理的金属材料，相关技术人员只要从本书的对应章中就能找出所需的全部内容，而不必在整本书中查找。尽管如此，作者还是建议读者在有空的时候浏览一下全书。

本书的作者都是武汉材料保护研究所从事化学转化膜技术研究的研究员，有长期进行化学转化膜新技术研究开发的工作经历，也有多年为化学转化膜生产一线提供技术服务、为相关技术人员提供技术指导的实际工作经验。书中介绍的许多配方都是作者亲自使用过的，实用性强。

本书的第1章、第2章、第3章、第6章由欧阳贵研究员编写，第4章由李鑫庆研究员编写，第5章、第7章、第8章、第9章由王菊荣研究员编写。全书由李鑫庆研究员统稿、审核。

由于作者的学识水平有限，编写时间仓促，遗漏、错误之处难免，恳请广大读者批评指正；同时，我们负责对书中所有内容进行技术咨询、答疑。我们的联系方式如下：

联系人：李鑫庆；电话：027-83641635；电子邮箱：cbslxq@126.com。

作者

目　录

第1章 化学转化膜概述

1.1 化学转化膜的定义

单质状态的金属（贵金属除外）包括其合金，在通常的情况下会自发地与介质反应形成化合物，回到其矿物态，这是冶金的逆过程，通常称为金属的腐蚀。有时这个过程不会一直进行下去，会很快停止，因为这时金属与介质形成的化合物在金属表面累积，形成一种“膜”，金属就好像穿上了一件外衣，阻碍了金属与介质进一步接触，特别是在这种化合物难溶于水的情况下，“膜”对基体金属的保护作用就很明显。化学转化膜就是基于这个原理设计的。

金属（包括镀层金属）表层原子与介质中的阴离子相互反应，在金属表面生成附着力良好的隔离层，这样的化合物膜层称为化学转化膜。有人用下面反应式来严格定义和表达化学转化膜的生成：

$$mM + nA^{z-} \rightarrow M_mA_n + nze$$

式中 M——表层的金属原子；

A^{z-}——介质中价态为 z 的阴离子。

化学转化膜同金属上别的覆盖层（如电镀层）不一样，它是基体金属与选定的介质起反应，自身转化生成的产物（M_mA_n）。反应式中，电子是作为反应产物来表征的。这就说明化学转化膜的形成既可以是金属—介质之间的纯化学反应，也可以是在外加电源电解的条件下进行的电化学反应。在前一种情况，反应式所产生的电子将交给介质中的氧化剂；在后一种情况，电子将交给外界电源的阳极，并以阳极电流的形式带离金属—介质界面。

应该指出的是，上述反应式只是化学转化膜反应的基本形式，具体的转化膜的形成过程要复杂得多，一般都包含多步化学反应和电化学反应，也包含多种物理化学变化过程。其反应产物也不像式中那样单一，而是要复杂得多。

金属在同转化膜处理液进行的界面反应，有时还可能有二次产物的生成，而且这种二次产物可能是化学转化膜的主要成分。有人把它称为假化学转化膜。例如，当钢铁制件在磷酸盐溶液中进行处理时，所得到的膜层主要组成就是由二次反应的产物，即锌和锰的磷酸盐。显然金属上这样得到的无机盐膜层不能用上面的反应式来表示。但是，考虑到处理工艺的相似性，以及二次产物毕竟还是先有金属自身的化学反应诱导才产生的，所以本书不强调这种严格区分，而是把它们放在一起同时讨论。

1.2 化学转化膜的分类与常用处理方法

在生产实际中通常按基体材料的不同，分为铝材转化膜、锌材转化膜、钢材转化膜、铜材转化膜、镁材转化膜等。也可以按用途分为涂装底层转化膜、塑性加工用转化膜、防护性转化膜、装饰性转化膜、耐蚀性转化膜、减摩或耐磨性转化膜及绝缘性转化膜等。此外，按生产上习惯也可分为阳极氧化膜、化学氧化膜、磷化膜、钝化膜及着色膜等。

化学转化膜常用处理方法有：浸渍法、阳极化法、淋涂法、刷涂法等。在工业上应用的还有辊涂法、蒸汽法（如 ACP 蒸汽磷化法）、三氯乙烯综合处理法（简称 T. F. S 法），以及研磨与化学转化膜相结合的喷射法等。

各种金属的化学转化膜如图 1-1 所示。化学转化膜常用方法、特点及适用范围见表 1-1。

表 1-1 化学转化膜常用方法、特点及适用范围

方 法	特 点	适用范围
浸渍法	工艺简单易控制，由预处理、转化处理、后处理等多种工序组合而成，投资与生产成本较低，生产率较低，不易自动化	可处理各类零件，尤其适用于几何形状复杂的零件，常用于铝合金的化学氧化、钢铁氧化或磷化、锌材钝化等

（续）

方　法	特　　点	适用范围
阳极化法	阳极氧化膜比一般化学氧化膜性能更优越，需外加电源设备，电解磷化可加速成膜过程	适用于铝、镁、钛及其合金阳极氧化处理，可获得各种性能的化学转化膜
淋涂法	易实现机械化或自动化作业，生产率高，转化处理周期短，成本低，但设备投资大	适用于几何形状简单、表面腐蚀程度较轻的大批零件
刷涂法	无须专用处理设备，投资最省，工艺灵活简便，生产率低，转化膜性能差，膜层质量不易保证	适用于大尺寸工件局部处理，或小批零件，以及转化膜局部修补

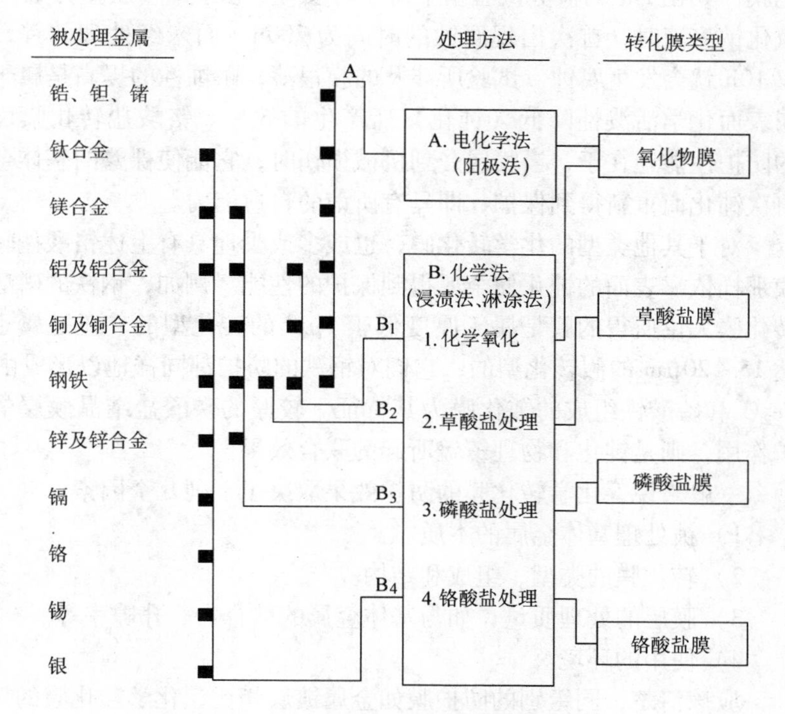

图1-1　各种金属的化学转化膜

1.3 化学转化膜的防护性能

化学转化膜作为金属制品的防护层，其防护功能主要是依靠将化学性质活泼的金属单质转化为化学性质不活泼的金属化合物，如氧化物、铬酸盐、磷酸盐等。提高金属在环境中的热力学稳定性。对于质地较软的金属，如铝合金、镁合金等，化学转化膜还为金属提供一层较硬的外衣，以提高基体金属的耐摩擦性能。除此以外，也依靠转化产物将环境介质与基体金属的隔离作用。

铬酸盐转化膜是各种金属上的最常见的化学转化膜。这种转化膜厚度即使在很薄的情况下也能极大地提高基体金属的耐蚀性。例如，在金属锌的表面上，如果存在重量仅仅为$0.5mg/dm^2$的无色铬酸盐转化膜，其在$1m^3$的盐雾试验箱中每小时喷雾一次3%（质量分数）的氯化钠溶液时，首次出现腐蚀的时间为200h，而未经处理的锌，则仅10h就会发生腐蚀。试验所涉及的膜很薄，耐蚀性的提高是属于金属表面化学活泼性降低（钝化）所产生的效果。铬酸盐转化膜优异的防护性能还在于，当膜层受到机械损伤时，它能使裸露的基体金属再次钝化而重新得到保护，即具有所谓的自愈能力。

对于其他类型的化学转化膜，也或多或少地具有上述铬酸盐转化膜那样依靠表面的钝化使金属得到保护的性能。例如，钢铁的磷酸盐转化膜无论所得的膜是属于厚度低于1μm的转化型的，还是属于厚达15~20μm的假转化型的，它们对钢铁的防护都同样地以形成由γ-Fe_2O_3和磷酸铁组成的钝化膜为其特征。较厚的磷酸盐结晶膜层的防护作用，则是钝化和物理覆盖所起的联合效果。

一般来说，化学转化膜的防护效果取决于下列几个因素：

1）被处理基体金属的本质。

2）转化膜的类型、组成和结构。

3）膜层的处理质量，如与基体金属的结合力、孔隙率等。

4）使用的环境。

应该清楚，同级别的防护膜如金属镀层相比，化学转化膜的韧性和致密性相对较差，有些化学转化膜对基体金属的防护作用不及金属镀层。因此，金属在进行化学转化膜处理之后，通常还要施加其他防护处理。

1.4　化学转化膜的应用领域

化学转化膜具有广泛的应用领域，它主要用于金属的防腐、耐磨、装饰。化学转化膜还具有良好的涂漆性，可用于有机涂层的底层。其次是用于冷加工。在冷加工时，转化膜层可以起润滑作用并减少磨损，使工件能够承受较高的载荷。多孔的转化膜，可以吸附有机染料或无机染料，染成各种颜色。

化学转化膜的基本用途如下：

（1）防腐蚀　防腐蚀型的化学转化膜主要用于以下两种情况。

1）对部件有一般的防锈要求，如涂层防锈油等，转化膜作为底层很薄时即可应用。

2）对部件有较高的耐蚀要求，部件又不受挠曲、冲击等外力作用，转化膜要求均匀致密，且以厚者为佳。

（2）耐磨　耐磨型化学转化膜广泛应用于金属与金属面互相摩擦的部位。铝的硬质阳极氧化膜，其耐磨性与电镀硬铬相当。金属上的磷酸盐膜层有很小的摩擦因数，因此减少了金属间的摩擦力，同时，这种磷酸盐膜层还具有良好的吸油作用，在金属接触面产生一层缓冲层，从化学和机械两方面保护了基体，从而减少磨损。

（3）涂装底层　作为涂装底层的化学转化膜要求膜层致密、质地均匀、晶粒细小、厚度适中。

（4）塑性加工　金属材料表面形成磷酸盐膜后再进行塑性加工，例如，进行钢管、钢丝等冷拉伸，是磷酸盐膜层的另一应用领域。采用这种方法对钢材进行拉拔加工时，可以减小拉拔力，延长拉拔模具寿命，减少拉拔次数。该法在挤出工艺、深拉延工艺等各种塑性加工均有广泛的应用。

（5）绝缘等功能膜　化学转化膜多数是电的不良导体，很早就用磷酸盐膜作为硅钢片绝缘层，这种绝缘层的特点是占空系数小，耐热性好，而且在冲裁加工时可以减少模具的磨损等。阳极氧化膜可以作为铝导线的耐高温绝缘层。用溶胶-凝胶法制得的膜层，目前多数是功能性的。

（6）装饰　差不多所用工业上应用的金属及镀层金属（例如铁、锌、镉、铝、锡、镁、铅及其合金等）均可形成化学转化膜。目前，铬酸盐处理和磷化处理已经成为钢板、镀锌钢板、镀锌零件、锌合金零件等生产中的重要工序。阳极氧化处理已经成为铝、镁、钛及其合金的重要生产过程。化学转化膜提供了高耐蚀、耐磨损、装饰、着色、电绝缘、电容器、太阳能吸收器等各种性能。氧化处理在钢铁的表面加工中也有广泛的应用。

第2章 化学转化膜通用预处理

无论何种表面处理工艺，要获得良好的处理效果，清洁的表面是首要的条件。送到表面处理车间的工件表面通常会存在各种磨痕、凹坑、毛刺、划伤等缺陷，带有润滑油迹或不同程度地覆盖着磨料和一些脏物，表面转化膜处理前如不清洗掉，就会在转化膜处理后暴露出来，影响膜的性能。因此，表面预处理是化学转化膜处理工艺的首要工序。

表面预处理包括机械预处理和化学预处理。机械预处理分砂轮研磨、机械抛光、喷砂喷丸、其他抛光。化学预处理分酸性脱脂、碱性脱脂、乳液脱脂、溶剂脱脂、电解脱脂、超声波脱脂、电解抛光、化学抛光等。

表面预处理的目的如下：

1）保证涂膜具有良好的耐蚀性，并保证涂膜与基体表面具有良好的附着力。金属表面存在着氧化皮、铁锈、焊渣、油污、水、灰尘，以及旧的不坚固的涂膜，这些都会影响涂膜与基体表面的附着力和耐蚀性。表面预处理的目的，就是要彻底清除这些污染物，以提高漆膜的附着力和耐蚀性。

2）提高涂膜的外观质量。由于材料的性质和加工方法各异而导致工件表面状况不同。例如，用普通法造型的铸件，其表面粗糙；而改用树脂砂造型的铸件，其表面平整。可采用机械的方法来消除基体的机械加工缺陷，并得到涂装所需要的表面粗糙度。又如大型的焊接件采用整体喷砂处理，用锤平的方法平整基体钣金件凸凹不平的缺陷，对铸件进行平整预处理等。

3）提高涂膜的附着力和耐蚀性。如对钢铁件在涂装前进行磷化处理，对铝制件进行氧化处理，以提高涂膜与工件基体的附着力并增强耐蚀性；对需涂装的塑料制件在涂装前进行特种化学处理，以提高涂膜与塑料物面的结合力等。

2.1 机械预处理

机械预处理的目的是降低基体表面粗糙度，获得平整、光滑的表面，去除表面毛刺、划伤等缺陷。对金属进行防腐、装饰等化学转化膜处理时，预处理质量直接影响商品价值。机械预处理包括砂轮研磨、机械抛光、喷砂喷丸、滚筒等处理。由于工件的几何形状不同，这些工序以手工操作为主，只有滚筒、振动等擦光工艺，机械化程度较高。

2.1.1 砂轮研磨

砂轮研磨是借助粘有磨料的特制磨光轮的旋转，切削金属表面。砂型铝铸件和焊接件表面粗糙，有些还存在砂粒、氧化皮等，可采用砂轮研磨。对于挤压铝型材或压延铝板材，一般不采用砂轮研磨。

砂轮研磨效果主要取决于磨料和磨光轮的旋转速度。

1. 磨料

各种磨料的特性见表2-1。

表2-1 各种磨料的特性

名称	成分	矿物硬度	韧性	外观
天然金刚石	C	10	脆	无色、透明
人造金刚石	C	9~10	脆	无色、透明
立方氮化硼	BN	9	脆	—
碳化硅	SiC	9.2	脆	绿色或黑色
碳化硼	BC	9.0	脆	黑色
刚玉	Al_2O_3	9.0	较韧	洁白至灰暗
硅藻土	SiO_2	6~7	韧	白色至灰红色
石英砂	SiO_2	7	韧	白色至黄色
铁丹	Fe_2O_3	6~7	韧	黄色至黑红色
石灰	CaO	5~6	韧	白色
氧化铬	Cr_2O_3	—	韧	—

磨料粒度表示切削时刀刃尺寸的大小，它直接影响处理效率、加工精度和工件的表面粗糙度。磨料可分为粗磨粒（F4~F220）和微粉（F230~F2000）两类。

F4~F220粗磨粒粒度组成见表2-2。F230~F2000微粉粒度组成见表2-3。

表 2-2　F4 ~ F220 粗磨粒粒度组成

粒度标记	最粗粒			粗　粒			基本粒			混合粒			细　粒		
	筛孔尺寸		筛上物	筛孔尺寸		筛上物≤	筛孔尺寸		筛上物≥	筛孔尺寸		筛上物≥	筛孔尺寸		筛下物≤
	mm	μm	质量分数(%)	mm	μm	质量分数(%)	mm	μm	质量分数(%)	mm	μm	质量分数(%)	mm	μm	质量分数(%)
F4	8.00	—	0	5.60	—	20	4.75	—	40	4.75　4.00	—	70	3.35	—	3
F5	6.70	—	0	4.75	—	20	4.00	—	40	4.00　3.35	—	70	2.80	—	3
F6	5.60	—	0	4.00	—	20	3.35	—	40	3.35　2.80	—	70	2.36	—	3
F7	4.75	—	0	3.35	—	20	2.80	—	40	2.80　2.36	—	70	2.00	—	3
F8	4.00	—	0	2.80	—	20	2.36	—	45	2.36　2.00	—	70	1.70	—	3
F10	3.35	—	0	2.36	—	20	2.00	—	45	2.00　1.70	—	70	1.40	—	3
F12	2.80	—	0	2.00	—	20	1.70	—	45	1.70　1.40	—	70	1.18	—	3
F14	2.36	—	0	1.70	—	20	1.40	—	45	1.40　1.18	—	70	1.00	—	3
F16	2.00	—	0	1.40	—	20	1.18	—	45	1.18　1.00	—	70	—	850	3
F20	1.70	—	0	1.18	—	20	1.00	—	45	1.00　—	850　—	70	—	710	3
F22	1.40	—	0	1.00	—	20	—	850	45	—	850　710	70	—	600	3
F24	1.18	—	0	—	850	25	—	710	45	—	710　600	65	—	500	3
F30	1.00	—	0	—	710	25	—	600	45	—	600　500	65	—	425	3
F36	—	850	0	—	600	25	—	500	45	—	500　425	65	—	355	3
F40	—	710	0	—	500	30	—	425	40	—	425　355	65	—	300	3
F46	—	600	0	—	425	30	—	355	40	—	355　300	65	—	250	3
F54	—	500	0	—	355	30	—	300	40	—	300　250	65	—	212	3
F60	—	425	0	—	300	30	—	250	40	—	250　212	65	—	180	3
F70	—	355	0	—	250	25	—	212	40	—	212　180	65	—	150	3
F80	—	300	0	—	212	25	—	180	40	—	180　150	65	—	125	3
F90	—	250	0	—	180	20	—	150	40	—	150　125	65	—	106	3
F100	—	212	0	—	150	20	—	125	40	—	125　106	65	—	75	3
F120	—	180	0	—	125	20	—	106	40	—	106　90	65	—	63	3
F150	—	150	0	—	106	15	—	75	40	—	75　63	65	—	45	3
F180	—	125	0	—	90	15	—	75　63	40	—	75　63　53	65	—	—	—
F220	—	106	0	—	75	15	—	63　53	40	—	63　53　45	60	—	—	—

表 2-3　F230 ~ F2000 微粉粒度组成（光电沉降仪）

粒度标记	d_{s3}粒度最大值/μm	d_{s50}粒度中值/μm	d_{s94}粒度最小值/μm
F230	82.0	53.0 ±3.0	34.0
F240	70.0	44.5 ±2.0	28.0
F280	59.0	36.5 ±1.5	22.0
F320	49.0	29.2 ±1.5	16.5
F360	40.0	22.8 ±1.5	12.0
F400	32.0	17.3 ±1.0	8.0
F500	25.0	12.8 ±1.0	5.0
F600	19.0	9.3 ±1.0	3.0
F800	14.0	6.5 ±1.0	2.0
F1000	10.0	4.5 ±0.8	1.0
F1200	7.0	3.0 ±0.5	1.0（80%处）
F1500	5.0	2.0 ±0.4	0.8（80%处）
F2000	3.5	1.2 ±0.3	0.5（80%处）

2. 磨光轮的旋转速度

磨光轮旋转的速度与磨光效果有密切关系，基体材料越硬，要求表面粗糙度越低，旋转速度应越大。过大的旋转速度会缩短磨轮的使用寿命。旋转速度小，磨削差，降低生产率，所以旋转速度应选择适当。

$$v = \pi dn/60$$

式中　v——旋转线速度（m/s）；

d——磨轮直径（m）；

n——轮轴转速（r/min）。

从上式可以看出，增大 d 和提高 n 都可以提高旋转线速度。铝合金硬度比较低，要求旋转线速度也较低，一般可以选 10 ~ 14 m/s。

2.1.2　机械抛光

抛光的目的是降低工件的表面粗糙度，进一步除去工件表面的细微不平，使工件获得镜面光泽，装饰性外观。一般认为，抛光布轮高速旋转，与工件表面摩擦产生高温，使基体金属塑性提高。在摩擦力的作用下，金属表面塑性形变，凸起的部分被压入并流动，凹陷的部分被填平，使工件表面逐步变得平整。同时，抛光膏的化学成分及抛光时周围的介质对抛光也有一定的作用，影响抛光的亮度和抛光的速度。铝及铝合金很容易在其表面生成一层氧化膜。这个过程时间极短(0.05s)，膜层很薄（0.0014μm)。因此，铝合金抛光时，抛下来的实质上是氧化铝。这层氧化铝被抛去后，新的铝表面又迅速被氧化，然后又被抛去。这样反复进行抛光，最后就可以获得光泽、平整的抛光表面。

抛光轮的抛光线速度要比磨光轮大，铝及铝合金的抛光线速度一般为19~25m/s。抛光轮由棉布、法兰绒、麻布等柔软材料制成。麻布的研磨能力虽比棉布强，但其纤维易松脱，所以通常采用棉-麻抛光轮。抛光轮的种类见表2-4，抛光轮的规格见表2-5。

表2-4 抛光轮的种类

种类	特点	用途
非缝合式	整布轮，多用细、软棉布制成	抛光形状复杂的工件、小工件及最后精抛光
缝合式	多用粗平布、麻布及细平布制成，缝线多采用同心圆形，也可采用螺旋形、直辐射形等	抛光形状较简单的工件
风冷布轮	45°斜裁法，呈环形皱褶状，中间装有金属圆盘，具有通风、散热降温等特点	抛光大件平面、大圆管的工件

表2-5 抛光轮的规格

名称	外径/mm	厚度/mm	单片层数	缝线针码(针/dm²)	中心孔径/mm	皮线尺寸/mm	行距(道/dm²)
整布轮	100~460	20~300	—	—	20	50~90	—
抛光单片	300~500	—	18	2.5	—	—	—
普通单片	300~460	—	18	3	—	—	2.7~3
加密单片	300~460	—	18	3	—	—	4.5~4.8
整纸抛光轮	200~700	15~90	—	—	—	—	—
纸布混合抛光轮	200~700	15~90	—	—	—	—	—

从粗磨到精磨，抛光轮质地应一个比一个软，磨料粒度与硬度应当一个比一个细与软，操作的压力应一个比一个低。粗磨有时可以不使用润滑剂，但精磨必须使用润滑剂。粗磨应当消除表面所有的显著缺陷，其后的精磨实质上是进行光亮抛光。多数铝工件只需精磨即可达到最后的表面粗糙度。深冲工件有的需要先粗磨，消除磨具痕迹，再精磨到要求的表面粗糙度。

抛光研磨剂分为固体与液体两类。固体抛光研磨剂又分油脂性与非油脂性。油脂性抛光研磨剂又称抛光膏，由脂肪酸、硬脂酸、牛油、石蜡与抛光磨料混合而成，非油脂性抛光研磨剂指石灰、硅藻土等。液体抛光研磨剂一般是由脂肪酸、乳化剂、水配制的乳液。常用抛光膏的特点及用途见表2-6，配方见表2-7和表2-8。

表2-6 常用抛光膏的特点及用途

抛光膏类型	特点	用途
白抛光膏	由氧化钙、少量氧化镁及黏结剂制成，粒度小不锐利，长期存放易风化变质	用于精抛光
红抛光膏	由氧化铁、氧化铝及黏结剂制成，硬度中等	用于粗抛光
绿抛光膏	由氧化铬及黏结剂制成，硬而锐利磨削能力强	用于抛光硬质合金

表2-7 白抛光膏的配方

编号	配方（质量分数,%）						
	硬脂酸	石蜡	动物油	植物油	硬化油	米糠油	抛光用石灰
1	15.32	6.46	1.87	3.35	—	—	73.09
2	13.28	4.01	—	—	1.95	6.45	74.31
3	12.2	4.7	—	—	2.4	5.8	74.9

表2-8 绿抛光膏的配方

编号	配方（质量分数,%）						
	三压硬脂酸	二压硬脂酸	脂肪酸	油酸	氧化铬	氧化铝	白泥
1	14.8	11.8	6	0.7	66.7	—	—

（续）

编号	配方（质量分数,%）						
	三压硬脂酸	二压硬脂酸	脂肪酸	油酸	氧化铬	氧化铝	白泥
2	14.8	11.8	6	0.7	39.7	—	27
3	18.2	12.1	2.3	1.5	43.8	22.1	—
4	18.2	12.1	2.3	1.5	24.4	15.4	26.1

铝合金工件抛光可以采用自动抛光机。自动抛光机上有一系列抛光轮，只要把工件固定在心轴或底板上，或者沿机器方向连续定位，或者沿磨光面运动，磨头可根据抛光表面自行调整，待抛光结束后把工件取下。表 2-9 列出了典型铝合金工件的抛光方法。

表 2-9　典型铝合金工件的抛光方法

工件	抛光顺序	抛（磨）光轮		转速/（r/min）
		类型	直径/mm	
飞机头部锥形部件	抛光	F180 粒度氧化铝带	305	2100
	抛光	F220 粒度氧化铝带	305	2100
	磨光	偏转轮	408	1750
汽车装饰件	磨光	偏转轮	408	1750
	显色抛光	偏转轮	408	1750
照相机壳 取景器	抛光（光亮）	F120 粒度磨料带	305	1750
	抛光（缎面）	圆轮	152	1750
门把	抛光（缎面）	圆轮	152	1800
挤压门窗	磨光	偏转轮	408	1750
园艺工具	抛光	F180 粒度磨料带	305	1750
	磨光	偏转轮	408	2100
	显色抛光	偏转轮	356	2100
气体烧嘴	抛光	F180 粒度磨料带	305	1750
	磨光	剑麻轮	305	2300
	显色抛光	圆轮	305	1750
灯罩	磨光	偏转轮	305	1750

（续）

工件	抛光顺序	抛（磨）光轮		转速/（r/min）
		类型	直径/mm	
灯具	磨光	偏转轮	408	2100
	显色抛光	圆盘	356	1750
	缎面抛光	圆盘	356	1500
模锻件（普通表面）	磨光	偏转轮	408	2100
	显色抛光	松弛圆轮	356	2100
模锻件（有缺陷表面）	磨光	剑麻轮	356	2200
	磨光	偏转轮	408	2100
	显色抛光	松弛圆轮	408	2100
光学仪器架	磨光	偏转轮	305	1750
	显色抛光	偏转轮	305	1750
电动工具外壳	抛光	F220粒度氧化铝中软抛光轮	—	—
	磨光	偏转轮	408	2100
炊具	磨光	偏转轮	356	1750
手柄（打字机用）	抛光	F220粒度磨料带	305	1750
	磨光	圆形轮	356	1750
	显色抛光	圆形轮	356	1750
浴室用挤压件	磨光	偏转轮	408	2200
炉盘	磨光	偏转轮	408	1750
彩电显像管壳件	缎面抛光	F180粒度氧化铝抛光轮	—	—

2.1.3 喷砂与喷（抛）丸

1. 喷砂

喷砂是用压缩空气将磨料（如铜矿砂、石英砂、金刚砂、铁砂、海南砂等）喷射到工件表面上，利用高速磨料的动能，除去工件表面的氧化皮、腐蚀及其他缺陷的方法。经过喷砂处理工件可得到均匀的无光表面。这种方法具有速度快、成本低的特点。

喷砂的目的如下：

1）除去铸件表面的新砂，以及锻件或热处理后工件表面的氧化皮。

2）除去工件表面的锈蚀、积炭、焊渣与飞溅、漆层及其他干燥的油类物质。

3）提高工件表面粗糙度，以提高油漆或其他涂层的附着力。

4）使工件表面呈漫反射的消光状态。

5）除去工件表面的毛刺或其他方向性伤痕。

6）对工件表面施加压应力，提高工件的疲劳强度。

喷砂有干喷砂、湿喷砂两种。干喷砂设备简单，操作简单，但加工面比较粗糙，粉尘污染严重，是一种淘汰工艺。湿喷砂对环境污染较小，加工精度高，油污重时工件应先脱脂。

干喷砂用的磨料包括钢砂、氧化铝、石英砂、碳化硅等，最常用的是石英砂，使用前应烘干。应根据工件的材质、表面状态和加工要求，选用不同粒度的磨料。表2-10列出了几种喷砂用磨料的特性。

表2-10　几种喷砂用磨料的特性

序号	磨料	天然或人造	主要化学成分	形状	密度/(g/cm³)	破碎率(%)	喷砂后碳素钢表面粗糙度 Ra/μm
1	石英砂	天然	石英	立方	2.61	77	40~50
2	石英砂	天然	石英	角状	2.63	90	40~50
3	金刚砂	天然	石英	立方	4.09	46	70~90
4	纯氧化铝	人造	氧化铝	立方	3.80	24	70~90
5	碳化硅	人造	碳化硅	块状	3.81	57	70~90
6	矿渣	人造	硅酸铝	立方	2.79	61	40~50
7	激冷钢砂	人造	铁	多角状	7.65	0	80~100
8	标准砂	天然	石英	角状	2.62	84	20~40

湿喷砂用的磨料和干喷砂相同，可将磨料和水混合成砂浆，磨料的体积通常占砂浆体积的20%~35%。加工时需不断搅拌防止磨料

沉淀，用压缩空气将砂浆经喷嘴喷至工件表面。也可将砂子与水分别放在桶里，流入喷嘴前混合后再喷到工件表面。

喷砂的效果与喷吹距离、喷吹角度、压力、喷嘴大小和形状、磨料尺寸、磨料与水混合比例等因素有关。磨料粒度细小，可产生柔和无光平滑的表面；磨料粒度粗大，可产生粗糙灰暗的表面，用于消除面积较大，伤痕较深的表面缺陷。小颗粒钢丸可使铝表面产生浅灰色，大颗粒钢丸不改变铝表面的自然色泽。用碳化硅微粒使铝表面产生浅灰色，用粉末二氧化硅可使铝表面产生蓝色。

喷砂的工作压力在 0.04～0.56MPa 范围内，湿喷砂一般选用 0.56MPa 的工作压力为宜。喷砂用砂粒尺寸及空气压力见表 2-11。

表 2-11　喷砂用砂粒尺寸及空气压力

工件种类	砂粒尺寸/mm	空气压力 p/MPa
铸件、锻件，厚度为 5mm 以上板材	2.5～3.5	0.2～0.4
厚度为 5mm 以下的板材	1～2	0.1～0.2
薄的和小的零件	0.5～1	0.05～0.1
非铁金属铸件	0.5～1	0.1～0.15
1mm 以下的板材	0.05～0.15	0.03～0.05

2. 喷（抛）丸

用压缩空气将钢铁丸或玻璃丸喷到工件表面上，以除去氧化皮及其他缺陷的工艺过程称为喷丸。也可将钢铁丸输送至高速旋转的圆盘上，利用离心力的作用，使高速抛出的钢铁丸撞击工件表面，达到加工的目的，这种工艺过程称为抛丸。这两种工艺都能使工件表面产生压应力。经喷丸或抛丸处理过的工件的使用温度不能太高，否则压应力在高温下会自动消失，而失去预期的效果。对于铝合金工件，喷丸、抛丸加工后，应在 170℃ 以下使用，防止压应力自动消退。

丸的种类如下：

1）钢铁丸。钢铁丸的硬度一般是 40～50HRC，加工硬合金时，可将硬度提高到 57～62HRC。钢铁丸的韧性好，使用寿命是铸铁丸的几倍，应用广泛。

2）铸铁丸。铸铁丸的硬度为58～65HRC，造价低，脆性大容易破碎，使用周期短，应用不广泛。主要用于要求喷丸强度高的地方。

3）玻璃丸。玻璃丸的硬度较低，主要用在不能被铁质污染的地方，也可以用在喷钢铁丸后的第二次处理，以除去铁杂质的污染，或降低工件的表面粗糙度。

工件经过表面喷丸处理后，一般要求表面有足够的压应力。这就需要使工件表面都受到喷丸的均匀冲击，即有足够的喷丸覆盖率，尽量减少未被喷丸冲击表面的面积。由于检查喷丸覆盖率困难，而且很难做出定量的结果，所以常采用控制喷丸强度的办法，来获得要求的压应力值。目前大都按美国SAE标准J442，用Almen弧高计测量喷丸强度。Almen弧高计采用厚度为0.8mm、1.3mm或2.4mm标准尺寸的1070冷轧钢条（相当于我国70钢），其硬度为44～50HRC。将试样固定在专用的夹具上，对它进行喷丸处理，然后用弧高计测量弯曲了的钢条试样的弧高，即可测得相应的喷丸强度。

影响喷丸强度的主要因素如下：

1）丸的粒度。丸的粒度越大，丸的冲击动能越大，丸的强度也越大。但喷丸的覆盖率降低。因此，在保证喷丸强度的同时，应尽量选择粒度较小的丸。工件的形状也对丸的粒度有要求，一般形状越复杂的工件，要求丸的粒度越小，当工件上有沟槽时，丸的直径应小于沟槽内半径的一半，丸的颗粒直径为0.215～1.25mm。

2）丸的硬度。当丸的硬度高于工件时，丸的硬度变化不影响喷丸强度。当丸的硬度低于工件时，丸的硬度越低，喷丸强度越低。

3）喷丸速度。喷丸速度越高，喷丸强度越高，但丸越容易破损。

4）喷射角度。喷丸射流与工件加工面垂直时，喷丸强度最高。因此，喷丸操作应尽量保持在此状态下。若受条件限制，必须在小角度下操作，应适当提高丸的粒度和喷丸速度。

5）丸的破损量。丸的破损，降低了丸的粒度，也降低了丸的动能，使喷丸强度降低，同时形状不规则的碎丸会划伤工件表面。因此，喷丸设备应包含筛分部分，及时将碎丸分离清除，保证丸的完好率在85%以上。

2.1.4 其他机械预处理

1. 缎面抛光与旋转抛光

使工件表面成为漫反射层的加工工艺称为缎面抛光。这种金属表面有非镜面般的闪烁光泽。

用鼓式抛光机或缸式抛光机均可产生划痕表面，螺纹辊压砂轮可在不规则工件上造成划痕抛光效果。对于小型工件的划痕抛光，可使用细棉布轮与较粗磨料。

缎面抛光表面比划痕抛光表面更加细腻。一般是在细棉布轮抛光面上施以无润滑油磨料而产生，在这过程中磨掉的金属量很少。

旋转抛光是划痕抛光的一种形式。抛光时铝工件和磨料垫均牢牢地固定在一定位置上，磨料垫旋转后便在铝表面划出无数细纹同心圆，也可以是磨料垫静止，铝工件旋转。

2. 刷光

刷光是用金属丝、动物毛及其他天然或人造纤维制成的刷子加工金属表面的工艺，可以是干刷也可以是湿刷。刷光的效果取决于刷轮的形状特点和金属丝的材质与粗细。不同刷轮的特点和用途见表2-12，不同金属丝刷轮的规格和用途见表2-13。

表2-12 不同轮刷的特点和用途

轮刷类型	特点	用途
成组的辐射刷轮	用金属丝组编织而成，刚性大，切削力强，使用寿命长，经动平衡处理后才能用	用于表面清理，清除工件表面大块的残留物，如树脂渣、石棉渣等
波状辐射轮	用呈小波纹状的、较长的金属丝编织刚性小，切削力小	用于手持工件进行加工，可对较不平整表面加工
杯形刷轮	用金属丝编织成杯形	用于丝纹刷光，表面清理和去毛刺，还可用于便携式电动工具
普通宽面刷	用金属丝或猪鬃等编织而成，经动平衡处理后才能用	用于表面清理

（续）

轮刷类型	特　点	用　途
条形宽面刷	用金属丝或猪鬃等间断编织而成	用于普通宽面刷受力不稳定时的工件表面清理
短丝密排辐射刷轮	用较短金属丝紧密编织而成，刚性大，切削力强	用于去毛刺
小型刷轮	用金属丝或猪鬃等编织而成的不同形状的小型刷轮	用于孔或型腔内的清理或去毛刺

表 2-13　不同金属丝刷轮的规格和用途

金属丝类型		用　途
材料	规格	
黄铜丝	很细	加工精致的缎面
	细	加工缎面
	粗	加工粗糙的缎面或进行丝纹刷光
	很粗	表面清理
镍-银丝	各种粗细	使用情况与黄铜丝相同，因为黄铜丝轮刷后，工件表面会留下黄色，所以镍-银丝用于要求用金属丝刷轮处理后，仍保持白色表面的金属工件的加工

3. 滚光

滚光是把工件和磨料放在滚筒中进行低速旋转，依靠工件和磨料相对摩擦进行抛光的工艺。滚光时，工件各部位磨削程度不一样，磨削顺序是锐角 > 棱边 > 外表面 > 内表面，工件深的小孔内表面很难滚光。滚光可成批加工，设备成本低，但加工周期长，主要适用于小工件。

滚筒有圆柱形和多棱柱形，以多棱柱体滚筒较好。多棱柱体滚筒的筒壁与中心轴的距离各处不同，工件随筒壁旋转时有很大的角度变化，在筒中经常变换位置、相互碰撞和摩擦的机会增多，因此可缩短滚光时间，提高滚光质量，故目前采用较多。滚筒的直径一般为 300 ~800mm，长度一般为 600 ~800mm 或 800 ~1500mm，使用时尽量选择大滚筒。大滚筒载量大，压力大，摩擦力大，滚光用时短，生产率高。但滚筒直径也不能太大，否则会划伤工件。为了提高产量，不能无限制的加大滚筒直径，而是增加滚筒长度，这样既可以加大滚筒容积，又不至于划伤工件。滚筒常用下列几种：

（1）倾斜式开口滚筒　这种滚筒是多边形棱柱体，倾斜安装，工作时滚筒绕与水平面成一定倾角的中心线转动。磨光能力差，用于轻度磨光。有时将木屑或其他吸水材料与工件一起滚动，对工件有干燥作用。

（2）卧式封闭滚筒　这种滚筒是六边形或八边形棱柱体，工件与磨削介质从开口处装入后，盖紧密封盖，绕水平轴旋转磨光，这种方式应用最广。

（3）卧式浸没滚筒　这种滚筒也是卧式安装，筒体可为圆柱形、六边形或八边形棱柱，筒体表面钻有许多孔，工作时滚筒浸在装有磨料的槽中绕水平转动。其特点是滚磨下来的氧化物和其他污物容易从筒壁上的孔中流出，可以减少工件滚光后的清洗工作量。为了防止不同工件混在一起，可将卧式封闭滚筒和浸没滚筒内分成几个隔断，分装不同的工件，在同一台设备内滚光。

滚光参数的选择：滚光参数包括装载量、滚筒转速和处理时间。工件的装载量一般占滚筒体积的75%，最少不能少于30%。装载量过多，滚筒旋转时，工件与磨料间的相对运动小，滚磨作用弱，加工时间延长。装载量太少，工件间碰撞严重，表面粗糙，损坏量大。滚筒转速与磨削量成正比，转速太高，磨削量反而会下降。这是因为工件在离心力的作用下，将紧贴筒壁，从而减少了工件与磨料相对摩擦的机会。滚筒转速一般控制在20～45r/min，滚筒粗、工件重或壁薄时选低速。磨料有铁屑、钉子头、石英砂、碎皮革、浮石、陶瓷片等。磨料的尺寸应接近工件孔径的1/3较好。工件表面有少量油污时，可加入碳酸钠、肥皂、皂荚粉、洗衣粉、金属清洗剂或乳化剂等。工件表面有锈时，可加入稀硫酸或稀硝酸。工件装载量，加上磨料和溶液的总体积为滚筒体积的80～90%。为了降低小工件的表面粗糙度，先将小工件脱脂，浸蚀后，再用下述配方进行干式滚光，效果较好。

配方（质量分数）：

棉花籽	60% ~80%
木屑（或谷壳）	15% ~18%
氧化铁红（Fe_2O_3）	5%
油酸	1% ~2%

4. 振动光饰

振动光饰时，把工件放在装有弹簧的筒形或碗形开口容器内，通过特殊装置让容器上下和左右振动，使磨料与工件相互摩擦来达到光饰的目的。为了使容器振动，可在容器底部装上电动机，该电动机带动有偏心重块的驱动轴，还可采用工作频率为 50 ~60Hz 的电磁系统来产生振动。

振动光饰的效率比滚光高得多，它可以加工较大的工件，还可以在加工过程中检查工件的表面质量。

振动光饰的效果取决于振动的频率和振幅，振动的频率为 15 ~60Hz，振幅为 10 ~20mm。常用的振动频率是 20 ~30Hz，振幅是 3 ~6mm。

振动光饰不适合于加工精密和脆性零件，也不能获得表面粗糙度很低的表面。

2.2　化学或电化学脱脂

工件在进行表面处理之前，必须先除去表面的油污，才能保证转化膜与基体金属的结合强度，保证转化膜化学反应的顺利进行，获得质量合格的转化膜层。

按照油污的化学性能，油污可分为皂化类和非皂化类两大类。

（1）皂化类的油污　由动植物体制备不溶于水而密度较水轻的油腻物质称为油脂，它属于可以皂化的油类，是一种复杂的有机化合物的混合物。主要成分是脂肪（甘油三酸酯）。在油脂中脂肪约占其质量分数的 95% 以上。脂肪是甘油与高级脂肪酸构成的脂，油脂与碱起作用而分解成能溶于水的脂肪酸盐（肥皂）和甘油。这类油脂属于皂化油脂。

（2）非皂化类的油污　不能与碱起反应，不溶于碱性溶液，是采用化学方法从矿物中提炼或合成的油脂。如汽油、凡士林、各种润滑油等。矿物油是烃类碳氢化合物的混合物，性质是不溶于水，称为非皂化类油脂。

常用的脱脂方法有：有机溶剂脱脂、化学脱脂、乳液脱脂、电解脱脂、超声波脱脂。常用脱脂方法、特点及适用范围见表2-14。

表2-14　常用脱脂方法、特点及适用范围

脱脂方法	特　点	适用范围
有机溶剂脱脂	速度快，能溶解各类油脂，一般不腐蚀工件，但脱脂不彻底，需用化学或电化学方法进行补充脱脂，多数溶剂易燃易爆，并有毒，成本高	用于油污严重的工件或易腐蚀的工件的脱脂
化学脱脂	脱脂剂主要成分是水，加化学药剂、表面活性剂等，成本低，脱脂彻底，应用广泛	一般工件的脱脂
电解脱脂	脱脂剂类似化学脱脂，主要依靠电解水时产生的氢气的冲刷力，将油污从工件表面除去。脱脂快、彻底并能除去工件表面的浮灰，腐蚀残渣等杂质，但需要直流电源，容易氢脆的工件要慎用电解脱脂	有较高要求的工件脱脂
乳液脱脂	在有机溶剂的基础上加水和乳化剂，可同时除去工件表面水溶性的杂质，并可减少溶剂的用量	作为有机溶剂脱脂的改进或补充
超声波脱脂	以上各种脱脂方法施加超声波振动，可提高脱脂效果，加快脱脂速度	有高要求的工件脱脂

2.2.1　有机溶剂脱脂

有机溶剂脱脂是利用有机溶剂对油污的溶解作用达到脱脂的目的。常用的有机溶剂有：煤油、汽油、苯类、酮类、氯化烷烃、烯烃等。常用有机溶剂的物理性质见表2-15。

表2-15 常用有机溶剂的物理性质

名称	分子式	相对分子质量	密度/(g/cm³)	沸点/℃	蒸汽相对质量①	燃烧性	爆炸性	毒性
汽油	—	85~140	0.69~0.74	—	—	易	易	有
酒精	C_2H_5OH	48	0.789	78.5	—	易	易	无
苯	C_6H_6	78.11	0.895	80	2.695	易	易	有
甲苯	$C_6H_5CH_3$	92.13	0.866	110~112	3.18	易	易	有
二甲苯	$C_6H_4(CH_3)$	106.2	0.897	136~144	3.66	易	易	有
丙酮	C_3H_6O	58.08	0.79	56	1.93	易	易	无
四氯化碳	CCl_4	153.8	1.585	76.7	5.3	不	不	有
三氯乙烷	$C_2H_3Cl_3$	133.42	1.322	74.1	4.55	不	不	有
三氯乙烯	C_2HCl_3	131.4	1.456	86.9	4.54	不	不	有
二氯甲烷	CH_2Cl_2	84.94	1.316	39.8	2.93	不	易	有
全氯乙烯	C_4Cl_4	165.85	1.613	121	5.83	不	不	有

① 蒸汽相对质量系指物质的蒸汽与同温、同压、同体积空气质量的比值。

有机溶剂脱脂应尽量选择具有以下特点的溶剂：不燃烧，比热容小，油脂溶解能力大，无毒，对金属不发生反应，不产生腐蚀，沸点低，稳定，蒸汽相对密度比空气大，表面张力小，容易分离溶解的油脂，价格便宜。

石油系列溶剂有汽油、煤油、轻油、正乙烷等，都是原油按不同馏分分馏出的多种烃的混合物。这些原油分馏物溶解力强，但燃点低，大多在46℃以下。卤代烃类包括氯代烯烃、氯代烷烃和氟氯烷烃，典型的有二氯乙烯、二氯甲烷、三氯甲烷、四氯化碳和二氟二氯乙烷，一般具有溶解力强、沸点低、干燥快、不易燃的特点，主要用于气相清洗法。卤代烃类溶剂的主要缺点是毒性和对大气层的破坏性。例如二氯乙烯和四氯化碳，若皮肤或黏膜长期与之接触，或吸入其蒸汽，会因体内吸收而引起中毒。二氯甲烷和三氯乙烷具有致癌性，可通过热分解产生毒气，造成水源或大气污染，并对臭氧层有破坏性作用。

常用的有机溶剂脱脂方法如下：

（1）浸洗法　将工件浸泡在有机溶剂中，并不断搅拌，油脂被溶解并冲走不溶性污物。各种有机溶剂都可以用于浸洗法。浸洗法一般采用一槽式，这对处理简单而体积又小的工件比较合适。对于大而复杂的工件，缝隙里的油污不易清洗，要采用二槽式，第一槽浸泡，第二槽搅拌精洗。这种方法设备简单，操作容易，但油脂难以完全除尽，工件表面多少含有残余油污，一般需要后序其他脱脂工艺补充。

（2）喷淋法　将有机溶剂喷淋到工件表面上，把油脂溶解下来，反复喷淋直到所有油污都除尽为止。应选高沸点、难挥发的有机溶剂用于喷淋法。喷淋法最好在密闭的容器中进行。这种可用于较大尺寸工件的脱脂，比浸洗法节省有机溶剂用量。

（3）蒸汽洗法　将有机溶剂装在密闭容器底部，工件悬挂在有机溶剂上面，将溶剂加热，有机溶剂产生的蒸汽在工件表面冷凝成液体，将油污溶解并同污物一起落回容器底部，以除去工件表面的油污。用这种方法冲洗工件表面的有机溶剂，每次都是清净的，所以脱脂效率高，并且可以把工件表面的油污完全除尽。但设备复杂，要求高，操作时要防火、防爆、防泄漏。

（4）联合法　可采用浸洗加蒸汽联合脱脂，也可以采用浸洗、喷淋、蒸汽联合脱脂，效果更好。采用三氯乙烯做溶剂的三槽联合脱脂效果最好，其工作原理如图 2-1 所示。

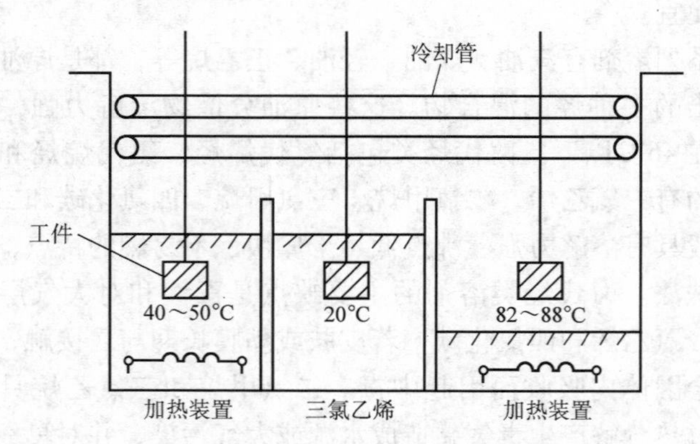

图 2-1　三槽式联合脱脂装置示意图

有机溶剂脱脂的注意事项如下：

1）加强通风，注意防火、防爆。

2）及时再生有机溶剂，当有机溶剂中油污质量分数达到 25% ~ 30% 时，应对有机溶剂进行处理，分离其中的油污，以免污染工件。

3）三氯乙烯在紫外线、热（>120℃）、氧和火作用下，特别是在铝、镁的强烈催化下，会分解出有剧毒的光气和强腐蚀性的氯化氢。因此，采用三氯乙烯脱脂时，要严防将水带入脱脂槽内，避免脱脂槽受日光直射和高温烘烤，尽快捞出掉入槽中的铝、镁工件，安装可靠的抽风装置。

在有机溶剂如汽油中，加入约 10%（体积分数）的乳化剂和 1 ~10 倍的水，制成均匀的乳化液。这种乳化液脱脂速度快，效果好，与汽油相比不会易燃、易爆，价格低。乳化液适用于除去大量油污，如润滑脂和抛光膏等，对于油脂混合尘垢或颗粒的固体油污清除尤为有效。常用脱脂乳化液配方见表 2-16。

表 2-16　常用脱脂乳化液配方

成分	含量（质量分数,%）	
	配方 1	配方 2
煤油	89. 0	—
汽油	—	82. 0
三乙醇胺	3. 2	4. 3
表面活性剂	10. 0	14. 0
水	100	100

将石油烃类有机溶剂（煤油或汽油）和分散剂、碱性水溶液混合，形成半乳浊液，称为双相清洗剂，其清洗效果比普通乳化液清洗剂好得多，如图 2-2 所示。乳化液清洗剂和双相清洗剂都可采用浸洗或喷淋法，主要缺点是废液处理困难，除过油的表面有残余油脂，需后序其他脱脂工艺才能除尽。

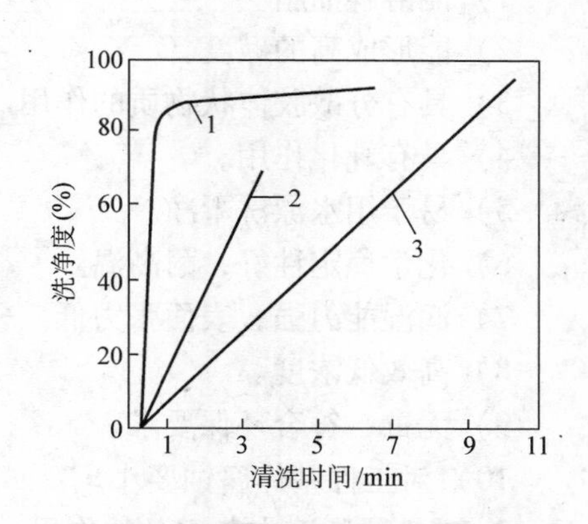

图 2-2　乳化液清洗与双相清洗比较

1—双相清洗剂　2—乳化液 A　3—乳化液 B

2.2.2　碱性脱脂

碱性溶液可以使植物性油脂和动物性油脂皂化，生成溶于水的肥皂，将其除去。碱性溶液也可以使矿物油柴油、润滑油等润湿、分散，在溶液的流动和振动下，将其除去。碱性脱脂剂主要成分是水，成本低，不挥发有毒气体，对钢铁设备腐蚀性小，脱脂率高，可接近100%，所以碱性溶液脱脂应用非常广泛。但工件含油率高时，应先用有机溶剂粗脱脂，以防止碱性脱脂剂过早老化失效。

植物性油脂和动物性油脂主要化学成分是不饱和脂肪酸甘油酯，或饱和脂肪酸甘油酯，它们都能和氢氧化钠、氢氧化钾溶液起反应，生成脂肪酸钠（钾）和甘油，即

$$(C_{17}H_{35}COO)_3C_3H_5 + 3NaOH \rightarrow 3C_{17}H_{35}COONa + C_3H_5(OH)_3$$

具有碱性的盐类也能起皂化反应，如碳酸钠、磷酸钠、硅酸钠等，但它们的皂化作用的强弱不同，碱性越强皂化作用越强。

矿物油脂是高级烷烃的混合物，与碱不起皂化反应而不能单纯用碱液除去，需在强碱中加入弱酸强碱盐，如硅酸钠、磷酸钠、碳酸钠等物质，靠联合作用使油污脱离开工件表面，靠胶体平均地分散在溶液中。

1. 脱脂用的碱液必须具备的条件

1）能溶解油脂。

2）能形成高的碱度。

3）具有分散胶体状物质的作用。

4）具有乳化作用。

5）易于用水漂洗干净。

6）化学稳定性好，耐高温。

7）润湿能力强，表面张力低。

8）高效低浓度。

9）无毒，符合环保要求。

10）对工件基体腐蚀要小。

2. 碱性脱脂液中各组分的作用

1）氢氧化钠（NaOH）强碱性，皂化作用很强，对铝、锌等金

属有腐蚀作用，能迅速除去铝合金表面的白色腐蚀产物，对皮肤有刺激性和腐蚀性，高浓度的碱液容易黏附在金属表面难以洗净，所以氢氧化钠在铝及其合金的脱脂中质量分数不能过高，一般低于1%。

2）碳酸钠（Na_2CO_3）碱性比氢氧化钠弱，有一定的皂化能力，对溶液的pH值有缓冲作用，对金属的腐蚀性和对皮肤的刺激性都比氢氧化钠低，价格低，常作为铝合金脱脂液中的主盐。

3）磷酸三钠（Na_3PO_4）呈弱碱性，有一定的皂化能力和对pH值有缓冲作用，能络合水中的金属离子，使水质变软，又是一种乳化剂，溶解度大，洗去性好，能使水玻璃容易从工件表面洗掉。但磷酸盐会使水源富营养化，促使水中微生物大量繁殖，过量消耗水中的氧，影响其他生物的生存，破坏生态平衡，废水排放受到环保部门越来越严格的限制。

4）焦磷酸钠（$Na_4P_2O_7$）几乎中性，对pH值缓冲作用强，有一定的表面活性作用，水洗性好，是多种金属的螯合剂，能有效地防止工件表面生成不溶性的硬化皂膜。

5）硅酸钠（Na_2SiO_3）俗称水玻璃，呈碱性，本身有较好的活性作用，有较强的乳化作用和一定的皂化能力。当与其他表面活性剂配合使用时，它是碱性溶液中最好的润湿剂、乳化剂和分散剂。对铝、镁、锌等金属有缓蚀作用。其缺点是会粘在工件表面洗净困难，所以在脱脂剂中添加不宜过多，并且与磷酸三钠配合使用，后序工艺用热水洗。否则在后面的酸性介质中处理时，容易在工件表面上生成难溶的硅胶膜。现在硅酸钠已不多用，用性能更好的表面活性剂替代之。

3. 碱液清洗工艺

碱液清洗的工艺视后续涂膜工艺的质量要求而做选择。但大体上为：预脱脂→碱液脱脂→一次水洗→二次水洗→干燥或转入下道工序。其中，工件上附着的油污过厚时需采用预脱脂，否则可省掉这项工序。另外，若工件在涂膜处理前需进行除锈处理时，一次水洗可用60～70℃的热水冲洗，这样能有效除去经脱脂后残留在工件表面的表面活性剂、强碱等物质。

碱液清洗中，碱性物质所提供的碱度（OH^-）有利于皂化反应，且碱度升高能使油污与溶液之间的表面能力下降，易于乳化油污。

温度高有利于皂化反应进行，又可使熔点较高的油污软化，有利于润湿乳化，因而温度高，清洗效果好。浸渍清洗、滚筒清洗、电解清洗都需在较高的温度下进行，一般为70～100℃。

碱液清洗中，加上适当的机械作用有助于油污的除去。机械作用越强，清洗效果越好。浸渍清洗时应适当地搅拌溶液，或间断性地翻动和起动工件，人为创造水流。另外，也可在碱液槽内通压缩空气使水振动。喷淋清洗、滚筒清洗、超声波清洗等本身就有强烈的机械作用。

碱液脱脂剂中，适当地加入一些表面活性剂，可以降低工件基体与水的界面能力，改善润湿性和乳化性，提高清洗效果。但表面活性剂易产生大量泡沫。一般浸渍清洗时，可以加入较多的阳离子型、非离子型表面活性剂而不至因泡沫而影响操作。但对喷淋清洗，由于强力的喷射作用，即使含有少量的表面活性剂，也会产生大量泡沫溢出槽外，影响工作场地，使生产不能连续进行。改进的办法是选用低泡沫表面活性剂，严格控制用量。加入消泡剂，如有机硅油、高级醇类、水溶性差的司苯类和挥发性的石油溶剂等。

水洗是工件经碱液脱脂后一道非常关键的工序。原则上应用流动的清水漂洗残留在工件表面的清洗剂。如果漂洗不彻底，残留的脱脂液将影响后续涂层的附着力，同时清洗剂中的碱、盐吸潮后，会引起涂层早期起泡。

水洗也可用浸渍法和喷淋法。工业上多采取二级水洗。有条件的在一级水洗中，采用中温浸渍水洗。热水漂洗可有效地除去残留在工件表面上具有粘附性的表面活性剂及其他碱、盐类物质。热水温度不宜过高，一般应控制在60～70℃。二级水洗采用浸渍或喷淋均可。

经水洗后，工件可转入到下道工序。如果工件不直接进入化学转化膜工序，应立即进行烘干。用压缩空气吹除工件表面的水珠或沟槽内的积水，在100℃的干燥器内烘1～10min。如果在干燥过程中有冷黄现象，可在末级水洗槽内添加微量的防锈缓蚀剂，如三乙醇胺等，调整水的pH值为8～9，这样能有效地防止钢铁黄锈的产生。

4. 碱性脱脂剂的配方

（1）常用碱性脱脂剂配方　早期两种典型的碱性脱脂剂的配方如下：

配方一：

磷酸三钠（Na_3PO_4）	6g
碳酸钠（Na_2CO_3）	6～18g
水	1L
温度	80～95℃

配方二：

硅酸钠（Na_2SiO_3）	6～12g
碳酸钠（Na_2CO_3）	12～48g
水	1L
温度	80～95℃

有时为了除去动物性和植物性油脂，也采用下列配方：

碳酸氢钠（$NaHCO_3$）	45g
碳酸钠（Na_2CO_3）	45g
水	1L
温度	38～43℃

这个配方有的也加入螯合剂 EDTA。

在一些国家，铝的精密制品采用下列脱脂剂：

磷酸一钠加聚乙二醇酯	3～4g/L
磷酸二钠（Na_2HPO_4）	10～15g/L

目前我国常用的铝合金碱性脱脂剂配方见表 2-17。

表 2-17　常用的铝合金碱性脱脂剂配方　（单位：g/L）

溶液成分	脱脂剂配方						
	1	2	3	4	5	6	7
Na_2CO_3	40～50	25～30	—	15～20	10～20	25～30	—
$Na_3PO_4 \cdot 12H_2O$	40～60	25～30	10～30	—	10～20	20～25	—
Na_2SiO_3	2～5	—	3～5	10～20	10～20	5～10	20～30
NaOH	—	15～20	—	—	—	—	—

（续）

溶液成分	脱脂剂配方						
	1	2	3	4	5	6	7
$Na_4P_2O_7 \cdot 10H_2O$	—	—	—	10 ~ 15	—	—	—
OP-10 乳化剂	—	—	2 ~ 3	1 ~ 3	1 ~ 3	—	1 ~ 3
海鸥润湿剂	3 ~ 5mL/L	—	—	—	—	—	—

（2） 其他碱性脱脂剂配方

1） 氢氧化钠溶液法：

氢氧化钠（NaOH）　　5% ~20%（质量分数）

温度　　40 ~80℃

这个配方有脱脂和去氧化皮双重功效，也可在其中添加磷酸钠。

2） 碱性盐溶液法：

碳酸钠（Na_2CO_3）　　10%（质量分数，下同）

硅酸钠（Na_2SiO_3）　　2%

氰化钠（NaCN）　　2%

或

碳酸钠（Na_2CO_3）　　5%

磷酸三钠（Na_3PO_4）　　15%

温度　　80℃

这个配方对铝合金表面几乎无腐蚀，可用于喷涂和电镀前的预处理。

3） 无腐蚀碱性盐溶液法：

碳酸钠（Na_2CO_3）　　10%（质量分数，下同）

磷酸二氢钠（NaH_2PO_4）　　5%

硫酸铵［$(NH_4)_2SO_4$］　　2%

肥皂或表面活性剂　　0.1%

温度　　60℃

（3） 清洗时间　清洗时间取决于污染物的组成、污染的程度、操作时的温度以及是否有搅拌等因素，同时清洗剂的老化也使清洗时间延长。清洗时间的变化范围一般2~5min。

（4）脱脂能力　各种碱性溶液的脱脂能力各有差异，图2-3所示为各种碱液单独使用时脱脂能力比较。从图2-3中可知，脱脂4min后，脱脂率趋于稳定。

图2-4显示了碱性脱脂剂各化学成分质量分数变化与残余油脂的关系，从图中可以找出各化学成分的最佳质量分数。

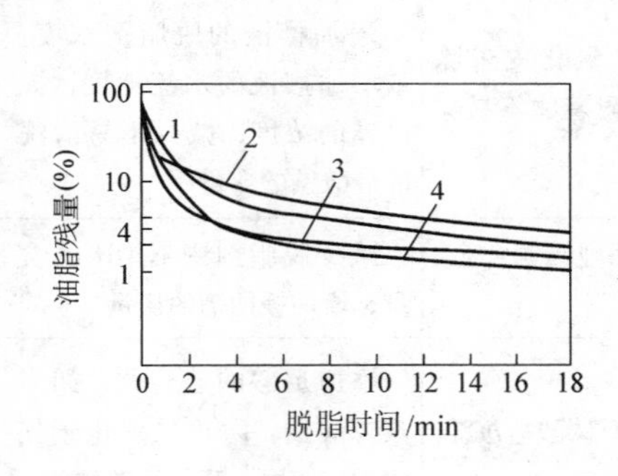

图2-3　各种碱液单独使用时脱脂能力比较

1—碳酸钠　2—硅酸钠　3—氢氧化钠　4—焦磷酸钠

注：温度90℃，（Na_2O）的质量分数1%。

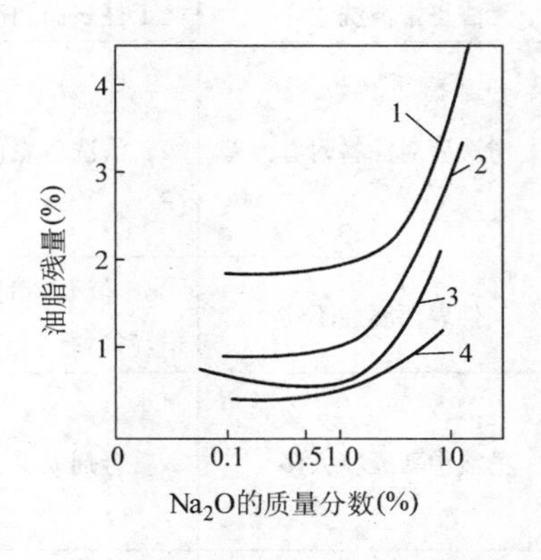

图2-4　碱性脱脂最佳质量分数范围

1—碳酸钠　2—焦磷酸钠

3—磷酸钠　4—硅酸钠

注：温度为90℃，时间为2min。

5. 碱性脱脂槽的维护、管理

一般控槽液的总碱度和溶液的密度每周至少检测一次，及时补充添加物。用标准浓度的酸（经常用0.1mol/L的盐酸或0.2moL/L的硫酸）滴定，以确定总碱度的点数。槽液使用一段时间以后，含油量逐步增加，清洗效果下降，槽液使用超过一定的时间，清洗就达不到要求，槽液必须更换，同时要彻底清洗槽体。

溶液中的碱、磷酸盐、硫酸盐、氯化物、碳酸盐、油脂、表面活性剂和其他有机物，含量的分析都有标准方法，如果不是进行脱脂剂的研究和比较，一般不必经常分析这些项目。碱性脱脂槽的常见故障和解决方法见表2-18。

表 2-18　碱性脱脂槽的常见故障和解决方法

故障现象	原因	解决方法
腐蚀过度	缓蚀剂太少，pH值不正确	补加缓蚀剂，调整pH
有黑灰	表面金属盐水解沉淀，或发生置换反应	浸入 $NaHSO_4$ 或 HNO_3 溶液中清洗
无法正常清洗	工件表面油污太多	先用有机溶剂或乳液清洗
清洗后对涂料附着力差	脱脂率太低，氧化皮未除净，清洗后表面附着物不易除净	增加槽液的脱脂剂浓度，或增加槽液的水流速度，提高碱的浓度，减少不易清洗的硅酸钠的含量
工件表面腐蚀不均	pH值太高时处理铝铜合金、铝锌合金	减少脱脂剂中NaOH的含量，增加缓蚀剂的用量
槽液中絮凝物太多	螯合剂太少，有碳酸盐沉淀	添加足够的螯合剂，如多聚磷酸钠，防止二氧化碳气体进入槽中，不使用碳酸盐
表面形成难溶性膜，降低表面的润湿性，干扰阳极氧化膜的形成	缓蚀剂含量太高，工序间的停留时间太长	选用适当的缓蚀剂，并正确使用，减少工序间的停留时间

工件脱脂后，表面必须均匀地粘水，否则要重新脱脂。经过化学脱脂的工件，表面有些发暗属正常现象。

2.2.3　酸性脱脂

铝合金在酸性溶液的腐蚀速度要比钢铁材料小得多，所以铝合金可在酸性溶液中脱脂。铝合金可用酸洗除去表面的污物和氧化物，同时不会发生氢脆。铝合金的酸性脱脂机理是：

1）将铝表面的氧化物溶去，使油污松动，利用水流作用使油污离开金属表面。反应如下：

$$Al_2O_3 + 3H_2SO_4 \rightarrow Al_2(SO_4)_3 + 3H_2O$$

铝在空气中很快生成一层致密的氧化膜，油污一般都在氧化膜的上面，随着氧化膜在酸中溶解，由于油污的密度比水小，所以油污会很快脱离金属表面，浮在溶液上面。

2）酸和铝发生反应，产生氢气，氢气泡的上浮也会带动油污脱离金属表面。反应如下：

$$2Al + 3H_2SO_4 \rightarrow Al_2(SO_4)_3 + 3H_2\uparrow$$

3）在硫酸脱脂剂中，有些油污可以和硫酸起磺化反应，产生磺酸盐。磺酸盐是表面活性剂的一种，可以使油污乳化，将油污溶解除去。

4）在硝酸脱脂剂中，有些油污可以和硝酸起氧化反应，产生可溶性的氧化产物，将油污除去。

铝合金的酸性脱脂液一般采用硝酸、硫酸或磷酸。盐酸对铝合金的腐蚀速度太快，所以铝合金的酸性脱脂不能选用盐酸。有时为了提高酸性脱脂液对铝的腐蚀速度，可添加少量的氢氟酸或其他氟化物。现在常在酸性脱脂液中添加表面活性剂，提高脱脂效果。

铝合金在酸中的溶解速度要比在碱中低得多，脱脂后工件表面也不容易发暗。所以酸性脱脂常用于表面要求高的铝制品的脱脂，如机械抛光后的铝制品，有尺寸精度要求的精加工的铝制品。铸铝制品在碱性脱脂液中脱脂，表面容易产生难以除去的黑灰，可选用酸性脱脂。

（1）硝酸溶液　硝酸含量可从10%～70%（体积分数），稀硝酸溶液多用于建筑铝材6063脱脂，温度40℃最佳，一般在室温下处理，处理时间为5～15min。浓硝酸溶液多用于铸铝和精加工小零件的脱脂。

（2）硫酸溶液　硫酸溶液与硝酸溶液相比，脱脂能力弱。多数工厂常利用阳极氧化的废硫酸（浓度为150～200g/L），再添加表面活性剂作为酸性脱脂液。效果不好时，可将酸性脱脂液加温至40℃以上。但温度太高时会产生酸雾，同时工件表面的亮度也会降低。通常室温处理3～6min，适用于6063铝合金型材的脱脂。

（3）有机酸溶液　用羧酸等有机酸与表面活性剂混合脱脂，温度为50～60℃。优点是对铝腐蚀小，无有毒酸雾。缺点是脱脂速度慢，工件光泽性比用硝酸处理差，槽液成本较高。

（4）铬酸溶液　铬酸溶液脱脂对铝的腐蚀性非常小，可用于特殊工件的脱脂，但溶液寿命短，废液需无害化处理才能排放。

（5）其他酸性脱脂

1）USP（美国专利）4009115：

HF	0.02g/L
H_2SO_4	4g/L
阴离子表面活性剂	1g/L
温度	室温
时间	喷淋 60s

2）USP 4435223：

H_2SO_4（66°Be）	243.9g/L
H_3PO_4（质量分数为 75%）	708g/L
表面活性剂 AR-150	20.3g/L
低泡表面活性剂 LF-17	13.0g/L
温度	54.4℃（130℉）
时间	喷淋 20s

3）USP 4728456：

H_2SO_4（质量分数为 75%）	16.7g/L
$Fe_2(SO_4)_3$（质量分数为 20%）	14.3g/L
非离子表面活性剂	0.4g/L
温度	60～70℃
时间	喷淋 60s

4）USP 4857225：

H_2SO_4	10g/L
H_3PO_4	10g/L
HNO_3	10g/L
HF	10g/L
表面活性剂	2g/L
过硫酸钠	5g/L
温度	45～70℃
时间	10～120s

2.2.4　表面活性剂脱脂

以表面活性剂为主而复配的清洗液，有着良好的去污能力。通常情况下，当表面活性剂量的加入量很小时，就能使水的表面能力或液—液界面的能力大大降低，改变体系的界面状态；当它达到一定的含量时，在溶液中缔合成胶团。表面活性剂具有良好的润湿、渗透、乳化、加溶和分散性能，综合这些特性，就能有效地除去油污。因此，目前在金属表面清洗中，广泛地使用表面活性剂来做清洗液。

1. 表面活性剂及其主要性质

表面活性剂是这样一种物质，它在加入量很少时即能大大降低溶剂（一般为水）表面张力（或液/液界面张力），改变体系界面状态，从而产生润湿或反润湿、乳化或破乳、起泡或消泡，以及增溶等一系列作用，以达到实际应用的目的。

表面活性剂分子就是一种两亲分子，具有又亲水又亲油的两亲性质。这种分子就会在水溶液体系中相对于水介质而采取独特的定向排列，形成一定的组织结构。它表现为两种重要基本性质：溶液表面的吸附与溶液内部的胶团形成。

亲水亲油平衡值 HLB 是英文 Hydrophile Lipophile Balance 的缩写。

$$\text{HLB 值} = \frac{\text{亲水基分子量}}{\text{亲水基分子量} + \text{憎水基分子量}} \times \frac{100}{5}$$

HLB 值越大，表面活性剂的亲水性越强。表面活性剂的亲油基团有下列各种结构：

1）链烷基（$C_8 \sim C_{20}$）。

2）支链烷基（$C_8 \sim C_{20}$）。

3）烷基苯基（烷基碳原子数 8 ~16）。

4）烷基萘基（烷基碳原子数在 3 以上，烷基数目一般是两个）。

5）松香衍生物。

6）高分子量聚氧丙烯基。

7）长链全氟（或高氟代）烷基。

8）全氟聚氧丙烯基（低相对分子质量）。

9）聚硅氧烷基。

亲水部分的原子团种类繁多，各式各样。因此，组成的表面活性剂种类更多，性质各异。这除与碳氢基（以及其他亲油基）的大小、形状有关外，主要还与亲水基团的不同有关。亲水基团的变化对性质的影响远较亲油基团大，因而表面活性剂的分类，一般以亲水基团的结构为依据，即按表面活性剂在溶剂中，其亲水基是否电离及离子性，将表面活性剂分为离子型和非离子型；离子型中又分为阴离子型、阳离子型及两性离子型等。一些新型表面活性剂，则是按亲油基特殊性提出来的。

2. 表面活性剂的类型

表面活性剂的分类，通常按其在水中离解时的带电性质来分类。表面活性剂的分类见表 2-19。

表 2-19　表面活性剂的分类

活性离子类型	亲水基种类		举　例
阴离子表面活性剂	$R—COO^- Na^+$	羟酸盐	肥皂
	$R—OSO_3^- Na^+$	硫酸酯盐	高级醇硫酸酯盐
	$R—SO_3^- Na^+$	磺酸盐	十二烷基苯磺酸钠
	$R—OPO_3^- Na^+$	磷酸酯盐	高级醇磷酸酯盐
阳离子表面活性剂	$R-N^+ H_2 \cdot HCl$	伯铵盐	高级脂肪胺
	CH_3 | $R—N^+—HCl$ | H	仲铵盐	十二烷基甲基仲胺
	OH_3 | $R—N^+—HCl^-$ | CH_3	叔铵盐	十二烷基二甲基叔胺
	CH_3 | $R—N^+—CH_3Cl^-$ | CH_3	季铵盐	氯化十六烷基三甲胺

（续）

活性离子类型	亲水基种类		举　例
两性离子类型	$R—NHCH_2—CH_2CO$	氨基酸型	十二烷氨基丙酸钠
	$R—N^+(CH_3)_2—CH_2COO^-$	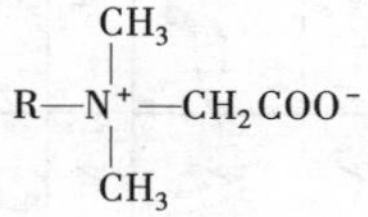 甜菜碱型	十二烷基二甲甜菜碱
	R—C(…N(H)…N(CH₂COO⁻)…)+ CH₂CH₂OH（咪唑啉环）	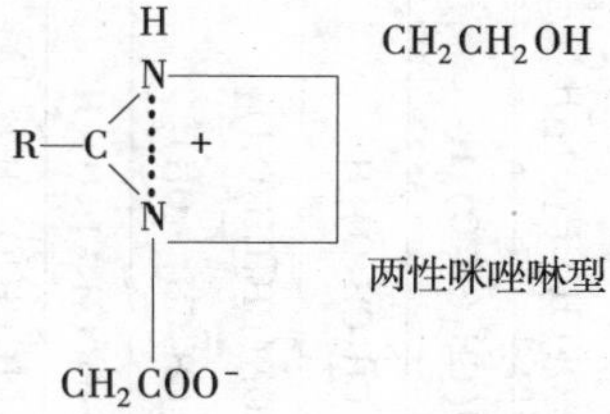 两性咪唑啉型	羟基咪唑啉
非离子型表面活性剂	$R—O(-CH_2CH_2O)nH$	聚氧乙烯型	OP乳化剂
	$R—COOCH_2C(CH_2OH)_3$	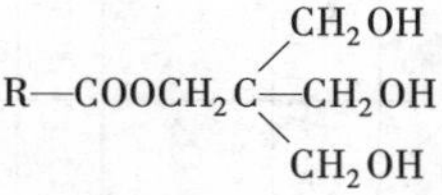 多元醇型	
	$R—O(C_3H_6O)_m—(C_2H_4O)_n—(C_3H_6O)_p—H$ 环氧乙烷、环氧丙烷共聚物		月桂醇的环氧乙烷加成物

工业常用的表面活性剂见表2-20。

3. 表面活性剂清洗原理

表面活性剂清洗大体可分为三个阶段。

1）润湿工件表面，使油污脱离。一般金属工件因黏附和吸附空气，其表面能较大，不容易被水润湿。当清洗液中加入表面活性剂后，由于表面活性剂能在工件—水界面和油—水界面吸附，降低了界面的能力，取代工件表面的空气，渗透到工件与油污之间，以及油污和油污质点之间，择优润湿工件表面，使油膜卷缩成油珠而脱离工件表面。

表 2-20　工业常用表面活性剂

名　称	主要成分	化学式	类型	作　用
乳化剂 MOA	聚氧乙烯脂肪醇醚	$RO(CH_2CH_2O)_nH$	N	乳化、渗透
乳化剂 FAE	聚氧乙烯脂肪醇醚	$RO(CH_2CH_2O)_nH$	N	乳化、渗透
三乙醇胺油酸皂	三乙醇胺与油酸加合物	$R—COON(CH_2CH_2OH)_3$	C	乳化、防锈
十二烷基磺酸钠	高级烃磺化产物	$C_{12}H_{25}SO_3Na$	A	乳化、发泡
吐温-80	聚氧乙烯失水山梨醇油酸酯	$C_{17}H_{33}COO(C_6H_8O_3)+(C_2H_4O_3)_n \cdot H_2O$	N	乳化、润湿、分散
司本-80	失水山梨醇单油酸酯	$C_{17}H_{33}COO(C_6H_8O_2)OH$	N	乳化、助溶
净透剂 Tx-10	聚氧乙烯辛烷基酚醚	$R—C_6H_4—O(CH_2CH_2O)_{10}H$	N	乳化
渗透剂 JFC	脂肪醇聚氧乙烯醚	$R—O(CH_2CH_2O)_nH$	N	乳化、润湿、渗透
匀染剂 102	聚氧乙烯脂肪醇醚	$RO(CH_2CH_2O)_nH$	N	乳化、润湿
净洗剂 6501	十二烷基二乙醇酰胺	$C_{11}H_{23}CON(CH_2CH_2OH)_2 \cdot HN(CH_2CH_2 \cdot OH)_2$	N	乳化、润湿
OP-10	烷基酚聚氧乙烯醚	$R—C_6H_4—O(CH_2CH_2O)_nH$	N	乳化、加溶、分散
平加 0 ~ 20	脂肪醇聚氧乙烯醚	$RO(CH_2CH_2O)_nH$	N	乳化、润湿、分散
乳百灵	脂肪醇聚氧乙烯醚	$RO(CH_2CH_2O)_nH$	N	乳化、润湿、分散

注：N—非离子型表面活性剂；A—阴离子型表面活性剂；C—阳离子型表面活性剂。

2）将卷离的油污转移到溶液中。通过具有乳化作用的表面活性剂，在油—水界面上的吸附，形成有一定强度的界面膜 ，改变油—水界面状态，使油污质点分散在水溶液中，成为具有一定稳定性的乳状液。或是通过表面活性剂的加浓作用，使不溶于水的油污溶入表面污性剂胶团中。这样就是使被卷离的油污转移到溶液中。

3）截留油污避免二次污染。由于包围污质点的吸附膜是有足够的机械强度，不致因碰撞而破裂，油污不会再聚集，因而油污质点被截留在溶液中，不会沉积到工件表面造成二次污染。

在工业上，所谓的脱脂除锈“二合一”添加剂，实际就是应用表面活性剂的上述原理，在基础酸液中加入一定量的多种表面活性剂复配液，一次性完成脱脂除锈的工作。

2.2.5　清洗剂脱脂

1. 清洗剂的种类

清洗剂是指市售的专用金属清洗剂，由专业工厂生产，一般都有售后服务保证。市售清洗剂品种齐全，对各种金属针对性强，脱脂率高，配方保密并受专利保护。清洗剂一般为中性、弱酸性或弱碱性，其组成可分 4 种基本成分：助剂（B）、表面活性剂（E）、溶剂（S）和水（W）。适用于铝及铝合金的清洗剂通常为 EW 型和 BEW 型。

1）6501 清洗剂，对矿物油和植物油都有很好的脱脂效果，对基体金属有较好的缓蚀性能。

2）三乙醇胺油酸皂，脱脂率高，对铝合金无腐蚀。

3）SP-1 清洗剂，有较好的脱脂能力，泡沫少，可用喷淋和超声波清洗，清洗温度不宜超过 70℃。

4）820 清洗剂，脱脂能力强，特别是清洗手汗、热处理残留盐浴均效果较好，抗硬水能力强，但需加热使用，使用浓度高。

5）816 清洗剂，脱脂效果与缓蚀效果均好。

6）LCX-52 清洗剂，能在常温下脱脂，抗硬水性高。

7）LF-1 和 LF-2 清洗剂，适用各种有色金属工件的脱脂。

8）AC-98 和 LC-99 清洗剂，属 BEW 型，含 6 种性质不同的表面活性剂，能有效除去各种油污。AC-98 适用于酸性脱脂，只能用于各种铝合金的脱脂。LC-99 适用于中性及碱性脱脂，能用于各种金属材料，是本书作者多年精心研制的产品之一。

2. EW 型和 BEW 型清洗剂

铝合金用 EW 型和 BEW 型清洗剂见表 2-21。

表 2-21 铝合金用 EW 型和 BEW 型清洗剂

成分	含量（质量分数,%）	工 艺
平平加清洗剂	1~1.5	温度：60~80℃；时间：5 min；清洗时保持槽液流动或移动工件
水	余量	
SP-1 清洗剂	1	温度：室温；时间：3~4min
105 清洗剂	1	
硅酸钠	0.2	
三聚磷酸钠	0.2	
碳酸钠	0.1	
水	余量	
105 清洗剂	0.3	喷淋清洗；温度：60~90℃；时间：4~6min；喷淋压力：0.39~0.49MPa
TX-10 清洗剂	0.2	
水	余量	
664 清洗剂	0.3~0.5	温度：50℃；时间：1~2min；清洗时保持槽液流动或移动工件
平平加清洗剂	0.5	
三乙醇胺	0.3	
乳化油	0.01	
水	余量	

3. BW 型清洗剂

BW 型清洗剂就是传统的碱性清洗剂，能有效清除铝合金表面的油污、尘土、氧化皮等。下面是一个效果较好的配方：

碳酸钠（Na_2CO_3） 40~60g/L
磷酸三钠（Na_3PO_4） 40~50g/L
硅酸钠（Na_2SiO_3） 2~5g/L
海鸥润湿剂（或 OP-10） 0.4~0.5g/L
pH 值 8~8.5

温度 70～90℃

时间 3～5min

4. ESW型清洗剂

ESW型清洗剂就是传统的乳化液清洗剂，由有机溶剂、乳化剂、水组成。大量的乳化剂参与清洗，对油脂的乳化作用增强，油脂同时又被有机溶剂溶解稀释而黏度下降，水又可溶解无机物，使其润湿、分散、脱离金属表面。这些综合作用使ESW型清洗剂脱脂能力特强，可以用于除去有机溶剂和碱性清洗剂无法除去的油污。它的缺点是会有残留油脂。所以一般用于污染严重，油污顽固工件的初期脱脂。下面是一种常用的ESW型清洗剂：

苯酚油（含质量分数为25%的苯酚） 100mL

三氯乙烯 250mL

煤油磺酸盐 20～40mL

三甲酚 20～40mL

肥皂 90～100g

硅酸钠 0.5～1g

水 10～25mL

一般污染工件，0.5～1 min即可清洗干净。对于有较厚油污的工件，10 min以内也可洗净。但此配方成本较高。下面是这个配方的改进型，成本只有原来的25～30%：

苯酚油（含质量分数为25%的苯酚） 100mL

煤油磺酸盐 5～10mL

混脂酸 0.5～1mL

肥皂 50～60g

硅酸钠 0.3～0.8g

水 0.5～1mL

温度 80℃

5. S型清洗剂

S型清洗剂就是传统的有机溶剂清洗剂，一般用石油系列溶剂和高清洗能力的有机溶剂。三氯乙烯价格低，清洗力强，可以采用浸洗，也可用于气相清洗，所以最常用。但会受光、热、氧、金属微粒等因素影响，和水反应分解成盐酸和有毒气体，故需添加稳定剂，市售的专用三氯乙烯清洗剂一般都加有各种稳定剂。下面是两种常用三氯乙烯清洗剂配方。

配方一：

三乙胺	0.05%（质量分数，下同）
环氧氯丙烷	0.5%
四氢呋喃	0.5%
三氯乙烯	余量

配方二：

四氢呋喃	0.2%（质量分数，下同）
吡啶	0.01%
异丁醇	0.1%
乙酸乙酯	0.02%
三氯乙烯	余量

采用中药赤芍和栀子也可作三氯乙烯的稳定剂，而且效果好，价格低。用质量分数为3%的赤芍作稳定剂清洗铝件，pH值为5～8时，清洗剂可用一个多月。

2.2.6　超声波脱脂

超声波是频率在16 kHz以上的高频声波。往脱脂槽中发射一定功率的超声波，对脱脂过程起促进作用。超声波对脱脂的作用类似于槽液的搅拌、循环回流，只是效果要显著得多。也有将工件放在纯水中，不加任何脱脂剂，施以超声波进行脱脂。这种脱脂效果比较差，只用在特定场合，如工件已经过多次前期脱脂处理，表面基本无油，工件表面不允许任何杂质污染的清洗处理，如需要真空镀膜的工件、半导体工件。一般是在碱性脱脂、酸性脱脂、电解脱脂、有机溶剂脱脂的同时施以超声波，可大大提高脱脂效率，对于处理形状复杂、有细孔和不通孔的工件更加有效。超声波脱脂的工艺要求如下：

1）超声波发生器的功率。一般超声波的功率越大，脱脂效果越好。当超声波场强度达到0.3 W/cm^2以上时，溶液间每秒钟发生数万次激烈碰撞，碰撞压力为5～200 kPa，产生非常大的能量，形成极高的液体加速度，使油污迅速除净。但过高的超声波功率，会产生噪声污染和消耗电能。

2）超声波的加入方式。可以将超声波换能器直接装在槽壁上，也可以把换能器放在清洗槽内。采用前者超声利用率低，要求超声功率大；采用后者超声利用率高，超声功率可以较小。一般要通过试验才能找到超声波换能器在脱脂槽安置的最佳部位。

3）超声波的频率和振幅。针对脱脂工件的形状和大小，合理选用超声波的频率和振幅，可以起到最佳的效果。形状较复杂的小制品可用高频低振幅的超声波，表面较大的制品可使用频率较低的超声波（15～30kHz）。

4）工件的位置。超声波是直线传播的，与超声波传播方向垂直的工件表面脱脂效果最好。为了提高工件凹陷部位及背面的脱脂效果，最好不断旋转或翻滚工件。

2.2.7　电解脱脂

电解脱脂是将金属浸在特定的电解液中，通上直流电进行电解处理，以达到脱脂的目的。要脱脂的工件可以是阴极，也可以是阳极。工件是阴极的叫阴极电解脱脂，工件是阳极的叫阳极电解脱脂。电解脱脂比化学脱脂效率高得多，并且脱脂彻底。

铝合金化学性质活泼，阳极电解会生成阳极氧化膜，或发生腐蚀溶解，所以不能使用阳极电解脱脂。铝合金没有氢脆现象，可以使用阴极电解脱脂。电解脱脂液一般是碱性的，铝合金的常用电解脱脂工艺见表2-22。

表2-22　铝合金的常用电解脱脂工艺

成分及工艺条件		配方号			
		1	2	3	4
质量浓度/（g/L）	Na_2CO_3	7～14	25～40	20～30	5～10
	$Na_2PO_4 \cdot 12H_2O$	8～16	25～40	20～30	15～20
	Na_2SiO_3	—	—	3～5	15～20
	表面活性剂	1.5～3	—	—	—

（续）

成分及工艺条件		配方号			
		1	2	3	4
工艺条件	阴极电流密度/(A/dm^2)	3~4	2~3	—	5~7
	温度/℃	60~70	70~80	70~80	40~50
	时间/min	1~3	1~3	1~3	0.5

影响电解脱脂的各种因素如下：

（1）氢氧化钠的浓度　氢氧化钠是强电解质，其水溶液导电能力强，浓度越高，导电能力越强，电流密度大，脱脂速度快。氢氧化钠对钢铁有钝化作用，可以防止钢铁工件在阳极电解脱脂时腐蚀。氢氧化钠对铝合金有强烈的腐蚀性，所以不能用于铝合金的电解脱脂。

（2）表面活性剂的选择　电解脱脂时，表面活性剂的作用已降到次要地位。通常不大量使用 OP-10、烷基硫酸钠、洗净剂 6501、6502 及肥皂等表面活性剂。因为它们的发泡能力强，若电解脱脂液中大量添加上述成分，工作时，产生的大量含有氢气、氧气的泡沫会覆盖整个槽液表面，长期堆积难以散去，遇到电极接触不良产生的电火花，极易爆炸。因此，电解脱脂液中通常只加入磷酸三钠、碳酸钠、硅酸钠和低泡表面活性剂。动物油和植物油在电解过程中会产生肥皂，也会导致槽液泡沫越来越多。当槽液上面的泡沫太多时应及时驱散，取出和放进工件时要及时切断电源，避免发生爆炸。

（3）电流密度　提高电流密度，可以提高脱脂速度和改善深孔和不通孔内的脱脂效果。但电流密度太高时，会形成大量的碱雾，污染车间里的空气，还可能腐蚀工件。不仅在阳极脱脂时会产生腐蚀作用，铝合金工件在阴极脱脂电流密度太大时，也会因阴极区溶液的 pH 值升高，而溶解腐蚀。合适的电流密度，保证析出足够的气体，才能将工件表面的油污清除干净，一般为 3~10A/dm^2。

（4）温度　提高温度可降低电解液的电阻，增加电流密度，促进油污的皂化和乳化作用，加快脱脂速度，提高脱脂效率，节约电能。但温度过高，不仅消耗大量的热能，热蒸汽污染车间的空气，恶化劳动条件，还可能腐蚀铝合金工件，合适的温度是70～90℃。电解脱脂主要靠电解作用，槽液的温度可低于化学脱脂。

（5）槽体和电极材料　铝合金的电解脱脂槽，应使用钢质或衬钢材料，但不能把钢槽当电极使用。若钢槽参加电解，就会破坏钢槽的防腐层，导致铁元素溶入电解液中，使电解液被污染而报废。电极可以用不溶性材料制成，如石墨、不锈钢、镍板等。

2.2.8　金属脱脂质量检测方法

金属工件脱脂清洗的效果，可有许多种试验方法进行评定。表2-23列出了一些比较简单常用的评定方法。

表2-23　金属脱脂评定方法

名称	试验方法	评定规则	特　点
水膜法	清洗后的试样浸入洁净的水中，取出检查	试样表面带有一层连续的水膜。如水膜在出水后最初的几秒钟内就破裂，表明油污未除净	这是工业上最常用的一种方法，简单直观 表面若留有残渣，会影响结果的判断。可在酸中浸洗后再进行水膜试验 高浓度的表面活性剂的残留会影响结果的判断
揩拭法	清洗后的试样用白布或白纸擦拭	白布或白纸留有污迹，表明清洗效果不好	定性方法，简单直观
荧光法	试样涂刷带有荧光染料的油污，清洗脱脂后，再在紫外线下进行检查	用带网格的透明评定板，在紫外线下检查残留的荧光区域大小	方法可以定量，但需人工制备油污和试样，灵敏度较水膜法低
称重法	试样用乙醚清洗、干燥、称重，再用油污污染。然后用脱脂液清洗，干燥后再称重	比较称重的差值，即为油污残留量	方法可以定量，但只能用作试验
镀铜法	脱脂后的试样放入含硫酸铜15g/L、硫酸0.9g/L的水溶液中20s	干净表面将化学沉积上一层铜膜，附着牢固，而在油污残留的部分则无铜沉积	方法直观，但只限于钢铁件

第3章　钢铁的化学转化膜

3.1　钢铁材料简介

钢铁材料是以铁为主要元素的金属材料。铁是有光泽的银白色金属，硬而有延展性，熔点为1535℃，沸点3000℃，有很强的铁磁性，并有良好的可塑性和导热性。

在我们的生活里，钢铁材料可以算得上是最有用、最价廉、最丰富、最重要的金属材料了。工农业生产中，钢铁材料是最重要的基本结构材料，用途广泛；国防和战争更是钢铁材料的较量，钢铁材料的年产量代表一个国家的现代化水平。但钢铁材料有一个最大的缺点就是容易腐蚀，而且腐蚀产物疏松，会吸潮，不能对钢铁材料表面起保护作用，反而会促进钢铁材料的进一步锈蚀。因此，生锈的钢铁材料如果不采取措施的话，会一直锈蚀下去，直到完全变成铁锈为止。

钢铁制品的腐蚀，主要来源于大气中的氧和水，以及空气中含有的 SO_2、CO_2、H_2S 等。因此，有必要在表面预处理中，采用各种可能的手段（机械的、化学的）来消除这种腐蚀产物，以提高钢铁制品表面涂层的保护性能。

3.2　钢铁的腐蚀

3.2.1　腐蚀的分类

钢铁腐蚀是指钢铁表面与周围的介质（液体和气体）发生化学或电化学反应而受到损坏的过程。钢铁腐蚀通常分为化学腐蚀和电化学腐蚀两大类。

1. 化学腐蚀

化学腐蚀是指钢铁表面与非电解质直接发生纯化学反应而引起的破坏。在化学腐蚀过程中，电子的传递是在钢铁与氧化剂之间直接进行的，因而没有电流产生。例如，钢铁在干燥气体和非电解质溶液中发生的腐蚀；含硫石油等有机物质在钢铁上作用所产生的腐蚀；高温加工和处理时因氧化而产生的氧化皮等，都属于这一范畴。

化学腐蚀的特点是反应全部直接在钢铁表面发生，生成的腐蚀产物多紧密地附着于钢铁表面而形成膜层。形成的膜层的厚薄和疏松紧密程度，直接影响到钢铁腐蚀的速度。疏松膜层的钢铁腐蚀速度快，紧密膜层的钢铁腐蚀速度慢。

2. 电化学腐蚀

电化学腐蚀是指钢铁表面与有离子导电的介质发生电化学反应而产生的破坏。在电化学腐蚀过程中，电子的传递是通过钢铁从阳极区流向阴极区的，其结果必然导致电流的产生。例如：钢铁在大气中的腐蚀是因钢铁与大气中的潮气、氧共存发生电化学反应所致，这里，潮气和氧气任缺其一时，腐蚀都不会发生。电化学腐蚀的机理，实际上是一个短路的伽伐尼原电池的电极反应结果。这种原电池又称为腐蚀原电池。

3.2.2　大气腐蚀及锈蚀级别

1. 大气腐蚀

金属腐蚀是因为金属与大气中的潮气、氧共存而造成的，当潮气或氧气任缺其一时，腐蚀都不会发生。显然，这类腐蚀属电化学腐蚀。大气腐蚀的影响因素如下：

（1）湿度　空气中含有水蒸气。湿度表示空气中水蒸气的含量。绝对湿度是指单位体积空气中所含水蒸气的质量，以 g/m^3 表示。相对湿度是指空气中水蒸气含量对同一温度时空气中饱和水蒸气含量的比值，以百分数表示。

当空气中的相对湿度达到一定值时，金属表面会形成一定厚度的水膜，电化学腐蚀速度会突然上升。此时的相对湿度对于每种金属而言，称为它的临界相对湿度。影响金属腐蚀的实际上是相对湿度。钢铁件在相对湿度为65%以上时，会产生锈蚀。

（2）氧气　中性介质中的金属腐蚀主要因为氧的去极化过程。没有氧气，金属的大气腐蚀不会发生。金属表面吸附的水膜相当薄，使空气中的氧很容易溶解、扩散到金属表面的阴极区，造成氧的去极化过程非常顺利。因此，氧在大气腐蚀中起主要作用。

（3）温度　金属的锈蚀速度随温度的提高而加快，主要由于化学反应在温度提高时速度加快。金属在大气中腐蚀时，只有在空气中的相对湿度处于临界相对湿度以上时，反应速度才随温度的提高而加快。反应速度用下式表示：

$$A=(H-65)\times 1.045t/10$$

式中　A——锈蚀度，是用于锈蚀比较的数据；

H——空气相对湿度（%）；

t——温度（℃）。

从上式可知，当相对湿度为65%时，$A=0$，表示无锈蚀；当相对湿度低于65%时，A为负值，此时无论在什么温度下，金属是不容易生锈的；当相对湿度大于65%时，金属腐蚀明显加剧。温度每上升10℃，锈蚀速度就会加快1倍左右。

（4）空气中的污染物　大气中的有害气体如CO_2、SO_2、H_2S、HCl等与空气中的水雾接触时，会溶解在雾水中，形成酸性电解质，从而加速金属腐蚀。大气中的灰尘散落在金属表面上，易结露并吸附有害气体而产生腐蚀。

（5）金属表面状况　表面粗糙的金属易吸附潮气并形成水膜，其腐蚀速度较表面光洁的要快。金属制品的凹处、缝隙、沟槽、不通孔等均能明显降低水膜的蒸汽压，从而降低形成水膜的临界相对湿度，促进大气中电化学腐蚀的产生。

2. 金属的锈蚀级别

金属锈蚀可分为以下四级：

（1）微锈　光亮的金属表面失去光泽，呈灰暗色，表明此时已开始生锈。

（2）浮锈　金属表面出现的一层淡棕色或黄色的细粉末状锈迹。

（3）迹锈　金属表面呈现的棕色锈蚀粉末状产物较明显。当锈蚀产物质消除后，金属表面变得粗糙，甚至留有锈痕。

（4）层锈　金属表面呈现黑色片状锈蚀产物，甚至有凸起的锈蚀斑点，此时表明产生层锈。当除去腐蚀产物后，金属表面呈现麻点锈坑。

3.2.3　表面主要污物的类型及影响

1. 氧化皮

氧化皮是钢铁在高温下发生氧化作用而形成的腐蚀产物，由氧化亚铁（FeO）、四氧化三铁（Fe_4O_3）、三氧化二铁（Fe_2O_3）组成。一般存在于热处理件、锻件和焊接件等的表面。氧化皮的结构由 3 层组成。从内向外为：氧化亚铁（FeO）、四氧化三铁（Fe_4O_3）三氧化二铁（Fe_2O_3）。其中氧化亚铁结构疏松，保护作用较弱，而四氧化三铁、三氧化二铁结构致密，有较好的保护性。

氧化皮质脆，没有延伸性，在机械作用和热加工作用下，很容易产生龟裂而脱离。氧化铁和氧化亚铁在水作用下生成氢氧化铁，使得氧化皮体积膨胀而龟裂，甚至脱落。

在原有的氧化皮上，总是存在着深达基体的裂纹。当电解质渗进裂纹后，铁和氧化皮构成原电池。氧化皮是阴极，铁作为阳极而加速腐蚀。因此，氧化皮的面积越大，钢铁基体的腐蚀速度越快，腐蚀越严重。

2. 铁锈

铁锈是铁的氧化物与氢氧化物及其含水分子氢氧化物的混合体。锈蚀初始的钢铁表面发暗，轻锈呈暗灰色，进一步发展成褐色或棕黄色，严重的有疤或锈坑。

铁锈与铁形成腐蚀原电池，铁作为阳极，从而造成铁的进一步腐蚀。形成的腐蚀产物质地疏松，水汽容易被吸入，这又加剧了电化学腐蚀，使得腐蚀产物的体积膨胀，从而造成涂膜起泡、龟裂甚至脱落。

3. 焊渣

焊渣由钢铁的氧化物、无机盐类、氯化铵（NH_4Cl）氯化锌

（$ZnCl_2$）松香等物组成。由于焊渣性质脆、多孔，水汽容易进入，促使涂膜下的钢铁腐蚀，失去保护作用。

此外，油污、旧漆、钢铁表面缺陷，以及脱脂酸洗或喷砂后没及时进行涂膜而产生的二次污染，都会对涂膜层产生影响，从而降低其保护性能。

3.3　表面预处理

3.3.1　脱脂

钢铁脱脂的基本方法见表3-1。

表3-1　钢铁脱脂的基本方法

脱脂方法	操作方法	优、缺点
燃烧法	工件加热到300～400℃，使油脂燃烧掉	油脂可完全烧掉，但工件上可能留有残炭
喷砂（丸）法	喷砂（干喷或湿喷）喷丸、抛丸	喷砂可以使脱脂和除锈一次完成，但不适合于断面厚度较小的工件（薄板）和小型工件
碱液清洗	可用浸渍、喷淋或滚筒方式进行	传统的“三碱”脱脂价格低廉，方法简便，能留下亲水性干净表面。但难皂化的油污，其脱脂效果差
乳化清洗	溶剂乳化清洗，表面活性剂水溶液清洗	含有机溶剂和表面活性剂，可除去油污及无机盐，但溶剂乳化清洗除不尽树脂化的油类和渗微孔中的油脂，表面活性剂易起泡沫
溶剂清洗	冷溶剂清洗，包括擦洗、浸洗、喷洗	对油脂类污物有良好的溶解能力，但使用中应注意安全
	蒸汽清洗，包括单一蒸汽清洗；蒸汽－浸渍—蒸汽；蒸—喷淋—蒸汽；沸腾溶剂—热溶剂—蒸汽清洗	脱脂速度快，效率高。但很难除去无机盐和碱类物质

（续）

脱脂方法	操作方法	优、缺点
溶剂清洗	两相清洗	用相互不溶的水和氯烃（如三氯乙烯过氯乙烯或二氯甲烷）做溶剂，适用于除去油溶性和水溶性污物
电解清洗	阴极电解清洗，阳极电解清洗	用阳极电解清洗可免氢脆，用阴极电解清洗可避免其被溶解，均能获得洁净的表面
超声波清洗	在水溶液中或有机溶剂中浸渍清洗	清洗作用很强能除去黏稠污物、能渗入小缝隙清洗嵌入污物。且不损伤基体

碱液清洗是利用碱的化学特性为主的一种清洗方法。由于其原料价格低廉，设备简单，操作方便，故广泛应用于生产中。

由于工业油污的组成极复杂，使用单一碱性物质很难达到预期目的，因此，脱脂碱液常用多种原材料配制。常用的钢铁件碱脱脂剂配方见表3-2。

表3-2　常用的钢铁件碱脱脂剂配方

成分及工艺条件		配方号							
		1	2	3	4	5	6	7	8
质量浓度/(g/L)	氢氧化钠	30~40	60~100	—	80~100	3~34	4	1~11	10~15
	碳酸钠	30~40	20~60	25~35	40~60	3~32	8	0.3~0.38	100~150
	磷酸三钠	30~40	15~30	25~35	30~40	—	4	—	50
	焦磷酸四钠	—	—	—	—	0.7~8	—	0.4~4.5	80~100
	硅酸钠	5	5~10	—	2~4	1~11	—	—	—
	脂肪酸钠	—	—	—	—	0.3~3	—	0.01~0.1	—
	羟乙基烷酚	—	—	—	—	0.2~1.8	—	0.004~0.05	—
	羟乙基醇	—	—	—	—	—	—	0.04~0.5	—
	磺酸萘	—	—	—	—	—	—	0.004~0.05	—
	OP乳化剂	1~2	—	—	—	—	—	—	0.5~0.7
	合成洗涤剂	—	—	0.75	—	—	—	—	—

（续）

成分及工艺条件		配方号							
		1	2	3	4	5	6	7	8
工艺条件	使用温度/℃	80~90	80~90	80~100	90~95	50~100	80~90	40~70	80~90
	清洗方式	浸渍	浸渍	浸渍	浸渍	浸渍	喷淋	喷淋	浸渍
	其他	—	—	—	—	—	压力100~200kPa	压力35~210kPa	—

3.3.2 除锈

钢铁进行化学转化膜处理前应将其表面的氧化皮和铁锈除尽，否则将影响工件表面的漆膜附着力、装饰性和使用寿命。

工业除锈方法一般有两大类，即机械除锈法和化学除锈法。

1. 机械除锈法

机械除锈法是利用摩擦、冲刷、撞击、切削等机械作用力，使磨粒作用于工件表面而除去锈迹、高温氧化皮、焊渣、钢铁腐蚀产物及旧漆等。工业上常用的方法有喷砂、喷丸或抛丸、手工除锈等，近年来已开放出激光除锈新技术。

（1）喷砂处理　干喷砂施工工艺程序为：预脱脂→脱脂→水洗→干燥→干喷砂→清理→磷化处理→冷水洗→热水洗→干燥。

干喷砂后，表面为均匀的无光泽灰色表面，要求达到 GB/T8923.1—2011 规定的 Sa2 $\frac{1}{2}$的表面处理级别。

湿喷砂后，表面为均匀、致密、无光泽或半光泽的灰色。等级与平喷砂相同。

（2）抛丸处理　在抛丸处理前，应将待处理工件预热到 40~50℃，其目的是为了去掉钢铁表面的潮气，同时也缩短处理和涂装的干燥时间。处理氧化皮和铁锈使用的丸粒直径为 0.5~1.5mm。粒径过细不能保证完全清除掉氧化皮，粒径过大则会产生表面粗糙度不均匀的表面。

2. 手工或半机械化除锈法

（1）刷光处理　刷光处理是用弹性很好的钢丝刷或铜丝刷，搓刮钢铁工件表面的铁锈、氧化皮以及污垢等。可以用手工，也可以装在电动装置上进行处理。特点是速度快，不会改变钢铁工件原来的形状，缺点是劳动强度大，除锈不彻底。

（2）抛光处理　抛光处理是利用抛光轮和抛光膏等精细磨料，对钢铁工件表面进行轻微的切削和研磨，以除去锈蚀和表面的细微不平。在除锈的同时，可以提高工件表面的光洁程度。

（3）磨光处理　磨光处理是利用粘附有氧化铝和碳化硅等磨料制成的砂纸、砂布或砂轮进行摩擦，以去除金属表面的铁锈或氧化皮。特点是方便简单，但效率低，对形状复杂的工件不易处理，且对锈蚀严重的部位清理不干净或难清理。

（4）滚光处理　滚光处理是利用装有磨料和工件的滚筒，在电动机的带动下旋转运动，工件在滚筒内不断与磨料翻动滚磨，以消除工件上由于铸造或冲压所形成的毛刺、氧化皮和铁锈。与抛光、磨光处理方法相比，此方法能降低成本，提高生产率。

（5）高压水处理　高压水处理是利用高压水流的冲击力来进行除锈的，是较新的除锈方法。适用于处理大面积的钢铁锈蚀物、氧化皮、旧涂膜等。该方法应利用专用的处理设备，在自动化程度很高的地方应用高压水处理，具有处理效率高、成本低的优点。一般高压水连续射流压力为20～80 MPa。该方法的缺点是易产生水锈，因此可在水中添加适当的缓蚀剂，如亚硝酸钠，以避免产生严重的水锈。

（6）激光除锈　激光是能量高度集中的光束。激光除锈的原理是，当基体表面附着物（如污垢、有机涂层、锈迹、氧化皮等）吸收激光能量后，或是熔化，或是汽化挥发，或瞬间受热膨胀并被蒸发带动脱离基体表面，从而达到清洁基体表面的目的。

目前对激光的清洗作用，一般认为可分为两类。一类是利用基体与其表面附着物对某一波长的激光吸收系数的巨大差别，当激光辐射表面时，其能量大部分被附着物吸收，并在极短的时间里（约为10^{-11}s）将光能转化为热能，从而发生上述的净化过程，而基体吸收的能量小，不受损伤。另一类是基体与基体表面附着物的吸收系数差别不大，则利用高功率高重复频率的脉冲激光冲击表面，一方面使附着物迅速升温，并因产生应力而脱离基体；另一方面，有部分光束转变为声波冲击下层表面，并因入射声波与反射声波发生干涉，产生高能波，使附着物破碎而脱离基体。

激光清洗的设备示意图如图3-1所示。

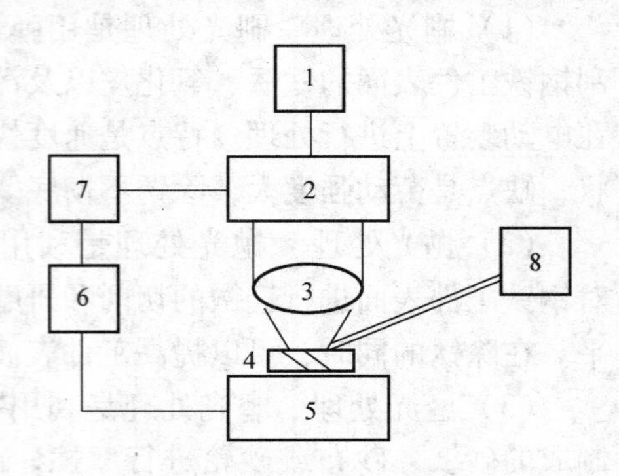

图3-1　激光清洗设备示意图
1—监视系统　2—光学系统　3—透镜
4—被清洗工件　5—工作台　6—计算机
7—激光器　8—吸尘装置

（7）机械除锈的质量监控　磨料在工件表面的摩擦、撞击、切削等作用，一方面能使铁锈污物脱离基体，同时也会使基体受到磨损，在不同程度上改变工件的表面粗糙度。因此，评价机械除锈质量，主要包括两个方面，即锈层、污物的去除程度和除锈后工件的表面粗糙度。

机械除锈后，工件的表面粗糙度对化学转化膜质量有很大影响。

1）表面粗糙度的测量。表面粗糙度在试验室可用轮廓仪、显微镜等进行测量。工作现场可用磁性厚度仪或便携式表面粗糙度仪进行测量。用标准样块进行比较，更为方便和实用。

工件表面粗糙度与磨料的粒度、形状、材质、喷射速度、距离、作用时间等工艺参数有关，其中磨料粒度影响最大。表3-3是不同磨料粒度及对应的表面粗糙度。

表3-3　磨料粒度及对应的表面粗糙度

磨　　料	孔径/mm（最大粒度/目）	最大表面粗糙度/μm
河砂　极细	通过0.180（80）	38.1
河砂　细	通过0.450（40）	48.26
河砂　中	通过1.00（18）	63.5
河砂　粗	通过1.60（12）	71.12
钢砂　G-80	通过2.00（10）	33.02～76.2

（续）

磨　　料	孔径/mm （最大粒度/目）	最大表面粗 糙度/μm
铁砂　G-50	通过0.750（25）	83.82
铁砂　G-40	通过1.00（18）	91.44
铁砂 G-25	通过1.25（16）	101.6
铁砂 G-16	通过1.60（12）	121.92
铁丸 S-170	通过0.90（20）	45.72～71.12
铁丸 S-230	通过1.00（18）	76.2
铁丸 S-330	通过1.25（16）	83.82
铁丸 S-390	通过1.80（11）	91.44

2）除锈质量。钢材表面原始锈蚀程度见表3-4。钢材表面除锈质量等级见表3-5。

表3-4　钢材表面原始锈蚀程度（GB/T 8923.1—2011）

等级符号	锈蚀程度
A	大面积覆盖着氧化皮而几乎没有铁锈的钢材表面
B	已发生锈蚀，并且部分氧化皮已经剥落的钢材表面
C	氧化皮已因锈蚀而剥落，或者可以刮除并且在正常视力观察下可见轻微点蚀的钢料表面
D	氧化皮已因锈蚀而剥落，并且在正常视力观察下普遍发生点蚀的钢材表面

表3-5　钢材表面除锈质量等级（GB/T 8923.1—2011）

等级符号	除锈方式	除锈质量
Sa1	轻度的喷射清理	在不放大的情况下观察时，表面应无可见的油、脂污物，并且没有附着不牢固的氧化皮、铁锈、涂层和外来杂质
Sa2	彻底喷射清理	在不放大的情况下观察时，表面应无可见的油、脂和污物，并且几乎没有氧化皮、铁锈、涂层和外来杂质。任何残留污染物应附着牢固
Sa2 $\frac{1}{2}$	非常彻底的喷射清理	在不放大的情况下观察时，表面应无可见的油、脂和污物，并且没有氧化皮、铁锈、涂层和外来杂质，任何污染物的残留痕迹应仅呈现为点状或条状的轻微色斑

（续）

等级符号	除锈方式	除锈质量
Sa3	使钢材表观洁净的喷射清理	在不放大的情况下观察时，表面应无可见的油、脂、污物，并且应无氧化皮、铁锈、涂层和外来杂质，该表面应具有均匀的金属色泽
St2	彻底的手工和动力工具清理	在不放大的情况下观察时，表面应无可见的油、脂、污物，并且没有附着不牢的氧化皮、铁锈、涂层和外来杂质
St3	非常彻底的手工和动力工具清理	同St2。但表面处理应彻底得多，表面应具有金属底材的光泽
F1	火焰清理	在不放大的情况下观察时，表面应无氧化皮、铁锈、涂层和外来杂质，任何残留的痕迹应仅为表面变色（不同颜色的阴影）

3. 化学除锈法

化学除锈法就是利用化学反应来消除金属表面的氧化皮、铁锈和各种腐蚀物。其方法分为酸洗除锈、综合除锈、碱性除锈和电解除锈等。

（1）酸洗除锈　钢铁表面的氧化物因大气腐蚀而生锈，其腐蚀产物一般是氢氧化亚铁与氢氧化铁，因高温而产生的氧化皮主要成分为四氧化三铁、三氧化二铁。由于铁的氧化物大多呈碱性，故很容易与酸反应而被溶解。

与硫酸反应：

$$FeO + H_2SO_4 \rightarrow FeSO_4 + H_2O$$

$$Fe_2O_3 + 3H_2SO_4 \rightarrow Fe_2(SO_4)_3 + 3H_2O$$

$$Fe_3O_4 + 4H_2SO_4 \rightarrow FeSO_4 + Fe_2(SO_4)_3 + 4H_2O$$

与盐酸反应：

$$FeO + 2HCl \rightarrow FeCl_2 + H_2O$$

$$Fe_2O_3 + 6HCl \rightarrow 2FeCl_3 + 3H_2O$$

$$Fe_3O_4 + 8HCl \rightarrow FeCl_2 + 2FeCl_3 + 4H_2O$$

同时，铁与酸反应而析出氢气：

$$Fe + 2HCl \rightarrow FeCl_2 + H_2 \uparrow$$

$$Fe + H_2SO_4 \rightarrow FeSO_{4+} \ H_2 \uparrow$$

氢气的逸出，能把难溶的黑色氧化皮机械地剥落下来，加快除锈速度。但会使裸露的基体金属溶解，导致过腐蚀发生。另外，溶解铁所析出的氢渗入金属体晶相内部，导致金属表面力学性能降低，这就是所谓的氢脆现象。特别是高碳钢和弹性体，由于氢脆可能造成工件断裂报废。而氢分子从酸中逸出时，易产生酸雾，影响工作环境并腐蚀操作设备。为了防止氢脆现象，常在酸液中添加金属缓蚀剂，来减缓金属表面溶解。一方面其对氧化皮的溶解不影响；另一方面又能减少氢的析出，从而减少金属的吸氢。缓蚀剂的作用原理是，由于其能被附着在金属的阳极上阻碍电化学腐蚀的作用，从而降低金属的腐蚀。若已经渗氢的产品则必须在高温（180～200℃）下，进行2～3h的脱氢处理，以防日后发生事故。

工业上常用的酸洗缓蚀剂见表3-6。

表3-6 工业常用酸洗缓蚀剂

名称	主要成分	溶液组成（质量分数,%）	使用量（质量分数,%）	缓蚀效率（%）	使用温度/℃
若丁	三邻甲苯基硫脲淀粉、平平加、氯化钠	HCl <18 H_2SO_4 <20 H_3PO_4	0.2～0.5	>95	<60
乌洛托平	分子式 $C_6H_{12}N_4$	HCl 10 H_2SO_4 10	0.3～0.5	70 80	40
硫脲	分子式 CH_4N_2S	H_2SO_4 10 H_3PO_4 10 HCl、HF	0.1～0.3	74 93	60
FH-1酸洗缓蚀剂	石油产品提炼的含氮化合物	H_2SO_4、HCl、HF、HNO_3、H_3PO_4	1～1.5	98	60～100
沈1-D	苯胺与甲醛的缩合物	HCl 10	0.5	96	50

（续）

名　称	主要成分	溶液组成/(质量分数,%)	使用量（质量分数,%）	缓蚀效率(%)	使用温度/℃
FH-2	石油副产品提炼的含氮化合物	HCl　10 H_2SO_4、HF	0.4～1.0	99	70
咪唑-硫脲	咪唑化合物与硫脲	H_2SO_4　10～20 HCl	0.1～0.3	—	50
工读-3号	苯胺与乌洛托平缩合物	HCl　10 H_2SO_4	0.4	96	50
SH-416酸洗缓蚀剂	吡唑酮衍生物与助剂	HF≤2 HCl　10	0.3 0.2～0.3	98	30～50
柠缓-1号	咪唑啉类与吡唑酮类	$C_6H_8N_7$　3～4	0.3	90～95	—

缓蚀剂抑制腐蚀的作用是有选择性的，它与腐蚀介质的性质、温度、流动状态、被保护金属的性质，以及缓蚀剂的种类等都有密切的关系。某些条件的改变，都可能引起缓蚀效果的改变。因此，需要了解缓蚀剂的作用及缓蚀效果的测定方法，以及正确地选择和应用缓蚀剂。

（2）碱性除锈　铁锈或铁的氧化物不能直接在碱液中溶解，也不会很快从金属表面脱落，必须使氧化物溶解于碱形成络合物。能够和三价铁反应而生成络合物的化合物有氰化钾、羟基羧酸和氨基多元羧酸等。这种碱性除锈剂对金属的腐蚀性小，很少产生有害物质，没有酸洗过程中产生的酸过腐蚀现象；产生的氢气也很少，基本无氢脆现象。被清洗工件表面的锈蚀物和油污可同时去除，并且具有缓蚀作用。除锈后的水洗过程简单方便，只是处理时间较长，使用温度高，成本较硫酸或盐酸处理高，凹坑中存在的铁锈难以除净，对黑色氧化皮无效等。由于不发生氢脆和过腐蚀金属，所以碱性除锈在小型精密零件和航空航天产品中应用广泛。

（3）电解除锈　电解除锈是把被处理工件浸在电解液中通以直

流电，通过电化学反应达到除锈目的。电解除锈分为两大类：一类是把除锈件当作阳极，叫阳极除锈；另一类把除锈件当作阴极，叫阴极除锈。

1）阳极除锈。阳极除锈是通电后金属溶解，利用在阳极上产生氧气的机械力来分离锈层。阳极除锈法由于阳极在电解质中被腐蚀，在处理工件表面锈蚀物去除的同时，金属基体也难免被腐蚀。如果仅为了除锈，则不宜采用这种方法。若为了使金属表面达到电抛光效果，则可用此方法。

2）阴极除锈。阴极除锈是利用通电后在阴极上产生的氢气来还原氧化铁，使它易溶于酸液中，再以氢的机械力使锈蚀物从被处理工件上脱落。同时还起到阴极保护的效果。故被处理工件在电解液中没有被腐蚀的现象。在阴极除锈时，阴极除锈时的电流密度大，阴极上有氢气产生，会有氢脆现象。因此，在电解液中必须选用适量的缓蚀剂。

工业上常用的电解除锈液配方见表3-7。

表3-7 电解除锈液配方

序号	硫酸（质量分数,%）	盐酸（质量分数,%）	氢氧化钠（质量分数,%）	电压/V	电流密度/(A/m²)	温度/℃	时间/min
1	12~15	2~3.5	—	5~7	0.02~0.1	50~70	4~7
2	—	—	5~10	6~12	0.02~0.1	室温	1~5

（4）化学除锈常用酸液配方　化学除锈常用酸见表3-8。无机酸除锈效率高，速度快，价格低廉，但如果浓度控制不当，会产生钢铁“过腐蚀”现象。同时，因酸性强，漂洗不干净会腐蚀基体。磷酸和有机酸作用缓和，工件被处理后表面干净，即使有残酸也无严重后果，只是处理速度慢，价格偏高。

表3-8 化学除锈常用酸

名称	分子式	水中溶解度/(g/100g)	使用量（质量分数,%）	温度/℃
硫酸	H_2SO_4	无限大	8~30	室温~60

（续）

名称	分子式	水中溶解度 /(g/100g)	使用量 （质量分数,%）	温度/℃
盐酸	HCl	无限大	15~25	室温
硝酸	HNO_3	无限大	30	室温
磷酸	H_3PO_4	无限大	15	80
氢氟酸	HF	无限大	10	室温

化学除锈配方组成没有非常严格的要求，生产中常根据酸洗对象，在一定范围内做调整。化学除锈酸液配方见表3-9

表3-9 化学除锈酸液配方

序号	配方组成（质量分数）	溶液的质量浓度/（g/L）	温度/℃	酸洗时间/min	操作方式
1	H_3PO_4 70%，硫脲 0.1%～0.3%，乙二醇丁醚 5%，水 25%	60～120	70	—	用于浸渍或喷淋酸洗
2	$Na_4P_4O_{12}$，16.5%，$NaHSO_4$ 80%，硫脲 0.1%～0.3%，十二烷基磺酸钠 3%	30～60	60	—	适用于喷淋或滚筒酸洗
3	HCl 100mL，H_3PO_4 200mL，乌洛托平 3～10g，水 1L	—	30～40	3～10	除锈速度快
4	H_3PO_4 2%～15%，水余量	—	80	30～60	酸洗后，基体金属变灰，适于涂装
5	HCl 100mL，$SnCl_2$ 2g，甲醛 2g，水 1L	—	10～35	0.5～3	除锈能力强
6	H_2SO_4 50mL，$SnCl_2$ 2g，水 1L	—	10～35	1～5	用于除重锈
7	H_2SO_4（10%的水溶液）100mL，甲醛水（40%的水溶液）1mL	—	室温	0.1～10	用于尺寸要求不严格的工件酸洗

（续）

序号	配方组成（质量分数）	溶液的质量浓度/（g/L）	温度/℃	酸洗时间/min	操作方式
8	H_2SO_4 18%，NaCl 4%，硫脲0.3%~0.5%，水余量	—	65~80	20~40	适用清除铸件上的大块氧化皮
9	H_2SO_4 18%~20%，HF2%~5%，NaCl 4%~5%，硫脲0.3%~0.5%，水余量	—	65~80	20~40	适用带砂铸件的酸洗
10	H_3PO_4 15%~25%，乙二醇丁醚7%~20%，水余量	—	室温	—	适用于人工擦拭

3.3.3 电化学抛光和化学抛光

1. 电化学抛光

钢铁的电化学抛光工艺中，磷酸型溶液在工业中应用最为广泛，配方较多，均用铅作为阴极材料，典型的工艺参数见表3-10。由于钢铁材料的种类很多，对于某些牌号的钢铁，不能直接采用表中所列工艺条件，而要做适当变更才能得到良好的效果。

表3-10中各配方的适用范围如下：

配方1通用性好，适于碳钢、低合金钢和不锈钢，是应用最广的电解液。

配方2适于12Cr18Ni9等奥氏体不锈钢。

配方3适于12Cr13等马氏体不锈钢。

配方4适于不锈钢，抛光质量中等，溶液使用寿命长，不需做再生处理。

配方5适于不锈钢，抛光质量较好，溶液使用寿命长，主要用于手表等精密零件。

配方6适于碳钢、低合金钢、高合金钢、铸铁等，强烈搅拌可改善抛光质量。

表 3-10 钢铁磷酸型溶液电抛光工艺

配方号		1	2	3	4	5	6	7	8
质量分数（%）	磷酸（85%）	65~80	50~60	40~45	11	560mL/L	66~70	58	60
	硫酸（98%）	15~20	20~30	34~37	36	400mL/L	—	30	18~22
	铬酸酐	5~6	—	3~4	30	—	12~14	—	—
	甘油	—	—	—	25	—	—	—	—
	明胶	—	—	—	—	7~8g/L	—	—	—
	葡萄糖	—	—	—	—	—	—	2	—
	草酸	—	—	—	—	—	—	—	10~15
	硫脲	—	—	—	—	—	—	—	8~12
	EDTA 二钠	—	—	—	—	—	—	—	1
	水	15~14	15~20	20~17	18		22~16	9	0~3
工艺条件	密度/（g/cm^3）	1.710	1.64~1.75	1.65	>1.46	1.76~1.82	1.70~1.74	—	1.6~1.7
	温度/℃	60~90	50~60	70~80	40~80	55~65	75~80	60~70	室温
	电流密度/（A/dm^2）	20~60	20~100	40~70	10~30	20~50	20~30	2.7~6.5	10~25
	电压/V	—	6~8	—	—	10~20	—	7~8.5	—
	时间/min	1~5	10	5~15	3~10	4~5	10~15	10	10~30

配方7适于含钨的高碳钢以外的大多数普通钢，钢中合金元素允许含量（质量分数）为镍3.75%、钼0.5%、铬1.4%、锰1.75%、钒0.3%。

配方8适于碳钢及含锰、镍等的模具钢。

使电解抛光溶液性能恶化的主要原因是Cr^{3+}和Fe^{3+}的积累。溶液中最高Cr^{3+}（以Cr_2O_3计）的质量分数为1.5%，超过此值时应对溶液进行再生处理。方法是将阴极放入多孔素烧陶瓷筒中，筒内加入10%的硫酸溶液和铅阴极，在阴极电流密度7~10A/dm^2、阳极电流密度4~5 A/dm^2、温度20~40℃、10~12V下进行电解处理，使溶液中Cr^{3+}在阳极表面被氧化成Cr^{6+}，大体上每通电16kW·h便可形成1kg的铬酐。当溶液中Cr^{3+}（以Cr_2O_3计）的质量分数低于0.8%时，便可停止处理而正常使用。

当溶液中Fe^{3+}（以Fe_2O_3计）的质量分数超过7%时，溶液便失去抛光能力，溶液应部分或全部更换。

其他溶液在工业中应用不多。不锈钢的电抛光工艺见表3-11。

表3-11 不锈钢的电抛光工艺

配方号		1	2	3
质量分数(%)		硫酸 50 甘油 40 水 10	硫酸 15~20 柠檬酸 50~70 水 35	硫酸 48 氟硼酸 14 草酸 1 水 37
工艺条件	阴极材料	铅	铅	铜
	温度/℃	80~90	45~125	48~85
	电流密度/(A/dm^2)	30~100	10~20	10~50
	时间/min	3~10	5~10	数分钟

表3-11中配方1抛光效果好，但溶液难于调整和再生；配方2的优点是溶液中积累的铁盐能自动沉淀析出，稳定性好。

2. 钢铁的化学抛光

普通钢铁化学抛光工艺见表3-12。这类材料化学抛光的效果都不甚理想，只能使光亮度有些提高。

表 3-12　普通钢铁化学抛光工艺

	配方号	1	2	3	4	5
质量浓度/(g/L)	硝酸(65%)	130~140	—	—	—	100mL/L
	硫酸(98%)	100~110	—	0.5	0~10 质量份	300mL/L
	磷酸(85%)	—	—	—	—	600mL/L
	缩合磷酸(72%~75%)	—	—	—	90~100 质量份	
	盐酸(37%)	50~60	—	—	—	—
	过氧化氢(30%)	—	70~80	230	—	—
	氟化氢铵	—	20	50	—	—
	尿素	—	20	20	—	—
	苯甲酸	—	1~1.5	—	—	—
	铬酸酐	—	—	—	—	5~10
	酸性橙黄染料	5~10	—	—	—	—
	OP-10 乳化剂	2	0.05	0.2	—	—
工艺条件	pH 值	—	2.1	2	—	—
	温度/℃	70~75	15~30	15~40	180~250	120~140
	时间/min	2~5	0.5~2	0.5~2	数秒至数分钟	<10

表 3-12 各配方的适用范围如下：

配方 1 适于铁素体钢。

配方 2、3 适于低、中碳钢。

配方 4 适于高碳钢。缩合磷酸是将磷酸加热脱水或加入五氧化二磷所得。溶液应密封保存，以防吸水。

配方 5 适于低、中碳钢和低合金钢，抛光前工件应干燥并预热。

3.4　氧化处理

钢铁件的氧化处理，又称发蓝或发黑，其实质是通过化学反应的方法，使其表面生成一层保护性的氧化膜，膜层的颜色取决于钢铁零件的表面状态、合金的成分和氧化处理的工艺条件，一般为黑色或蓝黑色。经抛光的表面氧化后，色泽光亮美观，铸钢和硅含量较高的特种钢，氧化膜呈砖红色或黑褐色。氧化膜厚度一般为0.6～1.5 μm，因此，钢铁氧化处理不影响零件精度。氧化膜多孔，耐蚀性较差，氧化处理后需进行后处理以提高其耐蚀性和润滑性。

氧化处理常用于机械、精密仪器、仪表、武器、日用品的防护和装饰。特别适用于不容许电镀或涂装的零件，以及在油中工作的精密机械零件的防护。

钢铁件的氧化处理方法很多，有碱性氧化法、无碱氧化法和酸性氧化法等，本节主要介绍应用最广泛的碱性氧化法和具有发展方向的环保型的酸性氧化法。

3.4.1 氧化处理机理

钢铁件的氧化处理是指钢铁件表面转化为最稳定的氧化物 Fe_3O_4 的过程，可以认为这种氧化物是铁酸 $HFeO_2$ 和氢氧化亚铁 $Fe(OH)_2$ 的反应产物。Fe_3O_4 可以通过铁与300℃以上的过热蒸汽反应得到，在温度达到570℃之前，反应生成 Fe_3O_4（磁铁）：

$$3Fe + 4H_2O \rightarrow Fe_3O_4 + 4H_2$$

而在超过魏氏体温度时，形成FeO：

$$Fe + H_2O \rightarrow FeO + H_2$$

在温度升高至570℃以上时，磁铁并没有转化为魏氏体，而是产生混合的氧化物，其成分取决于操作温度。此外，在浓碱溶液里氧化产生的膜一样。它的组成并不符合通常的化学表达式。

应用最普遍的钢铁氧化方法是在添有氧化剂如硝酸钠或亚硝酸钠的强碱溶液里，于100℃以上的温度进行处理。其机理一般认为如下：

1）钢铁氧化是个电化学过程，在微观阳极上，发生铁的溶解：

$$Fe \rightarrow Fe^{2+} + 2e$$

2）在有氧化剂存在的强碱性溶液里，Fe^{2+} 按照下述方程式转化成氢氧化铁：

$$2Fe^{2+} + 2OH^- + O_2^- \rightarrow 2FeOOH$$

3）在微观阴极上，这种氢氧化物可能被还原：

$$FeOOH + e \rightarrow HFeO_2^-$$

4）因为氢氧化亚铁的酸性明显低于氢氧化铁的酸性，在操作温度下，继而发生中和及脱水反应，即氢氧化亚铁作为碱，氢氧化铁作为酸的中和反应。反应如下：

$$2FeOOH + HFeO_2^- \rightarrow Fe_3O_4 + OH^- + H_2O$$

5）另一部分氢氧化亚铁可以在微观阴极上直接氧化成四氧化三铁：

$$3Fe(OH)_2 + O \rightarrow Fe_3O_4 + 3H_2O$$

氧化过程的速度，取决于能氧化二价铁离子的亚硝基化合物的形成速度。

从氧化膜的生成过程来看，在开始时，金属铁在碱性溶液里溶解，在金属铁和溶液的接触界面处，形成了氧化铁的过饱和溶液，然后在金属表面上的个别点生成了氧化物的晶胞。这些晶胞的逐渐增长，导致在金属铁表面形成一层连续成片的氧化膜。而当氧化膜完全覆盖住金属表面之后，就将使溶液与金属隔绝，铁的溶解速度与氧化膜的生成速度随之降低。

氧化膜的生长速度以及其厚度，取决于晶胞的形成速度和单个晶胞长大的速度之比。当晶胞形成速度很快时，金属表面上晶胞数多，各晶胞相互结合而形成一层致密的氧化膜，如图 3-2a 所示。若晶胞形成速度慢，待到各晶胞相互结合的时候，晶胞已经长大。这样形成的氧化膜较厚，甚至形成疏松的氧化膜，如图 3-2b 所示。

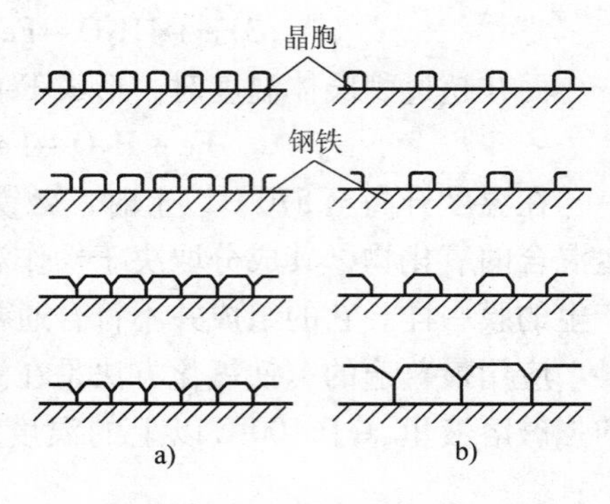

图 3-2　钢铁表面生成氧化膜示意图

钢铁在这一氧化溶液中的溶解速度和它的化学成分与金相组织有关。高碳钢的氧化速度快而低碳钢的氧化速度慢，因此，氧化低碳钢宜采用氢氧化钠含量较高的氧化溶液。

钢铁氧化工艺的特点是在处理高应力钢时，不会产生氢脆。

3.4.2 氧化膜的性质

钢铁氧化膜是由四氧化三铁组成的，它能不被水化。膜的结构和防护性都随氧化膜的厚度的变化而变化。很薄的膜（2～4nm）对工件的外观无影响，但也无防护作用。厚的膜（超过2μm）是无光泽的，呈黑色或灰黑色，耐机械磨损性能差。厚度为0.6～0.8μm的膜有最好的防护性能和耐磨损性能。

无附加保护的钢铁氧化膜的耐蚀性低，并与操作条件有关。如果工件氧化处理后，再涂覆油或蜡，其抗盐雾性能从几小时增加至24～150h。

对膜性能影响较大的是氧化时的溶液温度和碱的浓度。

在溶液的温度接近沸点时，碱的浓度影响成膜的厚度。在很浓的碱溶液（超过1500g/L）里，没有膜的形成，这是由于氢氧化亚铁在这样高浓度的碱溶液中，不会发生水解反应。从图3-3的曲线可以看出温度对氧化膜厚度的影响，图中给出的操作温度比相应的氢氧化钠溶液的沸点要稍微低一些。在沸点温度高于145℃的溶液里，得到的氧化膜生长不良而且为疏松的水合氧化铁，尽管其膜层较厚，但无防护作用。不同浓度氢氧化钠溶液的沸点见表3-13。

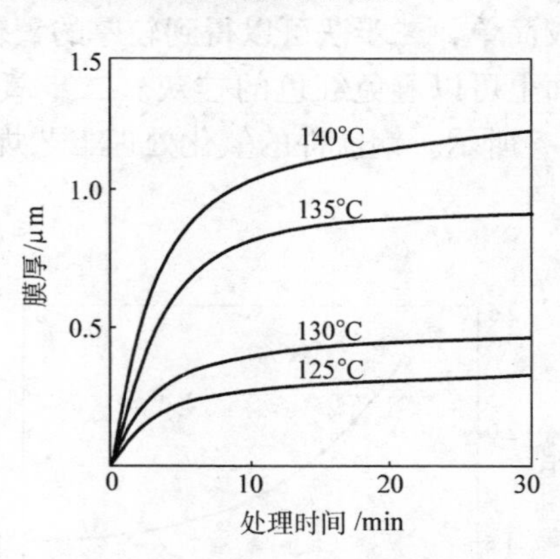

图3-3 温度对成膜速度的影响

表3-13 不同浓度氢氧化钠溶液的沸点

NaOH质量浓度/（g/L）	沸点温度/℃	NaOH质量浓度/（g/L）	沸点温度/℃
400	117.5	900	147
500	125	1000	152
600	131	1100	157
700	136.5	1200	161
800	142		

氧化膜的厚度与氧化剂 KNO_3 质量浓度的关系如图 3-4 所示。随着溶液里氧化剂质量浓度的增加，氧化膜的厚度逐步降低，但是在超过氧化剂的临界浓度后，厚度不再受其影响。这可能是氧化剂通过膜孔隙对钢铁表面的钝化作用所致。

在 NaOH 浓度为 800 ~ 900g/L 的溶液中，于 140 ~ 145℃的温度下进行的化学氧化，得到的膜层防护效果最好。

3.4.3 氧化处理工艺

钢铁的碱性氧化处理是在较高的温度条件下，在含有一定氧化剂的氢氧化钠溶液中进行的。处理工艺分一步法和二步法。一步法工艺较简单，二步法可以得到较厚的氧化膜，耐蚀性较高，而且在工件表面上可以避免红色的挂灰。二步氧化法膜厚与处理时间的关系如图 3-5 所示。钢铁件的氧化处理工艺规范见表 3-14。

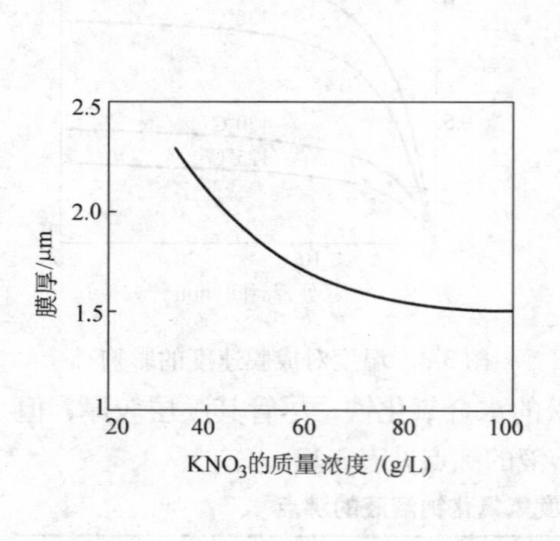

图 3-4　氧化膜的厚度与氧化剂 KNO_3 质量浓度的关系

注：溶液条件为 NaOH800g/L，操作温度为 135℃

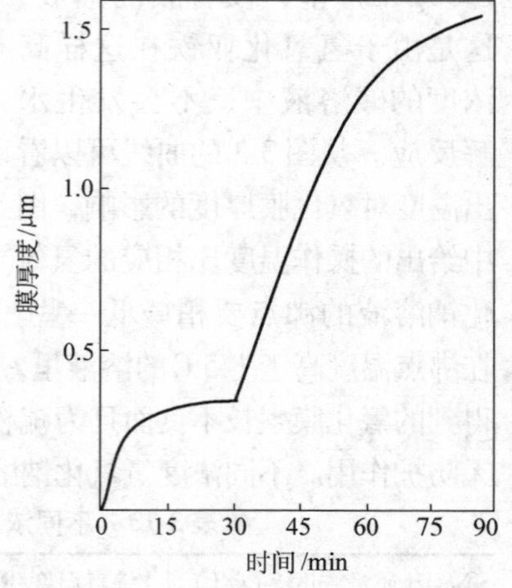

图 3-5　二步氧化法膜厚与处理时间的关系

钢的碳含量如果不同，应该采取不同的处理工艺，碳含量低的钢应该采用高浓度的碱液和高的处理温度。不同钢材的处理工艺见表 3-15。

表3-14 钢铁件的氧化处理工艺规范

编号	溶液组成		工艺条件	
	成分	质量浓度/(g/L)	温度/℃	时间/min
1	NaOH	600~700	开始138~140 结束142~146	碳钢 30~50 合金钢30~60
	$NaNO_2$	180~220		
	$NaNO_3$	50~70		
2	NaOH	550~650	135~145	碳钢 15~45 合金钢15~60
	$NaNO_2$	150~250		
	$NaNO_3$	150~200		
3	NaOH	600~700	130~135	15~20
	$NaNO_2$	200~250		
	$K_2Cr_2O_7$	25~35		
4	NaOH	650~700	135~145	碳钢20~30
	$NaNO_2$	200~220		
	$NaNO_3$	50~70		
	MnO_2	20~25		
5	NaOH	550~650	140~145	45~70
	$NaNO_2$	150~250		
	NaF	8~12		
6	NaOH	500~600	135~140	10~20
	$NaNO_2$	100~150		
7	NaOH	700~800	145~152	60~90
	$NaNO_2$	150~200		
8	NaOH	550~650	135~145	15~20
	$NaNO_3$	130~150		
9	NaOH	600~700	140~150	20~30
	$NaNO_3$	150~200		

表3-15 不同钢材的处理工艺

钢的碳含量（质量分数,%）	溶液的沸点/℃	处理时间/min
0.7	135~137	10~30

（续）

钢的碳含量（质量分数,%）	溶液的沸点/℃	处理时间/min
0.7～0.4	138～140	30～50
0.4～0.1	142～145	40～60
合金钢	142～145	60～90

氧化溶液的配制：先按氧化槽的容积，将称好的氢氧化钠装入篮框中，缓缓地放入已注入2/3容积水的氧化槽里，不断晃动，待溶解后，再将所需量的亚硝酸钠加入槽中溶解，加水至容积。

新配的溶液要先在沸腾温度下浸入钢板、铁屑或加入20%以下的旧槽液，以增加溶液里的铁离子，直到能使样片获得均匀黑色氧化膜，才可用于生产。

在氧化停产期间，因槽液温度降低，槽液表面会结成硬皮，再次使用前必须用铁锤捣碎表面硬皮才能加热溶液，以免溶液在加热时爆炸、飞溅。

为了提高工件的耐蚀性，氧化后需进行皂化或填充处理，其工艺见表3-16。氧化处理工件经皂化或填充后，除需涂装的，其他全部要在105～110℃全损耗系统用油、锭子油、炮油或变压器油中浸渍5～10min。若不经皂化或填充处理，氧化清洗后，可直接浸脱水防锈油或P-2防锈乳化液（武汉材料保护研究所生产），后者的效果更好。钢铁氧化处理的工艺过程见表3-17。

表3-16　钢铁件氧化处理后的处理工艺

后处理	溶液配方		工艺条件	
	成分	质量浓度/(g/L)	温度/℃	时间/min
填充	重铬酸钾	50～80	70～90	5～10
	铬酐 磷酸	2 1	60～70	0.5～1
皂化	肥皂	30～50	80～90	5～10
防锈	脱水防锈油	1000	5～40	2～10
	防锈乳化液	500～1000	5～40	5～10

表3-17 钢铁氧化处理的工艺过程

工序	工序名称	溶液		工艺条件		备注
		组成	质量浓度/(g/L)	温度/℃	时间/min	
1	化学脱脂	氢氧化钠 碳酸钠 磷酸三钠 水玻璃	30~50 30~50 30~40 5~10	>90	10~15	
2	热水洗	水	1000	>80	1	
3	流动冷水洗	水	1000	5~40	1	
4	酸洗	盐酸(36%) 缓蚀剂	450~500 0.5~1	50~60	5~10	
5	流动冷水洗	水	1000	5~40	1	
6	氧化	氢氧化钠 亚硝酸钠	550~650 180~210	138~145	50~60	
7	回收槽清洗	水	1000	5~70	1	
8	冷水洗	水	1000	5~40	1	
9	皂化	日用肥皂	30~50	80~90	5~10	
11	流动冷水洗	水	1000	5~40	1	
12	流动热水洗	水	1000	50~60	1	
13	吹干或烘干			50~80	5~10	
14	浸油	锭子油		105~110	5~10	
15	放置	铁丝网		室温	10~15	让残油流尽
16	包装					

3.4.4 氧化处理各种因素的影响

影响氧化膜的因素很多，如溶液成分的含量、温度、材料和合金成分等。

1. 碱含量的影响

在溶液里，碱含量增高时，溶液沸点温度升高，所获得的氧化膜厚度增加。当溶液中碱含量过量时，氧化膜表面易出现红褐色的氢氧化铁，所生成的氧化膜被碱溶解；当溶液中碱含量过低时，金属表面氧化膜薄，发花，或不生成氧化膜。

2. 亚硝酸钠的影响

亚硝酸钠在碱性发蓝溶液中，主要起氧化剂的作用，所得到的氧化膜呈光泽性的蓝黑色膜，色泽美观。提高氧化剂的含量，生成氧化亚铁盐和氧化铁盐也越多，四氧化三铁的生成速度随之加快，所得膜层致密牢固。氧化剂过高时，可使溶液温度提高，溶液中三价铁离子含量增多，导致工件表面红色挂灰的产生。当溶液中亚硝酸钠的含量极少甚至没有时，氧化膜生成速度迟缓或者不生成氧化膜。亚硝酸钠含量为200g/L左右最佳。

3. 温度的影响

提高氧化溶液温度，相应的氧化速度加快，生成的晶胞多，使氧化膜变得致密而且薄。但温度过高时，氧化膜（Fe_3O_4）在碱溶液的溶解速度同时增加，致使氧化膜变薄，同时，氧化工件表面产生红色挂灰。氧化温度过低时，氧化膜生成速度迟缓。氧化操作过程中，由于溶液处于沸腾状态，水分不断蒸发，氢氧化钠含量相应变高，温度则逐渐上升，当超过150℃时，就有产生红色挂灰的危险。实际生产中，一般控制在140~145℃，工件入槽时的温度可在135℃左右，氧化结束时不超过145℃为宜。

4. 铁离子的影响

在氧化槽液里，随着反应的进行，溶液中铁离子不断积累，其含量对氧化膜的生成有一定的影响。初配槽时，溶液中铁离子含量低，生成膜很薄且疏松，膜与基体金属的结合不牢，容易擦去。溶液中铁离子含量过高时，工件表面容易产生红色挂灰。因此，铁离子含量一般控制在0.5~2g/L。

5. 钢铁中碳含量的影响

钢铁工件碳含量高时容易氧化，氧化时间要短。合金钢碳含量低，不易氧化，氧化时间要长。可见氧化时间的长短决定于钢铁的碳含量。

3.4.5 氧化膜质量的检验

1. 浸油前的外观检验

钢铁件氧化膜的检验，主要是用肉眼观察氧化膜的外观。

钢铁的合金成分不同，其氧化膜在色泽上有所差异。碳素钢和低合金钢工件在氧化后颜色呈黑色和黑蓝色，铸钢呈暗褐色，高合金钢呈紫红色，但氧化膜应是均匀致密的。

氧化膜的表面不允许有未氧化上的斑点，不应有易擦去的红色挂灰和抛光膏残迹、针孔、裂纹、花斑点、机械损伤等缺陷。工件表面允许有因工件喷砂、铸造、渗碳、淬火、焊接等工艺处理不同，所引起的氧化膜色泽差异。

2. 耐腐蚀检验

可以根据使用要求来进行氧化膜的耐蚀性试验，其方法如下：

1）将氧化处理过的工件浸泡在质量分数为3%的硫酸铜溶液里，在室温下保持20s后将工件取出，用水洗净表面，不出现红色接触点为合格。

2）用酒精擦净表面，滴上硫酸铜溶液若干滴，同时开动秒表计时，20s后不出现铜的红点为合格。

硫酸铜溶液的配置方法：将3g分析纯硫酸铜晶体溶于97mL蒸馏水里后，再加少量的氧化铜仔细搅拌均匀，然后将剩余的氧化铜过滤掉。

对于不合格的膜层，在酸洗溶液里除去，应重新进行氧化处理。弹簧钢和不允许酸洗的合金钢，应用机械方法除去旧氧化膜。

3.4.6 氧化处理常见的问题及对策

钢铁件氧化处理常见的问题及对策见表3-18。

表3-18 钢铁件氧化处理常见的问题及对策

编号	常 见	产生原因	对 策
1	工件表面生成白色附着物	氧化后水洗不良	用温水仔细洗涤工件

（续）

编号	常　见	产生原因	对　策
2	不生成氧化膜	1）氧化溶液温度低 2）氧化溶液浓度低	1）升高溶液温度 2）增高碱和氧化剂
3	氧化膜表面发花	1）表面准备工作不彻底 2）氧化时间不够 3）碱含量低	1）加强表面准备工作 2）增加处理时间 3）增加碱的含量
4	氧化膜表面发绿有绿色沉淀物	1）氧化剂含量过高 2）碱含量过低 3）温度过高	1）稀释溶液 2）增加调整碱含量 3）降低温度
5	氧化膜表面有红色沉淀物	1）碱含量过高 2）温度过高 3）溶液中铁离子过多	1）稀释溶液 2）降低温度 3）清理杂质
6	氧化膜太薄	溶液太稀	蒸发多余的水分

3.5 常温发黑

钢铁件的常温发黑，又称常温发蓝或低温发黑（发蓝）。它是20世纪80年代中期发展起来的转化膜处理工艺。与碱性高温发黑工艺相比，常温发黑工艺不受钢材种类限制，同时具有节能、高效、操作方便等诸多优点，在许多场合可以用来替代碱性高温发黑。目前节能、环保越来越受重视，各国正大力推广这项技术。

3.5.1 常温发黑机理

目前常温发黑工艺主要分两类，一类是SeO_2和$CuSO_4$组成的酸性溶液体系，由于SeO_2有毒，所以这一类又称有毒工艺；另一类是由$CuSO_4$和氧化剂，（如氯酸钾，杂多酸等）组成的体系，这一类又称为无毒工艺。

1. 硒化物类发黑成膜机理

（1）氧化还原反应机理　常温发黑实质上是钢铁件表面的氧化

还原反应。钢铁件浸入发黑液中立即发生下列的化学反应：

1）工件表面的铁原子在酸的作用下溶解。

2）发黑液中的Cu^{2+}离子在工件表面发生置换反应，表面产生金属铜。

3）亚硒酸和金属铜发生氧化反应，得到黑色的硒化铜（CuSe）。

这三个反应过程进行得非常迅速，以至于不可能直接区分，最终反应的产物为黑色无机物硒化铜（CuSe），其以化学键的形式与钢基体牢固结合，形成黑色膜。

（2）扩散-沉积机理　活化的钢铁件表面在常温发黑液中会自发地进行铜的置换反应。处于表面的铁原子与本体失去平衡，从而引起铁原子由基体向界面扩散，扩散出来的铁原子或离子具有较高的反应活性，在界面处被亚硒酸氧化生成氧化铁，而亚硒酸则被还原为Se^{2-}。氧化铁沉积于工件表面成为黑色膜的组成部分，而Se^{2-}与Cu^{2+}在距离钢铁件表面一定的位置生成CuSe后，再沉积于表面成膜。

（3）化学与电化学反应机理　钢铁件表面在H_2SeO_3溶液中的发黑过程是化学和电化学反应的综合过程，它们同时进行，不可分割。当钢铁件浸入发黑液中，首先是钢铁基体与铜离子发生置换反应，置换出的铜沉积或吸附于基体表面，形成Fe-Cu原电池：

$$Cu^{2+} + 2e \rightarrow Cu \text{ 形成阴极区}$$

$$Fe - 2e \rightarrow Fe^{2+} \text{ 形成阳极区}$$

在阴极区还伴随下列反应：

$$H_2SeO_3 + 4H^+ + 4e \rightarrow Se + 3H_2O$$

$$Se + Cu \rightarrow CuSe$$

$$Se + 2e \rightarrow Se^{2-}$$

$$Se^{2-} + Cu^{2+} \rightarrow CuSe$$

电化学和化学反应是连续并行的，其结果是形成十分稳定的CuSe沉积于钢铁件表面，形成发黑膜。

2. 非硒化物系成膜机理

（1）催化剂原理　常温发黑是在基体表面覆盖一层黑色物质，尽管不排除基体参与反应，但不是主反应，发黑膜的主要成分不是

Fe_3O_4，而是 Cu_2O。钢铁件浸入发黑液中，同时存在下列三种反应：

$$Cu^{2+} + [\text{还原剂}] \rightarrow Cu(\text{金属})$$

$$Cu^{2+} + [\text{还原剂}] \rightarrow CuO(\text{砖红色})$$

$$Cu^{2+} + [\text{还原剂}] \rightarrow Cu_2O(\text{黑色})$$

在催化剂的作用下，黑色的 Cu_2O 生成反应得到加速，而 Cu 和 CuO 的生成反应则被抑制。因此，在钢铁件表面形成 Cu_2O 的发黑膜，其含量决定了膜层的黑度。

（2）电化学反应机理　钢铁件表面常温发黑膜的形成，本质上是钢铁在特定介质中处于自腐蚀电位下的电化学反应，即共轭的局部阳极氧化反应和局部阴极还原反应的综合结果。在发黑体系中，主成膜剂是硫酸铜和黑化剂。黑化剂在电化学反应体系中，作为一种在局部阴极发生还原反应的氧化剂，必须与 $CuSO_4$按适当比例配比后，才能形成合格的发黑膜。$CuSO_4$的作用是提供 Cu^{2+}在钢铁件表面还原，并沉淀出具有催化活性的微铜粒子，作用于局部阴极促使黑化剂的还原，以及自身在局部阴极还原形成黑色的 Cu_2O，沉积于钢铁件表面参与成膜，从而和黑化剂的还原反应一起，在短时间内形成黑色转化膜。

3.5.2　常温发黑剂的组成

1. 主成膜剂

无论是硒化物系，还是非硒化物系的常温发黑剂，Cu^{2+}是生成黑色膜的基本成分。因此，对于硒化物系常温发黑剂，可溶性铜盐和二氧化硒（或亚硒酸）为必要成分；对于非硒化物系常温发黑剂，可溶性铜盐和催化剂或黑化剂是必要成分。它们之间的组成膜反应产物是构成发黑膜的主要成分。

2. 辅助成膜剂

若钢铁件表面仅由主成膜剂形成的发黑膜时，发黑膜往往疏松，性能较差。加入辅助成膜剂以后，在进行主成膜反应的同时，自发伴随辅助成膜反应，从而改变了发黑膜的组成和结构，提高了发黑膜的附着力和耐蚀性。

3. 缓冲剂

发黑剂的酸度对发黑成膜的反应有很大的影响。如果pH值变化过大，不仅会影响发黑膜的质量，而且还会影响发黑溶液自身的稳定性。例如，pH值上升过高，会导致发黑溶液水解沉淀。加入适当的pH缓冲剂，可维持发黑液pH值的基本稳定，以利于发黑工艺的正常进行。

4. 稳定剂

随着发黑操作的进行，溶液中会因为铁的溶解而存在大量的Fe^{2+}，在氧化剂的作用下生成Fe^{3+}，从而导致处理溶液变混浊，并产生沉淀。加入稳定剂，可以阻止Fe^{2+}向Fe^{3+}的转变，维持发黑液的稳定，延长槽液寿命。

5. 速度调整剂

速度调整剂用于控制成膜反应的速度，防止产生没有附着力的疏松膜层。它可以使发黑反应以适当的速度进行，有利于形成均匀、致密、附着力良好的膜层。

6. 成膜促进剂

钢铁件表面与发黑剂间发生的成膜反应，在没有成膜促进剂存在时，反应速度缓慢，发黑膜薄，黑度和均匀性差。在发黑剂中加入成膜促进剂后，可显著提高成膜速度与膜层质量。

7. 表面润湿剂

钢铁件表面与发黑剂的润湿性差，难以获得色泽均匀结合力强的发黑膜。加入适当的表面润湿剂，有利于提高发黑膜的性能。

3.5.3 常温发黑工艺

钢铁件的常温发黑常见工艺流程为：

脱脂→漂洗→酸洗→漂洗→发黑→漂洗→检验→干燥→浸脱水防锈油→检验。

不同的发黑剂供应商提供的发黑工艺流程会有差异，本书只提供一般性工艺，严格的工艺流程以发黑剂供应商提供的为准。

常温发黑工艺和碱性高温发黑工艺相比，虽然工艺流程中预处理和后处理工序基本相同，但常温发黑的工艺要求更严格，必须保证发黑前彻底脱脂、除锈，发黑后则必须使用脱水防锈油封闭。

1. 有毒发黑液工艺配方

配方一：

硫酸铜	1 ~ 3g/L
亚硒酸	2 ~ 3g/L
磷酸	2 ~ 4g/L
有机酸	1 ~ 2g/L
添加剂	10 ~ 12g/L
活化剂	2 ~ 3g/L
pH 值	2 ~ 3
温度	室温
时间	4 ~ 6min

配方二：（中国专利 CN1085606A）

硫酸铜	7g/L
亚硒酸钠	8g/L
磷酸二氢锌	12g/L
硝酸钾	3g/L
柠檬酸钠	4g/L
碳酸铵和六次甲基四胺（1:1）混合液	10g/L
pH 值	2.0 ~ 2.5
总酸度	12 ~ 16 点
游离酸	4 ~ 6 点
温度	室温
时间	3 ~ 5min

2. 无毒发黑液工艺配方（中国专利 CN1139706A）

$CuSO_4 \cdot 5H_2O$	5g/L
CrO_3	2.2g/L
NH_4Cl	4.5g/L
聚乙二醇 400	3mL/L
乙二胺四乙酸二钠	0.3g/L
葡萄糖	7.5g/L
硫酸	0.74g/L

硼酸	0.7g/L
pH 值	1.5~2.5
温度	室温
时间	1~1.5min

3.5.4 常温发黑的工艺控制

1. 预处理

预处理是决定常温发黑质量好坏的关键因素，特别是脱脂工序，绝大多数工件上都有油污，发黑前必须彻底去除。脱脂不彻底会造成发黑结合力极差，造成工件膜层脱落，产生花斑等缺陷，甚至用棉纱就能擦掉。在实际生产量很大，或者是工件很小，很难脱脂彻底时，一般采用碱性加热脱脂的方法。

除锈同脱脂工序一样，必须把锈迹清除干净，否则造成发黑膜层结合力差，产生花斑等缺陷，严重影响发黑质量。另外，在酸洗过程中，一般采用浓盐酸等强酸性物质。如果漂洗不彻底，强酸性物质带到发黑溶液中，必然会影响发黑溶液的 pH 值，使发黑质量难以控制。

2. 发黑处理

（1）时间　发黑时间不宜过长，否则膜层过厚而造成疏松，与工件表面结合不牢。常温发黑时，工件之间的重叠处会出现白斑，发黑效果差。如果在发黑过程中，采用发黑液循环流动的方法，生产实践证明得到的膜层附着力不好，因为这种流动会影响基体的吸附，造成基体与膜层结合不牢。

（2）pH 值　pH 值一般为 1.0~3.0。定期用精密试纸检查溶液的 pH 值，如果超出工艺范围就应该加以调整，将溶液过滤，补加发黑剂，使槽液的 pH 值恢复到规定的范围。

（3）槽液的维护　钢铁件表面活化产生 Fe^{2+}，过量 Fe^{2+} 与 Se^{2+} 反应产生白色沉淀，在氧化剂存在的条件下，Fe^{2+} 氧化为 Fe^{3+} 的反应也生成沉淀，这些都会消耗发黑剂中的有效成分。产生的白色沉淀需要及时清除，否则会影响发黑的质量。此外，可通过化学分析方法，测定槽液中氧化剂和铜离子的含量，以决定发黑液的添加和更换。

3. 发黑后处理

碱性高温发黑的后处理用普通的全损耗系统用油封闭即可。而常温发黑膜呈多孔网状结构，易残留酸性发黑液和水分。因此，发黑件经水充分清洗后，必须立即进行脱水封闭处理。否则放置几分钟就会出现锈迹。脱水封闭处理能显著提高黑化膜的防锈能力，并增加色泽，使其更加美观。除脱水防锈油封闭外，对于膜层耐蚀性要求高的，可在钝化处理后，再浸脱水防锈油，或采用特殊的方法后处理。

3.5.5 常温发黑膜的质量检验

常温发黑膜的质量检验，一般进行外观检验和致密性及耐蚀性测定。外观检查以发黑膜色泽基本均匀，黑色轻擦不掉，没有明显花斑、锈斑及附着沉淀物为合格。致密性及耐蚀性测定通常用质量分数为3%的 $CuSO_4 \cdot 5H_2O$ 做点滴试验，或进行质量分数为3%中性 NaCl 水溶液浸泡试验。另外，还可以进行落砂、摩擦、烘烤、盐雾及潮湿等试验，以检验发黑膜的耐磨性、耐热性及耐蚀性。

常温发黑与碱性高温发黑相比较，膜层黑度较浅、光泽度稍差，结合力、耐磨性均比碱性高温发黑略差，但其耐蚀性好，$CuSO_4$点滴试验、NaCl 点滴试验及盐雾试验均取得了理想的效果，超过了碱性高温发黑。

中国专利 CN1085606A 发黑膜的质量检验如下：

1）用质量分数为3%硫酸铜点滴试验，在15～20℃条件下，发黑膜1 min内未出现变色、铜斑、锈点。

2）用质量分数为3%氯化钠溶液试验，在15～20℃条件下，将发黑膜浸泡3 h，无锈点。

中国专利 CN1139706A 发黑膜的质量检验如下：

1）用干净白布对发黑工件摩擦200次以上不出现底层。

2）用质量分数为2%硫酸铜点滴在发黑工件表面上，40 s以上不变色。

3）用质量分数为3%氧化钠溶液浸泡发黑工件2 h，无浑浊出现。

3.6 磷化处理

3.6.1 磷化的基本原理

磷化是指工件在含有磷酸盐的溶液中进行处理，在工件表面形成磷酸盐化学转化膜的过程。随之而形成的金属磷酸盐化学转化膜称之为磷化膜。磷化工艺在我国的应用已相当广泛，涵盖汽车、军工、电器、机械等诸多工业领域。磷化主要的工业用途是防锈、耐磨、减摩、润滑、做涂装底层等，也可用于表面装饰。

磷化反应的形成是一个复杂的化学或电化学过程。很多文献资料中介绍的有关磷化处理的分子反应式写法各异，无统一的说法。这是由于涉及的化学反应很多，如电离、水解、氧化还原、沉淀、络合等化学反应。目前较为普遍认同的观点是由以下四个步骤组成：

（1）第一步反应　酸的浸蚀使基体金属界面 H^+ 浓度降低，反应如下：

$$\left.\begin{array}{l} Fe - 2e \rightarrow Fe^{2+} \\ 2H^+ + 2e \rightarrow 2[H] \rightarrow H_2\uparrow \end{array}\right\}$$

（2）第二步反应　促进剂（氧化剂）加速界面的 H^+ 浓度降低，反应如下：

$$\left.\begin{array}{l} [\text{氧化剂}] + [H] \rightarrow [\text{还原产物}] + H_2O \\ Fe^{2+} + [\text{氧化剂}] \rightarrow Fe^{3+} + [\text{还原产物}] \end{array}\right\}$$

由于促进剂氧化掉第一步反应所产生的氢原子，加快了第一步反应的速度，进一步导致金属界面 H^+ 浓度急剧下降，同时也将溶液中的 Fe^{2+} 氧化成为 Fe^{3+}。

（3）第三步反应　磷酸根的多级离解。反应如下：

$$H_3PO_4 \rightarrow H_2PO_4^- + H^+ \rightarrow HPO_4^{2-} + 2H^+ \rightarrow PO_4^{3-} + 3H^+$$

由于金属表面的 H^+ 浓度急剧下降，导致磷酸根各级离解平衡向右移动，最终会离解出 PO_4^{3-}。

（4）第四步反应　磷酸盐沉淀结晶为磷化膜。当金属表面离解

出的 PO_4^{3-} 与溶液中的金属离子（Zn^{2+}、Mn^{2+}、Ca^{2+}、Fe^{2+}）达到浓度积常数时，就会形成磷酸盐沉淀，磷酸盐沉淀结晶成磷化膜。

$$2Zn^{2+} + Fe^{2+} 2PO_4^{3-} + 4H_2O \rightarrow Zn_2Fe(PO_4)_2 \cdot 4H_2O \downarrow \text{（磷化膜）}$$

$$3Zn^{2+} + 2PO_4^{3-} + 4H_2O \rightarrow Zn_3(PO_4)_2 \cdot 4H_2O \downarrow \text{（磷化膜）}$$

磷酸盐沉淀与水分子一起形成磷化晶核，晶核长大形成磷化晶粒，大量的晶粒紧密堆集成为磷化膜。

磷酸盐沉淀的副反应将形成磷化沉渣：

$$Fe^{3+} + PO_4^{3-} = FePO_4 \downarrow$$

从上述理论看，适当的氧化剂可提高第二步反应的速度。低浓度的 H^+ 可使第三步磷酸根离解反应的离解平衡更容易向右移动而离解出 PO_4^{3-}，同时，胶体钛表面调整剂在金属表面吸附产生活性点，使第四步沉淀反应不需太大的过饱和度即可形成磷酸盐沉淀晶核。磷化沉渣的产生取决于第一步反应与第二步反应，即溶液中的高 H^+ 浓度、强氧化剂均能使沉渣增多。

3.6.2 磷化的基本分类

磷化的分类有好多种方法，一般是按磷化膜厚度（膜重）、磷化成膜物质、磷化处理温度及磷化膜结晶形态等方法来划分的。

1. 按磷化膜厚度（膜重）分类

按磷化膜厚度分类，一般分为四类：次轻量级、轻量级、次重量级和重量级，见表3-19。

表3-19 磷化膜厚度（膜重）分类

类别	膜重/（g/m^2）	膜的组成	主要用途
次轻量级	0.2~1.0	主要由磷酸铁、磷酸钙或其他金属的磷酸盐所组成	用作较大形变钢铁工件的涂装底层或耐蚀性要求较低的涂装底层
轻量级	1.1~4.5	主要由磷酸锌和其他金属（Ca、Ni）的磷酸盐所组成	用作涂装底层

（续）

类别	膜重 /（g/m^2）	膜的组成	主要用途
次重量级	4.6~7.5	主要由磷酸锌和（或）其他金属的磷酸盐所组成	可用作基本不发生形变钢铁工件的涂装底层
重量级	>7.5	主要由磷酸锌、磷酸锰和（或）其他金属的磷酸盐组成	不适宜用作涂装底层

2. 按磷化成膜物质分类

按磷化成膜物质分类，大体上有：锌系、锌钙系、锌锰系、锰系、铁系和碱金属轻铁系六大类，其相关特性见表3-20。

表3-20 按膜层物质分类及特性

分类	符号	磷化槽液主成分	磷化膜层主成分	用途
磷酸锌系	Znph	Zn^{2+}、$H_2PO_4^-$、NO_3^-、H_3PO_4促进剂	$Zn_3(PO_4)_2 \cdot 4H_2O$ $Zn_2Fe(PO_4)_2 \cdot 4H_2O$	涂装底层、防锈和冷加工减摩润滑
磷酸锌钙系	ZnCaph	Zn^{2+}、Ca^{2+}、NO_3^-、$H_2PO_4^-$、H_3PO_4促进剂和其他添加剂	$Zn_2Ca(PO_4)_2 \cdot 4H_2O$ $Zn_2Fe(PO_4)_2 \cdot 4H_2O$ $Zn_3(PO_4)_2 \cdot 4H_2O$	涂装底层、防锈
磷酸锌锰系	ZnMnph	Zn^{2+}、Mn^{2+}、NO_3^-、$H_2PO_4^-$、H_3PO_4及添加剂	$Zn_2Fe(PO_4)_2 \cdot 4H_2O$ $Zn_3(PO_4)_2 \cdot 4H_2O$ $(Mn,Fe)_5H_2(PO_4)_4 \cdot 4H_2O$	涂装底层、防锈及冷加工减摩润滑
磷酸锰系	Mnph	Mn^{2+}、NO_3^-、H_3PO_4、$H_2PO_4^-$以及添加剂	$(Mn,Fe)_5H_2(PO_4)_4 \cdot 4H_2O$	防腐蚀及冷加工减摩润滑
磷酸亚铁系	Fehph	Fe^{2+}、$H_2PO_4^-$、H_3PO_4以及添加剂	$Fe_5H_2(PO_4)_4 \cdot 4H_2O$	防腐蚀及冷加工减摩润滑

（续）

分　类	符　号	磷化槽液主成分	磷化膜层主成分	用　途
磷酸亚铁（碱金属磷酸盐处理所得）系	Feph	Na^+、NH_4^+、$H_2PO_4^-$、H_3PO_4、$M_0O_4^-$ 以及添加剂	$Fe_3H_2(PO_4)_2 \cdot 8H_2O$ Fe_2O_3	非晶态彩膜层，磷化膜薄，仅用于耐蚀性要求较低的涂装底层（如喷塑）

3. 按磷化处理温度分类

磷化按其不同的处理温度可分为以下四类。

（1）常温磷化　常温磷化是指在磷化处理中不须加温，温度范围为5～35℃（取决于室内温度）。

（2）低温磷化　低温磷化属于加温类型，温度范围为25～45℃。

（3）中温磷化　中温磷化的温度范围为50～70℃。

（4）高温磷化　高温磷化的温度一般都在80℃以上。

4. 按磷化膜结晶形态分类

磷化成膜过程中，无论采用何种磷化液，最终磷化膜的结晶形态只可能是以下两种：

（1）结晶型磷化膜（人为转化磷化膜）　溶液中不仅有酸根离子，而且有金属阳离子（如 Zn^{2+}、Ca^{2+}、Mn^{2+} 等）直接参与成膜反应。

（2）无定型磷化膜（转化磷化膜）　在磷化过程中金属基体作为膜的阳离子成分，形成无定型膜，这是由磷酸或聚磷酸的碱金属盐或铵盐形成的磷化膜。

除以上所述以外，磷化分类还有按处理方式（喷淋、浸泡），按所添加的促进剂种类以及按被处理工件材质（如钢铁件、铝件、锌件以及混合件）来分类的。

3.6.3　磷化在工业上的应用

磷化在工业上的应用主要是防锈、耐磨润滑和作为涂装打底，见

表3-21。

表3-21　磷化的主要工业应用

工业用途	磷化体系	膜重/(g/m²)	后处理工艺	耐盐雾性能/h	室内防锈期应用举例
工序间防锈	Znph、ZnCaph	3.5~7	钝化或无钝化	2	0.5~3月
库存防锈	Znph、ZnMnph	10~20	钝化或浸油	8~24	3~12月
长期防锈	Znph、ZnMnph	10~30	浸防锈油、涂脂	48~120	1~2年
拉丝拉管	Znph、ZnCaph	5~15	硼砂或皂化处理	—	减径、减壁拉
冷加工深冲	Znph、ZnCaph	5~15	皂化处理	—	减壁冲，保护模具
精密配件承载	Mnph	1~3	浸油	—	活塞环，缸套
大配合承载	Mnph	5~30	浸油	—	齿轮、离合片
阳极电泳	Znph、Feph	1.5~3 0.2~0.5	—	80~400	自行车、摩托车、农机车零部件
阴级电泳	Znph ZnMnNiph	1.5~3.5	铬钝化或无	720~1200	汽车覆盖件、汽配件
静电喷涂氮基漆	Znph	1.5~3.5	—	96~150	仪表、轻工零部件
粉末涂装	Znph、Feph	1.5~3.5 0.2~0.5	—	>500	家用电器、办公用具、钢制家具

3.6.4　常用磷化液的基本组成

1. 常用磷化液的配方

工业上常用的几种磷化液配方和膜特征，见表3-22、表3-23。

2. 磷化液的基本组成物质

磷化液的基本组成包括主成膜剂，促进剂、重金属离子和络合剂。单一的磷酸盐配制的磷化液反应速度极慢，结晶粗大，不能满足工业生产的要求。

（1）磷化主成膜剂　磷化的主成膜剂包括磷酸二氢锌、磷酸二氢钠、马耳夫盐等，这类物质在磷化液中是作为磷酸盐主体而存在的，同时，它也是总酸度的主要来源。

表 3-22 常用磷化液配方组成和膜特征

温度类别	常温、低温磷化		中温磷化			
磷化体系	FePh	ZnPh	ZnPh	ZnMnPh	MnPh	ZnCaPh
基础物质	Na^+、NH_4^+、$H_2PO_4^-$、H_3PO_4	Zn^{2+}、$H_2PO_4^-$、NO_3^-、H_3PO_4	Zn^{2+}、$H_2PO_4^-$、NO_3^-、H_3PO_4	Zn^{2+}、Mn^{2+}、NO_3^-、$H_2PO_4^-$、H_3PO_4	Mn^{2+}、$H_2PO_4^-$、NO_3^-、H_3PO_4	Zn^{2+}、Ca^{2+}、NO_3^-、$H_2PO_4^-$、H_3PO_4
添加物	Ni^{2+}、Cu^{2+}、多羟基酸、含氧化合物、聚磷酸盐等	Ni^{2+}、Mn^{2+}、Cu^{2+}、Mg^{2+}、多羟基酸氧化物等	Ni^{2+}、Cu^{2+}、多羟基酸、聚磷酸盐、氧化物	Ni^{2+}、Cu^{2+}、多羟基酸、聚磷酸盐、氧化物等	Ni^{2+}多羟基酸、聚磷酸盐、氧化物等	Ni^{2+}聚磷酸盐、多羟基酸、氧化物等
促进剂	钼酸盐、NO_3^-、ClO_3^-等	NO_3^-、NO_2^-、ClO_3^-、有机硝基物、羟胺等	NO_3^-、ClO_3^-、NO_2^-、羟胺等	NO_3^-、ClO_3^-、NO_2^-、羟胺等	NO_3^-、NO_2^-、ClO_2^-等	NO_3^-、ClO_3^-
膜外观	红蓝黄彩色或灰色	灰色～深灰色	灰色～深灰色	灰色～深灰色	深灰色～黑色	灰色～深灰色
膜重/(g/m^2)	<1	1～4	3～30	3～30	1～30	3～7
膜组成	$Fe_3(PO_4)_2 \cdot 8H_2O$、Fe_2O_3	$Zn_3(PO_4)_2 \cdot 4H_2O$、$Zn_2Fe(PO_4)_2 \cdot 4H_2O$	$Zn_3(PO_4)_2 \cdot 4H_2O$、$Zn_2Fe(PO_4)_2 \cdot 4H_2O$	$Zn_3(PO_4)_2 \cdot 4H_2O$ $Zn_2Fe(PO_4)_2 \cdot 4H_2O$、$(Mn,Fe)_5H_2(PO_4)_4 \cdot 4H_2O$	$(Mn, Fe)_5H_2$、$(PO_4)_4 \cdot 4H_2O$	$Zn_2Ca(PO_4)_2 \cdot 4H_2O$、$Zn_2Fe(PO_4)_2 \cdot 4H_2O$、$Zn_3(PO_4)_2 \cdot 4H_2O$

表3-23　涂装预处理磷化液示例

成分及工艺条件		常温铁系	低温锌系	锌锰镍三元	中温锌系	中温锌钙系
质量浓度/(g/L)	Zn^{2+}	0.5~3	2.5~8	0.7~1.5	3~15	5~10
	PO_4^-	5~15	8~30	10~30	10~30	15~35
	NO_4^-	0~10	3~10	3~10	10~30	10~30
	Ca^{2+}	—	—	—	—	5~15
	Mn^{2+}	—	—	0.2~1.5	0~5	—
	Ni^{2+}	0.05~0.5	0.05~0.2	0.5~1.5	0.2~2	0.2~1
	Cu^{2+}	0~0.02	—	—	0~0.02	—
	F	0.05~0.2	0.05~0.5	0.1~1	0.05~0.5	0.1~1
	MoO_4^-	0.5~1.5	—	—	—	—
	NO_2^-	—	0.1~0.3	0.1~0.3	—	—
	ClO_3^-	0~2	0~1	0~1	0~2	0~3
	柠檬酸	0.5~2	0.1~1	0.1~0.5	0.3~2	0.3~2
	三聚磷酸钠	0~0.3	—	—	0.05~0.2	—
	其他添加物	适量	适量	适量	适量	适量
工艺条件	总酸/点	5~15	10~30	15~30	30~60	30~60
	游离酸/点	0.2~4	0.5~2	0.6~1.2	2~5	3~6
	酸比	3~30	15~25	15~25	8~12	8~13
	处理温度/℃	室温	25~45	30~40	60~70	60~70
	处理时间/min	3~15	1.5~5	2~4	3~6	8~12
	处理方式	浸、喷	浸、喷	浸、喷	浸、喷	浸、喷
	膜外观	彩色	灰色	灰色	灰黑色	灰色
	膜重/(g/m^2)	<1	1.5~3.5	1.5~3.5	3~7.5	3~7
主要用途		耐蚀性要求低的涂装底层	各类涂装底层	各类涂装底层，特别适合阴极电泳	除电泳外的各类涂装底层	各类涂装底层

（2）促进剂　在磷化液中加入促进剂可以缩短磷化反应时间，降低处理温度，使磷化膜结晶细腻、致密，减少 Fe^{2+} 离子的积累等。

促进磷化膜生长的方法主要有两种：添加氧化型促进剂和采用物理促进方法。

1）添加氧化型促进剂。氧化或去极化促进剂是最为重要的促进剂。它们能和氢反应，从而防止被处理金属的极化。

去极化促进剂分为两类。一类能进一步把溶液中的二价铁完全氧化；而另一类，则不能或不能完全把铁氧化。此类型促进剂的第二个重要作用，就是能控制溶液中的铁含量。

另外，除了促进覆膜的生成和控制溶液中的铁含量之外，氧化型促进剂还能与新生态的氢立即反应，从而把工件的氢脆降至最低程度。氢脆现象往往出现在无促进剂的工艺中。

最常使用的氧化型促进剂有硝酸盐、亚硝酸盐、氯酸盐、过氧化物和硝基有机物。它们可以单独使用，也可以几个混合使用。上述的促进剂中，亚硝酸盐、氯酸盐和过氧化物，极容易氧化溶液中的二价铁。显然，强氧化剂不宜用来作为磷酸亚铁槽的促进剂。事实上，磷酸亚铁槽通常是用重金属来促进或抑制其工艺过程的。某些更强的氧化剂，可以在磷酸锰槽中产生积极的作用，而在磷酸锌系统中，它们的使用有限。

硝酸盐的促进作用：把硝酸盐单独或与其他促进剂结合起来作为促进剂，被广泛用于磷酸锌或磷酸锰槽子中。

磷酸锌-硝酸盐槽子，可以用两种方式操作：或者含铁，或者无铁。如果磷酸锌-硝酸盐溶液中含有适当量的铁，那么，在操作过程中，铁含量将会达到平衡状态。这时，铁从金属上溶解下来，同时又进入泥渣、覆膜，以及机械带出，从而达到铁的平衡。这样的溶液称为“铁促进型”溶液。

在一定的条件下，特别是在高温和高浓度硝酸盐的条件下，为了使溶解下来的铁变成难溶的磷酸铁，必须有足够的硝酸盐自动催化还原成亚硝酸盐。作为这样的溶液是“亚硝酸盐促进型”溶液，最好是“亚硝酸盐/硝酸盐促进型”溶液。

硝酸盐促进剂的浓度范围相当宽，在工作液中，通常含有质量分数为1%～3%的NO_3^-。磷酸锌-硝酸盐溶液中，其促进作用的强弱，可方便地用硝酸盐与磷酸盐比值来衡量。比值越高，生成最大膜重所需的时间就越短，并且，实际的膜重也越低。另外，硝酸盐与磷酸盐的比值高一些，可更有效地减少以单位膜重计算的泥渣量，如表3-24所示。

表3-24　各种硝酸盐与磷酸盐比值的溶液中所产生的泥渣量

溶液	硝酸盐与磷酸盐比值（质量比）	泥渣量/（g/m²）	膜重/（g/m²）	膜重量/泥渣量
1	0.28	7.4	8.6	1.10
2	0.78	4.2	6.1	1.5
3	1.16	2.7	5.1	1.9
4	1.55	2.4	4.9	2.0

溶液中存在硝酸盐时，磷酸铁的溶解度会增大。界面上新生态的氢，可使磷酸铁减少。磷酸铁还有利于膜的生成和抑制泥渣的形成。

在磷酸锌和磷酸锰的工艺中，硝酸盐促进剂的应用相当广泛，并可使用浓缩的硝酸盐液体。硝酸钠是常用的硝酸盐。在配制浓缩药液时，常常是用氧化锌或金属锰，与磷酸和亚硝酸的混合物进行反应而得。

硝酸盐和磷酸盐消耗的速率不同，并且仅仅后者才进入覆膜。为了维持溶液组成的稳定，应另外装置一个槽子，用以配制一定硝酸盐与磷酸盐比值的液体药剂。该槽还应带有一个用来补充高比值混合液的加料器。

使用硝酸盐促进剂工艺的操作温度一般为65～93℃。

硝基有机化合物的促进作用：硝基胍是一种很好的促进剂，它既不增加也不减少槽中的生成物；硝基胍在使用中也有一系列的局限性：①硝基胍的溶解性差，不能配成浓溶液；②硝基胍不能控制二价铁，往往必须另外添加强氧化剂，以控制二价铁；③固体型态的硝基胍不能直接运输，因为它具有较高的爆炸性能。

间硝基苯磺酸钠比硝基胍易溶，但其促进作用较差，通常与其他促进剂（例如氯酸盐）联合作用。

二价铁的控制：一般来说，在没有铁氧化型促进剂的情况下，把钢铁工件送入磷酸锌和磷酸锰槽子中处理时，槽中会产生二价铁。二价铁过多是有害的。这会改变槽子的特征和导致控制困难。如果必须除去溶液中的全部或部分二价铁，可以临时添加某种氧化剂，通常是加亚硝酸钠或过氧化氢。

二价铁被氧化时，产生磷酸铁泥渣和游离磷酸，应将游离磷酸中和。

除亚硝酸盐和氧化物外，氯酸盐是一种十分强的促进剂，在相当宽的含量范围里，它都是有效的。它在工作槽中的质量分数范围，通常为0.5%～1.0%。氯酸盐在溶液中是稳定的，同时还具有一个很大的优点，如果按合适的配方制造，那么，在配槽及补充时，都可以用相同浓缩液。虽然氯酸盐氧化了溶液中的二价铁，但在通常65～70℃的工作条件下，槽中的酸度可保持恒定。在低温条件下，氯酸盐的促进作用也是有效的，甚至在环境温度下也一样有效。但是，在这种情况下，碱的添加周期必须维持平衡。氯酸盐的促进作用只适用于磷酸锌系统。这是因为它与磷酸亚铁不相容，还会氧化溶液中的锰。由于氯酸盐本身及其还原产物（特别是氯化物）的腐蚀性，所以要冲洗充分。

在钢丝工业中，有专门采用氯酸盐作为促进剂的工艺。在钢丝拉制工业中，在氯酸盐作为促进剂的槽子里生成的磷化膜，具有特殊的优点。

氯酸盐与亚硝酸盐或间硝基苯磺酸钠联合使用，可以改善促进作用。

过氧化氢或许是最强有力的促进剂，其还原产物是最无害的物质——水。但是，在采用这种强有力的氧化剂时，对槽子的条件要求高，且维持其有效浓度也很关键。

在酸性磷酸盐溶液中，过氧化氢的稳定性很差。因此，应频繁地添加过氧化氢，最好是连续地添加，使 H_2O_2 的有效浓度维持在0.05g/L。为了维持槽子的平衡，必须频繁地或连续地添加碱。

过氧化物促进剂仅仅用在磷酸锌溶液中，并且主要用于温度较低（50～60℃）的喷射工艺。这种系统控制苛刻，且泥渣较多。在上述情况下，优先选用的促进剂常常是亚硝酸盐。采用过氧化物作为促进剂的工艺，应结合采用一种专门设计的污水处理系统。在这种污水处理系统中，还应考虑在闭路循环系统中回收利用清洗水。

亚硝酸盐是另一种强有力的促进剂，它在低浓度（0.1～0.2g/L）时仍然有效。在通常情况下，总是选用亚硝酸钠。与过氧化物一样，亚硝酸盐在使用条件下是不稳定的，以它作为促进剂时，必须频繁地或连续地加料。但是，它的操作条件则不如过氧化氢苛刻，并且尽管亚硝酸盐氧化了二价铁离子，但它本身却可以产生一定的中和作用。在一定的条件下，特别是在静止时，亚硝酸盐和二价铁离子，能够以一种亚硝基亚铁络合物 $Fe(NO)^{2+}$ 的形式，共存于溶液中。亚硝酸盐常常与硝酸盐联合使用。如果开始时不存在硝酸盐，溶液中的亚硝酸盐也会自动氧化成硝酸盐，特别在喷射操作条件下是如此。

以亚硝酸盐作为磷酸锌溶液的促进剂，不管是在浸渍工艺还是在喷射工艺中，均获得极广泛的应用。在喷射的情况下，常采用连续添加亚硝酸盐的方式，来维持所需的浓度。对低温条件，亚硝酸盐是一种特别好的促进剂。若用亚硝酸盐连续中和槽子，使之达到过饱和的程度，那么甚至在极低的温度下，也能加速工艺过程。

用亚硝酸盐作为促进剂的缺点，就是会从工艺溶液中产生具有腐蚀性的烟雾。如果在停产期间，把工件放置在工艺槽子的附近，便会受到上述烟雾的腐蚀。这种情况在喷射装置中特别明显。当然，这是可以通过良好的工厂管理实践和低温操作来加以克服的。

从一种磷化液中能够使用的促进剂类型，就可大概知道此类磷化液的处理温度和膜重。例如，NO_3^- 促进剂主要是中温磷化，相对膜重较重；NO_3^-/ NO_2^-型促进剂主要用在常温和低温磷化中，相对膜重轻。目前工业上使用的磷化液大多采用复配促进剂，而非单一促进剂。以下是几种常用的促进剂类型：

硝酸盐型：NO_3^-，NO_3^-/ NO_2^-（自生型）。

氯酸盐型：ClO_3^-，ClO_3^-/NO_3^-，ClO_3^-/ NO_2^- – R。

亚硝酸盐型：NO_3^-/ NO_2^-，NO_3^-/ ClO_3^-/ NO_2^-。

有机硝基化合物型：硝基胍，R – NO_2^-/ ClO_3^-。

钼酸盐型：MoO_4^-，MoO_4^-/ ClO_3^-，MoO_4^-/NO_3^-。

羟胺类型：羟胺，NO_3^-/羟胺。

2）采用物理促进方法。当把磷酸盐溶液猛烈地喷射到金属表面上时，比将金属浸渍在相同的溶液中，能更快地生成磷化膜。或者说，在给定的操作时间里，可以在较低的温度下生成磷化膜。以亚硝酸盐为促进剂的喷射磷化与浸渍磷化比较，如图 3-6 所示。

在喷射过程中，大气中的氧会对含铁溶液的二价铁发生氧化作用，因此磷酸亚铁溶液不能用于喷射工艺。喷射工艺的优点，在于与金属表面接触的总是新的溶液。在浸渍工艺中，靠近金属表面的溶液，赖以生成覆膜的离子已经贫化，必须依靠溶液主体的扩散作用，才能恢复。在浸渍槽子中，机械搅拌实际上具有某种促进作用，同时还能防止金属表面产生气泡，这些气泡往往导致在覆膜上形成针孔。

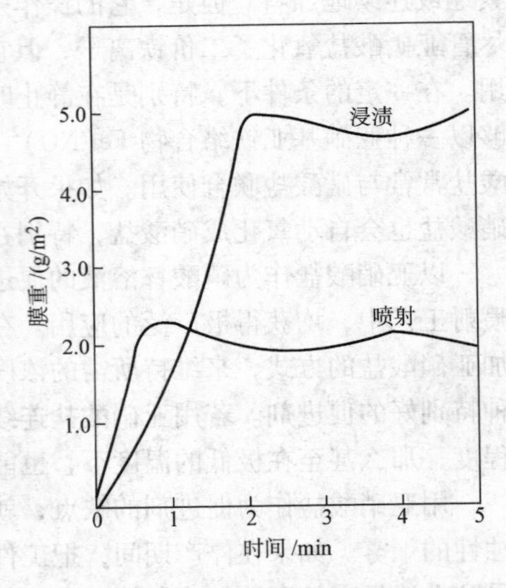

图 3-6 以亚硝酸盐为促进剂的喷射磷化与浸渍磷化比较

注：钢处理方法：喷射和浸渍，温度为 60℃

其他物理促进的方法，是在工艺过程中刷拭，或摇晃金属表面。刷涂法可以减少工艺时间到 1/10 左右。

电促进作用：早在 1909 年以前，已经有了用电流来促进原始 Coslett 型磷酸铁槽的专利，使用的是低电压（0.75 ~ 2.0V），并把工件作为阴极。这种方法可以使在沸腾条件下的处理时间缩短到 30min。后来，在 80℃ 的磷酸锌溶液中，使用 230 ~ 460A/m^2 的交流电，只在 4min 内便可完全覆膜。随着化学促进剂的出现，不用电流也能达到同样的效果，电促进工艺便渐渐不用了。尽管如此，根据 Zantout 和 Gabe 最近的研究认为，使用小电流，可以在较短的时间内，获得孔隙度低和膜重较高的磷化膜。

（3）磷化中的重金属离子　在磷化液中添加多种金属离子成分

与单一的Zn^{2+}相比，磷化膜的外观质量和耐蚀性都有很大的提高。

1）Zn^{2+}。Zn^{2+}是锌系磷化中的主要离子，Zn^{2+}含量高能形成更多的结晶核，加快磷化反应速度，并使磷化膜结晶细致，晶粒饱满有光泽。Zn^{2+}含量过高时，磷化膜结晶粗大，易脆，表面灰分变多。Zn^{2+}含量不足时，膜层疏松发暗，磷化膜的耐蚀性下降。

2）Ni^{2+}。Ni^{2+}可使磷化成膜的速度加快，改善磷化膜的结晶（使得晶核数量加大，晶核排列完整），能显著提高磷化膜的耐蚀性。Ni^{2+}含量应控制在2g/L以内，加大用量对生产不会产生影响，但会提高成本。

3）Ca^{2+}。Ca^{2+}能调整磷化膜的生长，细化晶粒。含有Ca^{2+}的磷化液，其膜层光滑细腻，质感非常好。但过多的Ca^{2+}加入则会使膜层挂灰，影响涂装。

4）Fe^{2+}。磷化液中的Fe^{2+}是一个充满矛盾的物质。一方面磷化液中必须含有一定量的Fe^{2+}，它有利于成膜，并影响到晶核的大小和数量。磷化液中若无Fe^{2+}，则工件表面易产生粉状物，当Fe^{2+}含量低时，膜薄，甚至磷化不上，膜的耐蚀性下降。另一方面，Fe^{2+}含量过高，磷化膜晶粒粗大，厚度增加，同时磷化液变成酱油色，阻碍磷化反应继续，影响磷化液的稳定性。

工业生产上，新的磷化液在使用前，用铁粉或浸铁板的方法增加槽液中的Fe^{2+}含量；但经过一段时间的生产后，磷化液出现酱油色时，表明Fe^{2+}含量过高，这时须用氧化剂（双氧水）来除去Fe^{2+}，将二价的游离铁离子氧化成三价铁离子，然后反应生成沉淀物。

5）Cu^{2+}。Cu^{2+}在磷化液中是常用的促进剂。它与其他氧化剂并用时，不仅能催化硝酸盐的分解，还能加速氧化反应，扩大钢铁表面的阴极区，加速磷化膜的形成。Cu^{2+}的加入量极少，一定要控制好，否则会使磷化膜呈红色，降低膜的耐蚀性，而且会破坏磷化液本身。

（4）磷化中的络合剂　磷化液使用最多的络合剂为柠檬酸（$C_6H_8O_7$），起络合作用。它能使磷化膜减重，延缓初期磷化沉渣出现的时间，但对后期降低沉渣效果不明显。

（5）磷化中的杂质离子　磷化中的杂质离子是指对磷化有破坏

性的离子。

1）Al^{3+}。Al^{3+}是磷化中危害最大的杂质离子，是不允许带入槽液中的。当磷化液中的Al^{3+}达到一定浓度时，工件表面会产生乳白色粉状物，磷化膜发花，不均匀，甚至完全无膜。一旦出现类似的情况，在磷化液中加氟化物，使Al^{3+}成为不溶的氟铝酸钠而沉淀下来。

2）SO_4^{2-}。磷化液中带入SO_4^{2-}，会使磷化时间延长，磷化膜疏松，多孔。严重时，磷化不上，此时须更换槽液。

3. 碱金属磷化膜系统

在不含重金属或被处理金属离子的溶液里，只要含有钠、钾或铵的酸式磷酸盐，同样可以产生磷化膜。上述的碱金属是不会进入覆膜的，因此有时便相当含糊地称这种工艺为“无膜”磷化工艺。它在钢铁工件表面生成的此类覆膜，主要是铁的磷酸盐。这种工艺还称为“铁磷化”工艺，但这又极可能会同真正以磷酸亚铁为基础的铁磷化工艺相混淆。为避免含混，最好称为“碱金属磷化”工艺或“轻质铁磷化”工艺。

钢在碱金属伯磷酸盐工艺中生成的膜，与在重金属磷酸盐溶液中生成的膜不同。这些膜的外观或带彩虹色或带蓝色或带灰色，变化各异。一般认为，这些膜是非晶形的。某些情况下，用电子显微镜检查，可显现出一种非常细致的微晶结构。重金属磷化系统最佳的 pH 值为1.5~3.5，与此相反，碱金属磷化最佳的 pH 值为4.0~6.0。通常认为，这种覆膜是磷酸铁和氧化铁的混合物。

碱金属伯磷酸盐溶液中的成膜机理与重金属磷酸盐系统中的成膜机理明显不同。碱金属的正磷酸盐全部是水溶性的，并且在它们之间，无任何水解平衡。

氧化型促进剂，特别是氯酸盐、溴酸盐、硝酸盐和硝基有机化合物，均常常用于碱金属磷化工艺。事实上，在这种场合下，上述氧化型促进剂所起的作用并不重要，这是因为由大气中的氧便可提供充分的促进作用。

促进剂对膜重的影响，在重金属磷酸盐溶液和碱金属磷酸盐溶液之间，存在着很大的差别。对于前者，强烈的促进系统导致发生大量的晶核，产生大量的小晶体，其膜重也较小。对于后者，促进剂的作用是增加了非晶层的厚度。促进剂对膜重的影响如图3-7所示。

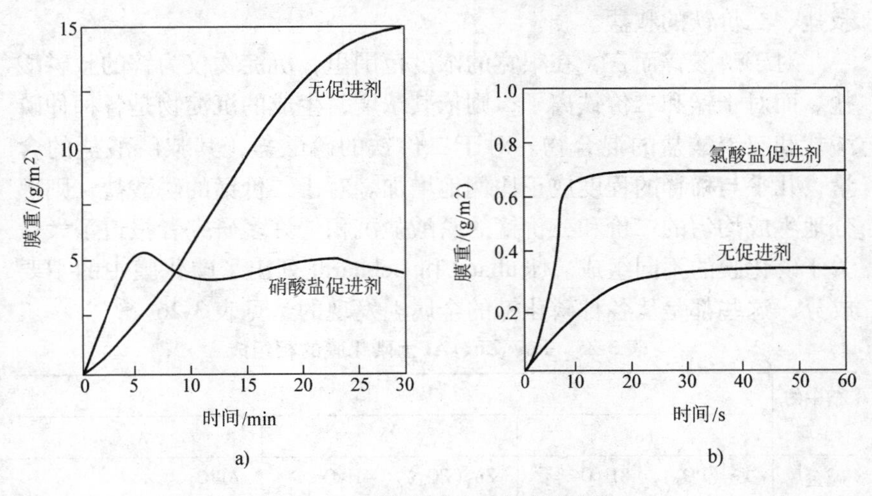

图3-7　促进剂对膜重的影响

a）磷酸锌　b）轻质磷酸铁

3.6.5　磷化膜的特性

1. 膜的组成

以往的研究，仅仅局限于在锌上生成磷酸锌覆膜的情况，其反应过程简单，覆膜的组成也简单明了。当溶液中存在一种以上的成膜金属时，事情就变得复杂多了。各种仲磷酸盐和叔磷酸盐在98℃时的离解常数 K 见表3-25中。

表3-25　各种仲叔磷酸盐在98℃时的离解常数 K

金属	磷酸盐	K
Zn^{2+}	叔　盐	0.71
Mn^{2+}	仲　盐	0.67
Mn^{2+}	叔　盐	0.040
Fe^{2+}	仲　盐	0.39
Fe^{2+}	叔　盐	0.0013
Fe^{2+}	叔　盐	290.0

98℃时，在磷酸盐/磷酸的酸基溶液里，估计磷酸盐会依下述顺序沉淀：三价铁的叔盐、锌的叔盐、锰的仲盐、二价铁的仲盐、锰的叔盐、二价铁的叔盐。

对于磷酸锌而言，在很宽的浓度范围里，沉淀物仅为锌的叔磷酸盐。而对于锰和二价铁离子，则依其浓度，生成的沉淀物是各种仲磷酸盐和叔磷酸盐的混合物。对于二价铁的磷酸盐，其叔磷酸盐的含量，几乎与稀释的程度成正比例地增加。对于二价锰的磷酸盐，则部分地生成均匀的二价和三价锰的磷酸盐沉积。许多研究者报道了大量关于磷化膜的不同组成。Neubaus 和 Gebhardt 列出了磷化膜中的主要成分，这些都是从各种磷化槽的金属上发现的，见表 3-26。

表 3-26 Fe、Zn、Al 上磷化膜的相组成

槽中的金属	基体		
	Fe	Zn	Al
碱金属	$Fe_3(PO_4)_2 \cdot 8H_2O$	$Zn_3(PO_4)_2 \cdot 4H_2O$	$AlPO_4$
Fe	$Fe_5H_2(PO_4)_4 \cdot 4H_2O$ $FePO_4 \cdot 2H_2O$	$Zn_3(PO_4)_2 \cdot 4H_2O$ $Zn_2Fe(PO_4)_2 \cdot 4H_2O$ $Fe_5H_2(PO_4)_4 \cdot 4H_2O$	
Mn	$(Mn,Fe)_5H_2(PO_4)_4 \cdot 4H_2O$	$Zn_3(PO_4)_2 \cdot 4H_2O$ $Mn_5H_2(PO_4)_4 \cdot 4H_2O$	$Mn_3H_2(PO_4)_4 \cdot 4H_2O$
Zn	$Zn_2Fe(PO_4)_2 \cdot 4H_2O$ $Zn_3(PO_4)_2 \cdot 4H_2O$	$Zn_3(PO_4)_2 \cdot 4H_2O$	
Zn/Ca	$Zn_2Fe(PO_4)_2 \cdot H_2O$ $Zn_2Ca(PO_4)_2 \cdot 2H_2O$ $Zn_3(PO_4)_2 \cdot 4H_2O$	$Zn_2(PO_4)_2 \cdot 4H_2O$ $Zn_2Ca(PO_4)_2 \cdot 2H_2O$	$Zn_2Ca(PO_4)_2 \cdot 2H_2O$ $Zn_5(PO_4)_2 \cdot 4H_2O$

（1）磷酸锌覆膜 锌上的磷酸锌膜，情况较为简单，膜中仅含磷锌矿 $Zn_3(PO_4)_2 \cdot 4H_2O$。至于钢件上的磷酸锌膜，情况就变得较为复杂。在具有促进剂的磷酸锌工艺里，用喷射法形成的叔磷酸锌膜中，含有比例很小的磷酸铁，并且主要是二价铁的仲磷酸盐和三价铁的叔磷酸盐。虽然三价铁的叔磷酸盐不是游离的组分，但它被假定是通过仲磷酸盐与富集在金属—溶液界面上的二价铁之间的反应生成的。

凡是从在促进剂的磷酸锌溶液中生成的膜，其构成都是一样的，与工艺时间、促进剂的类型及操作条件没有关系。例如：以硝酸盐促进和93℃下操作的槽子、以硝酸盐/亚硝酸盐促进和82℃及室温下操作的槽子、以氯酸盐/硝酸盐促进和65℃下操作的槽子，在所有上述的覆膜中，均含有质量分数为40.8%的磷酸盐、质量分数为12.3%的铁、质量分数为32.3%的锌、质量分数为14%的水。

于85℃、65℃和25℃下，分别用硝酸盐、亚硝酸盐和氯酸盐作促进剂时，在锌上的覆膜中，总含有磷锌矿 $Zn_3(PO_4)_2 \cdot 4H_2O$，并且都垂直于金属基体。在铁上的覆膜中，也含有定向排列的磷锌矿。在其他的样品中，则伴生有磷叶石（Phosphophllite），这是一种天然的磷酸铁锌混合物 $(Zn^{2+}, Fe^{2+})_3(PO_4)_2 \cdot 4H_2O$，它具有不确定的化学计算式。在磷酸锌槽中，铁上生成的磷锌矿及磷叶石混合物里，此两种物质对于金属基体，呈相同的排列方向。

原来存在于表面上的铁氧化物，经磷化处理后仍然保留下来。

槽子的搅拌程度，对覆膜中磷锌矿和磷叶石的比例产生极大的影响，见表3-27。

表3-27　搅动程度对覆膜中磷锌矿与磷叶石相对比例的影响

搅　动	磷锌矿 $[Zn_3(PO_4)_2 \cdot 4H_2O]$(%)	磷叶石 $[Zn_2Fe(PO_4)_2 \cdot 4H_2O]$(%)
无	95	5
超声波	50	50
喷射	100	0
浸渍(带可调速的搅拌器)	相对数量随搅动程度变化	—

p 率定则，其定义如下：

$$p = \frac{w(\text{磷叶石})}{w(\text{磷叶石} + \text{磷锌矿})}$$

当槽子中Zn与 PO_4 含量比值低，且为浸渍操作时，p 值最高。其中磷叶石及磷锌矿的相对数量，是用X射线衍射法（XRD）测定的。

现代有许多其他的仪器，可以用来测定磷化膜的结构。其中包括能量散射分光仪（EDS）和X射线光电分光仪（ESCA）。测定膜中的锌和磷酸盐较为容易，但是由于基体的影响，要正确地测定铁含量是困难的。在用浸渍、喷射/浸渍及喷射工艺制得的覆膜中，锌对磷酸盐的比值见表3-28，所使用的测定方法有：化学分析、XRD、EDS和ESCA。

表3-28　用各种分析方法测定的覆膜中锌对磷酸盐的比值

专利工艺	应用	覆膜中锌对磷酸盐的质量比			
		化学分析	EDS	XRD	ESCA
A	喷射	2.58	2.35	2.79	1.68
A	喷/浸	2.45	2.51	2.65	1.68
A	浸渍	2.10	2.18	2.68	1.89
C	喷射	2.05	1.89	2.65	1.78
C	喷/浸	—	1.89	2.68	—
C	浸渍	1.95	2.05	2.52	—
B	喷射	2.00	2.28	2.72	1.89

在用钙改良的磷酸锌槽中生成的覆膜里含有磷钙锌矿（scholzite）的菱形晶体 $Zn_2Ca(PO_4)_2 \cdot 2H_2O$。它在膜中所占有比例直接取决于溶液中的钙含量。从磷酸锌槽中生成的覆膜中，发现含有锰，其质量分数达到2%，但没有弄清楚这些锰的存在形式，究竟是锰红磷锰矿（manganese hureaulite）$Mn_5H_2(PO_4)_4 \cdot 4H_2O$，还是锰红磷叶石（manganese phosphylite）$Zn_2Mn(PO_4)_3 \cdot 4H_2O$。

可以推断，钢件上磷酸锌覆膜的构成受到下列因素的影响：

1）工艺方法，即喷射、浸渍等。

2）搅动的程度。

3）槽子的化学特性，特别是锌对磷酸盐的比值、促进剂的类型和强度，以及存在的其他金属离子。

此外，这种构成并不是均匀的，而是随着膜的深度即变化的。若延长接触的时间，还会导致外层膜的转换。

（2）磷酸锰覆膜　钢件在新的仲磷酸锰和叔磷酸锰槽液中，会生成磷酸锰覆膜。但是在旧的和含有二价铁的槽液中，钢件上覆膜中二价铁的数量会增加，并生成红磷锰矿（hureaulite）$(Mn, Fe)_5H_2$

$(PO_4)_4 \cdot 4H_2O$。当铁含量很高时，在覆膜中还会有纯铁的红磷锰矿(Pure ironhureaulite) $Fe_5H_2(PO_4)_4 \cdot 4H_2O$。

2. 覆膜完成

随着磁性磷化膜的形成，金属表面被渐渐覆盖，直到膜的重量不再发生变化时所达到的状态，称为“覆膜完全”。它具有极重要的实践意义，可以用下述的一些方法来确定：

1）当停止产生气体时。

2）依据膜重-时间的特性曲线。

3）使用电位测定仪。

4）用显微镜检查。

（1）停止产气　在无促进剂及那些有弱促进剂的槽子中，覆膜的生成伴随着氢气泡的放出。停止放气可作为覆膜完成的粗略和方便的判断。这种方法仅仅适用于浸渍工艺。

（2）膜重-时间特性曲线　这是一种广泛使用的方法。连续测定不同反应时间的试板膜重，再做出膜重对时间的曲线。在这个曲线上首次出现的最大值点，通常用来表示覆膜完成。一些典型的不同类型工艺的膜重-时间曲线如图3-8所示。

（3）电位测定　用电位-时间曲线可以指示覆膜的生成。进行磷化的试样，其电位在起初的极短时间内，升到最大值，然后便急剧下降的最小值，如图3-9所示。该图是用完善的覆膜、最大膜重及最小孔隙度之间的关联做出来的。

（4）显微镜检查　用电子显微镜扫描检查磷化膜的结构，也可检测覆膜的完成。尽管用这种方法无疑能检测出不完善的覆膜，但是即使在很高的放大倍数下，对于覆膜是否真正完成，仅凭视觉难以做出准确判断。

3. 磷化膜的质量

（1）覆膜的厚度与重量　磷化膜的厚度范围为1～50μm，但是，在实际应用中，往往用单位面积的重量来表示，这便是通常所说的膜重。表示膜重的单位一般是g/m^2。推出膜重概念的原因是膜厚的测量较为困难，特别是在膜厚的低限。困难之处在于基体和覆膜的性质是不均匀的，特别当覆膜为晶体时更是如此。

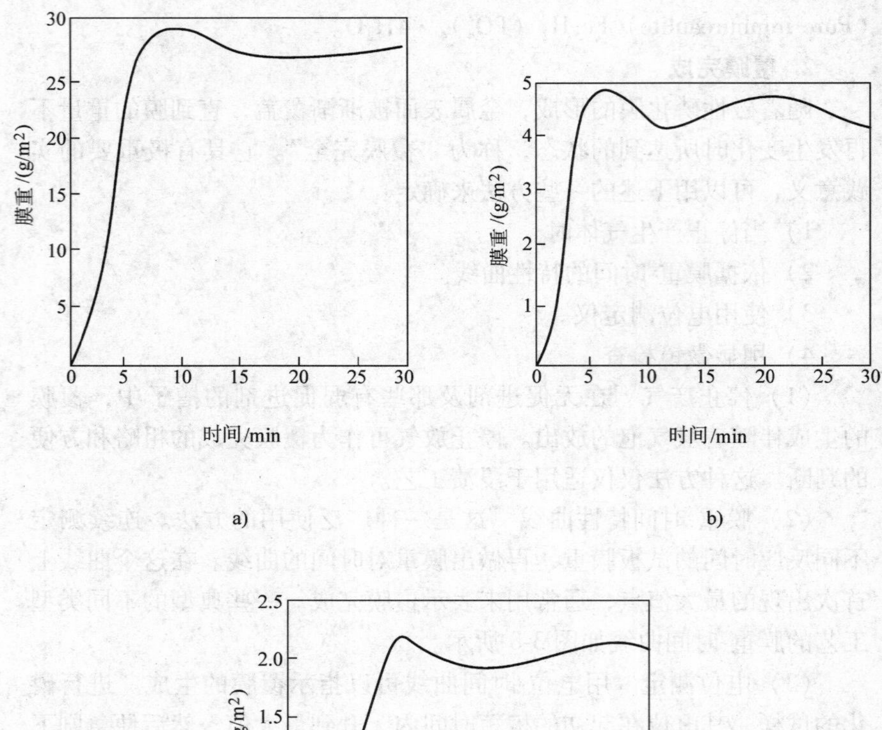

图 3-8　不同类型工艺的膜重-时间曲线

a）硝酸盐促进的磷酸锰工艺（钢，98℃）

b）硝酸盐促进的浸渍法磷酸锌工艺（钢，70℃）

c）硝酸盐促进的喷射法磷酸锌工艺（60℃）

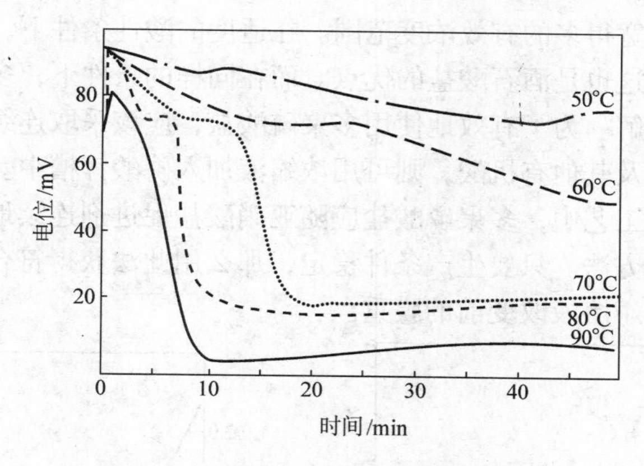

图3-9　电位测定法

注：溶液中含有 ZnO6.4g/L，H_3PO_4 14.9g/L，HNO_3 3.0g/L，$Ni(NO_3)_2$ 11.03g/L。

对大多数的工业磷化膜来说，膜重（g/m^2）与膜厚（μm）的比值为1.5～3.5。对轻的和中等的膜，可以估计为1μm相当于1.5～2.0g/m^2。

膜重的测定是一种破坏性的试验。这种试验涉及标准试片，在适当介质中剥除膜层前后的重量。这种除膜的介质，能溶解覆膜，但不能溶解基体。详细的方法可参阅ISO 3892。

有一种测定磷酸锌膜重的非破坏性方法，是利用镜反射红外吸收率（SRIRA）进行的。现在，这种仪器已成为工业通用的仪器。

在磷化膜的许多应用中，均要求一定的膜重范围。对一个特定的工艺，其综合的膜重域，取决于工艺类型（主要的金属阳离子）、所使用的促进剂类型，以及促进作用的强弱程度。在一个较宽的膜重域里，可通过改变操作条件，来仔细地调整膜重，主要是通过改变控制膜重，这样可能会导致覆膜不完全。有许多专用的添加剂，其中许多都是金属的络合剂，它们具有增加膜重的作用。

在磷酸锌溶液中，添加多磷酸盐和一定的有机酸，能够减小膜重。如图3-10、图3-11所示。

图3-10、图3-11所示为向以亚硝酸盐促进的磷酸锌喷射工艺中，添加酒石酸钾钠和三聚磷酸钠所产生的影响。显然，酒石酸盐比多聚

磷酸盐具有宽得多的有效浓度范围。在适度的酸性条件下，酒石酸盐相当稳定，这也是酒石酸盐的优点。而在同样的条件下，多聚磷酸盐则会很快水解。为了有效地使用多聚磷酸盐，应该采取连续加料的方式。酒石酸及其他有机酸，则可用浓缩液加入磷酸锌槽中。在以亚硝酸盐促进的工艺中，多聚磷酸盐应随亚硝酸盐促进剂连续地添加，才是最有效的方法。只要生产条件稳定，那么用此法获得符合要求的膜重，一定低于溶液改变前的膜重。

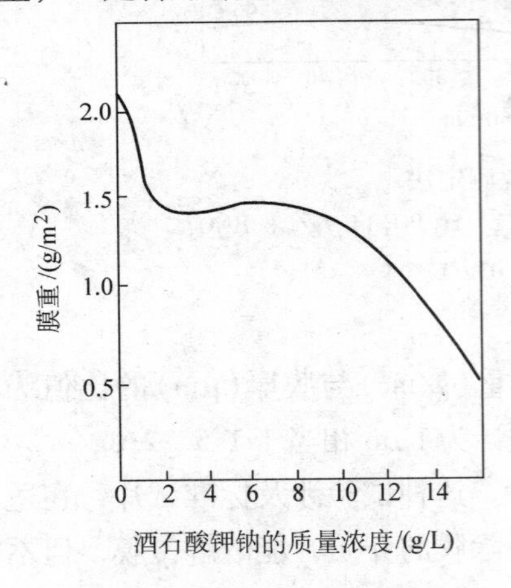

图 3-10　用酒石酸钾钠减小膜重

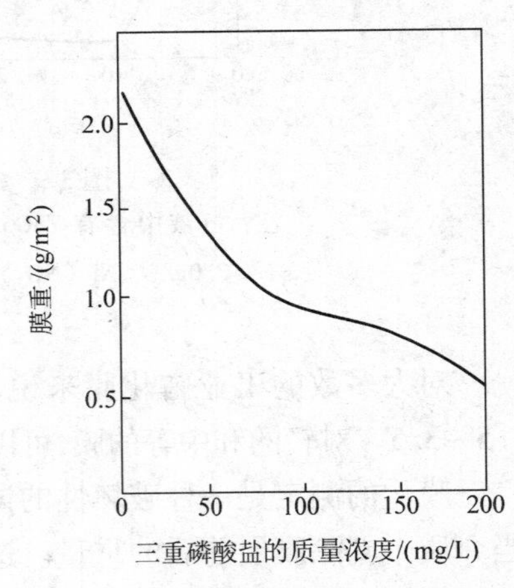

图 3-11　用三聚磷酸盐减小膜重

（2）覆膜的孔隙率　任何一个已完成的覆膜，都会出现一些孔隙。磷酸锌覆膜的自由孔隙面积百分数为 0.1% ~0.5%。

近年来，已把许多注意力集中到改变钢的表面条件效应方面，并研究这些效应对覆膜孔隙率及油漆作用的影响。特别是把钢表面的碳含量与覆膜孔隙率关联起来，进一步再与油漆作业关联起来。其中的结论如下：

1）钢表面的杂质，会大大地扩散腐蚀试验的结果。这些杂质可通过酸洗或机械法去除，但不能用常规的脱脂剂和有机溶剂去除。

2）这些杂质可以通过冷轧与退火之间的清洗，以及通过开盘式退火加以抑制。

3）这些杂质中含有碳，有时能够找出这些表面的碳与抗盐雾之间的关联。

4）当铁（111）结晶面倾向于和钢表面平行时，可以减轻盐雾试验中底膜的腐蚀。

5）增加锰含量，可以改善耐蚀性。

6）磷酸锌膜的孔隙率与盐雾试验特性之间，似乎存在着某种关联。而碳含量，可以依孔隙率与表面碳含量间的关联导出。

4. 磷化膜的热稳定性

在水溶液中生成的磷化膜一般都已水化，例如磷锌矿 $Zn_3(PO_4)_2 \cdot 4H_2O$。纯的磷锌矿于70～140℃下，脱掉两分子的结晶水；在190～240℃时，又进一步脱掉两分子的结晶水，如图3-12所示。表3-29所示为轻质喷射磷酸锌覆膜（$2.5g/m^2$）的加热效应。表3-30所示为浸渍重磷酸锰覆膜（$18g/m^2$）的加热效应。

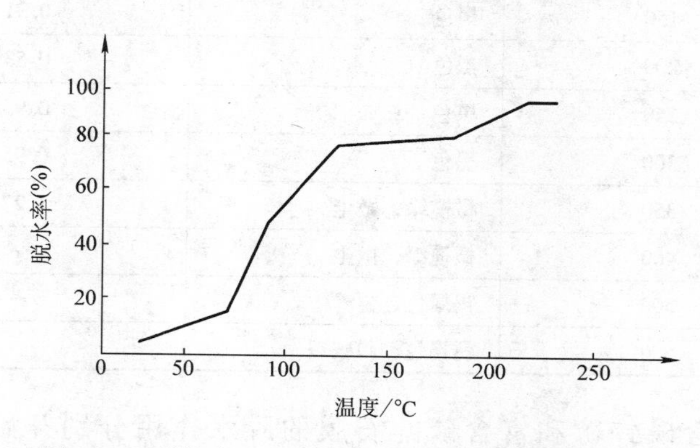

图3-12　磷锌矿 $Zn_3(PO_4)_2 \cdot 4H_2O$ 加热脱水曲线

表3-29　钢上磷酸锌覆膜的加热效应（15min）

温度/℃	膜的外观	失重率（%）
50	灰	1.05
100	灰	7.90
150	浅灰	9.90
200	银灰，微尘	10.30
250	银灰，微尘	10.30

（续）

温度/℃	膜的外观	失重率（%）
300	银灰，微尘	11.30
350	银灰，尘	12.50
400	银灰，尘	15.20
500	褐色，尘	16.70
600	浅褐色，膜破裂	—

表 3-30 钢上磷酸锰覆膜的加热效应（15min）

温度/℃	膜的外观	失重率（%）
50	黑色	0.08
100	黑色	0.23
150	黑色	0.31
200	黑色	0.53
250	黑色	0.93
300	黑色	0.95
350	橄榄绿，微尘	1.27
400	橄榄绿，微尘	—
500	褐绿色，尘	—
600	锈褐色，膜破裂	—

富含磷锌矿和富含磷叶石膜的脱水作用分别开始于 80℃、110℃，最高失重记录的温度为 400℃。高于 600℃时，锌和磷发生升华。

一般来说，在普通的干燥温度下加热，对膜的特性无不利的影响。事实上，对某些阳极电泳漆，若通过干燥使磷酸锌膜失去三个分子结晶水时，涂漆将得到改善。

在 200℃下烘烤 1h，对磷酸锰覆膜无影响，但却会损害磷酸锌覆膜的某些特性。

任何酸性条件下的水剂处理，都是氢脆的潜在原因，磷化当然也不例外。对于抗拉强度大于 14MPa 的高应力钢，氢脆是个严重的问题。在低应力钢上，也会发生氢脆，但这不是一个严重问题，除非是焊接构件。

在没有使用促进剂的槽子里，由于不含有氧化剂，其氢脆的倾向应该是最高的。但是，在有促进剂和无促进剂的磷酸锰槽之间，氢脆的差别十分轻微。并且，在上述的磷酸锰槽与有促进剂的磷酸槽之间，氢脆的差别也是十分轻微的。在组分不同的钢之间，氢脆的差别就比较大。在130～230℃下，热处理1～4 h，能够减少高应力钢的氢脆。应避免太高的热处理温度，特别是对磷酸锌覆膜，太高的热处理温度会使膜层退化变质。

在室温下储存28d，也可以减少氢脆。

3.6.6 磷化处理工艺

1. 基本工艺原则

涂装预处理中最基本的问题是磷化膜必须与底漆有良好的配套性，而磷化膜本身的耐蚀性是次要的。这一点是许多磷化液使用厂家最容易忽略的问题。在生产实践中，厂家对磷化膜的防锈要求往往比较高，而对漆膜配套性几乎不关心。涂装预处理中，磷化膜的主要功能在于，作为金属基体和涂料（油漆）之间的中间介质，它提供一个良好的吸附界面，将涂料（油漆）牢牢地覆盖在金属表面，同时细腻、光滑的磷化膜能提供优良的涂层外观。而磷化膜的耐蚀性，仅只是提供一个工序间的防锈作用。另外，粗、厚磷化膜会对漆膜的综合性能产生负效应。因此，磷化体系与工艺的选定主要由工件材质、油锈程度、几何形状、磷化与油漆的时间间隔、底漆品种等条件决定。

一般情况下，对于有锈工件必须经过酸洗工序，而酸洗后的工件将给磷化带来诸多的麻烦，如工序间生锈泛黄，残留酸液的清洗，磷化膜出现粗化等。酸洗后的工件在进行锌系、锌锰系磷化前要进行表面调整处理。如果工件磷化后没有及时涂漆，那么当存放期超过10d以上，都要采用中温磷化，磷化膜重量最好在1.5～5g/m^2，此类磷化膜本身才具有较好的耐蚀性。磷化后的工件应立即烘干或用热水烫干，如果是自然晾干，易在夹缝、焊接处形成锈蚀。

2. 磷化工艺条件

（1）处理方式　工件处理方式是指工件以何种方式与槽液接触达到化学预处理的目的。它包括全浸泡式、全喷淋式、喷-浸组合式和涂刷式等。采用何种方式主要取决于工件的几何形状，场地、投资规模、生产量等因素。

（2）处理温度　从降低生产成本、缩短处理时间和加快生产速度的角度出发，通常选择常温、低温和中温磷化工艺。生产实际中普遍采用还是低温（25～45℃）和中温（50～70℃）两种处理工艺。

工件除有液态油污外，还有少量固态油脂，在低温下油脂很难除去，因此脱脂温度应选择中温。对一般锈蚀及有氧化皮的工件，应选择中温酸洗，才可保证在10min内彻底除掉锈蚀物及氧化皮。除非有足够的理由，一般不选择低温或不加温酸洗除锈。

（3）处理时间　处理方式、处理温度一旦选定，处理时间应根据工件的油锈程度来定，除按产品说明书外，一般原则是除尽为宜。

（4）磷化工艺流程　根据工件油污、锈蚀程度及涂装要求，分为以下三种工艺流程。

1）完全无锈工件。预脱脂→水洗→脱脂→水洗→表调→磷化→水洗→烘干。适用于各类冷轧板及加工无锈工件预处理，还可将表调剂加到脱脂槽内，减少一道工序。

2）一般油污、锈蚀、氧化皮混合的工件。脱脂→热水洗→除锈→水洗→中和→表调→磷化→水洗→烘干。这套工艺流程是用目前国内应用最广泛的工艺，适合各类工件的预处理。如果磷化采用中温工艺，则可省掉表调工序。

3）重油污、重锈蚀、氧化皮混合的工件。预脱脂→水洗→脱脂→热水洗→除锈→中和→表调→磷化→水洗→烘干。

3. 三种基膜磷化及工艺

（1）漆前磷化及工艺　磷化膜最重要的工业应用，是作为钢和镀锌钢的涂装预处理。差不多所有由金属板材构造的、大量生产的物品，都采用此法处理。

作为涂装基层的磷化膜，可以分成两个不同的类型：轻质非晶形磷酸铁膜（0.2～0.6g/m^2）；轻质晶体磷酸锌膜（2.0～5.0g/m^2，浸渍；1.4～3.0g/m²，喷射）。

在出现电泳涂装之前，一般认为，特定工艺的选择原则，主要是在两个矛盾的需求之间进行折中：膜重越大，越有利于防腐蚀；膜重越小，越有利于附着力和光泽。直到出现了电泳涂装之后，这种观念才得以修正到这样的程度：至少对于某些电泳涂装而言，为达到最佳的耐蚀性和附着力，所要求的膜重应该在一定的范围之内。

如果要在轻质磷酸铁工艺和磷酸锌工艺之间做出选择，主要取决于需处理工件的使用要求。在服务环境相当严酷的产品，例如汽车、拖拉机、洗衣机等所用零部件的磷化处理，最好用磷酸锌工艺。而对服务环境不严酷的产品，例如办公室设施、荧光照明器材等所用零部件的磷化处理，可用轻质磷酸铁工艺。对在涂装之后需加工成形的物件，还要求磷化膜具有高柔性和高附着力性能。

1）涂装基膜轻质磷酸铁工艺。这种工艺以磷酸二氢钠或磷酸二氢铵为基础，带有如氯酸盐、溴酸盐或间硝基苯磺酸钠等促进剂，膜重范围是0.3～0.6g/m²。典型的操作程序如下：

①碱性脱脂，喷射1～2min，或浸泡2～4min。

②水洗，喷射30s，或浸洗1min。

③磷化，喷射1～2min，或浸渍2～4min。

④水洗，喷射30s，或浸洗1min。

⑤铬酸盐洗，喷射30s，或浸渍1min。

根据不同的配方，操作温度一般为30～70℃。磷化膜的外观受所用促进剂的影响：以氯酸盐为促进剂者，产生灰色膜；以钼酸盐或溴酸盐为促进剂者，产生蓝色膜。改进的配方，可以用来处理钢、镀锌钢和铝的混合产品。处理热浸镀锌钢和铝表面时，可加入氟化物以促进反应的进行。

最后用铬酸盐洗，这是工艺的重要部分。其后应该用去离子水喷洗。

2）脱脂/磷化工艺。与其他的磷酸盐工艺比较，轻质磷酸铁工艺是在较低的酸度和较低的总浓度下操作的。这是由于在槽中加入了表面活性剂和其他清洗剂，并且又是在同一个喷射槽中进行清洗和磷化。实际上，最好是采用两工序脱脂/磷化；

①脱脂/磷化，喷射1min。

②脱脂/磷化，喷射1min。

③水洗，喷射30s。

④铬酸盐洗，喷射30s。

其中①工序主要是脱脂，而②工序主要是磷化。当①工序中的溶液，由于带有除下来的污物而变得很脏时，便应排掉，再将②工序的溶液送到第①工序，并在②工序中配制新鲜溶液。也就是说，让②工序的溶液，保持相对的干净。若采用单级的脱脂/磷化工艺，就会导致经常的排液，这是不可取的。浸渍操作也可采用脱脂/磷化工艺，但必须有某种形式的搅动，以保证得到满意的清洗。

传统的脱脂/磷化剂是粉状产品。其基本原料为磷酸钠和磷酸铵，并含有表面活性剂，以提供脱脂能力。钼酸盐是最普通的促进剂。如果处理的是铝，则应加入氟化物。操作温度范围是35～60℃，膜重为0.2～0.4g/m^2。

轻质磷酸铁膜的最佳外观可以是彩虹色、蓝色或灰色。这取决于许多因素：如溶液的pH值、促进剂及膜的厚度等。当槽中含有钼酸盐时，趋于形成一种均匀的、观感很好的蓝色磷化膜，但这种磷化膜的性能指标，比平淡颜色的磷化膜低。

3）涂装基膜磷酸锌工艺

①浸渍工艺。对于浸渍工艺，最常使用亚硝酸盐/硝酸盐作为促进剂。传统的工艺是在65℃下操作，产生的磷化膜膜重范围是3.0～7.0g/m^2。这种未加改进的磷酸锌工艺，广泛适用于溶剂油漆。但是，它有一种令人苦恼的缺点，就是膜重和晶体结构，受预清洗方法的影响太大。强碱清洗和酸洗，都倾向于产生粗糙的、较重的膜，这对油漆的光泽和附着力，都是不利的。在不能避免使用这种清洗方法的场合，在一定的限度内，可通过预浸活化的方法，把它们的影响减至最小。

一种较好的溶液是在磷化槽中加入磷化膜调整剂。原始的调整剂效果有限。最广泛采用的方法，主要是改进槽液的化学性质，即加入组成磷化膜的金属钙。这样，在磷化膜中便加入了磷酸钙，即磷钙锌矿（scholzite）$Zn_2Ca(PO_4)_2 \cdot 2H_2O$。

这种混合的磷酸钙锌膜比通常的磷酸锌膜光滑平坦，并且不受预清洗方法的影响。钙改进的磷酸锌浸渍工艺，常常用亚硝酸盐作促进剂，并且与传统的磷酸锌工艺的操作方法类似。然而，前者的操作过程稍慢，需要较长的时间和（或）较高的温度才能使覆膜完成。

以氯酸盐为促进剂的浸渍法磷酸锌工艺，一度曾广泛使用，今天已很少使用了。但是，目前又找到了一种以这种工艺为基础的、极有前途的新工艺，它是在25~35℃下操作的低温系统。这种系统可以产生非常满意的结果，特别当配合使用常温操作的可乳化清洗剂时，效果更佳。

②喷射工艺。多年来，由亚硝酸盐、氯酸盐或此两种盐联合促进的磷酸锌工艺，在溶剂涂装和老式的阳极电泳涂装方面，应用极广。这种工艺操作的条件是45~60℃、1~2min，所产生的磷化膜膜重为1.6~3.0g/m^2。但是，在过去的10年里，这种工艺的用途迅速地衰落下来了。

美国开发了一种用于汽车工业的改进喷射磷酸锌工艺。在汽车工业中，镀锌钢的使用量很大。在这个工艺中含有镍和简单（或复杂）的氟化物。

20世纪70年代中期，能源价格急剧上升，激起人们重新注意低温操作工艺。因此，在改进低温清洗剂的同时，开发了低温喷射工艺。这种工艺是用锰改进的磷酸锌工艺，用亚硝酸盐作为促进剂，操作温度为30℃。这种工艺已经获得很大的成功。

越来越严格的废水排放限制，促使人们创造了一种无排放的磷酸锌工艺。这是一种用过氧化氢促进的磷酸锌工艺（见图3-13）。以往使用过氧化氢为促进剂的系统，是用氢氧化钠作为中和剂的，结果在槽子里积累了钠离子。现在使用的新系统，是以碳酸锌作为中和剂，这样反应的副产物仅仅是水、氧和二氧化碳。带入清洗水中的，则仅仅是锌和磷酸盐离子，它们很容易通过石灰沉淀的方法去除，而清洗水又可循环使用。

虽然亚硝酸盐是在喷射系统中广泛采用的促进剂。但它具有下列的缺点：

a. 稳定性差，当喷射操作时，甚至在无工件传送时，也会发生

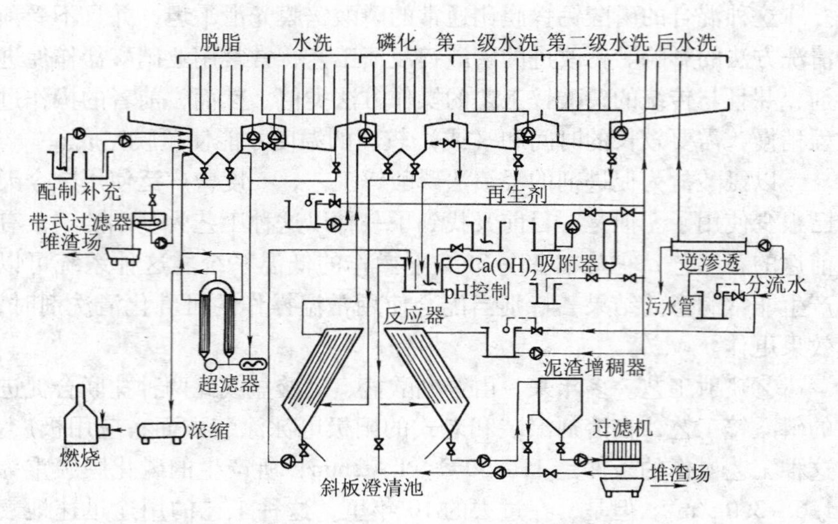

图 3-13　可回收有价值产品的，以过氧化物促进的磷酸锌工艺总循环

损失。

b. 由于亚硝酸盐分解的结果，腐蚀性氮氧化物积累在喷射通道中，会使工件锈蚀，特别是在生产线停产时。

c. 同样的氮氧化物，会积聚在设备的附近，构成有损健康的公害，特别对维修工人。

鉴于上述的原因，对喷射工艺，目前寻找到了一种替换的促进剂体系。氯酸盐当然可以单独使用，但是，它需要相当高的温度。已经推出了以氯酸盐和间硝基苯磺酸钠联合使用的促进剂，不论在中温，还是在低温操作中，都是非常成功的。

（2）电泳涂装预处理　把电泳涂装推广作为汽车车身以及许多其他大批量生产的工件不涂底漆的方法，无疑已经对预处理实践起到重要促进作用。

1）阳极系统。第一代的阳极电泳涂装，是以马来油为基础的，其使用情况不算好，耐蚀性差，涂着效率有限，所给出的颜色范围有限。尽管如此，它还是提供了一种进步的涂钢技术，尤其是涂覆底漆的技术。20 世纪 60 年代末，推出了第二代的阳极电泳涂漆工艺。它是以聚丁二烯为基础的。直到现在，世界上各个领域仍在使用这一工艺。它的优点是涂着效率高，槽子稳定性好，对预处理的要求不如前者苛刻。

在1970—1971年，出现了第三代的阳极电泳涂漆工艺，它是以环氧树脂为基础的。这种工艺使工件具有良好的耐蚀性。

如果阳极上带有磷化膜，那么部分磷化膜将会在油漆沉积时溶解。阳极电泳涂装中磷化膜的溶解见表3-31。阳极电涂时间对磷化膜的溶解与孔隙率的影响见表3-32。随着孔隙率的增加。磷化膜的溶解可能达到50%。绝大多数溶解的磷化膜仍然留在漆层中，在电泳槽中极少发现。

表3-31 阳极电泳涂装中磷化膜的溶解

工艺	促进剂 专用补充剂	应用	膜溶解（质量分数,%）
磷酸锌	硝酸盐/亚硝酸盐，多磷酸盐	喷	40~50
磷酸锌	硝酸盐/亚硝酸盐，硼酸盐	喷	20~30
磷酸锌	硝酸盐/亚硝酸盐，氟化物	喷	15~25
磷酸锌	氟酸盐	喷	20~25
锌钙	硝酸盐/亚硝酸盐	浸	10~15
锰	硝酸盐	浸	0

表3-32 阳极电泳涂漆时间对磷化膜的溶解与孔隙率的影响

时间/s	膜溶解（质量分数,%）	孔隙密度/（孔数/min）
0	—	125
15	10	2025
45	14	~10000
135	24	~11600

在油漆的沉积机理中，基体的活化作用是十分重要的。任何铁进入漆层中，都会变成氧化物，并使油漆色彩变成白色或菘蓝色。这种情况特别易发生在带有裸露钢铁的磷化膜上。同时，靠磷酸锌膜并不能使这种情况完全消除。

虽然磷化膜的部分溶解，会损害操作特性，但事实上，并没有找到真凭实据，能说明膜的溶解程度与操作特性之间的关系。

结疤起泡和丝状腐蚀是装饰腐蚀的主要形式，并且与阳极电泳涂漆关系极大。这个装饰性腐蚀问题曾经变成人们探索研究的焦点，并提出了许多油漆与预处理的研究报告。进一步的研究表明，除了预处理以外的其他因素，例如底漆、内漆和面漆的选择，也是很重要的。事实上，涂装系统已被认为是一种总体的综合性工艺。

测试表明，当磷化膜的膜重为 1.1 ~ 3.9g/m^2时，结疤腐蚀的程度也有某些变化，但这种关系没有特定的模式。经验已经证明，不同的电泳涂漆对结疤腐蚀程度的影响，远大于不同的磷化预处理对结疤腐蚀的影响。将五种经不同的磷酸锌预处理的试片，全部采用第一代阳极电泳涂装，又都涂上相同的丙烯酸类面漆，然后对上述试片进行400h 的盐雾试验。试验的结果表明，所有情况下的耐蚀性都是非常一致的。试验还证明，它们要达到 240h 的曝露且腐蚀延伸小于 2mm 的标准，也都不困难。

阳极电泳涂装对预处理的要求，已经完全确认。毋庸置疑，涂装与预处理结合具有显著的优越性。采用任何种类的涂装和使用各种预处理工艺，均能使阳极系统的性能达到总的标准要求。

预处理技术发展情况如下：

①亚硝酸盐促进，氟化物活化，50 ~ 60℃下操作，膜重范围为 2.0 ~ 3.0g/m^2。

②氯酸盐/亚硝酸盐促进，50 ~ 60℃下操作，膜重略低，大约为 2.0g/m^2。这种预处理工艺，比上一种优越，即在设备停产期间，自然生锈的倾向小。为了克服结疤腐蚀的问题，日本介绍了这种工艺的改进型。这种改进的工艺以槽中含有低得多的锌为其特点。

③氯酸盐促进，氟化物活化，50 ~ 60℃下操作，膜重为 1.6 ~ 2.4g/m^2。这种工艺的开发，使钢表面上预处理膜变化的影响减至最小。

④亚硝酸盐促进的磷酸锰锌工艺，低温操作，温度为 25 ~ 35℃，膜重为 1.6 ~ 2.5g/m^2。

上述的第①、③、④种工艺广泛适用于多种金属产品。

经验表明，所有这些处理，在仅涂底漆或完成涂层的条件下，都能满足240~360 h盐雾试验的要求。膜重为1.6~2.4g/m²时，一般都能表现出很好的附着力特性。采用铬酸盐后处理，和高于100℃的干燥温度，对盐雾试验特性的影响是有利的，但对聚丁二烯漆的影响，则不太显著。

总之，对于阳极系统，如果对整个系统都进行严格选择的话，那么，对大多数膜重为1.6~2.4g/m²的标准磷化工艺，就现时流行的阳极涂装装饰性腐蚀而论，均能获得令人满意的结果。当然，预处理与底漆和面漆的某种搭配，可能达到最佳的效果。

2）阴极系统。阴极沉积比阳极沉积优越之处如下所述：

①更好的涂着效率。

②更好的盐雾试验特性。

③降低了装饰性腐蚀的敏感性。

④在未经预处理的钢上，性能也不错。

然而，在另一方面，又有下列的缺点：

①需更高的烘烤温度。

②因为是在较低的pH值下操作，故要求提高设备的耐蚀性。

③在一些的镀锌钢上，有击穿电压低的问题。

当预处理恰当时，阴极涂装的盐雾试验特性，可以提高一个等级，即从阳极系统的250~400h，提高到500~1000h。同时，阴极涂装在加速试验的程序方面，也有重大的变化：对盐雾试验结果的依赖较少，更多的是依靠循环腐蚀试验和湿附着力试验程序，还避免了盐雾试验和干附着力试验中，可能发生的灾难性事故。某些磷化工艺与阳极电泳涂装结合，可以获得非常满意的结果，但却发现它们完全不适于阴极电泳涂装，尤其是当没有采用铬酸盐后处理时。

在20世纪70年代晚期，除了采用阴极电泳涂装之外，还采用了以下措施：

①增加对预涂覆钢材的使用。

②增加了注塑箱体部件。

③预处理工艺，从喷射法转变为部分或全部浸渍法。

日本倾向于采用全浸工艺。1983年，约58%的车身生产线采用全浸工艺。促成这种变化的原因，一方面是为了保证使喷射不到的地方获得好一些的磷化膜；另一方面是因为由浸渍法生成的磷酸锌膜的特性，比由喷射法生成的好。在浸渍法生成的磷化膜中富含磷叶石 $ZnFe(PO_4)_2 \cdot 4H_2O$，而在喷射法生成的磷化膜中则富含磷锌矿 $Zn_3(PO_4)_2 \cdot 4H_2O$。当评价带有阴极底漆的各种不同类型的磷化膜时，已经找到了膜的碱溶性与膜特性，特别是膜的湿附着力特性之间的关联，即溶解度最小的膜，结果也最好。在pH值高于12时，磷叶石的溶解度比磷锌矿小。而在阴极沉积反应时的界面条件之一便是要求pH值高于12。这大概是因为在这样的条件下，能提高阴极底漆的黏合性。

由于环境的原因，一般不采用含铬的后处理工艺。然而，许多学者，指出采用含有六价铬和三价铬的混合物，或全部为三价铬的后处理工艺，能明显地改善磷酸锌膜的特性，特别是改善湿附着力特性(见表3-33)。这种后处理工艺中，铬的质量浓度为100~300mg/L。与阴极系统不同，在阳极系统中，铬盐后处理对耐蚀性能仅有极勉强的效果，对附着力则没有什么改善作用。采用铬盐后处理，可使阴极底漆达到相当满意的性能，并且就其适用的范围和条件而言，更宽。

表3-33 磷酸锌膜的后处理对电泳涂漆性能的影响

后处理	全系统油漆性能级别					
	阳极底漆			阴极底漆		
	附着力	结疤	盐雾试验 240h	附着力	结疤	盐雾试验 1000h
铬（六价）	7	8	9	7	7	10
铬（三价）	8	8	10	8	8	10
脱离子水	7	7	8	5	5	9

注：级别10为最好，级别0为最差。

与其说是由于缺少磷锌矿，倒不如说是磷叶石的存在，赋予磷化膜更好的特性。铁含量高与磷叶石的存在不相关，但是又没有检测出另外的晶体种类。因此，铁必定是以非晶形的状态存在于磷化膜之中。磷化膜内部的破碎，引起了附着力的故障。产生这种现象的原因，是第一层磷化膜（富铁层）和第二层磷化膜（富锌层）之间，发生破裂。磷化膜中第二层晶体的生长，是一些喷射系统才有的特性，特别是那些用亚硝酸盐和亚硝酸盐/氯酸盐作为促进剂的系统。在用氯酸盐/硝基苯磺酸盐作为促进剂的工艺中，则很少发生第二层晶体的生长，这样，便不管用喷射和（或）浸渍工艺，都能得到满意的结果。

对于阴极电涂的磷酸锌工艺，理想的膜重应保持在1.4~2.4g/m^2。膜重高于2.4g/m^2，会明显降低力学性能。膜重小于1.6g/m^2，则会稍微降低盐雾试验特性。

目前广泛应用于阴极底漆的预处理，有下列类型的磷酸锌工艺：

①低锌，氯酸盐/亚硝酸盐促进，60℃，喷射2~3min。

②低锌，亚硝酸盐或氯酸盐/亚硝酸盐促进，50~60℃，浸渍2~3min。

③低锌，氯酸盐/亚硝酸盐或氯酸盐/硝基苯磺酸盐促进，45~50℃，预喷30 s，浸渍2 s~1min。

④常规锌，氯酸盐/硝基苯磺酸盐促进，35~40℃，预喷80 s，浸渍2~3min。

⑤常规锌，亚硝酸盐促进，高氟化物，50~60℃，喷射1~2min。

上述的工艺②和⑤，常常连同钛基预活化剂一起使用。工艺②在日本应用较多。工艺④主要应于英国和意大利。工艺⑤则在美国应用较多。

这些工艺膜的结晶形态存在许多差异，但这不一定意味着其中那一种形态就是对的，而其余的形态就应该避免。因为有许多其他的因素影响着最后的性能。

最近的美国专利，创造性地推出一种以磷酸锌和镍为基础的工艺，这种工艺具有较高的Ni与Zn比值。据称，所形成的磷化膜是一种混合的磷酸镍锌$ZnNi(PO_4)_2 \cdot 4H_2O$，它的碱溶解度格外低。

轻质磷酸铁膜在阴极电泳涂装方面也得到一些应用。但是，一般认为，阴极电泳涂装的全部优越性，主要依赖于合适的磷酸锌预处理工艺。

3）锌、铝及混合装配的工件。锌及镀锌的表面经标准的预处理后，再进行阳极电泳涂漆，效果甚佳。

铝在阳极电泳涂装之前，一般不需要有磷化膜。脱脂或碱性侵蚀便可得到较满意的预处理效果。这是因为在沉积时发生的阳极反应，实际上就在铝表面提供了一种阳极氧化膜。

镀锌钢阴极电泳涂装存在的问题是油漆固化之后，在漆膜上生成一些明显的凹穴。这表明镀锌钢的击穿电压要比钢低得多。表3-34列出了一些击穿电压数据。由此可见，预处理对击穿电压的影响不大，仅仅溶液能减少电压和（或）电流密度。当然，电压和（或）电流密度的减少，又会对涂着能力发生不利的影响。

表3-34　击穿电压数据（正常的沉积电压为325~75V）

处　理	击穿电压/V	处　理	击穿电压/V
富锌漆	270~80	电镀锌	320~30
锌—铁间镀锌扩散处理	270~80	热浸镀锌	330~50

钢/镀锌钢和钢/铝混合装配的工件存在着一个特殊的问题。汽车工业中广泛应用镀锌钢，以改善易损伤部位的耐蚀性。但是，在镀锌之间接触的地方，会发生电化学腐蚀，特别在有盐的场合就更为严重。靠近金属接触点的地方，碱积累的结果会导致漆膜的严重剥落。在钢/铝接触点上，也会发生类似的现象。

上述的效应可以通过正确的预处理来加以消除（见表3-35）。尤其采用具有铬盐后处理的合适的磷酸锌工艺，能够获得极好的结果。用加厚的阴极底漆，也能减小双金属腐蚀。

表3-35　预处理对双金属侵蚀的影响

预处理	后　洗	力偶①/10N·m	
		钢/热浸镀锌钢	钢/铝
无	无	完全分离	2~9
轻质磷酸铁	水	10~30	—
磷酸锌	水	10~30	—
轻质磷酸铁	铬盐	0~3	2~4
磷酸锌	铬盐	0~3	0

①　经720h盐雾试验后，从连接线剥落阴极底漆的力偶。

当对钢与铝混装工件进行电泳涂漆时，还要注意另外一个问题，即在铝件上没有磷化膜时，同样可以获得满意的结果。因此，钢/铝混装工件，应在未经改进的磷酸铁或磷酸锌工艺中处理，可避免在铝上生成磷化膜。当然，由于铝表面具有比已磷化的钢低得多的表面阻力，从而导致产生膜厚和光泽的差异，所以最好的选择是用一种用氟化物改进的预处理工艺，它可以同时覆盖两种金属，使整个工件具有更为均匀的表面阻力。

（3）粉涂的预处理 使用干粉形态的有机涂料，具有下列许多优点：不存在溶剂，因而无火灾危险，也无环境问题；材料的均匀性好；用单一的涂层，便能产生厚膜。

通常，粉末的颗粒尺寸范围是 30 ~ 70μm，使用电压达 30 ~ 90kV，烘烤温度为 180 ~ 220℃。使用最多、消耗吨数最大的粉料，是环氧型的粉末。另外，聚酯的丙烯粉末也得到某些应用。

在开始采用环氧型粉末时，认为除了脱脂或磨料喷射清理之外，不需要做其他预处理。在喷砂清理的表面上，能获得良好的涂层附着力，但是，它很快就会明显减弱，失去长期的耐久性能。

1）钢的预处理。不同的预处理对钢上环氧粉膜的影响见表 3-36。充分脱脂的必要性，是与其他的涂覆方法相类似的。

表 3-36 不同的预处理对钢上环氧粉膜的影响

预处理	最初的附着力（弯曲及撞击）	2000h 潮湿试验后的情况（依英国标准 3900F2）	
		外观	轻击后的附着力
蒸汽脱脂	非常好	均匀，有气泡砂眼	完全分离
轻质磷酸铁（喷）（见 3.5.10 节类型 3）	非常好	分离，有气泡砂眼	好
磷酸锌（喷）（见 3.5.10 节类型 9）	非常好	满意	好
磷酸锌（浸）（见 3.5.10 节类型 7）	好	满意	可以

下列的预处理方法值得推荐：

①轻质碱金属磷酸盐脱脂/磷化二合一工艺。喷射 1 ~ 3min，膜重 0.2 ~ 0.4g/m^2。

②轻质碱金属磷酸盐工艺。喷射或浸渍1~4min，膜重0.4~0.6g/m²。

③喷射磷酸锌工艺。喷射1~3min，膜重1.4~2.0g/m²。

④钙改进浸渍磷酸锌工艺。浸渍2~5min，膜重2.0~4.0g/m²。

在所有的情况下，都推荐采用铬酸盐后处理，以获得最大的保护效果。

在工作条件不严格的地方，例如管结构的家具，建议采用碱金属磷酸盐预处理。在环境较苛刻的地方，例如机动车辆，最好采用磷酸锌工艺。

2）锌及镀锌钢的预处理。选择铬盐钝化方式，对锌表面进行预处理是有效的。预处理对热浸镀锌钢上环氧粉膜特性的影响见表3-37。

表3-37 预处理对热浸镀锌钢上环氧粉膜特性的影响

预处理	最初的附着力	2000h潮湿试验后的情况（交叉刻痕法）	
		外观	轻击后的附着力
蒸汽脱脂	相当好	轻微腐蚀	完全分离
轻质碱金属磷酸盐（喷）（见3.5.10节类型4）	可以	轻微腐蚀	弱
磷酸锌（见3.5.10节类型6）	弱	满意	弱
磷酸锌（见3.5.10节类型7）	好	满意	好
黄色铬酸盐（见3.5.10节类型21）	非常好	满意	好

上述轻质碱金属磷酸盐和喷射磷酸锌工艺，适用于电镀锌钢。对于热镀锌钢，最好用含氟化物的改进工艺：

①氟化物改进轻质碱金属磷酸盐脱脂/磷化二合一工艺。喷射1~3min，膜重0.2~0.5g/m²。这种工艺也可以处理铝。

②氟化物改进轻质碱金属磷酸盐工艺。浸泡1~3min，膜重0.3~0.5g/m²。这种工艺也可以处理铝。

③氟化物/镍改进磷酸锌工艺。浸渍或喷射1~3min，膜重1.6~2.5g/m²（浸）。或2.0~3.5g/m²（浸）。这种工艺也可以处理有限数量的铝。为了使膜重维持在所需要的范围，必须使用活性脱脂剂。

④黄色铬酸盐工艺。喷射或浸渍0.5～2.0min，膜重0.5～1.0g/m^2。

许多镀锌材料一般都由供应厂商用铬酸盐钝化处理过。在对这种带有钝化膜的镀锌钢做进一步的预处理之前，要用合适的碱性清洗剂将钝化膜去除。

镀锌钢涂粉膜主要用于窗户框架的处理。这里会碰到一个问题，就是在烘烤粉漆时，从框架上产生的气体，会破坏粉膜。对这个问题，可以通过除气操作来克服。例如，把工件预热到比粉漆烘烤温度高10℃。除气操作应在预处理之前，还是在预处理之后进行，目前还有一些争议。为了获得最大的效果，除气处理应该在预处理之后进行，因为任何形式的水处理，都会加剧这个问题。在磷化处理之后进行除气操作，是比较满意的，但是，对铬酸盐膜却可能产生某种有害的影响。如果在除气操作之前，将铬酸盐膜老化至少2h，便不会产生有害的影响。

4. 其他磷化工艺

（1）重质磷化及工艺　防锈磷化，即重质磷化与涂油或上蜡一起施用，是磷化膜最原始的应用之一，并且一直具有十分重要的工业价值。结晶性磷化膜是一种能吸油的多孔性表面，因此能使整个金属表面保持一种油膜。当然，磷化膜的价值，不仅仅在于它们的吸收性能。已经证明，磷化加注油系统的耐蚀性要比磷化膜和油各自单独起作用时的总和大得多。表3-38中所列以磷酸亚铁、磷酸锰及磷酸锌为基础的结晶覆膜，全部可在最需要的防护中加以应用。

表3-38　磷化加注油对耐蚀性的改进

基　体	开始生锈的时间/h
曝露的钢	0.5
钢+防护油	15
钢+16g/m^2磷酸锌膜	4
钢+16g/m^2磷酸锌膜+防护油	550

1）涂油。众多的矿物油涂料均能满足各种要求。所有的矿物油都具有耐蚀性，对于重载方面的应用，还将具有如羊毛脂那样的防护作用。对需要由人工搬运触摸的工件，要求用一种接触干燥涂料。

可溶性油，即在水溶液中乳化的油，用以防护，可以省掉一个独立的干燥步骤。这种涂料称作脱水油或取代水的油，后者含有一种添加剂，它可以使水下沉成为单独的相，然后再把水排掉。

2）上蜡。防腐蚀蜡的应用不如油广泛。上蜡的方法可以通过溶剂，更常见的是通过热熔法。

3）染色。钢上的重质磷酸盐膜，其颜色从近黑色到中灰色变化，这取决于工艺和基体的类型，一般磷酸锰膜的颜色最深。对例如装饰、识别标记等许多应用而言，往往要求有一种确定的和复制的颜色。为此，通常的做法是用乙醇基染色剂。其中含有虫胶或马尼拉树脂黏结剂，以及调好了合适颜色的染料。黑色染色剂的使用最为广泛。染色剂本身的防护价值有限。如果在染色后再涂上一种透明的防锈油，便能提高综合的防护性能和外观。对重载方面的应用，也可以采用带颜色的涂层，但要注意，太厚的膜会发生一些装配上的问题等，例如会影响带螺纹零部件的尺寸。

带有各种涂料的磷酸膜耐蚀性比较如图 3-14 所示。

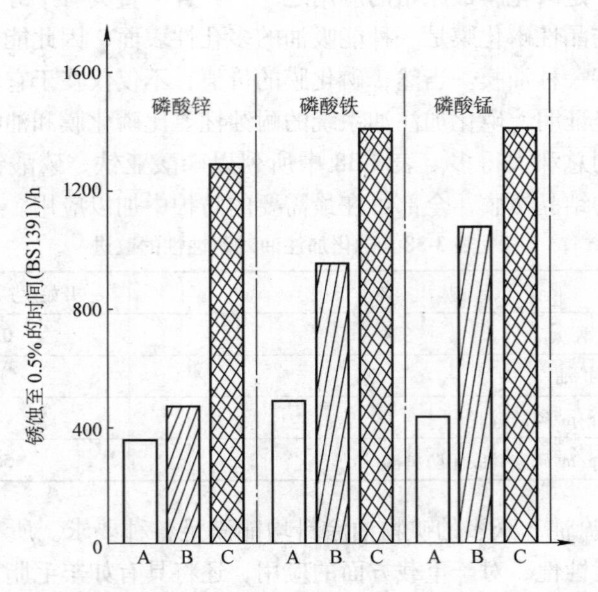

图 3-14　带有各种涂料的磷化膜耐蚀性比较

A—染黑剂　B—防护油　C—染黑剂 + 油

（2）黑色磷化膜　在某些应用上，希望磷化膜本身能提供一种不光亮的黑色涂层，这可通过使用专门的锑盐或铋盐，对工件进行预浸来实现。这种预浸的作用，是在工件上沉积一种黑色的粉状物，然后，这些黑色物质又掺入磷化膜之中。

（3）耐蚀工艺　这种工艺是用稳定的亚锡盐溶液，对重磷酸锌或重磷酸锰膜进行后处理。亚锡盐溶液能把磷化膜转换成锡盐，再经涂油、上蜡或染色处理，其结果是可以大大地增强覆膜的耐蚀性。这种工艺还具有改善覆膜功能的作用，例如，能将螺纹紧固件拧紧应力的变化减至最小。

（4）承载表面的润滑　滑动金属表面的润滑，主要是防止负载下的表面发生熔接。由于金属表面晶体覆膜的吸收特性，因而能有效地保持金属表面的润滑。磷化膜还能提供一种非金属床，这种床甚至当润滑突然中断的时候，也能够吸收机械应力。另外，由于膜的存在，克服了金属表面疤痕及凹凸不平的影响，从而使工件的运转更加平稳。就承载表面润滑应用而言，磷酸锰膜比磷酸锌膜更为有效。这可能是因为磷酸锰膜具有更好的热稳定性，同时也因为它们具有更高的硬度。磷酸锰膜比磷酸锌膜具有更好的抗抛光操作性能。另外，磷酸锰膜还有噪声小的优点。

1）工艺流程。用于抗磨的磷化膜，其通常的工艺流程为：脱脂→水洗→预调整→磷化→水洗→干燥→润滑。在许多场合中，还需要考虑一些特殊的应用。当被处理的工件需要加工到非常精确的机械公差时，应避免生成粗糙的晶体膜。

①脱脂。磷酸盐膜对强碱脱脂和酸洗的粗化效应十分敏感，为此常常采用溶剂脱脂或弱碱脱脂。随着预调整技术的开发，意味着可以较宽地选择目前能够采用的脱脂方法。

②预调整。1967 年，发现由高或低 pH 值清洗剂引起的粗化效应，可以通过预调整加以克服，即把工件放在以磷酸锰为基础的极精细的悬胶中进行处理。为了保持悬胶中的磷酸锰，必须使用带有搅拌装置的槽子。又为了获得最大的效果，应将调整过的工件不经水洗便直接送进磷化槽中。

③锰磷化。有一种常用的、以硝酸盐促进的含镍槽子，其操作温

度高于95℃，处理时间为10~15min。为了获得最佳的结果，槽子中的铁含量应维持在2~4g/L。如果达到和超过上限时，可通过添加氧化剂，例如过氧化氢，来降低铁含量。所获得的膜重范围是10~15g/m²，其膜厚一般为4~5μm。

④干燥及润滑：工件经空气或烘炉干燥后，浸入适当的润滑剂中。润滑剂可以是标准矿物油类。对于更为严格的应用场合，可以用焦硫酸钼或石墨基的润滑剂。另外干燥工序也可以省掉，即将工件浸入脱水油或可溶性油中。

⑤处理的工件。抗磨的磷酸锰膜，通常用于处理低合金钢工件，例如，齿轮、小齿轮、凸轮轴、推杆、摇臂、阀、轴承、曲轴、挺杆、冰箱压缩机及武器部件等。绝大多数的低合金钢零部件，都是用铬-钼钢、铬-锰钢、镍-铬钢和铬-镍-钼钢制造的。通常这些合金元素的总质量分数不超过5%~6%。改良的磷酸锰工艺，能够处理特种元素质量分数达8%~9%的合金钢。但是，当含量超过这个数值时，应更换处理方式，例如，可以采用草酸盐覆膜。

最新的应用是处理石油钻机零件。磷酸锰常用来防止锥削、连接钻管用的螺纹法兰间的摩擦及卡扎现象。在高腐蚀的环境里，最重要的是要求磷化膜具有良好的耐蚀性。

通过与其他处理方法的对比评价，多年来，一直公认磷酸锰膜是承载表面润滑的标准工艺方法。

2）冷成形润滑。所谓“冷成形”，就是诸如冷挤压、冷镦、拉丝、拉棒、拉管及拉深等加工工艺。所有这些加工工艺的共同点，就是通过各种工具（例如拉模与心轴）之间的压力，使金属发生形变。当金属没有经过预热时，会影响形变，在成形加工时，工件的温度最低应维持在500℃左右。这些操作会产生非常高的表面应力，因此，接触表面之间的良好润滑十分重要。许多操作凡是与润滑有联系的应用方面，都不可能不采用覆膜技术，这已成为常规。

3）拉丝。在讨论覆膜的作用之前，应了解一下生产铁丝的步骤。

通常的程序，是在拉制之前，靠“拉后退火”（Patenting）对热轧棒材进行热处理，加热到850~1100℃，然后迅速地在铅槽中或空气里冷却到400~500℃。这样做的目的是为后面的拉制操作改进材料组织。在制造弹簧丝、扎丝和钢琴丝时，往往采用这种“拉后退火”工艺。

经“拉后退火”处理之后，用冷盐酸或热硫酸对丝进行酸洗。机械除垢的方法也在有限的范围内得到应用，但应安排在酸洗之前。机械除垢法也可单独使用。在磷化处理之前，通常的做法是使酸洗过的线材或棒材上生成受控的锈膜，称之为黄化处理（sull coat）。这种氧化铁薄膜是将线卷浸泡在稀酸（质量分数为1%的冷盐酸）里，然后用水周期地对其喷淋而形成的。黄化处理需要2h，而处理的结果是否满意和稳定，极大地依赖于操作者的技艺和经验。黄化膜是一种由氧化铁、氧化亚铁及铁的氢氧化物组成的复杂混合物，它起到引膜和润滑剂载体的作用。

已经证实，磷酸锌膜对拉丝非常有效，其成膜速度快，一般用5~10min完成，在生产线上操作时，甚至仅需10~30s便能完成。

线材经黄化处理或磷化处理之后，再浸渍在石灰或硼砂中，并在拉制之前干燥好。完善的操作程序如图3-15所示。

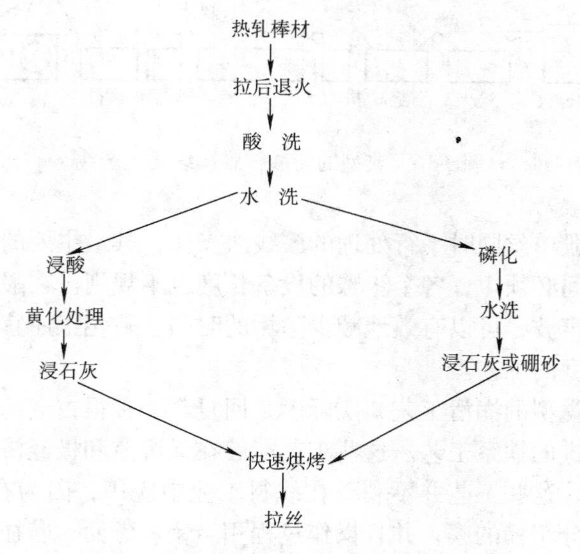

图3-15　线材的制造程序

磷酸锌膜比黄化膜优越之处有：①改善拉丝的表面状况；②提高模子的寿命；③改善拉丝的耐蚀性能；④提高拉制速度；⑤膜的稳定性极佳，不受操作者专门技能的支配；⑥成膜快。

选用磷酸锌而不选用磷酸铁或磷酸锰的原因是，磷酸锌工艺的操作温度较低。在第一个拉模中，覆膜与拉丝肥皂相互作用，生成一层锌肥皂，通常为硬脂酸锌。在目前的温度和压力条件下，覆膜的作用就像是一种极其黏滞的液体。拉丝开始时，磷酸锌膜晶体的顶端破碎，但立即重新结合入覆膜之中，产生一种形同玻璃般的拉制表面。这是一种附着力极高的、塑流性极好的膜，因此在随后的拉制操作过程中，膜的损失微乎其微。但是，膜会变得很薄，并随同金属表面一起扩展。典型的磷酸锌膜簇线法生产线如图 3-16 所示。大多数的棒材和线材，都是以线卷的形式，依槽子的顺序进行处理的，这比单丝法或簇线法处理优点多，其优点有：①生成的膜更为均匀，特别是在细丝上；②溶液的带出可减至最少，更为经济；③工艺过程自动化程度高。

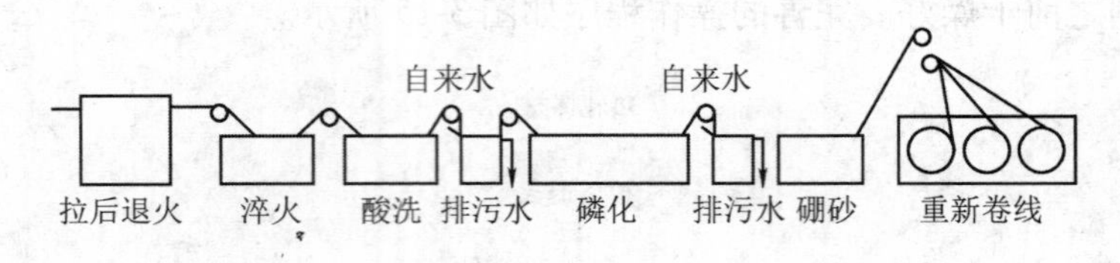

图 3-16　典型的磷酸锌膜簇线法生产线

若干股单丝同时平行处理的簇线法操作，其最主要的特点是各个步骤的时间必须短，各个步骤的设备长度也不规则。在酸洗后的水洗中使用超声波，可以有效地减少除垢的时间。磷化工序宜采用强促进剂的高浓度的工艺。

最新类型的润滑工艺，实际上是回复到一种很古老的系统，即以硝酸盐促进的铁系工艺。这些工艺能够在无沉渣和极经济的情况下操作。过去，这些工艺并不利于在线材工业中应用，因为在酸洗之后，会产生十分粗糙的膜，并且操作过程相当慢。然而，若往槽中掺加钙和进行预浸活化，便能获得光滑、均匀的磷化膜。预浸活化的目的是加速成膜反应。

经过磷化的线材在速度为300～1000 m/min的多级热拉丝机上进行拉制时，通常出模斜度的设计原则是使整个横截面积减小大约85%。磷化膜也有利于型线的拉制，例如，锁丝钢丝绳那样的截面。这可大大延长模子的寿命，且可以减少为达到给定的剖面变化所需要的模子数。

4）拉管。不管是由钢坯热穿轧制造的无缝钢管，还是由钢板制造的焊接钢管，它们的拉制技术均包括插入式、心轴式或棒式。任何一种情况下，管子的内外表面都需要润滑，因此，要求采用浸渍式的磷化工艺。对于压制式操作，则不要求内表面润滑。

操作流程如下：①酸洗（采用热硫酸或冷盐酸）；②水洗；③水洗（清洗水中常含有中和用盐类，以防止把酸洗液带入磷化槽）；④磷化；⑤水洗；⑥水洗（清洗水中常含有中和用盐类，以防止把酸性磷化液带入润滑剂中）；⑦润滑（常采用硬脂酸肥皂）；⑧干燥；⑨拉制。

一般情况下，拉管和拉丝可以采用相同的磷化膜，但拉管所要求的膜重略小（3～10g/m^2）。因此，操作浓度和温度相当低，特别适宜采用钙改进的工艺。

对于焊接管，往往是通过1次或2次冷拉操作来完成最终尺寸的，并且常常会拉出焊蚕。为了改善和促进焊接管的拉制，同时要求保持原有的光滑，应对焊接管进行磷化处理。所要求的膜重十分小，约为2g/m^2，这可采用以亚硝酸盐促进的、用浓磷酸盐进行添加的磷酸锌工艺。

原则上，带有乳胶或油类润滑剂的管材，便可进行拉制。但是，如果管材上带有活性硬脂酸肥皂和磷酸锌膜，则具有特别好的拉制效果。

磷化过的工件，在pH值为8～10的硬脂酸钠溶液中浸渍4～6min，磷酸锌膜与硬脂酸钠之间发生反应，在金属表面形成化学性质的覆层。反应如下：

$$\underset{\text{磷酸锌膜}}{Zn_3(PO_4)_2} + \underset{\text{硬脂酸钠}}{6Na[CH_2(CH_2)_nCOO]} \rightarrow \underset{\text{肥皂硬脂酸锌}}{3Zn[CH_3-(CH_2)_nCOO]_2} + \underset{\text{磷酸钠}}{2Na_3PO_4}$$

图 3-17 所示为处理过的表面横截面结构。润滑处理过的表面在进行拉制之前，必须用强制干燥的方法除去水分。

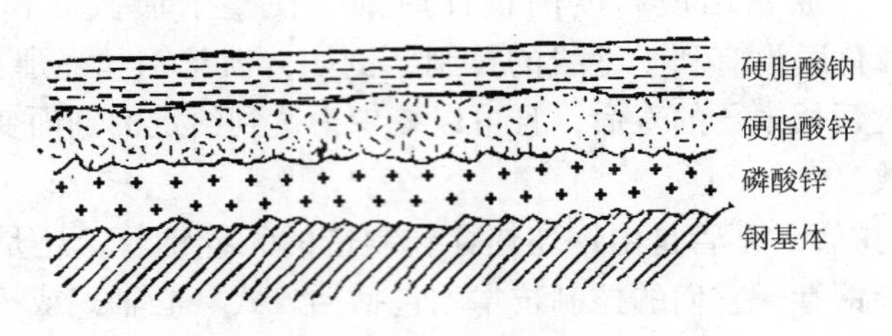

图 3-17　磷酸锌-硬脂酸盐润滑系统示意图

在极度压力的条件下，硬脂酸锌是一种非常好的润滑剂。用它覆盖金属表面，就能增加拉制速度，减少中间孔模的数量，减少中间退火和酸浸的次数。

从实际的观点出发，管束更容易以倾斜的状态送入槽中。管束浸渍一次后，把倾斜的方向倒转，以利驱除陷于管内的空气，使管子内部获得良好的覆层。将管束松散地置于槽底的支架上，可以使管子外部获得更好的覆层。

反应润滑磷酸锌膜和活性硬脂酸肥皂结合使用，无疑能产生极好的结果。但是，这个系统毕竟也有局限性：①工艺程序长，通常至少需要七个湿式步骤；②为了达到最佳的拉制效果，必须经过干燥；③对某些应用而言，这种工艺获得的表面质量太差。

为了克服这些局限性，已经开发出一种单级浸渍工艺，它能生成一种转化膜和一种润滑膜，使拉制的管材具有很低的表面粗糙度值。这种工艺的材料是酸性的，能与金属表面反应。为了同能与磷化膜起反应的硬脂酸盐润滑剂相区别，把它们称作反应润滑剂。

大多数这类产品都是以矿物油作为基础组分的。通过加入重极化润滑添加剂，所获得的润滑膜能经受很高的局部负荷，在冷成形加工时，显示出极大的抗剪强度。

在抗蚀方面，应该注意避免氯和硫化合物。这种材料本质上是一种无机和有机磷酸衍生物的平衡体系，它具有下列的功能：①能促进无机物析出，并形成润滑剂载层；②具有良好的润滑膜极度压力特性。

由于反应润滑剂含有磷酸，因此具有一定的酸性反应。反应润滑之间许多性能上的差别，例如黏性、触变性及磷酸盐分隔层的形成速率，均与制造商的原材料选择、成分比例及化学反应条件有关系。应该根据冷成形加工的有关要求，去选用合适的专门产品。

依据所要求的润滑膜的性能、用户特定的操作条件及不同产品的特性，可将反应润滑剂的应用分成三种基本类型：

①工件在20～75℃的润滑剂中浸渍5～15min，移出工件并流干多余的油，随后立即进行冷成形加工。这种方法主要用来处理管材。

②通过喷枪、刷子、滚筒、静电滚筒等方法，在工件表面形成一层薄的润滑膜，最好是在定温下进行。滚筒和静电法，专用于带钢的涂覆。其他方法则用于平板金属部件，或用于已经预拉过的工件。

③对马上就要在拉制机上进行冷成形加工的工件，可在室温或稍高一点的温度下，浸渍润滑剂。本法的一个应用例子，就是生产蛇形钢管的线鼓拉制工艺。其操作流程为：脱脂和（或）酸洗→水洗→水洗→反应润滑→流干。

如此形成的隔离/润滑膜，膜重约为5～30g/m^2。其中磷酸盐隔离层的膜重为1～6g/m^2，相当于整个膜重的5%～30%。

管材经浸渍之后，以一定的倾斜角度，流干30～60min，让多余的润滑剂流回槽子。管材在流干之后，不需要水洗和干燥，可以立即拉制。对于湿式润滑工艺槽子的维护，靠补充液体到工作液位，并仅需控制水含量。污水的处理问题极小，因为没有水洗后处理步骤。

处理过的管材，能够以50 m/min的速度控制，并可使横截面积缩减48%以上。在拉制工序中，常常不需要做进一步的润滑。拉管的重要特征就是它们具有较低的表面粗糙度和耐蚀性。前一个特征特别适用于气缸衬套管的生产。

反应润滑剂也有其缺点。对那些带有明显隆缝的焊接管，或有粗糙表面的无缝管，拉制前的第一道工序，还不得不采用前述的磷酸锌和硬脂酸肥皂工艺。当然，这种情况极少碰到。反应润滑剂的另一个缺点是经济方面的，即用一种油基材料来配大槽液，其主要成本是相当高的。但是，一旦配好了槽液，其操作成本便与磷酸锌-硬脂酸肥皂系统差不多。

为了克服过高的配槽成本，试生产过程以水乳胶为基础的单级浸渍反应润滑剂虽然取得了某些成功，但这种系统迄今还不具备工业应用的价值。

3.6.7　磷化工艺实施装置

所谓磷化工艺实施装置，就是使工件顺序地与各种处理液和清洗水接触的设备。最简单的情况就是有一系列的槽子，以手工方式将工件逐槽传送。在更为复杂的装置中，工件的传送是机械化的，例如，用一种单轨传送带，或者是以 150 m/min 的速度连续运转和处理的条带。槽子的大小可以从 50L 到 200kL 变化。

对某一特定的工件，在选择装置的类型时，应考虑的若干因素有：工艺方法——喷射、浸渍或联合方式；传送方法——机械的或手工的，连续的或间歇的。所有这些又将受到新产品因素的影响：①所要求的生产率；②需处理工件尺寸和形状；③合适的场地。

构造设备所用的材料，很大程度上取决于所采用工艺的化学性质。

1. 工艺方法——喷射与浸渍的比较

在喷射或浸渍方法之间进行选择时，受生产率和被处理工件性质的影响很大。

通过直接喷射冲击的方法，可使脱脂效果更佳，生成的覆膜更为均匀，处理的速度更快。喷射处理方法仅适用于工件可以用传送带输送以及工件能单独使用夹具的场合。由于补充复杂，以及泵、阀门、喷嘴等喷射设备的成本高，因此喷射处理方法，仅在生产率高的场合才合算。对于高温喷射工艺，还应该考虑热损失，并且这种工艺仅适用于操作温度低于 60℃ 的时候。另外，对于屏蔽式的工件，例如箱体部件，喷射方法的脱脂效果较差。

浸渍处理方法，具有设备简单，凹槽部分覆盖较好等优点。因此，对于某些工艺，最好选择浸渍处理方法。

2. 浸渍装置

（1）浸渍处理方法的基本工艺程序 基本工艺程序（根据需要，还可扩充编入酸洗和水洗步骤）为：脱脂→水洗→转化膜→水洗→后处理→干燥。

（2）浸渍设备的类型

1）带行车的槽子。在各种各样的工艺中，普遍地采用这个设备系统，并可以使用通常的水洗方式。槽子的构造取决于每个糟子中所使用的工艺类型。除非是特殊的溶液，一般可以采用低碳钢的槽子。

大型的工件可单独处理。对小型的工件，则可使用篮子或夹具。

2）转篮式设备。这类设备具有一系列的槽子，即有脱脂、磷化和中间水洗槽子。设备的长度取决于工艺时间。工件在篮子中处理，这些篮子铰接在一起。当篮子转动时，工件便被传送到下一个篮子里。每次交替时，篮子都是在同一个时间翻卸，并把工件沿生产线往下传送。每隔一定时间，篮子靠液压或气动进行工作。间隔的时间便决定了工艺（脱脂、水洗、或磷化）浸渍时间和工艺槽的长度。这种工艺主要用来处理与汽车工业有关的、需要进行重质磷化的工件。大部分这类设备，已经被后面将要介绍到的传送式设备所取代。

3）圆筒式设备。在圆筒式设备中，装有一个简单的圆筒。它可以靠一个电动机带动在槽子中旋转。采用溶剂蒸发，或使圆筒在碱性脱脂剂中旋转，便能完成脱脂操作。水洗操作常常使圆筒直接浸泡在水洗槽中进行。在上膜这一步，圆筒的旋转最为重要，并且要求大约每4min转一转，这样才能保证使液体充分搅动，以运动工件，从而获得完善的磷化膜。应避免过分的搅拌，以防把刚刚形成的磷化膜撞掉。圆筒和槽子通常用低碳钢制造。如果用不锈钢（316型）制造，则可使设备的寿命更长。

4）传送机式设备。这种设备具有一列槽子，沿槽子的顶部，运行一种移动式绞车。绞车可以手工操作或自动操作。如果是自动操作，就应以制定的操作程序来设计设备。在程序较长的设备中，如果生产需要，可以用两部或更多的传送机械来操作。在这一类设备里，线上的某些槽子，有时不一定是正确程序所需要的，这时可将传送机移动到需要的地方。

5）“滚流式”设备。这是一种能让工件连续流动通过的设备。那种会在旋转中被挂住的工件，不适于在这种设备中处理，因为这些工件会被绞混在一起。

本设备颇似大型的旋转圆筒，工件从一端进去，在另一端出来。在每一个工序中，工件转动，然后被传送到下一个工序。这是靠往复移动的圆筒来完成操作的。

在此类设备中，槽子必须满足所要求的工艺程序。任意长的程序都能适应，并且本设备的设计可使设备的占地面积最小。

6）圆盘式设备。槽子按正确的程序，安装在做圆周运动的圆形件上，这是一种有载及无载的台子。行车把工件逐槽移动。圆台绕中心枢轴转动，并且当工件在每个槽子中浸渍的时间达到要求后，再将工件移到下一个槽子。

（3）槽子加热　下述的五种方法都可用来加热槽子：

1）加热盘管。这是一种十分普遍的方法，可以采用蒸汽或高压热水作为热介质。盘管应该竖式安装，不要横向放置，特别是在有沉渣产生的工艺中（见图3-18）。根据工艺性质的不同，可分别采用低碳钢、不锈钢或钛的盘管。

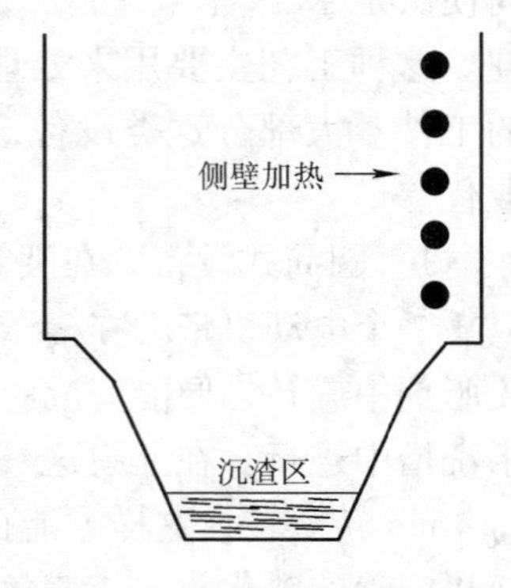

图3-18　浸式加热的槽子

2）浸式电热器。尽管电是一种价昂的主要能源，但通过高效率的热量传递，可以得到弥补。

3）气热。最简单的气热，就是直接让气体在槽子的下外部燃烧加热槽子。采用在燃烧管内燃烧的方法会更好一些。对于加热洗水，可以采用浸没燃烧的方式，但不推荐将这种方式用于加热工艺槽。

4）水夹套。这种方法具有温度分布均匀的优点。加热表面的热量梯度，比大多数的其他方法要低。

5）外部热交换器。这种方法效率高，但必须要有泵输送设备。

（4）负载系数和工作包层　工艺槽的尺寸必须足够，才能提供与被处理工件表面积有关的足够量的溶液。对于一般的覆膜，包括轻质磷酸铁、磷酸锌及铬酸盐，其系数为1.0～1.5 L/dm^{2}待处理表面积才是合适的。对沉积重质膜工艺，例如重质磷化膜及草酸盐膜，系数为2.5～5.0 L/dm^{2}是合适的。如果装填的工件数量超过了这种估计，会使成膜离子局部减少，导致膜薄和不均匀。另外，还必须维持被处理工件四周围溶液的工作包层。

（5）水洗槽　在水洗槽中，安装一个溢流口和一个中间漏斗是十分可取的，还可采用优越的空气搅拌装置，如图3-19所示。

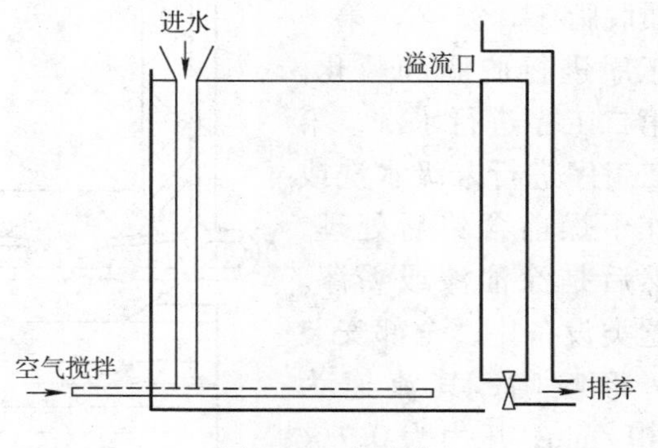

图3-19　水洗槽

槽子的材料和结构如下：

1）低碳钢。对碱性脱脂、水洗及许多工艺，都可以用低碳钢焊接的槽子。如果槽子用橡胶或PVC衬里，则能适应更宽的工作范围。

2）不锈钢。对于许多酸性的工艺，例如磷酸锰，不锈钢能提供更长的槽子寿命。对个有高浓度氧化性酸、铬酸和硝酸的工艺，也推荐使用不锈钢。一般情况下，采用钼稳定类的不锈钢（318型）更为合适。

3）塑料。大多数的塑料材料，都具有温度极限，例如，PVC可在高达70℃下使用，聚丙烯可在高达80℃下使用。如果槽上有适当的支承时，使用温度可更高一些。

3. 喷射装置

在这种类型的设备中，被处理工件在直线式生产线中移动，穿过完全封闭的通道。在通道中，各种工艺溶液，分别在若干工序里喷射。溶液也可在由储槽、泵、喷射竖管和喷嘴装配而成的箱室中喷射。溶液与工件接触之后，流回储槽，并再次循环（见图 3-20）。在相邻接的工序之间，应设置排水设施，以把溶液的串移现象减至最小。在各工序之间，还要求有增湿措施，以防止工件在工序之间传送时表面蒸发干。

喷射设备的主要类型如下：

(1) 三工序喷射装置　这类设备多用于轻质脱脂/磷化工艺。第一工序进行脱脂和磷化，第二工序进行水洗，第三工序进行末级水洗或作干燥前含铬后处理，然后是涂油漆或粉漆。这类设备中，全部安装 V 形喷嘴，其流速为 10L/min，压力为 0.7×10^5Pa。喷射的模式取决于所需喷嘴的数量，其次是依据传送带速度。

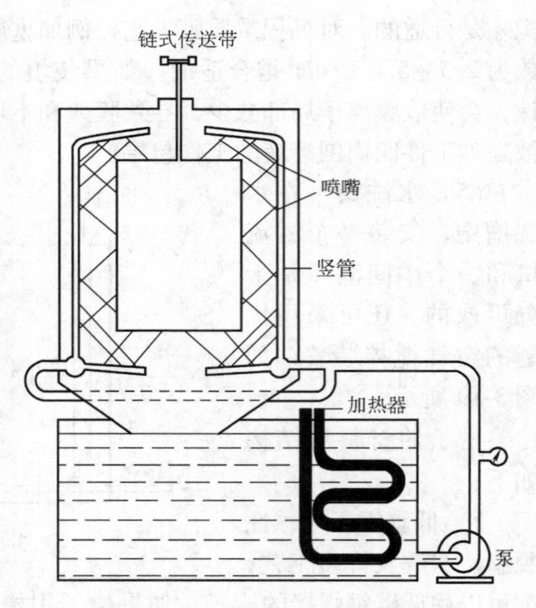

图 3-20　喷射磷化装置的横截图

总的说来，传送带的速度一般为 3 ~ 4m/min。竖管和喷嘴的安装，应约有 0.3 m 的间隔。这样可给出一种错列的喷射模式。

管道可以是低碳钢的，但喷嘴应该由不锈钢（316 型）制造。

此类设备的传送带往往在顶部，并且必须采用各种方法，使传送带远离溶液。

三工序的喷射时间一般为：第一工序 1.5 ~ 2.0min；第二工序 30s；第三工序 30s。

(2) 四工序喷射装置　这是一种三工序喷射装置的改良型，其中有两个工序用于脱脂/磷化。这样可在第一工序里主要进行脱脂，在第二工序里主要进行磷化。水洗情况与三工序装置相同。如果在末级采用铬酸盐，那么最好是使第三工序中的最后一圈喷嘴，从自来水总管直接供水，并且应使洗水溢流。这样，可使对铬酸盐的污染降至最低限度。详细的结构与三工序装置十分相似。工艺时间通常为：第一工序最少1min；第二工序最少1min；第三工序30s；第四工序30s。

（3）五工序喷射装置　这类设备可用于锌或轻质铁的喷射磷化。一般的工序如下：第一工序进行碱性脱脂，最少1min；第二工序进行水洗，30s；第三工序进行磷酸锌，1～2min；第四工序进行水洗，30s；第五工序进行铬酸盐处理，30s。

除第三工序之外，其他各级所有管道均可用低碳钢制造。喷射嘴最好用不锈钢制造。喷嘴的流速是10 L/min。压力为0.7×10^5Pa。其覆盖模式如同三工序装置，即两者都是30 cm间隔错列。

如果在第三工序中使用磷酸铁，那么它可接三工序或四工序装置建造；如果使用磷酸锌，那么它最好是不锈钢（316型）的槽子，管道和喷嘴也应由不锈钢（316型）制造。第三工序的喷嘴，除第一圈是V形喷嘴外，其余各圈应采用涡旋形的喷嘴。所有喷嘴的流速为10L/min，压力为0.7×10^5Pa。为磷酸锌工艺设计的槽子，其不同之处，还在于必须考虑槽子中产生的相当量的沉渣问题。槽中的沉渣，作为工艺的副产物，在它对工艺造成妨碍之前，必须采取一些措施将其除去。一般的方法是采用一些过滤工具。在磷化槽的底部应设置若干锥体，以便收集沉渣。然后将这些沉渣泵送到过滤床，滤掉沉渣，而干净的磷化液则返回槽中。另一种方法，就是将含有溶液的沉渣，从锥底泵送到一个沉渣池中，间歇地流干，以便移除泥渣。

（4）六工序喷射装置　大部分六工序喷射设备，都用于磷酸锌工艺，一般的工序如下：第一工序进行碱性脱脂，最少1min；第二工序进行水洗，30s；第三工序进行水洗，30s；第四工序进行磷酸锌处理，1～2min；第五工序进行水洗，30s；第六工序进行铬酸盐处理，30s。

在这种情况下，设备的排列与五工序装置的排列方式类似，但在脱脂和磷化之间，设置了两个水洗工序，这样可以改善水洗效果。设备的结构也与五工序装置类似。

（5）七工序喷射装置　该装置包含了一套六工序设备，但在脱脂之前，加入撞掸装置，这种装置常在高压下操作，起到预先除掉粗糙碎片的作用。除非被处理工件的脱脂困难，否则这种操作并不经常采用。另外，这种操作最好达到与脱脂工序相同的温度。

（6）箱式磷化　这种设备适用于处理少批量的产品，要求采用喷射磷化工艺。采用这种设备既不是为了节省费用，也不是因为场地的原因。基本上，这种设备是一个很大的、在顶部带有喷管和喷嘴的箱体，在底部及两边穿过一条传送带。在这同一个地方，通过不同的喷射管道，对工件进行脱脂、水洗、磷化和水洗。这个系统也可以装备两个箱体，并且最好是在一个箱体里进行脱脂和水洗，而在另一个箱体里进行磷化和水洗。这个系统能使由于水洗不彻底而引起的液体串移现象，降至最低限度。

（7）脱离子水洗　对所有的喷射装置，加入末级脱离子水喷射是有利的。通常包括两圈喷嘴洗。

常用的喷嘴主要有三种类型：V 形喷嘴、涡旋形喷嘴和鱼尾形喷嘴。V 形喷嘴具有较大的冲击力量，主要用于脱脂和水洗工序。涡旋喷嘴产生一种分散的、使液体雾化的喷射模式，主要用于磷化工序和增湿器。表 3-39 给出了常用喷嘴的规格和用途。鱼尾形喷嘴基本上是一种扁平的管子，可在脱脂工序做注水之用。喷嘴一般用不锈钢制造，也有用聚丙烯制造的。

表 3-39　常用喷嘴的规格和用途

喷嘴类型	0.7×10^5 Pa 压力下的流速/（L/min）	用　途
V 形喷嘴	10.4	脱脂、水洗
涡旋形喷嘴	2.2	增湿器
其他喷嘴	10.4、18.8	磷化

溶液槽的规格尺寸，根据容量对每分钟泵送的最大理论流量的比率来确定。这种比率一般为 2.5 ~ 3.5。

表 3-40 所列为喷嘴溶液压力推荐值。只要增加压力不致产生过多的泡沫，不致使被处理工件过度摆动，或不致把工件从挂钩上撞落，那么，采用高一些的压力就更好。

表3-40　喷嘴溶液压力的推荐值

溶　　液	喷嘴的压力/10^5 Pa	溶　　液	喷嘴的压力/10^5 Pa
碱性脱脂	1.0~2.0	磷酸锌	0.7~1.0
水洗	1.0~1.5	轻质磷酸铁	1.0~1.5
铬酸盐	0.7~1.0	铬酸盐处理后的水洗	0.3~0.7

4. 除渣和除垢

（1）除渣　许多预处理工艺都会产生副产物沉渣，特别是重金属磷酸盐工艺。为了避免沉渣的过分积累，必须采取适当的措施把沉渣排除。对那种简单的、平底的、浸渍式的槽子，宜把上层清液转移到空闲的槽子里，并人工移除沉渣。最好采用锥底槽，其锥体的角度近似60°，沉渣可富集在锥体里。用泵将沉渣从锥体送到沉降塔或斜板式分离器，最后靠过滤机挤压的方法，将沉渣浓缩。带式过滤机也获得了广泛应用，特别是在大型的喷射设备中，溶液从槽底用泵输送到过滤装置，沉渣被滤留在高强度的过滤纸上。这种过滤纸会随压力的增加而自动地铺开。

（2）除垢　在大多数情况下，必须采用化学除垢剂。可以使用热的强碱来除垢，但这是一个相当长的过程。更快的方法是使用含抑制剂的酸，即热硫酸或冷盐酸。不过，应限制酸的重复使用。抑制剂的衰减会导致设备的过分浸蚀。

5. 专用设备

（1）汽车车身的处理　许多年来，处理汽车车身的常用方法是六工序或七工序喷射。汽车车身固定在一个大棒上，这根大棒从前盖至行李箱穿过整个车身。车身绕这根轴旋转着通过整个工序，一部分被喷射，一部分被浸渍。虽然这种装置预处理效果很好，但是它太昂贵，且维修成本高，对要求很高的产品，也并不理想适用。

1）喷射-部分浸渍（见图3-21）。车身进入工艺区域，穿过一系列的喷射喷嘴，而车身的下半部分浸渍在溶液里。当车身通过这些局部浸渍的区域时，均有顶部喷射或增湿喷射，以维持车身的润湿。这种类型的装置，已在一些特殊工厂中采用了许多年。

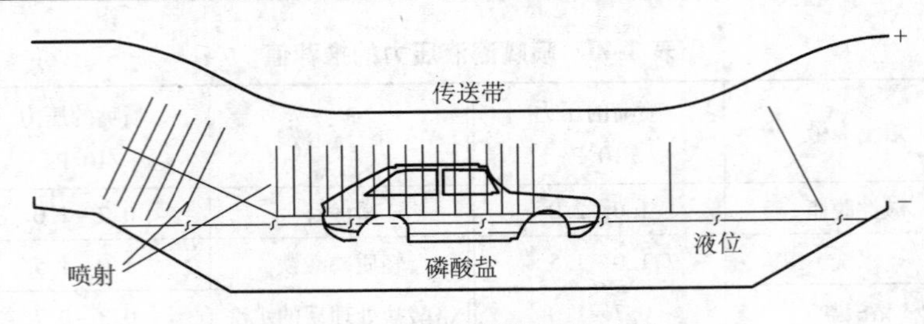

图 3-21 喷射-部分浸渍处理

这类装置的一种潜在的问题，就是如果磷酸盐工艺不是极仔细地按配方进行的话，那么车身上部和下部之间的膜重及晶体结构都会产生很大差别。

2）喷射-泛流（见图 3-22）。这是一种常规的喷射类装置。但是，当车身进入工艺区域时，它朝前倾斜，让溶液积集在车身里，通过预先钻好的孔洞，流入箱型结构的部件。当车身要离开工艺区域时，它朝后倾斜，让箱型结构部件滴干。

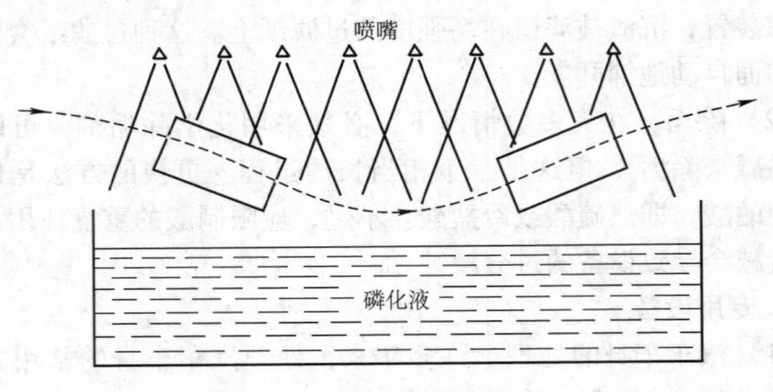

图 3-22 喷射-泛流装置

3）全浸（见图 3-23）。车身以一定的角度进入处理槽，完全浸没，并呈卧式水平地通过槽子，再以一定的角度离开。此浸式设备具有许多优点，可以满意地处理由汽车派生的搬运车，这种车常常是汽车生产线上的部分产品，用其他方法难于达到满意的处理。

（2）线材处理　线材可以在传统的浸渍设备中，以线卷的形式进行处理；也可以沿着一个带有水平轴的圆筒，通过卷线机构连续地

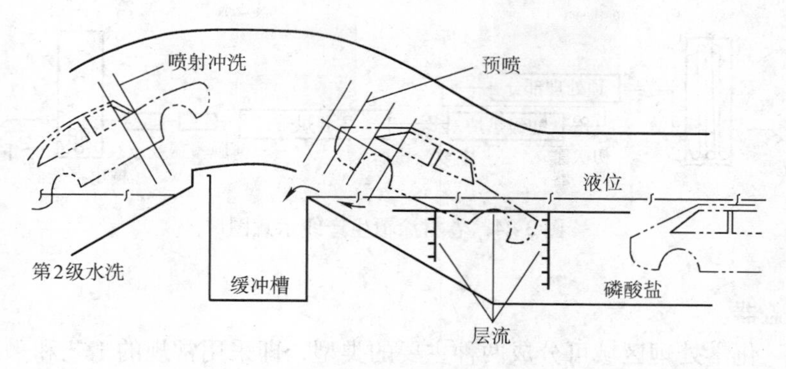

图3-23　全浸预处理

进行处理；或者也可以通过更普通的线簇法连续处理。所使用的槽子很长，但相当浅。在槽子的一端带有卷轴，并靠卷轴将线材置于液面之下。

浸渍的时间随下列因素调节：①槽子的长度；②线材的速度；③线材的通过形式，即是直接通过，还是做环形运动通过。

从退火工序直接送过来的若干个线头可以同时进行处理，再直接送往拉床。

(3) 薄板面和带材生产线　带材生产线（或卷材生产线）是一种连续的生产装置。该装置能依照标准的条件，加工轧钢机生产的金属绕卷，使之变成完全合格的待售产品。薄板生产线加工的产品与带材生产线类似，但是，必须对金属薄板手工给料。这些薄板支撑在一些旋转圆盘上通过生产线。

带材生产线依据恒定的工艺时间，即各个工序恒定的生产线速度，生产出质量一致的产品。这主要借助于在生产线每一端的一些环形塔或存储器来实现（见图3-24）。在正常运转条件下，输入端的存储器保持满载，而输出端的存储器则是空载。当重绕装置为卸除涂覆好的金属卷而停机时，靠这些存储器空载或满载的变化，来维持带材以恒定的速度通过各个工序的。

在一个带材生产线上，有两种基本的工艺区域，即化学处理区域和有机涂覆区域。后者可以是一或二级辊涂，也可以是一种塑料薄膜

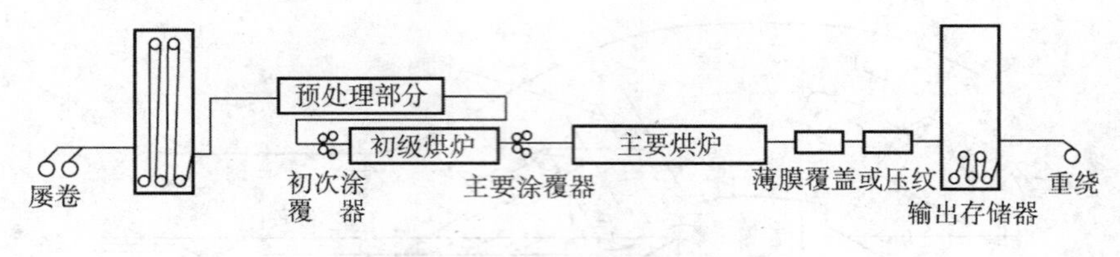

图 3-24　卷材涂覆生产线示意图

覆盖器。

化学处理区域可分成两种主要的类型，即采用常规的工艺和采用直接干燥或无漂洗工艺。

有时，磨洗被用来调整预处理前的金属表面。磨洗用的刷子通常安装在分段式碱洗区域的中部。

在预处理区域，常规喷射、喷涂、反应池和辊涂等若干种方法均可采用。

喷涂工艺是常规喷射预期处理工艺的一种变化。其过程是把受控数量的溶液喷射在带材上，继后是发生反应的停喷区间，然后便是水洗。

反应池工艺是一种浸渍处理形式，溶液在泵的输送下，与浸没的带材逆方向通过反应池。这种工艺能使接触时间减少至 5s 仍然有效，不需要复杂的喷射处理。

辊涂法主要用于无漂洗的预处理。对于那些能够仔细控制预处理膜的其他装置，也可以采用这种工艺。

6. 污水处理

在金属表面处理工艺中可以直接排至下水道的污水是极少的。如果所使用的材料不会给废料处理造成大的困难，通常只需简单的污水处理手段，便能使之无害化。由于排放的情况千变万化，因此，不可能就污水处理问题，推荐出普遍适用的方法。任何废料，在对其做合理的处置之前，都应当同环境保护部门磋商。

从金属预处理工艺中产生的废料可分成三大类：①不断地从溢流洗水产生的污水，必须连续地进行处理，或者收集在储槽中，再进行定期处理；②间歇地由水洗槽或工艺槽，定期排放产生的污水，可就地进行处理，或通过一个授权的处理者，用槽车运走；③固体或半固体污物，例如磷酸盐沉渣，可实施干燥处理，例如借助于过滤机挤压浓缩后，运送到一个经批准的处理场所。

（1）碱性脱脂剂　在处理碱性溶液的问题上，各地要求也不一致。但下述的各点是应做到的：①简单的中和；②中和并除掉悬浮的固体；③中和，同时去除磷酸盐。

通过小心添加酸，例如盐酸或硫酸，来达到中和的目的。所需的酸量，可由滴定来测算。用过的酸洗液，也可以用于中和，但是，对其中可能含有的重金属，应进行相应的处理。液体在排放前采用澄清或过滤的方法，以除掉固体物质。

在许多地区，要求除掉污水中的磷酸盐。这可以通过添加氯化钙，并用石灰中和到 pH 值为 8.0～8.5 来实现。

对含有大量金属多价螯合剂的配方，在某些地区可能引起麻烦，因为这些螯合剂能夹持溶液中的金属。对这些金属，应按另一种方式进行沉淀处理。

（2）酸性清洗液　这些清洗液可以用石灰或纯碱加以中和。使用后者时，应特别小心，它能使清洗水产生大量的泡沫。如果酸洗液中含有相当多的溶解的金属，需要用专门的方法，以确保把它们沉淀。

1）磷酸盐溶液。用熟石灰把溶液的 pH 值调节到 8.0～8.5，便能把重金属和磷酸盐除掉。这种操作可在水洗槽中或在单独的处理槽中，直接于工艺溶液中进行。所产生的悬浮物可送到过滤器、澄清池或沉降槽，以分离固体和清液。经化验分析，溶液中所含金属为微量时，才可以排放。应当避免过度的中和，因为在高 pH 值条件下，两性金属，例如锌，会重新溶解。

2）铬酸盐溶液。所有在金属预处理中使用的材料里，对那些含有六价铬的物料，需要进行最严格的处理。六价铬的质量分数只允许为百万分之零点几。

含铬污水的处理是一种两个步骤的工艺。首先用偏亚硫酸钠将六价铬变成三价铬，这时的 pH 值必须控制在 2.5～3.5。然后，通过加入适当的碱，例如石灰、烧碱或纯碱，将 pH 值调到 8.0～8.5，便能将三价铬沉淀。

(3) 闭路系统　在世界上的某些地区，由于环境保护压力的增加，导致开发了一种无排放或闭环系统的磷酸锌预处理工艺。在实际的模式里，用超滤的方法将油、蜡和细小的固体，从碱性脱脂剂中除去，同时允许脱脂剂在恒定的效率下运转。

在磷化槽中，含有磷酸盐、锌和其他的重金属。中和时，它们都生成不溶的盐类。所用的促进剂是过氧化氢，其分解产生的仅仅是水。来自磷化后面的清洗水，经中和后进行澄清，然后借助逆流系统进行循环。来自磷化工序的沉渣，连同从流水沉淀出来的沉渣一起，经过滤机压制成半干物料，再进行处理。这种系统在德国已成功地应用。这种系统的缺点是装置的价格昂贵，并仅能适用于过氧化物促进的工艺，其他的应用不很理想。

3.6.8　磷化处理常见的问题及对策

磷化液是一个相对比较容易出现问题的产品。在生产应用中会出现各式各样的问题，如总酸度的高低，游离酸度的高低，Fe^{2+} 离子在槽中的含量，预处理中带入的污染物及各种金属粒子的含量等。同时，随着处理过程中，各种物质的消耗程度不一样，有的会积累，有的会偏低。除了按操作说明外，只有凭经验，凭试验进行摸索解决。磷化处理常见的问题及对策，见表3-41。

表3-41　磷化处理常见的问题及对策

类　别	常见问题	产生原因	对　策
轻铁系磷化	无膜	1）促进剂含量低 2）游离酸过低 3）杂质积累过多	1）补加促进剂或浓缩液 2）补加浓缩剂液或磷酸 3）更换槽液
	部分泛黄生锈	1）促进剂含量低 2）处理温度低 3）磷化时间短	1）补加浓缩液 2）提高温度 3）延长磷化时间
	挂白灰	1）磷化前工件已生锈 2）Fe^{2+}积累过多 3）沉渣黏附	1）加快工序间进度 2）更换槽液 3）加强清洗

（续）

类 别	常见问题	产生原因	对 策
轻铁系磷化	挂黑灰	1）游离酸过高 2）磷化时间过长 3）Cu^{2+}含量过高	1）加碱降低游离酸 2）缩短磷化时间 3）用废钢铁放入槽中消耗Cu^{2+}
锌系、锰系、锌钙系、锌锰系磷化	均匀泛黄	1）总酸度低、酸比低 2）促进剂浓度低 3）磷化温度低、时间短	1）补加浓缩液和碱 2）补加促进剂 3）提高温度、延长时间
	局部挂灰、彩色膜	1）二次绿、黄锈 2）磷化液杂质多	1）加快工序间进度 2）更换槽液
	大号挂灰、彩色膜	1）促进剂含量过高 2）磷化液杂质过多、老化	1）让其自然降低 2）更换槽液
	表面覆盖一层结晶体	1）游离酸度过低 2）温度过高	1）加磷酸 2）降低温度
	槽液沉渣过多	1）促进剂浓度过高 2）游离酸度过高 3）中和过度,形成结晶	1）自然降低 2）补加碱 3）补加磷酸

3.6.9 磷化检测方法

1. 磷化浓缩液检测

对磷化浓缩液的质量检验，目前还没有行业标准和国家标准。一般可按以下4个指标检验：外观、总酸度、游离酸度、密度。

（1）外观 透明液体（无色或有色）。

（2）总酸度、游离酸度 检测指标应与说明书一致。具体检测方法：取原液50mL，加水950mL稀释。然后取此稀释液10mL放于250mL锥形烧瓶中，加蒸馏水50mL，加酚酞指示剂2滴，用0.1mol/L氢氧化钠标准溶液滴至粉红色为终点，设所消耗标准氢氧化钠

溶液的体积为 V，总酸度按下式计算：

$$总酸度 = 200VN$$

式中 V——滴定时耗用的标准氢氧化钠溶液的体积（mL）；

N——标准氢氧化钠溶液的浓度（mol/L）。

同样，取稀释液 10mL，放于 250mL 锥形烧瓶中，加蒸馏水 50mL，加溴酚蓝指示剂 2 ~4 滴，用 0.1mol/L 氢氧化钠标准溶液滴至淡黄色消失为终点，所消耗的标准氢氧化钠溶液的毫升数为 V，游离酸度按下式计算：

$$游离酸度 = 200VN$$

式中 V——滴定时所消耗的标准氢氧化钠溶液的体积（mL）；

N——标准氢氧化钠溶液的浓度（mol/L）。

实际应用中，酸比也是常用到的数据，其关系为：酸比 = 总酸度/游离酸度。

（3）密度　密度按 GB/T 4472—2011 的要求测量，用精密波美密度计测量 20℃时溶液的密度。

2. 磷化性能检测

按产品说明书配制好磷化液，按操作工艺对标准试样进行磷化处理，干燥后观察外观，检测膜重，磷化后的试样在干燥的室内放置 48h 后，进行耐腐蚀检测。其指标应符合 GB/T6807—2001《钢铁工件涂装前磷化处理技术条件》中的要求。

（1）外观　磷化后工件的颜色应为浅灰色到灰黑色或彩色（轻铁系磷化）；膜层结晶细腻，连续均匀。磷化后的工件具有以下情况或其中之一时，均为允许缺陷；轻微的水迹、钝化痕迹、擦白及挂灰现象；由于局部热处理、焊接及表面加工状态的不同而造成颜色和结晶不均匀；在焊缝处无磷化膜。磷化后的工件具有下列情况之一时，均为不允许缺陷：疏松的磷化膜，有锈蚀或绿斑；局部无磷化膜（焊缝除外）；表面严重挂灰。

（2）磷化膜重　磷化膜重应符合本章表 3-19 所列数值。

（3）膜的耐蚀性　耐蚀性分为磷化膜的耐蚀性和涂漆后漆膜层的耐蚀性两种。

磷化膜的耐蚀性检测，是将磷化好的试样在干燥的室内放置48h后，浸入质量分数为3%的氯化钠（NaCl）水溶液中，在15～25℃环境下保持1h，取出洗净、吹干，目视检查，试样表面不应出现锈蚀（棱边、孔、角及焊缝除外）。

磷化膜耐蚀性检测还有另一个方法，叫硫酸铜点滴法。此试验反映出磷化膜的耐蚀性，一般来说，膜越厚实，点滴时间越长，膜的耐蚀性越好。但涂装磷化一般不需要此项指标，有时点滴时间长的膜其涂装性反而不好。主要原因是涂装磷化着眼的是漆膜配套性，而非单纯的防锈。厚膜的耐蚀性好，但易脆，抗冲击、抗弯曲能力差。硫酸铜点滴液组成：硫酸铜（$CuSO_4 \cdot 5H_2O$）41g/L，氯化钠（NaCl）35g/L，0.1mL/L的盐酸（HCl）13mL/L。具体操作是：将溶液点滴在磷化膜上，观察出现红色的时间。一般涂装磷化膜（指锌系、锌钙系和锰系）耐硫酸铜点滴时间在50 s以上为合格。

涂膜耐蚀性是指磷化膜涂漆后（喷涂25～35μm厚度的白色氨基烘干磁漆）进行中性盐雾试验。具体方法参见GB/T 10125—2012《人造气氛腐蚀试验　盐雾试验》。

3.6.10　50种典型磷化工艺

本文中所介绍的50种典型磷化工艺，是从专门的供应厂商那里挑选出来的。其他主要供应厂商特性相似的工艺，也是适用的。

表3-42给出了这50种典型磷化工艺的选择指南。

表3-42　工艺选择指南

金属基体	应　用	适用的工艺类型
低碳钢	油漆基膜(普通漆)	1,3,5,6,7,8,9,10,11,12,13,14,15,16
	油漆基膜(阳极电泳漆)	1,7,8,10,11,12,13,14,15,16,17,18,19
	油漆基膜(阴极电泳漆)	7,8,10,14,15,16,17,18,19
	油漆基膜(粉漆)	1,3,5,7,11,13,14,15,16,17,18,19
	油漆基膜(带材生产线)	45,50
	防锈	24,25,26,27,28
	承载表面润滑	29

（续）

金属基体	应　用	适用的工艺类型
低碳钢	拉丝（批量生产）	30,31,32,33,34
	拉丝（簇线法）	32,35
	拉管	30,31,32,33,34,36
	冷挤压	37
铝	油漆基膜（普通漆）	22,23,43
	油漆基膜（粉漆）	22,23
	油漆基膜（带材生产线）	47,48,50
	无继后涂覆的耐蚀膜	23,43
	冷挤压	38
锌	油漆基膜（普通漆）	20,21
镀锌钢	油漆基膜（粉漆）	21
	油漆基膜（带材生产线）	46,47,49,50
	无继后涂覆的耐蚀膜	21,44
不锈钢	拉丝	40,41,42
	拉管	39,40,41
混合产品	油漆基膜（普通漆）	2,3,10,11,14,20
	油漆基膜（阳极电泳漆）	2,3,10,11,14,20
	油漆基膜（阴极电泳漆）	10,14
	油漆基膜（粉漆）	2,11,20

类型 1：轻质磷酸铁工艺（适于涂漆）

促进剂　　氯酸盐

膜重　　0.3 ~ 1.0g/m^2

膜型　　轻质磷酸铁

操作条件　　70 ~ 75℃，喷射 1min

控制参数　　总酸 9 ~ 10mL，游离酸 1.5 ~ 3.5mL

槽子材料　　低碳钢

附注　　需要预脱脂。性能优于脱脂/磷化工艺

类型 2：多金属轻质碱金属磷酸盐工艺（适于涂漆）

促进剂　　　钼酸盐
膜重　　　0.3～0.5g/m^2
膜型　　　磷酸铁（钢件上）
操作条件　　　40～60℃，喷射1～2min
　　　40～70℃，浸渍2～5min
控制参数　　　总酸14～16mL
　　　游离酸0.5～3.0mL
槽子材料　　　低碳钢
附注　　　需要预脱脂。性能优于脱脂/磷化工艺

类型3：脱脂/磷化联合工艺（适于涂漆）

促进剂　　　硝酸盐/（钼酸盐）
膜重　　　0.2～0.5g/m^2
膜型　　　轻质磷酸铁
操作条件　　　35～70℃，喷射1～2min
控制参数　　　总酸4.5～5.0mL
槽子材料　　　低碳钢
附注　　　不需要预脱脂。产生彩虹色到灰色的膜。当用钼酸盐做促进剂，产生蓝色膜。

类型4：多金属轻质碱金属磷酸盐工艺（适于涂漆）

促进剂　　　钼酸盐
膜量　　　0.2～0.5g/m^2
膜型　　　轻质磷酸铁（钢件上）
操作条件　　　40～60℃，喷射1～2min
　　　40～60℃，浸渍2～5min
控制参数　　　总酸5～7mL（喷），10～12mL（浸）
槽子材料　　　低碳钢
附注　　　在喷射应用中，可作为脱脂/磷化联合工艺

类型5：液体的低温脱脂/磷化工艺（适于涂漆）

促进剂　　　钼酸盐
膜重　　　0.2～0.5g/m^2
膜型　　　轻质磷酸铁

操作条件	25～35℃，喷射1.5～3min
控制参数	总酸4.5～5.0mL
	酸耗0.5～2.0mL
槽子材料	低碳钢
附注	是单一的液体化学药剂。低温操作，适宜用自动控制设备

类型6：磷酸锌工艺（适于涂漆）

促进剂	亚硝酸盐
膜重	3～7g/m²
膜型	磷酸锌
操作条件	60～70℃，浸渍5～15min
控制参数	总酸15～20mL
	游离酸6～10mL
	促进剂2～3mL
槽子材料	低碳钢
附注	如果没有预浸调整，在强碱脱脂或酸洗后，会产生粗糙膜

类型7：钙改进磷酸锌工艺（适于涂漆）

促进剂	亚硝酸盐
膜重	2.0～4.5g/m²
膜型	钙改进磷酸锌
操作条件	60～70℃，浸渍2～5min
控制参数	总酸18～22mL
	促进剂1.0～2.5mL
槽子材料	低碳钢
附注	碱洗或酸洗之后，不用预测调整也能给出较精细的碳化膜。特别适用于单层涂装。添加亚硝酸盐要均匀有规律

类型8：低温浸渍磷酸锌工艺（适于涂漆）

促进剂	氯酸盐
膜重	1.5～2.0g/m²

膜型	磷酸锌
操作条件	25~35℃，浸渍5~10min
控制参数	总酸28~30mL
	游离酸1.3~1.5mL
槽子材料	低碳钢
附注	需要添加中和剂，以控制游离酸

类型9：喷射磷酸锌工艺（适于涂漆）

促进剂	亚硝酸盐
膜重	1.6~2.4g/m^2
膜型	磷酸锌
操作条件	45~60℃喷射1~2min
控制参数	总酸10~21mL
	游离酸0.4~0.6mL
槽子材料	低碳钢

类型10：多金属喷射磷酸锌工艺（适于涂漆）

促进剂	亚硝酸盐
膜重	2.0~3.5g/m^2
膜型	磷酸锌
操作条件	55~70℃，喷射1~3min
控制参数	总酸15~20mL
	促进剂0.5~2.5mL
槽子材料	低碳钢。不锈钢的寿命长
附注	处理任何比例的钢和镀锌钢。w（Al）不能超过15%

类型11：低温磷酸锌工艺（适于涂漆）

促进剂	亚硝酸盐
膜重	1.8~2.4g/m^2
膜型	磷酸锌锰
操作条件	25~35℃，喷射1~2min
控制参数	总酸15~25mL
	游离酸0.2~1.0mL

	促进剂 3 ~ 4mL
槽子材料	低碳钢
附注	低温，少垢。当含氟化物时，可作为多金属工艺

类型 12：闭路操作喷射酸锌工艺（适于涂漆）

促进剂	过氧化氢
膜重	1.4 ~ 2.0g/m^2
膜型	磷酸锌
操作条件	55 ~ 60℃，喷射 1 ~ 2min
控制参数	总酸 14 ~ 16mL
	游离酸 0.7 ~ 1.2mL
槽子材料	低碳钢，不锈钢的寿命长
附注	可以加入洗水总循环闭路系统，没有污水排放

类型 13：喷射磷酸锌工艺（适于涂漆）

促进剂	氯酸盐/间硝基苯磺酸盐
膜重	1.4 ~ 2.0g/m^2
膜型	磷酸锌
操作条件	45 ~ 50℃，喷射 45 ~ 120s
控制参数	总酸 10 ~ 12mL
	游离酸 0.8 ~ 1.0mL
槽子材料	低碳钢，不锈钢寿命长

类型 14：低温喷射磷酸锌工艺（适于涂漆）

促进剂	氯酸盐/间硝基苯磺酸盐
膜重	1.4 ~ 2.0g/m^2
膜型	磷酸锌
操作条件	25 ~ 35℃，喷射 80 ~ 180s
控制参数	总酸 24 ~ 26mL
	游离酸 0.7 ~ 1.0mL
槽子材料	低碳钢，不锈钢寿命长
附注	含有氟化物和镍时，可处理镀锌钢和有限量

的铝

类型15：喷射磷酸锌工艺（低锌）（适于涂漆）

促进剂　亚硝酸盐/氯酸盐

膜重　1.6～2.0g/m²

膜型　磷酸锌

操作条件　50～55℃，喷射1.5～2.0min

控制参数　总酸20～24mL

气体点数（糖量计）0.5～2.0mL

槽子材料　低碳钢

附注　必须控制锌含量

类型16：喷射磷酸锌工艺（适于涂漆）

促进剂　氯酸盐

膜重　1.4～2.0g/m²

膜型　磷酸锌

操作条件　50～60℃，喷射1～2min

控制参数　总酸16～17mL

游离酸2.0～2.8mL

槽子材料　低碳钢，不锈钢寿命长

类型17：浸渍磷酸锌工艺（低锌）（适于涂漆）

促进剂　亚硝酸盐

膜重　2.8～3.4g/m²

膜型　磷酸锌/磷酸铁

操作条件　50～55℃，浸渍2～4min

控制参数　总酸19～21mL

游离酸0.8～1.1mL

槽子材料　低碳钢

附注　浸没式搅动，需要预浸活化

类型18：喷射/浸渍磷酸锌工艺（适于涂漆）

促进剂　氯酸盐/间硝基苯磺酸盐

膜重　2.0～2.5g/m²

膜型　磷酸铁锌

操作条件　50～53℃，喷射 20～30s＋浸渍 2～4min
控制参数　总酸 23～25mL
　游离酸 1.2～1.4mL
槽子材料　低碳钢，不锈钢寿命长

类型 19：低温喷射/浸渍磷酸锌工艺（适于涂漆）

促进剂　氯酸盐/间硝基苯磺酸盐
膜重　1.4～2.0g/m²
膜型　磷酸锰锌
操作条件　25～30℃，喷射 15～30s＋浸渍 1.5～3.0min
控制参数　总酸 24～26mL
　游离酸 0.7～1.0mL
槽子材料　低碳钢。不锈钢寿命长
附注　含有氟化物和镍时，可以处理镀锌钢和有限量的铝

类型 20：多金属磷酸锌工艺（适于涂漆）

促进剂　亚硝酸盐
膜重　2～3g/m²
膜型　磷酸锌
操作条件　55～80℃，喷或浸 1～3min
控制参数　总酸 14～16mL
　游离酸 0.5～2.5mL
槽子材料　低碳钢。不锈钢寿命长
附注　处理钢、镀锌钢和有限量的铝

类型 21：铬酸盐工艺（适于锌的涂漆）

促进剂　—
膜重　0.5～1.0g/m²
膜型　无机铬酸盐
操作条件　20～25℃，喷射或浸渍 30～60s
控制参数　铬酸盐 14～16mL
槽子材料　不锈钢

附注　黄色覆膜

类型22：铬酸盐工艺（适于铝的涂漆）

促进剂　钼酸盐或铁氟化物

膜重　0.3～2.0g/m^2

膜型　无机铬酸盐

操作条件　25～40℃，喷射10～60s

35～50℃，浸渍30～180s

控制参数　铬酸盐6.5～7.0mL

槽子材料　不锈钢

附注　可改良为产生无色的覆膜

类型23：铬酸盐/磷酸盐工艺（适用于铝）

促进剂　—

膜重　0.15～5.00g/m^2

膜型　磷酸铬

操作条件　25℃，喷射30～60s

40℃，浸渍1～3min

控制参数　铬酸盐4～5mL

槽子材料　不锈钢或PVC衬里的低碳钢

附注　靠氟化物的含量控制膜重。轻膜适于涂漆，重膜适于作为无继后涂覆的耐蚀层

类型24：重质磷酸铁工艺（适于防锈）

促进剂　—

膜重　7.5～15.0g/m^2

膜型　磷酸铁

操作条件　96～99℃，浸渍15～30min

控制参数　总酸28～32mL

槽子材料　低碳钢，不锈钢寿命长

附注　需配以旧工作液，能去除轻锈；稍微清洗即可满意；不宜于间歇式操作

类型25：无促进剂的磷酸锰工艺（适于防锈）

促进剂　—

膜重　　10 ~ 30g/m^2

膜型　　磷酸铁锰

控制参数　　95 ~ 100℃，浸渍 30 ~ 90min

槽子材料　　低碳钢，不锈钢寿命长

类型 26：磷酸锰工艺（适于防锈）

促进剂　　硝酸盐

膜重　　7.5 ~ 15.0g/m^2

膜型　　磷酸铁锰

操作条件　　96 ~ 99℃，浸 5 ~ 30min

控制参数　　总酸 28 ~ 32mL

槽子材料　　不锈钢或橡胶衬里

附注　　膜重及晶体结构，取决于清洗脱脂的方法。为获得光滑的膜，需经预浸活化

类型 27：磷酸锰工艺（适于防锈）

促进剂　　亚硝基胍

膜重　　7 ~ 15g/m^2

膜型　　磷酸铁锰

操作条件　　85 ~ 95℃，浸渍 15 ~ 30min

控制参数　　总酸 38 ~ 40mL

槽子材料　　低碳钢，不锈钢寿命长

附注　　无须后水洗

类型 28：磷酸锌工艺（适于防锈）

促进剂　　硝酸盐

膜重　　7.5g/m^2

膜型　　磷酸铁锌

操作条件　　80 ~ 90℃，浸渍 10 ~ 30min

控制参数　　总酸 38 ~ 42mL

　　二价铁 0.2% ~ 0.4%（质量分数）

槽子材料　　低碳钢，不锈钢寿命长

附注　　单独配制，补充浓缩液

类型 29：磷酸锰工艺（抗磨覆膜）

促进剂	硝酸盐
膜重	7.5g/m^2
膜型	磷酸铁锰
操作条件	96～99℃，浸渍 5～15min
控制参数	总酸 28～32mL（0.2M　NaOH） 游离酸 4.7～5.1mL（0.2M　NaOH） 二价铁 0.2%～0.4%（质量分数）
槽子材料	低碳钢，不锈钢寿命长
附注	膜重和结构尺寸，取决于预清洗方法。为获得光滑膜，需要预浸活化。

类型 30：磷酸锌工艺（适于拉管和拉丝）

促进剂	氯酸盐
膜重	6～12g/m^2
膜型	磷酸锌
操作条件	55～70℃，浸渍 2～15min
控制参数	总酸 18～22mL
槽子材料	低碳钢
附注	单工序化学工艺。比许多现代工艺的消耗高得多

类型 31：磷酸锌工艺（适于拉管和拉丝）

促进剂	亚硝酸盐
膜重	10～20g/m^2
膜型	磷酸锌
操作条件	55～95℃，浸渍 20min 以上
控制参数	总酸 18～22mL 或 38～42mL 促进剂用碘化物淀粉纸检出
槽子材料	低碳钢
附注	当采用 40mL 以上的总酸时，自发产生亚硝酸盐

类型 32：磷酸钙锌工艺（适于拉管和拉丝）

促进剂	氯酸盐

膜重　　　　　　8～10g/m²
膜型　　　　　　磷酸钙锌
操作条件　　　　70～75℃，浸渍3～10min（批量生产）
　　　　　　　　75～80℃，浸渍20～30s（簇线法）
控制参数　　　　总酸18～22mL（批量生产）
　　　　　　　　总酸65～75mL（簇线法）
槽子材料　　　　低碳钢，不锈钢寿命长
附注　　　　　　单一的化学补充剂；稳定的促进剂

类型33：磷酸锌工艺（低渣）（适于拉管和拉丝）
促进剂　　　　　硝酸盐
膜重　　　　　　6～10g/m²
膜型　　　　　　磷酸钙锌
操作条件　　　　65～75℃，浸渍4～10min
控制参数　　　　总酸20～24mL
　　　　　　　　二价铁0.2%（质量分数，最大）
槽子材料　　　　低碳钢

类型34：　　　　低温磷酸锌工艺（适于拉管和拉丝）
促进剂　　　　　硝酸盐
膜重　　　　　　4～10g/m²
膜型　　　　　　磷酸锌
操作条件　　　　40～50℃，浸渍5～15min
控制参数　　　　总酸40～50mL
　　　　　　　　二价铁0.13%（质量分数，最大）
槽子材料　　　　低碳钢
附注　　　　　　低渣；需要预浸活化

类型35：磷酸锌工艺（适于簇线法拉丝）
促进剂　　　　　亚硝酸盐
膜重　　　　　　4～8g/m²
膜型　　　　　　磷酸锌
操作条件　　　　90～95℃，浸渍10～30s
控制参数　　　　总酸60～70mL

	促进剂用碘化物淀粉纸检出
槽子材料	低碳钢，不锈钢寿命长
附注	通常自发产生亚硝酸盐

类型36：磷化/润滑联合工艺（适于拉管）

促进剂	—
膜重	2 ~ 5g/m^{2}磷化膜
	10 ~ 15g/m^{2}润滑剂
膜型	磷酸铁/润滑
操作条件	65 ~ 80℃，浸渍5 ~ 15min
操作参数	含水量1.5% ~ 2.0%（质量分数）
槽子材料	不锈钢
附注	无漂洗。处理之后，管子应取5° ~ 15°斜度流干30min

类型37：磷酸锌工艺（适于冷挤压）

促进剂	亚硝酸盐
膜重	10 ~ 20g/m^2
膜型	磷酸锌
操作条件	55 ~ 95℃，浸渍2 ~ 10min
控制参数	总酸18 ~ 22mL
	促进剂用碘化物淀粉检出
槽子材料	低碳钢，不锈钢寿命长
附注	操作条件范围宽，相应产生较宽的膜重范围。多工序化学工艺

类型38：磷酸锌工艺（适于铝冷成形）

促进剂	硝酸盐
膜重	4 ~ 12g/m^2
膜型	磷酸锌
操作条件	52 ~ 57℃，浸渍7 ~ 10min
控制参数	总酸45 ~ 50mL
	游离酸2 ~ 4mL
槽子材料	低碳钢，不锈钢寿命长

附注　需要均匀地添加氟化物

类型 39：草酸盐工艺（适于拉制不锈钢管）

促进剂　氯酸盐

膜重　8 ~ 15g/m²

膜型　草酸盐

操作条件　45 ~ 50℃，浸渍 5 ~ 10min

控制参数　总酸 18 ~ 22mL

游离酸 8 ~ 16mL

二价铁 0.4%（质量分数，最大）

槽子材料　橡胶衬里或耐酸的砖

附注　要求没有烟雾析出，无硫化物存在。不适于线材。通过添加氯酸盐以控制铁

类型 40：草酸盐工艺（适于拉制不锈钢管和不锈钢丝）

促进剂　氟化物/硫代硫酸盐

膜重　5 ~ 10g/m²

膜型　草酸盐

操作条件　60 ~ 65℃，浸渍 5 ~ 10min

控制参数　总酸 18 ~ 20mL

槽子材料　橡胶衬里钢

附注　适于处理高铬合金。选用的场合有限

类型 41：草酸盐工艺（适于拉制不锈钢管和不锈钢丝）

促进剂　硫氯酸盐/有机物

膜重　8 ~ 10g/m²

膜型　草酸盐

操作条件　60 ~ 90℃，浸渍 5 ~ 30min

控制参数　总酸 6.5 ~ 8.0mL

游离酸 5 ~ 6mL

槽材料　橡胶衬里钢

附注　沉渣极少。促进剂稳定

类型 42：盐膜工艺（适于拉制不锈钢丝）

促进剂　—

膜重　—
膜型　无机盐和钾盐
操作条件　90～100℃，浸渍5min
控制参数　密度
槽子材料　低碳钢
附注　含氯酸盐和不含氯酸盐都有效

类型43：碱性铬酸盐工艺（适于铝）

促进剂　—
膜重　—
膜型　—
操作条件　99～100℃，浸渍3～15min
控制参数　总碱度24～26mL
槽子材料　低碳钢
附注　可作为油漆基膜，也可作为无后继涂覆的耐蚀膜

类型44：铬酸盐工艺（适于锌的防护）

促进剂　—
膜重　0.1～0.5g/m²
膜型　无机铬酸盐
操作条件　环境温度下浸渍或喷射15～30 s
控制参数　铬酸盐10～11mL
槽子材料　不锈钢
附注　无色膜

类型45：带材碱性磷酸盐（适于涂漆）

促进剂　氯酸盐
膜重　0.2～0.5g/m²
膜型　磷酸铁
操作条件　66～77℃，浸渍或喷射8～20s
控制参数　总酸9～10mL
　　　　　酸耗0.5～1.5mL
槽子材料　低碳钢

附注 —

类型 46：带材磷酸盐工艺（适于镀锌钢）

促进剂 —

膜重 1.6 ~ 2.0g/m²

膜型 磷酸锌

操作条件 62 ~ 69℃，浸渍或喷射 5 ~ 15s

控制参数 总酸 27 ~ 29mL

槽子材料 低碳钢，不锈钢寿命长

附注 需要预洗活化

类型 47：带材铬酸盐工艺（适于处理锌、铝及锌/铝合金）

促进剂 —

膜重 0.15 ~ 0.30g/m²

膜型 无机铬酸盐

操作条件 20 ~ 24℃，浸渍或喷射 3 ~ 15 s

控制参数 游离酸 1.8 ~ 2.2mL

槽子材料 不锈钢或橡胶衬里低碳钢

附注 要求依基体分别补充不同的化学节药剂

类型 48：带材铬酸盐工艺（适于铝）

促进剂 铁氰化物或钼酸盐

膜重 0.15 ~ 0.30g/m²

膜型 无机铬酸盐

操作条件 50 ~ 60℃，浸渍或喷射 5 ~ 15s

控制参数 铬酸盐 5.5 ~ 6.1mL

槽子材料 不锈钢

附注 —

类型 49：带材碱性氧化工艺（适于镀锌钢）

促进剂 —

膜重 —

膜型 含钴氧化物 10mg/m²

操作条件 45 ~ 75℃，浸渍或喷射 5 ~ 15s

控制参数 总碱 14 ~ 16mL

槽子材料　　　　低碳钢
附注　　　　　　必须用活性铬做处理后洗
类型50：带材无漂洗多金属铬酸盐工艺
促进剂　　　　　—
膜重　　　　　　0.15～3.00g/m²
膜型　　　　　　无机铬酸盐
操作条件　　　　20～30℃，润湿表面后，紧接着在100～250℃下干燥
控制参数　　　　—
附注　　　　　　适于许多基体

3.7　钝化与着色

钢铁工件可以在铬酸盐溶液中钝化处理，其钝化膜较薄，防护性能比起钢铁工件的磷化膜、氧化膜都差，所以很少单独使用。一般用于钢铁工件的工序间的防腐蚀，如钢铁工件脱脂除锈后，进行渗锌处理前应该先进行钝化处理，防止裸露的钢铁表面在渗锌过程中氧化锈蚀影响渗锌效果，同时较薄的钝化膜不会影响渗锌的正常进行。钢铁工件的钝化也可以作为其他处理方式的后处理，用于加强工件的耐蚀性，如钢铁工件的氧化发黑后，再进行钝化处理，可大大提高工件的耐蚀性。

钢铁工件的钝化可以采用化学方法，也可以采用电化学方法。化学方法设备比较简单，应用比较广泛，但膜层较薄。电化学处理方法的膜层较厚，防护性能较高，可以单独使用，在某些场合可以替代氧化发黑处理。

3.7.1　钝化

1. 铬酸盐钝化

普通碳钢不耐酸，可选用不含酸的钝化液，如在0.5%（质量分数）重铬酸钠溶液中沸煮。也可以用以下工艺钝化：

重铬酸钾　　　　15～30g/L

硝酸	20%（质量分数）
温度	50℃
时间	20min

钢铁的电解钝化工艺：

铬酸酐	275g/L
硼酸	30g/L
温度	22℃
电流密度（阴极）	20A/dm²
时间	20s

下面介绍两个非铬酸体系的钢铁钝化工艺。

中国专利 CN1041010A：

生石灰	1～5%（质量分数，下同）
苯甲酸钠	0.4～0.8%
六次甲基四胺	0.03～0.04%
十二烷基苯磺酸钠	0.03～0.05%
余量是水	
温度	室温
时间	10s～50min

中国专利 CN1043962A：

磷酸	5～13mL/L
酒石酸	0.5～1.5g/L
N，N-二甲基甲酰胺	4～12g/L
钼酸铵	0.4～1.5g/L
聚乙二醇（200～400）	0.5～4mL/L

2. 草酸盐钝化

草酸盐钝化可用于合金钢及铁铬镍等合金的冷加工成形，其草酸盐膜不能作为防腐涂层。

草酸是一种中强酸，其电离过程分两步进行，电离常数分别是：$K_1=5.6\times10^{-2}$和$K_2=6.4\times10^{-6}$。草酸和钢反应时，释放出氢气，产生的草酸亚铁难溶于水（18℃时为35.3mg/L）。然而在有草酸存在的情况下，由于形成络合物，草酸亚铁的溶解度可以明显地增加。

草酸及其碱金属盐或铵盐能与重金属，如Cr^{3+}、Co^{2+}、Fe^{2+}、Fe^{3+}、Mn^{2+}和Mo^{6+}形成可溶性络盐。

在草酸溶液的作用下，钢上产生的膜能改善其耐蚀性，并且可以作为涂装的底层。但是，它们的耐蚀性低于磷酸盐转化膜，所以草酸盐膜在大规模生产上不能用于防腐蚀。

（1）草酸盐钝化膜成膜机理　草酸溶液不与高合金钢反应，因为这种钢表面上有一层薄的、铬和镍的氧化层，它在只含草酸的溶液里不溶解。只是在加入某些化合物后，在这种钢表面上可以得到草酸盐膜，这些化合物可以分两类：第一类是加速剂；第二类是活化剂。

第一类化合物主要包括四价硫化物，如亚硫酸钠（Na_2SO_3）、硫代硫酸钠（$Na_2S_2O_3$）、连四硫酸钠（$Na_2S_4O_6$）。这些加速剂的含量必须维持在一定的限度内，否则溶液对金属表面的腐蚀太强烈，以至于不可能成膜。一般使用的质量分数约为0.1%。草酸钛或草酸钠-钛（质量分数为0.01%～1.5%）和钼盐（质量分数为1%～4%）也用作为加速剂。

第二类化合物主要包括氯化物和溴化物，也可以用其他的化合物，如氟化物、氟硅酸盐、氟硼酸盐等来代替。氯化物或溴化物的含量必须相当高，卤化物离子的质量分数可达20%。但是，只要溶液中铁离子的质量分数保持在1.5%～6%，在有1.5%～3.0%（质量分数）硫氰酸盐存在的情况下，氯化物的质量分数可以降低到2%左右。如果单独使用，硫氰酸盐的质量分数可以增加到4%。

由于溶液中存在着加速剂和活化剂，使合金表面去钝化，并形成草酸盐膜。电位变化和膜单位面积重量的增加与浸渍时间的关系，如图3-25所示。在处理的第一阶段，金属表面上的天然钝化层溶解，电位向负值移动。在大约60s以后，钢表面电位接近活化电位，草酸盐膜开始形成。

草酸钝化的机理是在微观阳极上发生金属溶解，而在微观阴极上发生氢离子的放电和加速剂的还原，并导致硫化铁和硫化镍的形成，作为次级过程在硫化物上沉积了草酸盐层。

在草酸盐钝化溶液里有亚硫酸盐存在的情况下，在金属—溶液界

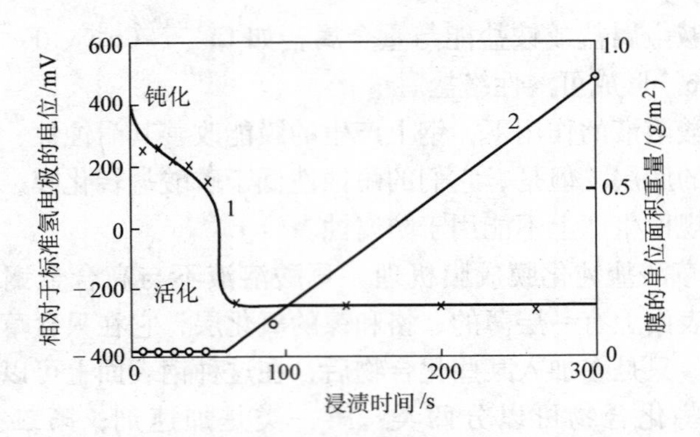

图 3-25　铬-镍 18/8 钢在草酸、氯化钠、硫代硫酸的溶液中，电位变化和膜单位面积重量的增加与浸渍时间的关系

1—电位变化　2—膜重变化

面会发生如下电极反应。

1）阳极过程：

$$Me \rightarrow Me^{n+} + ne$$

式中　Me^{n+}——Fe^{2+}，Ni^{2+}，Cr^{3+}，Mn^{2+}等。

阴极过程：

$$2H^{+} + 2e \rightarrow 2H$$

产生的原子氢一部分能与金属产生合金，并因此而增加金属表面的活性。硫化物的存在促进了金属置换氢的过程。

2）亚硫酸盐的还原：

$$2SO_3{}^{2-} + 2e + 4H^{+} \rightarrow S_2O_4{}^{2-} + 2H_2O$$

$$SO_3{}^{2-} + 6H \rightarrow S^{2-} + 3H_2O$$

3）连二亚硫酸盐（$M_2S_2O_4$）的部分分解：

$$2S_2O_4{}^{2-} \rightarrow S_2O_3{}^{2-} + S_2O_5{}^{2-}$$

4）在酸作用下，硫代硫酸盐分解：

$$SO_3{}^{2-} + 2H^{+} \rightarrow H_2SO_3 + S$$

5）在原子氢的作用下，焦亚硫酸盐还原：

$$S_2O_5^{2-}+4H \rightarrow SO_3^{2-}+S+2H_2O$$

6）在原子氢作用下，硫代硫酸盐还原：

$$2SO_3^{2-}+2H^+ \rightarrow S_4O_6^{2-}+2H$$

7）微溶性硫化物的形成：

$$Fe^{2+}+S^{2-} \rightarrow FeS$$

$$Ni^{2+}+S^{2-} \rightarrow NiS$$

$$Mo^{4+}+2S^{2-} \rightarrow MoS_2$$

它们直接在金属表面上形成不溶性膜。这些硫化物膜作为润滑和隔离层，使冷加工操作容易进行。

8）活化剂与金属表面起反应：

$$Fe+2Cl^-+2H^+ \rightarrow FeCl_2+2H$$

$$Ni+2Cl^-+2H^+ \rightarrow NiCl_2+2H$$

$$Cr+3Cl^-+3H^+ \rightarrow CrCl_3+3H$$

9）形成的金属离子部分通过硫化物层向溶液本体扩散，并与草酸根结合生成难溶性草酸盐：

$$Fe^{2+}+C_2O_4^{2-} \rightarrow FeC_2O_4$$

$$Ni^{2+}+C_2O_4^{2-} \rightarrow NiC_2O_4$$

$$2Cr^{2+}+3C_2O_4^{2-} \rightarrow Cr_2(C_2O_4)_3$$

难溶性的重金属草酸盐沉积在硫化物膜上，或以晶体形式在膜的孔隙里沉积。草酸盐层与在处理的第一阶段里形成的硫化物膜牢固地结合在一起。

（2）草酸盐钝化工艺。正如前述，草酸盐膜的唯一用途是促进高合金钢的冷变形加工，对于这类钢种，在接受草酸盐处理之前，需要采用特殊的表面清理措施，这是因为在高合金钢表面上，常存在着难以被一般酸洗溶液所溶解的氧化皮。它要用熔盐剥离法才能除去。熔盐的组成如下：

氢氧化钠　　　　75～82%（质量分数，下同）

硝酸钾　　15%
硼砂　　3% ~ 10%
温度　　480 ~ 550℃
时间　　10min

钢材在上述熔盐中处理后，立即将其置入冷的流水槽中。此时已松散了的氧化皮会自动从工件表面上剥落，黏附的盐霜也一起溶去。但表面上仍会残留有在熔盐处理时由氧化皮转化成的氢氧化物，它可以进一步在下述溶液中除去：

硫酸　　14%（质量分数，下同）
氯化钠　　1.5%
温度　　60 ~ 85℃
时间　　10min

清除了氧化皮的高合金钢经过在碱液中脱脂后，在下述溶液中浸渍，使其表面光亮：

硝酸　　14%（质量分数）
氢氟酸　　1.5%
温度　　室温
时间　　10min

再用下述溶液浸渍，使其表面均匀钝化：

硝酸　　20%（质量分数）
温度　　室温
时间　　5 ~ 10min

此后，工件经流动水彻底清洗，便可进行草酸盐处理。

高合金钢草酸盐处理的典型配方一：

草酸　　50g/L
氰化钠　　20g/L
氟化钠　　10g/L
硫代硫酸钠　　3g/L
钼酸铵　　30g/L
温度　　45 ~ 55℃
时间　　4 ~ 10min

所得的草酸盐膜需经浸油，或者在质量分数为10%的钾肥皂溶液中，于25~70℃的温度下浸渍处理。最后用110~120℃的热空气流进行干燥。

典型配方二：

NaH_2PO_4	10g/L
NaCl	125g/L
$H_2C_2O_4$	20g/L
$(NH_4)_2C_2O_4$	5g/L
pH值	1.6~1.7

上述溶液可得到1~2μm厚的细晶粒灰黑色钝化膜。

对于耐蚀钢，如不锈钢的草酸盐钝化，可用下列配方：

$H_2C_2O_4$	50g/L
NaCl	20g/L
NaF	10g/L
$Na_2S_2O_3$	3g/L
$(NH_4)_2MoO_4$	30g/L
温度	45~55℃
时间	4~10min

W. Mcleod等研制的草酸盐膜的处理溶液成分及处理工艺是：

草酸	40g/L
醋酸锰	5g/L
促进剂（SO_2水溶液中加入六次甲基四胺而得）	6.2g/L
pH值	1~1.4
温度	66~77℃
时间	40s~10min

促进剂是在SO_2水溶液中加入六次甲基四胺制成的，每30g SO_2加六次甲基四胺17.5g。此反应式为：

$$N_4(CH_2)_6+4SO_2\rightarrow N_4(CH_2)_6(SO_2)_4$$

其反应速度非常慢，在常温下反应时需要30h。

用这种溶液生成的钝化膜对大气的稳定性良好，膜层致密，膜层结晶分布均匀，呈无色或暗灰色、茶色，膜层由$FeC_2O_4\cdot 2H_2O$以及

$MnC_2O_4 \cdot 2H_2O$ 组成。

草酸盐膜用于改进耐蚀性钢的塑性冷加工性能时，使用的典型工艺流程如下：

1）熔盐处理，去氧化皮。

2）流动冷水洗。

3）硫酸-氯化钠溶液处理，除掉残余的疏松锈皮和盐类。

4）流动冷水洗。

5）碱性脱脂。

6）加压水冲洗，除去残留的锈皮附着物。

7）流动冷水洗。

8）硝酸-氢氟酸溶液浸亮。

9）硝酸溶液钝化。

10）流动冷水洗。

11）草酸钝化 10min，温度 45 ~ 55℃。

12）流动冷水洗。

13）用润滑脂乳液浸渍或在 25 ~ 70℃ 下，用质量分数为 10% 的肥皂溶液浸渍。

14）沥掉过量的溶液。

15）在 110 ~ 120℃ 的热空气流中干燥。

废水处理：草酸像其他的低级羧酸一样，可以用活性泥浆处理，使其生物降解。

膜的退出方法：不良的草酸盐钝化膜可以用无机酸退除。

（3）草酸盐钝化膜的性能。钢铁各种类型的转化膜在体积分数为 0.2% 的 SO_2 饱和水蒸气中，进行加速腐蚀试验的结果见表 3-43。

表 3-43　不同膜层的 0.2%SO_2 饱和水蒸气试验

膜层类型	生锈时间/h	膜层类型	生锈时间/h
未处理的钢铁	7	草酸盐膜	120
磷酸盐膜	16	草酸盐膜（加促进剂）	168
镀铬（0.1μm）	51		

从表3-43中的腐蚀试验数据得知，在体积分数为0.2%的SO_2饱和水蒸气环境中，草酸盐膜的耐蚀性要比磷酸盐膜高7~8倍。添加促进剂的草酸盐膜耐蚀性要比磷酸盐膜高10倍。草酸盐膜在SO_2介质中之所以如此耐腐蚀，是由于草酸盐和SO_2很容易结合，而产生更加致密的耐酸性膜层。但是，一般进行的耐腐蚀试验是在盐雾或盐水的试验条件进行的，这种情况下，草酸盐膜比磷酸盐膜的耐蚀性要差得多，因而现在草酸盐膜层并不适用于钢铁的防腐蚀或做涂装底层等。但是在不锈钢塑性加工时，特别是在管材或线材拉加工时，为了提高其润滑性，草酸盐成膜处理仍然是不可缺少的。

3.7.2 着色

钢铁件的碱性高温发黑和常温发黑，可以作为钢铁件的黑色着色法。下面介绍其他颜色的着色法。

1. 褐色着色法

钢铁件表面着褐色的方法是很麻烦的。使用下列方法能生成结实的膜，工艺如下：先用常规方法清洗工件表面，再浸入下列着色溶液中处理。

硫酸铜	20g/L
氯化汞	5g/L
三氯化铁	30g/L
硝酸	150g/L
工业酒精	700mL/L

工件取出后，80℃温度下放置30min。将工件移至潮湿处，在60℃下红锈生成。干燥后用钢丝刷刷平。以上操作要重复三次，最后浸油或浸蜡即完成。

2. 蓝色着色法

1）三氯化铁	57g
硝酸汞	57g
盐酸	57g
乙醇	230g
水	230g

温度　室温
时间　20min
浸渍后放置12h，反复进行。
2）硫代硫酸钠　60g/L
醋酸铅　15g/L
温度　沸腾
3）无水亚砷酸　450g
盐酸　3.8L
水　2L
温度　室温
4）氯化汞　4 质量份
氯酸钾　3 质量份
酒精　8 质量份
水　85 质量份
温度　室温
5）氢氧化钠　37.5g/L
无水亚砷酸　37.5g/L
氰化钠　7.5g/L
电流密度　0.2 A/dm^2
时间　2～4min

3. 碳素钢着色法

下面的着色液都可得到黑色膜。

1）碳素钢常用着色配方见表3-44。

表3-44　碳素钢的着色配方　（单位：g）

成分	标准含量	1	2	3	4	5	6
三氯化铁	525	438	477	583	656	750	875
硫酸铜	150	125	134	150	150	150	150
硝酸	220	182	200	244	220	220	367
硝基乙烷	100	83	90	111	100	100	167
乙醇	375	319	341	417	375	375	625
水	17900	17900	17900	17900	17900	17900	17900

夏天采用表3-44中1～3配方，冬天采用表3-44中4～6配方。

操作时，先在工件表面薄薄涂覆一层，在温度20～26℃下，经过12～15h自然干燥后；然后再涂第二次，经过5～6h自然放置，则褐色更深；再将工件在此溶液中煮沸30～60min，然后取出，再用刷子刷平，即得到墨黑色的耐蚀、耐磨的膜。

用涂覆法易于区别着色与非着色区。缺点是处理时间长，操作麻烦，不利于连续生产。

2）三氯化铁 5g

硝酸 2.5g

盐酸 3g

锑 2g

水 170g

配制方法：先在锑中注入盐酸，放置4h后加入硝酸，60min后加水，再加入三氯化铁。涂覆后，在温度20℃左右放置3～6h，得到四氧化三铁的黑色膜。

此外，若把工件在60℃温热处理液中浸渍15min，取出水洗刷净，可得到防锈力与前法相似的膜，可缩短时间，最后都要涂油。

也可用下列配方：

氯酸钾 50g

硫酸铵 10g

水 500mL

还有一个配方：

过硫酸铵 10g

稀盐酸 25g

水 500mL

时间 4～6h

把铁槽中的处理液加热到90℃左右，工件浸入20～30min，然后擦去工件表面红褐色氧化铁。再在质量分数为1%的氯化钠中煮沸20～30min，残留的氧化铁就完全除去，取出水洗，用刷子刷净即可。

此溶液随温度的变化，着色结果也不同。若温度在90℃以上，则膜层表面粗糙，得到带红褐色的膜。要得到耐蚀、耐热性好的膜，处理时间要短。

氯化钠	100g/L
硫酸钠	50g/L
硫酸亚铁	80g/L
三氯化铁	50g/L
硝酸钾	20g/L
温度	90℃

将此溶液先涂覆在工件表面，待全部干燥后，再将工件在溶液中煮沸 5~10min，水洗，反复多次，最后用钢丝刷刷平即可。本法适合部分氧化膜的修补。

硫代硫酸钠	200g/L
三氯化铁	170g/L
氯化钠	220g/L
温度	80~90℃

工件要预热，用刷子涂覆，干燥。反复操作，最后生成铁的红锈，经过抛光即可。色调较前几法稍劣。

氯化钠	100g/L
硫酸钠	40g/L
亚硫酸铁	70g/L
温度	90℃

工件表面涂覆后，干燥。在溶液中煮沸，开始生成的是红锈，不牢固，要除去。再生成膜的红锈越来越少，再除去，直至得到牢固着色膜。这样反复几次，即可完成。

氢氧化钠	9 质量份
磷酸氢二钠	10 质量份
亚硝酸钠	1 质量份
氰化钠	0.1 质量份
温度	160℃
时间	30~40min

此溶液可着成有光泽的黑色。若需要无光泽黑色时，要添加氯化钾。

3.8　不锈钢的化学转化膜

不锈钢是一系列在空气、水、盐的水溶液、酸及其他腐蚀介质中，具有高度化学稳定性的钢种。虽然不锈钢本身有很高的耐蚀性，但其表面易污染、易变色，在恶劣条件下也易腐蚀，如在海水中等含盐分较高的条件下，不锈钢很容易腐蚀。

3.8.1　脱脂

不锈钢件清洗之前，必须用机械或化学方法，除去表面可见的砂、硬壳、氧化皮、油脂、焊剂等附加物。可以采用刀刮、打磨、毛刷、金属刷、喷砂、喷丸、喷高压水、喷高压水蒸气等方法。不锈钢也是一种合金钢，所以钢铁件的所有脱脂工艺都适用于不锈钢件。下面介绍几个典型工艺。

1. 碱性化学脱脂

配方一：

NaOH	30 ~ 50g/L
Na_2CO_3	20 ~ 30g/L
$Na_3PO_4 \cdot 2H_2O$	50 ~ 70g/L
Na_2SiO_3	10 ~ 50g/L
OP-10	2 ~ 3g/L
温度	40 ~ 50℃
时间	5 ~ 10min

配方二：

NaOH	70 ~ 90g/L
Na_2CO_3	10 ~ 20g/L
$Na_3PO_4 \cdot 2H_2O$	20 ~ 40g/L
十二烷基硫酸钠	1 ~ 2g/L
温度	50 ~ 60℃
时间	10min

2. 碱性电解脱脂

NaOH	20 ~ 30g/L
Na_2CO_3	10 ~ 20g/L
Na_2SiO_3	30 ~ 50g/L
OP-10	1 ~ 2g/L
温度	60℃
阴极脱脂 电流密度	5A/dm^2
时间	1 ~ 2min

3.8.2 酸蚀

不锈钢件的去垢又称去氧化皮，是除去不锈钢件在热加工过程中，如热成形、热处理、焊接等产生的厚的、牢固吸附在表面的氧化物。未除垢的不锈钢件表面，往往是无光不均匀的表面。去垢可以采用机械方法和化学方法，机械方法可以采用打磨、布轮抛光、喷砂、喷丸等工艺。化学方法一般是用酸性腐蚀，包括硫酸、硝酸、氢氟酸，有时也用盐酸。不锈钢件的酸性去垢工艺见表3-45。

通常单独使用硝酸对除去厚重的氧化皮是无效的，酸性腐蚀使用最广泛的是硝酸-氢氟酸溶液，可用于除去不锈钢件表面的金属污染物和焊接、热处理产生的硬皮。但使用时必须谨慎控制，并且不能用于活化状态的奥氏体不锈钢件和硬化状态的马氏体不锈钢件的去氧化皮，也不能用于将与碳钢相连的不锈钢件。

不锈钢件的去垢包括化学去垢，通常在化学清洗前进行，在工件公差允许的条件下，浸渍时间应该达到表3-45中最低的要求。如果工件太大或者与其他结构相连无法将工件浸入溶液中，可以用下列两种方法解决：①用毛刷刷或喷淋；②先将工件部分进入溶液中，然后再翻滚零件。要防止化学除垢的过腐蚀，均匀的除垢效果取决于处理溶液酸的种类、酸的浓度、处理时间、温度等参数。工件在溶液中处理时间如果超过30min，要取出来洗净，观察处理效果，如果没有处理干净，可进入溶液中继续处理。多数腐蚀溶液会松动焊接和热处理硬壳，但有时不能完全将其清除干净。残余的少量硬壳可以在工件洗净后，用砂纸、砂轮或金属刷将其完全除净。

表 3-45　不锈钢件的酸性去垢工艺

不锈钢类型[1]	热处理状态[2]	处理工艺			
		编号	溶液（体积分数，%）[3]	温度/℃	时间/min
铬锰、铬镍和碳铬系列，时效硬化和马氏体不锈钢（除了易切削不锈钢）	完全退火	A	H_2SO_4，8～11[4]	66～82	5～45 最大[5]
铬锰、铬镍和碳铬系列 w（Cr）为 16% 或更高，马氏体不锈钢（除了易切削不锈钢）	完全退火	B	HNO_3，15～25 HF，1～8[6]、[7]	21～60	5～30[5]
所有易切削不锈钢和碳铬系列中 w(Cr) 低于 16% 的不锈钢	完全退火	C	HNO_3，10～15 HF，0.5～1.5[6]、[7]	21～60	5～30[5]

① 本表也适用于等同的铸造不锈钢。

② 其他热处理状态也适用，但要经过试验。

③ 溶液配制使用的试剂质量分数（%）是：$H_2SO_4$98、$HNO_3$67、HF70。

④ 厚的氧化皮可以浸入这种溶液中除去，然后水洗，再用后面介绍的硝酸-氢氟酸溶液处理。

⑤ 为了防止过腐蚀，在达到腐蚀效果的前提下，尽量缩短处理时间。可以事先用试片测定准确的处理时间。

⑥ 使用时考虑安全因素，常用氟盐代替氢氟酸配制硝酸-氢氟酸溶液；

⑦ 酸性腐蚀以后，水洗，再用下列碱性高锰酸钾处理：NaOH10%（质量分数），$KMnO_4$4%（质量分数），71～82℃，5～60min，以除去工件表面的腐蚀产物，然后用流动水彻底洗净，干燥。

酸性清洗不能完全除去表面的油、脂、蜡等污染物。应先用其他方法，如碱性脱脂、有机溶剂脱脂清洗后，再用酸性清洗。酸性清洗一般使用无机酸或有机酸，有时还添加表面活性剂或络合剂。用于清除表面的游离铁和其他金属污染物，以及轻微的氧化膜、油滴等。其工艺见表 3-46～表 3-48。

表 3-46　不锈钢件的硝酸-氢氟酸清洗工艺

不锈钢类型	热处理状态	处理工艺			
		编号	溶液（体积分数，%）①	温度/℃	时间/min
铬锰、铬镍和碳铬系列 w（Cr）为 16% 或更高，时效硬化不锈钢（除了易切削不锈钢）	完全退火	D	HNO_3，6 ~ 25 HF，0.5 ~ 8②、③	21 ~ 60	按需要
易切削不锈钢，马氏体不锈钢和碳铬系列包括 w（Cr）低于 16% 的不锈钢	完全退火	E	HNO_3，10 HF，0.5 ~ 1.5②、③	21 ~ 60	1 ~ 2

① 溶液配制使用的试剂质量分数（%）是：：$H_2SO_4$98、$HNO_3$67、HF70。

② 使用时考虑安全因素，常用氟盐代替氢氟酸配制硝酸-氢氟酸溶液。

③ 酸性腐蚀以后，水洗，再用下列碱性高锰酸钾处理：NaOH10%（质量分数），$KMnO_4$4%（质量分数），71 ~ 82℃，5 ~ 60min，以除去工件表面的腐蚀产物，然后用流动水彻底洗净，干燥。

表 3-47　不锈钢件的硝酸清洗-钝化工艺

不锈钢类型	热处理状态	处理工艺			
		编号	溶液（体积分数，%）①	温度/℃	时间/min
铬锰、铬镍和碳铬系列 w（Cr）为 16% 或更高，时效硬化和马氏体不锈钢（除了易切削不锈钢）②	退火的、冷轧的、热硬化的或冷硬化发暗的或无光的表面	F	HNO_3，20 ~ 50	49 ~ 71 21 ~ 38	10 ~ 30 30 ~ 60③
	退火的、冷轧的、热硬化的或冷硬化光亮的或抛光的表面	G	HNO_3，20 ~ 40 $Na_2Cr_2O_7 \cdot 2H_2O$，2 ~ 6（质量分数）	49 ~ 69 21 ~ 38	10 ~ 30 30 ~ 60③
碳铬系列、马氏体和时效硬化不锈钢 w（Cr）低于 16% 的高碳直接 Cr 不锈钢（除了易切削不锈钢）②	退火的、硬化的发暗的或无光的表面	H	HNO_3，20 ~ 50	43 ~ 54 21 ~ 38	20 ~ 30 60
	退火的、硬化光亮的或抛光的表面	I	HNO_3，20 ~ 25 $Na_2Cr_2O_7 \cdot 2H_2O$，2 ~ 6（质量分数）④	49 ~ 54 21 ~ 38	15 ~ 30 30 ~ 60

（续）

不锈钢类型	热处理状态	处理工艺			
		编号	溶液（体积分数,%）①	温度/℃	时间/min
铬锰、铬镍和碳铬系列易切削不锈钢②	退火的、硬化光亮的或抛光的表面	J	HNO_3，20～50 $Na_2Cr_2O_7\cdot 2H_2O$，2～6（质量分数）	21～49	25～40
		K⑤	HNO_3，1～2 $Na_2Cr_2O_7\cdot 2H_2O$，1～5（质量分数）	49～60	10
		L	HNO_3，12 $CuSO4\cdot 5H_2O$，4（质量分数）	49～60	10
碳铬系列 $w(Mn)$ 高于1.25%或 $w(S)$ 高于0.40%的特殊易切削不锈钢②	退火的、硬化光亮的或抛光的表面	M	HNO_3，40～60 $Na_2Cr_2O_7\cdot 2H_2O$，2～6（质量分数）	49～71	20～30

① 溶液配制使用的试剂质量分数（%）是：$H_2SO_4$98，$HNO_3$67，HF70。

② 所有碳铬系列合金酸性溶液清洗后，可以选择采用以下溶液后处理：4%～6%（质量分数）的 $Na_2Cr_2O_7\cdot 2H_2O$，60～71℃，30min。处理后用水彻底洗净，彻底干燥。

③ 酸性清洗后，水洗，再用下列碱性高锰酸钾处理：NaOH10%（质量分数）、$KMnO_4$4%（质量分数），71～82℃，5～60min，以除去工件表面的腐蚀产物，然后用流动水彻底洗净，干燥。

④ 如果产生雾状的表面，用新的钝化溶液或更高的硝酸浓度可以消除它。

⑤ 如果经试片测试或经工件需方的许可，可使用更短的处理时间。

表3-48 不锈钢件的其他化学清洗工艺

不锈钢类型	热处理状态	处理工艺			
		编号	溶液（质量分数,%）	温度/℃	时间/min
铬锰、铬镍和碳铬系列（除了易切削不锈钢），时效硬化和马氏体不锈钢	完全退火	N	柠檬酸，1 $NaNO_3$，1	21	60
		O	柠檬酸铵，5～10	49～71	10～60

（续）

不锈钢类型	热处理状态	处理工艺			
		编号	溶液（质量分数,%）	温度/℃	时间/min
碳钢和不锈钢的集合（如热交换器，不锈钢管和碳钢片的集合）	活化状态	P	羟基乙酸，2 甲酸，1	93	6h
		Q	乙二胺四乙酸溶液处理后,浸入 10×10^{-6} 的氨水、100×10^{-6} 的肼的溶液中	121	6h

表3-46所列硝酸-氢氟酸清洗工艺，用于不锈钢件机械去垢或化学去垢以后的进一步处理，除去表面残余的污垢或者化学反应产生的污迹，以提供均匀的“白色”表面。表3-47所列硝酸清洗-钝化工艺，用于除去工件表面由于加工、装配或曝露在大气环境中黏附的可溶性盐、腐蚀产物、游离铁和其他金属污染物。

焊缝及焊接区域的清洗：焊接区域冷却以后，要用机械方法除去所有焊接的滴挂、焊剂、硬皮或拱边等。然后用表3-46的硝酸-氢氟酸溶液清洗。有些焊缝不能用酸性溶液清洗，则可以选择表3-48中的编号P、Q工艺处理。

3.8.3　化学抛光

化学抛光是不锈钢制品表面在化学抛光液中的化学浸蚀过程。不锈钢表面上的微观凸起处在化学抛光液中的溶解速度比微观凹下处大得多，结果逐渐被整平获得平滑光亮的表面。表面整平过程如图3-26所示，表3-49为不锈钢件化学抛光的溶液配方及工艺条件。

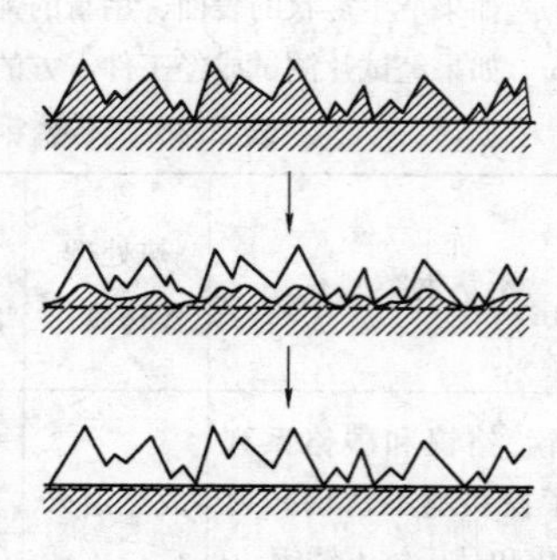

图3-26　化学抛光示意图

表3-49　不锈钢件化学抛光的溶液配方及工艺条件

溶液组成及工艺条件		配方1	配方2	配方3
溶液组成	硫酸	230mL		
	盐酸	70mL	60~70mL	45~55mL
	硝酸	40mL	180~200mL	45~55mL
	磷酸			150mL
	氢氟酸		70~90g/L	
	冰醋酸		20~25g/L	
	硝酸铁		18~25g/L	
	柠檬酸饱和溶液		60mL	
	磷酸二氢钠饱和溶液		60mL	
	聚乙二醇（平均相对分子质量为6000）			35g/L
	磺基水杨酸			3.5g/L
	烟酸			3.5~4g/L
工艺条件	温度/℃	50~80	50~60	90~95
	时间/min	3~20	0.5~5	1~3

化学抛光的突出优点是不需要外加电源，设备简单；可处理形状复杂的工件，使不锈钢的内外表面都可获得均匀的表面粗糙度；操作简便，生产率高。但化学抛光的光亮度一般低于电解抛光。另外一些不锈钢的化学抛光工艺如下：

1）硝酸4质量份，盐酸1质量份，磷酸1质量份，乙醇5质量份，70℃，先在质量分数为5%的硫酸中预处理。

2）磷酸10~100ml/L，硝酸3~10mL/L，盐酸5~15mL/L，95~105℃，3~5min。

3）硫酸400mL/L，盐酸300mL/L，硝酸5mL/L，70~80℃，2~5min。

4）盐酸80g/L，硝酸50g/L，硫酸30g/L，95~105℃，3~5min。

5）硫酸2mL/L，盐酸5mL/L，硝酸10mL/L，磷酸10mL/L，聚乙二醇6000，2g/L，磺基水杨酸0.3g/L，95℃，5min。

以上不锈钢的化学抛光工艺对不锈钢的腐蚀速度非常快，处理时间很短，为几分钟。对于一些大型不锈钢容器、壳体、反应釜的抛光不太适用，下面介绍一个不锈钢的化学抛光工艺（中国专利CN1036080C），使用温度低于50℃，对不锈钢的腐蚀速度很慢，处理时间为几小时到十几小时。溶液配方及工艺参数如下：

盐酸　1.5mol/L

硝酸　0.2mol/L

磷酸　0.2mol/L

高氯酸　0.2mol/L

水杨酸　0.1g/L

Dehyquart C　0.03g/L［Dehyquart C是Henkel公司的产品，是一种以氯化十二烷基吡啶（鎓）盐为主要成分的电解质］

处理时间　12.5h

温度　35℃

用无钼18/10不锈钢板［w（Cr）为18.0%，w（Ni）为10.0%］试验的结果如下：

算术平均表面粗糙度：

抛光之前　$(0.3 \pm 0.1)\ \mu m$

抛光之后　$(0.12 \pm 0.02)\ \mu m$

光亮度：

30°（按ASTM E430）：40%

20°（按ASTM D523）：25%

3.8.4　电解抛光

1. 选择电解抛光液的原则

为了使不锈钢表面达到要求的表面粗糙度，选择适当的电解液是很重要的。选择电解抛光液的原则如下：

1）电解液中含有一定量的氧化剂，这对不锈钢表面形成氧化膜有利，而不能有破坏氧化膜的活性离子（如Cl^-）存在。

2）在不通电的情况下，电解液对不锈钢不可有明显的腐蚀作用。

3）电解液应有较宽的工作范围（电流密度、温度等）和对各种合金的通用性。

4）不论是否通电，电解液都必须足够稳定。

5）对阳极产物溶解度大，抛光能力大，且价廉和无毒。

不锈钢件电解抛光的配方及工艺条件见表3-50。

表3-50 不锈钢件电解抛光的配方及工艺条件

溶液组成及工艺条件		配方1	配方2	配方3	配方4
溶液组成（质量分数,%）	磷酸	60	50~60	42	65
	硫酸	30	20~30		15
	铬酐				5
	甘油	7		47	12
	水	3	20	11	3
工艺条件	电流密度/（A/dm^2）	7~14	20~100	5~15	10~12
	温度/℃	50~60	50~60	100	70~90
	时间/min	4~5	10	30	4~6

电解液的磷酸、硫酸含量应定期测定和调整。当溶液中的铁含量按Fe_2O_3计超过7%（质量分数）时，溶液失去抛光能力，应部分或全部更换新溶液。阴极使用铅板。

2. 电解液中各组分的作用

（1）硫酸 硫酸是强电解质，主要起导电作用，能促使阳极较快地溶解，它和磷酸以一定的比例配合时，是抛光的主要材料。硫酸含量低时，抛光速度慢，工件光亮度差；含量高时，抛光速度快，工件光亮度好，但太高会使工件表面粗糙。

（2）磷酸 磷酸是中强酸，对不锈钢腐蚀较差，是黏稠的油状液体，在电解过程中，磷酸能促使抛光表面产生一层阻止膜，对不锈钢溶解起一定的阻止作用，从而提高阳极极化，使抛光面获得镜面光亮。在电解抛光过程中。磷酸消耗很少，主要是工件带出消耗。

（3）铬酸 铬酐是强氧化剂，主要是六价铬起作用。阳极的不锈钢表面同时受氧和六价铬的氧化作用，生成一层钝化膜，而促使不锈钢表面在抛光过程中被整平，获得光亮的表面。同时防止不通电时，抛光液对不锈钢的腐蚀。铬酐含量低时不光亮，高时光亮，太高会降低抛光速度。

（4）甘油　甘油能吸附在阳极表面，对阳极溶解起一定的阻止作用，还能与磷酸生成络合物，可在阳极表面形成一层更牢固的阻止膜，阻止阳极的溶解，从而使抛光表面非常光亮细致。甘油含量低时，抛光面光亮，但粗糙；含量高时，抛光面光亮而细致；但含量太高时，泡沫太多，影响操作。

3. 电解抛光工艺条件的影响

为了获得光亮的表面，在电解抛光的工艺条件控制方面应注意以下几方面：

（1）选择合适的电流密度　图 3-27 所示为阳极电流密度对表面粗糙度的影响。在电流密度较低的 a 段，电极处于活化状态，电流效率高，阳极极化小，电极表面发生腐蚀现象，表面粗糙度值高。在电流密度适中的 b 段，由于阳极极化迅速增加，在不锈钢溶解的同时发生水的分解，电流效率较低，不锈钢表面可达到最低的表面粗糙度值。过分地提高电流密度（c 段），由于水的大量分解，电极表面过热，造成电化学腐蚀，反而使表面粗糙度值升高。

（2）选择合适的温度。图 3-28 所示为电解抛光的温度对整平速度的影响。在一定温度范围内，随着温度的升高．电解液黏度降低，对流加快，阳极溶解过程加强，不锈钢表面的整平速度随温度的升高而加快，但不显著。当温度太低时，对阳极溶解产物的扩散不利；而温度太高时，则容易造成电解液过热。

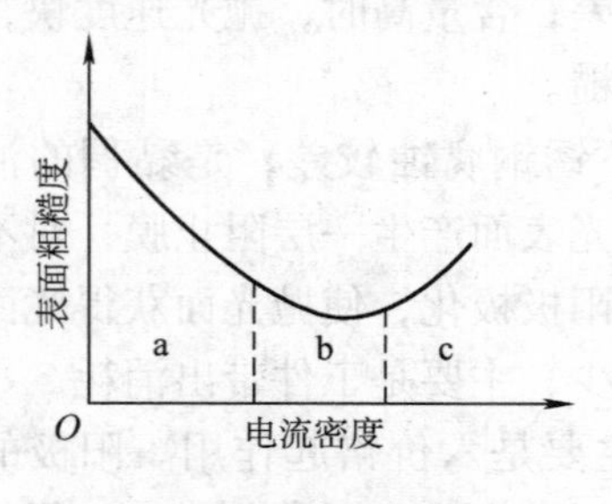

图 3-27　电流密度与表面粗糙度的关系

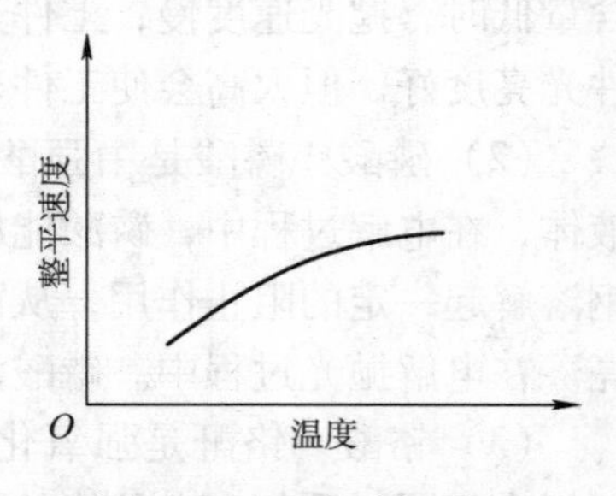

图 3-28　温度对整平速度的影响

（3）选择合适的抛光时间　抛光的时间取决于不锈钢工件的表面状态、所采用的电流密度、温度及电解液的组成。表面较粗糙时，要求延长抛光时间。增加电流密度和温度，可以减少抛光时间。图3-29所示为电解抛光时间对表面粗糙度的影响。在抛光开始时，整平速度变化较大，随着抛光时间的延长，其变化程度越来越小。以达到一定的表面粗糙度为前提，抛光时间越短越好，但时间太短，会达不到光亮的要求。经常采用反复抛光的方法来降低表面粗糙度值。

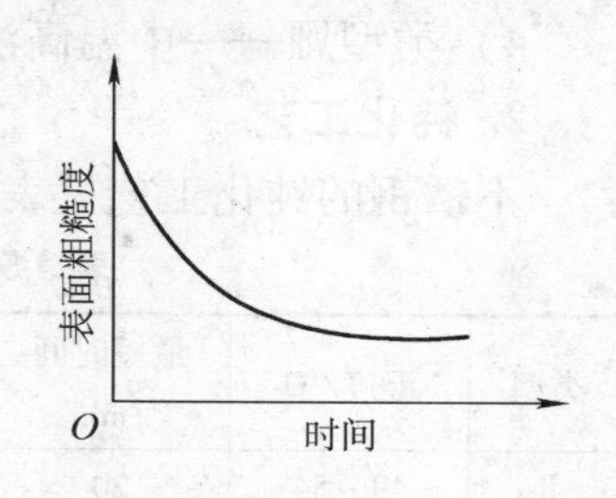

图3-29　电解抛光时间对表面粗糙度的影响

在电解抛光时，保持工件的良好接触也是非常重要的。对电解液进行搅拌，可使温度均匀，防止表面过热，有利于提高抛光质量，且搅拌可提高操作电流密度，增加了抛光速度。

4. 浸蚀

不锈钢电解抛光后，表面生成一层薄的氧化层，将其浸在稀磷酸或盐酸中，以除去薄氧化层，使不锈钢表面活化，并呈现出不锈钢的晶体结构，可提高化学转化膜层的结合力和颜色的均匀性。不锈钢浸蚀液的成分及工艺条件见表3-51。

表3-51　不锈钢浸蚀液的成分及工艺条件

溶液组成及工艺条件		配方1	配方2
溶液组成	磷酸	60mL/L	
	盐酸		10%（质量分数）
工艺条件	温度	室温	室温
	时间/min	1～2	1～2

3.8.5 钝化

1. 钝化处理的分类

不锈钢钝化处理可分为以下几类：

1）类型Ⅱ——中温硝酸-重铬酸钠溶液。

2）类型Ⅵ——低温硝酸溶液。

3）类型Ⅶ——中温硝酸溶液。

4）类型Ⅷ——中温高浓度硝酸溶液。

2. 钝化工艺

不锈钢的钝化工艺见表3-52。

表3-52 不锈钢的钝化工艺

类型	温度/℃	最短时间/min	二水重铬酸钠（质量分数，%）	工业浓硝酸（质量分数，%）
Ⅱ	49～54	20	2～2.5	20～25
Ⅵ	21～32	30		25～45
Ⅶ	49～60	20		20～25
Ⅷ	49～54	30		45～55

类型Ⅱ溶液适用于处理高碳/高铬级别（S440系列），w(Cr）为12%～14%的直接铬级别（马氏体S400系列），或含硫、含硒量较大的不锈钢（如S30317、S30327、S41617和沉淀硬化钢）。

类型Ⅵ溶液适用于奥氏体铬锰和铬镍系列的铬镍级和w(Cr）为17%或更高的铬级（S440系列除外）不锈钢。

类型Ⅶ溶液适用于奥氏体铬锰和铬镍系列的铬镍级和w(Cr）为17%或更高的铬级（S440系列除外）不锈钢。

类型Ⅷ溶液适用于高碳和高铬级（S440系列）和沉淀硬化不锈钢。

表3-53为各种不锈钢适合的钝化工艺。

表3-53 各种不锈钢适合的钝化工艺

不锈钢类型	溶液类型			
	Ⅱ	Ⅵ	Ⅶ	Ⅷ
沉淀硬化	S51525			S51525
沉淀硬化	S51380			S51380
沉淀硬化	S51550			S51550
沉淀硬化	S51570			S51570
沉淀硬化	S51740			S51740

（续）

不锈钢类型	溶液类型			
	Ⅱ	Ⅵ	Ⅶ	Ⅷ
沉淀硬化	S51770			S51770
奥氏体		S35350	S35350	
奥氏体		S35450	S35450	
奥氏体		S30100	S30100	
奥氏体		S30210	S30210	
易切削	S30317			
易切削	S30327			
易切削	S30327			
奥氏体		S30408	S30408	
奥氏体		S30403	S30403	
奥氏体		S30409		S30409
奥氏体		S30450	S30450	
奥氏体		S30510	S30510	
奥氏体		S30808	S30808	
奥氏体		S30920	S30920	
奥氏体		S30908	S30908	
奥氏体		S31020	S31020	
奥氏体		S31008	S31008	
奥氏体		S31608	S31608	
奥氏体		S31603	S31603	
奥氏体		S31609		S31609
奥氏体		S32168	S32168	
奥氏体		S32169		S32169
马氏体	S40310			S40310
铁素体	S11348			S11348
铁素体	S11168			S11168
马氏体	S41010			S41010

（续）

不锈钢类型	溶液类型			
	Ⅱ	Ⅵ	Ⅶ	Ⅷ
马氏体	S41617			
马氏体	S42020			
铁素体			S11710	
易切削	S11717			
易切削	S43037			
马氏体	S43120			S43120
马氏体	S44070			S44070
马氏体	S44080			S44080
马氏体	S44096			S44096
易切削	S44097			
铁素体			S12550	

不锈钢件钝化处理之后，应该用水彻底洗净。清洗水的泥沙质量分数应低于 200×10^{-6}，可采用逆流和喷淋方式清洗。

3. 钝化后处理

所有的铁素体和马氏体不锈钢件钝化处理后，水洗，在空气中放置 1 h，然后在下列溶液里处理：

重铬酸钠　　4% ~6%（质量分数）

温度　　60 ~71℃

时间　　30min

上述溶液处理后，必须用水洗净，然后彻底干燥。

4. 钝化膜的质量检测

不锈钢件钝化处理之后，表面应该均匀一致，无色，光亮度比处理之前略有下降。无过腐蚀、点蚀、黑灰或其他污迹。膜层耐蚀性可用下列方法检测：

（1）浸水试验和高潮湿试验　好的不锈钢钝化膜不应该在这两种试验中腐蚀掉而暴露出下面的游离铁。

1）浸水试验方法。试样在去离子水中浸泡 1h，然后在空气中干燥1h，这样交替处理最少24h，试样表面应该无明显的生锈和腐蚀。

2）高潮湿试验。试样曝露在潮湿箱中，97% ±3%的相对湿度和37.8℃ ±2.8℃，24h，试样表面应该无明显的生锈和腐蚀。

（2）盐雾试验　不锈钢钝化膜必须能够经受最少2 h的质量分数为5%中性盐雾试验，而无明显腐蚀。

（3）硫酸铜点滴试验　测试铬镍奥氏体不锈钢时，可以用硫酸铜点滴试验替代盐雾试验。硫酸铜试验溶液的配制：将8g五水硫酸铜试剂溶于500mL蒸馏水中，加2~3mL试剂浓硫酸。新配的溶液只能使用两个星期，超过两个星期的溶液要废弃重配。

将硫酸铜溶液数滴滴在不锈钢试样的表面上，通过补充试液的方法，保持液滴试样表面始终处于润湿状态6min，然后小心将试液用水洗去，干燥。观察试样表面的液滴处，如无置换铜说明钝化膜合格，否则，钝化膜不合格。

（4）铁氰化钾-硝酸溶液点滴试验　试验溶液的配制：将10g化学纯铁氰化钾溶于500mL蒸馏水中，加30mL化学纯浓硝酸（质量分数为70%），用蒸馏水稀释到1000mL。这种试液配制后要当天使用。

滴几滴试液于不锈钢表面上，如果试液30s以内变成蓝黑色，说明表面有游离铁，钝化不合格。如果表面无反应，试样表面的试液可以用温水彻底洗净。如果表面有反应，试验表面的试液，可以用质量分数为10%的醋酸、质量分数为8%的草酸溶液和热水将其彻底洗净。

3.8.6 着色

自从英国的W. H. 哈特菲尔德和H. 格林在1927年发明第一项不锈钢着色技术，并获得专利开始，随后有许多科学家进行了研究，相继申请了大量专利，但由于着色膜是疏松的，其耐污性及耐磨性很差，未能实用。直到1972年国际镍公司发明了因科法（INCO）以来，不锈钢着色技术才开始进入大规模的商品化生产。彩色不锈钢具有色彩鲜艳、耐紫外线照射、耐磨、耐蚀、耐热和加工性能良好等突出优点，已广泛应用于航天航空、原子能、军事工业、海洋工业、轻工业、建筑材料和太阳能利用等领域，成为轻工产品升级换代的重要材料。

1. 着色原理

彩色不锈钢的着色原理是不锈钢表面经着色处理后，形成一层无色透明的氧化膜，对光干涉产生色彩。即不锈钢氧化膜表面的反射光线与通过氧化膜折射后的光线干涉，而显示出色彩，如图 3-30 所示。

从图 3-30 中可以看出，入射光 L 从空气中，以入射角 i 照射到氧化膜表面的 A 点处。一部分成为反射光 L_1，反射回空气中；另一部分成为折射光 L_2，在氧膜中以折射角 i' 沿 AA'方向前进。当折射光 L_2遇到光亮不锈钢基体的表面 A'点会发生全反射，成为反射光 L_3，在氧化膜中沿 $A'B$ 方向前进。在氧化膜表面 B 点上，反射光 L_3一部分成为折射光 L_4折射回空气中，另一部分为仍在氧化膜中反射的反射光 L_5、反射光 L_1和折射光 L_4之间存在着光程差，当这两束光相遇时，会产生光的干涉现象，显示出干涉色彩。当不锈钢表面氧化膜的折射率 n 一定时，干涉色彩主要决定于氧化膜的厚度 d 和自然光的入射角 i。当氧化膜的厚度 d 固定时，入射角 i 改变不锈钢表面的色彩会发生相应的变化。而当入射角 i 固定时，对不同的厚度 d，不锈钢表面也会显示出不同的色彩。一般来讲，氧化膜的厚度较薄时，会显示出蓝色或棕色，中等厚度时会显示出黄色，而氧化膜较厚时会呈现出红色或绿色，加上中间色则可显示出十几种色彩。

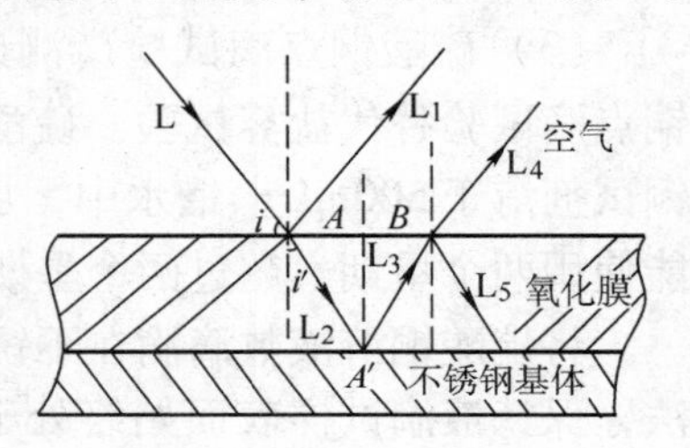

图 3-30　不锈钢表面着色的光干涉原理

2. 着色工艺流程

在不锈钢表面形成彩色的技术有很多种，大体有以下 6 种：化学着色法、电化学着色法、高温氧化法、有机物涂覆法、气相裂解法及离子沉积法。下面将着重介绍不锈钢的化学着色法。

化学着色法制备彩色不锈钢的过程，包括预处理、化学着色和后处理 3 个部分。工艺流程为：不锈钢工件→水洗→碱性脱脂→水洗→电解抛光→水洗→浸蚀→水洗→化学着色→水洗→电解坚膜→水洗→封闭→水洗→烘干。

3. 着色工艺

化学着色法是将不锈钢工件浸在一定的溶液中，因化学反应而使不锈钢表面呈现出色彩的方法。化学着色法分为4种：碱性着色法，硫化法、重铬酸盐氧化法和酸性着色法。

（1）化学着色的槽液配方和工艺参数　碱性着色法是不锈钢在含有氧化剂及还原剂的强碱性水溶液中进行着色。此方法的特点是在自然生长的氧化膜上面，再生长氧化膜（即着色前，不必除去不锈钢表面的氧化膜）。随着氧化膜的增厚，表面颜色变化如下：由黄色→黄褐色→蓝色→深藏青色。

硫化法是不锈钢表面经过活化后，再浸入含有氢氧化钠和无机硫化物的溶液中，使不锈钢表面发生硫化反应，生成黑色、均匀、装饰效果好的硫化物，但耐蚀性能差，需涂覆罩光涂料。碱性着色和硫化着色的配方及工艺条件见表3-54。

表3-54　不锈钢碱性着色和硫化着色的配方及工艺条件

溶液组成及工艺条件		碱性着色	硫化着色
溶液组成/(g/L)	高锰酸钾	50	
	氢氧化钠	375	300
	氯化钠	25	6
	硝酸钠	15	
	亚硫酸钠	35	
	硫氰酸钠		60
	硫代硫酸钠		30
	水	500	604
温度/℃		120	100~120

重铬酸盐氧化法是经过活化后的不锈钢浸入高温熔化的重铬酸钠中，进行浸渍强烈氧化，生成黑色氧化膜，但金属失去光泽，难以得到均匀的色泽，不适用于装饰方面的应用。

重铬酸盐在320℃开始熔化，至400℃放出氧气而分解：

$$4Na_2Cr_2O_7 \xrightarrow{\triangle} 4Na_2CrO_4 + 2Cr_2O_3 + 3O_2\uparrow$$

新生的氧活性强，不锈钢浸入后表面开始氧化，其氧化物是Fe、

Ni、Cr 的氧化物（例如 Fe_3O_4）。操作温度为 400 ~ 500℃，处理时间为 15 ~ 30min。

酸性着色法是经过活化的不锈钢在含有氧化剂的硫酸水溶液中进行着色。这种方法着色控制容易，着色膜的耐磨性较高，适合于进行大规模生产。著名的因科法就是属于酸性着色法。不锈钢酸性着色法的配方及工艺条件见表 3-55。

表 3-55　不锈钢酸性着色法的配方及工艺条件

溶液组成及工艺条件		配方 1	配方 2	配方 3
溶液组成 /（g/L）	硫酸	490	550 ~ 640	1100 ~ 1200
	铬酸	250		
	重铬酸钾		300 ~ 350	
	偏钒酸钠			130 ~ 150
工艺条件	温度/℃	70 ~ 90	95 ~ 102	80 ~ 90
	时间/min		5 ~ 15	5 ~ 10

表 3-55 中的配方 1，随着膜厚的增加所显示的色彩变化为：棕色→蓝色→金黄色→红色→绿色。配方 2 随着膜厚的增加所显示色彩变化为：浅棕→深棕→浅蓝（或浅黑）→深蓝（或深黑）。配方 3 的彩色膜为金黄色。

（2）化学着色的控制方法　保证工件色彩的重复性是具有生产价值的条件。在批量生产中，掌握色彩的一致性是非常重要的。影响色彩重复的因素很多，如各种不锈钢的电化学性能不一致，着色的温度、浓度和时间的变化，都会使色彩发生变化，不锈钢着色的控制方法有两种：

1）温度时间控制法。这是最简单的方法。即固定一定的温度，将不锈钢在着色液中浸渍一定时间，就能得到一定的颜色。但这种方法在实验室小试尚可，在工业生产中难以得到重复的颜色。这是由于着色液的组成可能发生变化，着色液的温度也很难控制得完全一致。

2）控制电位差法。这是工业生产最常用的方法。即以饱和甘汞电极或铂电极作为参比电极．测量着色过程中不锈钢的电位-时间变化曲线（如图 3-31 所示）。从起始电位起，随着时间的延长，不锈钢的电位逐渐下降。某一电位和起始电位之间的电位差与一定的颜色对应，这个关系几乎不随着色液的温度和组成的变化而变化。因此控制电位差法比温度时间控制法更适合于工业生产。采用着色液配方1，在80℃进行着色，不锈钢表面的色彩与测量电位和起始电位之间的电位差的关系，如图3-31所示。控制电位差法测量示意图如图3-32所示。图3-31所示曲线是用表面粗糙度较低的试样测出的。如果表面粗糙度不是很低，或者比较粗糙，则起色电位的峰值不明显，这时用单位时间内电位差的变化量对时间作图，可使峰值出现。

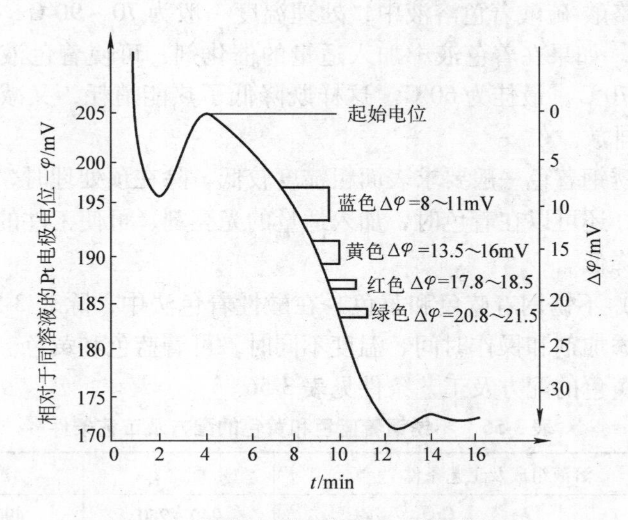

图3-31 不锈钢着色的电位-时间曲线

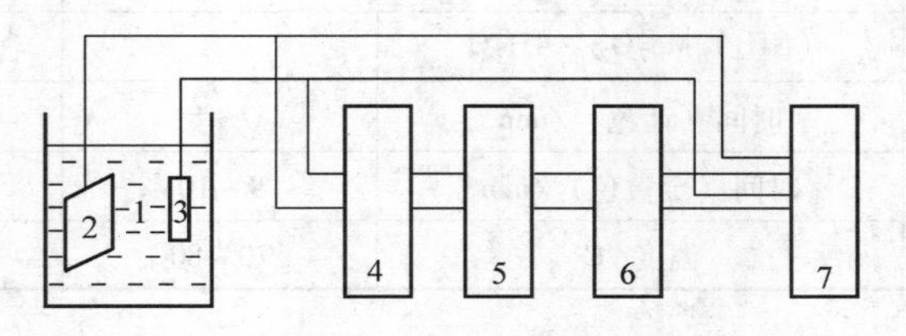

图3-32 控制电位差法测量示意图

1—着色液 2—Pt参比电极 3—不锈钢试样

4—数字电位差计 5—微型计算机

6—数膜转换器 7—模拟记录仪

不锈钢的化学着色是由于光的干涉效应产生的，氧化膜的微小区别，就会得到完全不同的颜色。因此同一工件各个部分的颜色一致性，特别是表面积较大的工件，是一个难题。保证色彩的均匀性是工件具有应用价值的基础，影响着色均匀性的因素主要有三个方面：首先是预处理，要保证工件着色的均匀一致，必须保证工件着色前表面状态均匀一致；其次是处于着色槽中不锈钢工件各部分的温度必须均匀一致；最后还要保证工件各部分的化学反应均匀一致，即槽液要适当地搅拌，使槽液各部分成分含量完全一样。

在铬酸-硫酸着色溶液中，处理温度一般为70～90℃，最佳温度为80℃。如果在着色液中加入适量的催化剂，可使着色液温度降低至50～70℃，最佳为60℃。这样既降低了热能消耗，又减少了有毒废气的排放。

不锈钢着色一般要求表面粗糙度较低。除在预处理时，加强电解抛光外，还可以在着色时，加入适量的光亮剂，可使工件的表面粗糙度明显降低。

（3）不锈钢着蓝色和黄色　在酸性着色法中，除表3-55所列之外，在添加剂和操作时间、温度不同时，可着蓝色和黄色。不锈钢着蓝色和黄色的配方及工艺条件见表3-56。

表3-56　不锈钢着蓝色和黄色的配方及工艺条件

溶液组成及工艺条件		配方1	配方2
溶液组成/(g/L)	CrO_3	240～250	490～500
	H_2SO_4	540～550	280～300
	$(NH_4)_6Mo_7O_{24}\cdot 4H_2O$		50
工艺条件	时间（蓝色）/min	7～8	5～6
	时间（金黄色）/min	9～10	8～9
	温度/℃	70～80	70～80

（4）不锈钢黑色化学氧化　不锈钢的黑色化学氧化适用于海洋舰艇、高热潮湿环境下使用仪器中的不锈钢部件着色，只需将工件的油洗净即可氧化，工艺如下：

重铬酸钾　　　　　　300～500g/L

硫酸（$d=1.84g/cm^3$）	300 ~ 350mL/L
温度（镍铬不锈钢）	95 ~ 102℃
（铬不锈钢）	100 ~ 110℃
时间	5 ~ 75min

一般工件氧化后为蓝色、深蓝色、藏青色。经抛光，工件为黑色。厚度小于1μm。

（5）不锈钢的电解着色　不锈钢的电解着色工艺如下：

H_2SO_4	25%（体积分数）
CrO_3	60 ~ 250g/L
温度	70 ~ 90℃
阳极电流密度	0.03 ~ 0.1 A/dm^2
阴极	铅板

温度对电解着色有一定的影响，温度升高色彩逐步加深，最佳温度范围为80 ~ 85℃。处理时间为20 ~ 30min，5min工件开始上颜色，随着时间的延长，颜色逐步加深。20min以后，颜色基本不变。阳极电流密度对着色有较大影响。阳极电流密度为0.03A/dm^2时为玫瑰紫色，0.05A/dm^2时为18K金色。硫酸和铬酸的浓度之比对着色液有影响。铬酸浓度高时为金黄色，再增加铬酸浓度将变成紫红色。

电解着黑色工艺如下：

重铬酸钾	20 ~ 40g/L
硫酸锰	10 ~ 20g/L
硫酸铵	20 ~ 50g/L
硼酸	10 ~ 20g/L
pH值	3 ~ 4
电压	2 ~ 4V
温度	10 ~ 30℃
时间	10 ~ 20min
阳极电流密度	0.15 ~ 0.3A/dm^2
阴极	不锈钢板
$S_K:S_A$	（3 ~ 5）:1（S_K为阴极面积，S_A为阳极面积）

4. 着色的后处理

（1）坚膜　不锈钢经着色处理后，虽然获得鲜艳的彩色膜，但这种氧化层疏松多孔，孔隙率为20% ~30%，膜层也很薄，柔软不耐磨，容易被污染物沾染，还必须进行坚膜处理。坚膜处理的机理是，在电解坚膜阴极表面上析出的氢，将着色膜孔中残留的六价铬还原为三价铬沉淀［如 Cr_2O_3、$Cr(OH)_3$］，形成尖晶石填入细孔中，使疏松、柔软的彩色膜进一步硬化，并具有耐磨和耐腐蚀性能。若加入适当的催化剂，将使耐磨性和耐蚀性有较大的提高，耐磨性可提高10倍以上。

坚膜处理可用化学方法或电解方法，其配方及工艺条件见表3-57，其中电解坚膜最常用。

表3-57　坚膜处理的配方及工艺条件

溶液组成及工艺条件		化学坚膜	电解坚膜
溶液组成/(g/L)	重铬酸钾	15	
	氢氧化钠	3	
	铬酐		250
	硫酸		2.5
工艺条件	pH值	6.5 ~7.5	
	阴极电流密度/(A/dm^2)		0.2 ~1
	阳极		铅板
	温度/℃	60 ~80	室温
	时间/min	2 ~3	5 ~15

电解坚膜的影响因素如下：

1）温度。温度高时，坚膜速度快、效果好，其颜色易变深，但色调不易控制；温度低时，坚膜速度慢、效果差。

2）时间。一般最好控制在5 ~10min，时间太短达不到坚膜效果。

3）电流密度。一般控制在0.2 ~0.5A/dm^2范围内，电流密度高时坚膜速度快，但颜色易变深。

4）促进剂。SeO_2、H_3PO_4、H_2SO_4都是促进剂，对色彩稳定效果好，加了2.5g/L SeO_2以后，坚膜处理时间可以降低为3 ~5min。

化学坚膜时，要严格控制坚膜处理温度。当温度高于80℃时，工件易变为紫色；温度低于60℃时，硬化效果差。

（2）封闭　不锈钢着色膜进行坚膜处理后，其硬度、耐磨性、耐蚀性得到改善，但表面仍为多孔，容易污染，如手印等。若先经电解坚膜处理，随后再用质量分数为1%的硅酸盐溶液，在沸腾条件下浸渍5min，将使多孔膜封闭，且耐磨性将得到进一步提高。

5. 着色膜的性能

（1）光学性能　彩色不锈钢色彩鲜艳，主要有棕色、蓝色、金黄色、红色和绿色，加上其中的中间色可得十几种色彩。着色膜的光学性能稳定，能长期经受紫外光线照射而不改变颜色。黑色不锈钢能吸收光能的90%以上，具有优越的吸热特性，是做太阳能吸热设备的良好材料。

（2）耐蚀性　彩色不锈钢的着色膜厚度可达几十至几百纳米，比一般不锈钢的钝化膜（厚度一般为2～3nm）要厚得多。而且彩色不锈钢经坚膜处理后，着色膜的铬铁含量比远远高于不锈钢基体，还可能（如果使用钼酸盐坚膜）形成钼保护层。因此彩色不锈钢的耐蚀性要显著高于一般不锈钢钝化。

（3）耐热性能。彩色不锈钢在沸水中浸泡28d，在200℃以上的空气中长期曝露，以及加热到300℃，其表面色泽和着色膜的附着性均无明显变化。

（4）加工成形性能　彩色不锈钢可承受一般的模压加工，深拉深、弯曲加工和加工硬化。对彩色不锈钢进行180°的弯曲试验和深冲8mm的杯突试验，着色膜均无损伤，表现出良好的可加工性。

（5）耐磨和抗擦伤性能。彩色不锈钢的着色膜与不锈钢基体的结合力良好，具有很好的耐磨性和抗擦伤性能，着色膜能经得住载荷5N（500gf）的橡胶摩擦200次以上，并能经得住载荷1.2N（120gf）钢针的刻划。

（6）耐擦洗性能。彩色不锈钢如果表面受到指纹、油渍或污垢的污染，就会损害其外观。可采用软布浸透中性的水溶性洗涤剂进行擦洗，很容易洗净复原。不宜用有机溶剂洗涤，忌用去污粉、金属纤维等擦洗。

第 4 章　铝及铝合金的化学转化膜

4.1　铝及铝合金简介

铝是银白色的轻金属，熔点为 660.37℃，沸点为 2467℃。纯铝较软，密度较小，为 2.7g/cm^3。铝为面心立方结构，有较好的导电性和导热性，仅次于 Au、Ag、Cu；延展性好，塑性高，可进行各种机械加工。

铝的化学性质活泼，在干燥空气中，铝的表面立即形成厚约 5nm 的致密氧化膜，使铝不会进一步氧化，并能耐水。但铝的粉末与空气混合则极易燃烧。熔融的铝能与水猛烈反应。高温下，铝能将许多金属氧化物还原为相应的金属。铝是两性的，既易溶于强碱，也能溶于稀酸。铝在大气中具有良好的耐蚀性。纯铝的强度低，只有通过合金化，才能得到可做结构材料使用的各种铝合金。

铝合金的突出特点是密度小，强度高。铝中加入 Mn、Mg，形成的 Al-Mn、Al-Mg 合金具有很好的耐蚀性、良好的塑性和较高的强度，称为防锈铝合金，用于制造油箱、容器、管道、铆钉等。硬铝合金的强度比防锈铝合金高，但耐蚀性能有所下降，这类合金有 Al-Cu-Mg 系和 Al-Cu-Mg-Zn 系。新近开发的高强度硬铝，强度进一步提高，而密度比普通硬铝减小 15%，且能挤压成形，可用作摩托车骨架和轮圈等构件。A1-Li 合金可制作飞机零件和承受载重的高级运动器材。目前，高强度铝合金广泛应用于制造飞机、舰艇和载重汽车等，可增加它们的载重量，以及提高运行速度，并具有抗海水侵蚀，避磁性等特点。铝在建筑上的用途也很多，连民用建筑中也在采用铝合金门窗，至于用铝合金做装饰的大厦、宾馆、商店，则几乎遍布城市的每个角落。桥梁也正在考虑采用铝合金，因为它既有相当的强度，又有质轻的特点，可以增大桥梁的跨度。由于铝不被锈蚀，使桥梁更经久耐用。在日常生活用品中，接触的铝更多，铝锅、铝盆、铝饭盒、铝制水壶和水杯，都曾经受到人们的欢迎。近年来，铝作为食品包装袋和罐头筒（易拉罐），用量正在逐年上升。

4.2 铝及铝合金的分类与牌号

1. 铝及铝合金的分类

纯铝的性能在大多数场合都不能满足使用的要求，因此，人们在纯铝中添加各种元素，生产出满足各种用途不同性能的铝合金。铝合金有可加工成板、带、条、箔、管、棒、型、线、自由锻件和模锻件的变形铝合金，以及可加工成铸件、压铸件等的铸造铝合金。变形铝合金的分类方法很多，通常按以下三种方法进行分类：

1）按合金状态及热处理特点分为：可热处理强化铝合金和不可热处理强化铝合金两大类。可热处理强化铝合金如 Al-Mn、Al-Mg、Al-Si 系合金。不可热处理强化铝合金如 Al-Mg-Si、Al-Cu、Al-Zn-Mg 系合金。

2）按合金性能和用途分为：工业纯铝、光学铝合金、切削铝合金、耐热铝合金、低强度铝合金、中强度铝合金、高强度铝合金（硬铝）、超高强度铝合金（超硬铝）、锻造铝合金及特殊铝合金等。

3）按合金中所含主要元素成分分为：工业纯铝（1×××系）、Al-Cu 合金（2×××系）、Al-Mn 合金（3×××系）、Al-Si 合金（4×××系）、Al-Mg 合金（5×××系）、Al-Mg-Si 合金（6×××系）、Al-Zn-Mg-Cu 合金（7×××系）、Al-Li 合金（8×××系）及备用合金（9×××系）。

这三种分类方法各有特点，相互交叉，相互补充。在实际应用中，大多数国家采用第三种分类方法。这种分类方法能准确表达合金的基本性能，方便记忆和编码，我国也采用这种四位字符体系牌号分类法（GB/T 16474—2011）。

铸造铝合金具有与变形铝合金相同的合金体系，具有与变形铝合金相同的强化机理（除应变硬化外），同样可分为热处理强化型和非热处理强化型两大类。铸造铝合金与变形铝合金的主要差别在于：铸造铝合金除了含有强化元素之外，还必须含有足够量的共晶型元素（通常是硅），以便使合金有相当的流动性，易于填充铸造时的收缩间隙。因此，铸造铝合金中合金化元素硅的最大含量超过大多数变形铝合金中的硅含量。

目前，铸造铝合金尚无统一的国际标准，各国甚至各大公司都有自己的命名合金和术语，我国按 GB/T 8063—1994 对铸造铝合金进行命名和分类。

铝及铝合金的分类见图 4-1。

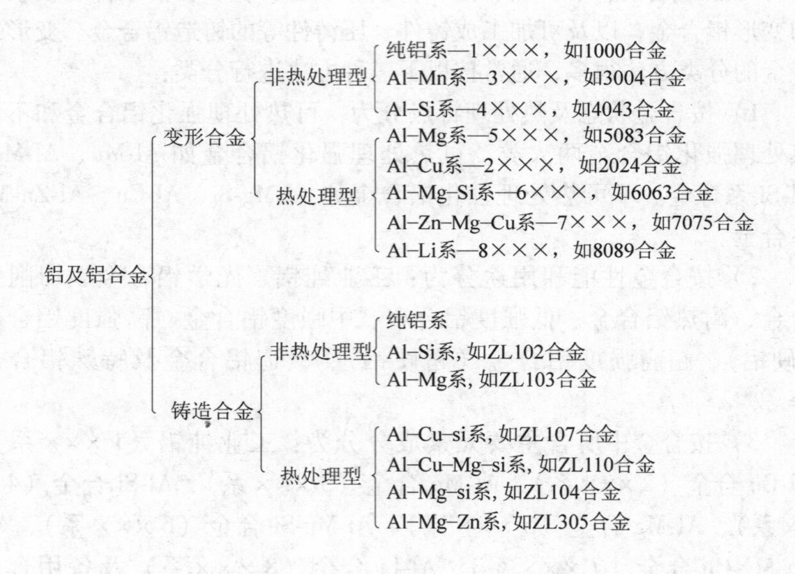

图 4-1　铝及铝合金的分类

2. 铝及铝合金的牌号

（1）变形铝及铝合金的牌号　根据 GB/T 16474—2011《变形铝及铝合金牌号表示方法》，变形铝及铝合金的牌号采用四位字符体系牌号表示，见表 4-1。常用变形铝及铝合金新旧牌号对照见表 4-2。

表4-1 变形铝及铝合金牌号表示方法（GB/T 16474—2011）

四位字符体系牌号命名方法	四位字符体系牌号的第一、三、四位为阿拉伯数字，第二位为英文大写字母（C、I、L、N、O、P、Q、Z字母除外）。牌号的第一位数字表示铝及铝合金的组别。除改型合金外，铝合金组别按主要合金元素（6×××系按Mg_2Si）来确定，主要合金元素指极限含量算术平均值为最大的合金元素。当有一个以上的合金元素极限含量算术平均值同为最大时，应按Cu、Mn、Si、Mg、Mg_2Si、Zn、其他元素的顺序来确定合金组别。牌号的第二位字母表示原始纯铝或铝合金的改型情况，最后两位数字用以标识同一组中不同的铝合金或表示铝的纯度
纯铝的牌号命名法	铝的质量分数不低于99.00%时为纯铝，其牌号用1×××系列表示。牌号的最后两位数字表示最低铝百分含量（质量分数）。当最低铝的质量分数精确到0.01%时，牌号的最后两位数字就是最低铝百分含量中小数点后面的两位。牌号第二位的字母表示原始纯铝的改型情况。如果第二位的字母为A，则表示为原始纯铝；如果是B~Y的其他字母，则表示为原始纯铝的改型，与原始纯铝相比，其元素含量略有改变
铝合金的牌号命名法	铝合金的牌号用2×××~8×××系列表示。牌号的最后两位数字没有特殊意义，仅用来区分同一组中不同的铝合金。牌号第二位的字母表示原始合金的改型情况。如果牌号第二位的字母是A，则表示为原始合金；如果是B~Y的其他字母（按国际规定用字母表的次序运用），则表示为原始合金的改型合金。改型合金与原始合金相比，化学成分的变化，仅限于下列任何一种或几种情况 1）一个合金元素或一组组合元素①形式的合金元素，极限含量算术平均值的变化量符合相关规定 2）增加或删除了极限含量算术平均值不超过0.30%（质量分数）的一个合金元素；增加或删除了极限含量算术平均值不超过0.40%（质量分数）的一组组合元素①形式的合金元素 3）为了同一目的，用一个合金元素代替了另一个合金元素 4）改变了杂质的极限含量 5）细化晶粒的元素含量有变化

① 组合元素是指在规定化学成分时，对某两种或两种以上的元素总含量规定极限值时，这两种或两种以上的元素的统称。

表 4-2　常用变形铝及铝合金新旧牌号

新牌号（GB/T 3190—2008）	旧牌号	新牌号（GB/T 3190—2008）	旧牌号
1035	L4	2B16	LY16-1
1050	L3	2A17	LY17
1060	L2	2A20	LY20
1070A	L1	2A21	214
1100	L5-1	2A25	215
1200	L5	2A49	149
5056	LF5-1	2A50	LD5
5083	LF4	2B50	LD6
6061	LD30	2A70	LD7
6063	LD31	2B70	LD7-1
6070	LD2-2	2A80	LD8
7003	LC12	2A90	LD9
1A99	LG5	3A21	LF21
1A97	LG4	4A01	LT1
1A93	LG3	4A11	LD11
1A90	LG2	4A13	LT13
1A85	LG1	4A17	LT17
1A50	LB2	4A91	491
1A30	L4-1	5A01	LF15
2A01	LY1	5A02	LF2
2A02	LY2	5A03	LF3
2A04	LY4	5A05	LF5
2A06	LY6	5B05	LF10
2A10	LY10	5A06	LF6
2A11	LY11	5B06	LF14
2B11	LY8	5A12	LF12
2A12	LY12	5A13	LF13
2B12	LY9	5A30	LF16
2A13	LY13	5A33	LF33
2A14	LD10	5A41	LT41
2A16	LY16	5A43	LF43

（续）

新牌号(GB/T 3190—2008)	旧牌号	新牌号(GB/T 3190—2008)	旧牌号
5A66	LT66	7B05	7N01
6A01	6N01	7A09	LC9
6A02	LD2	7A10	LC10
6B02	LD2-1	7A15	LC15、157
6A51	651	7A19	LC19、919
7A01	LB1	7A31	183-1
7A03	LC3	7A33	LB733
7A04	LC4	7A52	LC52
7A05	705	8A06	L6

注：旧标准中，纯铝分冶炼品和压力加工品两类，前者以化学成分 Al 表示，后者用汉语拼音 LG（铝、工业用的）表示。铝合金压力加工产品分为防锈（LF）、硬质（LY）、锻造（LD）、超硬（LC）、包覆（LB）、特殊（LT）及钎焊（LQ）七类。常用铝合金材料的状态为退火（M）、硬化（Y）、热轧（R）三种。

（2）铸造铝合金的牌号和代号　根据 GB/T 8063—1994《铸造有色金属及其合金牌号表示方法》的规定，铸造纯铝牌号由铸造代号“Z”（“铸”的汉语拼音第一个字母）和基体金属的化学元素符号 Al，以及表明产品纯度百分含量的数字组成，如 ZAl99.5。铸造铝合金牌号由铸造代号“Z”和基体金属的化学元素符号 Al、主要合金化学元素符号，以及表明合金化元素名义百分含量的数字组成，如 ZAlSi7Mg。

铸造铝合金还可用合金代号表示。根据 GB/T 1173—1995《铸造铝合金》的规定，铸造铝合金（除压铸外）代号由字母“Z”“L”（它们分别是“铸”“铝”的汉语拼音第一个字母）及其后的三个阿拉伯数字组成。ZL 后面第一个数字表示合金系列，其中 1、2、3、4 分别表示铝硅、铝铜、铝镁、铝锌系列合金，ZL 后面第二、三两个数字表示顺序号。优质合金在数字后面附加字母“A”。

4.3 表面预处理

铝及铝合金工件表面预处理工艺流程如图 4-2 所示。

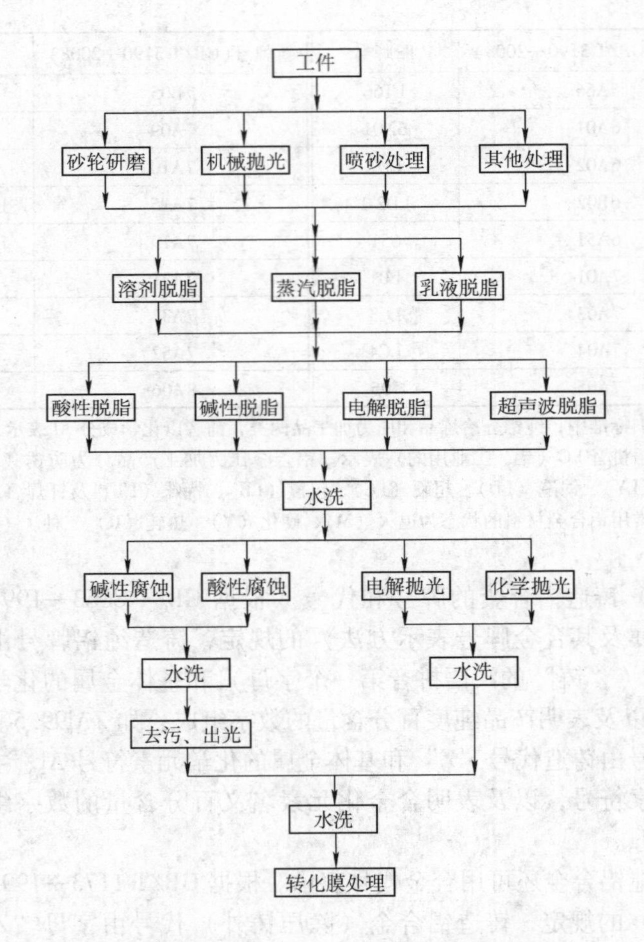

图 4-2　铝及铝合金工件表面预处理工艺流程

4.3.1　腐蚀

1. 碱性腐蚀

铝合金工件，经过脱脂处理后，还不能进行转化膜处理，表面一般存在自然氧化膜，加工条纹等缺陷，需要进行腐蚀处理去除自然氧化膜，活化表面。碱性腐蚀是最常用的腐蚀工艺，主要成分是 NaOH 溶液，它成本低，维护管理简单。

典型工艺:

NaOH	30～70g/L
温度	40～80℃
时间	3～5min

铝合金工件进入碱蚀溶液后，主要发生下列反应:

1）自然氧化膜溶解反应:

$$Al_2O_3 + 2NaOH \longrightarrow 2NaAlO_2 + H_2O$$

2）铝基体与NaOH反应:

$$2Al + 2NaOH + 2H_2O \longrightarrow 2NaAlO_2 + 3H_2 \uparrow$$

3）当碱蚀溶液中铝的含量达到30g/L时，$NaAlO_2$就会发生水解反应，产生Al（OH）$_3$沉淀:

$$NaAlO_2 + 2H_2O \longrightarrow Al(OH)_3 \downarrow + NaOH$$

铝的腐蚀速度与溶液中氢氧化钠的总含量成正比，并随温度的升高而升高，图4-3所示为6063铝合金不同温度下的腐蚀速度与总的氢氧化钠质量浓度的关系曲线。这种典型工艺在生产实际中很少直接使用，因为这种溶液随着生产的继续，溶液中的铝很快达到饱和，氢氧化铝就会逐步沉淀，并在碱蚀槽的槽壁、加热管等位置聚集形成坚硬的壳，很难除去。这时只能将槽液废弃，并带来两个问题：一是导致资源浪费，生产成本增加；二是增加化学品排放，污染环境。目前解决的办法由以下两种:

1）在碱蚀溶液中添加铝的络合剂，把铝离子掩蔽起来。这种络合剂有：葡萄糖酸钠、酒石酸钠、柠檬酸钠、庚糖酸钠、甘油、山梨醇、蚁酸钠等有机化合物，添加量一般为2～10g/L。它们可抑制Al（OH）$_3$沉淀的产生。这种抑制作用是由于其带有仲醇羟基，因为仲醇羟基的氢常呈微酸性且能电离，这个基团在碱性溶液中与所形成的Al（OH）$_3$发生作用，并使有成垢可能的Al（OH）$_3$转变为可溶性的络阴离子。带相同电荷的络阴离子互相排斥，从而阻碍了Al（OH）$_3$晶粒彼此间的碰撞，阻止了Al（OH）$_3$晶核的长大及Al（OH）$_3$沉淀的形成。这种槽液随铝离子的增加，越变越黏，使槽液附着在工件表面，随工件的转移而带出。经过一段时间，溶进的铝离子和带出的铝离子相等，槽液中的铝离子达到了平衡不再增加。这种槽液应用最广，被称为“永不废弃”型槽液，或称为“长寿碱”。这种槽液的缺点是：槽液黏度大，工件带出量多，清洗水含较多的铝和碱，废水需处理才能排放；同时，带出来的碱液会增加中和出光槽液酸的消耗量，并延长出光时间，增加一定的成本支出；这种槽液长期使用时，槽底还会有淤泥产生。

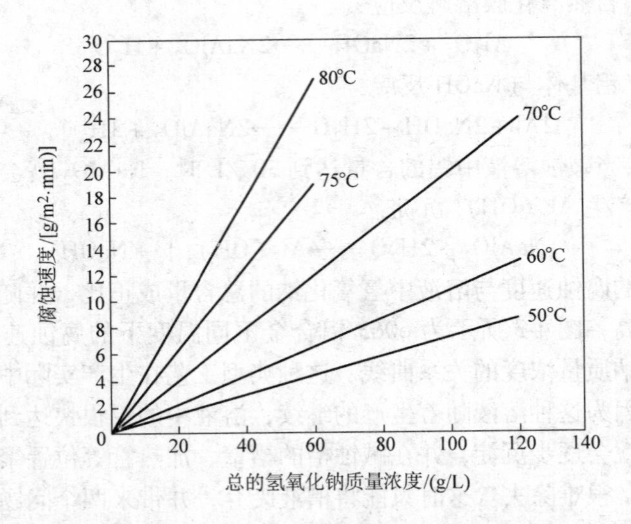

图 4-3　6063 铝合金的腐蚀速度与总的氢氧化钠质量浓度的关系曲线

2）另一种工艺叫“再生工艺”，这是将部分槽液送进一个分离室，把其中的铝离子结晶出来分离掉，分离掉铝离子的碱液成为“再生液”，被送回碱蚀槽中循环使用。典型的例子是，将碱蚀槽液用泵抽至称为“结晶器”的容器中（一般为塔形），“结晶器”里装有氢氧化铝晶种，槽液在此冷却，铝离子在此结晶并释放出氢氧化钠在溶液中，经固、液分离后，抽回碱蚀槽循环使用。碱蚀槽的再生工艺示意图见图 4-4（美国专利 5091046）

这种槽液的铝离子含量很低，槽液的黏度也较低，槽液带出损失小，平时只要添加少量的碱，废水处理比较容易。这种工艺的缺点是，管路、阀门容易堵塞，设备维护费用高。

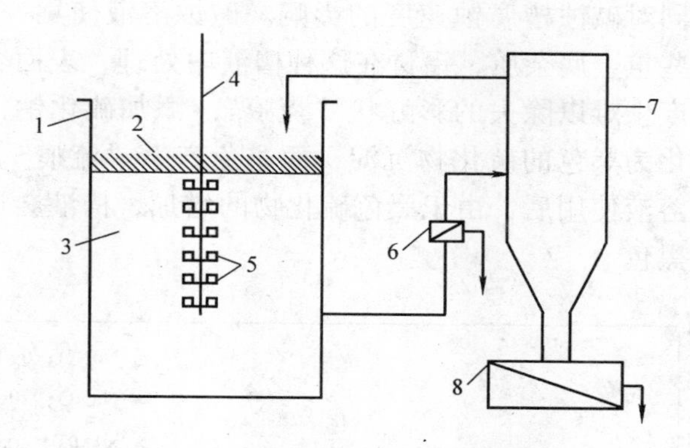

图4-4　碱蚀槽的再生工艺示意图

1—碱蚀槽　2—泡沫覆盖层　3—碱蚀槽液　4—挂具
5—铝材　6—过滤器　7—结晶器　8—结晶过滤器

铝合金经碱性腐蚀处理，容易产生一些缺陷。铝合金在碱性溶液中的腐蚀速度很快，容易发生不均匀腐蚀，需要添加腐蚀“均衡剂”，能作为腐蚀“均衡剂”的化学品包括：硝酸钠、亚硝酸钠、硫化钠、三乙醇胺、葡萄糖酸钠、山梨醇等，一般选择硝酸钠、硫化钠。图4-5所示为腐蚀“均衡剂”硝酸钠的质量浓度对碱蚀槽腐蚀速度的影响，图4-6所示为腐蚀“均衡剂”硝酸钠、硫化钠的质

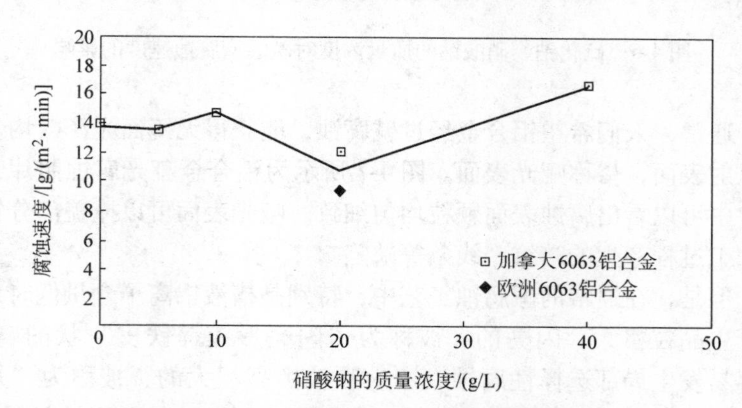

图4-5　硝酸钠的质量浓度对碱蚀槽腐蚀速度的影响

注：槽液中NaOH总的质量浓度为120g/L，温度为60℃

量浓度共同对碱蚀槽腐蚀速度的影响。碱蚀溶液使用一段时间后，会含有一些重金属杂质，铝材在这种槽液中处理，表面容易发生置换反应，产生难以除去的彩虹状“流痕”。添加硫化钠，将其中的重金属转化为黑色的硫化物沉淀，而避免产生“流痕”。加有硫化钠的碱蚀溶液使用后，由于黑色硫化物的增加，槽液会逐渐变成墨水一样的黑色。

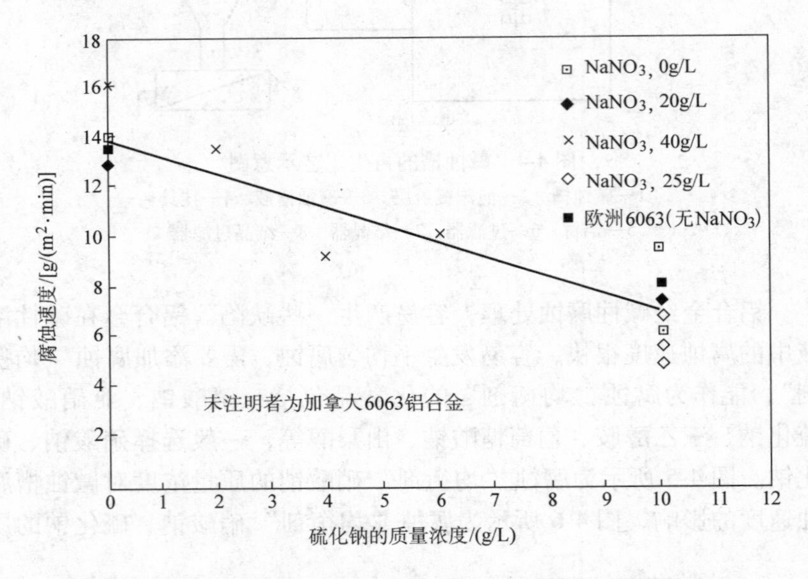

图 4-6　硫化钠、硝酸钠的质量浓度对碱蚀槽腐蚀速度的影响

通常，人们希望铝合金经过碱腐蚀，能获得无镜面光泽，均匀的漫反射表面，俗称哑光表面。图 4-7 所示为铝合金哑光腐蚀照片，从照片中可以看出腐蚀表面颗粒均匀细致。哑光表面可以掩盖部分铝合金加工过程产生的暗纹、线条等缺陷。

但是，在通常的碱腐蚀工艺中，特别是槽液铝离子含量低时，容易产生晶粒粗大、闪亮的、被称为“闪亮形镀锌铁皮”状的腐蚀。也容易发生局部选择性腐蚀，产生颗粒黑亮粗大的、被称为“煤黑形镀锌铁皮”状的腐蚀。图 4-8 所示为铝合金“闪亮形镀锌铁皮”状腐蚀照片，从照片中可以看出腐蚀表面颗粒粗大。

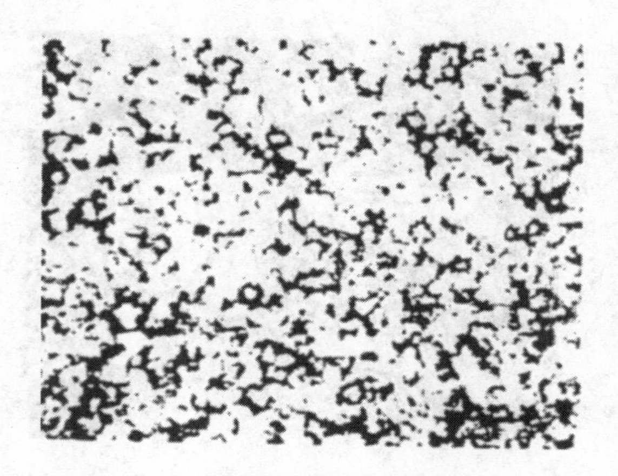

图 4-7　铝合金哑光腐蚀照片　200 ×

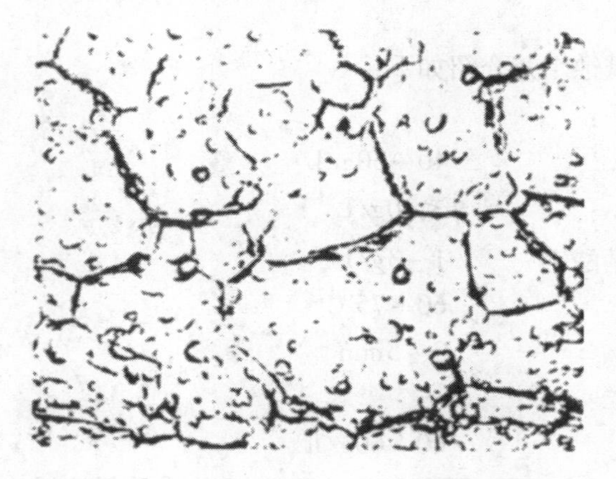

图 4-8　铝合金“闪亮形镀锌铁皮”状腐蚀照片　200 ×

图 4-9 所示为铝合金“煤黑形镀锌铁皮”状腐蚀照片，从照片中可以看出腐蚀表面颗粒粗大，表面发暗。添加适当的腐蚀均衡剂，可以抑制局部选择性的腐蚀和闪亮性的腐蚀。添加硝酸钠、亚硝酸钠、硫化钠、葡萄酸钠、三乙醇胺，可以减少或抑制“闪亮形镀锌铁皮”腐蚀现象的产生。只有添加硫化钠，才能减少或抑制“煤黑形镀锌铁皮”腐蚀现象的产生。添加任何腐蚀均衡剂都不能获得漫反射的哑光表面，只有槽液中含有足够的铝离子时，才能获得漫反射的哑光表面。

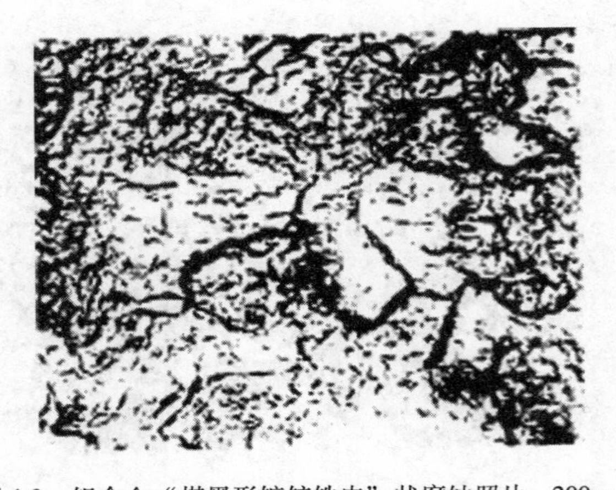

图 4-9　铝合金“煤黑形镀锌铁皮”状腐蚀照片　200 ×

实用碱蚀工艺介绍如下：

配方一：

NaOH	40 ~ 50g/L
Al^{3+}	≤30g/L
葡萄糖酸钠	1 ~ 3g/L
温度	60 ~ 75℃
时间	3 ~ 5min

配方二：

NaOH		40 ~ 60g/L
ALC-96	配槽	NaOH: AlC-96 = 2: 1（质量比）
	补加	NaOH: AlC-96 =（6 ~ 8）: 1（质量比）
温度		50 ~ 70℃
时间		3 ~ 5min（普通碱腐蚀）
		5 ~ 15min（哑光碱腐蚀）

ALC-96 为本书作者研制的碱腐蚀剂。

配方三（USP5091046）：

游离 NaOH	20 ~ 40g/L
游离 NaOH：Al^{3+}	1. 1 ~ 1. 6

硝酸钠	5～20g/L
硫化钠	0.5～6g/L
三乙醇胺	5～30g/L
葡萄糖酸钠	适量
山梨醇	适量
温度	70～85℃
时间	2～11min

配方四：

NaOH	50～60g/L
柠檬酸钠或葡萄糖酸钠	1.5g/L
温度	50～70℃
时间	1～6min

配方五：

NaOH	3%～8%（质量分数，下同）
磷酸钠	5%～10%
温度	室温
时间	适当

2. 酸性腐蚀

铝及铝合金在酸性溶液中比其在碱性溶液中的腐蚀速度要低得多，同时它们在酸性溶液容易腐蚀不均匀，产生点蚀，一般只能获得无光表面。因此，铝合金的酸性腐蚀没有其碱性腐蚀应用广泛。酸性腐蚀可以用于精加工铝合金的腐蚀，腐蚀量小，不影响加工精度。用于哑光表面、化学砂面处理，一般在含氟的酸性溶液中进行化学或电解处理，可以得到均匀细致的砂面腐蚀效果。硝酸和氢氟酸用于高硅铸铝的腐蚀处理，高硅铸铝在碱性溶液中腐蚀，表面会留下难以除去的黑灰。

下面介绍两种铬酸和硫酸的混合液酸性腐蚀工艺：

1）铬酸　5%（质量分数）
　　硫酸　15%（体积分数）

2）铬酸　175g/L
　　硫酸　35g/L

这种溶液只是轻微腐蚀铝工件的表面，温度在室温至43℃之间，时间为几分钟。工件可以获得清洁而轻微腐蚀的表面，适于用来涂覆油漆或进行沉积锌的加工。腐蚀不够均匀时，可以重复补腐蚀，一定要掌握好腐蚀的时间，如腐蚀时间太长，会使工件尺寸减小，厚度变薄，导致工件报废。

腐蚀之后，应立即用温水洗涤。水温不要超过50℃，否则工件会产生流痕。然后再用流动清水仔细清洗。经酸性腐蚀后的工件，表面常发暗，这是因为含铜较高的铝合金表面，有铜氧化物的存在，形成黑色挂灰。为使工件表面光亮，通常再在硝酸溶液中进行出光处理。

其他酸性腐蚀工艺：

1）硝酸 25%（体积分数，下同）
氢氟酸 1%
温度 室温
腐蚀速度 0.0038～0.0076cm/h（每面）

2）重铬酸钠 56g/L
硫酸 10%（体积分数）
氟化氢铵 13.1g/L
温度 室温
腐蚀速度 0.00076～0.001cm/h（每面）

工艺1）、2）用于铸造铝合金除去氧化皮、锈蚀产物和热处理变色层。在工艺2）中，可用氢氟酸代替氟化氢铵（2.6mL的氢氟酸相当于1g的氟化氢铵），如果用10%（体积分数）的硝酸替代其中的硫酸，腐蚀速度将增加至0.00254cm/h(每面)。

3）硝酸 75%（体积分数，下同）
氢氟酸 25%
温度 室温
时间 1～2min（砂铸）
15～30s（其他）

工艺3）适用于高硅铸铝，此时反应很复杂，主要反应如下：

$$Si + 4HNO_3 \longrightarrow SiO_2 + 4NO_2\uparrow + 2H_2O$$

$$SiO_2 + 6HF \longrightarrow H_2SiF_6 + 2H_2O$$

$$3Me + 8HNO_3 \longrightarrow 3Me(NO_3)_2 + 2NO\uparrow + 4H_2O$$

$$Me + 3HF \longrightarrow H(MeF_3) + H_2\uparrow$$

其中，Me 代表 Ni、Mn、Cu 等重金属。

4）硝酸　25%（体积分数）

重铬酸钠　24.4g/L

钼酸　3.8g/L

温度　49～66℃

时间　5～10min

工艺 4）用于除去铸铝或压铸铝工件表面的外来金属材料，特别是铅。

下列工艺只腐蚀铝表面的氧化物和锈蚀产物，对铝基体几乎无腐蚀，腐蚀处理后，铝表面仍有金属光泽。

5）黄蓍胶　3.8～7.5g/L

氢氟酸　4.5%～5%（体积分数）

温度　室温

先用乙醇把黄蓍胶调成糊状，再用足够的 82～100℃ 热水溶解，冷却后再加酸。

6）氟硅酸　4%（体积分数）

润湿剂　0.75g/L

温度　室温

7）磷酸　80%（体积分数，下同）

硝酸　5%

醋酸　5%

水　余量

温度　104℃

4.3.2　电解抛光

1. 电解抛光的机理

电解抛光时，工件与正极连接，在工件表面上金属发生溶解现象。电解抛光的目的是在金属溶解最少及工件（阳极）表面溶解最均匀的条件下，尽可能得到光滑的表面。

机械加工之后，工件具有凹凸不平的表面，电解抛光可以使高度不超过 1 ~ 2μm 的凹凸不平处平滑。当凹凸不平处的高度大于 2μm 时，虽然表面具有镜面一样的光泽，但不平现象却仍然存在。

电解抛光时，金属的溶解速度，在一定范围内与电流密度成正比，即电流密度越大，则金属的溶解速度也越大。

同时，阳极表面某些部分的电流密度，也与电解液抵抗电流通向该部分的电阻有关。电解抛光时，由于凸起处顶部比凹陷处的金属溶解得剧烈，因而使表面平滑。工件表面上某些部分产生上述不均匀的溶解的原因，是因为金属的阳极溶解产物填满了所有的凹陷地方，这些溶解物阻碍着电流对凹陷表面的作用，但此时对电流通向凸起表面影响较小。

靠近阳极的电解液层，在抛光表面形成了一层黏而厚度不均的薄膜（见图 4-10）。在凸起处顶部上的这种薄膜由于向电解液中的扩散较为容易，因而比在凹陷处要薄。

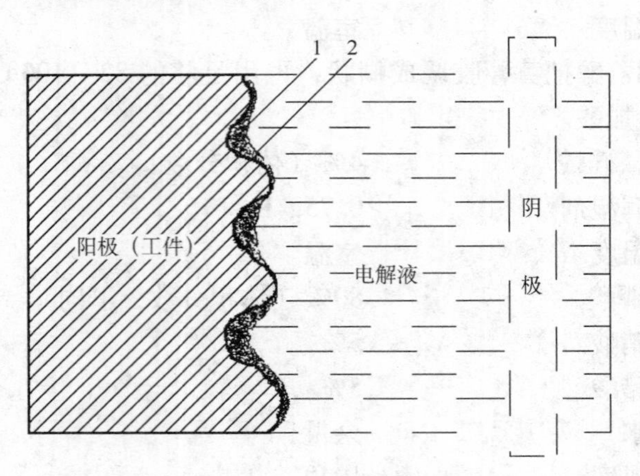

图 4-10　电解抛光工件界面图

1—黏膜层　2—电阻最大的黏膜层

在阳极表面各部分上的金属溶解速度，主要取决于这些部分上的电流密度分布。因为薄膜具有高的电阻，所以凹陷处底部上的电流密度比凸起处的要小得多。正是这样，凸起处顶部的溶解速度会比凹陷处底部大得多。在凹陷处与凸起处，薄膜厚度的差别越大，则电流密度相差也越显著。

当与薄膜钝化层厚度差不多的小锯齿形面去掉之后，使表面平滑的速度将显著减缓。如图4-11所示，在凸起处及凹陷处上，促使表面平滑的薄膜厚度差，在小锯齿形面时要比大锯齿形面是大得多。

在电解抛光时，抛光促使表面平滑，最理想的是凹陷底部完全不溶解。实际上，虽然凹陷处底部的溶解速度比凸起处的速度缓慢，但毕竟还是溶解，因此，在电解抛光过程中，表面变平的同时，多少总会改变工件的尺寸。例如，钢材电解抛光10min，可使高度为15～30μm的不平处平滑，但却溶解了100μm的基体金属。可用电解抛光法所变平的不平高度与溶掉金属层厚度的比率表示电解抛光的效率。

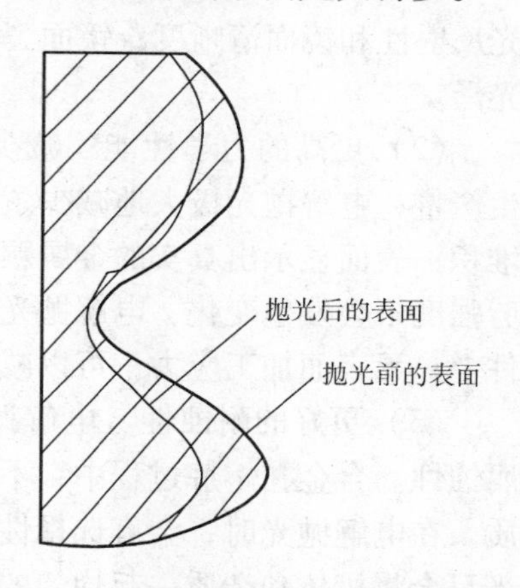

图4-11　抛光前后锯齿形面的变化

金属的溶解速度决定于电解抛光的条件，但也可以预先确定。采用最好的工作条件时，溶解速度为5～10μm/min。

要达到的表面粗糙度决定于原来表面的状态及电解抛光工序的持续时间，通常表面粗糙度比原来表面低1～2级，在个别情况下，表面粗糙度降低得还要多。

电解抛光后，对于工件接触面来说，表面微分几何形状的特性极为重要。机械加工时，多半不平处的顶部较为尖锐，而电解抛光却与很多机械加工不同，它可保证使顶部变圆。如果不平高度最初很大，甚至在电解抛光过程中不能完全除掉，然而在电解抛光后，表面也能获得光泽，并没有机械加工所常有的那些缺陷（裂纹和擦伤）。

当电源具有足够的电力时，电解抛光工序的持续时间与被加工表面的大小无关。在盛有电解液的槽子中，可以同时装入大量的小工件或装入几个大工件。工序的持续时间仅仅决定于电解抛光的工作条件。因此，在很多情况下，电解抛光的生产率要比机械抛光大得多。

应该着重指出，被加工表面的形状对生产率几乎没有影响。

2. 电解抛光的优点

电解抛光可以使许多种金属及其合金具有镜面光亮的、成钝化状态的及其他一些重要的物理性质的表面。

（1）更好的物理外观　无机械抛光的方向性摩擦线纹；极好的光反射性和镜面清晰度；镜面、缎面抛光；工件外观整体均匀一致的光泽。

（2）更高的力学性能　减少摩擦和润滑；增加相同生产周期的生产量；电解抛光极大地减少了工件表面的污垢、结块、硬壳和污物堆积；表面显示出真实的金属颗粒和大块金属结构的特性；工件的疲劳强度不会发生变化，电解抛光可以用在需要精确测定疲劳强度的工件上；无表面加工应力；可以减少一些合金表面的难看的加工线纹。

（3）更好的耐蚀性　电解抛光可以提高许多合金的光泽度和耐腐蚀性。合金在熔炼过程中，不可避免地会混入一些金属和非金属杂质。在电解抛光时，会有选择性的将这些杂质首先溶解掉，而机械抛光只会将机体和杂质一起均匀的磨去，有时还会将额外的杂质压入机体表面，这些在将来都可能成为腐蚀点。

（4）容易清洗　电解抛光可以充分减少抛光产物在工件表面的累积和吸附；电解抛光的工件表面能够被水充润湿，可以有效地减少水洗的冲洗时间和减小冲洗水的压力；改进工件表面的洁净度，对工件表面具有杀菌消毒作用，电解抛光的工件可以符合食品、制药、饮料、化工行业对工件表面洁净度的特殊要求；提供不锈钢最好的钝化膜，在无极化不锈钢表面生成单分子氧化膜的含氧层。

（5）产生特殊效果　抛光时同时清除毛刺；根据挂具的位置使工件边缘圆弧化，尖角钝化；可以处理复杂工件用其他抛光方法不能处理的区域；暴露基体金属不易察觉的缺陷，电解抛光是观察金属表面最有效的方法；提供一个改变金属表面显微硬度的机会；可以提高磁性金属表面大约20%的磁力；允许对金属及其合金进行显微加工；可以同时加工大批量工件；可以使工件减少成形和退火步骤。

3. 几种类型的铝合金电解抛光

（1）浓磷酸型（日本专利，JP128891，1935年）　这种电解液曾经在日本得到广泛的应用。电解液使用质量分数为50% ~84%的磷酸，这是一种黏性的液体。工件抛光后取出，立即进入第一道水洗槽清洗，然后再进入第二道水洗槽用流动水清洗。第一道水洗要用65℃左右的热水，并且可以用于补充电解槽因蒸发而失去的水分。工件在抛光时溶入电解槽液中少量的铝，可以起到抑制剂的作用，对抛光有增亮的效果。但是，电解槽液中铝离子的累积，会在槽子的底部形成 $AlPO_4$ 结晶，影响抛光的正常操作，要及时过滤除去。这种工艺只需简单的维护，抛光亮度高，可达镜面光亮，抛光工件阳极氧化前光反射率达96% ~98%。至今许多工厂仍用基于磷酸的振动电解抛光工艺（JP190520）。一个实际的电解槽，可用耐酸塑料做成的加深槽体，因为工件的有效振幅为工件长度的两倍，同时需要一个面积足够大并可靠的对电极。工件经电解抛光后，热水洗，流动水洗。阳极氧化前，还需要经过除氧化膜处理，即在磷酸、铬酸溶液中浸泡。整个过程要连续处理，工件表面不能出现干态，立即进行后续的阳极氧化处理。

（2）布利特方法（碱性方法，英国专利 BP449162，1934 年）

这种工艺曾在欧洲广泛应用，配方是：

碳酸钠（Na_2CO_3）　150g/L

磷酸钠（Na_3PO_4）　初始 80 ~95g/L，最终 115g/L

槽子可用低碳钢制成，需安装加热、空气循环、抽风装置。电解抛光时需要搅拌，以保证电解液的均匀，抛光时还会产生氢气，在阴极前要安装阻挡板。

将清洗干净的铝合金工件浸入还未通电的电解槽中，槽液温度应保持在85 ~87℃。调节电解电流，抛光处理5 ~10min，初始电流密度为5.4 ~8.6A/dm^2，初始电流密度根据铝合金材质的合金成分的不同而各异。电解1 ~2min以后，电流密度下降至初始的一半。保持恒定的电压12 ~15V，直到电解抛光结束。

电解抛光以后，工件经过充分清洗，再浸入磷酸和铬酸溶液中，85℃处理5min，退除表面的氧化膜。清洗后进行后续的阳极氧化处理。

（3）美国的 Alzak 方法和 Jacquet 方法

Jacquet 方法的工艺如下：

高氯酸（质量分数为60%，$d=1.55g/cm^3$） 220mL

醋酸酐（质量分数≥90%，$d=1.08\sim1.087g/cm^3$） 780mL

温度 30～35℃

电压 26V

电流密度 $7\sim10A/dm^2$

时间 1～5min

抛光光反射率为83%，表面光滑，表面总是带有一点蓝色，槽液高温时易爆炸。

Alzak 方法的工艺如下：

氟硼酸 25%（质量分数）

余量 水

温度 30℃

电压 15～30V

电流密度 $1\sim40A/dm^2$

时间 5～10min

抛光光反射率为80%，表面光滑。氟硼酸可按下列方法制备：在冷却条件下，将40g 硼酸加入100g 氢氟酸（质量分数为48%）溶液中，搅拌均匀混合，即得质量分数为37.5%的氟硼酸和质量分数为7.5%的硼酸溶液，稀释即可做抛光电解液使用。

（4）其他电解抛光工艺　所有其他铝合金的电解抛光工艺，都是上述方法的改进型和扩展型，见表4-3。

表4-3　铝合金各种类型的电解抛光工艺

方法名称或来源	工艺参数	
	成分及项目	含量及参数
Kaiser 方法 USP 2719079	HBF_4（质量分数为45%）	0.5～26mL/L
	HNO_3（质量分数为70%）	1.3～52mL/L
	$Cu(NO_3)_2\cdot3H_2O$	0.05g/L
	温度	88～100℃
	时间	5min

（续）

方法名称或来源	工艺参数	
	成分及项目	含量及参数
Union Carbide & Carbon Corp. USP 2708655	H_3PO_4	66%（体积分数）
	H_2SO_4	15%（体积分数）
	乙二醇乙醚	3%（质量分数）
	H_2O	16%（体积分数）
	电流密度	$16A/dm^2$（$150A/ft^2$）
	温度	70～80℃
	时间	5～20min
Erftwerk 方法	NH_4F	13%（质量分数）
	HNO_3	13%（体积分数）
	糊精	1%～1.5%（质量分数）
	铅含量	0.005%～0.05%（质量分数）
	光亮剂（阿拉伯树胶，乙胺）	2%（质量分数）
Aluflex 方法	H_2SO_4（含少量的乙二醇）	80%（质量分数）
	CrO_3	20%（质量分数）
	电流密度	开始 $20～30A/dm^2$ 结束 $13～18A/dm^2$
	温度	15～85℃
	时间	2～5min（需振动）
	腐蚀速度高，电极要用无釉的陶瓷保护，防止铬酸腐蚀	

4. 磷酸体系抛光液的电极反应

阳极铝在电流的作用下，失去电子变成 Al^{3+} 离子，和电解液中的磷酸根 PO_4^{3-} 结合生成磷酸铝 $AlPO_4$。磷酸铝在槽液中含量超过一定限度时，在槽液底部形成沉淀物，同时阴极析出氢气。即发生下列反应：

电解液中　　$H_3PO_4 \rightarrow 3H^+ + PO_4^{3-}$

阳极　　$Al \rightarrow Al^{3+} + 3e$

阴极　　　　　　$2H^+ + 2e \rightarrow H_2$

一些磷酸根离子转向阳极，和铝离子形成黏性双盐膜，附在阳极表面。抛光时许多细小的气泡会覆盖整个阳极表面，这种气泡对电解抛光在高电流密度时会产生严重影响，气泡里的气体被证实是氧气。气泡在阳极表面形成一个隔离层，导致电解电流分布不均匀，最终使抛光工件表面不均匀。解决方法之一是阳极振动（或摇摆），使气泡层迅速离开工件表面。

5. 应用

有的国家把铝合金电解抛光或化学抛光后进行阳极氧化工艺，称为光亮阳极氧化或电光化工艺，而替代“电解抛光”这个词。英国标准（BS 1615）规定的镜面光反射率见表4-4。

表4-4　镜面光反射率（BS 1615）

级别	光反射率（%）	
	镜面	全
R1	>75	>85
R2	50~75	>80
R3	25~50	>70

通常电解抛光的铝合金进行阳极氧化后，用染料染色或不染色，使其表面散射光呈金色或银色，可应用于建筑方面。用于门窗的材料，对染料的耐候性有一定的要求，表4-5列出的无机染料能抵抗户外曝露5~10年。

表4-5　无机染料

颜色	染料	质量浓度/(g/L)	pH值	温度/℃	时间/min
金色	草酸铁铵	10（浅色） 25（深色）	5.5±0.5	50	2

注：对于铝硅合金染色时间增加至5min。用NaOH、NH_4OH或H_2SO_4调节pH值。

6. 铝及铝合金实用电解抛光工艺

（1）酸性电解抛光　酸性电解抛光配方及工艺条件见表4-6。

表4-6 铝及铝合金的酸性电解抛光配方及工艺条件

成分及工艺条件	含量（质量分数,%）及工艺参数						
	1	2	3	4	5	6	7
磷酸 H_3PO_4	86~88	60	57	43	37~42	42	100mL
硫酸 H_2SO_4			14	43	37~42		600mL
铬酐 CrO_3	12~14g/L	20g/L	9g/L	8g/L	4.3~4.9g/L		
甘油 $C_3H_8O_3$						47	
乙醇 C_2H_5OH						11	
硝酸 HNO_3		20	20	11	12~22		10mL
水	至溶液密度为1.7~1.72g/cm³						290mL
温度/℃	70~80	60~65	80	70~80	80~85	80~90	95
阳极电流密度/(A/dm²)	15~20	40	17~20	30~50	40~50	30~40	15~20
槽电压/V	12~15			12~15	12~18		
时间/min	1~3	3	3~8	2~5	1~3	8~10	20
阴极材料	不锈钢或铅						
特点及应用范围	应搅拌溶液，适用于纯铝、Al-Mg、Al-Mg-Si合金	适用于高铜含量铝合金	适用于纯铝、Al-Mg、Al-Mn合金	适用于纯铝、Al-Mg、Al-Cu合金	适用于纯铝、Al-Mg、Al-Mn合金	抛光质量好，成本高	

（2）碱性电解抛光　碱性电解抛光配方及工艺条件见表4-7。

表4-7 铝及铝合金的碱性电解抛光配方及工艺条件

成分及工艺条件	质量浓度/(g/L)及工艺参数			
	1	2	3	4
碳酸钠（Na_2CO_3）	150	350~380	300	200
磷酸三钠（Na_3PO_4）	50	130~150	65	20
氢氧化钠（NaOH）		3~5	10	
酒石酸盐（$M_2C_4H_4O_6$）			30	
氟硅酸钠（Na_2SiF_4）				70
温度/℃	80~90	94~98	70~90	85

（续）

成分及工艺条件	质量浓度/(g/L) 及工艺参数			
	1	2	3	4
阳极电流密度/(A/dm^2)	3~5	8~12	2~8	2~5
槽电压/V	12~15	12~25		
时间/min	5~8	6~10	3~8	10~12
阴极材料	钢板			

（3）无铬电解抛光　磷酸-铬酸型或磷酸-硫酸-铬酸型电解抛光液的废液中含有较高比例的六价铬，会造成严重的环境污染。虽然废液可以进行处理，但成本较高。因此，近年来有人研究无铬电解抛光新工艺。冯宝义等人以可溶性聚合物为添加剂的无铬电解抛光新方法效果很好。无铬抛光液是用醇类代替缓蚀剂铬酸，其整平作用是利用醇中羟基的特殊性质来实现的。实验证明，增加醇类分子的长度和羟基的数目，对抛光有利。所以多采用可溶性多元醇聚合物（PEG）做添加剂。其电解抛光液的成分及工艺参数见表4-8。

表4-8　以PEG为添加剂的无铬电解抛光工艺

成分	含量（质量分数,%）	温度/℃	时间/min	电流密度/(A/dm^2)	阴极面积: 阳极面积
H_3PO_4	30~40	80~90	3~5	30~40	2:1 铅板作阴极
H_2SO_4	20~30				
PEG 添加剂（多元醇聚合物）	20~30g/L				

薛宽宏等人提出的无铬电解抛光液抛光效果也很好，见表4-9。

表4-9　薛宽宏等人提出的无铬电解抛光工艺

成分	含量（质量分数,%）	温度/℃	时间/min	电流密度/(A/dm^2)
H_3PO_4	10.1	85~95	16	8.4~8.5
H_2SO_4	40.7			
乙二醇	40.8			
水	8.4			

洪九德、范济等人提出的各种无铬电解抛光工艺见表4-10。

表 4-10　各种的无铬电解抛光工艺

<table>
<tr><th>成分</th><th>含量（质量分数,%）</th><th>温度/℃</th><th>时间/min</th><th>电流密度/(A/dm²)</th></tr>
<tr><td>柠檬酸</td><td>50 ~ 70</td><td rowspan="3">95 ~ 100</td><td rowspan="3">3 ~ 5</td><td rowspan="3">15 ~ 20</td></tr>
<tr><td>硫酸</td><td>15 ~ 20</td></tr>
<tr><td>水</td><td>25 ~ 30</td></tr>
<tr><td>磷酸</td><td>42</td><td rowspan="3">80 ~ 90</td><td rowspan="3">8 ~ 10</td><td rowspan="3">30 ~ 40</td></tr>
<tr><td>甘油</td><td>47</td></tr>
<tr><td>乙醇</td><td>11</td></tr>
<tr><td>磷酸</td><td>85 ~ 90</td><td rowspan="2">80 ~ 100</td><td rowspan="2">3 ~ 5</td><td rowspan="2">20 ~ 30</td></tr>
<tr><td>甘油</td><td>10 ~ 15</td></tr>
<tr><td>磷酸</td><td>65</td><td rowspan="3">90 ~ 95</td><td rowspan="3">3 ~ 5</td><td rowspan="3">30 ~ 40</td></tr>
<tr><td>硫酸</td><td>15</td></tr>
<tr><td>草酸</td><td>1 ~ 2</td></tr>
<tr><td>磷酸</td><td>600mL</td><td rowspan="3">60 ~ 80</td><td rowspan="3">3 ~ 5</td><td rowspan="3">20 ~ 30</td></tr>
<tr><td>硫酸</td><td>400mL</td></tr>
<tr><td>甘油</td><td>10mL</td></tr>
<tr><td>磷酸</td><td>80 ~ 85</td><td rowspan="2">80 ~ 90</td><td rowspan="2">3 ~ 5</td><td rowspan="2">15 ~ 20</td></tr>
<tr><td>丁醇</td><td>20 ~ 15</td></tr>
<tr><td>磷酸</td><td>60（体积分数）</td><td rowspan="2">20 ~ 30</td><td rowspan="2">5 ~ 6</td><td rowspan="2">20</td></tr>
<tr><td>乙醇</td><td>40（体积分数）</td></tr>
<tr><td>磷酸</td><td>40</td><td rowspan="4">50 ~ 60</td><td rowspan="4">3 ~ 5</td><td rowspan="4">25</td></tr>
<tr><td>乙醇</td><td>40</td></tr>
<tr><td>酒石酸</td><td>150g/L</td></tr>
<tr><td>水</td><td>20</td></tr>
<tr><td>磷酸</td><td>250mL</td><td rowspan="6">60 ~ 80</td><td rowspan="6">3 ~ 5</td><td rowspan="6">20 ~ 25</td></tr>
<tr><td>硫酸</td><td>100mL</td></tr>
<tr><td>甘油</td><td>200mL</td></tr>
<tr><td>乙醇</td><td>100mL</td></tr>
<tr><td>草酸</td><td>15g/L</td></tr>
<tr><td>苯骈三氮唑
或糖精</td><td>0.001g/L</td></tr>
</table>

7. 电解抛光设备

电解抛光工艺是用一个高的电流密度，维持工件表面膜生成和膜溶解的动态平衡，使工件表面保留一层厚度一定的、致密的薄膜。因此，工件表面条件必须正好且各处一致，接触电解液的工件表面温度必须均匀一致，高电流密度时，电极表面细小致密的气泡层必须尽量除去。为了达到这个目的，应该保持电解液和工件表面有较高的相对运动。电解抛光槽要有一定的深度，保证有足够的槽液，并能在电极振动时有足够的空间。清洗水槽要尽可能靠近。电极振动设备安装在槽体的两端，电解时振动阳极（工件），有时也称为移动阳极或摇动阳极。酸性槽液用铅管通蒸汽或热水加热。

4.3.3 化学抛光

化学抛光不需要通电，也不需要专用夹具，操作简单，但需要良好的加热和通风设备，使用高纯铝能得到反射率为100%的效果，普通铝合金也能达到装饰性的光泽度。由于化学抛光比电解抛光成本低，所以大多数光亮阳极氧化是用化学抛光配套的。最常用的化学抛光工艺是：磷酸75%（体积分数），硝酸15%（体积分数），硫酸10%（体积分数），操作温度为90～110℃，时间为0.5～3min。有的工艺只有磷酸和硝酸，有些加了醋酸、铬酸或氢氟酸。添加少量的钴盐、镍盐、铜盐，可以增加抛光的亮度。化学抛光最大的缺点是会产生 NO_x 有毒气体。

除了酸性化学抛光以外，还有碱性化学抛光工艺，碱性化学抛光的效果远不及酸性化学抛光，所以较少应用。典型的碱性抛光配方中有 $NaOH$、$NaNO_2$、$NaNO_3$、Na_3PO_4、$Cu(NO_3)_2$ 等。碱性化学抛光的特点是无有毒气体逸出。

1. 化学抛光的机理

铝及铝合金的化学抛光是在特定条件下的化学浸蚀过程。金属表面上微观凸起处在特定溶液中，溶解速度比微观凹下处大得多，结果逐渐被整平而获得平滑、光亮的表面。浸蚀溶液一般采用高浓度的磷酸，也采用以磷酸-硫酸为主的溶液。图4-12所示为铝合金化学抛光的示意图。

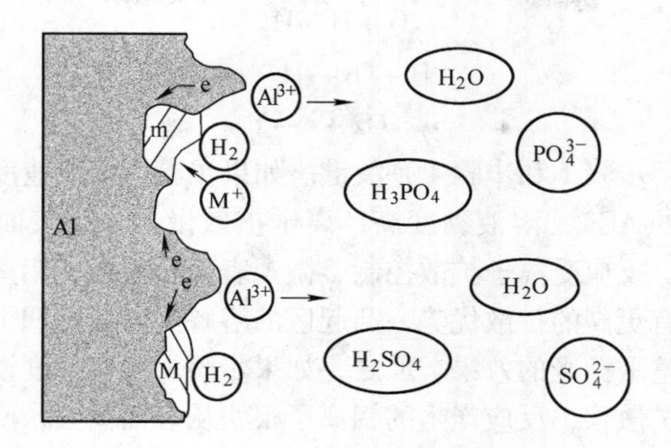

图 4-12　铝合金的化学抛光示意图

2. 抛光步骤

1）合金表面的活泼区铝原子把电子转移给 m、M 和表面惰性区铝原子，变成 Al^{3+}，铝溶解。m 为合金成分中的杂质金属原子，M 为铝表面置换出来的重金属原子。

$$Al - 3e \rightarrow Al^{3+}$$

2）溶液中的 H^+ 从杂质金属原子 m、重金属原子 M 及惰性区铝表面获得电子，变成 H 原子。

$$H^+ + e \rightarrow H$$

3）溶液中的重金属离子 M^+ 在合金表面获得电子，变成金属原子 M，发生置换反应。杂质金属原子 m 和重金属原子 M 构成了铝的原电池腐蚀。

$$M^+ + e \rightarrow M$$

4）表面的 Al^{3+} 向溶液本体扩散，在微观表面的凸起区，铝离子扩散容易，铝原子变成铝离子较快，凸起区的溶解也就较多。在微观表面的凹下区，Al^{3+} 扩散困难，使局部 Al^{3+} 浓度增加，阻碍了铝原子变成铝离子的化学反应，凹下的溶解也就较少，结果表面逐渐被整平。

H 原子相互结合形成氢气析出，H 原子向溶液本体扩散和溶液中的氧化剂（Ox）反应，又氧化成 H^+，氧化剂（Ox）变成其还原产物（Y），同时，氧化剂（Ox）还能直接从铝合金表面夺取电子还原成（Y）。

$$H + H \rightarrow H_2 \uparrow$$

$$H + Ox \rightarrow H^+ + Y$$

$$Ox + e \rightarrow Y$$

其中，步骤1和步骤4是关键。如果步骤1反应速度很快，瞬间产生大量的Al^{3+}，溶液黏度高，离子扩散慢，合金表面有大量的铝离子堆积，反应受离子扩散控制，微观表面凸起区的铝离子比凹下区的铝离子有更高的扩散优势，凸起区的溶解反应就比凹下区快，这样就能达到整平抛光的效果。反之，如果步骤1反应速度慢，溶液黏度低，离子扩散快，反应产生的铝离子很快从表面离去，凸起区的溶解反应速度就和凹下区的溶解反应速度没有区别，这样就无整平抛光的效果。

因此，要提高抛光的亮度，达到好的抛光效果，就要尽可能地提高化学反应速度，提高溶液的黏度。

3. 化学抛光溶液

（1）磷酸-硫酸-硝酸型　磷酸-硫酸-硝酸型化学抛光液应用最广泛，适用于工业纯铝、Al-Mg-Zn系合金、Al-Mg-Cu系合金、$w(Zn) \leqslant 8\%$和$w(Cu) \leqslant 5\%$的合金及$w(Si) \leqslant 1\%$的合金。此类溶液的改良型有AlupolIV和AlupolV（Phosbrite159），适合各种铝合金的化学抛光，并能获得光亮如镜的表面。

工作温度不可超过120℃，操作时间由工件的表面状态确定，一般为几十秒或1~2min。这种配方的缺点是，操作时会产生大量的NO_x气体，对大气污染大。化学反应方程式如下：

$$7Al + 7H_3PO_4 + 5HNO_3 \longrightarrow 7AlPO_4 + 2N_2 + NO_2 + 13H_2O$$

$$2Al + 6HNO_3 \longrightarrow N_2O_3 + 6NO + 3H_2O$$

这种类型的其他工艺方法见表4-11。

表4-11　其他工艺方法

体积/mL			温度/℃
磷酸（$d=1.71g/cm^3$）	硫酸（$d=1.84g/cm^3$）	硝酸（$d=1.5g/cm^3$）	
300	600	70~100	115~120
400	500	60~100	100~120

（续）

体积/mL			温度/℃
磷酸（$d=1.71g/cm^3$）	硫酸（$d=1.84g/cm^3$）	硝酸（$d=1.5g/cm^3$）	
500	400	50~100	95~115
600	300	50~80	95~115
700	250	30~80	85~110
800	100	30~80	85~110
900	50	30~80	80~105

溶液中如果硫酸和硝酸的含量比较高，其必须在较高的温度下进行操作，同时具有较快的溶解速度，并伴随有大量的气体析出。这种溶液适合于 $w(Al)$ 为99.5%的纯铝，可用来平滑粗糙的表面。

高磷酸溶液的作用较慢，这是由于溶液组成中磷酸浓度较大的缘故。此种溶液成本较高，可用于机械抛光之后的加工处理。

此类抛光液中，硝酸的浓度对抛光质量影响很大。硝酸浓度低时，反应速度低，抛光后工件表面光泽较差，槽液有重金属沉淀。硝酸浓度过高时，工件表面容易出现点状腐蚀。磷酸浓度低时，不能获得很光亮的表面。为了防止溶液被稀释，抛光前应将工件吹干，待工件表面干燥后，才能放入化学抛光液中。

硫酸可以提高铝的腐蚀速度，增加抛光的亮度，并可以降低槽液的成本。但腐蚀速度过高时，会产生点状腐蚀，并在工件表面生成“白雾”状薄膜，在后面的操作中难以除去。

加硫酸铵和尿素可减少 NO_x 气体的析出，反应如下：

$$HNO_3+(NH_2)_2CO \longrightarrow N_2+HCNO+2H_2O$$

$$10Al+10H_3PO_4+6HNO_3 \longrightarrow 10AlPO_4+3N_2+18H_2O$$

如果槽液中含重金属，经过抛光的工件表面会有一层灰黑色的置换金属。抛光后，可在400~500g/L的硝酸中，或100~200g/L的铬酐溶液中，在室温下浸渍几秒和几十秒钟，将黑灰层除去。

表4-12所列为两种常见工艺。

若化学抛光和阳极氧化工序之间需经过较长时间的停留，可将工件暂时存放于质量分数为2%的铬酸钠溶液中，以防止工件表面氧化或腐蚀。

表 4-12 两种常见工艺

成分及工艺条件	含量（质量分数,%）及工艺参数	
	1	2
磷酸（$d=1.70g/cm^3$）	53	77.5
硫酸（$d=1.84g/cm^3$）	41.6	15.5
发烟硝酸（$d=1.52g/cm^3$）	4.5	6.0
硼酸	0.4	0.5
硝酸铜	0.5	0.5
羧甲基纤维素		0.05
温度/℃	100	100
时间/min	1~4	1~4
腐蚀速度/(0.0254mm/min)	0.15	0.15

（2）磷酸-硝酸型　这种溶液适合处理工业铝合金，包括含镁和锰的铝合金。纯铝在上述溶液处理后，在白光中具有 87% 的全反射率，处理合金的反射率相对较低。这种溶液产生的 NO_x 气体量较少，化学反应方程式如下：

$$10Al+10H_3PO_4+6HNO_3 \longrightarrow 10AlPO_4+3N_2+18H_2O$$

$$NO_3^-+3Me^+ \longrightarrow HNO_2+H_2O$$

$$R\text{-}NH_2+HNO_3 \longrightarrow R\text{-}OH+N_2$$

铜有时也可加入此溶液中，用以改善加工的效果，例如，添加 0.01%（质量分数）的铜于溶液中时，铝合金的反射率从 40% 升至 70%。

又如，下列溶液抛光效果也很好。

硝酸　2.8%~3.2%（质量分数，下同）

磷酸铝　10%~12%

磷酸　64%~70%

水　17%~23%

铜　0.01%~0.02%

磷酸铝（$AlPO_4$）质量分数在12%以上时，化学浸蚀的速度减小，抛光作用缓慢，而$AlPO_4$高于14%时，操作难以进行。添加硫酸或表面活性剂可以使这种溶液再生。加银盐和镍盐也有相同的效果。但添加铜过多会产生点蚀。铜添加量对点蚀的影响程度见表4-13。铜添加量与光泽度的关系如图4-13所示。

表4-13 铜添加量对点蚀的影响程度

铜添加量（质量分数,%）	1A85	1070A	1100	5A02
0	不产生	不产生	不产生	不产生
0.005	不产生	不产生	不产生	不产生
0.010	不产生	不产生	不产生	不产生
0.020	不产生	不产生	不明显	不明显
0.050	明显	明显	明显	明显

（3）磷酸-硝酸-醋酸型　醋酸加入到磷酸-硝酸槽液中，可以提高化学反应的速度，增加抛光的亮度。

含有醋酸成分的溶液寿命是较短的。溶液可由补加醋酸来再生，补加因蒸发失去的水分也是很必要的。同时，槽液的黏度较高，要及时添加新鲜槽液，以弥补工件带出的损失。

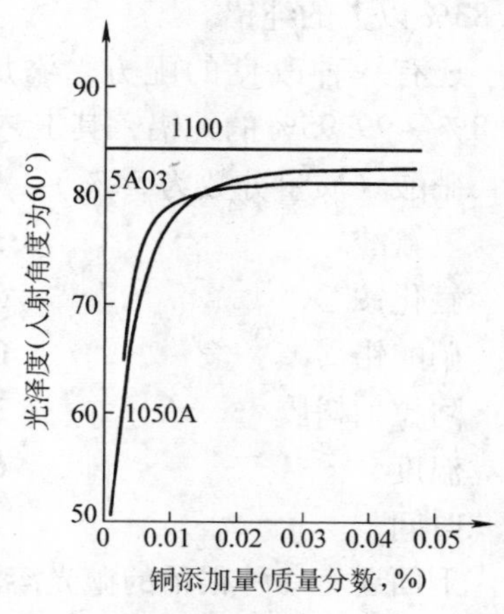

图4-13 铜添加量与光泽度的关系

（4）磷酸-硫酸型　磷酸-硫酸型抛光液对大部分铝合金只能达到半光亮效果。纯铝特别是高纯铝可以达到镜面光泽，但表面总是会有难以消除的“麻点”。该抛光液适用于处理砂光、划痕抛光等饰品（如只需要适当光泽的低压电器和精密机械工件）。它最大的优点是无有毒气体析出，同时槽液成本较低。近年来随着人们环保意识的增加，这种工艺被采用得越来越多。

（5）E. W 工艺（Erft-Werk Process）　这种方法曾在德国广泛使用。这种方法的特点是具有很高的溶解速度，大约每分钟可溶解 0.0254 ~ 0.0508mm（1 ~ 2mil）的金属层。这种工艺只适合高纯铝、高纯铝-镁合金、铝-镁-硅合金等。其工艺如下：

硝酸	13%（质量分数，下同）
氟化氢铵	16%
硝酸铅	0.02%
温度	55 ~ 75℃
时间	15 ~ 20s

采用这种工艺，高纯铝或含镁的合金可以得到非常理想的抛光效果，光反射率可达 90% 左右。

后来，人们又对上述溶液进行改良，用质量分数为 1% 左右的糊精替代上述溶液中的硝酸铅。这样上述溶液的化学腐蚀速度降低了 50%。同时获得更高的光亮度，但这种工艺只适合于铝质量分数在 99.83% 以上的纯铝。

还有一种改良的配方，添加阿拉伯树胶，用于铝质量分数为 99.8% ~ 99.95% 的纯铝，其工艺如下：

硝酸（质量分数为 54%）	135mL
氢氟酸	33mL
氟化铵	50g
硝酸铅	0.3g
阿拉伯树胶	30g
温度	65 ~ 85℃
时间	40 ~ 60s

下面还有一种很稀的抛光溶液工艺：

硝酸	30 ~ 70g/L
氟化氢铵	4 ~ 12g/L
铜	0.01 ~ 0.5g/L
温度	90 ~ 96℃
时间	0.5 ~ 5min

铜以碳酸盐或硝酸盐的形态加入。有时用铬酸、糖及其他有机物

以添加剂的形式加入其中。

4. 典型的铝及铝合金的化学抛光工艺

表 4-14 列出了一些典型的铝及铝合金的化学抛光工艺，表 4-15 列出了另外一些铝及铝合金常用的化学抛光工艺。

表 4-14　铝及铝合金典型的化学抛光工艺

工艺	槽液成分	含量（质量分数,%）	处理条件		备注
			温度/℃	时间/s	
磷酸-硝酸法	H_3PO_4(84%)	40～80	80～100	6～120	
	HNO_3	20～60			
	H_2O	余量			
Kaiser 法	HNO_3	2.25	90～100	180～300	
	Cr_2O_3	0.6			
	$Cu(NO_3)$	0.05			
	NH_4HF_2	0.06			
	甘油	0.6			
Alupol I 法	NaOH	400g/L	120～145	5～15	迅速投入 60～70℃ 温水中，硝酸中和，然后流动水洗
	$NaNO_3$	200g/L			
	$NaNO_2$	50g/L			
	Na_3PO_4	40g/L			
	$Cu(NO_3)_2$	0.1g/L			
	水	余量			
General Motor 法	HNO_3	3.75	90～100	180～300	
	乙二醇	0.65			
	NH_4HF_2	0.65			
	$Cu(NO_3)_2$	0.0025			
磷酸-醋酸-铜盐法	HNO_3	3～5	90～110	60～300	
	H_3PO_4	70～80			
	醋酸	5～15			
	$CuCl_2$	0.05～1			
	水	余量			

（续）

工艺	槽液成分	含量（质量分数，%）	处理条件		备注
			温度/℃	时间/s	
磷酸-醋酸-硝酸法	H_3PO_4	60	100～110	60～300	
	HNO_3	20			
	醋酸	20			
Alupol IV 法	H_2SO_4(98%)	41.6	100	60～120	迅速投入流动水中洗净
	发烟硝酸	4.5			
	硼酸	0.4			
	$Cu(NO_3)_2$	0.5			
Alupol V 法（Phosbrite 159）	H_3PO_4(84%)	77.5	100	60～240	
	H_2SO_4(98%)	15.5			
	HNO_3($d=1.42g/cm^3$)	6.0			
	$Cu(NO_3)_2$	0.1g/L			
AlcoaR5 法	H_3PO_4	73	100	60～300	
	HNO_3	4			
	醋酸	10			
	$Cu(NO_3)_2$	0.2			
	水	余量			

表 4-15　另外一些铝及铝合金常用的化学抛光工艺

成分及工艺条件	含量（质量分数，%）及工艺参数						
	1	2	3	4	5	6	7
H_3PO_4	136	75	136	77.5	80～85	70	75～80
H_2SO_4	9.2	8.8	18.4	15.5		25	10～15
HNO_3	22.5	8.8	15	6	2.5～5	5	3～5
$Cu(NO_3)_2 \cdot 3H_2O$	1.2						
$Cu(CH_3COO)_2 \cdot 2H_2O$			0.5～1.5				
CrO_3	2～3						
$(NH_2)_2CO_2$		3					

（续）

成分及工艺条件	含量（质量分数，%）及工艺参数						
	1	2	3	4	5	6	7
$(NH_4)_2SO_4$		4.4					
$CuSO_4 \cdot 5H_2O$		0.02		0.5			
CH_3COOH					10～15		
H_3BO_3				0.4			
温度/℃	85～120	100～120	85～120	100～105	90～105	90～115	95～105
时间/min	4～7	2～3	5～6	1～3	2～3	4～6	2～3
适用范围	Al-Zn-Cu	工业纯铝，Al-Mg	纯铝及铝合金	纯铝及含 Cu 较低的铝合金	Al，Al-Mg-Cu	1A99（LG5）	含 Cu、Zn 较高的高强铝合金

5. 材质对化学抛光的影响

铝合金的成分对其化学抛光后的表面亮度影响很大。一般来说，铝纯度越高，抛光的光亮度越好，如铝的质量分数达 99.99% 的 Al-Mg 合金，化学抛光后可获得 95% 以上的光反射率。

各种合金元素对化学抛光都有不利的影响，具体情况如下所述：

1）Fe、Ti：恶化抛光亮度，特别会降低阳极氧化膜的透明度，使抛光槽液产生白浊现象。

2）Mg：对光亮度影响较小，可以得到镜面光泽表面。

3）Mn、Cr：降低抛光表面的光亮度，但其不良影响比 Fe 小。

4）Si：Si 在没有 Mg 时会使氧化膜透明度降低。如加入 Mg，形成 Mg_2Si 就对光亮度影响不大。

5）Cu：Cu 对铝的光亮度有所改善，见图 4-14。

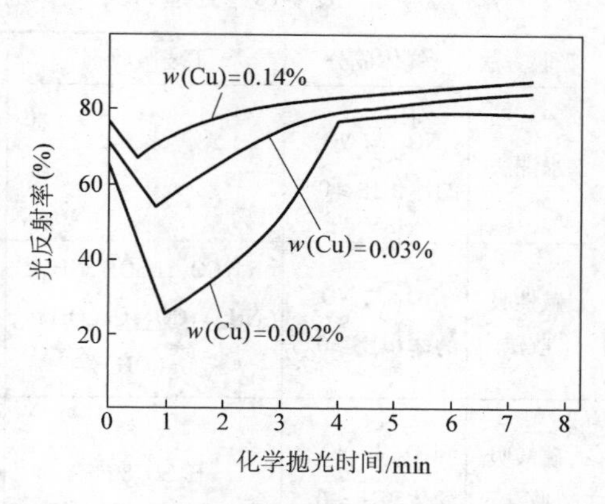

图 4-14　铝材含铜量对光反射率的影响

长时间连续使用的化学抛光溶液中，会有某些重金属积累，产生不良影响。溶液中各种金属离子的影响如下：

1）Ag^+：当含有0.01%（质量分数）$AgNO_3$时可提高抛光的亮度，但过量时会产生点腐蚀。

2）Fe^{2+}：不大于0.1%（质量分数）时对抛光亮度无不良影响。

3）Ni^{2+}：不大于0.05%（质量分数）时对抛光有增亮作用，但过量时会产生点腐蚀。

4）Mg^{2+}：有明显影响，使溶液呈白浊。

5）Pb^{2+}：有危害，产生污物。

6）Cu^{2+}：不大于0.05%（质量分数）时对抛光有增亮作用，但过量时会产生点腐蚀。

7）Sn^{2+}：有明显危害。

6. 化学抛光有毒气体 NO_x 的处理

在化学抛光液中添加硝酸，会产生有毒气体NO_x。除去NO_x可用湿式吸收装置。处理NO_x气体的典型湿式吸收法见表4-16，它们都是根据水或碱液等对气体的吸收而设计的，效果较好。NO_2气体用排气法就可以除去，但以不活泼的NO为主的NO_x气体就不宜用排气法除去，因此，在吸收之前要将NO氧化为NO_2，以提高NO_x的吸收率。图4-15所示为各种溶液对NO_x气体的吸收率。

表4-16　处理 NO_x 气体的典型湿式吸收法

吸收方法	气体成分	主要吸收剂	反应产物	特点
水洗法	NO_2与NO_x的体积比≥0.5	水	HNO_3，HNO_2，NO	成本低，存在残余NO气体和废液处理
碱性吸收法	NO_2与NO_x的体积比≥0.5	Na_2CO_3，NaOH，NH_3，$(NH_4)_2CO_3$，$Ca(OH)_2$，$Mg(OH)_2$	NO_3^-，NO_2^-	成本低，可以吸收N_2O_3，存在废液处理
硫酸吸收法	NO_2与NO_x的体积比≈0.5	$H_2SO_4$80%	NO_x浓缩物	成本低，可进行NO_x处理也可进行SO_x同时处理

（续）

吸收方法	气体成分	主要吸收剂	反应产物	特点
亚硫酸钠法	NO_x	Na_2SO_3，NaOH	N_2，NO_3^-，SO_4^{2-}	成本低，存在废液处理
碱性高锰酸钾法	NO，NO_x	$KMnO_4$，K_2MnO_4，NaOH，KOH	NO_3^-，MnO_2，MnO_4^{2-}	NO，NO_2 吸收迅速，MnO_2 再生复杂
酸性高锰酸钾法	NO	$KMnO_4$	HNO_3，NO_2，Mn^{2+}	兼有碱性吸收，Mn 的利用率大，Mn^{2+}的再生复杂
亚氯酸钠法	NO，NO_x	$NaClO_2$，NaOH	NaCl，NO_3^- NO_2	反应速度快，兼有碱性吸收
过氧化氢法	NO，NO_x	H_2O_2，NaOH	NO_3^-	废液处理简单，H_2O_2 会自行分解
亚铁盐法	NO	$FeSO_4$，$FeCl_2$	NO 浓缩物	成本低，NO 吸收速度慢，NO 再生复杂

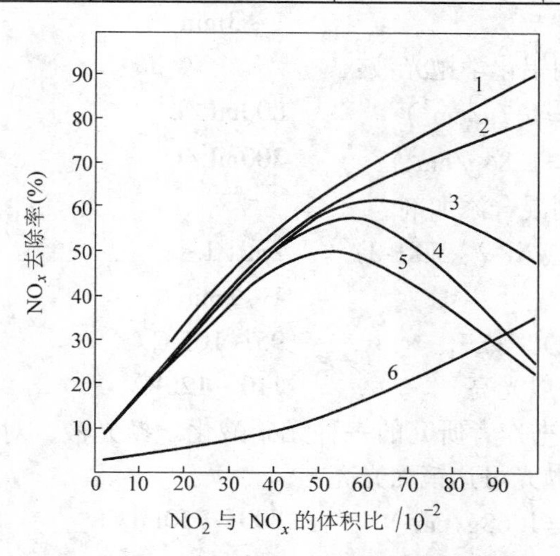

图4-15 各种水溶液对 NO_x 的吸收率

1—1mol/L Na_2SO_3 +1mol/L NaOH 2—0.25mol/L $Na_2S_2O_3$ +0.35mol/L NaOH
3—0.25mol/L 氨基磺酸 +0.35mol/L NaOH 4—0.25mol/L 硫酰胺酸 +0.35mol/L NaOH
5—0.35mol/L NaOH 6—H_2O

7. 无黄烟化学抛光工艺

目前，常用的化学抛光溶液都含有磷酸、硝酸、硫酸，会产生 NO_x 黄色气体，俗称为“黄烟”。为了减少 NO_x 就应该少用或不用硝酸，但硝酸是强氧化剂，能有效抑制腐蚀麻点，提高抛光亮度。如果不用硝酸，只用磷酸和硫酸，只能达到半光亮效果。人们研究在磷酸和硫酸为基础的抛光液中，添加适当的添加剂，以提高抛光的亮度，抑制麻点的产生。这些添加剂包括：表面活性剂、氧化剂、金属盐、络合剂、缓蚀剂等。下面介绍这方面的几个例子：

无硝酸化学抛光液：

磷酸	47%(质量分数，下同)
硫酸	48%
水	5%
铝粉	0.5g/L
组合添加剂	10mL/L
温度	105~120℃
时间	1~3min

WXP 系列铝化学抛光液：

磷酸（$d=1.7g/cm^3$）	800mL/L
硫酸（$d=1.84g/cm^3$）	200mL/L
WXP 系列混合添加剂（WXP-1、WXP-2、WXP-3）	2mL/L
时间	1~2min
温度（全光亮）	95~105℃
温度（一般光亮）	110~120℃

下面是本书作者研究的一种无硝酸化学抛光液，对于纯铝及 Al-Mg-Si 铝合金抛光可达镜面光亮：

磷酸（$d=1.68g/cm^3$）	800~750mL/L
硫酸（$d=1.84g/cm^3$）	200~250mL/L
WP-98	8~12g/L
Al	2~10g/L
温度	90~110℃

时间 1～2min

WP－98是一种复合添加剂，含氧化剂、金属盐、络合剂、缓蚀剂等。

8. 化学抛光注意事项

1）应选用纯度高的硫酸配制溶液。因为一般工业硫酸含有大量杂质，会影响抛光质量。溶液中硫酸含量太少，会使腐蚀速度降低，抛光温度上升。硫酸含量过高，工件表面会产生白雾，亮度下降。

2）要及时补加硝酸，硝酸在抛光中分解很快，消耗速度比磷酸和硫酸高得多。硝酸含量太少时，抛光亮度下降，并会产生麻点和蓝膜。

3）环境要通风良好。抛光时产生的氮氧化物，对人体有较大的毒性，并会腐蚀生产设备。

4）溶液使用时间较长后，要及时进行再生处理，分离其中的磷酸铝，延长槽液的寿命。

5）尽量使用低硝酸或无硝酸工艺，减少环境污染。

化学抛光的方法不能得到任何表面的保护作用，同时，化学抛光在洗涤后，不含氧化膜。实验发现，化学抛光的工件，阳极氧化处理后，用较短的处理时间染色，可得到较深的颜色。一般认为，这是由于化学抛光后表面有较大的镜面反射率。总之，足够的洗涤和干燥，可以防止在抛光表面生成污点。

电解抛光或者化学抛光的处理，证实比机械抛光的表面有较高的耐久性。如电解抛光后的铝表面浸入质量分数为3%的氯化钠溶液中，7天后反射率降低3%；而对于机械抛光后的铝，其反射率则降低15%左右。有人也认为电解抛光可以改进耐蚀性，即电解抛光或化学抛光的金属，比机械抛光的材料有优良的耐蚀性。同时电解抛光和化学抛光的金属表面整平程度是十分均匀的。

铝的抛光和阳极氧化在汽车工业方面得到广泛的应用。化学抛光首先用于超纯度的铝合金。电解抛光和化学抛光，几十年来一直在汽车和航空工业应用上占有很大的比例。尽管后来的镀镍和镀镍铬层，更加坚固耐用，但阳极氧化的办法仍然占着决定性的数量比例。

4.3.4 中和与出光

经过碱性脱脂和碱性腐蚀的铝合金工件，表面一般都有一层黑灰。为了取得光亮的金属表面，必须用酸性溶液出光处理。即使是很纯的铝工件，表面的碱液，也很难用水完全洗净，需要用酸性溶液中和处理。中和、出光是一种工艺，只是在应用上，如果强调的是以中和为主要目的的称为中和，如果强调的是以出光为主要目的的称为出光。有些酸性腐蚀处理后的铝合金工件表面也有黑灰，也需要进行出光处理。出光常用含 300 ~ 400g/L 的硝酸溶液，在室温下浸泡 3 ~ 5min，以去掉腐蚀产物，即露出基体金属表面。出光后进行流动清水洗涤，经检查没有其他缺陷和杂质时，才可进行阳极氧化或其他化学处理。也可以在含硝酸 300 ~ 400g/L 和铬酐（CrO_3）5 ~ 15g/L 的溶液中出光，或者用铬酐 100g/L，硫酸（$d = 1.84g/cm^3$）10mL/L 的混合酸溶液，在室温下出光。对于含硅的铝铸件上的黑灰，可用 3 体积份的硝酸和 1 体积份的氢氟酸（HF）混合溶液，在室温下出光 5 ~ 15s。

在 6063 铝合金建筑型材的表面处理工业中，有些工厂为了节约生产成本，用相同浓度的硫酸替代硝酸进行出光处理。这种工艺好处还有出光后不经水洗，可直接进入阳极氧化槽，但它一般需要更长的出光时间，效果也没有用硝酸理想，有时还会出现局部点腐蚀。也有一些工厂用硝酸和硫酸混合酸进行出光处理，混合比例因各厂而异。

美国 leed 公司采用下列配方的溶液去除黑灰：先往空槽注入溶液中体积（19000L）3/4 的自来水，加入 68mL/L 硫酸，搅拌 10min 后加入 613kg 硫酸铁，反应 60min。在加入体积分数为 70% 的氢氟酸 38mL/L。最后加入 57mL/L 过氧化氢，至少在 20min 内不要搅动。此后在使用之前进行中等强度的搅拌 2h。生产时必须连续缓慢地进行搅拌，因为反应需在有氧气的条件下才能完成。不生产时，应关闭搅拌的压缩空气。使用 1 周后，对溶液要进行一次调整，如每天生产 8h，可加入 30L 硫酸、45kg 硫酸铁、4L 氢氟酸和 20L 过氧化氢。

为了提高出光效率，减少硝酸的使用量，有出光去污剂出售。这些出光去污剂用在 100 ~ 150g/L 的硝酸溶液中，硝酸浓度低，出光速度快，并可以除去高铜含量铝合金表面产生的难以除去的黑灰层。出光去污剂一般含有硫酸铁、氢氟酸、过氧化氢、缓蚀剂、表面活性剂等。但对含锌较高的铝合金容易产生雪花状点腐蚀。

铸铝或压铸铝合金，由于合金成分中含有较高比例的铜或硅，所以一些铸铝经碱腐蚀或者酸腐蚀后，表面会留下一层较厚富含铜或硅的黑色附着物，用普通的出光溶液很难将其出光，要进行所谓的去铜、去硅处理，其本质也是一种出光。

去铜工艺：	HNO_3	8%（体积分数）
	温度	20～25℃
	时间	8～25min
去硅工艺：	HF	15%（体积分数）
	温度	20～25℃
	时间	20～70min

铸铝的表面状况非常复杂，各种牌号铸铝的差异也很大。铸铝表面预处理的好坏往往是作业成功与否的关键，所以铸铝的表面预处理几乎没有标准的工艺可以推荐，需要作业者根据铸铝的表面状况和用户的要求，反复试验才能确定应该采用的处理工艺。

4.3.5　浸锌

铝及铝合金表面存在自然氧化膜，对要求金属与金属紧密接触的表面处理非常不利。如果在铝及铝合金表面直接进行电镀或者化学镀，则镀层的附着力达不到要求。铝合金的浸锌工艺就是用于解决这个问题。铝合金的浸锌本质上是一种化学置换，在基体表面获得一层置换金属锌。

浸锌，有些资料称为沉锌。铝在浸锌液中能有效除去表面的氧化膜，同时又沉积锌层，防止铝的再氧化，使铝表面的电极电位向正方向移动。目前，无氰、无氟、无硝酸盐、低浓度多元合金化是浸锌溶液的发展方向。锌合金膜相对薄而致密，晶粒结构好，锌合金层线胀系数比锌低，接近铝合金基体，这有助于改善金属与金属之间的结合力，同时可以提高镀件的耐蚀性。铝及铝合金的常见浸锌溶液成分含量见表 4-17 和表 4-18。

表4-17 铝及铝合金浸锌溶液成分含量(Ⅰ)

成分	浸锌			浸锌镍			浸锌镍铁	
	1	2	3	4	5	6	7	8
	质量浓度/(g/L)							
NaOH	500~550	100~130	150~200	200~240	100~130	150~200	200~220	100~150
ZnO	100~150	20~30	20~30		10~20			10~15
$ZnSO_4 \cdot 7H_2O$				100~130		80~90	30~40	
$NiCl_2 \cdot 6H_2O$					15~20			10~15
$NiSO_4 \cdot 7H_2O$				50~70		10~20	25~30	
$FeCl_3 \cdot 6H_2O$	2~3	2~3					2~3	1~3
酒石酸钾钠	20~25	45~50	50~55	115~120	10~15	130~150	30~40	10~15
柠檬酸三钠				10~20			30~40	
$NaNO_3$		1	2	2	2			2

表4-18 铝及铝合金浸锌溶液成分含量(Ⅱ)

成分	浸锌镍铁铜					
	9	10	11	12	13	14
	质量浓度/(g/L)					
NaOH	100~130	100~130	80~100	80~100	80~100	110~150
$ZnSO_4 \cdot 7H_2O$	35~45	40~45	20~35	20~35	20~35	30~40
$NiSO_4 \cdot 7H_2O$	30~40	30~40	30~40	30~40	30~40	25~35
$CuSO_4 \cdot 5H_2O$	4~6	4~6	1~3	1~3	1~3	4~6
$FeCl_3 \cdot 6H_2O$	1~3	1~3				1~3
$FeSO_4 \cdot 7H_2O$			1~3	1~3	1~3	
酒石酸钾钠	80~100		30~40	30~40		
络合剂1		80~100			40~50	
络合剂2			40~55			
柠檬酸三钠				40~55	40~55	80~90
$NaNO_3$	2	2	2	2	2	2
添加剂	3~5	3~5	3~5	3~5	3~5	3~5

工艺流程：工件→化学脱脂→热水洗→冷水洗→流动→水洗→碱蚀→热水洗→冷水洗→流动水洗→烘干→出光→水洗→ 第一次浸锌→退锌→水洗→第二次浸锌→电镀。

退锌工艺：

HNO_3	1:1（体积比）
温度	室温
时间	15s

浸锌工艺参数：第一次浸锌，20～40℃，60s；第二次浸锌，20～40℃，30s。

浸锌过程分一次浸锌、二次浸锌。无论是第一次浸锌还是第二次浸锌，膜厚都是随浸锌时间的增加而增加。当浸锌时间相同时，第二次浸锌获得膜厚要小于第一次浸锌，表明经过第一浸锌后，铝合金表面活性有所降低。二次浸锌的浸锌层致密，晶粒细小，效果比一次浸锌好。

表 4-17 的 1 号、2 号配方中虽然仅含微量的铁，但是在锌膜中含有较多的铁；4 号、5 号配方含有较多的镍盐，但在锌膜中镍仅占微量；7 号、8 号配方，在锌膜中镍含量明显小于铁含量。表 4-18 的 9～14 号配方可在锌膜中沉积出较多的铁，较少的镍，更少的铜。当浸锌溶液中同时存在铁、镍时，置换反应会出现“异常置换”，即铁比镍优先沉积，尽管溶液中铁含量比镍含量少得多，但是在沉积出的锌膜中铁含量远远大于镍含量，并且锌合金膜厚比单纯浸锌膜要薄得多。

浸锌时间对锌层质量有重要的影响。浸锌初期锌层沉积速度较快，30s 以后沉积速度变慢，时间超过 2min，锌层反而恶化，表面发黑、粗糙。因此，浸锌时间应控制在 60s 以内。

第一次浸锌锌合金膜中主要成分是锌，随着浸锌时间的增加，锌的变化趋势为增加，铁的变化趋势为缓慢减少，铜的变化不大，镍的变化趋势为先少量增加，然后略有下降，之后略有上升。铁含量大于镍、铜含量。第二次浸锌的锌合金膜中，锌含量比第一次浸锌的锌合金膜中锌含量要少，铁含量比第一次浸锌的要多。膜中主要成分是锌，随着浸锌时间的增加，锌的变化趋势为增加，铁、镍的变化趋势为减少，铜的变化仍不大。铁含量比镍、铜含量要大得多。

在锌沉积过程中，对于同一种铝基材，若温度不同则沉积速度也不同，温度升高锌的结晶速度增快，锌层越厚，但锌层粗糙，且呈海绵状。温度降低虽然锌的析出量少，但有利于晶核的形成，所以降低温度，锌层较薄，但均匀、致密，与基体的结合力牢固。浸锌溶液温度为20℃左右时效果最佳。浸锌层的颜色为青灰到深灰色。

浸锌注意事项如下：

1）由于铝及铝合金是两性金属，化学脱脂和弱腐蚀时间不宜过长，温度不宜过高。浸锌必须进行两次，第一次浸锌后用退锌溶液退除锌层，留下致密的二次浸锌晶核，适宜形成致密的锌层。

2）高硅铸铝合金浸锌前可先在以下溶液中浸蚀3～5s后再进行。

HNO_3	3体积份
HF（48%）	1体积份
温度	室温
时间	3～5s

3）铝及铝合金在电镀前的各道工序必须连贯，动作要迅速，清洗要干净，特别是腐蚀出光后的工件，不能在空气中停留时间过长，处理后迅速置于清水中。

4）浸锌后的工件电镀时，可先在电解液中停留3～5s，除去工件表面的微薄氧化膜，并要用冲击电流（正常电流的2倍）冲击5～15s后，再调至正常电流电镀。

5）浸锌后的工件镀氰化铜时，可适当提高氰化镀铜液的温度，可加快沉积速率。

4.3.6 水洗

任何经化学溶液处理的铝工件，移出处理液后，都应立即水洗，而且越快越好。因为工件离开处理液曝露在空气中，表面处在不均匀的状态下，需要立即用水将化学药剂冲洗掉，使化学反应终止；同时防止将化学药剂带入下一处理液中，污染下一化学处理槽。一般不允许工件干态进入化学处理槽，需要水洗将工件表面润湿，才能进入化学处理槽中处理，防止局部反应不均匀。但化学抛光和电解抛光例外，要求工件尽量是干态浸入，避免把水带入稀释槽液。

水洗用水主要有纯水、自来水、再生水。纯水是指经过提纯处理的自来水，包括蒸馏水、去离子水，水质好，价格较高。自来水由城市自来水系统供应，水质一般，并受城市自来水标准约束，价格低，是处理厂的主要用水水源。再生水是工厂或城市将废水经过再生处理，重复利用的水，价格最低，但水质最差，一般替代或部分替代城市自来水使用。在保证清洗质量的前提下，尽量使用再生水清洗，这样可以减少工厂直接排向大自然的废物总量，有利于减少环境污染，保护生态环境。

理想的清洗是，工件移出化学处理液后，立即用自来水冲洗，然后用流动自来水浸洗，再用纯水浸洗。但实际生产中，不同的化学槽对洗净度有不同的要求，清洗槽可灵活安排，最低要求为一次静止自来水浸洗。有些化学处理槽的黏度比较高，如化学抛光槽、电解抛光槽、碱性腐蚀槽等，后面的水洗为了提高清洗效果，需要用热水洗，温度一般为40~60℃。

在清洗水中，一般不添加任何化学药剂。但有时前面的化学处理槽是强酸性的或强碱性的，而后面的化学处理槽对pH值的变化非常敏感，如阳极氧化后，进行染色处理或进行封孔处理就是这种情况，可在最后一次水洗槽中添加少量的弱碱（如氨水）或弱酸（如醋酸），以中和前面带出来的强酸或强碱。不过，最好是增加水洗次数，而不是通过添加化学药剂来解决这个问题。

水洗时间为几十秒钟到数分钟。工件经清洗后，表面处于活性状态，应尽快转入下一处理工序。过长工序间的停留时间，会导致工件表面局部不均匀腐蚀或变色。

4.4 铬酸盐转化膜

4.4.1 概述

铝及铝合金在不通电的条件下，于适当的温度范围内浸入含六价铬的电解质溶液中（也可以采用喷淋或刷涂的方式）发生化学反应，在表面生成与基体有一定结合力的不溶性的转化膜称为铬酸盐转化膜（或铬酸转化膜）。

铝在特定的pH值范围内（pH值一般为4.45~8.38），被稳定的天然氧化膜（水合氧化铝）所覆盖。天然氧化膜厚度为0.005~0.015μm，由于太薄，所以容易磨损、擦伤，耐蚀性也很差。为了提高天然氧化膜的耐蚀性及其他性能，有必要进行人工处理，增加氧化膜的厚度、强度及其他防护性能。

铬酸盐转化膜厚度为0.5~4μm，耐磨性低，在受到中等摩擦时，膜层尚能承受，不会损坏，但受到严重摩擦和强烈侵蚀时，会迅速破坏。铝合金化学氧化膜+多孔性氧化膜，可以作为油漆底层，与油漆的附着力比阳极氧化膜大。化学氧化膜能导电，可在其上电泳涂装。与阳极氧化相比，化学氧化处理的特点是：对铝工件疲劳性能影响较小，操作简单，不用电能，设备简单，成本低，处理时间短，生产率高，对基体材质要求低，适用于复杂零件的表面处理，如细长管子、点焊件、铆接件等。因此，化学氧化工艺在电器工业、航空工业、机械制造业与日用品工业得到广泛应用。铝合金化学氧化膜的耐蚀性、耐磨性低，不能单独作为抗蚀保护层，氧化后必须涂漆，或者作为设备内部零件保护层。

铝合金化学氧化处理应用范围：①点焊、胶结-点焊组合件的防护（用磷酸-铬酸法）；②长寿命零件的油漆底层；③与钢或铜零件组合的组件防护（用碱性铬酸盐法）；④形状复杂的零件；⑤电泳涂漆的底层；⑥导管或小零件的防护；⑦铝工件存放期间的腐蚀防护。

下列情况不能用化学氧化处理：①有接触摩擦或受流体冲击的工件；②无油漆保护在腐蚀性环境的工件；③长期处在65℃以上工作环境的工件。

化学氧化溶液应该含有两个基本化学成分，一是成膜剂，二是助溶剂。成膜剂一般是具有氧化作用的物质，它使铝表面氧化而生成氧化膜，助溶剂是促进生成的氧化膜不断溶解，在氧化膜中形成孔隙，使溶液通过孔隙与铝基体接触产生新的氧化膜，保证氧化膜不断的增厚。要在铝基体上得到一定厚度的氧化膜，必须是氧化膜的生成速度大于氧化膜的溶解速度。

铬酸盐转化处理方法主要有铬酸盐法、磷酸盐-铬酸盐法、碱性铬酸盐法等。

铝及铝合金的铬酸盐转化膜工艺流程，取决于工件的材质和表面条件，如图 4-16 所示。

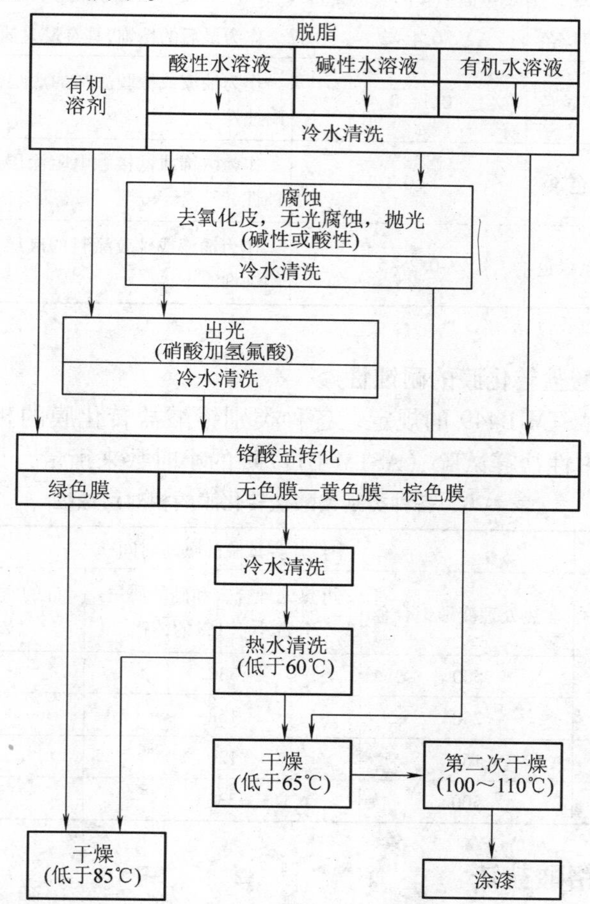

图 4-16　铝及铝合金的铬酸盐转化膜工艺流程

4.4.2　铬酸盐转化膜的分类与耐蚀性

1. 铬酸盐转化膜的分类

美国军用标准 MIL-C-5541 和美国材料与试验协会标准 ASTM

B449，把铝及铝合金的铬酸盐转化膜根据膜的性质和用途分为 4 类，见表 4-19。

表 4-19　铝及铝合金铬酸盐转化膜的分类

类别	外观	单位面积膜的质量 g/m^2	腐蚀防护
1	黄色至棕色	0.4～2	作为最后的精饰，具有最大的耐蚀性
2	无色至黄色	0.1～0.4	作为油漆或橡胶涂料的底层，具有中等的耐蚀性
3	无色	<0.1	作为装饰或低接触电阻涂层，具有轻微耐蚀性
4	浅绿至绿色	0.2～5	作为油漆或橡胶涂料的底层，具有中等的耐蚀性

2. 铬酸盐转化膜的耐蚀性

根据 ASTM B449 的规定，各种类别铬酸盐转化膜的相对耐蚀性应用通过中性盐雾试验（ASTM B117）的小时数来衡量，见表 4-20。

表 4-20　各种类别铬酸盐转化膜的相对耐蚀性

膜的类别	中性盐雾试验的曝露时间/h		
	非热处理变形铝合金	可热处理合金和硅的质量分数小于 1% 的铸铝	硅的质量分数大于 1% 的铸铝
1	500	336	48
2	250	168	24
3	168	120	12
4	500	336	48

4.4.3　铬酸盐法

铬酸盐转化处理液呈酸性或弱酸性，溶液 pH 值为 1.8～4.0，成膜剂为 CrO_4^{2-}，助溶剂为 F^-。铝表面首先受到腐蚀，产生氢气，氢被铬酸氧化生成水。铝表面产生氢气，导致氢离子消耗，使局部 pH 值上升，溶解的铝一部分形成氧化膜，另一部分与六价铬、氟结合，在溶液中以络离子形式存在。反应式如下：

$$2Al + 6H^{+} \longrightarrow 2Al^{3+} + 3H_2$$

$$2CrO_3 + 3H_2 \longrightarrow Cr_2O_3(\text{含水}) + 3H_2O$$

$$2Al^{3+} + 6OH^{-} \longrightarrow Al_2O_3(\text{含水}) + 3H_2O$$

总反应式为

$$2Al + 2CrO_3 \longrightarrow Al_2O_3(\text{含水}) + Cr_2O_3(\text{含水})$$

式中右边项就是铬酸盐转化膜，转化膜中还含有一定量的六价铬、氟离子等。因为转化膜中含有少量的六价铬，所以转化膜在轻微的破损时，能在破损区生成新的转化膜，起到自愈作用，自愈作用是铬酸转化膜具有较高耐蚀性的重要因素。铬酸盐转化膜的耐蚀性比天然膜高 10~100 倍，着色性也很好。膜的色调与处理试剂和处理条件有关，纯铝转化膜透明度很高，但含有 Mn、Mg、Si 等合金元素时，转化膜的颜色发暗。

常见处理工艺如下：

配方一：

铬酸酐（CrO_3）	3.5~6g/L
铬酸钠（Na_2CrO_4）	3~3.5g/L
氟化钠（NaF）	0.8g/L
pH 值	1.5
温度	25~30℃
时间	3min

配方二：

铬酸酐（CrO_3）	4~6g/L
氟化钠（NaF）	1g/L
铁氰化钾 [$K_3Fe(CN)_6$]	0.5g/L
温度	30~35℃
时间	20~60s

铬酸盐转化膜的颜色变化规律是：无色→彩虹色→金黄色→黄色。膜层由薄变厚，无色膜厚度最低，黄色膜厚度最高。膜的厚度越高，其抗擦伤性、耐磨性、膜的自行修复能力越强。膜的耐蚀性与膜的厚度不存在直接关系，它与膜的质量以及其他许多因素有关，但在其他所有条件相同的情况下，厚度高的转化膜的耐蚀性也高。

这类转化膜处理液的基本成分是铬酸酐、氢氟酸。配方一是基本型，成膜速度较慢，一般可获得无色及彩虹色膜，膜厚在0.5μm以下。pH值为1.5～2.0时可得彩虹色膜，pH值为2.1～4.0时可得无色膜。铬酸酐可用铬酸钠或重铬酸钠代替，生产时要经常分析六价铬的含量，及时补充处理剂原料。氢氟酸可用氟化物代替。处理液使用时pH值会逐步升高，溶液的pH值用硝酸调节，也可用氢氟酸调节。如果pH值需要调高时，可用稀氢氧化钠溶液调节，一般不用氨水。为了维持溶液pH值的稳定，可以添加0.5～1.0g/L的硼酸，这样可以减少铝合金处理时pH值不稳，表面粉状物的出现，但也使溶液的反应速度变慢。

配方二是在基本型中添加铁氰化钾促进剂，成膜速度比配方一明显加快，可获得金黄色、黄色甚至褐色氧化膜，膜厚可达2μm。这种氧化膜的组成为 $CrFe(CN)_6 \cdot 6Cr(OH)_3 \cdot H_2CrO_4 \cdot 4Al_2O_3 \cdot 8H_2O$。促进剂还可以是锆或镍与氰基的络合物，钼酸盐或硒酸盐等。图4-17所示为膜重、颜色与处理时间、温度的关系。

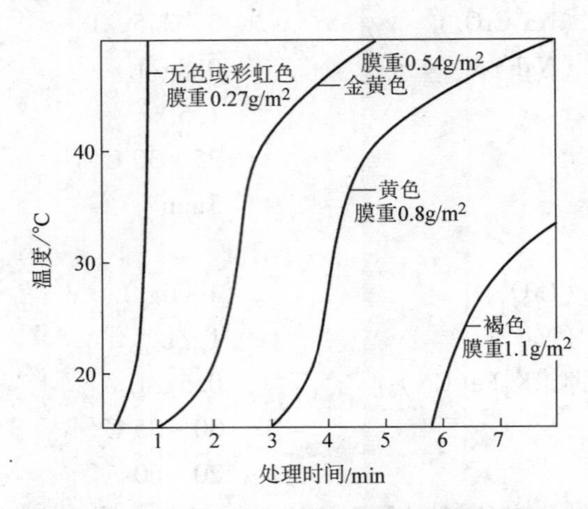

图4-17　膜重、颜色与处理时间、温度的关系

这类转化膜用作油漆底膜时，厚度以0.11～0.274μm较合适。转化膜不溶于水及有机溶剂，但溶于强酸和强碱。黏附在金属表面极其牢固，冲压变形也不受损害。它的电阻很低，因此可作为电子产品

的保护膜，对熔焊性能不产生影响。转化膜的热稳定性视膜厚而异。在未涂保护漆时，热稳定性温度可达 150～200℃；在涂有保护漆时可达 350℃。它的耐磨性良好，可以和同等厚度的阳极氧化膜的耐磨性相当。它对于油漆及塑料具有极优良的黏附性能。

4.4.4　磷酸-铬酸盐法

用磷酸-铬酸盐溶液处理时，铝表面首先产生腐蚀，生成氢气，再被六价铬氧化，生成水。另外，少量的氢氧化铝与磷酸铬生成磷酸铝，进入溶液中的铝和三价铬与氟结合成为络离子。反应式如下：

$$2Al + 2H_3PO_4 \longrightarrow 2AlPO_4 + 6H$$

$$2CrO_3 + 6H \longrightarrow 2Cr(OH)_3$$

$$2Cr(OH)_3 + 2H_3PO_4 \longrightarrow 2CrPO_4 + 6H_2O$$

或

$$Al + CrO_3 + 2H_3PO_4 \longrightarrow AlPO_4 + CrPO_4 + 3H_2O$$

$$2Al^{3+} + 4H_2O \longrightarrow 2AlO(OH) + 6H^+$$

膜层为 $AlPO_4$、$CrPO_4$ 和 3～4 个 H_2O，无六价铬，颜色为浅绿色。主要配方如下：

配方一：

磷酸（H_3PO_4，$d=1.74g/cm^3$）	50～60mL/L
铬酸酐（CrO_3）	20～25g/L
氟化氢铵（NH_4HF_2）	3～3.5g/L
磷酸氢二铵［$(NH_4)_2HPO_4$］	2～2.5g/L
硼酸（H_3BO_3）	1～1.2g/L
温度	30～36℃
时间	3～6min

配方二：

磷酸（H_3PO_4，$d=1.74g/cm^3$）	12.5mL/L
铬酸酐（CrO_3）	2g/L
氟化钠（NaF）	5g/L
硼酸（H_3BO_3）	2g/L
温度	22℃

时间 ≈10min

配方三：

磷酸（H_3PO_4，$d=1.74g/cm^3$）	12.5mL/L
铬酸酐（CrO_3）	2～4g/L
氟化钠（NaF）	5g/L
硼酸（H_3BO_3）	2g/L
温度	室温
时间	15～60s

以上配方中各个组分的作用如下：

1）磷酸是生成氧化膜的主要成分，如果溶液中不含磷酸，则不能形成氧化膜。

2）铬酸是溶液中的氧化剂，也是形成膜层不可缺少的成分。若溶液中不含六价铬，溶解腐蚀反应就会加强，于是就难以形成氧化膜。

3）氟化氢铵用于提供氟离子，是溶液的活化剂，与磷酸、铬酸共同作用，生成均匀致密的氧化膜。

4）加入硼酸的目的，是为了降低溶液的氧化反应速度和改善膜层的外观，这样的氧化膜结构致密，耐蚀性更高。

5）磷酸氢二铵起溶液 pH 值缓冲作用，使溶液更稳定，膜层质量更高。

当溶液各化学成分正常时，氧化溶液的温度是获得高质量氧化膜的主要因素。低于 20℃时，溶液反应缓慢，生成的氧化膜较薄，防护能力差。温度高于 40℃时，溶液反应太快，产生的氧化膜疏松，结合力不好，容易起粉。

氧化处理时间的长短，要依据溶液的氧化能力和温度来确定。新配的溶液氧化能力强，陈旧的溶液氧化能力弱。溶液的温度低和氧化能力较弱时，可以适当增加氧化时间。溶液温度高或氧化能力强时，可以适当缩短氧化时间。

在生产过程中，主要是消耗磷酸、铬酐和氟化氢铵，根据生产情况，应定期分析溶液中各成分的含量，并将之调整在正常范围以内。

图 4-18 所示为氧化膜的性能、色调与溶液成分的关系。

这种工艺可得到透明的氧化膜，其膜重应为 0.01 ~ 0.2g/m²。随着氧化膜总量的增加，色调为绿到蓝的干涉色，进而变为暗绿色。配方一和配方二可以获得浅蓝色到绿色氧化膜，膜层致密，耐蚀性强，这种氧化膜的最大优点是不存在六价铬离子，因此可作为食品包装和装饰材料的保护膜。食品用喷漆底层膜重为 0.05 ~0.2g/m²，彩色铝板的涂漆底层膜重为 0.4 ~ 0.9g/m²，装饰用氧化膜重为 2 ~3g/m²。

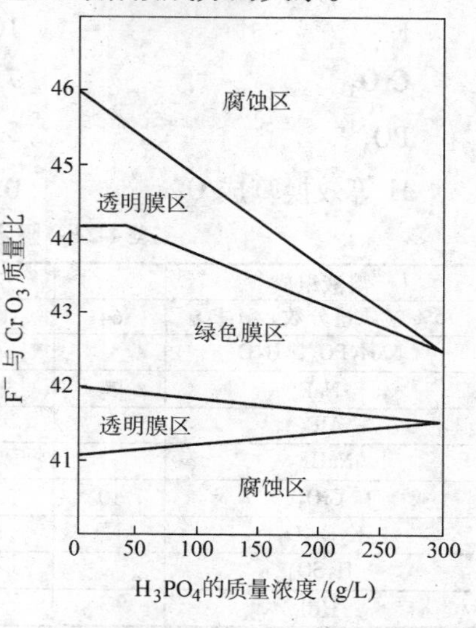

图 4-18　氧化膜性能、色调与溶液成分的关系

如果优化处理条件，可得到厚度达 4.5μm 的氧化膜。刚生成的氧化膜内部呈凝胶状，力学性能差，对热敏感，容易剥离。因此，必须在 70℃温度下干燥，一次干燥的氧化膜可耐 400℃高温，同时提高了强度，这种氧化膜可做中等程度的深冲用润滑膜。绿色的磷酸-铬酸盐氧化膜具有优越的耐候性，适合建筑铝材的氧化处理。配方三为化学导电氧化，膜无色透明，膜层薄，厚度一般为 0.3 ~ 0.5μm，导电性好，用于易变形的电子、电器零件。

阿洛丁（Alodine or Alocrom）法属于典型的磷酸-铬酸盐法，溶液组成见表 4-21。主要成分的质量浓度范围如下（见图 4-19）：

PO_4^{3-}	20 ~ 100g/L
F^-	2.6 ~ 6.0g/L
CrO_3	6.0 ~ 20g/L
F^-/CrO_3	0.18 ~ 0.36
总酸度	≤3N
pH 值	1.7 ~ 1.9

消耗量（以处理 $1m^2$ 面积的铝件计算）：

F^-	10.76g
CrO_3	7.5 ~15g
PO_4^{3-}	5.4 ~10.76g
H 等效换算成 O	0.65 ~1.5g

表 4-21 阿洛丁法溶液组成 （单位：g/L）

溶液组成	1	2	3	4	5	6
75%（质量分数）H_3PO_4	64	12	24			
$NaH_2PO_4 \cdot H_2O$				31.8	66.0	31.8
NaF	5	3.1	5.0	5.0		
AlF_3						5.0
$NaHF_2$					4.2	
CrO_3	10	3.6	6.8			
$K_2Cr_2O_7$				10.6	14.7	10.6
H_2SO_4					4.8	
HCl				4.8		4.6

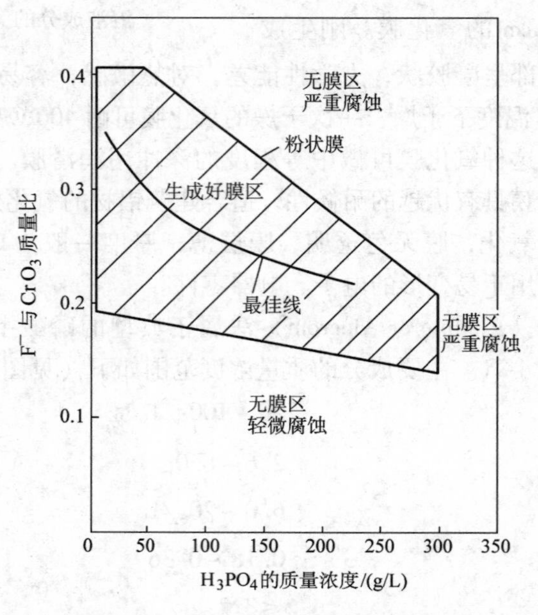

图 4-19 阿洛丁氧化氟离子、铬酸、磷酸的质量浓度范围

阿洛丁转化膜的膜厚为 2.5 ~ 10μm，膜中主要化学成分含量（质量分数）：Cr18% ~ 20%，Al45%，P15% ~ 17%，F0.2%。氧化膜经低温干燥后，膜中含有铬酸-磷酸盐 50% ~ 55%（质量分数，下同），铝酸盐 17% ~ 23%，水 22% ~ 23%，氟化物（Cu，Cr 和 Al 盐）。这种工艺在室温下处理 5min，而在 50℃ 时处理时间为 1.5min，浸渍或 20s 喷淋，图 4-20 所示为溶液温度与处理时间的关系。处理后再用冷水洗 10 ~ 15s，然后用质量分数为 0.05% 的磷酸或铬酸在 40 ~ 50℃ 脱氧处理 10 ~ 15s。干燥温度为 40 ~ 65℃。处理槽可用不锈钢制作。溶液的分析以溴甲酚绿做指示剂，用标准氢氧化钠溶液滴定。

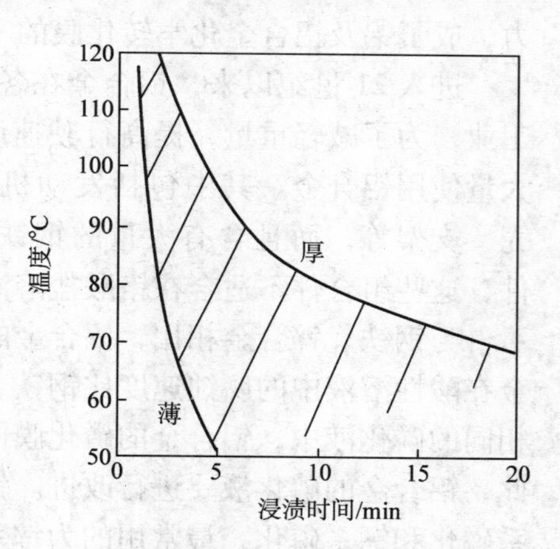

图 4-20　阿洛丁氧化法溶液温度与处理时间的关系

铸铝的磷酸-铬酸盐处理工艺如下：

H_3PO_4（85%）	0.5 ~ 1.2mL/L
CrO_3	2 ~ 8g/L
$K_3Fe(CN)_6$	0.3 ~ 0.7g/L
NaCl	0.1 ~ 0.5g/L
OP 乳化剂	0.3 ~ 1.2g/L
pH 值	1.5
温度	25℃
时间	5s

4.5　磷化

4.5.1　概述

近年来，由于六价铬毒性高且可能致癌，其工业应用受到了严格的限制。磷化膜工艺污染相对较小，且适当的厚度有良好的涂料附着力，成了铝及铝合金化学转化膜的一个重要发展方向。

进入21世纪以来，铝合金在各行业得到大量应用，特别是汽车工业，为了减轻重量，提高行驶速度，降低油耗和温室气体的排放，大量使用铝合金。其中包括发动机、操纵部件、转向盘、座椅、外壳、支架等，而且含有大量的钢铁—铝合金、锌合金—铝合金组合件，这些组合件不适合在铬酸盐溶液中处理，磷化是其最佳选择。

与钢铁、锌合金相比，铝合金的磷化要困难得多。这是因为铝合金在酸性溶液中的腐蚀速度比钢铁、锌合金低很多，在钢铁、锌合金相同的磷化液中，铝合金的磷化膜厚度很低，不能满足技术要求。因此，铝合金的磷化液要进行改进。铝合金的磷化处理有锰系磷化、锌系磷化和钙系磷化，最常用的为锌系磷化，又称为磷酸锌氧化法。

磷化工艺流程如下：

工艺1：脱脂→水洗→碱腐蚀→水洗→活化→水洗→表调→水洗→磷化

工艺2：脱脂→水洗→碱腐蚀→水洗→活化→水洗→浸锌→水洗→退锌→水洗→浸锌→水洗→表调→水洗→磷化

工艺1是普通磷化工艺，应使用铝合金专用磷化液。工艺2是浸锌磷化工艺，可在铝合金表面获得最佳磷化膜。其优点是：可使用钢铁、锌合金通用磷化液，磷化温度低、速度快，不受有无 F^- 离子的影响，可在一个磷化槽中同时处理钢铁、锌合金、铝合金不同材质的工件或它们的组合件，磷化膜膜重高，涂装性能好。

4.5.2　磷化的预处理

1. 脱脂

脱脂可以是碱性脱脂，也可以是酸性脱脂。对于轻油污件，酸性脱脂与除氧化皮二合一工艺更简便，其溶液成分和操作条件如下：

H_2SO_4	2～10%（质量分数）
HNO_3	1～5%（质量分数）
Fe^{3+}	适量
表面活性剂	适量

温度　　　60～75℃

时间　　　1～2min

Fe^{3+}离子用于增加基体表面的腐蚀，提高自然氧化膜的去除效果。Fe^{3+}离子几乎不消耗，主要起促进作用。

对于轻油污件，可用对铝合金有轻度腐蚀的弱碱性配方脱脂，这种脱脂工艺为pH值8～12，50～65℃，浸泡1～5min。

2. 碱腐蚀

为了有效除去自然氧化膜和锈蚀产物，脱脂后的工件常常需要用热的强碱溶液进行腐蚀，但要严格控制腐蚀的时间和温度，防止过腐蚀。常用工艺如下：

工艺1：	NaOH	40g/L
	柠檬酸钠	10g/L
	温度	50～60g/L
	时间	2～3min
工艺2：	NaOH	14g/L
	温度	40～50g/L
	时间	1～2min

工艺1适合普通铝合金工件的腐蚀，腐蚀能力强，对工件的外观和尺寸改变大。工艺2适合精密铝合金工件和压铸铝合金工件的腐蚀，对工件腐蚀小，表面状态改变小，去除工件表面的污物能力弱。生产时要经常捞除液面的浮渣，保持碱液的清洁。

3. 活化

活化工艺：	硝酸	200g/L
	温度	室温
	时间	0.5～1min

活化用于去除工件碱腐蚀留下的黑灰，压铸铝合金件要适当添加氟化物，并严格控制活化时间。

4. 表面调整

表面调整简称表调，是铝合金磷化不可少的工序。如果没有表调，磷化膜会出现疏松的现象。表调溶液主要为钛的胶体溶液。pH值对胶体钛的活性影响较大。pH值<8时，会减低胶体钛的凝聚，

活性降低；pH 值≥10 时，胶体钛凝聚过快，溶液迅速报废。工作前要搅拌表调溶液，表调槽最好配备循环搅拌装置，使表调溶液呈乳白状，不产生沉淀。工件入槽时要充分洗净，并经常监督溶液的 pH 值。为防止槽液老化（变黄或补加表调剂无效），使用时间不宜过长，要定期换槽，10～15 天为 1 个周期。

5. 浸锌

一般采用铝合金电镀的浸锌工艺：

工艺 1：	NaOH	500g/L
	ZnO	100g/L
	温度	30～60℃
	时间	30～80s
工艺 2：	NaOH	500g/L
	ZnO	100g/L
	稳定剂	30～50mL/L
	温度	15～25℃
	时间	30～60s

工艺 2 加入稳定剂，可以提高浸锌层的附着力。为提高浸锌层的质量，普遍采用 2 次浸锌工艺，即第 1 次浸锌后，用退锌工艺将其退去，然后进行第 2 次浸锌，如此得到的锌层均匀、细致、紧密、完整，附着力更好。浸锌层的颜色为青灰至深灰色。

6. 退锌

退锌采用 1∶1（体积比）硝酸溶液，处理时间为 5～15s。

4.5.3 磷化处理

1. 反应机理

锌系磷化溶液的主要成分为磷酸锌、氟化物，溶液的 pH 值约为 3，温度从室温到沸腾。铝合金在磷化液中发生腐蚀反应，置换出溶液中的氢，一部分氢逸出，一部分氢氧化生成水。Al^{3+} 离子与溶液中的 F^- 离子结合，形成氟化物。反应式如下：

$$2Al + 6H^+ \longrightarrow 2Al^{3+} + 6H$$

$$6H \longrightarrow 3H_2$$

$$3H_2 + 3O \longrightarrow 3H_2O$$

$$2Al^{3+} + 6F^- \longrightarrow 2AlF_3$$

$$3Zn(H_2PO_4)_2 \rightleftharpoons Zn_3(PO_4)_2 + 4H_3PO_4$$

总反应方程式如下：

$$3Zn(H_2PO_4)_2 + 2Al + 3O + 6HF = Zn_3(PO_4)_2 + 2AlF_3 + 4H_3PO_4 + 3H_2O$$

总反应式右边一、二项就是灰白色磷化膜的主要成分。表 4-22 列出了铝合金磷酸锌系磷化膜的主要化学成分。

表 4-22　铝合金磷酸锌系磷化膜的主要化学成分

牌号	主要化学成分（质量分数，%）							
	Zn	Al	Fe	Cu	Mg	Cr	PO_4	F
1100	37.0	1.2	0.4		0.1	0.04	28.2	2.7
2A12	32.5	3.2	0.4	3.7	0.4	0.03	38.8	4.1

2. 常见配方及工艺参数

（1）锌系磷化　锌系磷化常见配方及工艺参数如下：

Zn^{2+}	8g/L
PO_4^{3-}	12g/L
NO_3^-	12g/L
F^-	1g/L
Fe^{2+}	适量
$NaNO_2$	1.5g/L
游离酸度	1.5～2.5 点
总酸度	24～30 点
温度	40～50℃
时间	5～10min

形成的磷化膜呈均匀细致的银灰色，膜的颜色随的 Fe^{2+} 离子含量增加而加深。

（2）锌锰系磷化　锌锰系磷化常见配方及工艺参数如下：

Zn^{2+}	4g/L
Mn^{2+}	4g/L
PO_4^{3-}	8g/L

NO_3^-	8g/L
F^-	3g/L
添加剂	适量
游离酸度	3~4 点
总酸度	30~35 点
温度	80~85℃
时间	5~8min

形成的磷化膜呈灰黑色，膜层容易磨掉，附着力不好。

（3）碱金属磷酸盐磷化　碱金属磷酸盐磷化常见配方及工艺参数如下：

Na^+	2g/L
MoO_4^{2-}	1.5g/L
PO_4^{3-}	8g/L
F^-	1g/L
Ni^{2+}、Cu^{2+}等	适量
游离酸度	1~3 点
总酸度	14~20 点
温度	50℃
时间	5min

形成的磷化膜呈暗灰色。

3. 铝及铝合金磷化处理的特点

铝及铝合金的磷化处理，不同于钢铁、锌合金。最显著的区别是铝及铝合金的磷化液中必须含有 F^- 离子，特别是游离的 F^- 离子，否则磷化反应很难进行。F^- 离子在铝合金的磷化液主要作用有以下 3 点：

1）酸性氟化物特别是游离的 F^- 离子是铝合金在磷化液中的腐蚀加速剂，也是形成厚磷化膜的重要条件。在无 F^- 离子的磷化液中，铝合金的腐蚀很慢，甚至无反应，结果只能得到很薄的磷化膜（≤0.5 g/m^2）。随着磷化液中 F^- 离子的增加，铝合金的腐蚀迅速加快。适当含量的 F^- 离子，可使铝合金快速腐蚀而且腐蚀均匀。

2）在铝合金磷化处理过程中，磷化液中的 Al^{3+} 离子逐渐积累。

当其积累到一定程度后，就会严重影响磷酸锌结晶的形成。通过添加F^-离子，与Al^{3+}离子形成难溶的冰晶石，可将过量的Al^{3+}离子除去。反应式如下：

$$Al^{3+} + 3Na^+ + 6F^- = Na_3AlF_6 \downarrow$$

3）游离的F^-离子可以促使氧化铝转变为磷酸铝，磷酸铝是铝合金磷化膜的重要组分。反应式如下：

$$Al_2O_3 + 12F^- + 6H^+ = 2AlF_6{}^{3-} + 3H_2O$$

$$AlF_6{}^{3-} = Al^{3+} + 6F^-$$

$$Al^{3+} + PO_4{}^{3-} = AlPO_4$$

磷化液中少量的Fe^{2+}离子有助于铝合金表面磷化膜的形成。磷化槽液使用一段时间后，加入少量的铁粉或亚铁盐，原本难于成膜的槽液迅速变得易于成膜，随着Fe^{2+}离子浓度的增加，磷化膜颜色加深，膜层的均匀性提高。

加入少量的Ni^{2+}、Mn^{2+}、Cu^{2+}等离子对铝合金的磷化也有明显的促进作用。

磷化膜适合做涂漆的底膜，做涂漆底膜时，磷化膜重量为1～16g/m²。铝合金冷加工采用磷酸锌膜润滑效果最好，这种工艺是在磷化处理后，把工件放在肥皂水中浸渍，磷酸锌一部分会反应而生成硬脂酸锌，即

$$Zn_3(PO_4)_2 + 6C_{17}H_{35}COONa \longrightarrow 3(C_{17}H_{35}COO)_2Zn + 2Na_3PO_4$$

要使这个反应进行充分，处理时间约为5min。这时反应仍没有达到平衡，却产生了大量金属皂。有人对这种磷化膜进行测定，最外层是水溶性肥皂（2～3g/m²），中间层是化学合成金属皂（4～5g/m²），最下面靠近金属的为磷酸锌层（6～12g/m²）。为了提高磷化膜的硬度和耐磨性，必须对磷化膜进行干燥。磷酸锌+金属皂层很致密，在冷加工时的温度、压力及切应力下具有可塑性，与高黏度的润滑剂性能相同。做冷加工润滑膜时，磷化膜重量为5～15g/m²。

4. 磷化槽液的维护

（1）游离酸度和总酸度　对于铝合金磷化，通常要求较低的游离酸度，以保证铝合金表面易于达到磷酸盐沉积的条件。而总酸度则要求有较高的水平，这说明磷化液要有较高的电解质浓度或成膜物质

浓度，使磷化膜的成核速度和结晶速度加快，利于磷化膜的形成。

（2）温度和时间　与钢铁、锌合金磷化相比，铝合金磷化的温度和时间都要高一些。较高的温度有利于铝合金的腐蚀，增加离子的扩散速度和磷酸盐的结晶速度，促进磷化膜的形成；但温度不能过高，高温会使 F^- 消耗过快，并使槽液变得不稳定，槽液的使用寿命变短。

（3）促进剂　较高的促进剂含量可加快成膜速度；但含量过高会使沉渣增加，磷化膜挂灰，槽液寿命缩短。在铝合金磷化处理过程中，过多的 NO_2^- 和 Fe^{2+} 离子，都会引起沉渣和工件挂灰，因而要控制其含量。

5. 常见故障的原因

与钢铁、锌合金磷化一样，铝合金的磷化处理也会因工艺参数控制不当而出现各种故障，其中最常见故障的如下：

1）成膜性差、膜不均匀。原因是预处理不好，磷化温度偏低，也可能是 F^-、Fe^{2+}、NO_2^- 等促进剂浓度偏低。

2）磷化膜太薄或无磷化膜。原因是游离酸度太高、总酸度太低或磷化温度偏低。

3）磷化膜疏松、易擦掉。原因是 F^- 离子含量过高，Fe^{2+} 离子缺失或表调失效。

4）渣多、工件挂灰。原因是游离酸度过低、Fe^{2+} 离子过多或 NO_2^- 离子过多，槽液浑浊沉淀太多。

4.6　无六价铬转化膜

4.6.1　概述

六价铬转化膜工艺有很多优点，如很高的耐蚀性，自我修复的自愈能力等；但六价铬剧毒和可能致癌。为了减少有毒废水的排放，保护生态环境，国内外正在逐步限制六价铬化合物的使用量。因此，迫切需要能够取代铬酸盐转化的新工艺。虽然无六价铬化学转化膜，在工艺性能和膜的质量方面比起铬酸盐转化膜还有一定的差距，但是近十多年来，各国投入大量的人力物力进行这方面的研究，取得了很大进展。

4.6.2　无六价铬转化膜的分类与耐蚀性

根据美国材料与试验协会标准 ASTM B921 的规定，铝及铝合金的无六价铬转化膜按膜的性质和用途分为4类，见表4-23，各类膜的相对耐蚀性见表4-24。

表4-23　铝及铝合金无六价铬转化膜的分类

膜的类别	腐蚀防护
1	最大的耐蚀性，用于最终精饰
2	中等耐蚀性，用于涂料或橡胶涂层的底层
3	装饰、低耐蚀性，用于要求低接触电阻的材料表面
4	中等耐蚀性，用于涂料或橡胶涂层的底层

表4-24　铝及铝合金无六价铬转化膜的相对耐蚀性

膜的类别	中性盐雾试验的曝露时间/h		
	非热处理变形铝合金	可热处理合金和硅的质量分数小于1%的铸铝	硅的质量分数大于1%的铸铝
1	500	336	48
2	250	168	24
3	168	120	12
4	500	336	48

由于铝及铝合金的无六价铬转化膜处理工艺相差很大，所以膜的外观随处理工艺各有不同，一般不对铝及铝合金的无六价铬转化膜的外观做明确规定，由转化膜处理剂的供应商使用前做出说明，使用者根据自身产品的外观要求，选择适当的转化膜处理剂。

4.6.3　溶胶-凝胶成膜

溶胶-凝胶（Sol-gel）方法可以在玻璃、陶瓷、钢铁、铝、镁、钛及其合金表面上制备多种无机涂层。这种涂层具有交联网状结构，化学稳定性很高，可以有效地阻止腐蚀介质对基体的侵蚀，使材料的耐蚀性和耐磨性均有很大的提高；同时对有机涂料有很高的附着力，可用于有机涂装的底层。这项技术将来有可能替代铬酸盐化学转化膜。

溶胶是具有液体特征的胶体体系，分散的粒子是固体或者大分子，分散的粒子大小在 1 ~ 100nm 之间。凝胶是具有固体特征的胶体体系，被分散的物质形成连续的网状骨架，骨架空隙中充有液体或气体，凝胶中分散相的含量很低，一般为 1% ~ 3%（质量分数）。溶胶-凝胶法：就是用含高化学活性组分的化合物做前驱体，在液相下将这些原料均匀混合，并进行水解、缩合化学反应，在溶液中形成稳定的透明溶胶体系，溶胶经陈化，胶粒间缓慢聚合，形成三维空间网络结构，凝胶网络间充满了失去流动性的溶剂。凝胶经过干燥、烧结固化制备出分子乃至纳米亚结构的材料。溶胶-凝胶成膜技术是用适当的前体化合物经水解、聚合，产生有机聚合物或金属氧化物微粒，也可以是两者都有，形成的胶体溶液，进一步反应发生凝胶化。最适当的前体化合物是金属醇盐，如 $Si(OC_3H_7)_4$、$Al(OC_3H_7)_3$，也可以采用金属的乙酰丙酮盐，如 $In(COCH_2OOCH_3)_2$、$Zn(COCH_2OOCH_3)_2$，或其他金属有机盐，如 $Pb(CH_3COO)_2$、$Y(C_{17}H_{35}COO)_2$。在没有合适的金属化合物时，也可采用可溶性的无机化合物，如硝酸盐、含氧氯化物及氯化物，如 $Y(NO_3)_3 \cdot 6H_2O$、$ZrOCl_2$、$AlOCl$、$TiCl_4$，甚至直接用氧化物微粒进行溶胶-凝胶处理。

溶胶-凝胶工艺：先选可得到氧化物的金属醇盐，添加乙醇制成混合溶液。然后在醇盐的乙醇溶液中添加水解所必要的水和作为催化剂的酸（或氨水），制成用于反应的初始溶液。为了防止沉淀生成和液相的分解并使溶液均匀，添加盐酸、硫酸、硝酸，有时也可不加酸，而加碱（氨），使 pH 值达到 7 以上。此外，按目的不同，要加入像乙酰丙酮和甲酰胺这类添加剂。

把醇盐—水—酸—乙醇溶液在室温至 80℃下循环搅拌，使其发生醇盐的水解和缩聚反应，生成含有金属氧化物粒子的溶胶液。这种溶液就是制取涂层的溶胶溶液，涂膜后加热干燥，反应继续进行变成整体固化的凝胶膜，最后得到玻璃状涂层。例如四乙氧基硅烷[$Si(OC_2H_5)_4$]的加水分解：

$$nSi(OC_2H_5)_4 + 4nH_2O \longrightarrow nSi(OH)_4 + 4nC_2H_5OH$$

生成的 $Si(OH)_4$ 富有反应性，如下式那样发生聚合，形成以 $-\overset{|}{\underset{|}{Si}}-O-\overset{|}{\underset{|}{Si}}-$ 键接的 SiO_2 固体：

$$nSi(OH)_4 \longrightarrow nSiO_2 + 2nH_2O$$

合并以上两个反应式：

$$nSi(OC_2H_5)_4 + 2nH_2O \longrightarrow nSiO_2 + 4nC_2H_5OH$$

为了获得均匀一致的、没有缺陷、与基体有良好结合力的凝胶膜，必须选择适当的条件，确保每一次浸渍—提出加热所得的膜厚不超过0.1~0.3μm。如果超过此厚度，就会开裂或脱落。

Lord Corporation 公司的 Aeroglaze 工艺是溶胶-凝胶成膜典型工艺，其工艺如下：

1）清洗，除去表面的污染物，获得清洁的表面。

2）凝胶转化膜工艺参数如下

乙醇	70%（质量分数，下同）
氨水催化剂	2%~3%
水	25%
四乙氧基硅烷（TEOS）	余量
时间	5~20min

3）干燥。

Aeroglaze 工艺可获得0.1μm厚的玻璃状膜层，其耐蚀性和与油漆的附着力可以达到铬酸盐转化膜的水平。该转化膜的接触电阻为49.3mΩ/in^2（1in=25.4mm）。

4.6.4　三价铬转化膜

以低毒的三价铬化物对铝及铝合金表面进行化学转化膜处理，解决了以六价铬为主要成分的转化膜处理工艺毒性大的缺点，三价铬的毒性大约是六价铬的1/100，工艺符合环保要求。三价铬化学转化膜的耐性与六价铬化学转化膜的基本相同，工艺简单易行，成膜时间短，成本低，对铝及铝合金疲劳性能影响小，对基体材质要求低，成膜不受基体材质的影响。三价铬转化膜是目前最成功的六价铬转化膜替代技术，也是应用最广泛的非六价铬转化膜处理工艺。

1. 工艺流程与工艺参数

铝合金三价铬转化膜的配方多受专利保护，主要含有三价铬化物、氟锆酸盐和成膜助剂等。商品的三价铬转化膜处理剂多数为液体型，早期为双组分，现在趋向于单组分。一般只需将市售的处理剂按说明书提供的比例（5～40 倍），用纯水稀释即可使用。常见工艺流程：脱脂→碱性弱腐蚀→酸性除污→三价铬转化→清洗→烘干老化。

工艺参数如下：

处理剂	按供应商的说明用纯水稀释
pH 值	3.8～4.0
温度	30～50℃
时间	1～5min

可得到透明或淡彩色转化膜。也有的处理剂添加稀土金属盐或钼酸盐，甚至染料，以获得黄色或更深颜色的转化膜。温度低时溶液活性低，处理时间要长；温度高时溶液活性高，处理时间要短。处理 1～2min 用于涂装底层，处理 4～5min 用于最终防腐。

2. 槽液维护

定期（一般每天）分析处理剂含量及 pH 值，及时调整槽液中处理剂浓度及 pH 值，处理剂的分析方法由供应商提供。pH 值用稀的 H_2SO_4 和 NaOH 溶液调整。处理剂的消耗量几乎只根据带出量而定。与六价铬转化膜处理剂不同，三价铬转化膜处理剂对水质要求敏感，一般要求使用纯水配制，要严格控制 Ca^{2+} 和 Mg^{2+} 等杂质离子的带入量，否则槽中会产生大量沉淀，甚至导致槽液报废。

4.6.5　钴盐类转化膜

钴盐类转化膜技术使用钴盐或钼盐处理基体金属，产生的膜具有较低的电阻和较好的耐蚀性，钴盐转化膜技术将来有可能替代铬酸盐转化膜。有几种钴盐类转化膜投入了商业应用，Parker Amchem 公司的 Alodine2000 已在商业上广泛应用，它是由波音飞机公司的一项原始专利发展而来的，其操作工艺如下：

1）清洗，使用Ridoline 53清洗剂，Ridoline 53清洗剂中含有硅酸钠和焦磷酸钠。操作温度为60～70℃。

2）水洗。

3）去氧化皮，使用Deoxidizer 6和Replenisher 16脱氧剂，脱氧剂中含有氢氟酸、铬酸、醋酸镁和三乙醇胺。操作温度为10～32℃。

4）水洗。

5）用Alodine TD 2000H转化处理，Alodine TD 2000H处理剂中含有硝酸高钴、过氧化氢、醋酸镁和三乙醇胺。操作温度为49～60℃。

6）水洗。

7）后处理，使用含钨和钒的封闭剂（TD 3095Y）处理，以提高转化膜的耐蚀性和与油漆的附着力。

8）水洗。

9）干燥，用热空气干燥。

Alodine2000转化膜的耐蚀性为：未涂漆膜耐中性盐雾试验336h，涂漆膜耐中性盐雾超过1500h，膜的接触电阻为1620mΩ/in^2（1in＝25.4mm）。图4-21所示为钴盐类转化膜的扫描电镜照片。

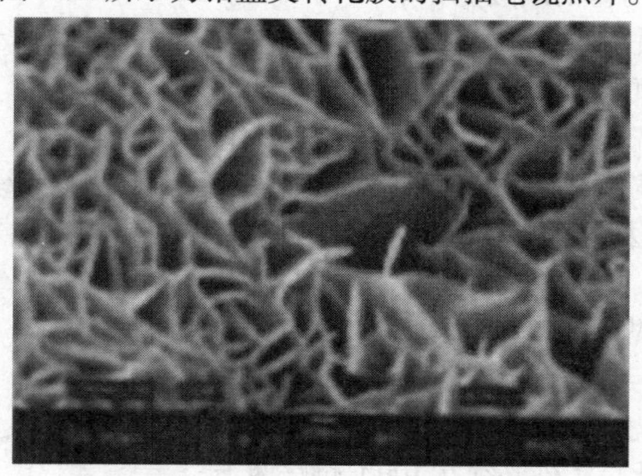

图4-21　钴盐类转化膜的扫描电镜照片

北京航空航天大学研究的工艺如下：

乙酸钴　10～17g/L

乙酸钠	40 ~ 80g/L
氟化钙	3 ~ 5g/L
稀土盐	0. 25 ~ 1g/L
表面活性剂	0. 5 ~ 2g/L
温度	60 ~ 65℃
时间	20 ~ 30min

溶液配好后要长时间在空气中搅拌，使二价钴部分转变为三价钴。转化膜为白色或灰白色，颜色均匀，膜重约为150mg/dm^2，耐蚀性很好，与涂料结合力中等。

4. 6. 6 稀土盐类转化膜

稀土盐转化膜将来有可能替代铬酸盐转化膜。材料可以采用浸渍法处理，处理溶液一般需要加热才能在基体金属表面产生保护层，它的耐蚀性是靠在金属表面形成稀土氧化膜提供的。

典型的产品是南加利福尼亚大学开发的 Ce-Mo 6061，其工艺如下：

1） 清洗，采用 Alconox 清洗剂和正己烷清洗，Alconox 清洗剂中含有烷基、芳基的磺酸盐。

2） 水洗。

3） 去氧化皮，采用 Diversity 560 处理剂去氧化皮。

4） 水洗。

5） 去铜（必须除去工件表面的铜污染物），采用 Deoxidizer 7 处理剂加盐酸去铜，Deoxidizer 7 处理剂中含有氟化氢钠、硝酸钾、重铬酸钾。

6） 水洗。

7） 去污，必须用硝酸在 40 ~ 45℃条件下去污。

8） 水洗。

9） 氧化，工件必须在 100℃烘焙两天。

10） 表面改性 1，在这个工序间工件必须浸在处理液中，处理液含 $CeCl_3$，温度为 100℃。

11） 水洗。

12）表面改性 2，在这个工序间工件必须浸在处理液中，处理液含 Ce（NO_2）$_3$，温度为 100℃；

13）水洗。

14）表面改性 3，工件用 500mV 的电压电解 2h。

15）水洗。

16）干燥。

Ce-Mo 6061 转化膜的接触电阻为 2180mΩ/in^2（1in = 25.4mm）。转化膜经刮擦后，浸在氯化钠溶液中仍无腐蚀。这个工艺最大的缺点是需要在溶液沸腾的状态处理很长的时间，给生产带来极大的不便。

我国李久青等人先后开发出代号为 P5、SRE、T3/T7 等稀土转化膜处理工艺，见表 4-25。

表 4-25　部分稀土转化膜处理工艺

工艺		内容
P5 工艺		处理溶液：$CeCl_3$ 44g/L，H_2O_2 13%（质量分数），NaOH 0.008mol/L；工艺参数：pH 值 4.0～5.0，35～45℃，30min
SRE 工艺		处理溶液：Ce(SO_4)$_2$ 20g/L，(NH_4)$_2$Ce(NO_3)$_6$ 0.1%（质量分数，下同），$KMnO_4$ 0.1%，(NH_4)$_2$$S_2O_8$ 0.05%；工艺参数：20℃，30min
T3/T7 工艺	T3	处理溶液：Ce(SO_4)$_2$ 5g/L，A2 75.0%（质量分数），A3 20.0g/L；工艺参数：80℃，30min
	T7	处理溶液：Ce(NO_3)$_3$ 4g/L，A7 20.0g/L，B3 2.5m/L；工艺参数：80℃，25min

工业纯铝经 SRE 工艺处理后，耐蚀性明显提高，可经受 360h 的中性盐雾试验。工业纯铝经 P5 工艺处理后，腐蚀电阻比未处理的提高 40 倍以上。经 T3/T7 工艺处理的工业纯铝及 5A06 铝合金耐蚀性提高 10～20 倍，能承受 540h 的中性盐雾试验。

4.6.7　其他类型无六价铬转化膜

1. 氟锆酸类化学转化膜

这项技术是利用过渡金属复合盐在基体金属表面产生薄膜，这层薄膜起到提高金属的耐蚀性和与油漆附着力的能力。特别是锆和氟的反应产物，氟锆酸能在部分金属表面产生膜层，氟锆酸转化膜将来有可能替代铬酸盐化学转化膜。Circle-Prosco，Inc. 公司提供的基于氟

锆酸转化膜的产品已获得广泛的应用，商品名称为Alcoat1470，其工艺如下：

1）清洗，除去表面的污染物，获得清洁的表面。使用的清洗剂Alcoat1470C、Alcoat1470C含有硝酸、氢氟酸和锆盐，也可以使用其他清洗剂。

2）水洗。

3）用Alcoat1470B处理，产生氟锆酸盐化学转化膜。Alcoat1470B也含有硝酸、氢氟酸和锆盐。温度为21～66℃。

4）水洗。

5）封闭，用Alcoat1470S处理，Alcoat1470S含有氢氧化钾。温度为21～66℃。

6）干燥，温度为121℃，时间为10min。

Circle-Prosco，Inc.公司基于氟锆酸转化膜的产品，还有Alcoat3000、4000、5000系列。Alcoat1470、3000、4000、5000转化膜的接触电阻（$m\Omega/in^2$，1in＝25.4mm）为426、644、376000、137。处理工艺与Alcoat1470类似。

2. 锰盐氧化膜

高锰酸钾溶液处理铝合金可以得到锰盐转化膜，锰盐转化和铬酸盐转化十分相似，锰盐转化膜的耐蚀性非常接近传统的铬酸盐转化膜。高锰酸钾转化膜用于保护铝合金很有效。有两种产品是利用高锰酸钾溶液产生锰盐转化膜的，即Patclin 1910处理剂和Sanchem FP处理剂。Patclin 1910B处理剂是Patclin Chemical Company，Inc.公司的产品，其工艺如下：

1）清洗，使用Patclin 342清洗工件，Patclin 342清洗剂含有硅酸钠和三聚磷酸钠。清洗温度为71℃。

2）水洗。

3）腐蚀，使用Patclin 366G腐蚀要处理的工件表面，Patclin 366G腐蚀剂含有氢氧化钠和葡萄糖酸钠。操作温度为66℃。

4）水洗。

5）去污。

6）水洗。

7）Patclin 1910B 转化膜处理，Patclin 1910B 处理剂含有氟化钠和高锰酸钾。操作温度为77℃。

8）水洗。

9）干燥，操作温度为220℃，时间为40min。

Patclin 1910B 转化膜的接触电阻为179mΩ/in^2（1in＝25.4mm）。

Sanchem FP 处理剂是 Sanchem 公司的产品，Sanchem 公司有两个高锰酸钾化学转化处理工艺，一个是完全工艺（Sanchem FP），一个是单一浸渍工艺（Sanchem SD）。Sanchem FP 的操作工艺如下：

1）清洗。

2）水洗。

3）去氧化皮。

4）水洗。

5）生成初级氧化膜，工件可以置于沸腾的去离子水中处理生成一个初级氧化膜，也可以用110℃的蒸汽替代沸腾的去离子水来完成这一步骤。

6）Safeguard 2000 处理剂处理，Safeguard 2000 含有硝酸铝和硝酸锂。操作温度为88～93℃，可以浸也可以喷，时间为2min。事实上，这是形成一个轻微的“阳极化”膜层。

7）水洗。

8）Safeguard 3000 处理剂处理，Safeguard 2000 处理剂是一种高锰酸钾溶液，用于提高氧化膜的厚度，沉积氧化锰膜层，增加氧化膜的耐蚀性。溶液的处理温度为60～66℃，处理时间为3min。

9）水洗。

10）封闭，处理后的转化膜可以用热的硅酸钾溶液封闭。

11）水洗。

12）干燥。

Sanchem FP 转化膜的接触电阻为471mΩ/in^2（1in＝25.4mm）。

3. 氟钛酸类化学转化膜

另一个替代铬酸盐转化膜的技术是使用氟钛酸溶液和有机聚合物，形成氟钛酸类化学转化膜。这种处理需要几个步骤，并且可在室温下操作。虽然这项技术在工业上已有广泛应用，但它目前还没有用在飞机制造业。有一种产品叫 Permatreat 611，将来有可能在飞机制造业中替代铬酸盐转化膜。Permatreat 611 处理剂的操作工艺如下：

1）使用 Betz Kleen 156 和 Betz Sol 104 清洗剂清洗工件。Betz Kleen 156 含有氢氧化钠，Betz Sol 104 含有乙醇和烷基化的脂肪醇。在室温下操作即可。

2）水洗。

3）Permatreat 611 处理剂处理，Permatreat 611 含有氟钛酸和一种专利所有的低挥发性有机聚合物。工件处理后允许处理液从表面流尽变干。在室温下操作即可。

4）干燥。

Permatreat 611 转化膜的接触电阻为 480mΩ/in^2（1in＝25.4mm）。

4. 云母石类化学转化膜

云母石膜层可应用于铝合金基体的腐蚀防护，这些多晶的膜层是由铝-锂化合物和另一些阳离子在碱性盐溶液中沉淀产生的。膜的外层是多孔的，但孔隙并没有到达基体表面。云母石膜是替代铬酸盐转化膜的好技术。Sandia 国家实验室开发的几种云母石化学转化膜可以用来替代铬酸盐转化膜。其操作工艺如下：

1）清洗，使用 Alconox 清洗剂，Alconox 清洗剂含有烷基酚基磺酸盐。

2）水洗。

3）碱性脱脂，采用含硅酸钠、碳酸钠的碱性脱脂。操作温度为 65℃。

4）水洗。

5）腐蚀，使用 Sanchem 1000 腐蚀剂处理将要涂膜的铝基体，Sanchem 1000 腐蚀剂含有溴酸钠和硝酸。操作温度为 50℃。

6）水洗。

7）用 Sandia 1 处理剂或 Sandia 2 处理剂进行转化膜处理，Sandia 1 和 Sandia 2 含有碳酸锂和铝酸钠。Sandia 1 的操作时间为 15 min，Sandia 2 的操作时间为 5h，操作温度都是 55℃。

8）水洗。

9）干燥。

Sandia 1 转化膜的接触电阻为397mΩ/in² (1in = 25.4mm)。Sandia 2 转化膜的接触电阻为23700mΩ/in² (1in = 25.4mm)。

4.7 阳极氧化

4.7.1 概述

将铝及铝合金工件置于适当的电解液中作为阳极进行电解处理，此过程称为阳极氧化。经过阳极氧化，工件表面能生成厚度为几个至几百微米的氧化膜。这层氧化膜的表面是多孔蜂窝状的，比起铝合金的天然氧化膜，其耐蚀性、耐磨性和装饰性都有明显的提高。采用不同的电解液和工艺条件，能得到不同性质的阳极氧化膜。

4.7.2 阳极氧化机理

铝及铝合金在阳极氧化过程中作为阳极，阴极只起导电和析氢作用。当铝合金的合金元素或杂质元素溶于电解液后，有可能在阴极上还原析出。常见的电解液为酸性，一般主要成分为含氧酸。进行阳极氧化时，阳极的电极反应是水放电析出原子氧，原子氧有很强的氧化能力，它与阳极上的铝作用生成氧化物，并放出大量热。反应式如下：

$$H_2O - 2e \longrightarrow [O] + 2H^+$$

$$2Al + 3[O] \longrightarrow Al_2O_3 + 1669J$$

同时，金属铝和电解液的酸反应，产生氢气，氧化铝在酸中溶解。反应式如下：

$$2Al + 6H^+ \longrightarrow 2Al^{3+} + 3H_2\uparrow$$

$$Al_2O_3 + 6H^+ \longrightarrow 2Al^{3+} + 3H_2O$$

氧化铝的生成与溶解是同时进行的，如果有足够长的时间，生成的氧化铝可以完全溶于电解液中。因此，氧化膜是阳极表面来不及溶解的氧化铝，只有当氧化铝的生成速度大于溶解速度时，膜才能不断增厚。

阳极氧化一开始，工件表面立即生成一层致密的具有很高绝缘性的氧化铝，厚度为0.01～0.1μm，称为阻挡层。随着氧化膜的生成，电解液对膜的溶解作用也就开始了。由于膜不均匀，膜薄的地方首先被电压击穿，局部发热，氧化膜加速溶解，形成了孔隙，即生成多孔层。电解液通过孔隙到达工件表面，使电解反应连续不断进行。于是氧化膜的生成，又伴随着氧化膜的溶解，反复进行。部分氧化膜在电解液中溶解将有助于与氧化膜的继续生成。否则，因为氧化膜的电绝缘性将阻止电流的通过，而使氧化膜的生成停止。

氧化膜的成长过程包含两个相辅相成的方面：膜的电化学生成过程与膜的化学溶解过程，两者缺一不可。并且，膜的生成速度必须大于膜的溶解速度，才能获得足够厚度的氧化膜。但究竟是氧离子迁移通过阻挡层到达基体进行反应，还是铝离子迁移通过阻挡层到达膜层—溶液界面进行反应呢？过去，许多学者认为，膜的成长发生在阻挡层—基体界面处，即认为迁移通过阻挡层的是氧离子。1988年，徐源、Thompson及Wood用透射电镜、标计原子及等离子发射光谱定量分析等技术研究了铝阳极氧化膜生长过程中的离子迁移分数及其对膜形态的影响，发现膜层形成过程中铝离子和氧离子沿相反方向漂移穿过膜层，在同一电解质溶液中铝离子的真实迁移分数基本恒定。

图4-22所示为在200g/L H_2SO_4 溶液中，阳极电流密度为1A/cm^2，22℃条件下测出的电解电压与时间的关系曲线。利用该曲线，可以对氧化膜的生长规律进一步说明。

（1）曲线*AB*段　在通电后数秒钟内，电压急剧上升，这是因为在工件表面形成连续、无孔的氧化铝膜。无孔膜电阻大，阻碍反应进行，此时膜层厚度主要取决于外加电压的高低。电压越高，厚度越大，在一般氧化工艺中采用13～18V槽电压时，其厚度为0.01～0.015μm，其硬度也比多孔层高。

（2）曲线*BC*段　电压上升达到的最大值（*B*点）主要取决于电解液的性质和温度，溶解作用越大，电压峰值就越低。电压达到一定数值后，开始下降，一般可比最高值下降10%～15%。这是因为膜层局部被溶解或被击穿，产生了孔穴，氧化膜的电阻下降，电压随之下降，使反应继续进行。

（3）曲线*CD*段　电压下降到*C*点后不再继续下降，趋于平稳，阻挡层厚度不再变化，氧化膜的生成和溶解速度在一个基本恒定的比值下进行，膜层孔穴的底部向金属内部移动。随着时间的延长，孔穴加深变成孔隙，孔隙之间膜层加厚，成为孔壁，孔壁与电解液接触部分氧化膜不仅被溶解，而且被水化成为 $Al_2O_3 \cdot H_2O$，氧化膜变成导电的多孔层结构，厚度达几十到100μm，有时甚至更高。当膜的化学溶解速率（随表面多孔膜的曝露面积增大而增加）等于膜的生成速率（随膜的欧姆电阻增加和副反应的效应而降低）时，膜层便达到一定的极限厚度而不再增加。极限厚度与溶液成分及操作条件有关，比如加大电流密度，平衡将会打破。徐源等人通过研究还首次提出了极限电流密度的概念，即当电流密度大于临界电流密度时，形成壁垒型膜（或称阻挡型膜）。只有当电流密度小于极限电流密度时形成的才是多孔膜。

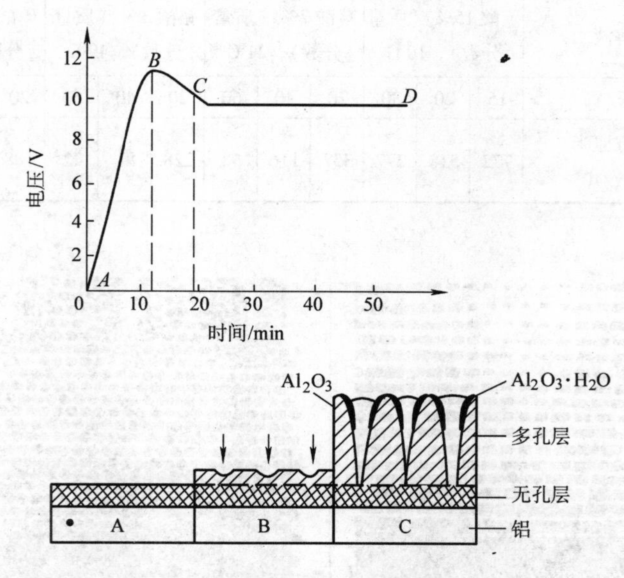

图4-22　阳极氧化特性曲线与氧化膜生长示意图

4.7.3　阳极氧化膜

1. 阳极氧化膜的组成与结构

电子显微镜观察表明，多孔膜为细胞状结构，其形状在膜的形成过程中会发生变化。观察结果证明，采用铬酸、磷酸、草酸和硫酸得到的阳极氧化膜，结构完全相同。

氧化物细胞状结构的大小在决定氧化膜的多孔性和其他性质时都非常重要。受阳极氧化条件的影响，细胞大小可以下式表示：

$$C = 2WE + P$$

式中 C——细胞尺寸（0.1nm）；

W——壁厚（0.1nm/V）；

E——形成电压（V）；

P——孔隙直径（0.1nm），大约33nm。

表4-26列出了不同氧化膜中细胞或孔隙数目。Keller、Murphy、Wood等人提出的膜的细胞状结构膜型如图4-23～图4-25所示。

表4-26 不同氧化膜中细胞或孔隙数目

电解液	硫酸15%（质量分数），10℃			草酸2%（质量分数），24℃			铬酸3%（质量分数），49℃			磷酸4%（质量分数），24℃		
电压/V	15	20	30	20	40	60	20	40	60	20	40	60
每平方厘米孔隙数/10^8	772	518	277	357	116	58	228	81	42	188	72	42

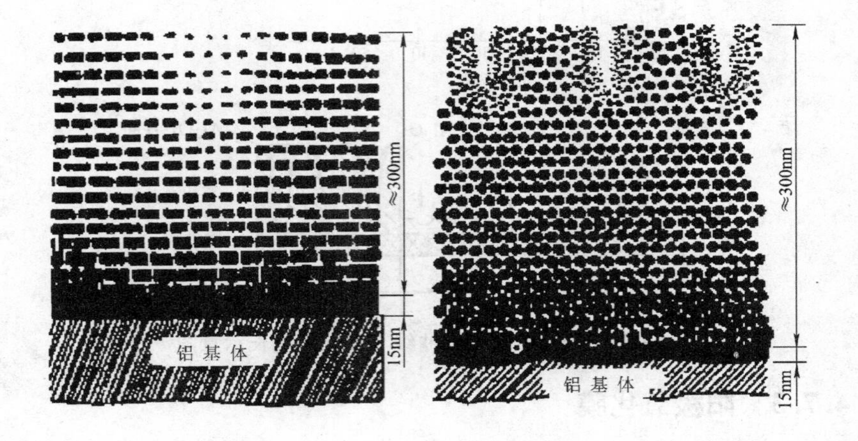

图4-23 阳极氧化膜的结构图（Murphy's模型）

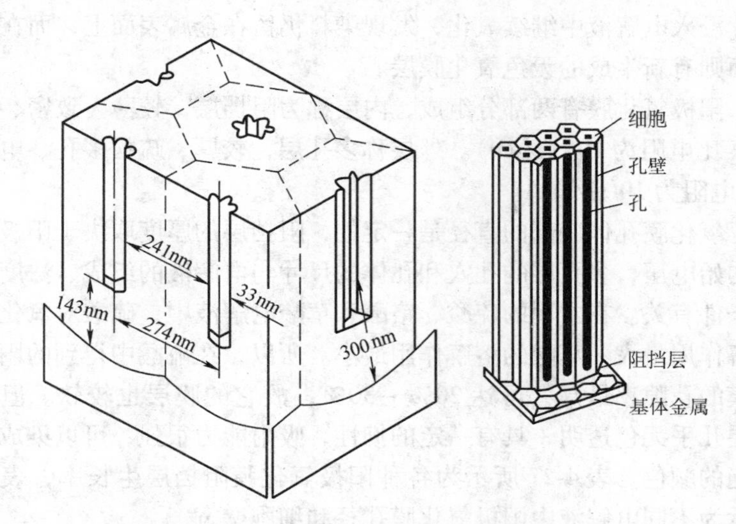

图4-24　阳极氧化膜的结构图（Keller's 模型）

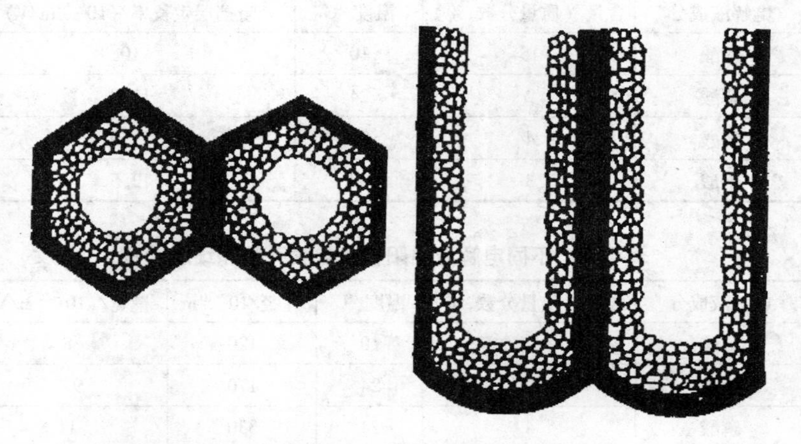

图4-25　阳极氧化膜的结构图（Wood's 模型）

阳极氧化时金属氧化膜的生长方向与金属电沉积时情况完全不同，氧化膜不是在工件的表面上向溶液深处成长，而是在已生长的氧化膜下面，即铝与膜的交界处向基体金属生长。有人曾经用实验证实了上述观点：在经过短时间阳极氧化的铝试片上涂以染料，然后将该试片浸入电解液中继续氧化，发现染料仍留在金属表面上，而在它的下面则有新生成的无色氧化膜层。

阳极氧化膜有两部分组成，内层称为阻挡层，较薄、致密、电阻高（比电阻为 $10^{11}\Omega/cm$）。外层称多孔层，较厚、疏松多孔、电阻低（比电阻为 $10^{7}\Omega/cm$）。

氧化膜孔体底部的直径是一定的，阻挡层的厚度取决于阳极氧化的初始电压，多孔层的孔穴和孔体的尺寸与电解液的组成、浓度和操作条件有关。在常用的硫酸、铬酸和草酸电解液中，硫酸对氧化铝的溶解作用最大，草酸的溶解作用最小。所以，在硫酸中得到的阳极氧化膜的孔隙率最高，可达 20% ~30%，故它的膜层也较软。但这种膜层几乎无色透明，具有一定的韧性，吸附能力很强，可以染成各种鲜艳的颜色。表 4-27 所示为各种阳极氧化膜阻挡层生长率，表 4-28 所示为不同电解液中阳极氧化膜孔径和细胞壁宽。

表 4-27 各种阳极氧化膜阻挡层生长率

电解液成分	含量（质量分数，%）	温度/℃	阻挡层生长率/(10^{-10}m/V)
硫酸	15	10	10
草酸	2	24	11.8
磷酸	4	24	11.9
铬酸	3	38	12.5

表 4-28 不同电解液中阳极氧化膜孔径和细胞壁宽

电解液成分	含量（质量分数，%）	温度/℃	孔径/10^{-10}m	壁宽/(10^{-10}m/V)
硫酸	15	10	120	8
草酸	2	24	170	9.7
磷酸	4	24	330	11
铬酸	3	38	240	10.9

阳极氧化膜的化学组成往往因为电解液的成分不同和处理工艺条件的改变而不一致。Scott 测得硫酸电解液阳极氧化膜的组成（经封闭处理，质量分数）：$Al_2O_3$72%，$SO_3$13%，H_2O 15%。Spooner 测得封闭处理前后硫酸电解液阳极氧化膜的组成列于表 4-29。

表4-29　封闭处理前后硫酸电解液阳极氧化膜的组成

成分	含量（质量分数,%）	
	封闭前	热水封闭后
Al_2O_3	78.9	61.7
$Al_2O_3 \cdot H_2O$	0.5	17.6
$Al_2(SO_4)_3$（或 SO_3）	20.2（14.2）	17.9（12.6）
H_2O	0.4	2.8

Phillips 测得草酸电解液的组成相当于化学分子式为：$2Al_2O_3 \cdot H_2O$ 和质量分数大约为3%的（COOH）$_2$。铝的不同处理方法与膜层组成的关系见表4-30。6063 铝合金阳极氧化膜组成与热处理状态的关系见表4-31。

表4-30　铝的不同处理方法与膜层组成的关系

处理方法	处理温度/℃	阻挡层厚度/0.1nm	膜的厚度/μm	膜的组成和结构
干燥空气	20	10～20	0.001～0.002	无定形 Al_2O_3
干燥空气	500	20～40	0.04～0.06	无定形 Al_2O_3 加 γ-Al_2O_3
干燥氧气	20	10～20	0.001～0.002	无定形 Al_2O_3
干燥氧气	500	100～160	0.03～0.05	无定形 Al_2O_3 加 γ-Al_2O_3
常规阳极氧化	10～25	100～150	5～30	无定形 Al_2O_3 加溶液中阴离子
硬质阳极氧化	−3～6	150～300	30～200	无定形 Al_2O_3 加溶液中阴离子
阻挡型阳极氧化	50～100	300～400	1～3	晶形 Al_2O_3 加无定形 Al_2O_3 加溶液中阴离子

表4-31　6063 铝合金阳极氧化膜组成与热处理状态的关系

热处理状态	材料	合金成分（质量分数,%）							硫酸盐（质量分数,%）	水（质量分数,%）	膜厚/μm
		Cu	Fe	Mg	Mn	Si	Zn	Cr			
R	金属	<0.01	0.22	0.52	<0.01	0.44	0.01	<0.01			
R	膜层	0.02	0.03	0.11	<0.01	0.26	0.01	<0.01	14.7	2.2	27.94
CZ	膜层	0.01	0.03	0.06	<0.01	0.25	<0.01	<0.01	15.2	1.8	35.56
CS	膜层	0.01	0.03	0.02	<0.01	0.25	<0.01	<0.01	14.7	1.8	27.94

在整个阳极氧化过程中氧化膜应该是在不断增长，但是，随着电解时间的延长，膜的增长速度减小，显然这与阳极氧化过程的阳极电流效率变化有关。图 4-26 所示为在质量分数为 15% 的 H_2SO_4 溶液中，阳极氧化电流效率 η_A、膜厚度 δ 与氧化电量 Q 的关系。在这种条件下，所得到的阳极电位 φ_A 和氧化膜厚度随时间的变化曲线如图 4-27 所示，测量时使用的电解液温度为（23 ± 2）℃，阳极电流密度为 2.5A/dm²。图 4-26 中的横坐标 Q 为氧化过程所消耗的电量，以 A · min 表示之，图中的虚线表示氧化膜的理论厚度。从这两个图中可以看出，氧化开始时所生成的氧化膜的厚度接近于理论厚度。随着氧化时间增长，氧化膜的厚度也增大，这就使阳极的欧姆电阻增大，因而促使阳极电位升高。由于膜厚度逐渐增大，膜中的孔也跟着加深，电解液到达孔的底部愈困难。同时孔中的真实电流密度很高以及膜外层的水化程度加大，提高了其导电能力，因而促使氧的析出加剧，降低了阳极氧化的成膜电流效率。所有这些都导致氧化膜的增长随时间延长而变慢。经过一定时间后，氧化膜的厚度就不再增长了。若继续延长氧化时间，氧化膜只会变得更疏松，甚至出现局部腐蚀。

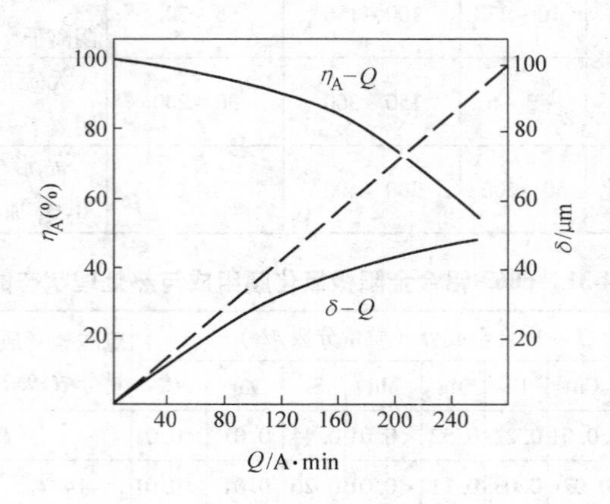

图 4-26　阳极氧化电流效率 η_A、氧化膜厚度 δ 与氧化电量 Q 的关系

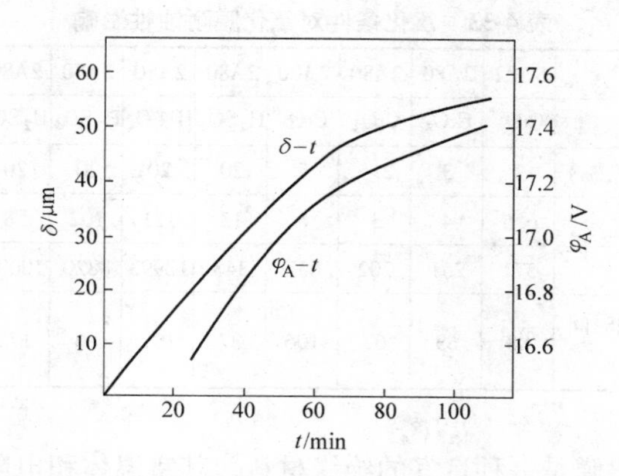

图4-27　阳极氧化膜厚度δ、阳极电位φ_A与氧化时间t的关系

2. 阳极氧化膜的性质

阳极氧化膜的性质与铝的性质有很大的区别。氧化膜阻挡层的硬度最大，超过淬火钢而接近刚玉。例如，工业纯铝的氧化膜厚170μm时，其内层硬度约为6GPa，外层约为4GPa；铝合金2A80膜厚70μm时，内层硬度约为3.34GPa，外层约为3GPa。表4-32所示为铝氧化膜及各种材料的显微硬度。氧化膜与金属的结合力虽然牢固，但由于膜的脆性，故在弯曲变形时易裂。氧化膜非常耐磨，由于氧化膜的多孔性，在润滑条件下微孔内吸附并存留有润滑油，从而改善了摩擦条件。氧化膜的耐蚀性，尤其是硫酸阳极氧化膜耐蚀性非常好，其耐腐蚀破坏的稳定性比用其他处理方法高数十倍。氧化条件对氧化膜耐蚀性影响见表4-33。

表4-32　铝阳极氧化膜硬度与其他材料的硬度比较

材料	显微硬度/GPa	材料	显微硬度/GPa
刚玉	20	工具钢	3.6
纯铝氧化膜	15	2618铝合金氧化膜	9.3
淬火后工具钢	11	w(Cr)为7%的铬钢	3.2
淬火后再回火(300℃)工具钢	6.4	2618铝合金	3.5
工业纯铝氧化膜	6	工业纯铝板	3.0

表 4-33　氧化条件对氧化膜耐蚀性影响

牌　　号	5A02	2A80	2A80	2A80	2A80	2A80	2A80	2A80	2A80	2A80
电解液成分	CrO_3	CrO_3	CrO_3	CrO_3	H_2SO_4	H_2SO_4	H_2SO_4	H_2SO_4	H_2SO_4	H_2SO_4
含量（质量分数,%）	3	3	2.5	5	20	20	20	20	20	20
膜厚/μm	6.5	4	3	6	13	121	102	58	160	51
全腐蚀时间/s	571	251	202	637	348	12993	8820	10001	21812	4775
单位膜厚的腐蚀时间/(s/μm)	88	63	67	106	27	107	86	173	137	94

阳极氧化膜是一种良好的绝缘材料，其室温体积电阻率为 $10^9\Omega/cm^3$，250℃时升高到 $10^{13}\Omega/cm^3$。由于氧化膜薄并具有耐高温、耐腐蚀等优点，可作为铝导线的绝缘膜。

氧化铝有较高的化学稳定性，化学氧化膜和阳极氧化膜都可做涂漆的底膜；阳极氧化膜多数无色，而且孔隙多，可进行各种染色和着色，增强了铝表面的装饰性。阳极氧化膜是很好的绝热和耐热保护层，其热导率非常低，特别是厚氧化膜更是如此。

3. 阳极氧化膜的分类

（1）阳极氧化膜一般分类　阳极氧化膜根据其应用和膜的特性可以分为下列几种类型：

1）防护性膜。主要用于提高铝制品的耐蚀性，并具有一定的耐磨性和抗污染能力，无装饰性的特殊要求。

2）防护-装饰性膜。阳极氧化生成的透明膜，可以着色处理，能得到各种鲜艳的颜色，也能得到与瓷质相似的瓷质氧化膜。

3）耐磨性膜。包括硬质氧化膜，用于提高制品表面的耐磨性，这种氧化膜层较厚，一般也具有相当的耐腐蚀性。

4）电绝缘膜。表面呈致密状，又叫阻挡型氧化膜，有很好的电绝缘性和很高的介电常数，可用作电解电容的介质材料。

5）涂装的底膜。由于氧化膜具有多孔性和良好的吸附特性，能使涂层与铝基体牢固结合。

6）电镀层底膜。它能与铝基体牢固结合，并具有良好的导电性。

（2）我国对阳极氧化膜的分类　根据 GB/T 8013.1—2007 的规定，对铝及铝合金防护及装饰性阳极氧化膜按膜厚的大小分为 5 类，见表 4-34。

表 4-34　阳极氧化膜的分类

级　　别	最小平均膜厚/μm	最小局部膜厚/μm
AA5	5	4
AA10	10	8
AA15	15	12
AA20	20	16
AA25	25	20

表 4-34 的分类不适合以下阳极氧化膜：

1）壁垒型无孔阳极氧化膜。

2）铬酸或磷酸中形成的阳极氧化膜。

3）工程应用上的硬质阳极氧化膜。

铝及铝合金硬质阳极氧化膜的分类标准有 GB/T 19822—2005，该标准与 ISO 10074:1994 内容是一样的。

硬质阳极氧化膜的一般用途：抵抗磨粒磨损或腐蚀磨损；电绝缘；隔热；修复工件（克服其在机加工中或因磨损产生的公差）；耐腐蚀（封闭的膜）。

硬质阳极氧化膜的性质和特点受到合金成分及加工方法两方面的影响很大，根据基体材质不同对硬质阳极氧化膜的分类如下：

第 1 类：除第 2 类以外的全部锻造合金。

第 2 类（a）：2000 系列合金。

第 2 类（b）：含质量分数 2% 或 2% 以上镁的 5000 系列合金及 7000 系列合金。

第 3 类（a）：质量分数低于 2% 铜和或低于 8% 硅的铸造合金。

第 3 类（b）：其他铸造合金。

（3）美国对阳极氧化膜的分类　ASTM B580 阳极氧化膜的分类见表 4-35。

表 4-35　ASTM B580 阳极氧化膜的分类

类别	膜的工业用途	最小膜厚/μm
A	工程硬质氧化膜	50
B	建筑Ⅰ类	18
C	建筑Ⅱ类	10
D	汽车—外部	8
E	内部—中等摩擦	5.0
F	内部—极少摩擦	3
G	铬酸阳极氧化膜	1

美国 MIL A 8625 对阳极氧化膜的分类如下：

Ⅰ类：铬酸阳极氧化，在传统条件下产生的氧化膜。

ⅠB 类：铬酸阳极氧化，在低电压（22V ±2V）条件下产生的氧化膜。

ⅠC 类：非铬酸阳极氧化，用于替代Ⅰ类、ⅠB 类的阳极氧化膜。

Ⅱ类：硫酸阳极氧化，传统的硫酸阳极氧化膜。

ⅡB 类：薄硫酸阳极氧化，用于替代Ⅰ类、ⅠB 类的阳极氧化膜。

Ⅲ类：硬质阳极氧化膜。

阳极氧化膜又分为两个级别：

1 级：无染色，自然的，包括重铬酸盐封闭的阳极氧化膜。

2 级：染色阳极氧化膜。

MIL A 8625 中各类阳极氧化膜的膜重要求见表 4-36，各类阳极氧化膜的膜厚要求见表 4-37。

表 4-36　MIL A 8625 中各类阳极氧化膜的膜重

类　别	膜重/(mg/ft^2)	类　别	膜重/(mg/ft^2)
Ⅰ、ⅠB	≥200	Ⅱ	≥1000
ⅠC	200 ~ 700	ⅡB	200 ~ 1000

注：1ft = 304.8mm。

表 4-37　MIL A 8625 中各类阳极氧化膜的膜厚

膜的类型	厚度范围/in	膜的类型	厚度范围/in
Ⅰ、ⅠB、ⅠC、ⅡB	0.00002～0.00007	Ⅲ	0.0005～0.0045
Ⅱ	0.00007～0.0010		

注：1in＝25.4mm。

4. 阳极氧化膜的性能要求

根据 GB/T 8013.1—2007 的规定，对铝及铝合金的阳极氧化膜的性能要求如下：

（1）外观　以 0.5m 距离目视观察装饰性阳极氧化膜的表面，外观应该均匀，无可见的缺陷存在。

（2）膜厚　各类阳极氧化膜的最小平均膜厚见表 4-34。

（3）封孔质量　以装饰或防护为目的、以抗污染为主要功能的阳极氧化膜，经无硝酸预浸的磷铬酸腐蚀试验，其质量损失值不应大于 $30mg/dm^2$。建筑业用的阳极氧化膜，经有硝酸预浸的磷铬酸腐蚀试验，其质量损失值不应大于 $30mg/dm^2$。

（4）耐蚀性　各类阳极氧化膜的耐蚀性和耐磨性见表 4-38。对于耐碱试验是否要做，由供需双方商定，滴碱试验通过的最少时间数应该达到表 4-38 中的Ⅱ级。

美国 MIL A 8625 规定阳极氧化膜的耐蚀性：Ⅰ、ⅠB、ⅠC、Ⅱ、ⅡB 类膜必须通过中性盐雾试验 336h。

GB/T 19822—2005 和 ISO 10074:1994 规定硬质阳极氧化膜耐蚀性都是通过中性盐雾试验 336h。

（5）耐磨性　对于耐磨试验是否要做，由供需双方商定，耐磨性通过落砂试验确定最小磨耗系数至少应该达到表 4-38 中的Ⅱ级。

表 4-38　各类阳极氧化膜的耐蚀性和耐磨性

级别	铜离子加速醋酸盐雾（CASS）试验		滴碱试验/s	落砂试验
	时间/h	级别≥		磨耗系数/(g/μm)
Ⅴ	72	9	≥125	300
Ⅳ	48	9	≥100	300
Ⅲ	24	9	≥75	300

（续）

级别	铜离子加速醋酸盐雾（CASS）试验		滴碱试验/s	落砂试验
	时间/h	级别≥		磨耗系数/（g/μm）
Ⅱ	16	9	≥50	300
Ⅰ	8	9		300

5. 阳极氧化膜各性能检测方法

阳极氧化膜各性能检测方法的国家标准和国际标准对比见表4-39。

表4-39　阳极氧化膜各性能检测方法的国家标准和国际标准对比

性能与试验		标　准　号	标 准 名 称
外观质量		GB/T 12967.6—2008	铝及铝合金阳极氧化膜检测方法　第6部分:目视观察法检验着色阳极氧化膜色差和外观质量
颜色和色差	目视比色法	GB/T 12967.6—2008	铝及铝合金阳极氧化膜检测方法　第6部分:目视观察法检验着色阳极氧化膜色差和外观质量
阳极氧化膜的厚度	涡流法	GB/T 4957—2003	非磁性基体金属上非导电覆盖层　覆盖层厚度测量　涡流法
		ISO 2360:2003	非磁性金属基体上非导电覆盖层厚度涡流测量方法
	显微镜横断面法	GB/T 6462—2005	金属和氧化物覆盖层厚度测量显微镜法
		ISO 1463:2003	金属和氧化物覆盖层　横断面厚度显微镜测量方法
	分光束显微镜测量透明膜法	GB/T 8014.3—2005	铝及铝合金阳极氧化氧化膜厚度的测量方法　第3部分:分光束显微镜法
		ISO 2128:2010	铝及铝合金阳极氧化膜厚度的测定　分光束显微镜无损测定法
	腐蚀失重法	GB/T 8014.2—2005	铝及铝合金阳极氧化氧化膜厚度的测量方法　第2部分:质量损失法
		ISO 2106:1982	铝及铝合金阳极氧化膜单位面积上质量的测量　重量法

（续）

性能与试验			标 准 号	标 准 名 称
阳极氧化膜封闭质量	染色斑点试验		GB/T 8753.4—2005	铝及铝合金阳极氧化氧化膜封孔质量的评定方法　第4部分:酸处理后的染色斑点法
			ISO 2143:1981	酸处理后的染色斑点试验
	酸浸腐蚀失重		GB/T 8753.2—2005	铝及铝合金阳极氧化氧化膜封孔质量的评定方法　第2部分:硝酸预浸的磷铬酸法
			ISO 2932:1981	铝及铝合金阳极氧化膜酸浸后按质量损失评定封孔质量
	磷-铬酸腐蚀失重	无酸预浸	GB/T 8753.1—2005	铝及铝合金阳极氧化氧化膜封孔质量的评定方法　第1部分:无硝酸预浸的磷铬酸法
			ISO 3210:1983	铝及铝合金阳极氧化膜磷铬酸浸蚀后按质量损失评定封孔质量
		酸预浸	GB/T 8753.1—2005	铝及铝合金阳极氧化氧化膜封孔质量的评定方法　第1部分:无硝酸预浸的磷铬酸法
	导纳试验		GB/T 8753.3—2005	铝及铝合金阳极氧化氧化膜封孔质量的评定方法　第3部分:导纳法
			ISO2931:1981	铝及铝合金阳极氧化膜导纳或阻抗法测定封孔质量
耐腐蚀性	阳极氧化膜点蚀评级法		ISO 8993:1989	铝及铝合金阳极氧化膜点蚀评级方法　图表法
			ISO 8994:1989	铝及铝合金阳极氧化膜点蚀评级方法　栅格法
	盐雾试验		GB/T 10125—2012	人造气氛腐蚀试验　盐雾试验
			ISO 9227:2006	人造气氛腐蚀试验　盐雾试验
			GB/T 12967.3—2008	铝及铝合金阳极氧化膜检测方法　第3部分:铜加速乙酸盐雾试验(CASS试验)
			ISO/DIS 16151:2005	干、湿气氛循环加速盐雾腐蚀试验

（续）

性能与试验		标 准 号	标 准 名 称
耐候性	加速耐候试验	GB/T 12967.4—2014	铝及铝合金阳极氧化膜检测方法　第4部分:着色阳极氧化膜耐紫外光性能的测定
		ISO 6581:1980	铝彩色阳极氧化膜耐晒性能的测定
		ISO/TR 11728:1993	铝及铝合金阳极氧化　使用人工灯和污染气进行着色氧化膜的加速耐候试验
		ISO 2135:1984	铝阳极氧化着色耐光牢度加速试验——人工灯
硬度	显微硬度试验	GB/T 9790—1988	金属覆盖层及其他有关覆盖层　维氏和努氏显微硬度试验
		ISO 4516:1980	金属覆盖层及其他有关覆盖层　维氏和努氏显微硬度试验
耐磨性	喷磨试验仪法	GB/T 12967.1—2008	铝及铝合金阳极氧化膜检测方法　第1部分:用喷磨试验仪测定阳极氧化膜的平均耐磨性
		ISO 8252:1987	铝及铝合金阳极氧化　用喷磨试验仪测定平均耐磨性
	轮式磨损试验仪法	GB/T 12967.2—2008	铝及铝合金阳极氧化膜检测方法　第2部分:用轮式磨损试验仪测定阳极氧化膜的耐磨性和耐磨系数
		ISO 8251:1987	铝及铝合金阳极氧化　用轮式磨损试验仪测定阳极氧化膜的耐磨性和磨损系数
绝缘性		GB/T 8754—2006	铝及铝合金阳极氧化　阳极氧化膜绝缘性的测定　击穿电位法
		ISO 2376:2010	铝及铝合金阳极氧化的击穿电压检验绝缘性
抗变形破裂型		GB/T 12967.5—2013	铝及铝合金阳极氧化膜检测方法　第5部分:用变形法评定阳极氧化膜的抗破裂性
		ISO 3211:1977	铝及铝合金阳极氧化膜抗形变断裂性的评定

（续）

性能与试验		标准号	标准名称
薄阳极氧化膜的连续性		GB/T 8752—2006	铝及铝合金阳极氧化　薄阳极氧化膜连续性检验方法　硫酸铜法
		ISO 2085:1976	铝及铝合金阳极氧化硫酸铜法检验薄阳极氧化膜的连续性
光反射性能	镜面光泽度的测量	GB/T 20503—2006	铝及铝合金阳极氧化　阳极氧化膜镜面反射率和镜面光泽度的测定 20°、45°、60°、85°角度方向
		ISO 7668:1986	铝及铝合金阳极氧化 20°、45°、60°、85°角度方向镜面反射和光泽度的测定
	积分球法测量反射率	GB/T 20505—2006	铝及铝合金阳极氧化　阳极氧化膜表面反射特性的测定　积分球法
		ISO 6719:1986	铝及铝合金阳极氧化　用积分球测量铝表面反射特性
	角度仪法测量反射率	GB/T 20506—2006	铝及铝合金阳极氧化　阳极氧化膜表面反射特性的测定　遮光角度仪或角度仪法
		ISO 7759:1983	铝及铝合金阳极氧化　用角度仪或遮光角度仪测定铝表面反射特性
	影像清晰度法	GB/T 20504—2006	铝及铝合金阳极氧化　阳极氧化膜影像清晰度的测定　条标法
		ISO 10215:1992	铝及铝合金阳极氧化膜影像清晰度目视测定条标法
		ISO 10216:1992	铝及铝合金阳极氧化膜影像清晰度目视测定仪器法

4.7.4　硫酸阳极氧化

硫酸阳极氧化法是指用稀硫酸做电解液的阳极氧化处理，也可添加少量的添加剂以提高膜层的性能。硫酸阳极氧化法在生产上应用最广泛。

1. 硫酸阳极氧化的特点

1）硫酸阳极氧化膜一般无色，透明度高。高纯度铝可以得到无色透明的氧化膜，合金元素 Si、Fe、Cu、Mn 会使透明度下降，Mg 对透明度无影响。

2）氧化膜的耐蚀性、耐磨性和硬度高，着色容易，颜色鲜艳，效果好。硫酸体积分数和氧化膜耐磨性、耐蚀性、膜厚的关系见表 4-40。电流密度、时间与氧化膜耐磨性、耐蚀性的关系见表 4-41。

3）氧化膜一般为无色透明，但铝材含硅或其他重金属合金元素时，氧化膜也会显颜色，颜色随氧化条件而异。即当电流密度、溶液温度等电解条件改变时，氧化膜的颜色也会改变。在高温产生灰白至乳白色不透明膜，低温与高电流密度时形成灰至黑色氧化膜。

4）处理成本低，包括电解液成本低和电解能耗低，操作容易，槽液分析维护简单。

5）电解液毒性小，废液处理容易，环境污染小。

表 4-40　硫酸体积分数和氧化膜耐磨性、耐蚀性、膜厚的关系

牌号			1070A	1100	3A21	4A01	5A02	6061	6063	7A01
硫酸体积分数(%)	5	膜厚/μm	12.9	12.8	12	11.3	12.8	12.1	12.5	12.4
	10		12.3	12	11.7	12.9	12.4	12.5	12.2	12.6
	15		12.3	12	10.6	13.4	12.5	12.7	12.3	12.2
	20		12.3	12.5	12	12.9	12.3	11.3	12.5	12.3
	25		12.4	12.3	12.4	12.8	12.3	11.8	12.2	11.8
	30		13.1	12.2	11.5	12.6	11.9	11.8	12.5	12.4
	5	耐蚀性/s	300	330	200	165	540	390	420	330
	10		300	210	180	180	360	360	270	300
	15		240	255	180	165	300	210	270	270
	20		240	180	210	180	300	180	240	270
	25		195	225	210	105	255	180	195	180
	30		165	150	135	90	195	120	165	150
	5	耐磨性/s	1193	1093	940	607	1050	670	902	878
	10		960	990	683	566	968	927	909	669
	15		1175	1108	962	604	982	650	1059	741
	20		603	617	591	360	595	563	690	358
	25		610	562	510	361	494	615	535	437
	30		440	485	573	543	543	555	537	437

表4-41　电流密度、时间与氧化膜耐磨性、耐蚀性的关系

牌号	电流密度/(A/dm²)	时间/min	平均耐蚀性/s	单位膜厚的平均耐蚀性/(s/μm)	单位膜厚的平均耐磨性/(s/μm)
1100	0.5	60	61	3.6	22.4
		120	90	6.3	26.1
	1	30	53	6.8	26.4
		60	193	12.6	41.3
	2	15	56	7.5	36
		30	185	12.2	52.4
	4	7.5	55	6.5	28.1
		15	175	11.8	62.1
3A21	0.5	60	73	10.3	20.6
		120	86	6.3	27.3
	1	30	81	10.9	30.3
		60	181	12.4	45
	2	15	73	9.7	36
		30	198	13.4	53.6
	4	7.5	63	6.8	23
		15	183	12.3	53.2
5A02	0.5	60	113	15.7	22.5
		120	98	7	17.5
	1	30	123	16.4	36.3
		60	346	22.9	42.3
	2	15	124	15.8	43.3
		30	321	21.2	58.5
	4	7.5	106	13.1	43.6
		15	324	19.1	59.9
6063	0.5	60	65	8.9	20.7
		120	61	4.2	29.9
	1	30	48	6.4	26.3
		60	143	5.8	53
	2	15	53	6.8	37.5
		30	148	8.8	52.8
	4	7.5	66	7.5	44.8
		15	161	8.6	56.6

2. 硫酸阳极氧化工艺

一般铝合金制品阳极氧化工艺流程为：工件→机械预处理→脱脂

→水洗→化学侵蚀→水洗→出光→水洗→阳极氧化→水洗→着色→水洗→封闭→水洗→干燥。

（1）机械预处理　包括喷砂、磨光、刷光、机械抛光等处理。

（2）脱脂　可选用有机溶剂脱脂和化学脱脂，一般采用下列碱性脱脂工艺：

Na_3PO_4	2%（质量分数，下同）
Na_2CO_3	1%
NaOH	0.5%
温度	45～60℃
时间	3～5min

（3）化学侵蚀　可选用碱腐蚀、化学砂面、电解抛光、化学抛光工艺，一般采用下列处理成本最低的碱腐蚀工艺：

NaOH（游离）	40～60g/L
葡萄糖酸钠	1～2g/L
或　商品碱蚀剂	适量
温度	50～60℃
时间	3～10min

（4）出光　一般采用下列硝酸出光工艺：

HNO_3	10%～30%（质量分数）
温度	室温
时间	1～5min

（5）硫酸阳极氧化　硫酸阳极氧化及工艺条件见表4-42。

表4-42　硫酸阳极氧化及工艺条件

配方号		1	2	3
质量浓度/(g/L)	硫酸（H_2SO_4）	160～200	160～200	100～110
	铝离子（Al^{3+}）	<20	<20	<20
工艺条件	温度/℃	18～26	0～7	18～26
	电压/V	12～22	12～22	16～24
	电流密度/(A/dm²)	0.5～2.5	0.5～2.5	1～2
	阴极材料	纯铝或铅合金板	纯铝或铅合金板	纯铝或铅合金板
	阴极面积与阳极面积之比	1.5:1	1.5:1	1:1

（续）

配方号		1	2	3
工艺条件	时间/min	30~60	30~60	30~60
	搅拌	压缩空气	压缩空气	压缩空气
	电源	直流	直流	交流

注：配方1、3适用于一般要求铝及铝合金，配方2适用于对硬度、耐磨性要求较高的铝及铝合金。

（6）着色　可采用有机染料染色，用于室内无耐晒要求的制品；室外要求耐晒的制品，一般采用电解着色或无机染料着色。

（7）封闭　可采用高温热纯水封闭，或中温醋酸镍封闭，常温封闭剂封闭。

建筑铝型材阳极氧化工艺流程为：工件→脱脂→水洗→碱蚀→水洗→中和→水洗→阳极氧化→水洗→电解着色→水洗→常温封闭→水洗→干燥。

建筑铝型材大都是采用6063铝合金挤压成形的，该合金挤压性能好，淬火敏感性较小，可在挤压机上直接风冷淬火，制品表面光滑，可省去单独的固溶处理工序，也可省去氧化处理前的机械抛光工序。

对于铝铸件和焊接件，以及表面缺陷较多的工件，都要进行机械预处理，对铝型材厚板材不必进行机械预处理。

硫酸阳极氧化槽液配制：根据电解槽容积计算所需硫酸量→在槽内先加入3/4容积蒸馏水或去离子水→搅拌下缓缓加入硫酸→加水至规定容积→冷却到室温。使用试剂级或电池级硫酸，若用工业硫酸，则配制后需加过氧化氢1mL/L处理。

3. 硫酸含量的影响

氧化膜增厚过程取决于膜的生成与溶解的速度比。硫酸含量降低，氧化膜的溶解速度下降，阻挡层变厚，处理电压升高；反之，含量增加，氧化膜溶解速度上升，阻挡层变薄，处理电压下降。

硫酸对氧化膜溶解能力大，因此，氧化膜的耐蚀性和耐磨性会随硫酸含量的增加而降低，但是这种倾向因合金而异，耐蚀性几乎呈直线下降，耐磨性则以15%~20%的比例下降。降低硫酸含量，可提高膜的耐蚀性和耐磨性，但电解电压上升，氧化膜的表面粗糙度增大，膜的光亮度降低、颜色变暗，着色能力下降。硫酸含量对阳极氧化膜的厚度影响不显著，硫酸阳极氧化的最佳质量分数为15%。表4-43列出了各种硫酸阳极氧化膜的性能。图4-28所示为硫酸的质量分数与电解电压的关系。

表 4-43　各种硫酸阳极氧化膜的性能

硫酸含量（质量分数,%）	温度/℃	时间/min	电流密度/(A/dm²)	弯曲角/(π/180)	耐蚀性/min	氧化电压/V
30	26	10	2	13	11.75	8.8
20	30	10	2	13.5	12	9.6
10	27	10	2	14	12.75	10.7
20	20	10	1	15.5	13.5	10.1

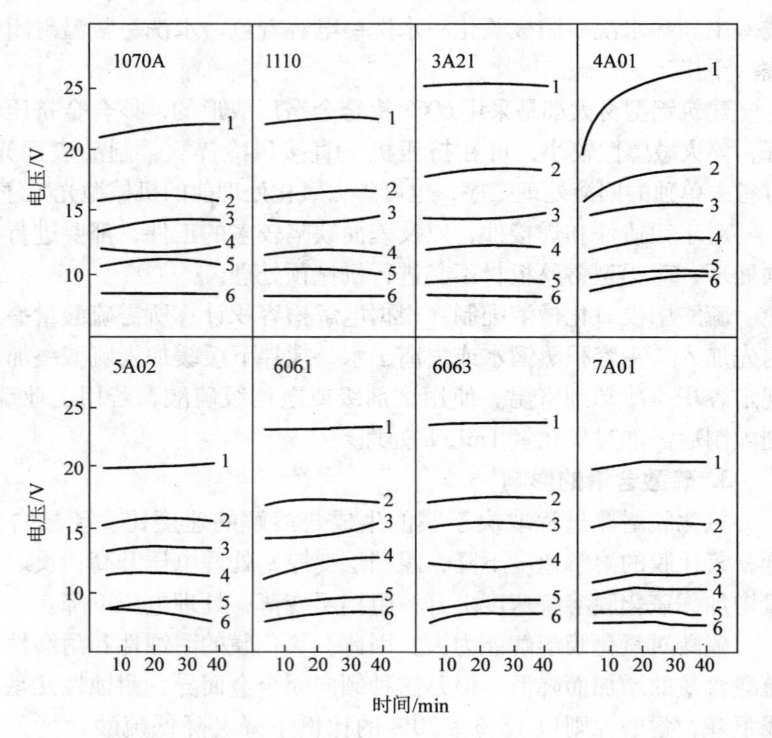

图 4-28　硫酸的质量分数与电解电压的关系

1—5%　2—10%　3—15%　4—20%　5—25%　6—30%

提高硫酸含量，所得到的膜孔隙多一些，膜的吸附能力高一些，弹性好一些。因此，当用于防护—装饰及纯装饰性加工时，多使用允许其质量分数的上限，即质量分数为20%的硫酸做电解液。当为了获得硬而厚的耐磨氧化膜时，应选用较稀的溶液。

4. 电解液温度的影响

电解液温度升高时，氧化铝的溶解速度增加，这样获得的氧化膜阻挡层厚度减少，氧化膜的孔隙率增加，氧化膜的耐蚀性、耐磨性及厚度下降。通常生产使用的温度范围为13～26℃。电解液温度低于13℃时，氧化膜发脆容易产生裂纹；超过26℃时，氧化膜容易疏松掉粉末。电解液温度与阳极氧化膜的关系如图4-29、图4-30所示，从图中的曲线可以看出，18～22℃时所获得的氧化膜综合性能最好。

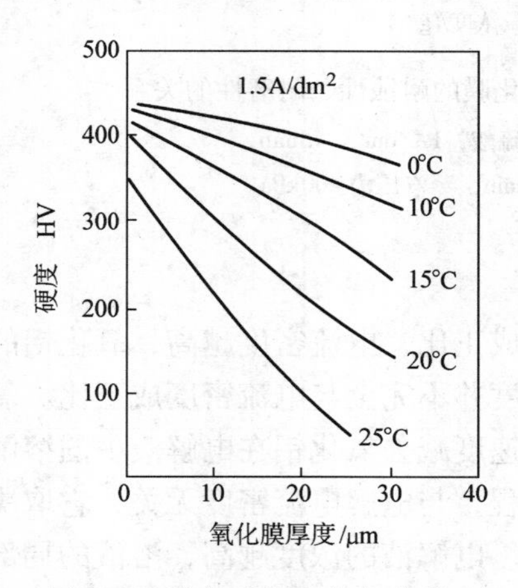

图4-29　电解液温度与氧化膜硬度的关系

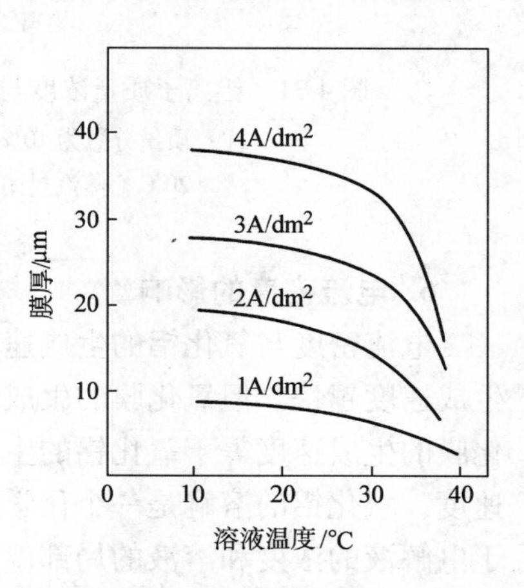

图4-30　电解液温度与膜厚的关系

5. 铝离子含量的影响

新配的硫酸电解槽不含铝离子，随着阳极氧化的进行，铝离子会逐渐增加，溶液中的铝离子会减缓铝的溶解速度。硫酸电解液中有少量的铝离子（以1～5g/L为佳），对氧化膜的耐蚀性、耐磨性有好处。因此，新配氧化槽液时，常常添加少量的铝屑，或保留部分旧槽液。但进一步增加铝离子的含量，一般超过10g/L时，氧化膜的性能会逐步下降，氧化膜的透明度下降，表面粗糙度增大。溶液的铝离子含量太大时，会导致氧化电压上升，表面局部发热严重，容易产生粉霜和局部电击穿。图 4-31 所示为铝离子质量浓度与耐蚀性、耐磨性的关系。铝离子质量浓度一般不能超过 25g/L。

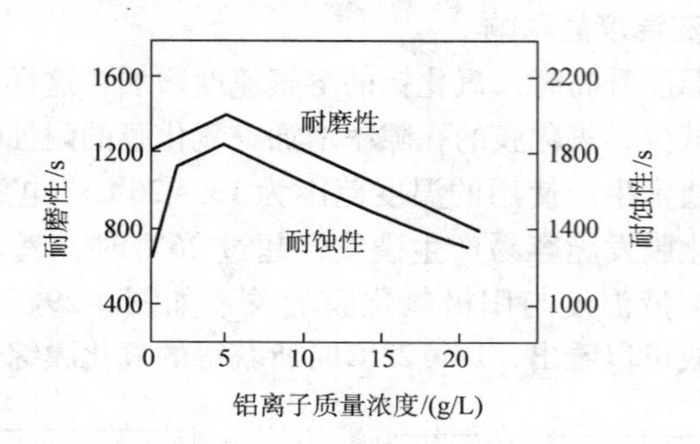

图 4-31　铝离子质量浓度与氧化膜的耐蚀性、耐磨性的关系

注：质量分数为 10% 的硫酸，$1A/dm^2$，45min，20℃，蒸汽封闭 30min，蒸汽压力 400kPa。

6. 电流密度的影响

电流密度与氧化铝的生成速度成正比，电流密度越高，氧化铝的生成速度越快。但氧化膜的生成速度并不完全与电流密度成正比。氧化膜的生成速度等于氧化铝的生成速度减去氧化铝在电解液中的溶解速度，氧化铝的溶解是一个化学过程，与电解电流密度无关，它取决于电解液的浓度和溶液的局部温度。电解液的浓度越高，溶液的局部温度越高，氧化铝的溶解速度越快。因此，在相同的电解液浓度和温度的条件下，即氧化铝的溶解速度不变。提高电流密度，氧化膜的生成速度增加，氧化膜的孔隙率下降，氧化膜的耐蚀性、耐磨性增加。但是，电流密度继续提高会导致发热量的增加，电阻一定时，溶液的发热量与电流密度的平方成正比，如果溶液的冷却和搅拌强度不够时，较高电流密度很容易导致工件表面的局部温度上升，这时，氧化铝的溶解速度大大增加，氧化膜变得疏松，孔隙率上升，甚至粉化，局部烧蚀。氧化膜的耐蚀性在 $1A/dm^2$ 附近出现了极大值，这说明用 $1A/dm^2$ 左右的电流氧化效果最佳。常用的阳极氧化工艺中电流密度为0.8~1.6A/dm²，在强化冷却和搅拌条件的快速氧化（或硬质阳极氧化）工艺中，电流密度可以提高到2~5A/dm²。

7. 电解时间的影响

在恒定的电流密度、电解液温度条件下，电解时间与氧化膜的厚度成正比。特别是氧化初期，氧化膜厚度与时间有严格的线性关系。利用这种关系计算出氧化膜的厚度，比用一般无损检测方法检测的膜厚还要准确。但是，随着氧化膜厚度的增加，厚度逐步偏离与时间的线性关系。特别是接近膜厚的极限值时，膜厚的误差更大。当膜厚到达极限值时，厚度将不随电解时间的增加而变化。氧化膜厚度可用下式计算：

氧化膜厚度(μm) = K × 电流密度(A/dm²) × 电解时间（min）

式中，K 是常数，大小取决于铝合金材质、电解液参数、处理工艺，一般为0.26~0.31。该式适用于膜厚远离极限值的情况（膜厚 $<$ 20μm）。如果恒定电流密度、电解液温度，电解电压随电解时间的增加而缓慢增加。

在质量分数为15%的 H_2SO_4 中，1.2A/dm²，20℃条件下，各种铝合金的阳极氧化膜见表4-44；在质量分数为15%的 H_2SO_4 中，1.2A/dm²，25℃条件下，各种铝合金的阳极氧化膜见表4-45。

表4-44　各种铝合金的阳极氧化膜

（质量分数为15%的 H_2SO_4，1.2A/dm²，20℃）

牌号	电解时间/min	膜重/(mg/cm²)	铝的消耗量/(mg/cm²)	阳极电流效率(%)	膜厚/μm	膜的密度/(g/cm³)	电解电压/V
1099-H14	20	2.040	1.437	99.41	7.9	2.59	16.0
	60	5.819	4.343	99.84	23.7	2.44	16.1
	80	7.497	5.746	99.46	31.6	2.36	16.2
	120	10.397	8.624	99.54	47.7	2.19	16.3
1100-H14	20	1.987	1.411	97.71	7.0	2.52	16.3
	60	5.627	4.221	97.45	23	2.45	16.8
	80	7.277	5.622	96.34	31.4	2.32	17.3
	120	10.199	8.435	97.34	46	2.21	18.0

（续）

牌号	电解时间/min	膜重/（mg/cm²）	铝的消耗量/（mg/cm²）	阳极电流效率（%）	膜厚/μm	膜的密度/（g/cm³）	电解电压/V
2014-T6	20	1.282	1.172	81.13	6	2.10	23.6
	40	2.196	2.329	80.62	12.7	1.77	24.0
	60	2.888	3.503	80.87	19	1.53	24.2
	80	3.381	4.656	80.62	24.6	1.37	24.4
	120	3.976	7.003	80.82	34.8	1.15	24.6
2024-T3	20	1.189	1.172	81.16	6.7	1.77	20.6
	40	2.032	2.341	81.03	13	1.57	21.2
	60	2.551	3.495	80.67	18.6	1.36	21.5
	80	2.895	4.679	81.01	24	1.21	21.7
	120	3.159	7.006	80.85	26.6	1.18	22.2
3003-H14	20	1.916	1.369	94.80	6.7	2.85	18.2
	60	5.551	4.111	94.89	21.8	2.56	18.9
	80	7.018	5.490	95.03	20	2.40	19.2
	120	9.877	8.249	95.21	44	2.24	20.1
4043-H14	20	2.055	1.460	101.08	7.2	2.89	18.7
	60	6.088	4.456	102.89	24.4	2.48	19.3
	80	7.804	5.938	102.80	32.8	2.36	19.6
	120	11.109	8.923	102.98	49.4	2.24	20.1
4343-H14	20	2.049	1.463	101.32	7.3	2.78	20.9
	60	6.037	4.455	102.84	24.8	2.46	22.2
	80	7.902	5.947	103.03	33	2.39	22.6
	120	11.389	8.939	103.16	49.4	2.30	23.4
5005-H18	20	1.987	1.414	97.83	7.8	2.65	16.4
	60	5.634	4.244	97.98	22.8	2.45	16.8
	80	7.276	5.651	97.85	30.8	2.37	17.1
	120	10.210	8.475	97.81	46.3	2.20	17.7

（续）

牌号	电解时间/min	膜重/（mg/cm^2）	铝的消耗量/（mg/cm^2）	阳极电流效率（%）	膜厚/μm	膜的密度/（g/cm^3）	电解电压/V
5050-H32	20	1.976	1.412	97.95	7.8	2.67	16.1
	60	5.574	4.242	97.81	22.6	2.44	16.5
	80	7.172	5.462	97.68	31.4	2.29	16.7
	120	9.946	8.474	97.79	47.2	2.12	17.2
5052-H32	20	1.998	1.431	98.11	7.6	2.67	15.3
	60	5.602	4.282	98.88	33.6	2.36	15.7
	80	7.170	5.723	99.07	31.4	2.29	15.8
	120	9.658	8.548	98.93	47	2.06	16.0
5357-H32	20	2.018	1.413	99.08	7.9	2.56	16.5
	60	5.715	4.294	99.11	23.6	2.39	16.7
	80	7.363	5.729	99.17	31.6	2.32	16.8
	120	10.148	8.576	98.99	47.6	2.12	16.9
6061-T6	20	1.893	1.367	94.64	7.3	2.66	16.6
	60	5.371	4.101	94.65	22	2.43	17.2
	80	6.880	5.453	94.40	29.6	2.35	17.3
	120	9.429	8.164	94.22	44	2.13	17.5
6063-T5	20	2.078	1.454	100.72	8.6	2.48	15.8
	40	4.029	2.907	100.62	16.8	2.40	15.9
	60	5.887	4.364	100.75	24.9	2.36	16.0
	80	7.565	5.797	100.36	34	2.25	16.1
7072-H12	20	2.023	1.440	99.71	24.3	2.37	15.7
	80	7.440	5.763	99.71	32.8	2.27	15.8
	120	10.249	8.646	99.79	47.9	2.13	15.9
7075-T6	20	1.716	1.411	97.1	7.4	2.37	15.7
	40	3.080	2.815	97.43	14.9	2.06	15.8
	60	4.131	4.242	97.91	22.5	1.83	15.9
	80	4.754	5.631	97.49	31.63	16.3	16.0
	120	5.042	8.432	97.34	37.5	1.35	16.1

表 4-45　各种铝合金的阳极氧化膜

（质量分数为 15% 的 H_2SO_4，1.2A/dm^2，25℃）

牌号	电解时间/min	膜重/(mg/cm^2)	铝的消耗量/(mg/cm^2)	阳极电流效率(%)	膜厚/μm	膜的密度/(g/cm^3)	电解电压/V
1099-H14	20	1.956	1.451	100.42	7.6	2.59	14.1
	60	5.224	4.354	100.28	22.4	2.29	14.3
	80	6.142	5.782	100.09	30.5	2.14	14.4
	120	7.545	8.668	100.03	40.5	1.87	14.4
1100-H14	20	1.911	1.431	99.08	7.1	2.69	14.1
	60	4.976	4.208	97.14	22.5	2.23	14.4
	80	6.514	5.259	97.75	29.1	2.09	14.5
	120	7.203	8.448	97.49	37.7	1.92	14.7
2014-T6	20	1.138	1.189	82.32	6.8	1.72	18.8
	40	1.781	2.365	81.89	13	1.35	18.6
	60	2.009	3.539	81.69	16.6	1.25	18.7
	80	2.210	4.731	81.91	17.5	1.28	18.8
	120	2.224	7.071	81.64	17.5	1.29	18.9
2024-T13	20	1.070	1.201	83.36	6.8	1.62	17.4
	40	1.614	2.382	82.45	12.2	1.32	17.8
	60	1.826	3.577	82.56	15	1.20	18.1
	80	1.880	4.724	81.77	16.2	1.16	18.2
	120	1.925	7.107	82.02	16.2	1.18	18.7
3003-H14	20	1.790	1.367	94.61	7.1	2.52	14.3
	60	4.794	4.106	94.75	21.4	2.25	15.4
	80	5.814	6.031	93.75	29	2.08	15.5
	120	6.904	8.156	94.13	40.5	1.68	15.6
4043-H14	20	2.032	1.511	104.61	7.8	2.57	16.7
	60	5.558	4.490	103.67	24	2.30	17.3
	80	7.017	6.003	103.94	31.8	2.19	17.6
	120	9.012	9.016	104.09	48	1.88	17.9

（续）

牌号	电解时间/min	膜重/(mg/cm^2)	铝的消耗量/(mg/cm^2)	阳极电流效率(%)	膜厚/μm	膜的密度/(g/cm^3)	电解电压/V
5005-H18	20	1.869	1.421	98.33	7.6	2.45	14.4
	60	5.016	4.258	98.29	22.4	2.19	14.9
	80	6.175	5.678	98.30	30.5	2.03	15.0
	120	7.187	8.497	98.06	39.6	1.81	15.1
5050-H32	20	1.858	1.415	98.03	7.6	2.44	14.1
	60	4.909	4.253	98.19	23	2.15	14.6
	80	5.947	5.662	98.02	30.3	1.95	14.6
	120	6.777	8.523	98.37	38.5	1.76	14.7
5052-H32	20	1.879	1.437	99.59	7.6	2.47	13.4
	60	4.799	4.317	99.62	23.2	2.05	13.7
	80	5.619	5.740	99.46	31.8	1.78	13.7
	120	6.068	8.626	99.55	34.5	1.76	13.8
5357-H32	20	1.948	1.465	101.51	7.6	2.55	14.1
	60	5.143	4.340	100.18	23.8	2.15	
	80	6.378	5.743	99.44			
	120	7.196	8.616	99.45			
6061-T6	20	1.809	1.383	95.68	7.1	2.54	14.6
	60	4.692	4.118	95.08	21.5	2.15	14.9
	80	5.620	5.464	94.58	29.3	1.91	15.0
	120	6.298	8.203	94.66	35.7	1.77	15.1
6063-H5	20	1.964	1.470	102.06	8.6	2.27	13.5
	60	3.769	2.889	100.36	16.2	2.26	13.6
	80	5.214	4.363	100.72	24.3	2.11	13.6
	120	6.330	5.766	99.82	32	1.98	13.6
7072-H12	20	1.916	1.445	100.00	7.6	2.51	13.3
	60	5.025	4.329	99.55	24.3	2.08	13.5
	80	6.132	5.792	100.29	31.8	1.95	13.6

（续）

牌号	电解时间/min	膜重/（mg/cm^2）	铝的消耗量/（mg/cm^2）	阳极电流效率（%）	膜厚/μm	膜的密度/（g/cm^3）	电解电压/V
7072-H12	120	6.916	8.683	100.20	39.1	1.77	13.6
7075-T6	20	1.541	1.426	98.78	7.5	2.09	13.7
	40	2.500	2.830	98.00	15.2	1.64	13.8
	60	2.838	4.235	97.74	19.2	1.49	14.0
	80	2.838	5.653	97.88	20	1.40	14.0
	120	2.824	8.465	97.70	21.8	1.32	14.1

8. 溶液搅拌的影响

对电解溶液进行搅拌，可使溶液成分和温度均匀。阳极氧化处理时，工件表面强烈放热。搅拌能使氧化膜附近的热量及时扩散开，否则，局部温度升高，氧化膜孔隙率增加，膜层质量下降，特别是电流容易集中的凸出部位易产生烧蚀。搅拌主要有四种方式：螺旋桨搅拌、压缩空气搅拌、移动阳极搅拌和喷射电解液搅拌。

（1）螺旋桨搅拌　溶液流速快，搅拌强度高，设备简单，成本低；缺点是，溶液流速不均匀，槽液中有高速运动的物体，容易发生碰极（阴极和阳极短路），工件跌落，工件打坏，甚至工件飞出伤人的事故，所以，生产时较少使用。

（2）压缩空气搅拌　压缩空气在溶液中产生气泡，利用气泡分散、爆炸等作用搅拌槽液，搅拌强度高并可以调控，槽液中无运动的物体，搅拌均匀；缺点是，会产生酸雾，在加有表面活性剂的电解液中，会产生大量泡沫，有噪声污染。这种搅拌方式应用最广。

（3）移动阳极搅拌　搅拌直接作用在工件上，因此用较低的速度（5～6 次/min），可以达到较高的搅拌效果。一般用于不能使用压缩空气搅拌的场合，如黏度高的槽液、含挥发性酸的槽液、加有表面活性剂的槽液。

（4）喷射电解液搅拌　在电解槽中安装输液管道，朝工件方向开有喷射孔，工作时经过冷却的电解液朝工件高速喷去，迅速带走工件表面的热量。该方法槽液无运动的物体，又无泡沫产生，搅拌效果最好；但设备复杂，成本高。

9. 合金元素的影响

铝合金的成分不仅影响氧化膜的耐蚀性，而且也影响氧化膜的厚度（见表4-44、表4-45）。在同样的条件下，纯铝所得到的氧化膜要比铝合金厚。铝硅合金较难氧化，氧化膜层发暗发灰。有包铝层的和没有包铝层的钣金件要分别进行阳极氧化处理。这是因为同槽氧化处理时，纯铝的氧化膜生成得快而厚，裸铝的氧化膜生成得慢而薄。

10. 电解液杂质的影响

硫酸阳极氧化电解液相对其他种类的电解液来说，对杂质离子的影响不太敏感，一般推荐使用纯水和化学纯硫酸配制，但在水质较好的地区，也可以使用自来水，质量好的工业硫酸也可以用来配制电解液。对硫酸阳极氧化有影响的阳离子杂质有铜、铁、铝，阴离子有氯、氟、硝酸根、硅，电解液中的油脂对阳极氧化也会产生不良影响。

（1）铜离子　铜离子主要来自含铜铝合金阳极氧化时的溶解。氧化时，铜离子会置换沉积到铝表面，造成氧化膜疏松，并降低氧化膜的透明度，使氧化膜的耐蚀性、耐磨性和电绝缘性下降。铜离子的质量浓度不能超过0.02g/L。可用低电流电解（阴极电流密度0.1～0.2A/dm^2）槽液24h，除去其中的铜和其他重金属杂质，也可加少量硝酸，降低铜离子的影响。

（2）铁离子　铁离子主要来自不锈钢槽体或不锈钢阴极板的腐蚀，也有些铁离子来自含铁铝合金阳极氧化时的溶解。含量高时会产生暗色条纹或斑点，铁离子的质量浓度不允许超过0.2g/L。

（3）硅　硅来自含硅铝合金阳极氧化时的溶解。硅在氧化槽中一般以黑色不溶物的形式存在，可用过滤电解液的方法除去。

（4）铝离子　铝离子来自铝合金阳极氧化时的溶解。铝离子含量少时，对氧化膜的质量有益处；含量大时，导致电解液溶解能力下降，工件表面呈现白点或块状白斑，并使膜的吸附能力下降，染色困难。铝离子的质量浓度一般不能超过25g/L，可用添加部分新配电解液稀释办法降低铝离子浓度；也可以用加温电解液至40～50℃，加入晶种和硫酸铵，使之产生硫酸铝铵复盐结晶的方法将铝离子除去，使电解液再生，但这个方法需要专用的结晶分离设备。

（5）氯离子　氯离子来自自来水或冷却管破裂泄漏出的盐水。氯离子含量高时，氧化膜粗糙而疏松，严重时铝件表面腐蚀击穿。氯离子的质量浓度应低于0.2g/L。

（6）氟离子　氟离子来自自来水和预处理工艺。氟离子对氧化膜的危害与氯离子相同。氟离子的质量浓度应低于0.1g/L。

（7）硝酸根　硝酸根的危害与氯离子相同。

（8）油污　油污来自质量不高的工业硫酸和槽液循环泵。油污会阻碍氧化膜的生成，氧化膜吸附油污后，表面产生斑点并使染色不均匀。

11. 电解电源的影响

在硫酸电解液中进行阳极氧化时，可以采用直流电，也可以采用交流电或脉冲电流。电源的性质对氧化膜的性能影响较大。使用直流阳极氧化，所得氧化膜致密、孔隙率低，氧化膜具有高的硬度、耐磨性和耐蚀性，但氧化膜的透明度稍低。使用交流电氧化时，所得到的氧化膜具有高孔隙率，透明度高，吸附性能好，但膜的硬度和耐磨性低，耐蚀性也较低。当对普通铝合金进行阳极氧化时，需要较好的光泽，而对耐磨性和耐蚀性又要求不高时，可用交流电进行阳极氧化。

使用交流电进行氧化时，单相和三相交流电均可采用。其阳极氧化工艺规范如下：

硫酸	130～150g/L
槽电压	18～20V
电流密度	1.5～2.0A/dm^2
温度	13～26℃
氧化时间	40～50min

采用交流电进行阳极氧化时，要得到和直流氧化一样的膜厚，则需要双倍的处理时间。交流电氧化时的阴、阳两极上均可挂要处理的工件，但它们的面积应相等。对尺寸公差要求严格且光泽度要求高的小工件，不宜采用交流电氧化。

当交流电阳极氧化铜含量高的铝合金时，氧化膜常带绿色，常常因铜含量高而造成氧化膜被腐蚀。为了防止这种现象，可往硫酸电解液中加入2～3g/L铬酐。此时电解液中Cu^{2+}的允许量可从0.02g/L提高至0.3～0.4g/L；也可以加入6～10g/L HNO_3来消除铜的影响。

采用脉冲阳极氧化可以获得比直流阳极氧化更好的氧化膜，这是因为利用短时间大的脉冲电流使氧化膜瞬间高速生长，随后骤然降低电流密度，氧化膜停止生产，膜孔内积聚热量的得以及时散失，由此往复循环进行。可采用高的电流密度，缩短阳极氧化处理时间，提高了阳极氧化的处理效率，同时可以避免白霜和烧蚀。脉冲阳极氧化膜的耐蚀性、耐磨性比直流阳极氧化膜要好得多。

12. 硫酸阳极氧化的其他处理工艺

硫酸阳极氧化发热量大，处理温度要求低（18～26℃），超过此温度的氧化膜疏松，甚至粉化。生产需要良好的冷却降温设备。在缺少降温设备的条件下，可在硫酸氧化槽中添加硫酸镍、草酸、甘油等成分，在更高的操作温度下也能得到较好的氧化膜。

（1）硫酸镍工艺　其工艺条件如下：

硫酸	250g/L
硫酸镍（$NiSO_4 \cdot 7H_2O$）	10g/L
温度	26℃
电流密度	2.5～3A/dm^2
成膜速度（2.5A/dm^2 时）	1μm/min

（2）复合有机酸工艺　其工艺条件如下：

硫酸	200～250g/L
草酸	60～90g/L
酒石酸	110～140g/L
三乙醇胺	40～60g/L
温度	35℃
电压	35～50V
电流密度	1.5～3A/dm^2

（3）草酸工艺　其工艺条件如下：

硫酸	230g/L
草酸	10g/L

温度　　35℃

电流密度　　2 ~ 3A/dm²

(4) 其他工艺　在硫酸中添加质量分数为 15% ~20% 的甘油或少量表面活性剂，可增加氧化膜的柔软性。添加铬酸盐和胶体，可以提高膜的均匀性。

13. 硫酸阳极氧化常见的氧化膜缺陷及对策（见表 4-46）

表 4-46　硫酸阳极氧化常见的氧化膜缺陷及对策

缺陷	产生原因	对策
膜厚未达预定值	1）电流密度过低或氧化时间不足	1）根据膜厚与电流密度和时间的关系式，合理控制电流密度和处理时间
	2）辅助阴极不合适	2）根据空心制品内腔形状，选择适当形状、大小的辅助阴极
	3）电接触点太少或接触不良	3）增加电接触点，改进夹具
	4）阴极面积不足或分离阴极导电状况不一致	4）根据电极比要求，增大阴极面积，加强检查维护，保证阴极导电良好
	5）导电杆脱膜不彻底	5）氧化后导电杆应彻底脱膜，经检查合格后才可投入使用
	6）电解液温度过高或局部过热	6）充分冷却电解液，加强搅拌和循环
	7）合金中铜、硅含量过高	7）选用正确的铝合金，严格控制合金中各元素的含量，并保证材料均匀一致
膜厚不均匀	1）工件装挂过于密集 2）电流部分不均 3）极间距离不适当 4）电极比（阴极/阳极）过大	1）~4）合理装挂，保证工件有一定间距，防止阳极区局部过热，工件应处于匀强电场中防止边缘效应，与阴极间距尽量一致，以减少不同工件之间的膜厚差，这对于提高化学着色质量尤为重要
	5）空心工件（如管材）腔内电解液静止或流速降低，造成腔内膜厚不均；槽内电解液搅拌能力太小或不均匀	5）增加腔内电解液流速，以降低温差。提高槽内电解液的搅拌能力，搅拌管合理布孔，疏通孔道，使搅拌均匀
	6）电解液温度升高	6）增加制冷量和槽液循环量
	7）工件表面附有化学品或油脂等杂物	7）加强工件表面的清洗，严禁用手或带有油脂污物的手套擦拭已预处理的工件表面，防止污染

（续）

缺陷	产生原因	对　策
膜厚不均匀	8）电解液中有油污	8）及时分离槽中的油污，或更换槽液，并查找油污来源
	9）辅助阴极长度不够或穿插不到位	9）按工件长度确定辅助阴极的长度，穿插应到位
	10）合金成分的影响	10）根据铝合金成分的不同，选择合理的处理工艺
	11）部分阴极导电不良	11）及时进行清洗，恢复所有阴极的导电能力
膜层局部腐蚀	1）电解液中氯离子含量太高	1）更换槽液
	2）电流上升速度太快	2）缓慢调整，防止电流冲击，使初始形成的膜层均匀稳定
	3）氧化后表面清洗不干净	3）加强清洗
膜层出现斑点	1）挤出制品冷却不均，如6063铝合金制品挤出后与出料台局部接触，导致Mg_2Si微粒沉淀	1）均匀冷却
	2）硝酸出光不彻底	2）增加硝酸浓度或延长中和时间
	3）电解液中有悬浮杂质	3）过滤电解液或更换电解液
	4）交流阳极氧化时，溶液中Cu^{2+}离子含量太高	4）用低电流电解槽液以除去铜离子，或更换槽液
	5）氧化后清洗不净就进行封孔	5）加强氧化后的清洗
膜层粉化或起灰	1）电解液浓度高、温度高，铝离子含量高，处理时间太长，电流密度太高	1）合理控制阳极氧化的各工艺参数，工件间应有适当距离，以改善散热条件
	2）氧化后清洗不彻底	2）增加清洗次数，延长清洗时间
	3）封闭溶液污染严重	3）更换封闭槽液
膜层暗色	1）合金成分的影响	1）装饰材尽量用纯铝，以及Al-Mg、Al-Mg-Si或Al-Zn-Mg合金
	2）工件进槽后长时间没通电	2）缩短中间停留不通电时间
	3）氧化过程中中途断电然后又给电	3）供电系统完好后才生产
	4）电解液浓度太低	4）提高电解液浓度
	5）阳极氧化电压过高	5）在规定范围内控制电压
	6）表面预处理质量低	6）提高预处理的质量

（续）

缺陷	产生原因	对策
膜层裂纹	1）阳极氧化温度太低 2）进入沸水封闭槽前工件温度太冷 3）膜层受到强烈碰击 4）干燥温度过高	1）提高电解液温度 2）采用温水清洗，以避免工件表面温度急剧变化 3）轻拿轻放 4）干燥温度不应超过110℃
指印	手指接触未封闭处理的氧化膜	避免手指接触，应戴干净手套
气体或液体流痕	1）工件装挂倾斜度不够 2）碱流痕	1）应保持一定的倾角，一般凹槽面朝上，电解液搅拌、循环，以利气体排出 2）碱液控制不当，或碱洗后清洗水中碱含量增加，或碱洗后停留时间太长
膜层耐磨性、耐蚀性降低	1）电解浓度过高 2）电解液温度过高 3）氧化时间太长 4）电流密度太低 5）电解液中铝离子含量过高或过低 6）合金材料不同	1）使用适当浓度的电解液 2）冷却电解液；提高搅拌或循环强度，也可通过添加草酸的办法提高阳极氧化温度 3）严格控制氧化时间，可适当提高电流密度以缩短氧化时间 4）选择合适的电流密度 5）按工艺要求控制 6）采用合适的铝合金
电烧伤	1）阴阳极接触形成短路 2）工件电接触不良	1）管料内表面氧化前，应检查阴极杆是否与内壁接触（用手电检查），先循环管内电解液后送电；防止工件与外阴极接触 2）改善接触，提高夹紧力

4.7.5 草酸阳极氧化

草酸阳极氧化电解液的基本成分为2%～10%（质量分数）的草酸溶液，可以使用直流电或交流电。所得氧化膜的耐蚀性和耐磨性不低于硫酸阳极氧化膜。由于草酸对铝的溶解能力比硫酸小，所以容易得到比硫酸阳极氧化更厚的膜层。同时对于纯铝和铝合金的阳极氧化膜，根据合金元素的不同，可以得到银白色、青铜色或黄褐色，这一特点十分适宜表面装饰的工件。另一方面，草酸法的膜层孔隙率比硫酸法小，用交流电来进行阳极氧化，所获得的氧化膜比直流电法获得的氧化膜较软，韧性好，可用来做铝线绕组的良好绝缘层。

由于草酸比硫酸要贵得多，同时草酸阳极氧化的电解电压要比硫酸法高，所以草酸法阳极氧化成本高，消耗电能大；而且草酸电解液对杂质的敏感度要比硫酸法高得多。因此，其在应用上受到限制，一般只在特殊情况下应用，例如，用于铝锅、铝盆、铝壶、铝饭盒，以及电器绝缘的保护层。近年来在建材、电器工业、造船业、日用品和机械工业也有较为广泛的应用。

1. 草酸阳极氧化膜的特点

草酸阳极氧化膜的耐磨性、硬度比硫酸氧化膜高，耐蚀性也比硫酸氧化膜高，并能获得较厚的氧化膜。一般可获得黄色到黄褐色氧化膜，这种颜色耐光性非常好，在阳光下长期暴晒也不会退色，因此，可用于室外建筑铝材的表面处理。铝合金草酸氧化膜的色调见表 4-47 和表 4-48。铝合金氧化膜的硬度与耐磨性见表 4-49。

表 4-47　铝合金草酸氧化膜的色调（Ⅰ）

牌号	草酸 3% ~5%（质量分数）	草酸 9% ~10%（质量分数）	牌号	草酸 3% ~5%（质量分数）	草酸 9% ~10%（质量分数）
1100	淡黄色	暗黄色	5083	暗黄色	
3A21	黄褐色		6061	灰黄色	
4A01	带绿灰色	带绿灰色	6063	浅黄色	暗黄色
5A02	黄色		7A09	暗灰褐色	

表 4-48　铝合金草酸氧化膜的色调（Ⅱ）

牌号	氧化膜色调	牌号	氧化膜色调
1050A、1100	金→褐色→灰褐色	5083	金色
3A21	黄褐色	6061	金色
5A02、5056	金色	6063	金色
2A10、2A11、2A12	浅褐色		

表 4-49 铝合金氧化膜的硬度与耐磨性

氧化膜类型	工艺条件			膜厚/μm	硬度①/N	耐磨性（往返移动次数）/次
	温度/℃	电压/V	电源			
草酸氧化膜	19	40~60	直流	35.3	105	440000
	35	30~35	直流	39	410	40000
	30	20~60	直流	14.7	149	57000
	25	40~60	交直流	5.9	52	4000
硫酸氧化膜	19	15	直流	14.7	38	85000

① 划穿膜层所需的力，单位为 N。

2. 草酸阳极氧化的工艺

草酸阳极氧化可用直流电、交流电、交直流叠加电源，其中交直流叠加电解法应用较广泛。草酸阳极氧化处理的工艺条件见表 4-50。

表 4-50 草酸阳极氧化处理工艺

项 目	工 艺 参 数	波动值	最佳值
游离草酸含量（质量分数，%）	2~5	±1	3
铝的质量浓度/(g/L)	<20		5
温度/℃	15~35	±4	28±2
电流密度/(A/dm²)	直流+交流：直流 0.4~3.5 交流 0.4~7 交流：0.8~7	±7%	直流+交流： 直流 1 交流 1
时间/min	根据氧化膜厚度而定		6μm：25 9μm：38
电压/V		±15%	直流：25，交流：80

注：草酸不含结晶水；交流电为有效值。

（1）电解液的配制　先计算好所需的电解液体积和草酸的需要量，然后向槽中加入 3/4 的纯水（蒸馏水或去离子水），将溶液加热到 60~70℃后，加入所需的草酸，搅拌溶液直到草酸完全溶解，最后加水到规定量。经化学分析合格后就可用于生产。

（2）操作要求　先使溶液达到规定的数值，然后把经过预处理的工件放在阳极上，阴极可以使用铅板、石墨棒、不锈钢板等。检查电接触无误后，开启抽气系统和搅拌系统，打开电源，电解电压从0V开始逐步往上调，使电解电流达到额定值。保持电流恒定，当电压达到工艺要求的最高值时，保持电压恒定，直到处理结束。电压达到最高值时，不能继续调高电压，否则会导致氧化膜的击穿或烧蚀。氧化时强烈放热，氧化处理时，溶液需要冷冻和强有力的搅拌。

草酸阳极氧化的电解电压与电解电源的波形有很大的关系。交直流叠加电解时，叠加比值对电解电压、氧化膜性能、色调等影响较大，见表4-51。氧化处理时应严格控制叠加比值，否则氧化膜厚度就会产生波动，特别是交流部分影响大，阳极与阴极间距以及阳极与阴极面积比都对电解电压、膜厚、色调有影响。

表4-51 交直流叠加法电流成分对氧化膜性能、色调的影响

<table>
<tr><th colspan="2">电流密度/(A/dm²)</th><th rowspan="2">膜厚/μm</th><th rowspan="2">耐蚀性(滴碱试验)/(s/μm)</th><th rowspan="2">耐膜性/(s/μm)</th><th rowspan="2">氧化膜的色调变化</th></tr>
<tr><th>正成分</th><th>负成分</th></tr>
<tr><td>1</td><td>0</td><td>13.7</td><td>48</td><td>219</td><td rowspan="6">浅色 浅色
↑ ↑
黄色 红色
↓ ↓
加重 加重</td></tr>
<tr><td>1</td><td>0.2</td><td>11.8</td><td>69</td><td>130</td></tr>
<tr><td>1</td><td>0.4</td><td>11.5</td><td>71</td><td>125</td></tr>
<tr><td>1</td><td>0.6</td><td>10.4</td><td>86</td><td>87</td></tr>
<tr><td>1</td><td>0.8</td><td>9.3</td><td>109</td><td>84</td></tr>
<tr><td>1</td><td>1.0</td><td>7.9</td><td>102</td><td>68</td></tr>
</table>

在草酸电解液中添加少量的硫酸称为Eloxal法。由于硫酸的加入，提高了电解液的导电性，氧化电压有所降低，氧化膜的颜色更深，见表4-52。

表4-52 Eloxal法各种工艺的特征

<table>
<tr><th>电源</th><th>电压/V</th><th>草酸含量（质量分数,%）</th><th>电流密度/(A/dm²)</th><th>温度/℃</th><th>时间/min</th><th>膜厚/μm</th><th>色调</th></tr>
<tr><td>直流</td><td>40~60</td><td>3~5</td><td>1~2</td><td>15~20</td><td>40~60</td><td>20~30</td><td>深黄色</td></tr>
<tr><td>直流</td><td>30~35</td><td>3~5</td><td>1~5</td><td>30~35</td><td>20~30</td><td>10~20</td><td>绿色加黄色</td></tr>
<tr><td>交流</td><td>40~60</td><td>3~5</td><td>2~3.5</td><td>25~35</td><td>40~60</td><td>20~40</td><td>带黄色</td></tr>
<tr><td rowspan="2">交直流叠加</td><td>30~60</td><td rowspan="2">3~5</td><td>直流2~3</td><td rowspan="2">20~30</td><td rowspan="2">15~20</td><td rowspan="2">10~20</td><td rowspan="2">黄色</td></tr>
<tr><td>40~60</td><td>交流1~2</td></tr>
<tr><td>直流</td><td>50~60</td><td>5~10</td><td>1~1.5</td><td>30±2</td><td>20~30</td><td>15~20</td><td>乳白色</td></tr>
</table>

3. 溶液成分和工艺条件的影响

（1）草酸　草酸添加量可根据通过的电量来估算，每安培小时约消耗草酸0.13～0.14g，每安培小时有0.08～0.09g的铝进入溶液，铝溶解后与草酸结合生成草酸铝，每1质量份的溶解铝需消耗5质量份的草酸。铝含量增高，使电流密度降低。当加入5倍于铝量的草酸后，电流密度又会重新恢复。

（2）温度和电解液pH值的影响　温度升高，膜层减薄，如果在较高温度时，增加电解液的pH值，膜的厚度可增加，最佳的pH值为1.5～2.5，温度为25～40℃。

（3）杂质的影响　草酸阳极氧化对氯离子杂质非常敏感，氯离子含量不能超过0.2g/L，否则氧化膜会发生腐蚀或烧蚀。氯离子主要来自自来水或冷却盐水。铝离子含量不能超过3g/L，否则氧化电压上升并容易烧蚀。如果草酸电解液中的氯离子、铝离子含量太高，应更换槽液。

（4）电压和电流的影响　在草酸氧化过程中，电流和电压的增加应该缓慢，如上升太快，会造成新生成氧化膜的不均匀处电流集中，导致该处出现严重的电击穿，引起金属铝的腐蚀。生产中一旦发现电流突然上升或电压突然下降，说明产生了电击穿，应立即降低氧化电流终止氧化，等待片刻后重新开启电流，调至额定值。

4. 草酸阳极氧化常见的氧化膜缺陷及对策（见表4-53）

表4-53　草酸阳极氧化常见的氧化膜缺陷及对策

缺　陷	产生原因	对　策
氧化膜薄	1）草酸含量低 2）溶液温度低于10℃ 3）电压低于110V 4）氧化时间不够	调整草酸含量、温度、电压及时间
膜层疏松可溶解掉	1）草酸含量高 2）Al^{3+}质量浓度>3g/L 3）Cl^-质量浓度>0.2g/L 4）槽液温度太高	1）调整草酸含量 2）更新槽液 3）更新槽液 4）降低槽液温度

（续）

缺　陷	产生原因	对　策
产生电腐蚀	1）接触不良 2）电压升高太快 3）槽液搅拌不良 4）材料不合适	1）改善接触 2）电压慢升 3）加强槽液搅拌 4）换材料或缩短氧化时间
膜层有腐蚀斑点	Cl^-质量浓度>0.2g/L	更新槽液

4.7.6　铬酸阳极氧化

铬酸阳极氧化法，是用质量分数为3%～10%的铬酸做电解液，通入直流电来进行铝及铝合金的阳极氧化的技术，铬酸阳极氧化膜比硫酸法要薄，通常厚度只有2～5μm。其膜层较软，但弹性高，而耐磨性较差。铬酸阳极氧化膜的颜色由灰白色到深灰色，一般不能染色。

铬酸阳极氧化膜结构与硫酸阳极氧化膜不同，其孔隙致密呈树状分支结构（见图4-32），氧化后不经封闭处理即可使用。铬酸溶液对铝的溶解度较小，因此，此法用于尺寸公差小和表面粗糙度低的工件较为合适。铬酸阳极氧化法的适用范围有：对疲劳性能要求较高的零件、要求检查锻压工艺性能的零件、气孔率超过三级的铸件、Al-Si合金的防护、精密零件的防护、形状简单的对接气焊零件、需检查晶粒度的零件、蜂窝结构面板的防护、需胶结的零件等。机械加工件、钣金件、铆接件、点焊件，也可以采

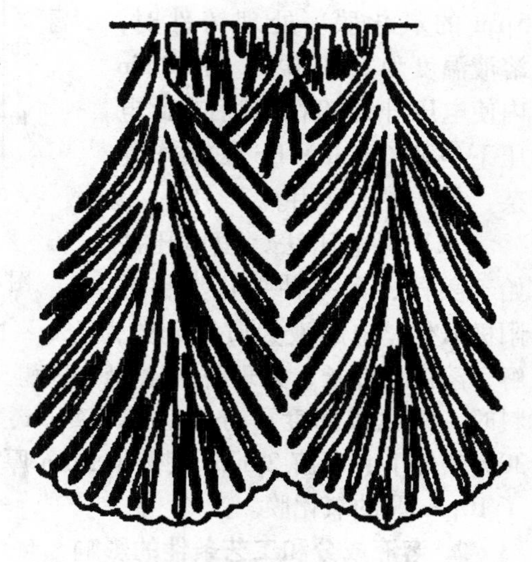

图4-32　铬酸阳极氧化膜的树状分支结构

用铬酸法来处理。铬酸法不适合 Cu 或 Si 的质量分数超过 4% 的铝合金以及与其他金属组合的工件。铬酸法在溶液成本、电力消耗、废水处理等方面都比硫酸法费用高，因此在使用方面受到限制。

1. 铬酸阳极氧化工艺

铬酸阳极氧化的溶液成分及工艺条件见表 4-54。

表 4-54　铬酸阳极氧化的溶液成分及工艺条件

铬酸质量浓度/(g/L)	电流密度/(A/dm^2)	温度/℃	电压/V	时间/min	适用范围
95 ~ 100	0.3 ~ 2.5	37 ± 2	0 ~ 40	35	油漆底膜
50 ~ 55	0.3 ~ 2.7	39 ± 2	0 ~ 40	60	一般加工件或钣金件
30 ~ 35	0.2 ~ 0.6	40 ± 2	0 ~ 40	60	尺寸公差小的抛光件

（1）BS 法　BS 法实际上是分阶段提高电解电压进行处理的方法（见图 4-33）。首先在 10min 内将电压升到 40V 进行电解处理，然后在 5min 内将电压升到 50V 进行电解处理。这时电流密度为 0.3 ~ 0.4A/dm^2，可得到 2 ~ 5μm 的氧化膜。处理铸件时，溶液温度为 25 ~ 30℃，在 10min 内使电压升到 40V，然后在此电压下电解 30min。BS 法操作复杂，生产中不常用。

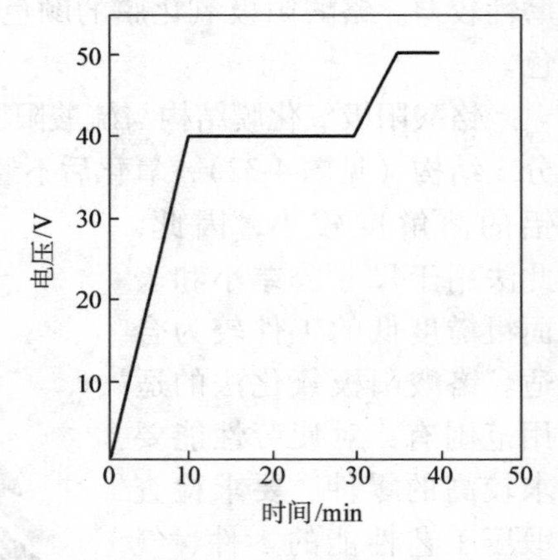

图 4-33　BS 分段提高电压法

（2）恒电压法　恒电压法始于美国，是一种强化型铬酸阳极氧化。电解液为质量分数为 5% ~ 10% 的铬酸，在 40V 恒压电解，溶液寿命长，处理时间比 BS 法短。处理 1200O、2A12T4 合金材料时，氧化膜厚度可分别达到 3.5μm、3μm。有人用此法在 54℃、30V 条件下，电解 20min 获得了 5μm 厚的氧化膜，电解 60min 获得了 10μm 厚的氧化膜。

2. 溶液成分和工艺条件的影响

（1）溶液配制　先计算好槽子的体积和所需要的铬酐，然后向槽内加入 4/5 体积的蒸馏水或去离子水。将所需要的铬酐缓慢加入槽中，并搅拌至铬酐完全溶解，再加水至所需体积。溶液配制好后进行分析和试生产，试生产合格后即可使用。

（2）铬酸阳极氧化的生产操作　先打开抽风设备，将电解液加温到所需的温度，把经过预处理的工件挂在阳极上，阴极挂铅板（阴极还可使用石墨、不锈钢、低碳钢），用铝棒检查阴极与工件是否互相接触。随着氧化膜厚的增加，膜的电阻加大，以致使电流密度下降。为了保持电流密度在规定的范围内，必须在电解过程中调整电压。在开始 15min 内，使电压由 0V 逐步升高到 40V。在 40V 下持续氧化 45min，至氧化完了断电取出工件。经水洗后，在 60～80℃温度下干燥 15～20min 再交检。

（3）铬酸阳极氧化温度的影响　温度为 40℃时，溶液电压非常高，阳极表面会出现明显的火花放电。温度≥40℃时，火花放电现象少，开始阶段，电流虽然容易通过，但是氧化膜增厚以后电压会上升，可达 90～100V。因此，为了维持一定的电流密度，就要控制一定的电压。50℃时，为了维持电流密度为 $1A/dm^2$，阳极氧化电压控制在 40～50V，但是，温度影响很大，溶液每升高 1℃，电压会有数伏变化。一般在 45V 时，可得到 $0.9 \sim 1.3A/dm^2$ 的电流密度。在溶液温度 60℃时，溶液电压低，18V 时的电流密度为 $1A/dm^2$。用铬酸法处理的阳极氧化表面有特殊的发散光泽，生成白色不透明的氧化膜。与 50℃以下处理的氧化膜相比，光泽稍有增加。经过 30min 电解后的氧化膜的显微硬度为：60℃时为 700～750MPa；50℃时为 900～1200MPa；40℃时 1100～1200MPa。相比之下，60℃时处理的氧化膜相当软。溶液温度为 70℃，溶液电压为 7～8V 时，氧化膜的透明度高，光泽好，但氧化膜过软。

（4）电解液的维护和调整　铬酸的含量过高或过低均会降低氧化能力。随着氧化过程的进行，铝不断溶入电解液内，与铬酸结合，生成铬酸铝［$Al_2(CrO_4)_3$］和碱式铬酸铝［$Al(OH)CrO_4$］。因此，游离铬酸的含量将随着加工时间延长而减少，电解液的氧化能力也随之下降。应定时往电解液内补充铬酸。铬酸阳极氧化法电解液中杂质为硫酸根、氯离子和三价铬。当硫酸根含量大于 0.5g/L，氯离子含量大于 0.2g/L 时，氧化膜外观粗糙。当硫酸太多时，可加入氢氧化钡或碳酸钡生成硫酸钡沉淀，通过过滤即可去除。氯离子太多时，通常用稀释溶液来解决。三价铬是六价铬在阴极上还原而产生的。三价铬的积累会使氧化膜变得暗色无光。当三价铬多时可采用通电处理，将三价铬氧化成六价铬。其处理工艺为阳极电流密度为 $0.25A/dm^2$，阴极电流密度为 $10A/dm^2$。阳极采用铅板，阴极采用钢板。

（5）铬酸阳极氧化的膜厚　各种铝合金的铬酸阳极氧化的膜厚见表4-55。

表 4-55　各种铝合金的铬酸阳极氧化的膜厚

（单位：μm）

牌号	工艺条件			
	CrO_3 10%①，35min，53～55℃，30V	CrO_3 10%①，60min，53～55℃，30V	CrO_3 3%①，40min，40℃。0～10min，0～40V；10～30min，40V；30～35min，40～50V；35～40min，50V	CrO_3 3%①，60min，40℃，40V
1A97	6.35	9.45	7.75	6.2
1050A	6.5	9.9	8.45	6.05
5056	6.35	9.3	8.0	6.5
2A10	6.35	9.0	6.5	5.75
3A21	7.3	10.3	8.0	6.2
5A02	2.4	2.6	1.5	1.6(30℃)
6061	4.8	5.4	5.6	4.9

① 质量分数。

3. 铬酸阳极氧化常见的氧化膜缺陷及对策（见表4-56）

表 4-56　铬酸阳极氧化常见的氧化膜缺陷及对策

缺　陷	产生原因	对　策
氧化膜烧蚀	1）工件和夹具间的导电不良 2）工件与阴极接触 3）电解电压太高	1）加紧夹具及改进接触 2）防止工件与阴极意外接触 3）降低电压

（续）

缺陷	产生原因	对策
工件被腐蚀成深坑	1）铬酸含量太低 2）铝合金材质不合适	1）调整铬酸含量 2）更换工件材质
氧化膜薄，并有发白现象	1）工件和夹具间的导电不良 2）氧化时间太短 3）电流密度太短	1）加紧夹具及改进接触 2）保证足够的氧化处理时间 3）提高电流密度
氧化膜上有粉末	1）电解液温度太高 2）电流密度过大	1）降低温度 2）降低电流密度
氧化膜发黑	1）工件上抛光膏未洗净 2）铝合金材质不合适	1）加强脱脂工艺 2）更换工件材质

4.7.7 硼酸-硫酸阳极氧化和薄膜硫酸阳极氧化

由于飞机长期工作在各种复杂交变应力环境中，零部件的疲劳强度往往严重影响整架飞机的使用寿命和安全系数，而普通的硫酸阳极氧化和草酸阳极氧化对基体材料的疲劳强度都有不同程度的损失，所以不能用于对疲劳强度敏感的飞机零部件的处理。

铬酸阳极氧化膜的膜薄、柔软并有极好的耐蚀性和涂料附着力，同时不损失材料的疲劳强度，广泛应用于飞机工业铝材的表面处理。但是，铬酸阳极氧化也有其缺点，如不能用于重金属质量分数超过5%的铝合金的处理，更重要的是六价铬的毒性和对环境可能造成的污染，许多国家正在逐步限制甚至完全禁止六价铬的工业应用。因此，开发铬酸阳极氧化的替代工艺就十分重要。硼酸-硫酸阳极氧化和薄膜硫酸阳极氧化工艺是经过美国波音飞机公司和欧洲空客公司认可的铬酸阳极氧化替代工艺。

1. 硼酸-硫酸阳极氧化

硼酸-硫酸阳极氧化工艺如下：

硫酸 30 ~ 50g/L

硼酸 5 ~ 11g/L

温度 25 ~ 30℃

工艺过程控制电解电压，在开始 3 ~ 5min 内，电压（直流）逐步从 0V 调至 15V，然后保持恒定 20 ~ 25min。电压恒定时的电流密度约为 0.5A/dm^2。对槽体和设备的防腐要求和铬酸阳极氧化相同，但对冷却系统制冷量的要求低于铬酸阳极氧化。该氧化膜如果用于涂装底层，则不需要封闭。如果用于最终防腐，则应该按下列工艺封闭：

铬酸　70mg/L
温度　85 ~ 95℃
时间　20min

2. 薄膜硫酸阳极氧化

薄膜硫酸阳极氧化工艺如下：

硫酸　3% ~ 5%（质量分数）
温度　25 ~ 30℃
电压　15V（直流）
电流密度　≈0.5A/dm^2
电压上升时间　5min
电压恒定时间　20min

对槽体和设备的防腐要求和铬酸阳极氧化相同，但对冷却系统制冷量的要求低于铬酸阳极氧化。该氧化膜如果用于涂装底层，则不需要封闭。如果用于最终防腐，则应该按下列工艺封闭：

重铬酸钠　5%（质量分数）
温度　85 ~ 95℃
时间　20min

3. 技术特点

硼酸-硫酸阳极氧化和薄膜硫酸阳极氧化的电解液对环境友好。相对铬酸阳极氧化，其使用成本低，废弃物处理成本低。硼酸-硫酸阳极氧化和薄膜硫酸阳极氧化两者相对于铬酸阳极氧化，有毒气体排出少，具有更好的生产环境。硼酸-硫酸阳极氧化和薄膜硫酸阳极氧化可以直接使用原有的铬酸阳极氧化生产线而无须改造，这样可以节省更改生产线的成本。铬酸阳极氧化只能处理重金属的质量分数低于5%的铝合金，而硼酸-硫酸阳极氧化和薄膜硫酸阳极氧化可以处理绝大部分铝合金。虽然硼酸-硫酸阳极氧化和薄膜硫酸阳极氧化的封闭工艺都用到六价铬，但其用量和对环境的影响都远远低于铬酸阳极氧化。

4. 膜的特性

硼酸-硫酸阳极氧化和薄膜硫酸阳极氧化的膜重为2.15～7.53g/m²，膜厚为1～3μm。这两种工艺能在铝合金基体上形成耐腐蚀、与涂料附着力良好的氧化膜，同时几乎不降低基体的疲劳强度。

5. 应用

波音飞机公司已使用薄膜硫酸阳极氧化大量处理F-15战斗机的铝合金部件，使用硼酸-硫酸阳极氧化大量处理F-22战斗机的铝合金部件。

4.7.8 瓷质阳极氧化

瓷质阳极氧化又称仿釉氧化，是铝及铝合金精饰的一种方法。其处理工艺实际是一种特殊的铬酸或草酸阳极氧化法。它的氧化膜外观类似瓷釉、搪瓷或塑料，具有良好的耐蚀性，并能通过染色获得更好装饰效果。

瓷质氧化一般采用较高的电解电压（25～50V）和较高的电解液温度（48～55℃）。

1. 瓷质阳极氧化膜的特点与应用

（1）特点　瓷质阳极氧化膜具有下列特点：

1）耐蚀性好，比一般阳极氧化膜的耐蚀性高1～2倍。

2）具有良好的弹性和电绝缘性。

3）外观与陶瓷、塑料相似，具有瓷釉般光泽，美观大方。

4）具有良好的吸附能力，可染上各种颜色。

5）具有良好的遮盖能力，能遮盖部分工件表面的加工缺陷。

（2）应用　瓷质阳极氧化可应用于精密仪器仪表零件的装饰与防护；需保持零件表面原有光泽和尺寸精度，又要求表面具有一定硬度、电绝缘性的零件；日用品、食品用与家具用电器的装饰。

2. 瓷质阳极氧化的工艺条件

常用的瓷质阳极氧化溶液有两种。一种是应用最广泛的以草酸钛钾为基础的溶液，该瓷质氧化膜的形成，是靠稀有金属（如钛、钍、锆等）盐类的水解作用沉积在氧化膜孔隙中。氧化膜质量好，硬度高，可保持零件的高精度和低表面粗糙度，但价格较贵，使用周期短。阴极材料一般用碳棒或纯铝板。另一种是铬酐、硼酸和草酸的混合溶液，成分简单，成本低廉，可用于一般零件瓷质氧化。阴极材料可用铅板、不锈钢板或纯铝板。

（1）以草酸钛钾为主的瓷质阳极氧化工艺　其工艺条件如下：

草酸钛钾［$TiO(KC_2O_4)_2 \cdot 2H_2O$］	35～45g/L
硼酸	8～10g/L
柠檬酸（$C_6H_8O_7 \cdot H_2O$）	1～1.5g/L
草酸（$H_2C_2O_4 \cdot 2H_2O$）	2～5g/L
pH 值	1.6～2.6
温度	18～28℃
电压	90～110V
阳极电流密度	初始 2～3A/dm²，终止 0.6～1.2A/dm²
处理时间（压缩空气搅拌）	30～50min

（2）铬酐-硼酸-草酸瓷质阳极氧化工艺　该瓷质阳极氧化工艺适用于纯铝或铜、镁含量较低的铝合金。膜层为银灰色、半透明，可以染色成类似聚氯乙烯塑料的外观。其工艺条件如下：

	工艺一	工艺二
铬酐	5%（质量分数，下同）	30～35g/L
硼酸	0.5%	1～3g/L
草酸	0.5%	
阳极电流密度	0.8～1.0	初始 2～3A/dm²，终止 0.1～0.6A/dm²
电压	25～40V	40～80V
温度	0～50℃	38～45℃
时间	60min	60～120min

（3）各成分的作用　在以草酸钛钾为主的瓷质阳极氧化工艺中，

铝及铝合金是在以草酸钛钾为基础的溶液中进行阳极氧化的。草酸钛钾起着重要的作用，其作用是：它在溶液中水解形成氢氧化钛［$Ti(OH)_4$］，在电解过程中嵌入氧化膜孔隙中，使氧化膜更加致密。上述工艺中都使用了草酸，草酸是一种含氧酸，主要用来形成氧化膜。硼酸也是含氧酸，除有形成氧化膜的作用外，还对溶液起着缓冲作用。柠檬酸则起光亮剂的作用，后面两种酸对膜层的光泽和色泽也有明显的影响。铬酸也对氧化膜的形成起作用，并且在很大程度上影响膜层的颜色。对铬酐-硼酸-草酸瓷质阳极氧化工艺而言，在相同的工作条件下，如不添加铬酐，氧化膜会呈半透明状。

3. 瓷质阳极氧化的影响因素

（1）草酸　在以草酸钛钾为主的瓷质阳极氧化工艺中，草酸含量过低，膜层变薄；含量过高，会使溶液对氧化膜的溶解过快，氧化膜变得疏松，降低膜层的硬度和耐磨性。在铬酐-硼酸-草酸瓷质阳极氧化工艺中，随着草酸含量的增加，膜层的色泽逐步加深，但当其质量浓度超过12g/L时，膜层的透明度重新增加，其外观类似黄色的草酸氧化膜。

（2）草酸钛钾　当其溶液中含量不足时，所得氧化膜是疏松的，甚至是粉末状的。含量需控制在工艺范围内，使膜层致密、耐磨和耐腐蚀。

（3）柠檬酸和硼酸　在以草酸钛钾为主的瓷质阳极氧化工艺中，适当提高这两种酸的含量，可提高氧化膜的硬度和耐磨性。在铬酐-硼酸-草酸瓷质阳极氧化工艺中，增加硼酸含量，能显著改善氧化膜的成长速度，同时膜层向乳白色转化，但当其含量超过10g/L时，氧化速度反而降低，膜层向雾状透明转化。

（4）铬酸　随着铬酸添加量的逐步增加，膜层的透明度随之降低，并向灰色方向转化，仿瓷质效果提高。当铬酸含量在工艺控制的范围之内时，瓷质氧化膜的色泽最佳。铬酸含量达55g/L时，效果下降，并对铝表面发生腐蚀作用。

（5）氧化时间　氧化开始阶段膜层增加较快。在铬酐-硼酸-草酸瓷质阳极氧化工艺中，当膜厚达到16μm时，膜的生成速度极其缓慢。因为其极限膜厚较低，过长的氧化时间对瓷质氧化无多大帮助，而对于以草酸钛钾为主的瓷质阳极氧化工艺，膜的极限厚度较高，可达 30μm。

（6）温度　瓷质氧化的操作温度对阳极氧化膜有很大的影响。温度增加，膜的成长速度加快。而当温度过高时，膜层的厚度反而下降，膜层表面粗糙而无光泽。

（7）电压　电压影响膜层的色泽。电压过低时，膜层薄而透明；过高时，膜层由灰色转变为深灰色，达不到装饰的目的。

（8）铝合金成分　为获得优质的瓷质阳极氧化膜，最重要的因素之一是选择合适的铝合金材质，最合适的铝合金（合金中百分含量为质量分数）是：Al-Zn（5%）-Mg（1.5%～2%）、Al-Mg（3%～4%）、Al-Mg（0.8%）-Si（1.8%）、Al-Mg（0.8%）-Cr（0.4%）。

4.7.9　硬质阳极氧化

硬质阳极氧化是一种铝及铝合金特殊的阳极氧化法，有时也称厚膜阳极氧化。其原理、设备、工艺和研究检测方法都与阳极氧化相同，因此阳极氧化的理论和实践都对硬质阳极氧化有指导意义。硬质阳极氧化膜着重于膜的硬度与耐磨性，所以工艺措施要有利于有关性能的提高。作为工程应用的硬质氧化膜，其膜厚一般选择在 25～150μm，小于 25μm 就是普通阳极氧化。在耐磨和绝缘的使用场合，例如活塞、气缸等动摩擦机械部件，最常用的膜厚是 50～80μm。阳极氧化膜横断面的显微硬度还与其检测位置有关系，膜的横断面从里到外一般硬度下降。在纯铝上能获得 15000MPa 显微硬度的氧化膜，而铝合金本身的硬度只有 4000～6000MPa。由于膜有孔隙，所以可吸附各种润滑剂，起到了减磨作用。膜层导热性很差，其熔点高达 2050℃。电阻率较大，经过绝缘漆或石蜡封闭处理的硬质氧化膜击穿电压可达 2000V。

由于硬质阳极氧化膜具有硬度高，耐磨性好，绝缘性良好，并与基体金属结合得很牢等一系列优点，因此在军工和机械制造工业上获得了广泛的应用，可用于要求耐磨、耐热、绝缘等铝合金零件上，如各种动作筒的内壁、活塞、气缸、轴承，飞机货舱的地板、滚棒、导轨等。其缺点是膜层厚度大时对合金的疲劳强度有所影响。

1. 制取硬质阳极氧化膜的电解液与机理

（1）电解液　制取硬质阳极氧化膜的电解液很多，如硫酸、草酸、丙二酸、磺基水杨酸，以及其他无机酸和有机酸等。所用的电源为直流、交流、交直流叠加和脉冲电源。其中以直流电、压缩空气搅拌、低温硫酸电解液应用最广。其优点是溶液成分简单、稳定、操作方便、成本低，而且氧化处理适应材料较广等。

（2）机理　用硫酸电解液进行硬质阳极氧化的机理，与普通硫酸阳极氧化一样。不同点是为了达到硬度高、膜层厚的氧化膜，在阳极氧化过程中，工件和电解液必须保持比较低的温度（－10～10℃）。由于硬质阳极氧化所生成的膜层具有较高的电阻，会直接影响到电流密度和氧化作用。为了取得较厚的氧化膜，必须增加电解电压，来消除电阻大的影响而保持一定的电流密度，使工件氧化继续进行。当通过较大电流时，会产生剧烈的发热现象。加上氧化膜生成时又会散发出大量的热，因此，使工件周围电解液温度上升，加速了氧化膜的溶解。发热现象以膜层与金属接触面最为严重，如不及时降温，会使工件局部表面温度升高而被烧毁。为了消除发热现象，往往采用强制降温和搅拌电解液的方法。这样给生产和设备配套增加了一定的困难。为了解决这方面的困难，采取某些有机酸电解液，可在室温下进行硬质阳极氧化。

2. 硬质阳极氧化膜的分类

通常将膜厚在 20μm 以上，硬度（HV）在 3500MPa 以上的阳极氧化膜层称为硬质氧化膜。硬质氧化膜按硬度分类见表 4-57。

表 4-57　硬质氧化膜按硬度分类

氧化膜类型	超硬质	硬质	半硬质	普通	软质
膜层硬度 HV/MPa	>4500	3500～4500	2500～3500	1500～2500	<1500

3. 硬质阳极氧化膜的特点

（1）耐磨性　硬质阳极氧化膜具有很高的硬度，膜层多孔，能吸附和贮存润滑油，因此耐磨性优越。表 4-58 列出了各种材料与硬质阳极氧化膜的耐磨性比较。表 4-59 列出了 7A04 铝合金硬质阳极氧化膜各种摩擦偶的摩擦性能。

表 4-58　各种材料耐磨性比较

材料	1A85	1100	5A02	硬质镀铬层（947HV）	硬质镀铬层（1003HV）	硬质氧化膜
磨耗量/mg	632	540.8	388.2	45.6	29.1	12.3

注：表中数据为20000次回转磨耗量，磨耗轮为CS-17，压力为10N。

表 4-59　7A04 铝合金硬质阳极氧化膜耐磨性能

摩擦偶	摩擦类型	膜的类型	膜损量/mg	平均摩擦因数
50 钢—7A04	滚动	常温膜	0.3/43.8 0.1/50.9	0.35
		低温膜	1.1/20.5 0.8/11.0	0.51
7A04—7A04	滚动	常温膜	5.2/4.9 2.5/1.2	0.44
		低温膜	26.4/4.3 14.4/107.4 15.0/7.6	0.44
7A04—7A04	干滑动	常温膜	1.2/48.6 2.0/49.4	0.10
		低温膜	5.1/77.8 6.8/113.5	0.13

注：1. 7A04 合金常温硬质阳极氧化工艺：H_2SO_4 200g/L，$C_4H_6O_5$ 17g/L，$C_3H_8O_2$ 12mL/L，$Al_2(SO_4)_3$ 16g/L；3A/dm^2，12～14℃，70min。

2. 7A04 合金低温硬质阳极氧化工艺：H_2SO_4 200g/L；－4℃，150min。

3. 干滑动摩擦条件：载荷 9.8N，转速 190r/min，时间 30min，试样左右摆动。

4. 滚动摩擦条件：载荷 157N，转速 190r/min，时间 30min，试样左右摆动。

（2）绝缘性　硬质阳极氧化膜具有很高的电绝缘性，采用较高的电解电压，增加氧化膜的厚度，氧化后用高绝缘材料封闭，都能提高氧化膜的绝缘性能。但是，膜层中的成分偏析与重金属的夹杂会降低氧化膜的电绝缘性能。铝-镁（质量分数为 3.5%）合金硬质阳极氧化膜的击穿电压见表 4-60。

表 4-60　铝-镁合金硬质阳极氧化膜的击穿电压

（单位：V）

膜厚/μm	未封闭	沸水封闭	沸水和石蜡浸渍封闭
25	250	250	550
50	950	1200	1500
75	1250	1850	2000
100	1850	1400	2000

（3）耐热性　硬质阳极氧化膜的熔点高达 2050℃，热导率很低，是良好的绝热体，能在短时间内承受 1500 ~ 2000℃ 的高温热冲击。膜层越厚，耐热冲击的时间越长，可用于铝合金活塞顶部承受燃烧室的火焰冲击。各种铝合金硬质阳极氧化膜耐直接冲击的能力见表 4-61。

表 4-61　各种铝合金硬质阳极氧化膜耐直接冲击的能力

合　金	膜层厚度/mm			
	0.025	0.051	0.076	0.127
	损坏时间/min			
6061	0.49 ~ 0.52	0.52 ~ 0.60	0.74 ~ 0.86	0.85 ~ 0.87
2A12	0.50 ~ 0.56	0.70 ~ 0.71	0.73 ~ 0.90	0.97 ~ 1.02
2A12（包铝）	0.55	0.64 ~ 0.79	0.76 ~ 0.77	1.02 ~ 1.10
7A09	0.48 ~ 0.49	0.66 ~ 0.68	0.78 ~ 0.82	0.94 ~ 0.98
Al-Si 合金	2.55	3.08	4.06	5.81
Al-Mg（质量分数为 10%）合金	2.55	3.29	5.20	3.10

（4）耐蚀性　硬质阳极氧化膜的耐蚀性比普通阳极氧化膜高一些。但是，并不是膜层越厚耐蚀性越好，因为膜层太厚容易产生裂纹，同时膜层的孔隙会吸附水分和腐蚀性物质，而使其耐蚀性降低。2A02 铝合金铬酸氧化膜和硬质氧化膜的耐蚀性见表 4-62。

表 4-62　2A02 铝合金铬酸氧化膜和硬质氧化膜的耐蚀性

处理方法	开始腐蚀时间/h	片状腐蚀面积达 50%，并有腐蚀产物堆积时间/h
铬酸阳极氧化	90	300
硫酸硬质阳极氧化	90	800
混合酸硬质阳极氧化	500	1000
混合酸硬质阳极氧化后喷丸	300	1000

（5）疲劳性能　硬质阳极氧化处理对铝合金一般力学性能影响不明显，但随着氧化膜厚度的增加，基体金属厚度会相应的减少，合金的伸长率有所下降，下降最多的是疲劳性能。下降的幅度取决于硬质氧化处理工艺和合金成分（见表 4-63），下降原因是因为氧化膜的裂纹和尖端应力集中所造成的。直流阳极氧化对疲劳强度的影响小于直流阳极氧化，超硬铝下降的幅度最大。例如，7A04 合金经硬质阳极氧化处理后，疲劳强度可下降 50% 左右。硬质阳极氧化对铝合金的高应力疲劳性能影响较大，但对铝合金低应力疲劳性能影响不大。

表 4-63　硬质阳极氧化处理对各种铝合金疲劳强度下降的幅度

（%）

牌　号	膜层厚度/μm				
	20	60 ~ 70	71 ~ 80	100	170
2A12	0	26	—	—	—
7A04	24	50	—	—	—
2A01	0	—	45	—	—
2A70	0	—	60	33	—
5A02	0	—	—	—	45

4. 硬质阳极氧化膜的工艺

（1）硫酸硬质阳极氧化　硫酸硬质阳极氧化溶液配方及工艺参数见表 4-64。

表 4-64　硫酸硬质阳极氧化溶液配方及工艺参数

配方及工艺参数	1	2	3
H_2SO_4（d=1.84g/cm³）	200～300g/L	15%（质量分数）	10%（质量分数）
电流密度/(A/dm²)	2～5	2.0～2.5	2.5～10
电源	直流	直流	直流
电压/V	40～90	25（上升）→60	40（上升）→120
温度/℃	−8～10	0	−5～5
搅拌	机械或压缩空气	机械或压缩空气	机械或压缩空气
阴极材料	纯铝或铅板	纯铝或铅板	纯铝或铅板
时间/h	2～3	2	2

硬质阳极氧化膜的生长过程与普通阳极氧化有相似的规律。如图 4-34 所示，第一阶段是阻挡层的形成，第二阶段是孔隙的出现，从第三阶段开始有明显的不同，电压平稳地上升，这说明多孔层的孔隙度较小，随着膜的加厚，电阻在不断增加。第三阶段的时间越长，氧化膜就越厚。第四阶段电压急剧上升，达到一定电压后，出现电火花，膜被击穿。因此，正常的氧化时间应在第三段末尾结束，时间约为 2h，才能保证氧化膜的质量。

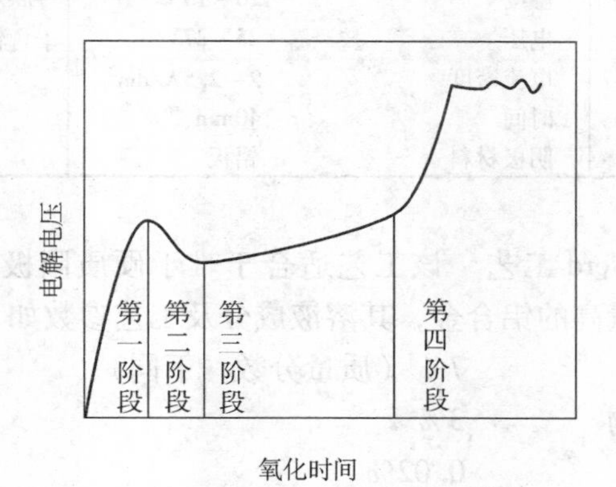

图 4-34　硬质阳极氧化电压特性曲线

（2）混合酸硬质阳极氧化　混合酸硬质阳极氧化溶液配方及工艺参数见表 4-65。

表 4-65　混合酸硬质阳极氧化溶液配方及工艺参数

配方类型	溶液成分及工艺参数		特点
硫酸-苹果酸系列	H_2SO_4	5~12g/L	氧化膜为深黑色、蓝黑色或褐色。膜厚约50μm，硬度 > 300HV，适用于 w(Cu)在5%以下的各种铝合金，适用于深不通孔内表面氧化
	苹果酸（$C_4H_6O_5$）	30~50g/L	
	磺基水杨酸	90~150g/L	
	温度：变形铝合金	15~20℃	
	铸铝	15~30℃	
	电流密度：形变铝合金	5~6A/dm²	
	铸铝	5~10 A/dm²	
	时间	30~100min	
草酸-丙二酸系列	草酸	40~50g/L	膜厚可达40~60μm，膜致密，硬度可达474~868HV，可连续生产
	丙二酸	30~40g/L	
	硫酸锰	3~4g/L	
	温度	10~25℃	
	电压	起始40~50V 最终 >100V	
	电流密度	2.5~3A/dm²	
	时间	60~100min	
	阴极材料	铅板	
	阳极移动	24~30次/min	
硫酸-草酸系列	硫酸	20%（质量分数）	膜厚可达40μm，适用于含铜铝合金，如2A12
	草酸	2%（质量分数）	
	甘油	5%（质量分数）	
	温度	10~15℃	
	电压	25~27V	
	电流密度	2~2.5A/dm²	
	时间	40min	
	阴极材料	铅板	

（3）Sanford 工艺　该工艺适合于难于硬质阳极氧化的铝合金，特别是铜含量高的铝合金，其溶液成分及工艺参数如下：

硫酸	7%（质量分数，下同）
煤提取物	3%
壬醇	0.02%
聚乙二醇	0.02%
甲醇	7%
温度	−10℃

电流密度　　　　　1～2A/dm^2

电压　　　　　　　15～60V

该工艺50min获得的膜厚大约为50μm，解决了高铜铝合金难以硬质阳极氧化的问题。

5. 硬质阳极氧化的影响因素

硬质氧化膜的硬度受溶液组成、浓度、温度、电流密度等电解条件的影响，其中影响最大的是温度，溶液温度越低，氧化膜硬度就越大。

（1）电解液的含量　用硫酸电解液进行硬质阳极氧化时，一般硫酸的质量分数为10%～30%，含量低时，膜层硬度高，特别是纯铝比较明显。但铜含量较高的2A12合金例外，因为铜含量较高的铝合金易生成$CuAl_2$化合物，这种化合物在氧化时溶解较快，易烧毁工件，故不适合用低浓度的电解液，必须在高浓度（H_2SO_4的质量浓度为300～350g/L）中氧化处理或采用交直流电叠加法处理。稀溶液硬质阳极氧化有一个缺点：操作温度较低时，这种稀硫酸溶液容易冻结，因此必须采取有效的溶液循环来阻止冻结发生。另外，稀溶液氧化膜的表面比浓溶液氧化膜的表面粗糙，只能通过机械精饰进行抛光或磨光。

（2）温度　硫酸溶液温度必须小于10℃，才能得到硬质氧化膜。如果使用硫酸、草酸、柠檬酸混合溶液，处理温度就可以提高到15～20℃。

（3）电流密度　提高电流密度，氧化膜生成速度快，氧化时间可以缩短，膜层溶解量减少，膜层致密，膜的硬度、耐磨性提高，但超过某种限度（8A/dm^2）时，因受发热量太大的影响，硬度反而下降。若电流密度太低，电压升高缓慢，虽然发热量减少，但膜层受到硫酸的化学溶解时间变长，膜的硬度较低。电流密度和膜层硬度的关系比较复杂，要得到理想硬度的膜层，就要根据不同材料来选择适当的电流密度，通常为2～5A/dm^2。

（4）合金材料　铝合金的形态对硬质阳极氧化也有影响，变形铝合金的形态有薄板、板材、挤压材、锻件及铸件。由于铝合金的组织结构、晶粒尺寸及形态的不同，硬质阳极氧化的工艺应该特别注意铝合金材料的这些特点。

1）薄板具有细晶组织，晶粒在轧制方向拉长。从板材制成的部件，其主要问题是窄向断面的烧蚀倾向较大。厚板的晶粒一般比较大一些，机械加工或化学浸蚀时，应该密切注意组织结构的均匀性。

2）挤压材的主要问题是在挤压方向可能有粗晶带，粗晶带有时在中空型材表面的中部，或集中在型材的某些特殊部位。这种情形在6061合金上最为多见，6063合金比较轻微。这种结构的各向异性，不同晶粒取向的阳极氧化速度会有所不同，严重时可能会导致铝表面氧化膜厚度的不均匀。

3）锻件原表面经常具有厚的热氧化膜，需要用特殊方法（如酸洗）除去。锻件又可能常用机械加工剥除掉大量表面，此时内部的粗晶组织在硬质阳极氧化之后会显示出来，这种情形有时也会在挤压材中发生。

4）铸件并非变形合金，一般其硅含量高，有时还含有质量分数约为5%的铜。铸件的主要目标是内部不允许存在空洞。高硅铝合金铸件的阳极氧化比较困难，电解电压甚至可达120V。

5）铝合金除了加工状态以外，合金成分也很重要。1000、1100系铝合金的硬质阳极氧化膜主要用在电绝缘的场合，例如中心电导并兼具中等强度时，则推荐选用特殊的导电铝合金。

2000系铝合金的主要问题是富铜的金属间化合物相优先溶解，从而在硬质阳极氧化膜中形成空洞。在2014铝合金中随着铁含量的增加，所谓“针孔”或“气体-俘获缺陷”非常严重。解决上述缺陷的主要措施是控制电流上升时间和降低电流密度，使得开始生成薄膜时防止富铜相的局部溶解。

5000系铝合金硬质阳极氧化并不困难，但是如果电流密度控制不好，就存在“烧损”或“膜厚过度”的危险。这种危险随着铝合金中镁含量的增加而变得严重，5000系比6000系得到软质膜的趋势大一些。

6000系铝合金中，6063铝合金的硬质阳极氧化一般不存在问题，但是6061铝合金或6082铝合金可能出现与冶金学有关的问题。民航飞机用6013铝合金中含有质量分数为0.90%的铜，硬质阳极氧化类似于6061铝合金那样，成膜效率低而且耐磨性较差。

7000系铝合金虽有“针孔”或“孔洞”问题，但并不严重。应该选用低铁含量铝合金。7000系铝合金的氧化膜硬度和耐磨性都比6000系铝合金低，给定电流密度下的电压比2000系铝合金或5000系铝合金也低些。

图4-35所示为电流密度为3.6A/dm^{2}时，各种铝合金氧化膜厚度与阳极氧化时间的关系。由该图可以看出，2024铝合金的硬质氧化膜的成膜效率最低，其他依次为7075、6061、3003、5052、1100铝合金。与硬质阳极氧化相对照，图4-35中还以虚线画出电流密度为1.2A/dm^{2}时普通阳极氧化的成膜规律，尽管普通阳极氧化的成膜效率低于硬质阳极氧化，但是合金之间成膜效率的顺序基本相同。

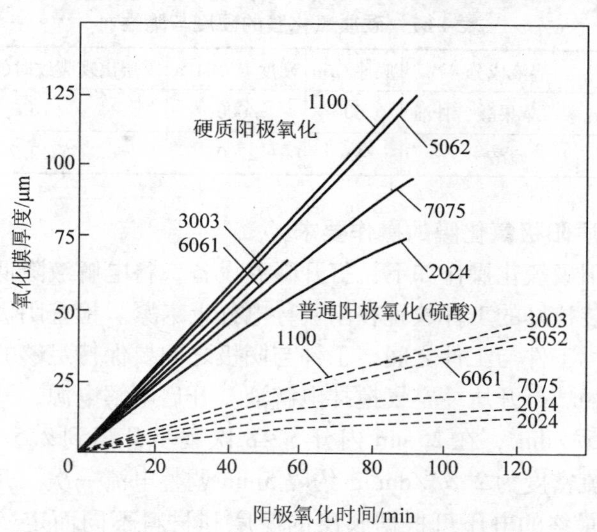

图4-35　各种铝合金氧化膜厚度与阳极氧化时间的关系

氧化后进行热处理，可进一步提高氧化膜的硬度。例如，铝合金硬质阳极氧化膜在200℃、400℃、600℃下进行热处理，膜层硬度（HV）可提高2000～3500MPa，达到6000～7000MPa。材料纯度越高，膜层热处理后的硬度也越高，同时，硬度也随热处理时间的延长而增加。硬质阳极氧化膜经醋酸钠化学处理和200℃热处理，膜层硬度和耐磨性都有提高。硬质阳极氧化膜较脆，氧化处理后的工件再进行机械加工时，膜层会成片掉落。低温膜层比常温膜层更脆。各种铝及铝合金硬质阳极氧化膜的硬度见表4-66，硬质氧化膜的硬度与脆性见表4-67。

表4-66　各种铝及铝合金硬质阳极氧化膜的硬度

铝及铝合金	表面状态	硬度 HV/MPa
工业纯铝	未阳极氧化	300～400
工业纯铝	硬质阳极氧化	12000～15000
铝合金	硬质阳极氧化	2000～4000
2A70	硬质阳极氧化	3500

表4-67　硬质氧化膜的硬度与脆性

处理工艺	溶液成分	膜厚/μm	硬度 HV/MPa	膜层出现裂纹时的挠度值/mm
常温氧化	硫酸、苹果酸、甘油	60	3000	6.3
低温氧化	硫酸	55	2700	2.7

6. 硬质阳极氧化膜的操作要求

硬质阳极氧化操作如下：打开降温设备，将电解液降低到所需的温度。把装挂好的工件放置在阳极导电杆上卡紧。检查阴极，保证电接触良好，工件与工件之间，工件与阴极之间要保持足够的距离，绝对不能接触。打开压缩空气搅拌电解液。开启电解电源，开始的电流密度为0.5A/dm^2，在25min内分5～8次逐步升高到2.5A/dm^2。然后保持电流密度为2.5A/dm^2，约隔5min调整电流一次。开始电压为8～12V，最终的电压可根据膜层的厚度和材料不同而定。硬质阳极氧化的过程中，需经常注意电压和电流值。如有电流突然增加，电压下降的现象，这说明有的工件膜层局部腐蚀。应立即关闭电源，检查并取出腐蚀的工件，其他的工件可继续氧化。

要得到质量好的硬质氧化膜，工件氧化前必须符合下列要求：

（1）锐角倒圆　工件上不允许有锐角、毛刺及其他尖锐棱角的地方，因为这些地方会使电流集中易引起局部过热，使工件烧伤，工件上所有棱角应倒圆，半径不应小于0.5mm。

(2) 表面粗糙度　硬质阳极氧化后工件表面粗糙度会有所改变，粗糙表面氧化处理后，会平整一些，而对于表面粗糙度较低的工件，经处理后表面粗糙度要升高一级左右。

(3) 尺寸余量　需进一步加工的工件应保留有加工余量及指定装夹部位。钣金件应留有工艺余量，除作为装夹用外，同时还可以作为检验试样。因硬质阳极氧化时，要改变工件尺寸，故在机械加工时，要根据膜层的厚度、尺寸公差来确定阳极氧化前的尺寸，以便处理后符合规定的公差范围。一般来说，工件增加的尺寸，大致为生成膜层厚度的一半左右。

(4) 专用夹具　硬质阳极氧化的工件在氧化过程中要承受很高的电压和较高的电流，一定要使夹具和工件保持良好的接触，否则，因接触不良会击穿和烧伤接触部位。为此要设计和制造专用夹具。

(5) 局部保护　在同一工件上既有普通阳极氧化，又有硬质阳极氧化的部位，要根据工件的表面粗糙度和精度安排工序。通常是先进行普通阳极氧化，再进行硬质阳极氧化，把不进行硬质阳极氧化的表面加以绝缘。绝缘的方法是用喷枪或毛刷将配好的硝基胶或过氯乙烯胶涂覆在不需处理的表面上。绝缘层要涂得薄而均匀，每涂一层要在温室下干燥 30 ~ 60min，共涂 2 ~ 4 层即可。

绝缘胶的配制：

配方一：硝基胶（Q98-1）　　5 质量份

红色硝基磁漆（Q04-3）　　1 质量份

红色硝基磁漆可用少量甲基红替代

用 X-1 稀释剂，稀释到工作黏度（4 号黏度计）。刷涂为 60 ~ 80s，喷涂为 20 ~ 30s。涂三层，每涂一层后在室温下干燥 30min。涂层应薄而均匀，无气泡。氧化后可将涂料用有机溶剂洗去或在 50 ~ 70℃热水中浸泡，剥掉绝缘层。

配方二：过氯乙烯胶（G98-1）　　100g

红色过氯乙烯防腐漆（G52-1）　　15 ~ 20g

稀释剂用 X-3 调到适宜的黏度。

配方三：地蜡 40%（质量分数，下同）、蜂蜡 50%、凡士林 10%，于 140 ~ 170℃溶解混合均匀后刷涂。

对于外螺纹及简单的整体表面，可用聚乙烯胶带缠紧。

（6）试验件　为了在不损坏工件情况下检验硬质阳极氧化膜的厚度和硬度，必须用与工件同批材料制成形状简单的试件，随同工件槽进行氧化处理。检测试件硬质阳极氧化膜的性能，就可推算出该批工件氧化膜的性能。

7. 硬质阳极氧化膜的质量检验及不合格膜层的退除

（1）外观检验　硬质阳极氧化的工件应逐个进行外观检验。由于工件材料不同和工艺条件不同，氧化膜的颜色不一样，膜层由褐色、深褐色、灰色到黑色。氧化膜越厚，电解温度越低，颜色越深。合格的氧化膜不允许有烧焦而形成易擦掉的疏松层，或因局部受热使氧化膜被腐蚀的光亮斑点和边缘、圆角部分膜层脱落的现象。整个工件表面除夹具印外，局部表面不得有无氧化膜的地方。允许包铝钣金件氧化膜出现小裂纹。

（2）氧化膜厚度的测定　从工件或试件上切取横向试片，在金相显微镜下测定氧化膜的厚度；也可以用涡流测厚仪直接测出氧化膜的厚度。金相法比涡流法准确可靠。

（3）氧化膜显微硬度的测定　氧化膜的显微硬度可用显微硬度计在横向试片上测出。一般铝合金硬质阳极氧化膜的显微硬度不应低于3000MPa，2A12铝合金硬质阳极氧化膜的显微硬度不应低于2500MPa。

（4）不合格氧化膜的退除　若氧化膜的质量不好，而且工件的尺寸公差较大时，可以退膜后重新进行硬质阳极氧化处理。退膜方法与普通阳极氧化退膜方法相同。若因氧化膜厚度不够，在没有卸夹具前，可重新入槽继续氧化。

8. 硬质阳极氧化常见的氧化膜缺陷及对策（见表4-68）

表4-68　硬质阳极氧化常见的氧化膜缺陷及对策

缺　陷	产生原因	对　策
氧化膜厚度不够	1）氧化时间太短 2）电流密度太低 3）氧化材料面积计算不准	1）增加氧化时间 2）提高电流密度 3）重新准确计算工件的处理面积

（续）

缺陷	产生原因	对策
氧化膜硬度不够	1）电解液温度过高 2）电流密度过大 3）膜厚太厚	1）降低电解液温度 2）降低电流密度 3）缩短氧化时间
氧化膜被击穿，工件被腐蚀	1）合金中铜含量太高 2）工件散热不好 3）工件与挂具接触不好 4）氧化时供电太急	1）选择合适的铝合金材料 2）加强电解液的搅拌 3）改善接触使导电良好 4）注意按工艺操作

4.7.10 其他阳极氧化工艺

1. 磷酸阳极氧化

铝合金可以在磷酸溶液中生成阳极氧化膜。该氧化膜孔隙率高，附着性能好，具有一定的导电能力，是电镀、涂漆的良好底层。同时，磷酸氧化膜与胶黏剂的结合力比化学氧化膜、铬酸氧化膜与胶黏剂的结合力度高，因此，磷酸阳极氧化在航空工业胶接件上得到广泛应用，作为胶接铝合金工件的表面预处理。磷酸阳极氧化配方工艺条件见表4-69。

表4-69 磷酸阳极氧化配方及工艺条件

组分及工艺条件		高浓度型	添加剂型	低浓度型	中浓度型
质量浓度/(g/L)	磷酸	380~420	200	40~50	100~150
	草酸		5		
	十二烷基硫酸钠		0.01~0.1		
工艺条件	温度/℃	25	20~25	20	20~25
	电流密度/(A/dm^2)	1~2	2		1~2
	电压/V	40~60	25	120	10~15
	时间/min	40~60	18~20	10~15	18~22
特点与用途		孔隙率较大，用于电镀底层	用于电镀底层	膜薄，用于喷涂底层	用于胶接底层

磷酸阳极氧化膜的孔隙率比铬酸阳极氧化膜小，但孔径较大。磷酸阳极氧化膜有较强的防水性，很适于保护在高湿度条件下工作的铝合金工件。铜含量高的铝合金不宜在铬酸中氧化，可是在磷酸溶液中处理却能获得优异的膜层。磷酸阳极氧化膜可以着色，耐碱性比硫酸氧化膜强。

2. 丙二酸阳极氧化

几种铝合金在12.5%（质量分数）丙二酸溶液中的阳极氧化工艺见表4-70。低浓度、低温条件，丙二酸阳极氧化膜孔少，不适合着色，膜薄，耐蚀性与其他氧化膜差不多。

表4-70 几种铝合金在12.5%丙二酸溶液中的阳极氧化工艺

牌　　号	电流密度/(A/dm^2)	时间/min	温度/℃	电压/V	膜厚/μm	色调
2A14-T6	1.3	30	65	68~120	1.5	白色
	1.3	30	70	66~84	2.5	白色
2A01-T4	2.6	30	55	120	5	不透明黄白色
3A21-HX4	1.3	30	55	115~120	0~50	不透明黄白色
5A02-HX6	1.3	30	40	101~110	6.3	淡黄色
	2.6	60	50	105~110	30	褐色
6061-T6	1.6	30	55	120	5	不透明黄白色
6063-T4	1.6	30	55	110	3.75	淡黄色
	1.6	60	55	110	10	淡褐色

3. 红宝石阳极氧化膜

在进行铝阳极氧化后，设法将其转化为红宝石结构，获得装饰性良好、耐腐蚀和耐磨的氧化膜。普通的阳极氧化膜是无定形的，将这种无定形的氧化膜放入草酸溶液中电解，使其转化为γ、γ'-氧化铝后，再转化为η-氧化铝。接着用碳酸钠溶液漂白，随后放入硫酸氢钠和硫酸氢铵的熔盐中电解，温度为170℃，电解时的槽电压为150V，使它进一步转化为α-氧化铝。最后可根据所需要的颜色深浅不同，把它浸入质量浓度分别为1g/L、10g/L、100g/L、400g/L的铬酸铵溶液中，温度为70℃，时间为30min。通过这样处理使金属离子吸附在氧化膜的孔隙里，这时膜层就能放射出红色的荧光；若浸入铬酸铁、铬酸钾的溶液中，则生成灰色膜并放出紫色荧光；若浸入铬酸铁、铬酸钠的溶液中，则生成淡黄色膜并放出深紫色荧光。

4. 高速阳极氧化

普通的阳极氧化处理，电流密度较低，如果要获得较厚的氧化膜，需要很长的电解时间，这样的生产率比较低。为了提高氧化膜的生长速度，就要采用大电流密度的快速阳极氧化法。电解液为硫酸或硫酸和草酸混合酸，硫酸的质量浓度较高，一般为200～300g/L。电解液在强力搅拌下循环，并将一定温度的电解液直接喷射到物体上，其电流密度最低为3A/dm^2，是普通方法的3倍，氧化膜生长速度为普通方法的4倍。如果电流密度为5A/dm^2，氧化膜的生长速度就达到普通方法的8倍。高速阳极氧化的工艺条件见表4-71。高速阳极氧化工艺与普通阳极氧化工艺的比较见表4-72。高速阳极氧化膜的硬度见表4-73。

表4-71　高速阳极氧化的工艺条件

类型	硫酸含量（质量分数,%）	温度/℃	电流密度/（A/dm^2）	时间/min	膜厚/μm
普通氧化膜	30	30±2	3～10	3～20	3～30
硬质氧化膜	30	30±2	3～10	10～100	30～200

表4-72　高速阳极氧化工艺与普通阳极氧化工艺的比较

工艺	硫酸含量（质量分数,%）	温度/℃	电流密度/（A/dm^2）	时间/min	膜厚/μm	膜生成速度/（μm/min）	K值
普通阳极氧化	15	20±2	1	60	15	0.25	0.25
高速阳极氧化	30	30±2	3	15	15	1	0.33
	30	30±2	5	7	15	2.2	0.43

注：*K*为氧化膜生长效率，*K*=膜厚/（电流密度×时间）。

表4-73　高速阳极氧化膜的硬度

处理温度/℃	3	10	20	30
硬度HV	500～550	450～500	330～400	220～300

4.7.11　阳极氧化电源

在铝的阳极氧化处理工艺中，一般采用直流电。需要处理的铝工件做阳极，接电解电源的正极。不溶性材料（铅板、不锈钢板等）做阴极，接电源的负极，只起导电作用。除了采用直流电以外，根据需要也可采用交流电、交直流电叠加、不完全整流、脉冲电流、电流恢复等方式进行处理。

1. 交直流叠加法

交直流叠加法的电能利用率较低，只在特殊情况使用。交直流叠加的原理见图 4-36。

交直流叠加分三种情况，见图 4-37。

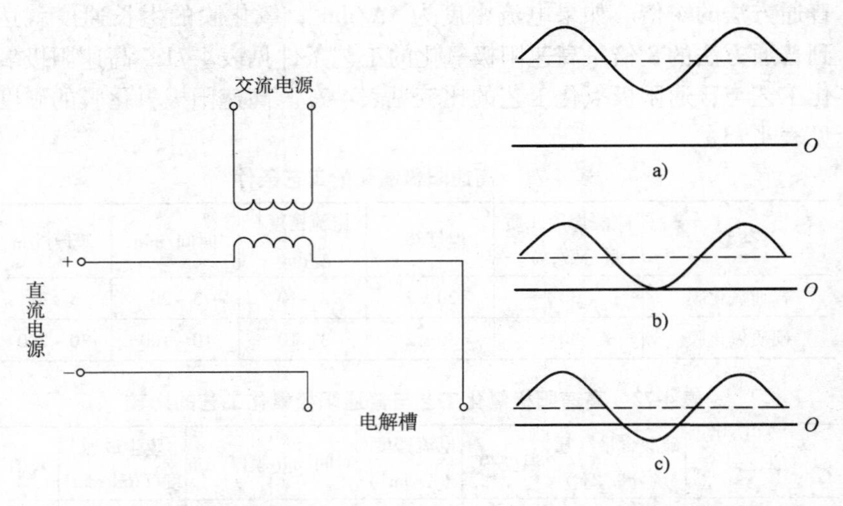

图 4-36　交直流叠加的原理

图 4-37　交直流叠加的波形
a）交流电压峰值小于直流电压
b）交流电压峰值等于直流电压
c）交流电压峰值大于直流电压

采用图 4-37a、b，电源可用于铜含量高的铝合金的氧化，防止工件在氧化处理时发生腐蚀。图 4-37c 电源适用于自然发色氧化膜的电解。

2. 交流法

可以使用正弦交流电阳极氧化，电流效率很低，很难得到厚氧化膜。与直流电阳极氧化相比，氧化膜孔隙较大，膜层相当软，适用于对弯曲性能有一定要求的铝线表面处理。交流电阳极氧化不需要阴极极板，可以在两个极上同时挂上工件进行阳极氧化处理。在硫酸溶液中用交流电阳极氧化时，氧化膜中会有少量金属硫化物和少量硫，电解时甚至会析出硫化氢气体。

3. 电流恢复法

电流恢复法的电压和电流波形见图 4-38。

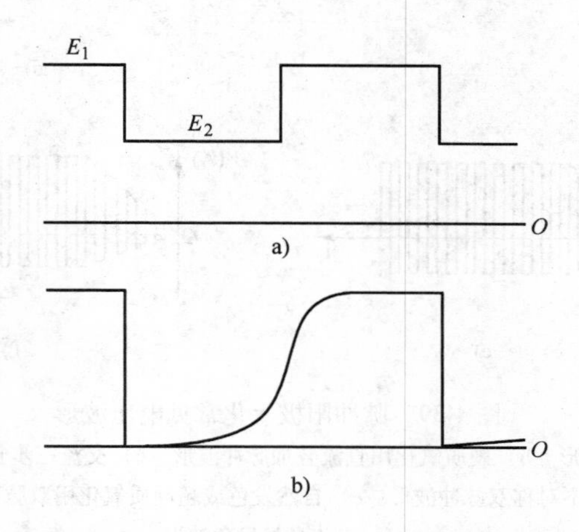

图 4-38 电流恢复法的电压波形和电流波形

a）电压波形 b）电流波形

由高电压 E_1 立即降到低电压 E_2 时，电流由高电流降到零，孔底部的阻挡层在低电压下缓慢溶解；然后电流从零再逐步回升，电压再次上升至 E_1，电流又回到高水平。这种电解过程叫电流恢复法，由于电解时电流断续流过氧化膜，所以也称断续法。这种方法氧化处理需要较长的时间，主要用于氧化膜的扩孔处理，电流恢复法处理的氧化膜，着色容易，可以得到均匀一致的深颜色。

4. 脉冲电流法

脉冲阳极氧化常见电压波形如图 4-39 所示。

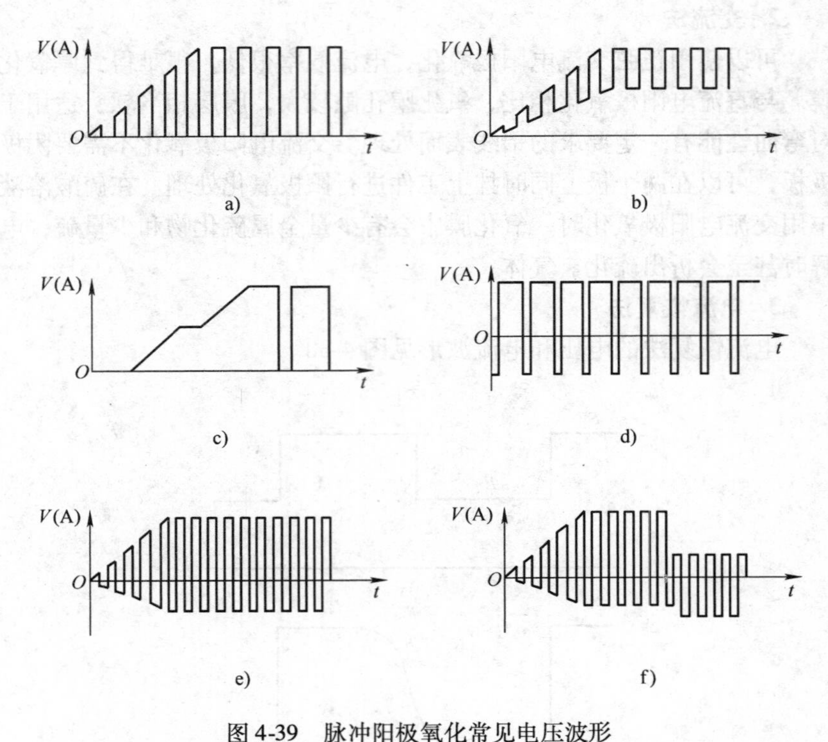

图 4-39　脉冲阳极氧化常见电压波形

a）脉冲波形　b）硬质氧化用直流叠加脉冲波形　c）交流三步自然发色波形
d）不对称双脉冲波形　e）自然发色或超硬质氧化用双脉冲波形
f）二步自然发色波形

脉冲阳极氧化分单向脉冲法和双向脉冲法。单向脉冲法是脉冲电压在零与峰值之间变化，双向脉冲法是脉冲电压在正峰值与负峰值之间变化。单向脉冲法主要用于硬质阳极氧化和高速阳极氧化，双向脉冲主要用于自然发色处理。

要获得较厚的硬质阳极氧化膜需要在低温（-10～10℃）下进行，同时需要高电压（60～100V），能源消耗大。关键在于有效散热，除了冷冻、搅拌等常规措施强化散热外，近年来硬质阳极氧化的重要进展是引入波形电源，特殊电源波形主要有直流单向脉冲、交流叠加直流、间断电流等。其中在工业上使用最广泛、效果最佳的是直流单向脉冲技术。如果在直流电上叠加脉冲电流进行硬质阳极氧化处理，在室温条件下即可进行。表4-74列出了2A11铝合金脉冲硬质阳极氧化的工艺参数。脉冲电压波形如图4-40所示。不同脉冲通断比与氧化膜的性能见表4-75。

表4-74　2A11铝合金脉冲硬质阳极氧化的工艺参数

成分	质量浓度/(g/L)	温度/℃	电流密度/(A/dm²)	封闭方法	电源性质	阴极材料
硫酸	170～220	20～30	2～5	热蒸馏水	方波脉冲与直流电叠加	铝板，压缩空气搅拌
草酸	18～26					

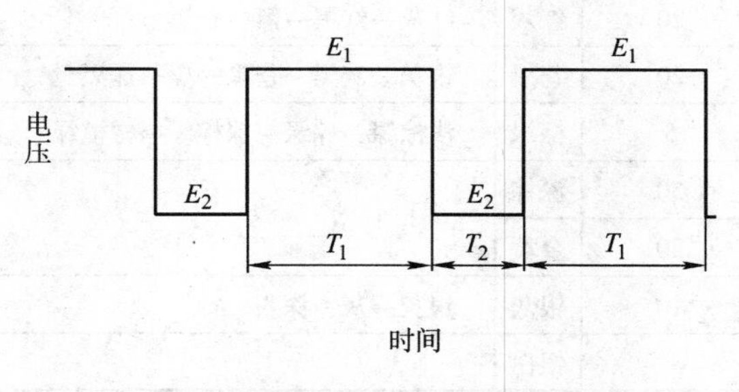

图4-40　脉冲电压波形

表4-75　不同脉冲通断比与氧化膜的性能

周期 (T_1+T_2)/ms	温度/℃	通断比 $(T_1:T_2)$	电压/V		膜厚/μm	硬度 HV/MPa	击穿电压/V
			E_1	E_2			
120	23	5:1	20	8	16.2	5580	820
120	24	3:1	20	8	16.8	5860	765
120	23	2:1	20	9	16	5000	820
120	25	1:1	21	13	16.4	5000	780
120	22	1:2	22	18	17	5590	770
120	22	1:3	22	18	17.1	4730	760
直流	23		19		17.5	2450	640

采用双向脉冲电源设备进行电解时，在正向电流作用下，与普通阳极氧化一样，氧化膜逐渐成长并形成多孔膜。而在负向电流作用下，膜孔内的电解液所含硫酸根发生还原反应产生硫离子，并逐渐富集，整个电解过程由上述两个过程交替进行。随后将阳极氧化后的工件浸入含金属盐溶液里着色和封闭，可在氧化膜孔内生成相应的金属硫化物而着上不同的颜色。各种金属盐产生的色调见表 4-76。

表 4-76　各种金属盐产生的色调

金属盐	质量浓度/(g/L)	色调	
		典型	色调变化范围
硝酸银	2	褐色	褐黄→深琥珀→红黑
醋酸铅	2	红棕	黄银灰→浅红棕→深红棕→深棕→栗色
硫酸钴	20	红灰	红灰→红黑→黑→亮黑
硫酸镍	20	苍黑	银灰→灰黑→苍黑→黑→深黑
硝酸铜	5	棕绿	浅棕绿→棕绿→深棕绿→橄榄绿
草酸铁铵	50	深棕	
	20	金黄	
氧化铝封闭	10	银灰	银灰→灰→深灰
沸水封闭		银白	

4.7.12　微弧氧化

1. 微弧阳极氧化的机理

普通阳极氧化工件表面发生的电化学反应与通过的电量符合法拉第定律。如果在阳极氧化过程中，工件表面某处长时间出现电火花，往往预示着这次氧化处理的失败，轻则需要退膜重新氧化，严重时会导致工件的腐蚀报废。微弧阳极氧化（简称微弧氧化）是使用特殊的电解液，用高电压、大电流密度，处理时工件表面产生连续或断续弧光放电。反应产物与通过的电量不符合法拉第定律。

微弧氧化过程中，外加电压达到起弧电压之前，金属表面已经被阳极氧化膜覆盖。这层介电性的氧化膜使得电流迅速下降，为了氧化膜的继续生长，只有增大电压使原氧化膜的薄弱位置发生击穿，过高的击穿电压导致局部火花并产生维持氧化膜生长所需要的电流。与普通阳极氧化不同的是，微弧氧化的电解液中的有效成分会和暴露的铝基体反应生成难溶相或陶瓷相，使击穿部位的氧化膜得到修补。因此，局部薄弱位置发生变动，造成火花位置不断变动。宏观上看到试样表面的火花（微弧）做无规则移动。因此，可以认为，微弧氧化膜并不是在所有表面上同时生长的，而是在不断增加电压的过程中局部击穿与生长，导致全面增厚而最后达到指定电压的极限厚度。

由于溶液中的成分会参与微弧氧化反应，当溶液中金属 M 的离子进入电弧区时，导致热分解并生成不溶性金属氧化物掺入微弧氧化膜中，因此，调整溶液成分既可以改变膜的性能，又可以改变膜的外观颜色。微弧氧化反应同时还伴有水的热分解，放出大量氢和氧，即

$$M(H_2O)_6^{3+} \rightarrow M(OH)_3 + 3H_2O + 3H^+$$

$$M(OH)_3 \rightarrow 1/2M_2O_3 + 3/2H_2O$$

$$2H_2O \rightarrow 2H_2\uparrow + O_2\uparrow$$

铝的微弧氧化膜具有结晶态高温相 α-Al_2O_3，这个高温相硬度极高，理论上只能在很高温度下才可以生成。因此，微弧氧化时可以推论局部产生极高温度。微弧氧化也称为微等离子体氧化，提出等离子体的概念就是强调了它的高温特性。微弧氧化技术特点在于把阳极氧化的电压范围从法拉第区提高到微弧区，获得具有高硬度、高耐磨性、高绝缘性的氧化膜。它不仅用于处理 Al 的表面，而且可以用在 Mg、Ti、Zr、Ta、Nb 等钝化型金属表面，得到微弧氧化膜。

2. 微弧氧化层的特性

微弧氧化使工件表面出现电晕、辉光、弧光放电、电火花等现象，对氧化层进行了微等离子的高温高压处理，使非晶结构的氧化层发生了相和结构的变化。由微弧氧化技术所生成的铝合金表面氧化层伴随有 α-Al_2O_3、γ-Al_2O_3 生成，与烧结的陶瓷结构相似。以 2A12 铝合金为例，获得的微弧氧化层的主要特性如下：

1）氧化层生长厚度：最大可达到 300μm。

2）氧化层硬度：显微硬度 800 ~ 2000HV0.5。

3）氧化层绝缘性：击穿强度 5kV/mm；体绝缘电阻 $5\times10^{10}\Omega\cdot$cm。

4）氧化层的耐磨特性，用碳化钨做摩擦副：摩擦因数为 0.48，磨损率为 $4.9\times10^{-7}mm^3/N\cdot m$。

5）氧化层的耐热冲击：经受 300℃—室温水淬 35 次，无变化；1300℃热冲击，每次 5s 共 5 次，氧化层不脱落。

6）氧化层可打磨抛光至 V10 ~ 12，相当于表示粗糙度 *Ra* 为 0.16 ~ 0.037μm。

3. 微弧氧化工艺

微弧氧化的溶液成分相对比较简单，目前以碱性槽液为主，采用质量分数小于 1% 的 NaOH 稀溶液可以得到微弧氧化膜。实际使用的溶液常加入硅酸钠、铝酸钠和（或）磷酸钠等。为了得到各种颜色，可以加入不同的金属盐类，依靠不同金属离子沉积掺杂在氧化膜中得到相应的颜色。表 4-77 所列为几种常见微弧氧化电解液的成分。

表 4-77　几种常见微弧氧化电解液的成分

质量浓度/(g/L)	1	2	3	4	5
氢氧化钠(钾)	2.5	1.5 ~ 2.5	2.5		
硅酸钠		7 ~ 11		10	
铝酸钠			3		
六偏磷酸钠			3		35
磷酸三钠				25	10
硼砂				7	10.5

工艺条件如下：

温度　25 ~ 45℃

电压　300 ~ 800V

电流密度　5 ~ $10A/dm^2$

时间　1 ~ 6h

膜厚　20 ~ 100μm

表 4-77 中的 5 个配方，碱性依次逐渐降低，考虑到改善微弧氧化膜的性能或改变膜的颜色，经常添加一些相应的化合物。在微弧氧化膜中引入钒的氧化物来提高耐蚀性，原苏联采用磷酸盐-钒酸盐体

系，在温度20～22℃、电流密度5A/dm² 和最终电压200V下进行微弧氧化。

微弧氧化时需要用压缩空气搅拌和槽液循环制冷。微弧氧化膜表面非常粗糙，需要打磨或抛光后才可投入使用。

微弧氧化的工艺流程比普通阳极氧化简单，只需要去除金属表面的油污和尘土，不需要像普通阳极氧化那样串联的脱脂、碱洗、中和等一系列化学预处理工序。如果工件表面没有重污染，甚至可以直接进行微弧氧化，这是因为碱性溶液和微弧氧化工艺可以起到脱脂等功能。

4. 微弧氧化膜的组成与结构

2A12铝合金微弧氧化膜的化学组成见表4-78。从表中可见，在外层中Si含量很高，在内层中Si含量较低，Al含量很高，内层主要由Al和O两种元素组成。无论在内层还是在外层，氧含量基本保持不变。外层氧化膜的结构为α-Al_2O_3、γ-Al_2O_3及$Al_6Si_2O_{13}$，内层为α-Al_2O_3、γ-Al_2O_3，内层中的α-Al_2O_3含量远比外层中的高。

表4-78　2A12铝合金微弧氧化膜的化学组成（质量分数）（%）

元素	到基体与氧化膜界面的距离/μm				
	10	30	45	60	80
Al	78.68	78.11	77.47	52.65	30.9
Cu	3.93	5.07	2.53	2.56	7.88
Mg	0.48	0.83	0.98	0.69	0.57
O	14.20	14.1	16.07	16.25	14.75
Si	2.71	1.81	2.95	27.8	45.9

铝合金的微弧氧化膜的结构、成分和形貌与溶液成分和工艺条件有密切关系。对应于表4-77中的第2列溶液所制得的微弧氧化膜由三层组成，如图4-41所示。

（1）过渡层　紧贴铝合金表面的薄层，厚度约为3～5μm，由α-Al_2O_3、γ-Al_2O_3及正长石$KAlSi_2O_8$组成。

（2）工作层　这是微弧氧化膜的主体，视需要厚度可以为150～

250μm。其成分以刚玉 α-Al_2O_3 为主，也有 γ-Al_2O_3。这一层孔隙率很小，硬度极高。

（3）表面层　这一层比较疏松粗糙，在含硅酸盐的溶液中，微弧氧化膜的表面层含硅酸铝 Al_2SiO_5 和 γ-Al_2O_3。用于工程应用时，一般需要磨去这一层直接接触工作层使用。

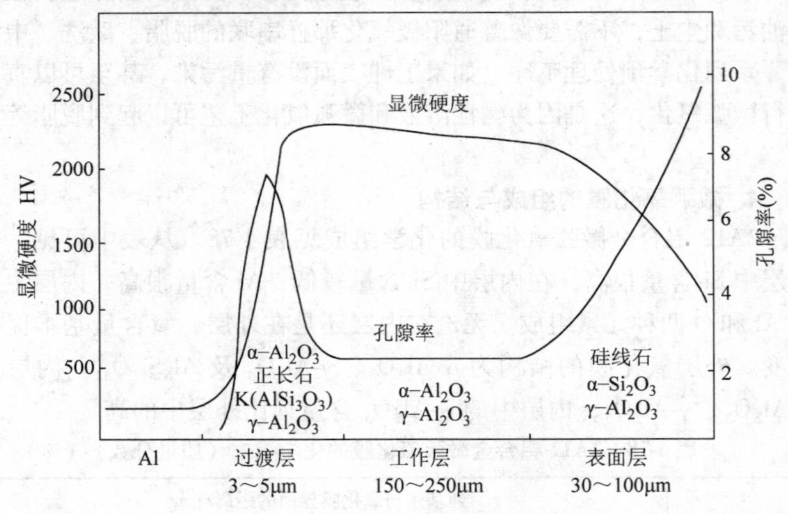

图 4-41　微弧氧化膜的结构

4.7.13　阳极氧化处理的其他问题

1. 不良氧化膜的退除

在铝合金阳极氧化处理系列工艺（包括预处理、着色及封闭）中，由于操作不慎或其他原因导致氧化膜质量不合格，需要将氧化膜退除重新氧化处理。这种去除氧化膜的方法称为退膜工艺，见表 4-79。

表 4-79　各种退膜工艺

方法	成分	质量浓度/(g/L)	温度/℃	时间/min	适用范围
1	NaOH	20 ~ 35	40 ~ 55	≤3	尺寸公差较大的钣金件及型材、导管等的硫酸阳极氧化膜
	Na_2CO_3	25 ~ 35			

（续）

方法	成分	质量浓度/(g/L)	温度/℃	时间/min	适用范围
2	H_3PO_4	35mL	90~100	10	加工精度高的工件、抛光件、细小工件等的硫酸、草酸盐及氧化膜
	CrO_3	20			
3	$Na_2CrO_7 \cdot 2H_2O$	45~50	85~90	1~3	瓷质阳极氧化膜
	H_3PO_4	40~100			
4	H_3PO_4	30~40mL	90~100	退净为止	瓷质阳极氧化膜
	CrO_3	15~25			
5	H_2SO_4	100mL	室温	退净为止	一般氧化膜
	KF	4			
6	H_2SO_4	100mL	室温	退净为止	一般氧化膜
	HF(50%~60%)	10mL			
7	NaOH	10	90	退净为止	一般氧化膜

2. 工件的返修

1）对因氧化膜较薄，硫酸法染色染不上色的工件应取出洗净，经硝酸出光后重新氧化（夹具装挂处未动）。若已卸夹具，则用刀子局部刮去（尺寸要求不严处）氧化膜，再上夹具通电氧化。

2）对铬酸氧化工件，当氧化膜质量不合格时不必将旧膜退掉，只需将接触点打光后装上夹具即可重新氧化。在下槽5min内，将电压升到原氧化时最后电压，处理时间在30min以上。

3）每次装挂工件的夹具都应退去旧氧化膜。

4）硬质阳极氧化工件膜层厚度不够时，在未卸夹具前可补充氧化。要求一次给足电流密度，电压升至原氧化电压。若工件表面被电压击穿，取出打光后再单个继续氧化。

3. 阳极氧化槽

理论上，具有足够强度的耐腐蚀材料都可以用来做阳极氧化槽，实际上还要考虑制作成本要低，维修方便。常见的阳极氧化槽有下列几种：

（1）聚乙烯一次成型槽　这是目前最流行的槽体制作技术，用聚乙烯塑料一次热加工成型，槽体无焊缝整体均匀一致，壁厚为 3 ~ 5min。这种槽体美观、轻便、结实耐用，槽体不易破裂，搬运方便。这种技术的缺点是槽体大小有标准规格，制作时需要有特殊设备和专用模具，适用于制作较小的氧化槽。

（2）硬塑料焊接槽　一般用聚氯乙烯硬塑料板焊接而成。塑料板的厚度为 5 ~ 15mm。这种槽体加工容易，维修方便，可在现场焊接组装，加工好的槽子可短距离搬运。但这种槽子的焊缝要承受大的应力，容易爆裂，爆裂后可以补焊。因此不能用来制作大型槽子，一般只能制作 5000L 以下的槽子。

（3）衬塑钢槽　槽体用强度高的钢板焊接而成，内衬塑料防腐，可衬软塑料，也可衬硬塑料。槽子强度高，可以用来制作任意尺寸的槽子，维修也方便。但成本较高，钢板的裸露部分要做防腐处理。

（4）衬塑水泥槽　槽体用钢筋水泥砌成，衬塑料或贴玻璃钢防腐，制作成本较低，可制作大型槽子。槽子占地面积大，维修不太方便。这种槽子在我国很常见。

4. 阴极

阳极氧化膜的质量与均匀性，在很大程度上取决于阴极和工件面积比例是否合适，取决于阴极极板与工件的相对位置与距离。制作阴极的材料可以是铅板、不锈钢板、铝板和石墨棒。铅板效果最好，它在硫酸中几乎无腐蚀，使用寿命长，同时它质地柔软，容易调整极板的面积，以及与工件之间的距离，缺点是铅板有毒及价格较贵。不锈钢板价格比铅板便宜、无毒，缺点是电导率较低，断电时不锈钢会被硫酸腐蚀，不锈钢的腐蚀产物会增加电解液中铁离子的含量，缩短电解液的使用寿命。铝板价格便宜，电导率高，缺点是断电时铝板会被硫酸腐蚀，腐蚀速度比不锈钢高得多，铝板的腐蚀产物会增加电解液中铝离子的含量，缩短电解液的使用寿命，一般用在连续使用的电解槽中。石墨棒电导率高，不污染槽液，但石墨棒体积大，重量大，会增加槽体的负荷，同时石墨棒脆性大，易断裂。配备阴极应注意，要有足够的阴极面积供阳极氧化工件所需的全部电流，阴极布局要适当，使输送到工件的电流比较均衡。阴极的面积是阳极面积的一半或两者相等，过多的阴极面积用绝缘材料保护，或用塑料板阻隔。

5. 制冷

在阳极氧化生产中，电解液温度需要保持恒定，在冬天开始时要加热，氧化进行中需要冷却。加热装置可采用蒸汽加热套管或热交换器，制冷量则可根据最大电流需要量计算。制冷量（单位为 kcal，1kcal = 4.2J）可按下式计算：

$$制冷量 = 0.2845 \times 10^{-3} \times I_{max} V_{max} K$$

式中　I_{max}——阳极氧化电流最大需要量（A）；

V_{max}——阳极氧化最高电压（V）；

K——工艺因数，普通硫酸阳极氧化为0.8，自然发色电解液为0.9，低温硬质硫酸阳极氧化为0.95。

制冷最好的方法是采用热交换器，把电解液从阳极氧化槽中抽出，经管道在热交换器中冷却，然后返回氧化槽。这种方法制冷效果好，有利于槽液的流动，槽液温度容易保持一致。热交换器以板式换热器最常用，其特点是维修更换方便，板式换热器的材质可以用不锈钢或钛合金。

6. 挂具

阳极氧化所用的挂具主要有两个作用：一方面是对工件在槽中的位置起固定作用，并且是工件在槽间运送时的载体；另一方面，向工件输送阳极氧化电流。许多阳极氧化故障都是挂具松脱和不合理的夹持造成的。因此，挂具或夹具的设计和选择是控制阳极氧化膜质量的重要因素，其要求如下：

1）挂具材料应耐酸、耐碱，导电良好，电解液液面以上的挂具部分可选用纯铜。

2）挂具设计要有足够的断面面积，能使阳极氧化电流自由通过，防止产生大的电压降或局部过热烧毁夹具。

3）夹具与工件的夹持力要大，触点要小而隐蔽，接触要牢固。电解液在搅拌时，挂具不能松动和脱落。挂具在安装和拆卸时，要简便快速。

4）挂具与工件非接触部分要用耐腐蚀涂料保护，以减少无用的电流消耗，并延长挂具的使用寿命。

铆钉、螺栓和螺母之类的小工件可放在挂篮内进行阳极氧化处理。为了保证工件电接触可靠，挂篮的盖板要施加一定的压应力。如果有片状小工件要和颗粒状小工件混合在一起氧化，要防止片状工件相互重叠，导致局部无氧化膜。大工件可以单独吊挂，用铝丝缠紧或用螺栓夹具夹紧，保证电接触可靠，并防止大工件在运送时跌落。对于较长的挤压铝型材和管材，装挂要在材料的两端，电接触点要尽量靠近端头，氧化处理后再切除端头的电接触部分。对于内表面也需要有氧化膜的管材，要在管内插入辅助阴极杆并固定好。对于大型板材，其表面积较大，阳极氧化时要根据设备的最大处理能力，确定装挂的片数，有时只能单片氧化。

挂具和工件、挂具和导电梁、导电梁和外部电源，应有足够的电接触面积，保证在电解过程中不发热，不产生大的电压降。挂具材料一般选用铝合金或钛合金。用铝合金做挂具，导电好，成本低；但铝合金挂具与工件会同时产生氧化膜，挂具重复使用之前必须做退膜处理，这样会损伤挂具，缩短使用寿命。钛合金挂具强度高，与工件接触有弹性，接触可靠，在常见的酸、碱溶液中腐蚀很小，和铝工件同时氧化产生的氧化膜导电，重复使用时不需要做退膜处理，挂具使用寿命长，生产率高，但成本较高。铝的电解着色处理不能用钛挂具。

为了延长铝合金挂具的使用寿命，在挂具的非电接触区可用涂料保护，以延长挂具的使用寿命，同时减少电解时挂具的电流消耗。铝合金挂具用涂料要求施工简单，快干，耐腐蚀，不污染槽液，与铝合金结合力好。常用的铝合金挂具涂料见表 4-80。

表 4-80 常用的铝合金挂具涂料

涂料	用法及用途	涂料	用法及用途
糅合软化固体塑料	螺孔填料，螺母、螺钉、齿轮齿的齿盖	白色树脂底漆	浸渍后让漆流干，至少将金属预热到27℃
重干性油	可浸涂或刷涂	乙烯树脂悬浮液，能生成光亮平滑的涂层，拉伸强度和撕裂强度高，有电绝缘性	挂具涂底漆后趁热进入涂层槽。在102～152℃干燥
透明、黑色或其他颜色的乙烯树脂	夹具涂料		
液体塑料，受热软化为橡胶状	可铸成小孔塞	环氧树脂/聚酰胺涂料	涂一层或涂二层；用于水下挂具的涂层

图 4-42 ~ 图 4-62 所示为各种挂具图，供读者在生产中选用挂具和设计新挂具时参考。进行阳极氧化的工件，可根据其外形、大小分别装挂在通用夹具或专用夹具上。在装夹之前，挂具一定要经过脱膜（碱腐蚀）或锉削，清除掉挂具表面的旧氧化膜。装挂时要装夹得很牢，但不能夹伤工件，特别是经机械加工带螺纹的工件。大形薄板用中型吊架装挂，将螺栓拧紧，防止在溶液中上下摆动时脱落。盒形工件、管形工件和有不通孔的机械加工工件，一定要使工件的孔、口向上，让阳极氧化时产生的气体能自由地排出，否则会形成气袋，使局部表面没有氧化膜。

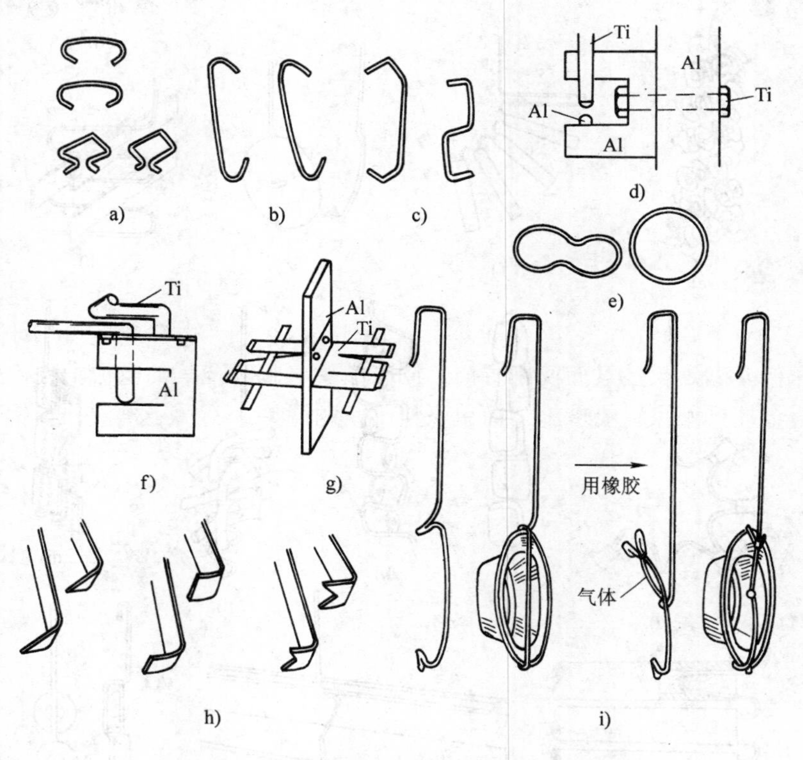

图 4-42　辅助挂具

铝铆钉、垫圈等小工件，可装在筐形挂具里阳极氧化。在装筐之前，先将小工件进行腐蚀、出光处理，清洗干净后再装筐。氧化时，为了增加导电接触和减少返修量，可在小工件装筐时加入一些铝屑，约占小工件体积的10% ~20%，与小工件混装。装满之后加上压盖，上下用铝螺母固定紧。固定时可以抖动一下，听听是否有松动的声音。如果有较大的响声时，还应再拧紧一下，但不要拧得过紧。

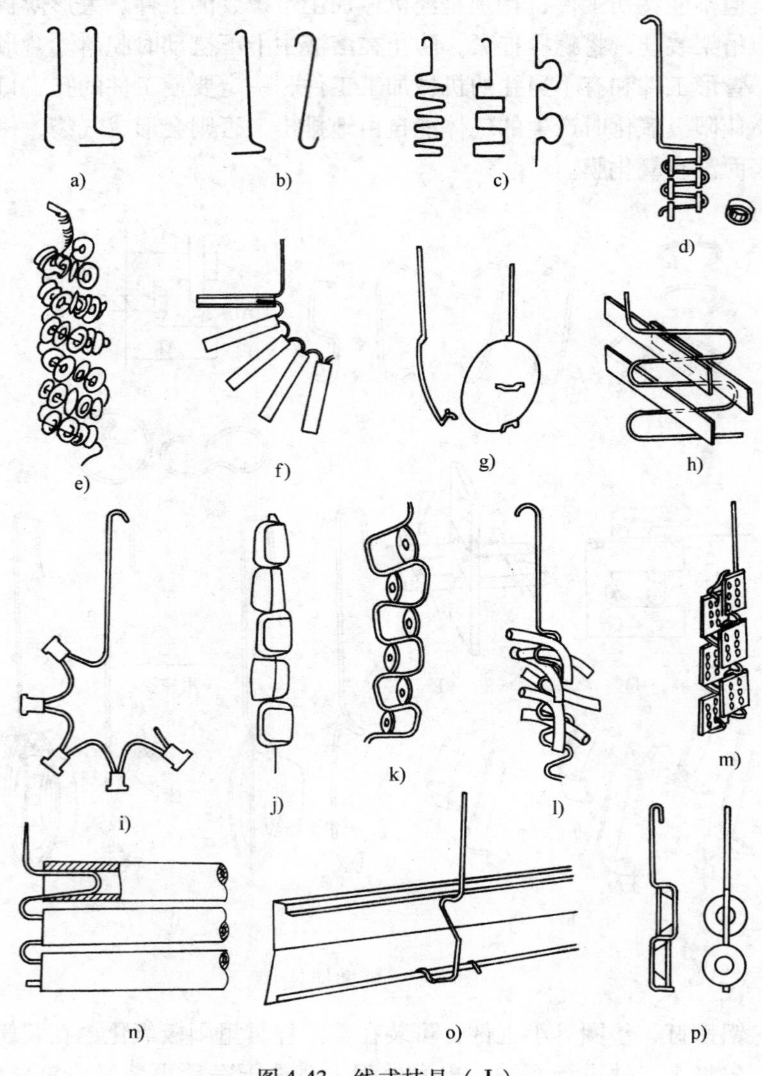

图4-43　线式挂具（Ⅰ）

同样材料制成的工件应装在一个夹具上，不允许一个夹具装两种材料制成的工件。对于阳极氧化的工件，如果局部或整个表面上不允许有夹具印时，应留有工艺余量进行装夹。

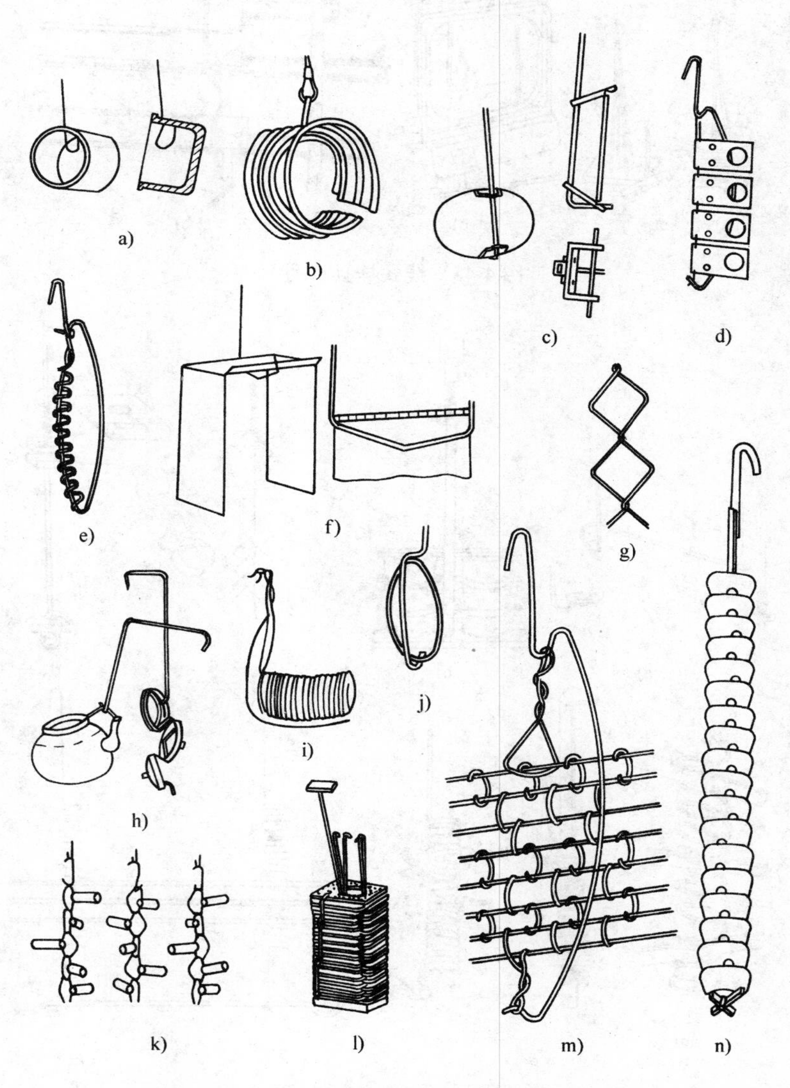

图 4-44　线式挂具（Ⅱ）

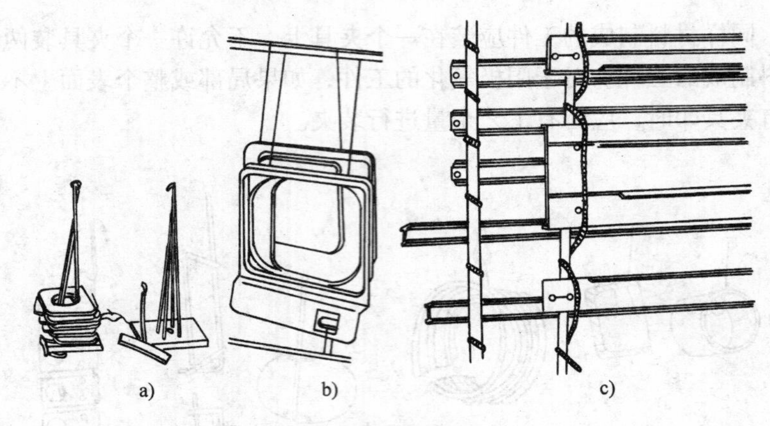

图 4-45　线式挂具（Ⅲ）

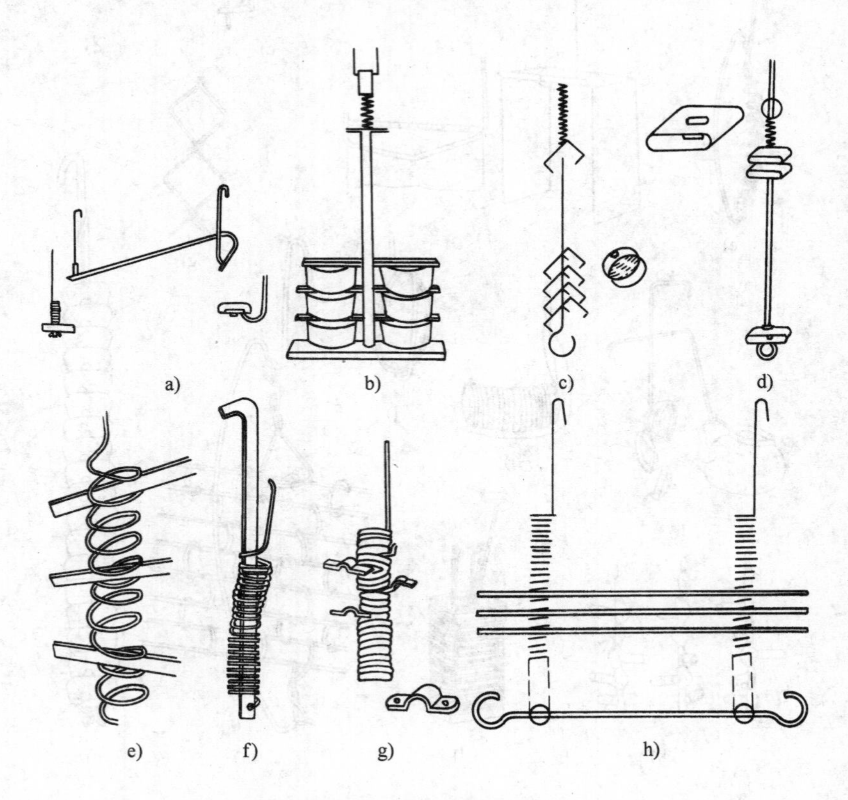

图 4-46　弹簧挂具（Ⅰ）

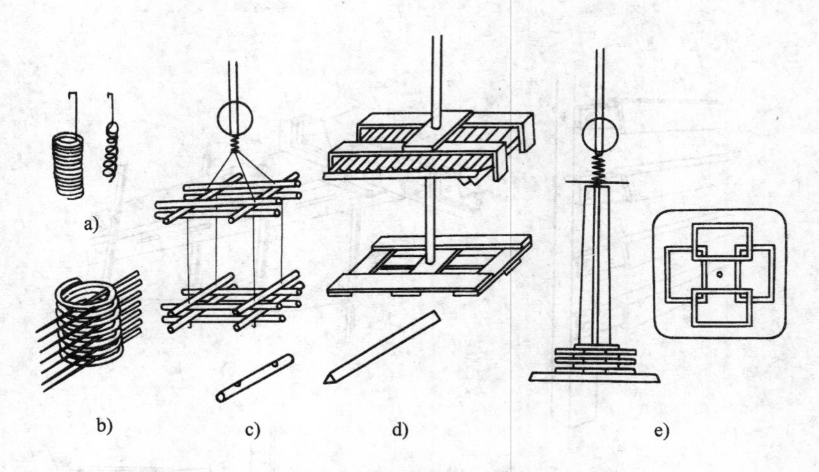

图 4-47　弹簧挂具（Ⅱ）

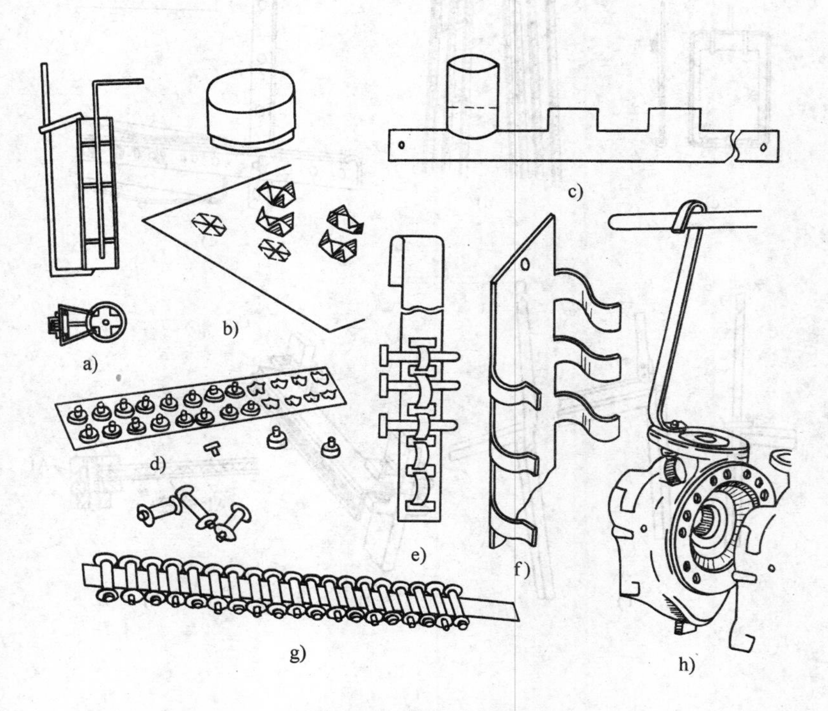

图 4-48　分板式挂具

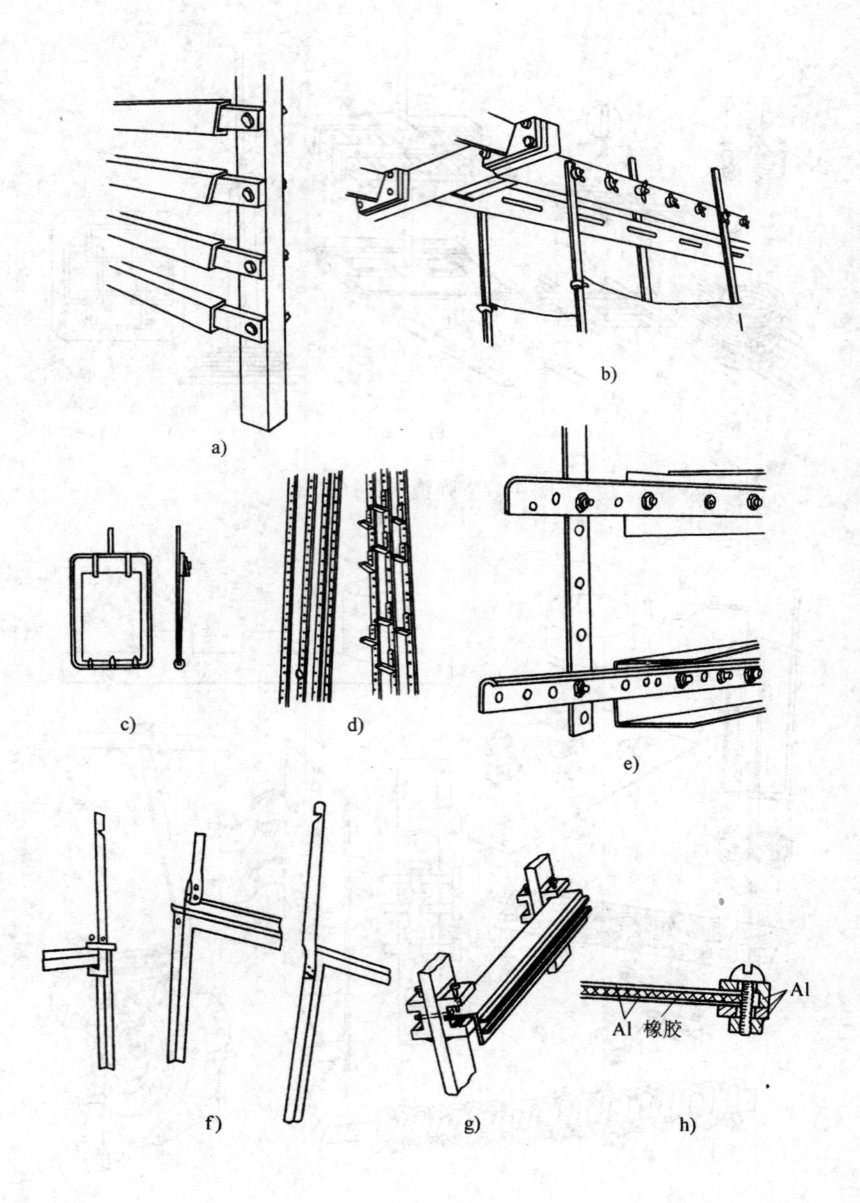

图 4-49　螺栓螺母挂具

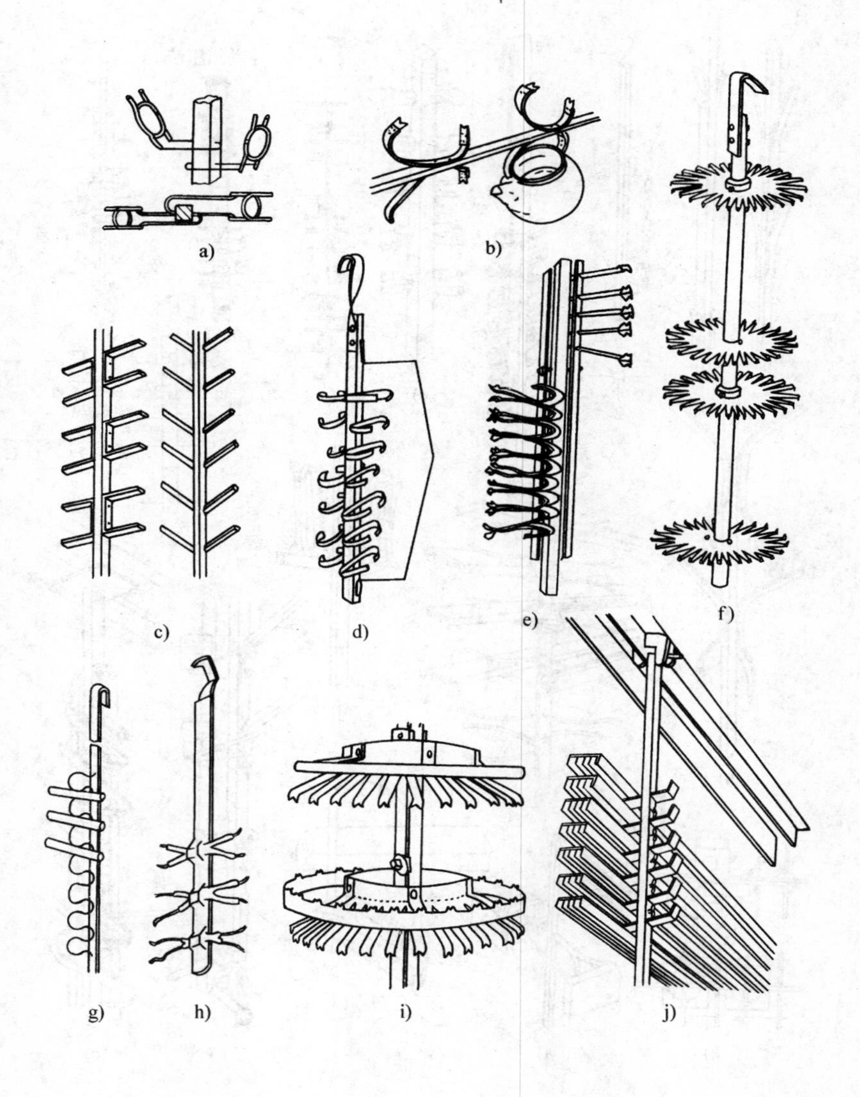

图4-50　分枝式挂具（Ⅰ）

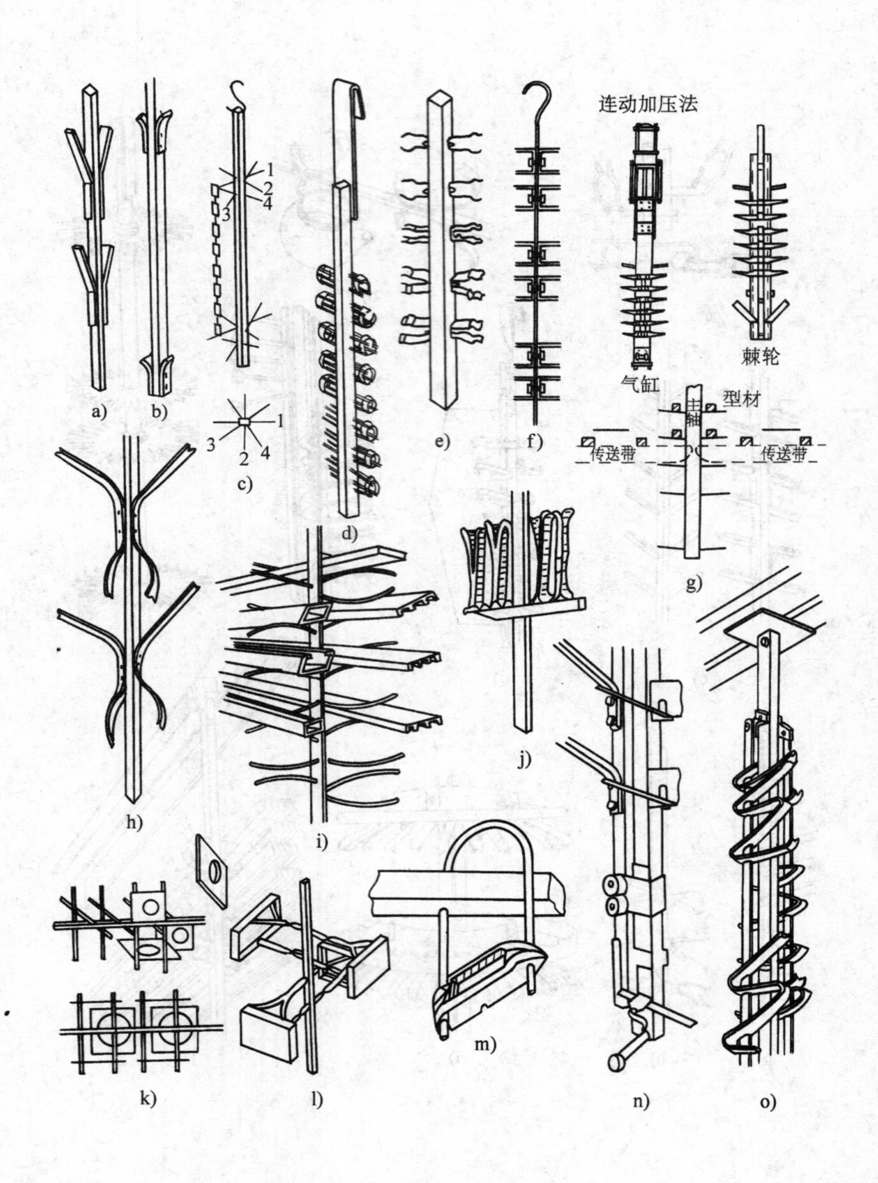

图 4-51　分枝式挂具（Ⅱ）

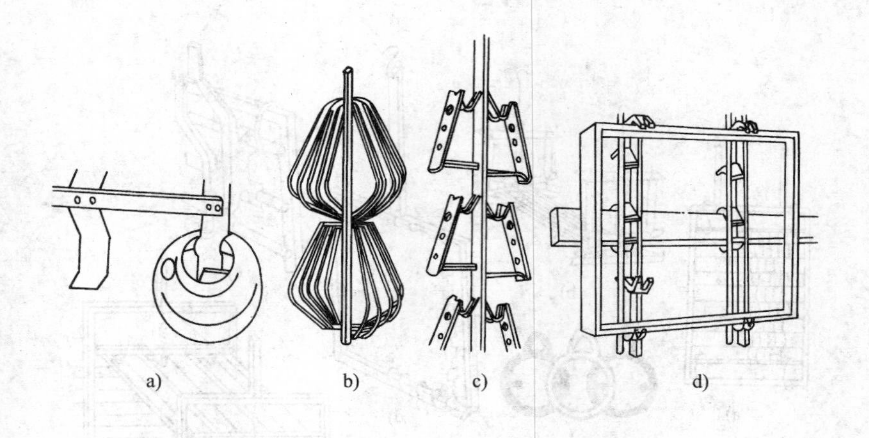

图 4-52　分枝式挂具（Ⅲ）

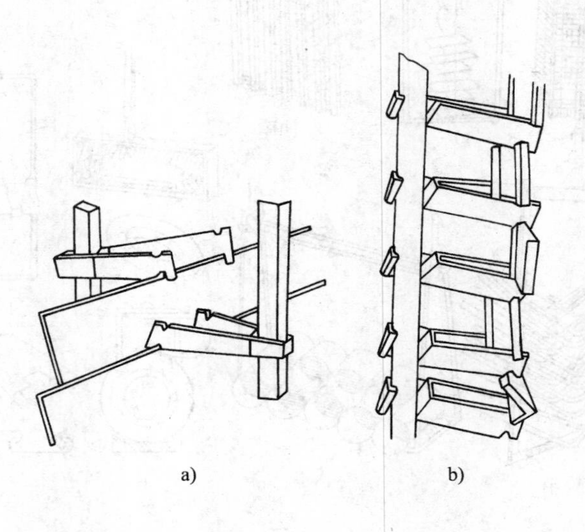

图 4-53　挤压型材挂具

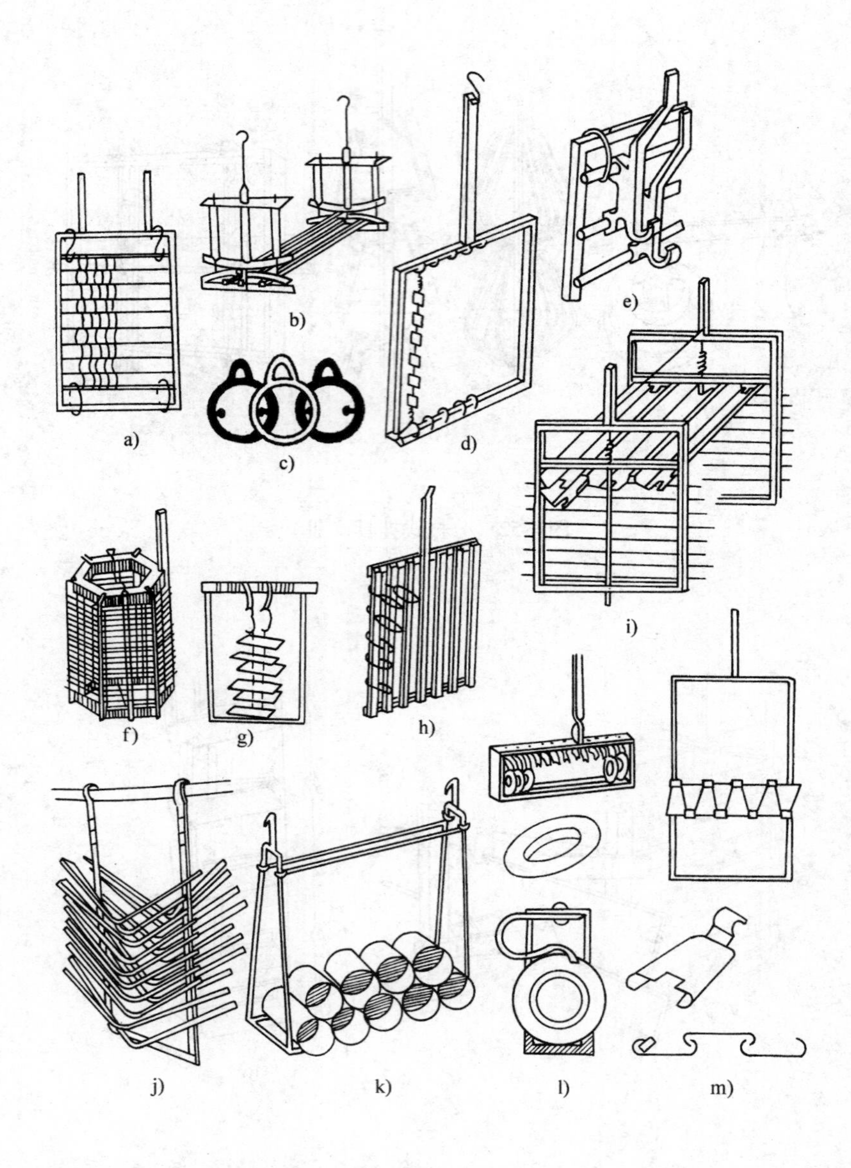

图 4-54　框架式挂具（Ⅰ）

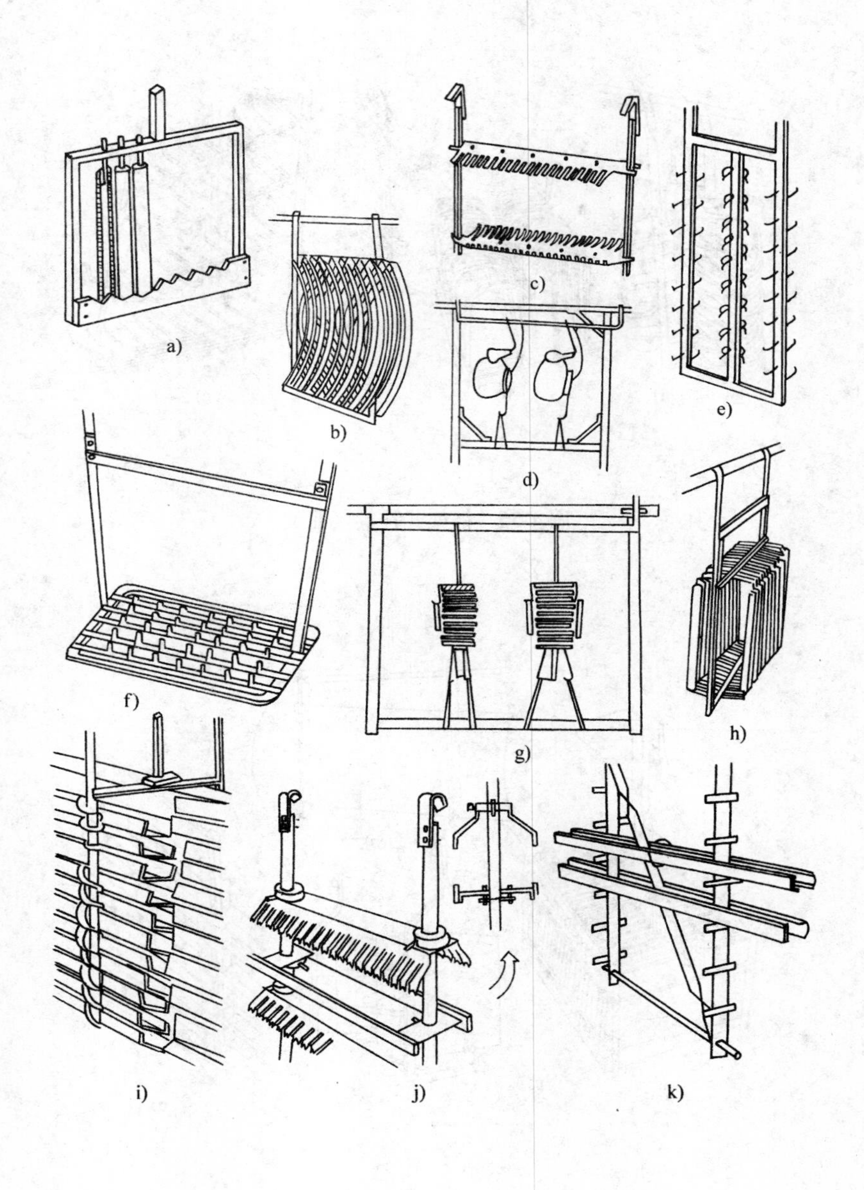

图 4-55　框架式挂具（Ⅱ）

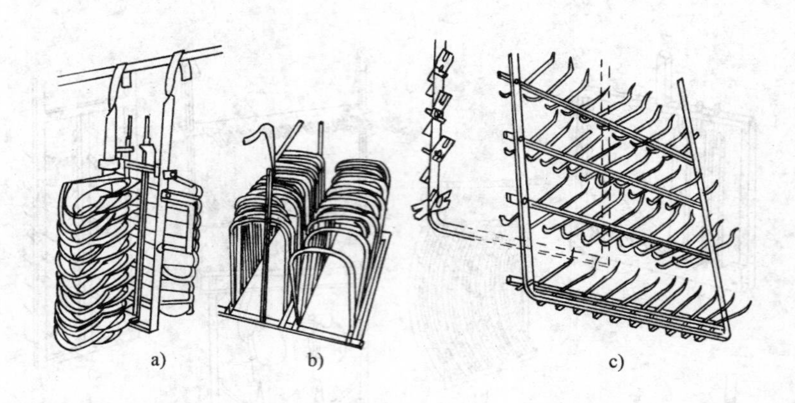

图 4-56　框架式挂具（Ⅲ）

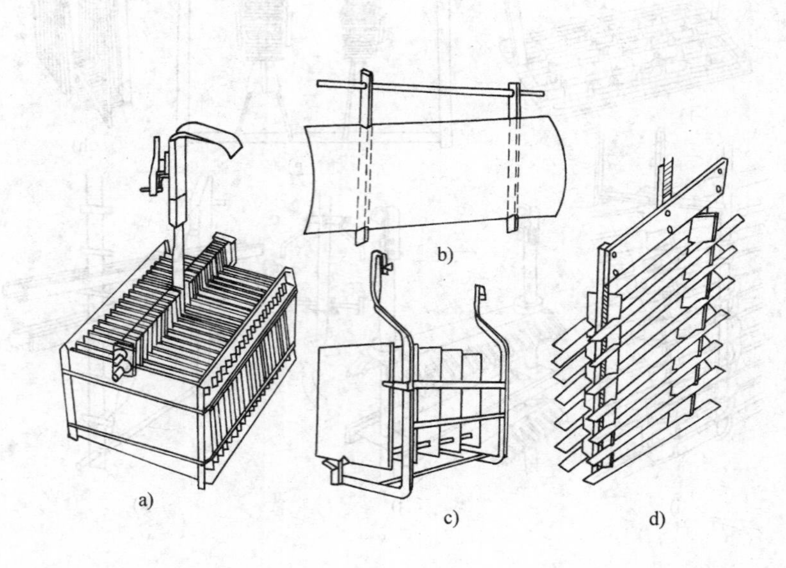

图 4-57　插入式挂具

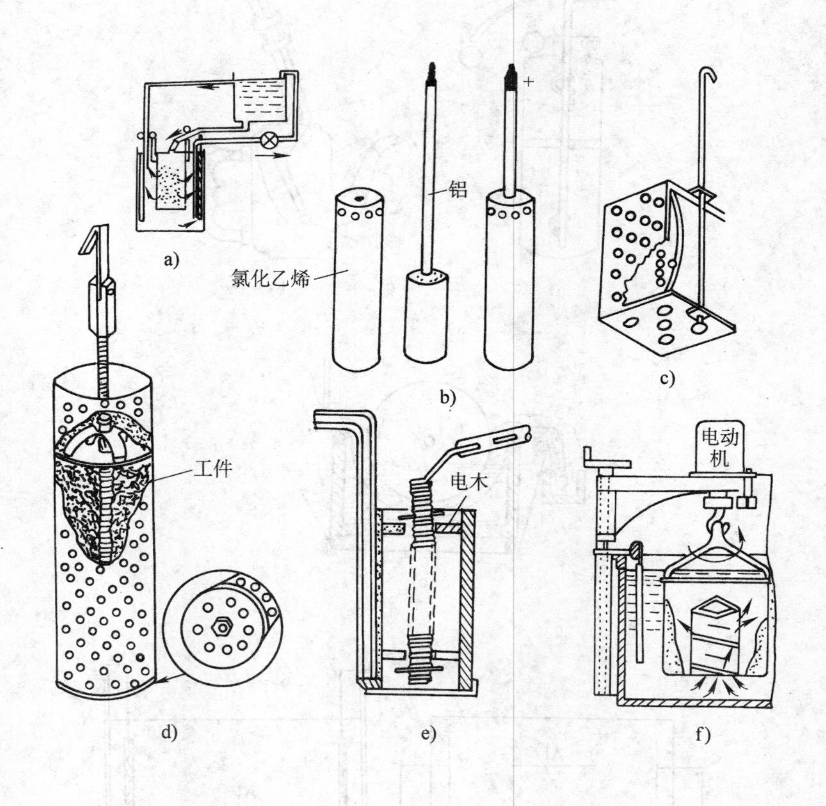

图 4-58　笼形挂具

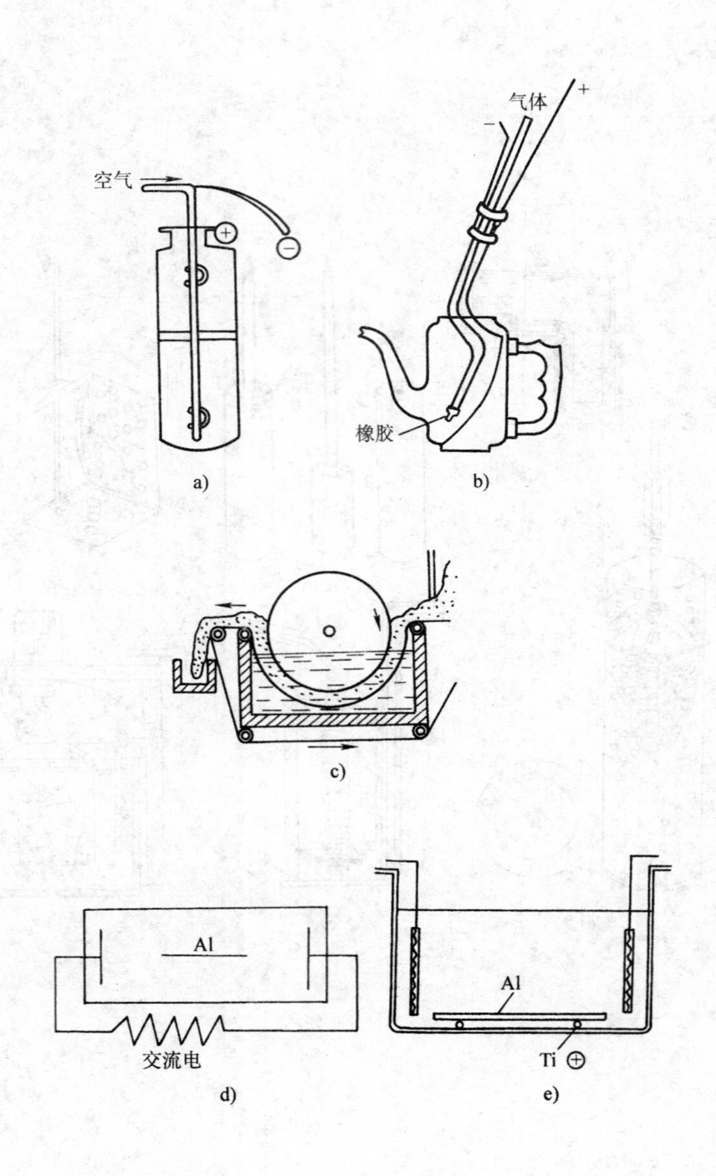

图 4-59　非挂钩式挂具

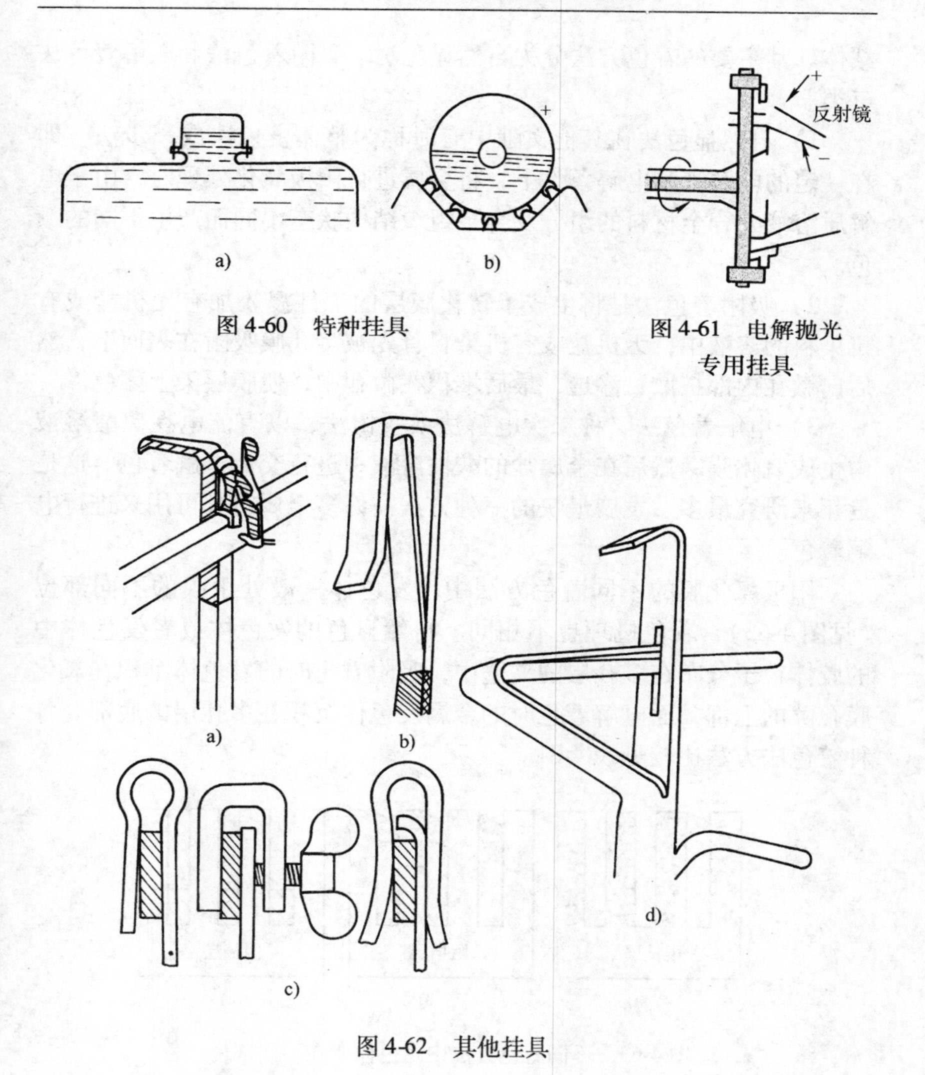

图4-60　特种挂具

图4-61　电解抛光专用挂具

图4-62　其他挂具

4.8　阳极氧化膜的着色

4.8.1　概述

铝和铝合金容易生成阳极氧化膜，阳极氧化膜层是最理想的着色载体。其主要的着色方法分为自然显色法、吸附着色法和电解着色法三类。

1）自然显色法在其他文献中有时称为整体发色法或一步法，即在一定的电解液和电解条件下，将金属进行阳极氧化处理时，由于电解质溶液、合金材料的组分及合金组织结构状态不同而产生不同的颜色。

2）吸附着色法是将生成了转化膜层的工件浸入加有无机盐或有机染料的溶液中，无机盐或有机染料首先被多孔膜吸附在表面上，然后向微孔内部扩散、渗透，最后堆积在微孔中，使膜层染上颜色。

3）电解着色法又称二次电解法或浅田法，以直流电在硫酸溶液中生成氧化膜，然后在金属盐的酸性溶液中进行交流电解着色。这是近年来研究最多、发展最快的一种方法。许多金属盐都可用来进行电解着色。

阳极氧化膜的不同着色方法中，发色体一般处于膜的不同部位（见图4-63），着色机理也不相同。自然显色的发色体或者发色体中的胶体粒子分布在多孔层的夹壁中，吸附着色时的发色体沉积在氧化膜孔隙的上部，而电解着色时的金属发色体沉积在多孔层的底部。各种着色法方法比较见表4-81。

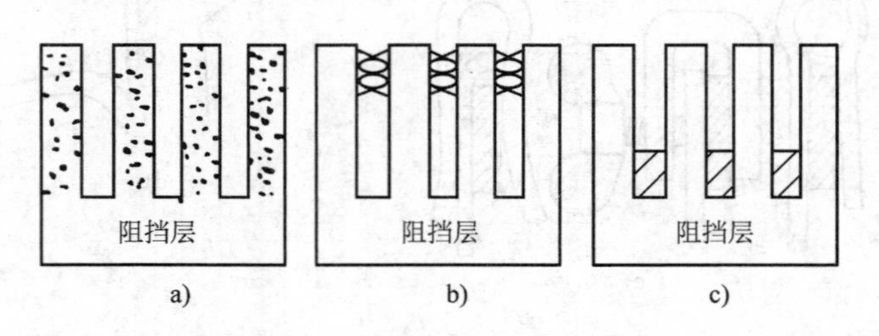

图4-63　不同着色方法中发色体所在不同部位

a）自然显色　b）吸附着色　c）电解着色

表4-81　各种着色方法比较

项目	自然显色法	吸附着色法	电解着色法
氧化膜性能	非常致密，耐光照、耐磨性、耐蚀性优良，可用于室外装饰	比较致密，耐蚀性良好，耐光照、耐磨性差，一般用于室内装饰	致密性稍差，耐光照、耐磨性、耐蚀性良好，可用于室外装饰

（续）

项目	自然显色法	吸附着色法	电解着色法
色调	比较和谐，但色谱范围窄	鲜艳，色谱范围广	鲜艳，色谱范围较窄
电解液	较稳定	稳定	锡盐电解液不稳定，需加稳定剂
合金成分	合金元素对色调有影响	合金元素对色调几乎无影响	合金元素对色调影响较小
耗电量	消耗电能大	消耗电能小	消耗电能较小
成本	高	低	较高

4.8.2 自然显色法

铝合金工件在特定的电解液中电解处理，直接得到有颜色的氧化膜，叫氧化膜的自然显色法。自然显色法的电解液为有机酸或有机混合酸。和有机酸阳极氧化一样，自然显色法生成的阳极氧化膜的耐蚀性、耐磨性、耐候性都高于其他着色法的氧化膜，可用于长期工作在室外的铝工件，如建筑铝型材等。但自然显色法处理时电压较高，能耗大，同时有机酸电解液价格昂贵，处理成本较高，颜色的色调主要是黄色、棕色、黑色系列和灰色、黑色系列，色调范围窄。近年来，各国都在强调节能减排，自然显色法的应用正在逐步缩小。

1. 自然显色法的显色机理

铝合金阳极氧化时，选择某些电解质溶液和一定的工艺条件可以得到不同的颜色。这些颜色的显色机理主要取决合金元素和电解液，合金显色不仅与合金元素有关，而且受热处理状态的影响。例如，Al-Si 系合金氧化膜色调与合金组织关系就存在如下特点：当 Si 在固溶状态时硫酸氧化膜无色；当 Si 析出时氧化膜就开始显色，200℃时要析出细而长的 Si，氧化膜呈黄色；在 400℃左右析出大晶粒的 Si，使氧化膜显黑色。

关于有机酸中铝的着色原因，一般认为，在低浓度、低温、高电流密度下草酸做电解液时，膜层的溶解程度小，使阻挡层厚度增加。

当阻挡层达到一定厚度时，将引起雪崩破坏，电解液渗透到氧化膜破损处很快把膜修复。膜层显色就在于电解液被封入时显微等离子体的作用，使有机酸分解成碳化合物。

自然显色是由于光线被膜层选择吸收了某些特定波长，剩余波长部分被反射并产生干涉所引起的。不同合金元素、不同合金组织以及不同的电解质溶液和电解条件都会引起颜色的改变。除上述因素外，电源波形和电压高低也对颜色有影响。

2. 自然显色方法

(1) 合金显色法。铝合金中的有些合金元素对氧化膜的颜色有很大的影响，但这些合金氧化膜的色调取决于材质的热处理状态。Al-Si、Al-Ag、Al-Ge、Al-Au 合金由于合金元素的固溶和析出状态不同而改变氧化膜色调；Al-Mn、Al-Cr 合金由于合金中存在加工组织促进析出而改变氧化膜色调；Al-Fe 合金由于金属间化合物的变态引起氧化膜色调的变化。也有一些合金不是靠热处理方式，而是靠其他方式使氧化膜显色，如 Al-V、Al-Be、Al-Ni、Al-Ca、Al-Co 合金。通常，合金元素在析出状态时，氧化膜色调由不透明的暗色转到黑色，而在固溶状态则呈现出合金元素所特有的色调。各种二元铝合金氧化膜色调与析出温度、析出相的关系见表 4-82。该表阳极氧化处理条件：H_2SO_4 质量分数为 15% 的溶液，温度为 21℃，电流密度为 2A/dm^2，时间为 50min；对 Al-Au 合金的处理条件：电流密度为 2.5A/dm^2，时间为 100min。

表 4-82　二元铝合金氧化膜色调与析出温度、析出相的关系

合金元素（质量分数,%）	硫酸氧化膜色调		析出温度/℃	析出相
	固溶体	析出状态		
Si 1.3	无色	带绿的黄褐色～灰黑色	200～450	Si
Si 1.9	无色	带绿的灰黑色～黑灰色	250～450	Si
Cu 4.1	无色	黄灰色～褐黑色～灰色	200～450	θ′～θ
Ag 5.1	浅青铜色	暗褐色～灰色～黑灰色	200～300	GP～γ′
Ge 2.5	亮青铜色	灰黄色～灰色	200～300	Ge
Au 0.26	红紫色	紫褐色～暗紫色	250～550	η′～η

（续）

合金元素（质量分数,%）	硫酸氧化膜色调		析出温度/℃	析出相
	固溶体	析出状态		
Au 0.47	紫褐色	暗紫色～紫灰色	250～450	η′～η
Mn 1.3	微红褐色	灰色～黑色	350～640	Al_6Mn
Cr 0.9	鲜黄色	黄灰色～灰黑色	500～640	Al_7Cr

Al-Mn 系合金在阳极氧化时，电解条件的改变会引起氧化膜色调的很大变化。Mn 的局部偏析也会引起色调变化，Mn 在固溶体内氧化膜从香槟色到青铜色，Mn 处于析出状态时氧化膜呈黑色，析出的 Al_6Mn 量越多氧化膜颜色越暗。Al_6Mn 与 Si 一样，在阳极氧化电解液中的溶解性小，多数留在氧化膜中，或使氧化膜变得粗糙，也影响氧化膜的色调。青铜色色调取决于 Mn、Cr 的作用，灰色色调取决于 Si 的作用。表 4-83、表 4-84 所列分别为 Al-Mn 系和 Al-Mn-Cr 系合金的自然显色氧化膜。两表的阳极氧化条件：H_2SO_4 质量分数为 15% 的溶液，温度为 20℃，电解电压为 15V，电流密度为 1.5A/dm^2，氧化时间为 90min。

表 4-83　Al-Mn 系合金的自然显色氧化膜

合金	化学成分（质量分数,%）	Mn 的存在状态	氧化膜色调
Al-Mn-V	Mn0.8～1.5，V0.01～0.1，Fe0.3～0.5	固溶	浅灰色，银灰色
Al-Mn-V	Mn0.5～1.6，V0.15～0.4	固溶	带微红，银白色
Al-Mn-Ag	Mn1.5～2.2，Ag0.15～1	固溶	白色，青铜色
Al-Mn-Mg	Mn1.5～2.2，Mg0.2～4	析出	黑色
Al-Mn-Mg-X	Mn0.5～2，Mg2.3～3.5，Fe、Ag < 0.3，Ti < 0.2，Cr < 0.2	部分析出	黑色
Al-Mn-Mg-X	Mn0.8～2，Mg0.8～6，Cr < 0.01～0.2，Ag0.05～0.6，Cu0.01～0.3	析出	纯黑色
Al-Mn-Cr	Mn0.1～0.7，Cr0.1～0.7，Ag0.1～1	固溶	青铜色

表 4-84　Al-Mn-Cr 系合金的自然显色氧化膜

化学成分（质量分数,%）		冷轧	退火 450℃ ×1h	退火 450℃ ×96h	化学成分（质量分数,%）		冷轧	退火 450℃ ×1h	退火 450℃ ×96h
Cr	Mn				Cr	Mn			
0.1	—	无色	无色	无色	0.2	0.2	白褐色	暗浅褐色	暗浅褐色
0.2	—	浅黄色	暗黄色	暗黄色	0.3	0.2	黄色	暗黄色	灰色
0.35	—	浅黄色	暗黄色	暗黄色	0.5	0.2	黄色	暗黄色	暗灰色
0.55	—	黄色	暗黄色	灰色	0.2	0.3	白褐色	暗浅褐色	灰色
0.75	—	黄色	暗黄色	暗灰色	0.3	0.3	白褐色	暗浅褐色	灰色
1.1	—	黄色	暗黄色	暗灰色	0.5	0.3	黄色	灰色	黑色
—	0.1	无色	无色	无色	0.2	0.5	浅褐色	黑色	黑色
—	0.2	无色	无色	无色	0.3	0.5	浅褐色	黑色	黑色
—	0.35	无色	无色	无色	0.5	0.5	浅褐色	黑色	黑色
—	0.55	无色	暗灰色	黑色	0.2	0.7	浅褐色	黑色	黑色
—	0.75	无色	黑色	黑色	0.3	0.7	褐色	黑色	黑色
—	1.1	浅红色	黑色	黑色	0.5	0.7	褐色	黑色	黑色

（2）溶液显色法　溶液显色法也叫电解显色法，它不仅与电解液的成分、浓度有关，而且与电解时的工艺条件，如温度、电压、电流密度、处理时间有关。一般而言，有机酸电解液都会显色，有机酸与无机酸、有机酸与有机酸的混合酸电解液都会显色。自然显色法一般采用溶解度高、电离度大、能够生成多孔阳极氧化膜的有机酸做电解液，如草酸、磺基水杨酸、磺基酞酸（磺基邻苯二甲酸）、磺基间苯二酚、铬变酸（1，8-二羟基萘-3，6-二磺酸）、氨基磺酸、甲酚磺酸、马来酸、磺基马来酸等。可添加少量硫酸来提高溶液的酸性和增加溶液的导电性。由于有机酸溶液对铝的腐蚀性较小，所以自然显色处理过程的电压较高，超过常规硫酸阳极氧化法 3 ~5 倍，通常为 60 ~100V。使用的电流密度是硫酸阳极氧化的 2 ~3 倍，一般为 2 ~3A/dm^2。因此，处理时发热巨大，必须进行强制冷却，使电解液的温度保持在 15 ~35℃。为使着色均匀并有良好的重现性，电解液必须处

于连续循环和强烈搅拌状态，使整个槽液的温差低于 2℃。

电解液中铝离子含量不得超过每升几克，否则溶液对铝的腐蚀速度会显著下降，导致电解电压上升，电流密度下降，使着色变浅。为此，可装备离子交换器将部分铝离子分离出去，使铝离子含量稳定在允许的范围之内。

3. 自然显色法工艺

各国研究成功并投入工业应用的自然显色法工艺很多。其中，绝大部分是合金显色法和溶液显色法的综合，既要控制工件的合金成分，又要控制电解液的成分和阳极氧化工艺条件。

（1）自然显色法的工艺参数　表 4-85 列出了各种自然显色法的工艺参数。

表 4-85　各种自然显色法的工艺参数

方法	应用厂商	电解液组成/(g/L)	温度/℃	电压/V	电流密度/(A/dm²)	膜厚/μm	色调
KALCOLOR	Kaiser	磺基水杨酸 62～68 硫酸 5.6～6 铝离子 1.5～1.9	15～35	35～65	1.3～3.2	18～25	青铜色系
	日本专利 36-22259	磺基水杨酸 15%(质量分数) 硫酸 0.5%(质量分数)	20	45～75	2～3	20～30	青铜色系
DURANODI-C300	Alcoa	磺基酞酸 60～70 硫酸 2.5	20	40～70	1.3～4.0	20～30	茶褐色，青铜色
RMCP	雷诺公司	硫酸 0.5～45 草酸 5 至饱和 草酸铁 5～80	20～22	20～35(60)	5.2	25	红棕色或琥珀棕色
VEROXAL	VAW	马来酸 100～300 草酸 10～30 硫酸 3	15～25	40～80	1.5～3	18～40	青铜色系
PERMALU-X	Alnsuisee	马来酸 100～400 硫酸 1～10	20～30		1～3	20	青铜色系

（续）

方法	应用厂商	电解液组成/(g/L)	温度/℃	电压/V	电流密度/(A/dm^2)	膜厚/μm	色调
ACADAI	ISML	酒石酸 50~300 草酸 5~30 硫酸 0.1~2	15~50		1~3	20	纯铝为金色，含Mg或MgSi合金为青铜色，含锰合金为灰色
EUROCOLO-R100	彼施涅铝业公司	磺基马来酸 20~200 硫酸 0.5~8	15~30		1~4	18~30	青铜色系
Scmintone-S	住友轻金属公司	酚磺酸 90 硫酸 6	20~30	40~60	2.5	20~30	琥珀色
NIKCOLOR	日本轻金属公司	硫酸或草酸 10% (质量分数) 二羧酸	≥10		2.5~5	50~130	褐色
ALCANOD-OX	Alcan	草羧酸 9%~10% (质量分数)	18~20	≤75	1.5~1.9	25~35	金色

KALCOLOR 法是自然显色法最成功的实例。该工艺美国 Kaiser 铝业公司发明的，可在挤压铝型材和压延板材上获得金色、浅琥珀色、琥珀色、深青铜色、浅灰色、灰色和黑色等色调。在 KALCOLOR 铸造合金上很容易得到青铜色和黑色。虽然有很多工业合金都可得到类似的颜色，但是在特制的 KALCOLOR 合金上得到的颜色相当均匀，膜层特别致密、耐磨，与低温硫酸硬质阳极氧化相同。不同颜色的膜层厚度为 18~31μm，膜重为 5~9.1mg/cm^2，膜的密度为 2720~2930kg/m^3。膜层色泽稳定，耐光性好，只要膜层不损坏，就不会退色。

KALCOLOR 法的工艺参数见表 4-85，通电操作可分三个阶段进行。

1）起始 1min 内，逐步增加电流密度使其达到 0.54A/dm^2 保持

3min。然后在 1min 内，把电流升到规定的电流密度值。从达到规定的电流密度值时开始计算阳极氧化处理时间。这种送电的方式在于使工件表面产生一层均匀的初始氧化膜，如果送电太急容易导致氧化膜厚度不均匀。

2）恒定电流密度。在此时间内（一般为 12～25min），电流密度按规定值保持恒定，电压逐步上升，直到最高电压值。

3）恒定电压。保持电压恒定直到膜层颜色达到要求为止，此过程电流密度逐步减少。

（2）影响自然显色的因素及其控制方法　自然显色法氧化膜的颜色深浅取决于氧化膜的厚度（δ），δ 与各种因素关系可表达为

$$\delta \propto C,\ t,\ I,\ V$$

式中　C——电解液中主酸（如磺基水杨酸）的含量；

t——氧化时间；

I——电流密度；

V——电解电压。

1）合金。合金成分对显色性能起重要作用，见表 4-86。6063 合金可以得到青铜色系，提高合金的铜含量，则可得到香槟色、金色、浅青铜等色调。加入少量的锰，则可得到灰色。Kaiser 铝业公司特制的自然显色合金 KE45 与 6063 合金相似，但 Cu 含量稍高；KE50 与 6063 合金相似，但 Mn 含量稍高。其 KALCOLOR 法自然显色的色调见表 4-87。

表 4-86　不同铝合金氧化膜的颜色

牌号	主要成分(质量分数,%)	常规硫酸	KALCOLOR 法	DURANODIC 法	ALCANODOX 法	VEROXAL 法
1100	标准合金含量	银白色	青铜色	青铜色	暗黄色	
3003	Mn1.25,Fe0.7	淡黄色	暗灰黑色			
4043	Si5.5,Fe0.8	灰黑色	灰褐色		绿灰色	
5005	Mg1.0	银白色	深青铜色			
5052	Mg2.5,Cr0.25	淡黄色	浅青铜色	浅青铜色	黄色	黄-暗褐色
5082	Mg4.5,Mn0.8,Cr0.2	暗灰色	黑色			

（续）

牌号	主要成分（质量分数，%）	常规硫酸	KALCOLOR法	DURANODIC法	ALCANODOX法	VEROXAL法
5357	Mg1.0，Mn0.3	淡灰色	褐色			
6061	Si0.6，Mg1.0，Cr0.25，Cu0.3	淡黄色	深青铜色	黑色		
6063	Si0.4，Mg0.7	银白色	浅青铜色	青铜色	灰黄色	黄-黑褐色
6351	Si1.0，Mg0.6，Mn0.6	暗灰色			暗灰褐色	黑色
7075	Cu1.6，Mg2.5，Zn5.5，Mn0.3	淡黄色	暗蓝黑色	黑色		
8013	Cr0.35			金青铜色		

表 4-87 KE45、KE50 合金 KALCOLOR 法自然显色的颜色

牌号	颜色	温度/℃	电流密度/（A/dm²）	电压/V	总电量/（A·h/dm²）	时间/min	
						达到最大电压时间	总时间
KE45	香槟色	35	1.3	35	1.08	45	50
	金色	25	1.3	41	0.97	40	45
	浅青铜色	25	2.3	50	1.08	23	29
	青铜色	25	2.6	55	1.08	20	25
	深青铜色	25	3.2	65	1.08	15	21
	黑色	15	3.2	65	1.29	8	42
KE50	浅琥珀色	35	1.3	37	1.08	45	50
	灰色	25	1.3	42	1.08	45	50
	深灰色	25	2.6	65	1.08	20	25

2）表面预处理。碱腐蚀对阳极氧化膜的颜色没有影响，但对氧化膜表面的光泽度影响较大。碱腐蚀不彻底，表面凹凸不平，光泽不均匀。碱腐蚀过度，光泽度整体下降。出光不彻底或水洗不净，也会影响氧化膜的光泽度和均匀性。

3）磺基水杨酸含量。其质量浓度规定值为65g/L。浓度偏低使氧化时电压上升速度加快，氧化膜颜色变深。

4）硫酸含量。其质量浓度规定值为5.8g/L。浓度偏低溶液的导电性下降，氧化时电压上升速度加快，氧化膜颜色变深，膜厚降低。

5）铝离子含量，其质量浓度规定值为 1.7g/L。浓度偏高时对着色溶液的影响同硫酸浓度偏低一样。新配置的电解液，铝的规定浓度可通过低电流密度阳极氧化废铝材获得。最常用的办法是降低配置时的硫酸质量浓度至 4.1g/L，然后在生产中按铝浓度值的增加量相应添加硫酸，直至两者均达规定值。

6）电流密度。电流密度较高，颜色较深。同时必须保持有足够的电接点，接触良好，导电梁及导电杆有充足的导电能力。阴极面积要恰当，分布要合理。否则电流分布不均，颜色及均匀性变差。

7）电压。在恒电流操作阶段，电压随氧化膜的增加而增加，颜色逐步变深，当电压达到最大值时，继续提高电压，会产生火花放电，导致氧化膜局部电击穿、烧毁。因此，只能恒定电解电压在其最高值。此后，电解电流会逐步降低直到达到规定的电量。

8）温度。电解液温度高，电解电压降低，氧化膜硬度降低，颜色变浅。温度降低则相反，因此电解温度要适当。

9）总电量。总电量越大，氧化膜越厚，膜的颜色越深。

（3）自然显色法注意事项

1）通电开始时，电流上升不能太快，以免造成氧化膜不均匀或工件表面粗糙。

2）阴极材料可以是铅板或不锈钢，阴极、阳极面积比为 1∶1。极间距要恰当、均匀，导电梁、导电杆、夹具要保证接触可靠。电接触面积要足够大，通过大的电解电流时不会产生大的电压降，不会发生局部过热。如果是铝制的导电杆、夹具，再次使用时应脱膜处理。

3）阳极氧化经验不足时，应挂一些相同材料制成的试片，在恒定电压开始以后每隔 4 ~5min 检查试片颜色一次。

4）为降低生产成本，提高氧化膜的光泽度，可在硫酸溶液中先进行短时间阳极氧化，如获得 8μm 厚硫酸膜后，再进行自然显色处理。

4.8.3 吸附着色法（化学着色法）

阳极氧化膜的吸附着色法，又称化学着色法（或染色法），根据使用的染料可分为无机盐染料着色法和有机染料着色法。吸附着色法一般采用硫酸阳极氧化处理，有时也用草酸阳极氧化处理。因为硫酸阳极氧化膜无色透明，微孔多，吸附能力强。吸附着色法具有色调广，颜色鲜艳，工序少，操作简单，成本低的优点。缺点是大面积工件易出现着色不均，易退色，有机染料耐候性差，因此吸附着色法常用于室内装饰件的表面处理。

1. 无机盐染料着色法

无机盐染料着色法是利用某些无机盐的特殊颜色使阳极氧化膜着色。多数无机盐化学性能稳定，光照不退色。因此，无机盐染料着色法氧化膜有较高的耐候性，可用于室外装饰件的表面处理。但是无机盐染料着色法色调不够丰富，颜色也不如有机染料鲜艳，同时容易出现着色不均的问题。无机盐染料着色法很多，主要有一次浸渍法、二次浸渍、硫化物法、电泳法等。

（1）一次浸渍法　硫酸阳极氧化膜在无机盐溶液中浸渍一次就获得所需的颜色，称为一次浸渍法。常见工艺如下：

草酸铁铵	10 ~ 20g/L
温度	40 ~ 50℃
时间	10 ~ 15min

原来光亮的氧化膜得到金色，原来无光氧化膜得到黄色或褐色。还可以将草酸铁铵换成下列无机盐：$(NH_4)_2CrO_4$、K_2CrO_4、$Fe_2(C_2O_4)_3K_2C_2O_4$、$Fe_2(C_2O_4)_3Na_2C_2O_4$、$Fe_2(SO_4)_3$，可获得浅绿色、黄绿色、黄色等色调。

（2）二次浸渍法　硫酸阳极氧化膜在两种无机盐溶液中各浸渍一次，最后获得所需的颜色，称为二次浸渍法。其着色液的配方及工艺条件见表 4-88。

表 4-88　二次浸渍法着色液的配方及工艺条件

膜的颜色	浸渍序号	溶液成分	质量浓度/(g/L)	生色盐
蓝色	1	亚铁氰化钾[$K_4Fe(CN)_6 \cdot 3H_2O$]	10 ~ 50	普鲁士蓝
	2	氯化铁($FeCl_3$)或硫酸铁[$Fe_2(SO_4)_3$]	10 ~ 100	
褐色	1	铁氰化钾[$K_3Fe(CN)_6$]	10 ~ 50	铁氰化铜
	2	硫酸铜($CuSO_4 \cdot 5H_2O$)	10 ~ 100	

（续）

膜的颜色	浸渍序号	溶液成分	质量浓度/(g/L)	生色盐
黑色	1	醋酸钴[$Co(CH_3COO)_2$]	50～100	氧化钴
	2	高锰酸钾（$KMnO_4$）	15～25	
黄色	1	重铬酸钾（$K_2Cr_2O_7$）	50～100	铬酸铅
	2	醋酸铅[$Pb(CH_3COO)_2 \cdot 3H_2O$]	100～200	
金黄色	1	硫代硫酸钠（$Na_2S_2O_3 \cdot 5H_2O$）	10～50	氧化锰
	2	高锰酸钾（$KMnO_4$）	10～50	
橙黄色	1	铬酸钾（K_2CrO_4）	5～10	铬酸银
	2	硝酸银（$AgNO_3$）	500～100	
白色	1	氯化钡（$BaCl_2$）	30～50	硫酸钡
	2	硫酸钠（Na_2SO_4）	30～50	
	1	醋酸铅[$Pb(CH_3COO)_2 \cdot 3H_2O$]	10～50	硫酸铅
	2	硫酸钠（Na_2SO_4）	10～50	
暗棕色	1	醋酸铅[$Pb(CH_3COO)_2 \cdot 3H_2O$]	100～150	硫化铅
	2	硫化铵[$(NH_4)_2 \cdot S$]	20～50	

工件经阳极氧化处理后，先浸入室温下序号1的着色液中5～10min，取出后清洗，再浸入室温下序号2的着色液中5～10min。若色不合适，可清洗后重复上述过程。着色完后，冷水冲洗，封闭后在60～80℃烘干。

二次浸渍法的着色机理是：多孔的氧化膜在序号1的着色液中吸附的无机盐与序号2的着色液中无机盐在孔隙中起化学反应，生成有一定颜色的新盐，沉淀于孔隙中，达到着色的目的。以醋酸铅和重铬酸钾为例，其反应式为

$$Pb(CH_3COO)_2 + K_2CrO_4 \longrightarrow PbCrO_4(\text{黄色})\downarrow + 2K(CH_3COO)$$

（3）硫化物法　在硫酸溶液中，用交流电或交直流叠加电流阳极氧化，氧化膜中含有一定量的负二价硫离子；然后在含金属盐的溶液中浸渍，氧化膜中的硫与金属离子反应生成金属硫化物而着色；再在沸水中封孔使反应加速，使颜色变深。不同的金属盐得到的颜色如下（各种金属盐的质量分数都是1%）：

硫酸铜	绿色
草酸铁铵	稍红黑~黑色
硫酸钴	褐色~黑色
硫酸镉	黄色
硝酸银	金黄色

（4）电泳着色法　阳极氧化膜在含微小碳胶体溶液中电泳处理，使微小碳粒子进入氧化膜的孔隙中。在350℃加热后，氧化膜呈黑色。

2. 有机染料着色法

阳极氧化膜可用有机染料着色，一般采用可溶于水的水溶性染料，很少采用不溶于水只溶于油的油性染料。有机染料的种类很多，可用染羊毛、丝、纺织品的酸性染料，也可用碱性染料、茜素颜料、复杂金属染料、靛蓝颜料等。有机染料着色法，色调丰富，几乎可以获得任何颜色，色泽鲜艳，操作简单，成本低。着色的耐久性取决于有机染料的光稳定性和热稳定性。有机染料在室外经受阳光长期暴晒而不退色的很少，因此有机染料染色法常用于室内铝合金的装饰处理。

尽管有机染料染色比阳极氧化膜的其他着色法简单而容易控制，但是有机染料染色的质量受氧化膜性能、染料、阳极氧化工艺及前后工序（包括封孔）的影响非常大。如果各工序处理质量差，都会影响着色质量。

用于染色的阳极氧化膜的要求是：氧化膜的透明度要高，孔隙率要稍大，染深色时膜的厚度要高。一般采用直流阳极氧化，尽量使用杂质含量低的铝合金。

（1）有机染料着色工艺　工艺流程：预处理→阳极氧化→清洗→氨水中和或其他处理→清洗→染色→清洗→封孔处理→烘干。

铝及铝合金阳极氧化膜的着色染料可以采用市场的棉、毛、丝织品染料，价格较便宜。国外有专用染料，效果好，染色质量可靠，但价格较贵。金属络盐酸性染料是耐光性很强的染料。各种有机染料的染色工艺见表4-89。

表 4-89　各种有机染料的染色工艺

颜色	染料名称	质量浓度/(g/L)	温度/℃	pH 值	时间/min
黑色	苯胺黑	5~10	60~70	5~5.5	15~30
	酸性黑	10	室温	4.5~5.5	2~10
	酸性蓝黑	10	室温	4.5~5.5	2~10
	酸性毛元	12~16	60~65	3.8~4.5	15~30
	冰醋酸	0.8~1.2mL			
	酸性粒子元	10~12	60~70	5~5.5	10~15
	冰醋酸	0.8~1.2mL			
红色	活性艳红	2~5	70~80	4.5~5.5	2~15
	直接耐晒桃红	2~5	60~75	4.5~5.5	1~5
	酸性大红	5	室温	4.5~5.5	2~10
	茜素红	5~10	60~70	4.5~5.5	10~20
	冰醋酸	1mL			
	酸性红 B	4~6	15~40	4.5~5.5	15~30
	冰醋酸	0.5~1.0mL			
	铝红 GLW	3~5	室温	5~6	5~10
枣红色	铝枣红 RL	3~5	室温	5~6	5~10
红棕色	铝红棕 RW	3~5	室温	5~6	5~10
紫红色	铝紫 CLW	3~5	室温	5~6	室温
蓝色	直接耐晒蓝	3~5	15~25	5~6	15~20
	酸性蒽醌蓝	5	50~60	5~6	5~15
	直接耐晒翠蓝	2~5	60~75	4.5~5	1~5
	活性艳蓝	5	室温	4.5~5.5	1~5
	酸性蓝	2~5	70~80	5~5.5	2~15
绿色	酸性绿	5	70~80	5~5.5	15~20
	直接耐晒翠绿	3~5	15~25	4.5~5	15~20
	酸性墨绿	2~5	70~80	4.5~5	5~15
金黄色	茜素红	0.5	45~75	4.5~5.5	1~3
	茜素黄	0.3			

（续）

颜色	染料名称	质量浓度/(g/L)	温度/℃	pH 值	时间/min
金黄色	活性艳橙	0.5	70～80	4.5～5.5	5～15
	溶蒽素金黄 溶蒽素橘黄	0.035 0.1	室温	4.5～5	1～3
金色	坚牢金 RL	3～5	室温	4.5～5.5	5

称取计算量的有机染料，先用少量热蒸馏水或去离子水调成糊状，再取 20 倍的热水边搅拌边加入到糊浆内，必要时加热煮沸，直至完全溶解为止。此时取几滴溶液到滤纸上试验，应该没有未溶的残余物，冷却后过滤，滤液加纯水稀释，按规定用冰醋酸或氨水等调整着色液的 pH 值。加水至工作水平并加热到所需温度，经试染合格后投入正规生产。

配制着色液不能用硬水，因为在硬水中含有 Ca^{2+} 离子、Mg^{2+} 离子和其他的盐，染色时会引起变色。自来水中往往混有磷酸盐、硅酸盐和氟化物，这些倾向于生成络合物的离子易被氧化膜吸附，即使浓度很低都会完全抑制上色。

为了保持着色溶液 pH 值的稳定，可加入缓冲剂。例如：pH 值 5.5～5.8，醋酸钠 8g/L，冰醋酸 0.4g/L；pH 值 4.2～4.5，甲酸钠 4g/L，甲酸（80%）0.5g/L。

对染料活性影响最大的是溶液中的铝离子及硫酸钠。阳极氧化后水洗要充分，染色液的 pH 值不能小于 4，防止溶液中铝离子增加。氧化膜着色后须封孔，通过封孔将染料固定在孔隙内，可采用沸水封闭或醋酸镍封闭。沸水封闭工艺如下：

温度　　95～100℃

pH 值　　5.7±0.3

水质　　蒸馏水或去离子水

时间　　氧化膜厚度每增加 1μm，封闭时间增加 2～3min

（2）工艺参数对有机染料着色的影响

1）着色溶液的浓度应根据阳极氧化膜的工艺条件（酸浓度、电流密度和温度等）、氧化膜的种类（在何种介质中阳极氧化）、氧化膜的厚度以及染料的特性选择、着色的深浅要求等因素来确定。浓度高，着色速度快，但着色色调不易掌握，容易产生浮色。着浅色调时，浓度一般控制在0.1~1g/L，而着深色往往要求2~5g/L，黑色常要调到10g/L以上。对那些孔隙率较低、氧化膜较薄的膜层着黑色，染料浓度则更高。在某些情况下，为增加着色强度，也不一定用很浓的着色溶液，可以延长着色时间，使染料分子充分渗透到膜孔深处，增加着色的坚牢度，并使色泽更加均匀一致。在生产过程中，随着有机染料不断消耗，应定期对着色液进行调整和补充。为使着色均匀，可加少量表面活性剂，但有些表面活性剂有脱色作用，因此表面活性剂要选择恰当。

2）着色可冷染或热染，这主要根据染料的性质及工艺要求而定。如一些酸性染料和溶蒽素染料可用冷染。一般而言，室温着色如果不提高着色着液的浓度（几乎是常规的2倍）是难于着得深色的，而且着色时间相对要长一些。建议在冷染前先浸入0.5%（体积分数）硫酸溶液中（40℃、15min），或者浸在10%~20%（体积分数）硝酸中几分钟，这有助于获得深色。

通常有机染色液必须加热，此时着色速率随温度的上升而提高，温度一般控制在50~70℃。如果温度太低，着色颜色浅，耐晒度下降。温度太高时，在着色的同时还会发生封孔效应，易使着色膜发花。

3）pH值对有机染料着色很重要。着色过程中pH值有两种作用：一是对染料本身的颜色影响很大；二是对被染物氧化膜的表面性能有影响。水中有机物的颜色和络离子的配位数都与pH值有关，即使采用同一种染料，由于着色液的pH值不同，会变成完全不同的物质。若pH值调得不适当，可能染出的颜色与预期的大相径庭，也影响着色牢度。同时pH值的高低也影响阳极氧化膜的膜孔性能。一般而言，阳极氧化膜的吸附能力随pH值的降低而增加，但很低的pH值（<4）会引起膜层的溶蚀。太高时可能会产生氢氧化物沉淀填塞膜孔导致着色困难。对于大多数染料来说，最佳着色pH值范围为5~6，但有些为了染得最佳色调，要求pH值范围为4~5。

4）着色时间通常为5~15min，着深色的时间宜长一些，如深黑色可延长至30min。着浅色的时间可短一些，快的1～3min即可，视染料性能和要求而变化。最好根据具体情况由试验决定着色时间的长短。时间太短只能着成浅色，且容易褪色，倒不如采用较低浓度的着色液，延长着色时间。反之，着色时间太长易使着色过头，达不到原定色标要求，应该根据经验试染后严格掌握。

（3）有机染料着色的注意事项

1）着色槽应用耐腐蚀材料，如搪瓷、陶瓷、不锈钢、玻璃、塑料等制成，以免腐蚀产物污染槽液。

2）防止油污进入着色槽中，否则着色会出现条纹或污斑等缺陷。

3）可使用混合染料着色，但只能混合性质相同的染料。如果用不同性质的染料混合，会发生选择性吸附，使颜色不协调或色泽怪异，同时易退色、变色。

4）某些染料对硫酸敏感，少量的硫酸会导致膜层不上色。即使对硫酸不敏感的染料，着色液也会因为硫酸的带入，导致pH值下降，使色调发生变化。因此，着色之前工件的清洗必须彻底。当用碱性染料着色时，氧化膜必须用质量分数为2%～3%的单宁酸溶液处理，否则着色不上。待着色的阳极氧化膜，不能有手印或其他污迹，否则会着色不均。

5）为了提高氧化膜的吸附性能，特别是要着深色的工件，可用高浓度硫酸（200～220g/L H_2SO_4），稍高的温度（22～24℃），较厚的氧化膜（15～20μm）。

6）着色不理想的工件可做退色处理。退色溶液为：1∶1（质量比）硝酸，或质量分数为5%的硫酸。对于难以退除颜色，可用浓度更高的硫酸或质量分数为1%次氯酸钠漂白，洗涤后重新染色。

7）为了降低工件表面粗糙度，阳极氧化前可进行抛光处理，封闭后还可用细绒布抛光或浸涂熔融的石蜡或是喷涂清漆。

（4）有机染料着色法常见缺陷及处理方法　许多因素会影响着色的质量和色调的一致性。氧化后未清洗干净或着色操作不当，最容易发生不同批次的工件色调不同。另一方面，着色色调的变化也可能是由于着色液不稳定或混合染料着色不均匀所致。同一批工件色泽的差异可能是阳极氧化膜厚度不规则引起的。同一批工件中若所用合金材料成分不同，也会发生这种问题。应该注意到：工件最先浸入着色液的部位，取出时往往最后离开着色液，因此着深色的着色液应该避免着色速度过快。

最常出现的着色问题大概是在同一个工件上存在色差。这主要是因为缝隙和深孔中有残酸流出来，有必要在着色前彻底清洗干净，并且尽可能地用氨水或稀碱液中和。清洗不当或阳极氧化不当还会引起着色膜发花。如果局部色浅甚至着不上色，很可能有油污沾染。

铝合金碱蚀以后的外观缺陷不能都被阳极氧化所掩盖，相反在着色后更易暴露出来。铸件的气孔中也会流出残酸，用稀碱溶液中和不一定非常成功。此时可通过在65℃的温水和冷水中交替清洗来解决，随后，在着色前浸入浓硝酸或5～10g/L草酸铵溶液中处理0.5～1min。

工件上划痕或沟槽的周围常会产生不规则形状的不上色部位，原因是机械损伤，或者是工件在电抛光或化学抛光时少量合金成分溶解形成孔洞，着色液中往往由于这些金属杂质离子的存在产生局部发花，特别是着色液中掺杂氯离子时，更是如此。

着色液中如铝离子与多种重金属离子共存时，氯离子特别有害，这种问题可以采用非金属槽或金属槽内衬来解决。

有机染料着色法常见缺陷及对策见表4-90。

表4-90　有机染料着色法常见缺陷及对策

缺陷	产生原因	对策
着色不上	染料易分解	换槽液
	pH值太高	调低pH值
	氧化膜太薄	增加氧化膜的厚度
	氧化后，放置时间太长，氧化膜已失去活性	缩短放置时间
	染料不当	选择适当染料
部分着色不上或颜色浅	氧化膜有油污	去油污
	染料浓度太低	调高浓度

（续）

缺　陷	产生原因	对　策
部分着色不上或颜色浅	氧化膜较薄	增加氧化膜的厚度
	氧化膜位置不当	改进夹具及氧化位置
	着色槽被油污染	换槽液
	染料溶解不完全	搅拌、加热使染料溶解完全
染色后表面呈白色水雾	氧化膜中硫酸没洗净	洗净氧化膜
	返工件退色，染料浓度过低	提高浓度
	返工件退色时间太长	缩短退色时间
	着色液 pH 值太低	调高 pH 值
染色后发花	清洗不良	加强清洗
	染料溶解不完全	搅拌、加热使染料溶解完全
	着色液温度过高	降低温度
染色后有斑点	氧化膜被灰尘污染	用水冲洗
	染料内不溶性物	过滤着色液
	氧化膜上有酸、碱	加强清洗
	氧化膜上有油	脱脂，严重时要返工
染色后易退色	着色液 pH 值太低	调高 pH 值
	氧化膜孔隙太小	提高氧化槽液温度
	着色时间太短	增加着色时间
	封闭槽 pH 值太低	调高 pH 值
	封闭时间太短	增加封闭时间
着色表面易擦掉	氧化膜太疏松	退膜后重新阳极氧化
	着色液温度过低	升高着色温度
	氧化膜粗糙、着色液温度过高	重新氧化、取适当温度
着色过暗	着色液浓度过高	减少浓度
	着色液温度过高	降低温度
	着色时间过长	缩短时间

3. 废液的再生和处理

随着着色液使用时间的增加，着色液中杂质逐步累积，染料有效成分逐步分解，着色液透明度逐渐降低，出现浑浊。若继续用于生产，即使增加浓度和延长着色时间，都不能使着色力恢复，勉强使用会引起工件色调不匀或颜色怪异。这时可以判定着色液已经老化。老化的着色液一般可以采用下列方法处理。

（1）混凝过滤法　先将着色液用冰醋酸调整pH值到3左右，加入15～20mg/L已经充分溶解的聚丙烯酰胺，搅拌均匀后静置1～2h，经过过滤后将滤饼弃去。滤液中添加适量的染料经调整试染合格后即可继续使用。用软水或纯水配制的着色液可以多次再生。用该法免去了老化液的排放，大大节约了成本，也保护了环境，该法特别适用于茜素染料的染液。

（2）废水氧化脱色法　老化液不能再用于着色，或者着色漂洗水一般不能自然排放。有机染料分子中一般都存在发色基团，例如偶氮基、羰基、醌式结构等，加入次氯酸钠（NaClO）能将分子结构中的不饱和键断开，使染料分子氧化分解，生成相对分子质量较小的有机酸、醛类等物质，从而失去颜色。脱色时，先将废水用冰醋酸调节pH值为1.5～2.0，加入次氯酸钠2～8g/L，搅拌1.5～2min，退色率可以达到95%以上。

（3）活性炭吸附　对老化着色液的处理，用活性炭吸附是最有效和经济的方法。尤其是不会造成二次污染和固体废渣的清除问题。虽然各种活性炭都有效，但只有粉状的或者用于净化水的粒状活性炭最宜用于退色。那种具有高比例大孔型、表面积很大且在溶液中显中性的效果最好。既可以将活性炭加到溶液中退色，然后再过滤分离出来，也可以让有色液慢慢地渗透过活性炭层。

4. 阳极氧化膜的花样染色法和印染法

在阳极氧化膜上染上带花样颜色的工艺过程称为花样染色，它包括单一色彩及多种色彩染成的花样。花样染色的装饰效果非常理想，可广泛用于建筑、家用电器、工艺品、小五金等制品的表面装饰上。

（1）用单一色彩染花样色的方法　这种花样染色方法先必须对阳极氧化膜进行辅助剂处理，即将植物油（如麻油、茶油等）及矿物油（如锭子油、全损耗系统用油等）之类的油类按一定量倒入冷水槽中，油将浮于水表面。这时，将氧化好的工件插入浮有油类的水中，则工件局部表面会沾上油。辅助剂的添加量是按制品的面积计算的，一般为0.04～0.40mL/dm^2。

经过辅助剂处理后的工件，因其局部表面沾有油，在该处就不能染上色彩。此时将制品置于染料中即可得到花样图案。这种图案随工件进入辅助剂处理液的速度不同而不同，可得到千变万化的图案。

（2）阳极氧化膜着云彩色　该工艺能在铝合金表面获得各种鲜艳夺目的云彩色花纹，可直接应用于产品的表面装饰，如钢笔、打火机及家具等日常用品外壳的装潢上。其工艺流程、工艺配方、操作步骤以及工艺要点如下：

1）工艺流程（以黑、黄、绿三色为例）：铝合金工件→机械抛光→上夹具→脱脂→水洗→阳极氧化→水洗→中和→染黑色→水洗→退色→水洗→染黄色→水洗→退色→水洗→染绿色→水洗→封闭→机械光亮→成品。

2）工艺配方如下：

①中和：用质量分数为5%～10%的氨水，室温处理约30s。

②染色：

黑色	酸性毛元（ATT）	20～30g/L
	温度	40～50℃
红色	酸性大红（GK）	15～20g/L
	温度	40～50℃
绿色	直接耐晒翠绿（CTC）	15～20g/L
	温度	40～50℃
金黄色	活性艳橙	15～30g/L
	温度	40～50℃

③退色液：

A	铬酸 CrO_3	250～300g/L
	温度	室温
B	草酸 $C_2H_2O_4$	200～250
	温度	室温

④机械光亮：采用软布抛轮和白油或绿油进行抛光。

3）操作步骤：先将氧化好的工件经中和、水洗后，放入已配好的酸性毛元的染色槽中，染几分钟后，将工件染成黑色。取出槽，经水洗后，用瓶刷沾满退色液在工件表面滚一圈，然后立即清洗，这时滚到退色液的部位立即从黑色退为灰黑、灰白，直至白色。清洗后，再立即浸入黄色染色槽中，再取出清洗，这时工件表面已呈现黑色、黄黑色、黄色等颜色组成的云彩图案了。如要染成多色，可再继续重复前面的退色、染色工序就可以了。

4）工艺要点如下：

①该工艺先染深色，再染浅色，利用退色液的不均匀性扩散，再利用清洗水固定着色图案，从而制造出美丽无规则的仿天上云彩状的图案。

②该工艺可适用于常见的铝合金。

③对工件只要求做普通的机械抛光，达到表面基本平整，抛光时采用黄抛光膏或绿抛光膏。

④脱脂必须彻底，工件表面不允许有任何油污。

⑤氧化膜可以采用硫酸法，也可以采用铬酸瓷质氧化法。硫酸阳极氧化法可以得到厚度较高、孔隙率较大的氧化膜，染深色较容易。但为了使彩云图案效果逼真，氧化膜不能过于透明，氧化膜要尽量处于半透明状态。因此，在硫酸阳极氧化槽中要添加质量分数为1%的铬酸，使硫酸阳极氧化膜呈半透明。

⑥在进行染色时，染色液配浓一些，染色时的温度可控制在40～50℃，这样可以缩短染色时间，同时避免温度过高而引起氧化膜过早封闭，造成后续颜色染不上的后果。

⑦染色后应立即清洗，立即退色处理。退色时要求工件表面有一层较均匀的水膜，这样便于退色液的扩散，造成退色液浓度上的差别。这样能使着色的表面有一个从浓到淡的色差效果。退色液应配得浓一些，用毛刷蘸退色液在工件上滚擦时，或用毛刷将退色液撒向工件表面时，要求退色液的液滴越小越好。当退色液沾在工件表面时，应密切注意由于退色液的不均匀扩散而造成的退色部位图案是否理想，一旦已达到要求，就应该立即将工件浸入清水中，使退色作用立即终止，从而使图案得到固定。

⑧经过多次退色—染色后，零件表面已出现美丽的多色云彩状图

案，这时应将工件浸在清水中彻底洗净，并立即放在蒸汽中封闭处理。

⑨封闭之后，工件表面的光亮度、色泽与手感等如果还没有达到要求时，可进行抛光处理。抛光时应用软布抛头，抛轮的线速度应低一些。在抛轮上只要涂极少量的白抛光膏或绿抛光膏，将工件轻轻地光一下就可以了。不可用力太大，抛光膏不可涂得太多，以免沾污了工件表面。

（3）染彩色　应用较广泛的有彩色印染法、转移彩色法、消色法和丝网印刷套色法等。

1）彩色印染法。彩色印染工艺改变了浸染染色方法，它用色浆来印染色，代替了原来的染色液，加上不使用印漆留花的厚漆，因而不需要染色、消色、印漆和去漆等工序。染印方法：将阳极氧化过的铝制品烘干，用丝网漏印法把色浆印在工件表面上，每种颜色印一次，分别进行，染色完毕，在100℃纯水中封闭10min。色浆配方如下：

3%的羧甲基纤维素	50%（质量分数，下同）
4%的海藻酸钠	15%
六偏磷酸钠	0.6%
山梨醇	4%
甲醛	0.4%
色基	30%

色基的组成为通常使用的铝合金阳极氧化膜的染色用染料。染料浓度为70～80g/L。

2）转移印染法。转移印染法是用印刷的方法，用特制的转移油墨（由分散性染料配成）按图案要求，先印在纸上，制成印花纸。将印花纸反贴在阳极氧化工件上，通过高温热压，使印在纸上的分散性染料升华成气体转移到氧化膜微孔内，整个图案就轮廓分明地印在铝合金工件表面上了。

3）消色法。消色法又称渗透法。使用玻璃纤维、海绵或石棉线沾一定浓度的铬酐或草酸溶液，快速在已染色的表面做无规则揩划。由于铬酸氧化性，接触处的色彩就被退去，然后用水冲洗，使其停止反应，再染所需的第二次色。染好后，也可再用铬酸揩划再染，根据要求而定。此法可以染出抽象、无规则、五彩缤纷的色彩。图案似大理石，又似花朵树枝。若用在瓷质氧化工艺上，可使无光表面似彩瓷、古瓷，别有格调。工艺流程为：阳极氧化膜→染深色→清洗→干燥（50～60℃）→消色→清洗→第二次染色→清洗→封闭→干燥

消色液配方：①铬酐 300～500g/L；②草酸 200～300g/L。这两种消色中，配方①效果较好，在生产中应用较多。

4）丝网印刷套色法。将阳极氧化后的工件先染第一次色（浅色），然后用橡皮或丝网印刷法印上所需图案（可用透明醇酸清漆做染色印浆），烘干后进行退色处理。图案花样上的清漆成为防染隔离层，保护了覆盖的图案，然后再染第二次色（印深色），再经清洗（必要时可以染第三、第四次色），除去印浆，封闭后，就获得美观大方的双色图案。印浆配制方法：质量分数为 3%～4% 的聚乙烯醇 1 体积份，醇酸清漆 1 体积份，混合调成糊状，若太浓，可用 200 号溶剂汽油稀释。

4.8.4　电解着色法

电解着色法，又称二次电解着色法，它是先用通常硫酸法（也可以是草酸法）生成阳极氧化膜，然后浸入金属盐溶液中用交流电解（也可以用直流电解），使氧化膜着上颜色。1936 年，Caboni 首次提出交流电解着色法，但没有引起人们的注意。1960 年浅田在专利中又提出这种方法，并将其应用于工业生产，今天它已经成为铝合金表面处理的一种常见方法。

浅田法首先在铝表面形成硫酸阳极氧化膜，然后在金属盐溶液中用交流电解着色。用直流电解着色的方法叫住化法。把硫酸阳极氧化膜经过中间处理，再在金属盐中进行电解着色的方法叫埃田法。

1. 电解着色的色调及机理

电解着色法如图 4-63c 所示，在多孔氧化膜孔隙的底部存在着金属或金属盐的电解析出现象，析出是电化学现象。电解金属与颜色的关系见表 4-91。虽然选择不同的金属离子，能使硫酸氧化膜呈现出各种颜色，但是，把基础氧化膜换成草酸、磷酸、铬酸的氧化膜时，则

能获得更多的颜色。

表 4-91 电解金属与颜色的关系

颜色	镍	钴	铬	铜	锡	铁	硒	锌
草绿色	✓	✓		✓		✓		
褐色	✓	✓	✓	✓	✓			✓
青铜色	✓	✓		✓	✓			
黄色						✓	✓	
红色				✓				
黄褐色		✓				✓		
黑色	✓	✓		✓			✓	
黄绿色		✓			✓	✓		
橄榄色		✓	✓		✓	✓		
浅茶色		✓	✓		✓	✓		

许多研究者研究了电解着色法，对交流电解着色法的机理可做如下解释：

1）多孔氧化膜孔中的析出物是金属。硫酸阳极化膜是由阻挡层和多孔层组成的，总厚度约为 10μm。多孔层由孔径约为 12nm、壁厚约为 30nm 的细孔组成。细孔密度为 4 亿～5 亿个/mm^2。孔隙的底部有厚度约为 15nm 的阻挡层。电解着色就是在氧化膜微孔底部发生金属离子的还原析出而显色的。

除金属析出外还有氢离子还原、氧化膜的溶解等副反应。由此可知，电解着色和电镀一样是金属离子的一种电化学还原现象，其电沉积历程包括金属离子在水溶液中的传质过程、电极还原和电结晶三个主要过程。

电解着色要用交流电。通常用直流电不能使金属离子在阻挡层上大量还原析出，尽管有直流着色法，其实并非平滑直流，而是交直重叠或间歇直流。采用交流电源是利用交流电极性变化再生阻挡层，在交流电的正半波瞬间的阳极极化，促使了新的阻挡层的形成。金属离子在负半波瞬间的阴极极化时，金属离子还原，阻挡层被破损，在下一周期的阳极极化时，阻挡层又得到修补，如此使阻挡层得到再生。

对Co、Mo、Cu、Sn、Ag、Fe、Au等析出金属用各种分析方法进行了确定，而各种分析所得结果有一定的差异，见表4-92。

表4-92　用各种分析方法确定二次电解析出物的形态

试料	金属	各种光谱分析法					衍射法		差示热分析法或差示热解重量分析法
		红外线光谱	紫外线光谱	观察	化学分析用电子光谱	电子自旋共振	X射线	电子射线	
C4	Co	M	M	—	—	Ox	M	M	—
D4	Mo	M	M	—	—	Ox	M	M	O
E5	Cu	—	O	M	M	Ox	M	M	—
F4	Sn	—	O	—	—	Ox	M	M	O
G4	Ag	—	O	M	—	Ox	M	M	M
H4	Fe	—	O	O	M	Ox	M	M	—
K1	Au	—	—	O	—	Ox	M	M	O

注：M表示确定为金属，Ox表示确定为氧化物，O表示不能确定，—表示没有数据。

镍盐电解着色，经过许多人研究，多数认为是金属析出。图4-64所示为镍盐系列电解着色的断面照片。

2）着色的原因是沉积到氧化膜孔底的胶体金属对光的散射。由于所析出的金属粒度不是单一的，而且有粒度组成，所以胶体颗粒对光衍射或反射不是单色光，而是不同波长的光分布。有人指出，硫酸阳极氧化膜在硫酸镍溶液中进行电解着色，着色的深浅与镍的析出量没有直接关系，电解着色氧化膜的颜色与析出金属的重量无关，而与析出金属颗粒的粒度组成有关。如果用某种方法把析出金属颗粒的粒

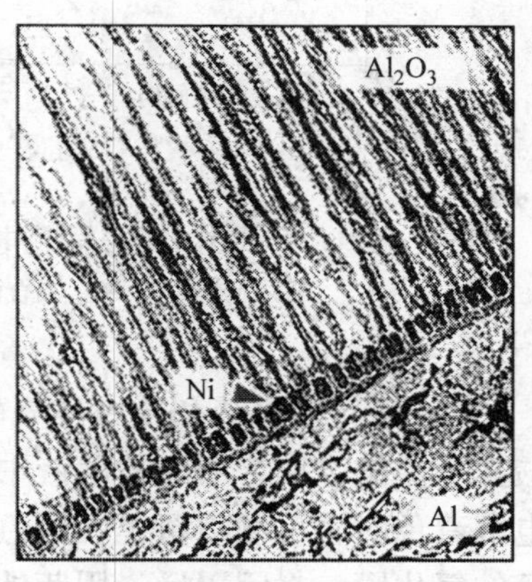

图4-64　镍盐系列电解着色的断面照片

度变小，则能使电解着色成为红色、蓝色、绿色等基本颜色。有人把阻挡层的厚度变均匀之后，在硫酸镍溶液中进行着色，可制得蓝色、紫色、绿色、红色等基本颜色的氧化膜。

3）酸性着色液及中性着色液中反应机理的区别。把用60V电压所形成的草酸阳极氧化膜浸入 $AgNO_3$-H_2SO_4 混合液中，用15V电压进行交流电解着色，则得出图4-65a所示的电流与电解时间关系曲线。图4-65b所示为用 Ni_2SO_4-H_3BO_3 混合液时的电流与电解时间关系曲线。图4-65中两条曲线的形状明显不同。电流与电解时间关系曲线的不同说明两者的电化学反应机理不同。有人研究，在交流电解的初期没有发生金属析出，而是阻挡层结构发生了变化，即引起了恢复现象。在电流急剧上升的区域则发生金属沉积。同时用电子显微镜可以观察到，在电解着色液中的硫酸作用下所形成的硫酸交流阳极氧化膜。

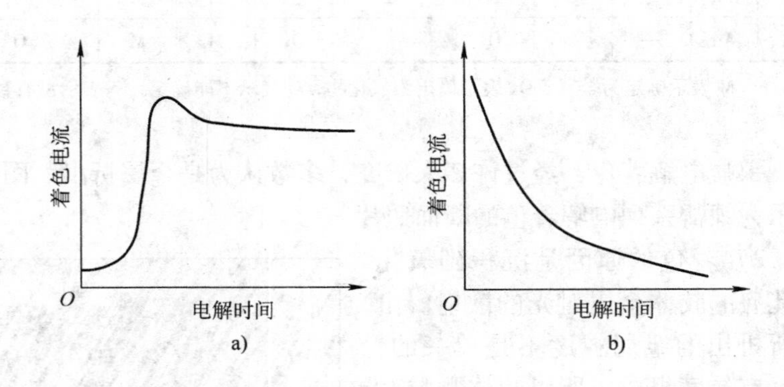

图4-65　着色电流与电解时间的关系
a）$AgNO_3$-H_2SO_4 混合液　b）Ni_2SO_4-H_3BO_3 混合液

4）金属盐溶液和金属含氧酸盐着色机理的区别。在钼酸盐、钨酸盐之类的金属含氧酸盐溶液中，用铜、钨或钛的一对电极进行交流电解着色时，可制得黄色、绿色及蓝色的氧化膜。用这些含氧酸盐着色的氧化膜，封闭以后，用紫外线照射进行耐候试验，多数变色或退色。这种现象表明析出的物质不是金属，而是某种不太稳定的化合物。沉积的胶体状金属，用封闭处理或用紫外线照射，其状态不会发生改变。

5）着色状态受阳极氧化膜特性的影响。电解着色的色调根据金属盐的不同而不同，但是除了金属特有色之外，也与金属的颗粒状态有关。析出金属颗粒的大小取决于阳极氧化膜孔隙的尺寸，一般认为，氧化膜孔隙的尺寸决定了电解着色的色调。硫酸氧化膜和草酸氧化膜具有平行的孔隙，用于电解着色最好，而铬酸和磷酸阳极氧化膜其孔隙呈树枝状分布，着色效果不佳。

在磷酸或铬酸溶液中，用高压直流电解形成阳极氧化膜，用交流电解法使金属析出，得到近似于基本色的蓝色和绿色氧化膜。在硫酸或磷酸溶液中，用低压电解得到阳极氧化膜，然后再在含镍的溶液中进行交流电解，则制得蓝色、红色、绿色等各种颜色氧化膜。此外，在形成阳极氧化膜的过程中，使电解电压急剧变化，即产生恢复现象，使一个孔的底部形成许多的小孔，氧化膜的结构发生变化，变成分子结构。当把这种阳极氧化膜放在含金属盐的溶液中进行电解着色时，可制得紫色、蓝色、绿色及灰色等颜色的氧化膜。

对孔结构不同的阳极氧化膜进行电解着色，使金属析出时，析出金属的颗粒大小及形态不同，这时氧化膜的色调也不同。

2. 材质和氧化膜条件对着色的影响

对铝及铝合金的阳极氧化膜进行电解着色的可行性、颜色、色调均匀性与铝材种类、阳极氧化条件等诸因素有关。

纯铝中加入合金元素制成各种变形（锻造、压延、挤压等）铝合金和铸造铝合金后，其强度、耐磨性提高。进行阳极氧化和电解着色时，这些铝合金材料和着色表面质量之间关系很大。铝的纯度、化学成分、金属间化合物形态、金相组织、非金属夹杂，以及熔铸、热压、冷压、挤压、时效处理等都对阳极氧化特性、氧化膜外观及结构有很大的影响，从而也影响着电解着色。

各种材质铝合金阳极氧化和着色的适应性见表4-93。材质对电解着色膜的影响取决于合金元素与铝形成固溶体的程度和析出状态，以及对铝阳极氧化膜的表观和内在质量的影响。

表 4-93 各种材质铝合金对阳极氧化和着色的适应性

主要成分(质量分数)	防腐蚀阳极氧化	光亮阳极氧化	阳极氧化电解着色	阳极氧化有机染料着色
99.99% Al	极优	极优	极优	极优
99.98% Al	极优	极优	极优	极优
99.5% Al	极优	很好	极优	很好
Al-1.25% Mn	很好	中等	好	好
Al-2.25% Mg	很好	好	很好	很好
Al-3.5% Mg	很好	好	很好	好
Al-5% Mg	好	中等	好	好
Al-7% Mg	中等	中等	中等	中等
Al-0.5% Mg-0.5% Si	极优	好	极优	很好
Al-0.7% Mg-1% Si	很好	中等	好	好
Al-1% Mg-1% Si-1.5% Cu	好	中等	好	好
Al-0.9% Mg-0.8% Si-2% Cu-1% Ni	中等	不适合	着深色时可用	着深色时可用
Al-5% ~8% Mg-5 ~8% Mn-4.25% Cu	中等	不适合	着深色时可用	着深色时可用
Al-1.5% Mg-2% Ni-4.25% Cu	中等	不适合	中等	
Al-1.5% Mg-1.5% Ni-2.5% Cu	中等	不适合	中等	中等
Al-1% Mg-5% ~8% Si-0.25% Cu-0.25% Cr	很好	中等	好	好
Al-5% ~8% Mg-1% Si-0.5% Mn	好	中等	好	好
Al-5% Si	好			中等

Al-Mn 系合金中，Mn 以 $MnAl_6$ 形式存在，阳极氧化时不溶解，在膜中以小颗粒形式夹杂。硫酸阳极氧化膜厚度在 10μm 以下，对电解着色几乎无影响，但膜层更厚时，氧化膜从淡黄色到灰黑色，影响电解着色膜颜色的纯正。

Al-Si 系合金中，Si 与 Al 不能形成化合物，Si 不能氧化，也不被电解液溶解，残留在氧化膜中，氧化膜的颜色随其含量增加由浅灰至灰黑色。一般 Si 的质量分数在 5% 以下，并经 350℃以上热处理，使固溶度增加的条件下有可能进行电解着色。高硅铝合金本身就呈灰色，并且形成的氧化膜不连续，因而不能进行电解着色。

Al-Mg系合金中，镁相对于铝的固溶度在200℃时为2.9%，300℃时为6.4%。这种合金能形成金属间化合物β-AlMg，以Mg_5Al_8或Mg_2Al_3形式存在。在草酸或硫酸中阳极氧化时，它比铝溶解更快，Mg的质量分数不高于7%的铝合金，对电解着色无影响。

Al-Mg-Si系合金中，Mg的质量分数为0.4%～0.7%，Si的质量分数为0.4%～0.5%的合金是重要的建筑用铝合金，有良好的氧化和电解着色性能。合金元素以Mg_2Si形式存在，它比铝更早被阳极氧化。研究表明：Mg的质量分数≤7.11%，Si的质量分数≤0.56%的合金，阳极氧化膜可以电解着色。而Mg、Si含量更高时，形成的氧化膜不连续，因而不能进行电解着色。

Al-Zn合金、Al-Zn-Mg系合金中，合金元素以Al_2Zn_3、$MgZn_2$、$Al_2Mg_3Zn_3$等金属间化合物形式存在，在阳极氧化时都被溶解，故不影响电解着色。

Al-Cu合金系中，$CuAl_2$在阳极化时被电解液溶解，难以获得较厚的氧化膜，而且膜层均匀性差，对电解着色有影响。但有些硬铝合金如2A12能进行正常的氧化和电解着色。

Al-Cr合金系中，$CrAl_7$比铝更早被氧化或溶解，膜呈黄色，对电解着色膜有一定的影响。

铁在铝中是一种杂质成分，Fe_3Al_3金属间化合物阳极氧化一部分残留于膜中，影响膜的透明性和色调。在压延材中Fe的质量分数为1.5%时，呈极细的颗粒分布，硫酸氧化后成不透明白色膜。

铸造铝合金为便于铸造通常硅含量较高。铸造铝合金元素含量高，杂质多，孔隙率大，材料本身的均匀性差，易产生偏析，所以阳极氧化性能比变形铝合金差。有的铸造铝按常规方法根本不能获得连续的氧化膜，有的则氧化膜阻挡层无整流作用，因而不能电解着色。采用换向氧化法可改善铸造铝合金的阳极氧化和电解着色性能。在铸造铝合金中，以Al-Mg系合金阳极氧化和电解着色性能最好。

总之，凡能形成均匀连续的阳极氧化膜，膜层本身透明或不带较深颜色，同时阻挡层有整流作用的铝合金阳极氧化膜均能进行电解着色。

3. 电解着色的工艺的槽液成分、工艺条件与色调

表 4-94 列出了电解着色液的成分、工艺条件与色调。

表 4-94　电解着色液的成分、工艺条件与色调

溶液成分	质量浓度/(g/L)	电压/V	时间/min	色调
$(NH_4)_2SO_4$	30	25	1	绿色
$CuSO_4$	2			
pH 值	3.5～3.6			
$K_3Fe(CN)_6$		8	3	蓝色
H_2SO_4	5			金黄色
Ag_2SO_4	0.15			
H_2SO_4	7	13	1	红色
$CuSO_4$	20			
H_3BO_3	25	15	10	黑色
$CoSO_4$	20			
$(NH_4)_2SO_4$	15			
H_2SO_4	7	13		金黄色
$KMnO_4$	1.5			
H_3BO_3	25	25	10	褐色
$CdSO_4$	10			
H_3BO_3	25	20	2	青铜色
$NiSO_4$	20			
$(NH_4)_2SO_4$	15			
$NiSO_4$	25	13	10	褐色
$(NH_4)_2SO_4$	12			
H_2SO_4	15	20	5	褐色
$AgNO_3$	1.5			
pH 值	1			
$CuSO_4 \cdot 5H_2O$	5	8～14	1～10	黄～褐色
$AgNO_3$	0.5			
H_2SO_4	10			

（续）

溶液成分	质量浓度/(g/L)	电压/V	时间/min	色调
H_3PO_4	25	15	10	金黄色
硒酸钠	1.5			
草酸氨	20	20	1	褐色
草酸盐	20			
醋酸钴	4			
H_2SO_4	7	13	10	金黄色
硒酸钠	1.5			
氨基磺酸盐	20	25	10	黑色
醋酸	10			
酒石酸盐	25	20	10	褐色
硒酸盐	1.5			
H_3BO_3	25	13	5	青铜色
$NiSO_4$	40			
pH值	4～4.5			
H_3BO_3	40	8～15	1～1.5	青铜色～黑色
$NiSO_4$	50			
$CoSO_4$	50			
5-磺基水杨酸盐	10			
pH值	4.2			
H_2SO_4	7	25	6	褐色
$CuSO_4$	1.5			
硒酸盐	1.5			
H_2SO_4	7	13	10	金黄色
碲酸钠	1.5			
硫酸铜液 ↓ 硝酸银液		30 ↓ 30		褐色 ↓ 红褐色
醋酸镉				黄色

（续）

溶液成分	质量浓度/(g/L)	电压/V	时间/min	色调
硫酰胺盐	20	25	10	黑色
醋酸铝	10			
$SnSO_4$	15	8～14	1～15	褐～黑色
$CuSO_4$	7.5			
H_2SO_4	10			

虽然能够用于电解着色的盐类很多，但在工业上广泛应用的工艺是：镍盐系电解着色工艺、锡盐系电解着色工艺、硒酸盐系电解着钛金色工艺。镍盐系电解着色工艺和锡盐系电解着色工艺的色调都是青铜色-黑色系列，但它们各有特点，是应用最广的两种电解着色工艺。

4. 镍盐系电解着色

单镍盐着色液是工业上应用最早的青铜色系电解着色液。镍盐系电解液为中性偏弱酸性，溶液稳定，成本比锡盐低，着色膜的耐蚀性比锡盐稍高。但着色均匀性比锡盐差，抗杂质能力低。

（1）镍盐着色的特点

1）镍单盐着色液可获得香槟色、青铜色、深青铜、古铜至黑褐色，欲获深黑色较困难。

2）着色液成分简单，十分稳定。

3）镍盐价格相对锡盐便宜，成本低。

4）着色膜的耐光、耐晒、耐磨、耐热、耐气候等性能与单锡盐槽相当。

但镍盐着色存在如下缺点：

1）着色液分散能力较差，复杂铝型材的内外、上下、左右均存在一定的色差。

2）对杂质比较敏感，对 Na^+、K^+ 尤其敏感，增加了管理上的困难。

（2）镍盐系电解着色工艺　镍盐系电解着色的典型工艺如下：

硫酸镍　　25g/L

硫酸镁　　20g/L

硫酸铵	15g/L
硼酸	25g/L
pH 值	4.0 ~ 4.5
电压（交流，50Hz）	7 ~ 15V
电流密度	0.1 ~ 0.8A/dm^2
对极	石墨
时间	2 ~ 15min

（3）着色液配制方法　将计算量的硫酸镍、硼酸、硫酸铵或硫酸镁分别放入槽中，加入总体积 1/3 的去离子水，加热至 50 ~ 60℃，充分搅拌溶解，过滤之后用去离子水稀至总体积，搅匀即可使用。

（4）着色液各成分及工艺参数

1）镍盐。镍盐是着色主盐，提供被电沉积的金属离子，一般使用硫酸镍，不能使用氯化镍和硝酸镍，也可使用氨基磺酸镍。随着镍盐浓度升高，着色速度加快，容易获得较深色调。浓度可在 15 ~ 100g/L 范围内变化，低于 15g/L 只能得香槟色至青铜色；50g/L 以上虽可得到黑褐色，但带出损失大，从经济上考虑，最好选用 30 ~ 50g/L。

2）硼酸。硼酸是着色液的缓冲剂。镍盐着色在 pH 值 <4 时速度很慢，氢离子还原剧烈，随酸度升高，pH 值 <2.5 即不能着色，电流全部消耗于氢离子的还原；pH 值 >5.5 着深色时，由于界面 pH 值升高，有绿色的氢氧化镍沉积，为保持着色液 pH 值的稳定性宜选择硼酸做缓冲剂。如果不加缓冲剂，即使保持 pH 值在 4.5 左右也不能着色，由于界面 pH 值迅速升高，导致氢氧化镍沉积而阻塞了膜孔。硼酸不仅起缓冲作用，还可与 Ni^{2+} 形成易于放电的络合物。无论是电镀镍还是镍盐电解着色，硼酸都是提高反应速度的促进剂。当用其他同等缓冲范围的物质代替硼酸时，无论是镀镍还是电解着色都不能令人满意。硼酸浓度低于 20g/L 时缓冲效果不足，高于 35g/L 时在常温下硼酸易析出。因此，硼酸浓度宜保持在 30g/L。

3）硫酸铵（硫酸镁）。硫酸铵（硫酸镁）是导电盐，降低溶液内阻，同时氨有络合作用，可控制游离 Ni^{2+} 离子的浓度，掩蔽少量金属杂质的有害影响，同时对提高着色均匀性和重现性有效。硫酸镁可防止在较高着色电压下氧化膜剥落，抑制 K^+、Na^+ 有害离子的影响。两者浓度均应在 20 ~ 40g/L。

4）添加剂。一般用上述三成分即可获得较好的着色膜，但为了克服镍盐着色分散能力差的缺点，提高着色均匀性和降低对杂质的敏感性，常需加入一些添加剂来改善其着色性，如少量的硫酸铜、硫酸亚锡、含硫有机化合物等。

5）着色电压。着色电压以 14 ~ 18V 为宜，因为着色电压接近或超过铝阳极化处理电压时容易发生阻挡层击穿，膜层剥落。为提高着色均匀性和重现性，铝件应在着色液中浸泡 1min，电压缓慢升高，从零到额定电压需要 30 ~ 60s。

6）着色时间。镍沉积量与着色时间的关系如图 4-66 所示。着色时间依所需色调而定，在恒压和一定的温度下，控制着色时间以获得某一重现的颜色，可用标准色板比较。颜色偏浅时可适当补色，颜色偏深时补救较困难，有时在着色液中浸泡数分钟，可将颜色退去少许，但容易导致颜色不均。

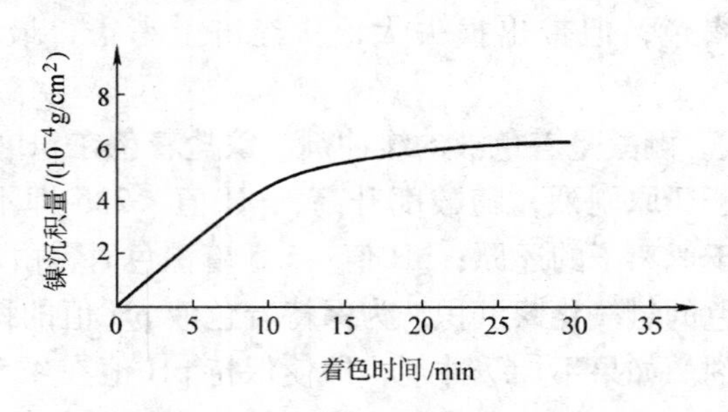

图 4-66 镍沉积量与着色时间的关系

7）着色温度。温度对着色速度有明显的影响。温度太低，金属离子扩散速度慢，反应也慢。在一定范围内，温度的变化不会影响着色速度，达到 60℃以上，着色速度反而变慢。这是因为水溶液温度过高（60℃以上），Al_2O_3 膜开始发生水合作用，造成孔隙封闭，化学活性也降低，影响金属沉积，硫酸阳极化膜在 $NiSO_4$-H_3BO_3 溶液中着色时，电解着色温度对色调的影响如图 4-67 所示。

8）对极。镍盐着色时最好用镍板做对极，这对于提高速度、均匀性和防止斑落、保持着色液稳定性均有好处。但大型着色槽对极面积很大，用镍板价格昂贵，故也可用不锈钢板做对极。

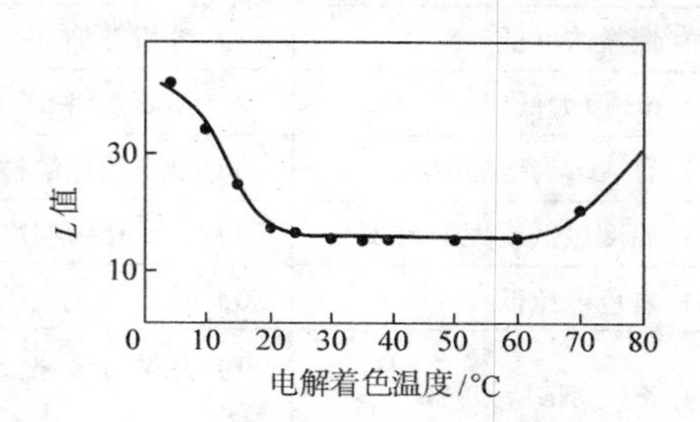

图 4-67　电解着色温度对色调 L 值的影响

电解着色液对金属杂质如 Zn、Cu、Fe、Pb、Cd、Ca、Mg 等远不如电镀液敏感，所以金属杂质不是造成槽液老化的原因。但钾、钠离子对着色膜会引起膜层剥落，铝离子在溶液积累，会使溶液电导率降低，孔隙活性下降及产生着色色差等故障。因此，镍盐着色对水质和原材料纯度要求较高，谨防杂质混入，要定期处理杂质和过滤电解液。

硫酸直流阳极氧化膜应用最广泛，对电解着色适应性最强，但低温下的硬质阳极化膜本身颜色较深，而且孔隙率低不适合着色。对硫酸交流氧化膜电解着色的研究较少，在少数金属盐中电解着色情况表明，其着色膜在沸水法封孔时明显变色，如用镍盐可着出青铜色。

在同一电解液中，工艺参数不同使阻挡层厚度、孔径和孔隙率产生差异，着色膜的色调也就不同。

（5）单镍盐着色常见问题及对策（见表 4-95）

表 4-95　单镍盐着色常见问题及对策

常见问题	产生原因	对　策
着色不均匀，色差较大	1）硼酸少	1）分析补充
	2）氧化膜厚度不均匀	2）检查氧化膜质量
	3）pH 值不当	3）调整 pH 值
	4）导电接触不良	4）绑料和操作时注意加强电接触

（续）

常见问题	产生原因	对　　策
着色速度慢	1）镍盐浓度低	1）分析补加
	2）pH 值太低	2）用氨水将 pH 值调至 4.5
	3）有 NO_3^- 杂质污染	3）低电流电解槽液
	4）温度过低或大于 60℃	4）调整槽液温度
	5）着色电压低	5）提高着色电压
着色膜剥落	1）K^+、Na^+ 浓度高	1）用离子交换设备除去其中的 K^+、Na^+
	2）Cl^- 浓度高	2）稀释电解液
	3）着色电压过大	3）降低着色电压
	4）着色时间过长	4）缩短着色时间
着色膜上附着绿色物	1）pH 值过高	1）调整 pH 值
	2）着色时间过长	2）缩短着色时间
电解着色膜有针孔	铁杂质过多	用少量过氧化氢氧化二价铁，升高 pH 值至 6.2，加热至 60℃，搅拌 30min，静置数小时过滤
着不上色	1）镍盐浓度低	1）分析补加
	2）温度过低	2）调整槽液温度
	3）挂具移位或触点松脱	3）检查、打磨触点，紧固挂具
	4）电路故障	4）检查电路
	5）有 NO_3^- 杂质污染	5）低电流电解槽液

5. 锡盐系电解着色

单锡盐着色液应用广泛，尤其在欧洲和亚洲，有欧洲色之称。我国从 1981 年起引进日本、法国、意大利、德国、英国的铝及铝合金氧化着色生产线都是单锡盐着色液。溶液呈强酸性，它着色均匀性好，对杂质不敏感，但有效成分为 Sn^{2+}，会水解产生氢氧化物沉淀，并氧化成四价锡，所以需要加络合剂和还原剂使着色电解液稳定。

（1）锡盐着色的特点

1）色调范围广，可获得从香槟色至黑色的全部色系（咖啡色除外）。

2）着色液分散能力和重现性好，色差很小，色调均匀稳定，适合于各种复杂型材。

3）着色膜的耐光性、耐蚀性、耐气候性优良，在欧洲大型建筑物上使用近 30 年，色泽依然如故。

4）着色液成分简单，操作方便，易于控制。

5）杂质着色液影响小。

6）着色速度较快，生产率高，通常每着色一次约 4 ~ 5min（古铜色为例），故一个着色槽可承担 2 ~ 3 个氧化槽的生产任务。

但锡盐着色存在如下缺点：

1）亚锡盐易氧化，在交流电极性变化的场合尤其如此，使着色液混浊。稳定剂较差时，着色液使用一段时间如 3 ~ 5 个月，着色液就变成豆腐浆那样的混浊液，影响着色均匀性，需要连续或间歇性过滤。

2）亚锡盐的氧化分解及工件的带出损失常超过电解消耗量，而亚锡盐较贵，导致生产成本提高，所以选择优良的稳定剂至关重要。

（2）锡盐系电解着色工艺　锡盐系电解着色的典型工艺如下：

硫酸	18g/L
硫酸亚锡	15g/L
磺基水杨酸	20g/L
甲酚磺酸	15g/L
pH 值	1.2
电压（交流，50Hz）	12 ~ 20V
电流密度	0.2 ~ 0.5A/dm^2
对极	石墨或不锈钢

（3）电解液的配制和补充　在槽中注入占总体积约 1/8 的去离子水，边搅拌下加入所需硫酸，加入所需稳定剂（该典型工艺的稳定剂是磺基水杨酸和甲酚磺酸）搅匀，加入硫酸亚锡搅拌溶解。硫酸亚锡比较难溶，需要较长时间，为加快速度可加热到 40 ~ 50℃，绝不可过高，以防亚锡盐氧化水解。待全部溶解之后，慢慢注入水稀至总体积，同时不断搅拌，防止局部骤冷。

硫酸亚锡和硫酸的补充按分析结果而定，各种稳定剂的加入按各自的使用说明书，一般是在补充硫酸亚锡和硫酸的同时补加稳定剂，以防止亚锡盐在溶解过程中氧化。

（4）着色液各成分及工艺参数

1）硫酸亚锡。亚锡盐是着色主盐，靠锡在膜孔中电沉积而显色。因此，锡盐的浓度直接影响着色的速度和色调，通常低于5g/L则不能获得古铜以上更深的颜色，且着色速度较慢。随浓度升高，着色速度加快，锡盐浓度高于25g/L时，带出和水解氧化损失严重，通常控制在7～15g/L为宜。

2）硫酸。硫酸起提高电导率，防止亚锡盐氧化水解以及提高着色均匀性等作用。无论是亚锡本身还是氧化成四价锡盐后，都有较大的水解倾向，当酸度较低时，最易发生水解反应。当有足够的硫酸存在时，可防止锡盐的水解。硫酸是强电解质，可提高电导率，尤其在着深黑色时，由于着色时间长，当酸度不足时，工件界面pH值升高，容易导致亚锡的氢氧化物在着色膜上沉积，故着深色时亚锡盐浓度要高，同时硫酸浓度也要相应提高。硫酸与硫酸亚锡是同一酸根，当硫酸根浓度高时与亚锡易发生缔合作用，降低了亚锡的有效浓度，有利于提高着色均匀性。根据稳定剂的性质不同，硫酸的含量应为亚锡盐含量的1～2倍，通常采用15～25g/L，着黑色时需25～30g/L。

3）稳定剂。无论是单锡盐还是镍-锡混盐着色液，都必须添加亚锡盐稳定剂，才能正常生产。因为亚锡的氧化倾向很大，在溶液中溶解氧的作用下极易被氧化成四价锡。另一方面电解着色采用交流电，电极极性的变化也促进亚锡氧化和水解，当溶液中不加稳定剂时，配制2h之后有白色混浊出现（亚锡氧化成四价锡的水解产物），数十小时亚锡将完全被氧化，四价锡不能着色，故亚锡的氧化是一种非生产性的消耗，必须防止，所以凡含有亚锡盐的着色液必须加入稳定剂。典型工艺中的磺基水杨酸和甲酚磺酸就是稳定剂的一种。目前，市场上有许多专用稳定剂商品出售，添加这些稳定剂，能使槽液保持适宜的Sn^{2+}浓度，在较长时间内保持浓度不变，同时使着色的均匀性明显提高。酒石酸、柠檬酸、磺基水杨酸等是络合剂，添加这些络合剂能阻止Sn^{2+}的水解，使着色槽液混浊现象大大减少。添加还原剂如硫酸肼、抗坏血酸、苯酚磺酸、甲酚磺酸、对苯二酚等，可以阻止二价锡变成四价锡，延长着色槽的使用寿命。添加亚铁离子也能阻止二价锡变成四价锡。

4）着色电压。着色电压对着色速度的影响如图4-68所示。图4-68中光反射率反映着色的深浅，光反射率值越高着色越浅反之着色越深。从图4-68中可以看出，着色的色调并非一直随电解电压的增加而变深，而是存在一个在15~16V之间的最大值，在此之前，着色的色调随电解电压的增加而变深，在此之后，着色的色调随电解电压的增加反而变浅。因此，锡盐电解着色，着色电压取16~18V最佳，这时着色速度最快，均匀性最好。

5）杂质离子对电解着色的影响。尽管锡盐着色比镍盐着色有更高的抗杂质能力，但杂质离子含量较高时仍会对电解着色产生不良影响，如图4-69所示。从图4-69中可以看出，电解着色对NO_3^-最敏感，当着色液中NO_3^-浓度超过0.5g/L时几乎着不上色；其次是Cl^-，当Cl^-浓度超过1.0g/L，就会对着色产生不利影响；对于Na^+和K^+，只有当其浓度超过5.0g/L时，才会对着色产生显著影响。

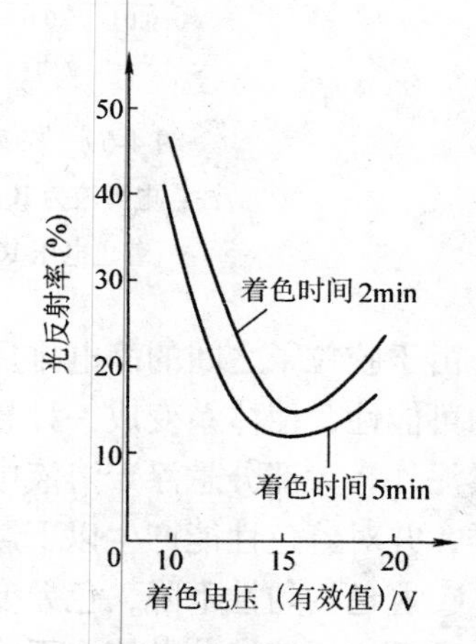

图4-68　着色电压对着色速度的影响

注：电解液为10g/L Sn^{2+}，20g/L H_2SO_4。

四价锡水解产物及其危害：当溶液中含有Sn^{4+}时，在pH值>1的情况下发生下列水解反应：

$$Sn^{4+} + 3H_2O \rightarrow \alpha - SnO_2 \cdot H_2O + 4H^+$$

$$\alpha - SnO_2 \cdot H_2O + nH_2O \rightarrow \beta - SnO_2 \cdot (n+1)H_2O$$

从上面的方程式可知，水解先生成α型偏锡酸，进一步水解成具有稳定的结构β型偏锡酸，其难溶于硫酸、硝酸、盐酸和氢氧化钠中，以分散相从溶液中析出，有自发吸附溶液中带电离子以降低表面能的趋势。这种吸附使分散相粒子带相同的电荷，成为带电的胶粒

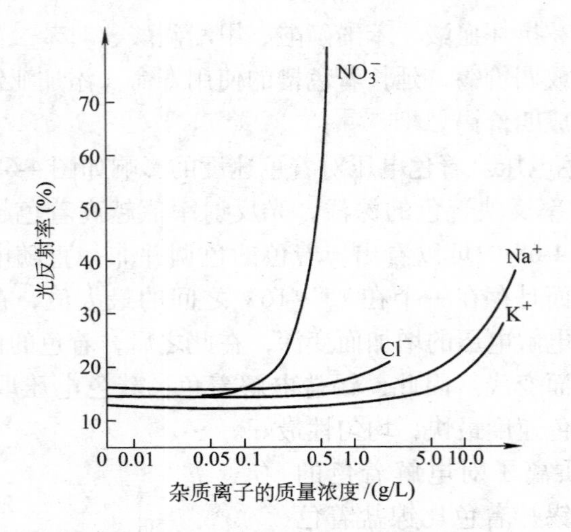

图 4-69　杂质离子对着色的影响

注：电解液为 10g/L Sn^{2+}，20g/L H_2SO_4；
着色电压 16V；着色时间 2min。

子，由于胶粒子之间的静电排斥作用，大大减少了粒子间相互碰撞聚集的可能性，使体系变成一种悬浮的溶胶。除部分聚集沉积于槽底成为淤泥外，大部分悬浮于溶液中，这样槽液日益混浊，甚至变成豆浆那样，并对着色性能产生以下影响：

①着色均匀性下降，色差变大。由于溶胶使槽液电阻大增，电力线分布不均，溶液分散能力下降，此时同挂架的上下、左右和同材的凸凹面产生色差，严重时出现阴阳色。另一方面这种溶胶极易黏附在对电极表面上，减少了电极有效表面积，使型材与对极的面积比失调，增加了上述疵病的严重性。

②型材下部或复杂件的凹陷等处易出现不着色的白点、白斑或严重的气泡痕。由于溶胶导致槽液黏度大，着色时有大量气体析出，气泡不易离开材料表面，附着在表面的凹陷、屏蔽部位，造成了这些区域的不着色或着色不均匀。

③着色液各成分耗量增大，成本提高。由于黏度大，吸附于工件上的溶液增加，带出损失导致着色液各成分的消耗加大。

④溶液混浊越来越严重，导致产品合格率大幅度下降，以至于不得不弃液重配。近来虽有“凝集剂”问世，但这只是事后补救的方法，处理费时费工，且对严重混浊者也不能彻底处理好，故仍然要提倡以防为主。

（5）单锡盐着色常见问题及对策（见表4-96）

表4-96 单锡盐着色常见问题及对策

常见问题	产生原因	对 策
着色速度慢	1）$SnSO_4$ 含量低或 H_2SO_4 含量不正常	1）分析并调整至正常值
	2）着色液温度低于15℃	2）加热槽液
	3）着色电压低	3）检查电源设备及线路
几乎无色	1）挂具导电触点松脱或移位	1）检查挂具导电状况
	2）电源故障或电路不通	2）检查并排除电源及线路故障
	3）氧化膜太薄或无氧化膜	3）排除氧化工艺的故障
	4）$SnSO_4$ 含量过低	4）分析并调整至正常值
	5）杂质离子 NO_3^- 含量超标	5）电解或更换部分槽液
色差过大	1）对极面积太小或导电不良	1）增加对极或打磨对极表面及触点
	2）部分挂具导电触点松脱或移位	2）检查所有挂具导电状况
	3）稳定剂含量不正常	3）请供应商解决
着色件表面有灰色附着物	1）H_2SO_4 含量太低	1）分析并调整至正常值
	2）着色时间过长	2）缩短着色时间
	3）氧化膜大薄	3）提高氧化膜厚度
着色液呈乳白色混浊	1）稳定剂含量少或质劣	1）加絮凝剂沉淀处理槽液，增加稳定剂
	2）H_2SO_4 含量太低	2）分析并调整至正常值
着色膜呈斑点状剥落	1）着色电压电压过高，且着色时间长	1）降低着色电压
	2）有害杂质太多	2）分析杂质，必要时换掉部分着色液

6. 镍-锡混合盐系电解着色

两种或两种以上的金属盐组成的着色液称为混合盐着色液。这种混合盐着色液在单盐着色液的基础上，综合了各金属盐的优点，克服了单盐着色的缺点，是改善和提高着色性能的技术，目前其在生产上的应用已超过单盐着色。

（1）镍-锡混合盐着色的特点

1）着色工艺范围宽，色系完整，能获得单盐难以得到的咖啡色和真黑色。

2）亚锡盐用量少，着同样深的颜色，锡盐浓度可以较低，可节约较贵的亚锡盐。

3）混盐着色速度快，一个着色槽可承担 3～4 个氧化槽的生产任务。

4）着色均匀性，重现性好，适合于复杂铝型材的着色。

5）着色膜色调偏红，比单盐着色膜偏青的色感好，深受用户喜爱。

（2）镍-锡混合盐系电解着色工艺　镍-锡混合盐系电解着色典型工艺如下：

硫酸	15～25g/L
硫酸亚锡	5～10g/L
硫酸镍	10～25g/L
稳定剂	适量
pH 值	1.2
电压　AC 50Hz	12～20V
电流密度	0.2～0.5A/dm^2
对极	石墨或不锈钢

（3）着色液各成分及工艺参数

1）硫酸亚锡。亚锡盐是着色主盐，靠锡在膜孔中电沉积而显色，但由于镍盐的加入，锡盐的浓度对着色速度和色调的影响有所降低，影响规律和单锡盐着色相同。虽然低于 5g/L 也能获得古铜以上更深的颜色，但颜色随锡盐浓度变化太大，控制不便。随浓度升高，着色速度加快，锡盐浓度高于 10g/L 时，便可着出真黑色。考虑带出和水解氧化损失，锡盐浓度通常控制在5~10g/L。

2）硫酸镍。镍盐也是着色主盐，但其对色速度和色调的影响比锡盐小得多。硫酸镍浓度低于10g/L时，镍盐对着色几乎无影响，着色液和单锡盐的一样。硫酸镍浓度高于15g/L以后，随浓度升高，着色速度加快，达到25g/L时，着真黑色变得容易。考虑生产成本，其浓度选择15~25g/L为宜。

3）硫酸。硫酸对着色速度和色调的影响与单锡盐溶液相同，其浓度可略低一些，可选择15~25g/L。

4）稳定剂。可以使用与单锡盐相同的稳定剂，但针对双盐着色优化的稳定剂效果更佳。镍-锡混合盐稳定剂的特点是：在防止亚锡氧化水解方面，要求低一些，因为混合盐着色液的亚锡浓度相对低一些。由于镍-锡混合盐着色液在着深色和黑色有长处，所以镍-锡混合盐着色液常用来着深色或黑色。这就要求稳定剂能有效提高着色的均匀性和颜色的重现性。

镍-锡混合盐着色液各工艺参数对着色速度和色调的影响和单锡盐着色液的相同。

（4）镍-锡混合盐着色常见问题及对策（见表4-97）

表4-97 镍-锡混合盐着色常见问题及对策

常见问题	产生原因	对　策
着色不均匀，色差大	1）绑料不紧，挂具导电触点松脱或移位	1）检查挂具导电状况
	2）同一挂工件材质不同	2）使用相同材质的工件
着色速度慢	1）着色电压低或导电不良	1）检查和调整着色电压和改善导电接触
	2）硫酸亚锡含量不足	2）分析并补充
	3）硫酸含量过低或过高	3）分析并补充，过高则不做处理
	4）着色液温度太低	4）加热着色液
着色膜表面有用手可擦去的灰绿色附着物	1）硫酸太少	1）分析并补充
	2）着色时间过长	2）控制着色时间

（续）

常见问题	产生原因	对　策
膜层产生剥落	1）着色电压过高	1）降低着色电压
	2）氯离子含量过高	2）检查氯离子含量，必要时更换部分着色液
完全不着色	1）工件氧化膜极薄或无	检查挂具是否松动，并绑紧工件
	2）工件没有绑紧，接电部位错位	
	3）硫酸亚锡浓度低于1g/L	3）分析并补充
	4）NO_3^- 杂质含量过高	4）降低 NO_3^- 含量，用电解除去
	5）硫酸含量很高，着色电压很低	5）分析硫酸和检查着色电压
着不到真黑色	1）氧化膜厚度低于10μm	1）延长氧化时间
	2）硫酸亚锡浓度低于8g/L	2）分析并补充
	3）着色电压低或时间短	3）检查调整着色电压和时间

7. 钛金色系电解着色

钛金色着色是铝合金阳极氧化膜用硒酸盐着金黄色的工艺，这种金黄色与真正黄金的颜色有所不同，颜色更加美观、大方，装饰性甚佳，在我国称之为钛金色，可广泛应用于建材、家电、家具领域。硒酸盐着色，着浅色容易，着深色较困难，为了得均匀的深钛金色，阳极氧化处理之后要进行扩孔处理，然后再电解着色。

（1）钛金色系电解着色工艺　钛金色系电解着色典型工艺如下：

扩孔处理：	磷酸	150～300g/L
	（或硫酸	150～180g/L）
	电压（交流，50Hz）	10～20V
	时间	15min
着色处理：	亚硒酸钠	3～7.5g/L
	硫酸	12g/L
	过硫酸铵	0.3g/L
	温度	35～40℃

电压（交流，50Hz）　12V

时间　5～10min

（2）着色液各成分及工艺参数

1）亚硒酸钠。亚硒酸钠是着色主盐，也可以用二氧化硒，因为不含钠离子，所以二氧化硒的着色效果更好。二氧化硒浓度低于1g/L时，即使延长着色时间，也不能得到钛金色。随着二氧化硒浓度的提高，着色膜的颜色逐步加深，达到4g/L以后，再增加二氧化硒浓度，膜的颜色也不加深。因此，二氧化硒浓度一般不超过4g/L，换算成亚硒酸钠约7g/L。

2）硫酸。硫酸可固定二氧化硒浓度。随着硫酸浓度的升高，膜层颜色加深，其原因可能是硫酸的导电及扩孔作用，导致反应产物较多。当硫酸浓度大于18g/L时，颜色反而变浅，可能是析氢反应抑制了着色反应。

3）着色电压。当电压低于4V时，几乎无着色膜生成；当电压大于18V时颜色变浅，高于20V则无着色膜生成；在4～18V时，着色膜层颜色随电压升高而变深。

4）温度。在所有着色工艺中，钛金色对温度最为敏感，一般温度越高着色越深。铝合金电解着色工艺形成以后，主要开发了锡盐、镍盐及镍-锡混合盐着色液，这几种着色液均能通过延长着色时间控制颜色的深浅。亚硒酸盐着色液，通过延长着色时间不能继续加深颜色或改变颜色甚微，此时的颜色称为饱和色。饱和色调主要与氧化膜孔层的状态有关系。着色温度越高饱和色越深，扩孔处理也可加深饱和色。

5）着色时间。当温度为25℃时，开始着色快，后期着色极其缓慢，5min后也不再继续加深；但当温度达45℃时，随着着色时间的延长，颜色变化缓慢但仍有继续加深的趋势。

阳极氧化膜经上述工艺处理可得深钛金色，着色膜耐晒、耐腐蚀。扩孔可换成下列工艺：阳极氧化处理后，氧化膜在电解液中浸泡15～20min，或氧化膜在室温下浸泡在纯水中15～20min。着色时保持电解液的温度非常重要，如果电解液的温度低于30℃，就不容易着得深颜色，所以钛金色着色槽需要安装加热装置。硒酸盐有毒，使用时要注意防止中毒。

(3) 钛金色着色常见问题及对策（见表4-98）

表4-98 钛金色着色常见问题及对策

常见问题	产生原因	对策
着色不均匀，色差大	1）绑料不紧，挂具导电触点松脱或移位	1）检查挂具导电状况
	2）对极导电不良或面积太小	2）检查对极或添加对极极板
着色速度慢	1）着色电压太低或太高	1）检查和调整着色电压
	2）二氧化硒含量不足	2）分析并补充
	3）硫酸含量过低	3）分析并补充
	4）着色液温度太低	4）加热着色液
着色膜表面有流痕	1）着色液温度太高	1）放置使槽液温度降低
	2）着色前工件清洗不净	2）增加水洗时间
膜层产生剥落	1）着色电压过高	1）降低着色电压
	2）扩孔时间过长	2）控制扩孔时间
完全不着色	1）工件氧化膜极薄或无	检查挂具是否松动，并绑紧工件
	2）工件没有绑紧，接电部位错位	
	3）二氧化硒浓度低于1g/L	3）分析并补充
	4）NO_3^- 杂质含量过高	4）降低 NO_3^- 含量，用电解除去
	5）着色电压很低	5）检查着色电压
颜色着不深	1）氧化膜厚度低于10μm	1）延长氧化时间
	2）二氧化硒浓度低于4g/L	2）分析并补充
	3）槽液温度低	3）加热槽液

8. 金黄色系电解着色

铝合金型材可以用三种方法获得耐晒性满意的金黄色，即银盐电解着色、锰酸盐电解着色和草酸铁铵化学染色。其中，银盐电解着色价格昂贵无工业应用价值；草酸铁铵化学染色颜色的稳定性差，不能大规模应用；以高锰酸钾为主盐的金黄色电解着色工艺，得到的色调鲜艳，华贵大方，受到铝合金门窗用户的青睐。

(1) 金黄色系着色工艺　金黄色系电解着色典型工艺如下：

$KMnO_4$	7 ~ 12g/L
H_2SO_4	25 ~ 35g/L
稳定剂	适量
温度	15 ~ 40℃
电压	7 ~ 10V
时间	2 ~ 4min
对极	石墨或不锈钢

配制着色液要用去离子水，向着色槽注入总体积1/2的水，在搅拌下缓慢加入计算量的硫酸，然后加入高锰酸钾和稳定剂（添加量按供应商说明书的规定），搅拌至完全溶解，稀至总体积搅匀即可使用。

（2）着色液各成分及工艺参数

1）高锰酸钾。高锰酸钾是着色主盐，其浓度对着色有较大影响。高锰酸钾浓度升高，高色调加深，而阴极峰值电流则降低。这是由于浓度升高，高锰酸盐还原反应加快，色素体以氧化物形式沉积于膜孔内壁上，增加了膜电阻，导致电流随浓度升高而降低。着金黄色最佳浓度为10g/L。浓度太高时，反而色调变浅；同时浓度太高，带出损失严重也不经济。

2）硫酸。硫酸起导电和促进着色反应等作用，没有硫酸时则着不上色。硫酸浓度为5 ~ 15g/L时着色膜不均匀。硫酸浓度在25 ~ 35g/L范围内变化，着色正常，阴极反应电流趋于稳定。这时由于锰盐的还原，膜电阻增加电流减小。因此，硫酸浓度选30g/L是适合的。

3）稳定剂。稳定剂在锰盐液中起提高着色速度和防止膜层剥落等作用。无稳定剂时，高锰酸钾容易将空气中的还原性物质氧化，产生沉淀。添加稳定剂可有效降低高锰酸钾的氧化速度。稳定剂还可以防止高电压电解着色时氧化膜膜层的剥落。

4）着色电压。着色电压为3 ~ 4V时无阴极反应电流，故无色；5 ~ 6V时电流极小，得到淡金色；7 ~ 9V时，得到色调均匀的金黄色；10 ~ 14V时，虽电流升高，色调反而变浅，由此继续升高电压只能得到浅金黄色。锰盐着色电压范围应为7 ~ 9V，以8V最佳。

5）着色时间。锰盐着色时，从施电后的 25 ~ 40s 内电流逐渐升高，达到峰值后则迅速衰减。电压高时，上升时间变短，反之亦然。在强酸性着色液中，电流曲线的上升段可认为是阻挡层溶解变薄，膜电阻降低引起的，电流峰值表示溶解变薄阶段终止；峰值后的电流迅速衰减是由于氧化膜的阻挡层得到修复和着色物质在膜孔隙的沉积，使整个膜层电阻迅速增加。在 6 ~ 10V 内着色 1 ~ 5min，可获得与 K 金相近似的色调。锰盐着色的色调十分稳定，即达一定的色调后，继续延长着色时间色调基本不变。这与锰盐着色的色素体是锰的氧化物，而且是沉积在整个膜壁上有关，当还原产物沉积到一定厚度之后，延长时间则不再增厚，电流则完全用于析氢或高锰酸盐的还原。在 8V 下着色 3min，其色调最好。

6）着色温度。锰盐可在 10 ~ 60℃下进行着色。随温度升高，溶液电导率提高，反应电流增大，色调加深。虽然提高温度可提高着色速度，但同时也加快了高锰酸钾的还原反应。因此，着色宜在 10 ~ 20℃下进行。

7）对极。锰盐着色可用不锈钢和石墨做对极，不锈钢最好用耐硫酸腐蚀的牌号，防止腐蚀出来的铁等金属加速锰盐的还原消耗。石墨是最可靠的对极，要用高密度的炭精板或棒，结构疏松的炭精会由于气体的冲击造成碳素污染着色液。对极要呈栅栏式排布，总面积至少要等于最大的着色总面积。极间距离一般为 200 ~ 250mm。

（3）金黄色着色常见问题及对策（见表 4-99）

表 4-99　金黄色着色常见问题及对策

常见问题	产生原因	对　策
着色不均匀，色差大	1）绑料不紧，挂具导电触点松脱或移位	1）检查挂具导电状况
	2）对极导电不良或面积太小	2）检查对极或添加对极极板
着色不深	1）着色电压太低或太高	1）检查和调整着色电压
	2）氧化膜厚度低于 8μm	2）提高氧化膜的厚度
	3）硫酸含量过低	3）分析并补充
	4）着色液温度太低	4）加热着色液

（续）

常见问题	产生原因	对　策
着色膜表面有流痕	1）着色液温度太高	1）放置使槽液温度降低
	2）着色前工件清洗不净	2）增加水洗时间
膜层产生剥落有“白点”	1）着色电压过高，时间过长	1）降低着色电压，缩短时间
	2）槽液沉淀物过多	2）清理槽液，补加稳定剂
完全着不上色	1）工件氧化膜极薄或无	检查挂具是否松动，并绑紧工件
	2）工件没有绑紧，接电部位错位	
	3）$KMnO_4$ 浓度低于5g/L	3）分析并补充
	4）杂质含量过高	4）检测杂质含量，更换部分槽液
	5）着色电压很低	5）检查着色电压
电泳涂装烘烤时退色严重	1）氧化后水洗不净	1）延长水洗时间
	2）着色电压过高	2）尽量使用低电压着色
	3）氧化膜孔隙太低	3）进行扩孔处理

9. 光干涉电解着色工艺

浅田法电解着色又称二次法电解着色。在一个着色槽中只能得到一种颜色系列，如在锡盐着色槽中只能得到香槟色-青铜色-黑色系列。如果将阳极氧化膜经过扩孔后，再进行电解着色，则在同一着色槽（如锡盐着色槽）中可以得到金黄色-橘红色-蓝色-紫色等不同的色调。这种颜色是孔隙里金属微粒的反射光与氧化膜底部铝基体的反射光发生干涉效应产生的。由于是干涉光，所以颜色种类多，而且颜色鲜艳，具有较高的装饰性，同时又保持了电解着色的高耐候性。这种工艺称为光干涉电解着色工艺，又称为三次法电解着色工艺，如图4-70所示。

扩孔方法有浸泡法和电解法。浸泡法多用硫酸阳极氧化槽液，在不通电的情况下，室温浸泡15～20min，也可以用纯水同样在室温浸泡15～20min。浸泡法处理的氧化膜，电解着色仍得青铜色，不常使用。电解法一般使用交流电，电解液可以是磷酸也可以是硫酸，但磷酸效果最好。典型的扩孔工艺和着色工艺如下：

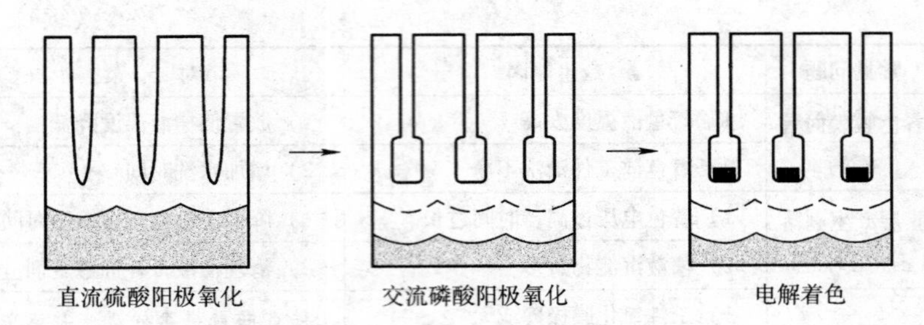

图 4-70 光干涉电解着色工艺

扩孔工艺：磷酸 100g/L
温度 20～25℃
电压（交流，50Hz） 10V
时间 4～12min
对极 石墨

着色工艺：硫酸亚锡 8g/L
硫酸镍 25g/L
硫酸 17g/L
酒石酸 10g/L
甲酚磺酸 10g/L
电压（交流，50Hz） 10～13V
温度 20～25℃
时间 2～8min
对极 石墨

扩孔处理的电压、时间、温度对着色的影响见表 4-100～表 4-102。

表 4-100 扩孔处理的电压对着色的影响

<table>
<tr><td>电压(有效值)/V</td><td>3</td><td>5</td><td>7</td><td>10</td><td>12</td><td>15</td><td>20</td></tr>
<tr><td>颜色</td><td>蓝灰</td><td>蓝绿</td><td>紫</td><td>紫红</td><td>浅黄</td><td>极浅黄</td><td rowspan="2">着色不上或氧化膜脱落</td></tr>
<tr><td>干涉效应</td><td>不明显</td><td colspan="5">明显</td></tr>
</table>

表4-101 扩孔处理的时间对着色的影响

时间/min	2	4	6	8	10	12	15~20
颜色	浅青铜	蓝紫	灰	紫红	紫	蓝绿	氧化膜封孔
干涉效应	不明显	明显					易脱落

表4-102 扩孔处理的温度对着色的影响

温度/℃	10	20	30	40
颜色	着不上色	蓝灰	果绿	紫绿（褐色）

扩孔处理还可以使用磷酸-草酸工艺，用该工艺扩孔的氧化膜效果更好，着色后的颜色更丰满，工艺如下：

磷酸 100g/L

草酸 30g/L

温度 20~25℃

电压（交流，50Hz） 10V

时间 8min

对极 石墨

其扩孔处理的电压、时间对着色的影响见表4-103、表4-104。

表4-103 磷酸-草酸扩孔处理的电压对着色的影响

电压（有效值）/V	3	5	8	10	12	15	20
颜色	深绿	果绿	浅红	灰	黄绿	黄	着色不上或氧化膜脱落
干涉效应	明显						

表4-104 磷酸-草酸扩孔处理的时间对着色的影响

时间/min	2	4	5	8	12	15	20~25
颜色	着不上色	蓝灰	蓝紫	蓝灰	蓝灰带绿	绿	氧化膜脱落
干涉效应	明显						

电解着色的硫酸亚锡的质量浓度、着色电压、着色时间对颜色的影响见表4-105~表4-107。

表 4-105　硫酸亚锡的质量浓度对着色的影响

质量浓度/(g/L)	0.5	1	2	2.5~5
颜色	浅蓝	蓝	浅蓝	青铜色
干涉效应	明显			不明显

表 4-106　着色电压对着色的影响

电压(有效值)/V	9	9~12	15~18	20
颜色	着不上色	浅蓝绿	深绿	着不上色
干涉效应	明显			

表 4-107　着色时间对着色的影响

时间/min	1	2	3	4	6	8	12~16
颜色	红紫	浅紫	蓝灰	灰绿	蓝绿	浅蓝绿	浅绿

10. 其他电解着色工艺

(1) 直流电解法着色　直流电解法着色就是将阳极氧化膜在金属盐溶液中做阴极进行直流电解。直流法着色的颜色与金属盐溶液金属离子的关系见表 4-108。直流电解着色法与交流电解着色法最大的差别是直流着色时间短，色调比较稳定，直流电解着色对杂质离子非常敏感。

表 4-108　直流法着色的颜色与金属盐溶液金属离子的关系

离子	镍	钴	锡	铜	铁	银	汞	硒
颜色	青铜色 黑色	青铜色 黑色	青铜色 黑色	红褐色	黄色	黄色	黄色	橙色

住化法是采用硫酸镍盐和硫酸亚锡盐溶液作为电解液的直流电解着色法。在工艺规定的范围内，电解液的浓度、温度对氧化膜颜色的影响非常小。与交流电解着色相比，直流法能在 2min 内得到颜色很深的氧化膜，但继续电解颜色无变化。电解液中混入 Na^+、K^+、NH_4^+、Ca^{2+}、Mg^{2+}、Fe^{2+}、Al^{3+}、Cl^- 等离子，会引起氧化膜颜色的变化，危害最大的是 Na^+、K^+、NH_4^+，尤其是 Na^+。当 Na^+ 的质量分数低于 $6\times10^{-4}\%$ 时，对着色无太大影响，当 Na^+ 的质量分数超

过 $8\times10^{-4}\%$ 时，就会阻碍镍的正常析出，着色颜色变浅。

（2）特殊波形电解着色　电解着色一般采用标准的50Hz正弦波交流电，或直流电，而有些厂家采用特殊波形的电源电解着色，可以达到某种特殊的着色效果。特殊波形电包括：不对称交流电、不完全交流电、脉冲电源等。

1）不对称交流电。不对称交流电的波形图如图4-71所示。图4-71a所示正半周电压高于负半周，用这种电源着色，着色速度较慢，但着色均匀，颜色的重现性好，这种电源应用较广。图4-71b所示负半周电压高于正半周，用这种电源着色，着色速度较快，特别适用于着黑色。

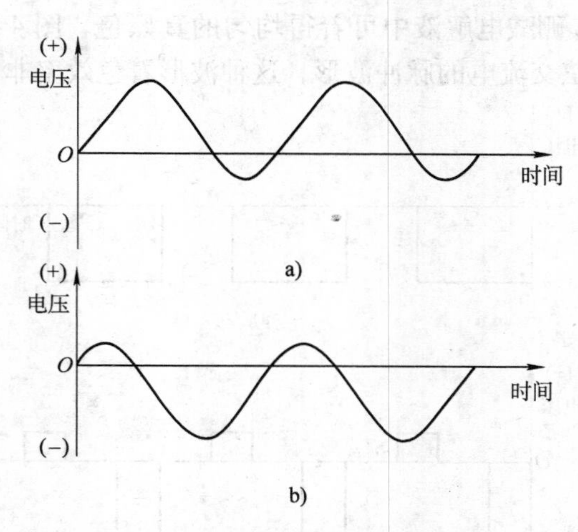

图4-71　不对称交流电的波形图

2）不完全交流电　在标准正弦交流电的基础上，用电子元器件切去电压波形的某些部分，剩余的部分称为不完全交流电。典型的例子是用晶闸管整流波形着色。将晶闸管组合在着色电路中，并用晶闸管控制正弦波的负导通角，对改善着色性效果非常明显，特别是负导通角为90°~100°时效果最大，如图4-72所示。浅田法着色影响色调的主要因素是电压和时间，如果采用这种方法，靠负导通角来控制电解因素，就不会出现色调浓淡不均的现象。

3）脉冲电源。脉冲电源着色电压波形图如图 4-73 所示，图 4-73a 所示波形为纯脉冲波，类似于直流电解着色。图 4-73b 所示波形为叠加有正向脉冲的波形，类似于图 4-72b 中不对称交流电波形的着色效果，它的最大特点是可以着到真黑色氧化膜。

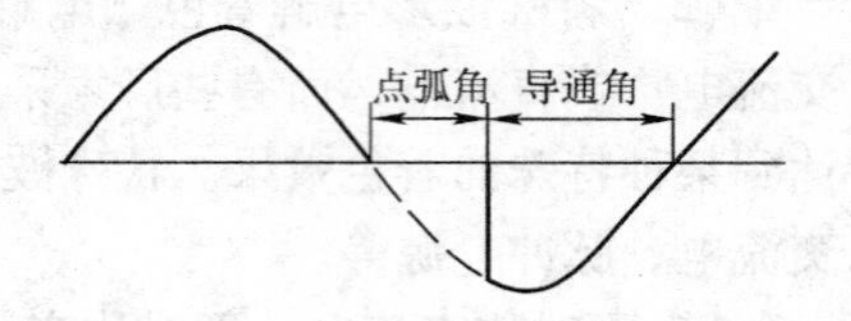

图 4-72　晶闸管整流波形

普通电解着色通过延长着色时间可以获得很深的颜色，但到了一定程度，着色时间不管增加多长，颜色都不发生变化，这时颜色虽然很深，但与真黑色相比还有不少差距。使用本波形电源，在 100g/L 硫酸镍、30g/L 硼酸电解液中可着得均匀的真黑色。图 4-73c 所示波形为叠加有正弦交流电的脉冲波形，这种波形着色效率非常高。

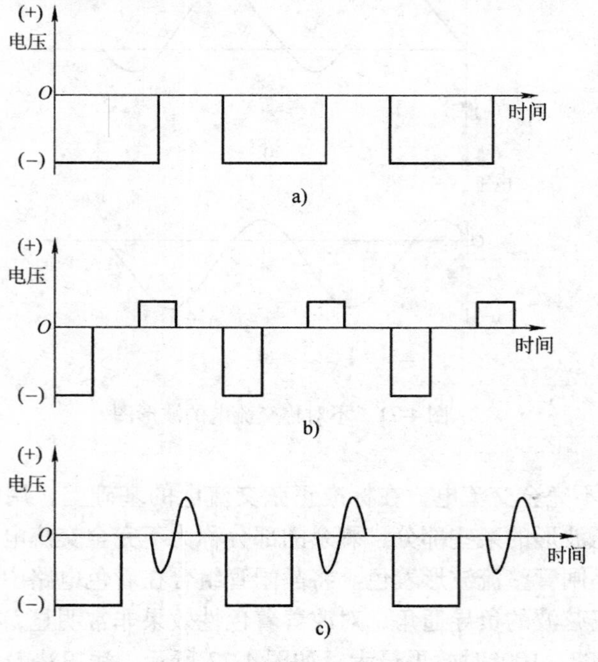

图 4-73　脉冲电源着色法波形

（3）木纹着色法。木纹着色是铝合金材料在阳极氧化之前进行木纹处理，处理的方法一般是在碱性溶液中用交流电解。铝材在交流电解时会产生大量气泡，气泡在铝材表面一串一串地自下往上移动。由于屏蔽作用，铝材的腐蚀速度就会大大地降低，这样就会在铝材表面留下气泡移动自下往上的条状花纹。适当控制电解的处理条件，可以使这些条状花纹酷似木纹。铝材的木纹着色工艺流程如下：铝材→预处理→木纹处理→阳极氧化→着色→封闭→成品。

着色可以采用染料染色、自然发色、电解着色等工艺。各种木纹处理工艺见表4-109。

表4-109　各种木纹处理工艺

溶液成分	质量浓度/(g/L)	温度/℃	电压/V	时间/min	pH值
$NaBO_2$	5~20	室温	交流20~30	3~5	
$NaBO_2$	15~20	室温	交流30~40	3~5	
H_3BO_3	5~7				
H_3BO_3	20	室温	交流40	10	
NaOH	1				
Na_3PO_4	3	15	交流20	10	5.4
$Mg_3(PO_4)_2$	5				
H_3PO_4	8				
$Na_4P_2O_7$	0.8	50	交流25 直流10	7	8.9
$Ca(H_2PO_4)_2$	0.3				

11. 电解着色中常见问题

工业上广泛使用镍盐和锡盐溶液电解着色。镍盐电解液主要是硫酸镍和硼酸，化学性质稳定，但着色的均匀性和溶液的抗杂质能力较差。在溶液中添加硫酸铵和硫酸镁，可以提高着色的均匀性，并能着得更深的颜色。溶液中含有质量分数为$20\times10^{-4}\%$的铝离子就会发生着色不均，当超过$100\times10^{-4}\%$时着色性能急剧下降，在$500\times10^{-4}\%$以上不可能着色。因此，配制电解液时，要使用纯水，并及时除去铝离子。锡盐电解液的着色性能较高，主要成分是硫酸亚锡，抗杂质能力也比镍盐高得多。在锡盐电解液中，即使铝离子的质量分数超过$500\times10^{-4}\%$，也有良好的着色性能。但硫酸亚锡的稳定性较差，容易水解和氧化，必须加入络合剂和还原剂，如磺基水杨酸、苯酚磺酸等，以防止亚锡离子的沉淀。

阳极氧化膜的处理条件对电解着色也有影响，阳极氧化处理的硫酸浓度、电解时间、电流密度对着色颜色的深浅影响大，硫酸浓度在100~150g/L时着色颜色深，在200g/L时着色颜色变浅。氧化膜厚度增加着色变浅，着色均匀性增加。例如，氧化膜厚度在4μm以下时，着色时间长容易发生颜色不均，1μm厚的氧化膜着色时间超过2min就会颜色不均。当氧化膜厚度达10μm时，着色时间超过3min也不会发生色差变化。阳极氧化后水洗时间过长，着色时容易产生腐蚀，并使氧化膜剥落。如果先用稀硝酸洗涤氧化膜，可防止氧化膜因水洗时间过长，而在着色时发生腐蚀的现象。

要获得良好着色氧化膜，对着色电解液的金属离子浓度、酸的浓度、极比、工序间的配合时间、电解电压、清洗水的洁净度等必须加强管理。极比是指着色工件的面积与导电对极面积之比，着色槽的对极可以选用石墨棒或不锈钢板。要及时清理对极表面的沉淀物，以免影响对极的导电性。如果是不锈钢对极，要防止不锈钢表面的钝化。钝化的不锈钢表面导电能力大大下降，会导致着色变浅，均匀性严重下降。如果不锈钢对极钝化，可用盐酸浸泡处理。工件的种类、长度、宽度、弯曲角度对着色也有影响，要尽量使用相同的材料进行着色。着色时要保持各材料之间的间距，使色差降到最小限度。

电解着色时氧化膜的剥落问题：电解着色时由于严重控制不当，或电解液中有害杂质严重超标，着色工件表面阳极氧化膜局部剥落，产生白色的斑点，严重时在电解着色中甚至能听到氧化膜剥落的声音。氧化膜剥落产生的原因很多，采用镍盐电解液更容易发生氧化膜的剥落。

在金属盐水溶液中进行电解着色的电流-电压曲线如图4-74所示。在曲线*B*—*C*段，阳极氧化膜均匀着色，*B*点是着色最低电压。曲线超过*C*点，氧化膜发生局部破坏，产生氧化膜剥落的白色斑点。

图2-75所示为锡盐电解着色溶液的着色区与电解电压、电解时

间的关系。从图中可以看出，高电压、长时间电解会导致氧化膜的剥落。

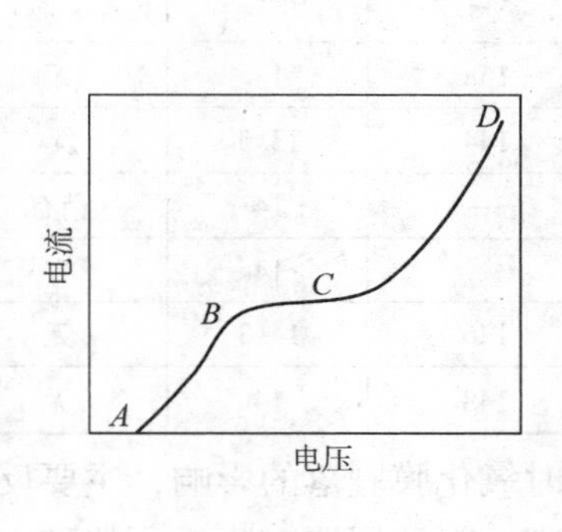

图4-74 电解着色的电流-电压曲线

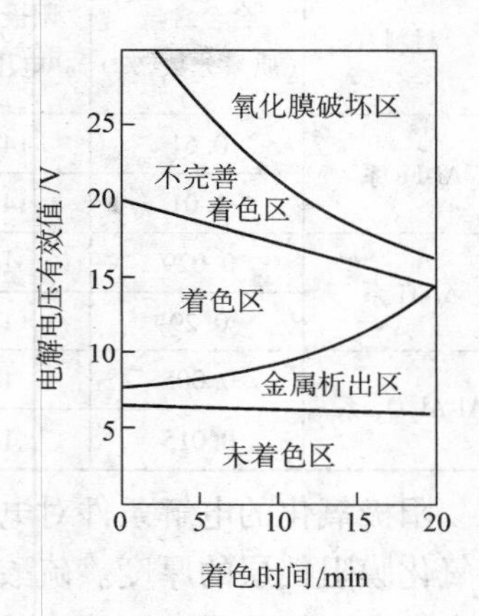

图4-75 着色区与电解电压、时间关系

材料中合金元素的增加，也会导致氧化膜的剥落。因为合金元素增加时，阳极氧化膜会变脆，电解着色的电流-电压曲线 *B*—*C* 段就会变短，达到一定程度时 *B*—*C* 段甚至会消失，电解时直接进入剥落区，无法正常着色。表4-110列出了不同二元铝合金在质量分数为15%的硫酸水溶液、20℃、1A/dm^2 所形成9μm的阳极氧化膜与着色白斑。

表4-110 不同二元铝合金的阳极氧化膜与着色白斑

材料	合金含量（质量分数,%）	阳极氧化电压/V	阻挡层厚度/10^{-10}m	着色的破坏电压/V	着色白斑
纯铝(99.85%)		14	151	14	无
Al-Cu系	0.11	15	153	14.6	无
	0.3	15	162	15	无
	2.9	18.5	38	9.2	有
Al-Si系	0.48	14	155	14	无
	4.89	18.5	5	—	有

（续）

材料	合金含量（质量分数，%）	阳极氧化电压/V	阻挡层厚度 $/10^{-10}$m	着色的破坏电压/V	着色白斑
Al-Fe 系	0.61	14.1	158	14	无
	1.01	14.1	144	13.5	无
Al-Ti 系	0.029	14	—	14	稍有
	0.29	14	—	14	有
$Al-Al_2O_3$ 系	0.005	14	146	14.3	无
	0.015	14	148	14	无

阳极氧化的电解条件对电解着色时氧化膜剥落的影响，主要反映在氧化膜阻挡层的厚度。硫酸浓度提高，阻挡层厚度降低，伴随它的是容易发生氧化膜的剥落。对于普通硫酸阳极氧化，在阳极氧化处理的最后，进行1～5min的高压电解，使阻挡层的厚度增加并更均匀，这样可防止电解着色时氧化膜剥落。

电解着色溶液的pH值和杂质离子含量对氧化膜的剥落有较大的影响，例如，6063铝合金型材在质量分数为15%的硫酸溶液中，20℃、1A/dm² 条件下阳极氧化后，在镍盐电解液中用0.4A/dm²，进行7min交流着色时，pH值为2.5～4时，氧化膜发生剥落时间最长，pH值偏低或偏高都会导致氧化膜发生剥落的时间缩短。杂质离子含量对着色时氧化膜剥落的影响见表4-111，杂质离子含量对各种铝合金着色时氧化膜剥落的影响见表4-112。

表4-111　杂质离子含量对着色时氧化膜剥落的影响

杂质	含量（质量分数，10^{-4}%）	氧化膜膜厚/μm		
		3	5	9
Na^+	0	无剥落	无剥落	无剥落
	25	严重剥落	稍有剥落	无剥落
	50	严重剥落	严重剥落	无剥落
Al^{3+}	0	无剥落	无剥落	无剥落
	25	稍有剥落	稍有剥落	无剥落
	50	严重剥落	严重剥落	无剥落

表 4-112　杂质离子含量对各种铝合金着色时氧化膜剥落的影响

牌号	Na^{+}含量（质量分数，$10^{-4}\%$）			Al^{3+}含量（质量分数，$10^{-4}\%$）		
	0	25	50	0	25	50
1070A-HX4	无剥落	无剥落	稍有剥落	无剥落	无剥落	稍有剥落
1100-HX4	无剥落	无剥落	严重剥落	无剥落	稍有剥落	严重剥落
6063-T5	无剥落	稍有剥落	严重剥落	无剥落	稍有剥落	严重剥落
6061-T5	无剥落	严重剥落	严重剥落	无剥落	严重剥落	严重剥落

4.9　阳极氧化膜的封闭

4.9.1　概述

装饰和防护用铝合金的阳极氧化处理是为了生成多孔型阳极氧化膜，以常用的铝合金的硫酸阳极氧化为代表，孔隙率大致达到11%。本章前面已经介绍了这种多孔型阳极氧化膜的结构，它是由紧贴金属基体的阻挡层与多孔层两部分组成的。这种多孔的特性虽然赋予阳极氧化膜着色和其他功能的能力，但是耐蚀性、耐候性、耐污染性等都不可能达到使用者的要求，因此铝阳极氧化膜的微孔必须进行封闭。未封孔的阳极氧化膜，由于大量微孔孔内的面积，使暴露在环境中的工件有效表面积增加几十倍到上百倍，为此相应的腐蚀速度也大为增加。因此，铝合金的阳极氧化膜除个别如耐磨的硬质氧化膜以外，从提高耐蚀性和耐污染性考虑，都必须进行封闭处理。

早期有人发现阳极氧化膜在热的水蒸气作用下，会失去吸附性能，当时认为这是氧化膜的封闭。无水的氧化膜发生水合作用，使氧化膜的孔隙变小，吸附性能下降，结果提高了氧化膜的抗污染能力及氧化膜的韧性，氧化膜的耐蚀性也得到了改善。后来人们发现，煮沸的热水和金属盐溶液都有封闭作用。

对于封闭的定义曾经被理解是“为了降低阳极氧化膜的孔隙率和吸附能力，对铝阳极氧化膜所进行的水合处理过程”。这个定义实际上将铝阳极氧化膜的封闭局限于水合过程，在当今冷封闭工艺在封闭工业十分流行之时，应该扩充封闭定义的内涵。我国和欧美各国的建筑铝合金型材生产目前基本上采用冷封闭工艺。为了反映封闭技术的发展，我国新国家标准对封闭的定义修改为“铝阳极氧化之后对于阳极氧化膜进行的化学或物理处理过程，以降低阳极氧化膜的孔隙率和吸附能力”。将水合处理修改扩充为化学或物理处理，说明了封闭工艺的发展和多样化。封闭已经不局限于以水合反应过程为原理的沸水和高温蒸汽封闭，而使充填过程的冷封闭、铬酸盐封闭、乙酸镍封闭或新开发的中温封闭等都包括在封闭范畴之内，甚至电泳涂装、浸渍涂装或有机物封闭等也可以看作是一种有机聚合物的封闭过程。这样封闭的内容和范围已经是大大地扩充了。

事实证明，氧化膜只有通过封闭处理以后才具有充分的保护作用。阳极氧化膜封闭的目的是，将电解过程所产生的蜂窝状孔隙封闭，从而使得氧化膜具有应有的保护价值，否则氧化膜由于它的吸附性能很好将吸收污染物质或腐蚀性物质。因此，一个未经封闭处理或封闭处理不良的氧化膜，在某些情况下的耐蚀性能比天然氧化膜还差。总之，封闭处理具有下列目的：

1）防止阳极氧化膜外观变坏。

2）提高阳极氧化膜的耐候性。

3）最大限度地提高阳极氧化膜的耐点蚀性能。

4）使着色氧化膜的退色降到最低限度。

5）提高阳极氧化膜的抗侵蚀能力。

6）提高阳极氧化膜的电绝缘性能，特别是潮湿环境的绝缘性。

封闭通常是阳极氧化处理的最后步骤。

4.9.2　阳极氧化膜封闭的分类及质量要求

1. 阳极氧化膜的封闭方法

铝及铝合金阳极氧化膜的封闭方法很多，从封闭原理来分主要有水合反应、无机物充填或有机物充填三大类。表 4-113 列出了在工业上采用的铝阳极氧化膜的主要封闭处理方法。

2. 封闭质量的检测方法

由于封闭处理可以降低多孔型阳极氧化膜的沾染性（降低膜吸附力），提高耐蚀性和电绝缘性，因此封闭品质的评价方法直接指向上述几项性能改善的效果，有关封闭品质检验方法的我国标准和国际标准如下：

1）评定封闭后阳极氧化膜吸附能力降低的染色斑点试验，以染斑颜色深度分级作为评判依据，见 GB/T 8753.4—2005 及相应的 ISO2143。

表 4-113 铝阳极氧化膜的主要封闭方法

方法	封闭溶液	封闭工艺条件	性能特点
沸水法	纯净水	pH 值 6～8，≥95℃	耐蚀性、耐候性好
水蒸气法	高压水蒸气	1.2atm①，≥100℃	耐蚀性、耐候性好，封闭时间短
	常压水蒸气	1.0atm①，100℃	
冷封闭法	氟化镍等水溶液	常温	我国和欧洲常用，性能同沸水法
电泳法	聚丙烯酸树脂水溶液	常温	耐蚀性、耐候性好，尤其在污染大气中
浸渍法	聚丙烯酸树脂有机溶液	常温	性能同电泳法，有机膜均匀性较差
乙酸镍法	乙酸镍或乙酸钴水溶液	pH 值 5～7，68～93℃	可能带淡绿色，适于染色膜
重铬酸钾法	重铬酸钾水溶液	pH 值 6.5～7.0，90～95℃	带淡黄色，适于 2000 系铝合金
硅酸钠法	水玻璃	约为 20%（体积分数），85～95℃	耐碱性好
油脂法			特殊情况或临时保护用

① 1atm = 101.325kPa。

2）评定封闭后阳极氧化膜电绝缘性提高的导纳试验，导纳试验在德国用得比较多，我国在生产中基本上没有采用导纳试验方法，只在个别实验室的研究中使用。试验细节见 GB/T 8753.3—2005 以及相应的 ISO2931。

3）评定封闭后阳极氧化膜在酸溶液中溶解速度降低的磷铬酸失重试验，见 GB/T 8753.1—2005 以及相应的 ISO3210。这是阳极氧化膜封闭品质目前的仲裁试验方法，尤其适合于装饰和保护用的阳极氧化膜。近年来，欧洲标准规定磷铬酸失重试验之前，应该先在硝酸中预浸，用两次失重之和作为评判依据，实际上比无硝酸预浸的一次失重作为判据更加严格，并且欧洲标准已经将它作为建筑用铝阳极氧化膜的仲裁试验方法（见 EN 12373-7：2001），有时也称之为硝酸预浸的 ISO 3210 试验方法。硝酸预浸的磷铬酸试验的数据重复性好，与大气环境中使用效果的相关性强，GB/T 8753.2—2005 已经增加硝酸预浸的磷铬酸试验方法。关于合格值的判据，不论是否经过硝酸预浸，目前我国、欧洲和国际标准的合格值都是 $30mg/dm^2$，美国标准是 $40mg/dm^2$。

4）评定封闭后阳极氧化膜在酸溶液中溶解速度降低，还有一个酸浸失重试验，见 GB/T 8753.2—2005 以及相应的 ISO 2932。这个酸浸试验采用乙酸-乙酸钠或酸化亚硫酸钠溶液，其合格值也是 $30mg/dm^2$，一度曾经作为封闭的仲裁试验方法。但是由于酸浸试验结果与实际使用的相关性不如磷铬酸试验的结果准确，目前国内外已经很少使用，而且不再是仲裁试验方法。

我国国家标准（GB）的封闭质量检测方法和合格标准基本上按照国际标准（ISO）执行的，实际上与欧洲试验方法和合格标准比较一致，与美国的试验方法和合格标准有些不同，美国的材料性能试验方法一般采用 ASTM 标准。表 4-114 所列为目前我国、欧洲和美国的主要封闭试验方法和合格标准对比。由于国内外导纳试验和酸浸试验使用较少，表中未列入。

表 4-114　我国、欧洲和美国的主要封闭检测方法和合格标准对比

我国国家标准	欧洲标准	美国 ASTM 标准	比较
无硝酸预浸的磷铬酸 GB/T 8753.1 合格：≤$30mg/dm^2$	硝酸预浸的磷铬酸 EN 12373-7 合格：≤$30mg/dm^2$	无硝酸预浸的磷铬酸 ASTM B-680 合格：≤$40mg/dm^2$	欧洲标准最严格 美国标准最宽松
染色斑点试验 GB/T 8753.4 1min 氟硅酸 1min 红或蓝色染料	染色斑点试验 ISO 2143 1min 氟硅酸 1 min 红或蓝色染料	修改的染色斑点试验 ASTM B-136 2min50% 硝酸 3min 蓝色染料	美国标准最严格 我国、欧洲标准较宽松

4.9.3 沸水封闭

沸水封闭是在接近沸点的纯水中，通过氧化铝的水合反应，将非晶态氧化铝转化成称为勃姆体的水合氧化铝。由于水合氧化铝比原阳极氧化膜的分子体积大了，体积膨胀使得阳极氧化膜的微孔填充封闭，阳极氧化膜的抗污染性和耐蚀性随之提高，同时导纳降低，阳极氧化膜的介电常数也随之变大。在20世纪70年代冷封孔技术问世之前，热封闭曾经是建筑铝合金型材阳极氧化膜唯一的封孔方法。由于日本市场至今不认可冷封闭技术，因此在日本热封闭仍然是除了电泳涂装以外铝建材阳极氧化膜的主要封孔方法。

阳极氧化膜在纯净的沸水中处理，无水、无定形氧化铝和水化合，产生含水的、结晶态γ水铝石。结果体积膨胀而将氧化膜孔隙封住。其反应式如下：

$$Al_2O_3 + H_2O \rightarrow 2AlO(OH) \rightarrow Al_2O_3 \cdot H_2O$$

以上反应在80℃以上即可进行，但实际上为了保证封闭的速度，一般在接近水的沸点95℃以上进行，pH值必须为6左右，如果温度<80℃，pH值<4，产物就不是γ水铝石，生成镁磷钙铝石，其耐蚀性低得多。反应式如下：

$$2AlO(OH) + 2H_2O \rightarrow Al_2O_3 \cdot 3H_2O$$

关于封闭过程有各种说法。有人认为水合封闭仅由于表面层体积膨胀而封孔。有人用电阻法研究了纯铝（99.99%）硫酸氧化膜的封闭机理，提出如图4-76所示的封闭示意图。随封闭的进行，氧化铝吸收水分，氧化膜孔壁膨胀，孔径逐步变小，最终将氧化膜孔隙塞住。封闭进行过程：1→2→3→4（见图4-76）。

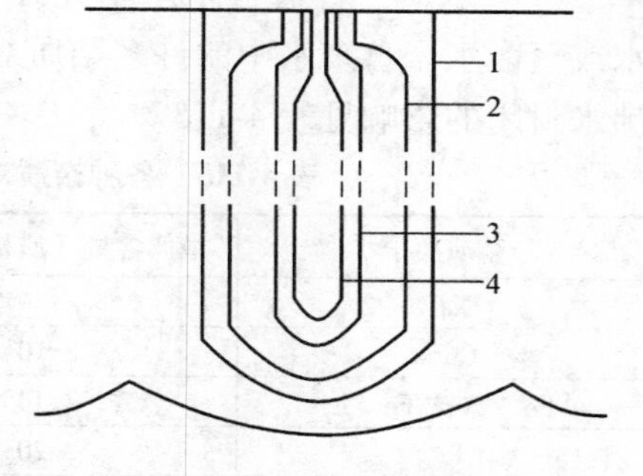

图4-76 封闭示意图
1—未封闭氧化膜 2、3—氧化膜封闭的中间状态 4—完全封闭氧化膜

图4-77所示为封闭全过程示意图。图4-77a为未封闭；图4-77b为在孔隙的侧壁及氧化膜表面析

出凝胶体；图 4-77c 为氧化膜内的封闭水，阴离子在水中扩散，凝胶体在孔隙内形成伪 γ 水铝石；图 4-77d 为从表面再结晶为 γ 水铝石，并向内部扩散。

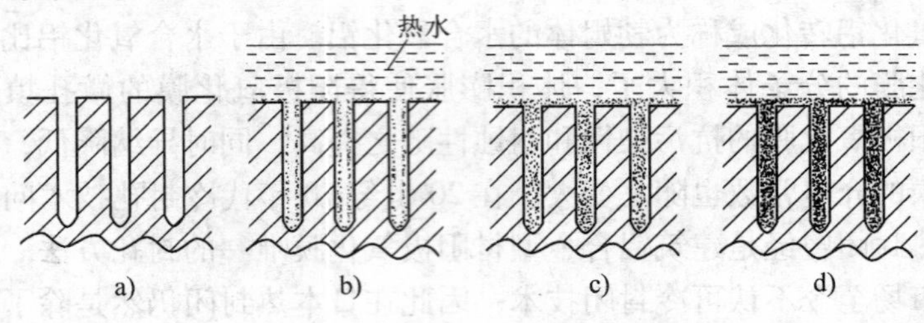

图 4-77 封闭全过程示意图

热水封闭工艺如下：

水 去离子水或蒸馏水

pH 值 5.5～6.5

温度 95～98℃

搅拌 压缩空气或机械搅拌

时间 1.5～3min/1μm 膜厚

热水封闭的封闭质量取决于热水的温度、封闭的时间、水质、pH 值和搅拌等因素。

（1）水质 普通自来水不允许直接用来封闭，要求使用去离子水或蒸馏水。自来水中的许多杂质对氧化膜的封闭有害。各种杂质对沸水封闭的影响见表 4-115。

表 4-115 各种杂质对沸水封闭的影响

杂质离子	最低含量（质量分数，%）	影响
Na^+		几乎无影响
Cu^{2+}	10	有害，产生污迹
Fe^{2+}（或 Fe^{3+}）	10	有害，产生污迹
F^-	20	有害，产生污迹
Cl^-		降低耐蚀性
SiO_3^{2-}	10	抑制封闭过程
PO_4^{3-}	5	抑制封闭过程
SO_4^{2-}	50	有害
Al^{3+}		产生粉霜

尽管使用去离子水或蒸馏水做封闭槽液，但是随着生产的进行，难免有各种污染物带入槽中。各种有害杂质会累积，当某种杂质离子的含量超过允许含量时，必须及时更换槽液。封闭溶液中杂质离子的允许含量见表 4-116。

表 4-116　封闭溶液中杂质离子的允许含量

离子	Cu^{2+}	Fe^{2+}（或 Fe^{3+}）	F^-	Cl^-	SiO_3^{2-}	PO_4^{3-}	SO_4^{2-}
允许含量（质量分数,%）	10	10	5	100	10	15	250

（2）pH 值　在热水封闭中，pH 值对 γ 水铝石的形成有很大的影响。pH 值小于 5.5 时封闭速度急剧下降，pH 值大于 4 时几乎无封闭作用，但如果 pH 值大于 6.5，就容易在氧化膜表面产生白色粉状沉淀，使氧化膜的外观恶化。因此，必须严格控制 pH 值在 5.5 ~ 6.5。pH 值偏低时，用氨水或氢氧化钠调节，pH 值偏高时用醋酸调节。在实际操作中，由于封闭槽前面的工序往往是酸性溶液，封闭槽会因材料的带入而使槽液显酸性，所以封闭槽用氨水或氢氧化钠调节的情况比较多。在封闭槽液中，可添加 1 ~ 2g/L 的醋酸钠，能对封闭槽液的 pH 值起缓冲作用，可减少槽液 pH 值的调整次数。

（3）温度和时间　温度高于 95℃时，封闭速度可达 1μm/3min。如果温度降低，封闭速度就会下降，封闭时间就必须延长。如果温度低于 80℃，就得不到封闭良好的阳极氧化膜。封闭时，为了防止溶液的温度向空气中扩散，可使用塑料球浮于封闭溶液的表面上。

（4）压缩空气和机械搅拌　压缩空气和机械搅拌可以保证整个封闭槽液 pH 值的一致，使阳极氧化膜表面的水分不断得到更新，搅拌还可以使封闭槽液温度均匀，并有助于防止形成封闭粉霜。一般不采用压缩空气搅拌，防止能量损失。

（5）封闭的“粉霜”问题　阳极氧化膜封闭以后，有时会在工件表面留下一层白色粉末状物质，称为封闭“粉霜”，又称“白霜”。“粉霜”现象会影响铝制品的外观，轻微时，可用抹布轻轻擦去，严重时则难以擦去，甚至导致阳极氧化膜的报废，需要退膜重新处理。

经研究表明，“粉霜”是一种针状的网络结构物质，具有很大的表面积和渗透性，会吸附大气中的腐蚀性物质，因而降低了氧化膜的耐蚀性，但它的最大危害是影响阳极氧化膜的外观。封闭槽液中的许多杂质离子会促进“粉霜”的产生，如Ca^{2+}、Mg^{2+}、Al^{3+}等离子，pH 值偏高也会促进“粉霜”的产生，封闭处理时间过长也会产生“粉霜”。抑制“粉霜”的方法如下：

1）使用纯度较高的水封闭或更换已污染的封闭槽液，通过加强阳极氧化后的清洗，可降低污染物的带入量，延长封闭槽的使用寿命。

2）适当调低封闭槽液的 pH 值，但 pH 值不能低于 5.5，以免引起封闭速度急剧下降。

3）添加少量的PO_4^{3-}的离子，如添加磷酸二氢铵 0.1～0.5g/L，可有效降低“粉霜”的产生，但添加过多时会抑制封闭的进行。

4）添加少量明胶能有效抑制粉霜产生，添加量为 0.5～1g/L，过多的明胶会在阳极氧化膜上留下水印。

5）添加表面活性剂。表面活性剂有润湿和分散作用，可减少粉霜产生，但表面活性剂会产生大量泡沫，对阳极氧化处理产生不良影响。因此，表面活性剂添加量要少，并应和消泡剂配合使用。

6）添加络合剂。络合剂可以掩蔽Ca^{2+}、Mg^{2+}等离子，有效地抑制粉霜产生，并可同时提高封闭速度，如添加 5g/L 的三乙醇胺。

7）添加商品高温封闭剂。这种封闭剂由专业厂商提供，配方受专利保护，主要由络合剂、表面活性剂等组成，具有抑制“粉霜”和加速封闭的双重功效，有的甚至可使用自来水做封闭槽液。

4.9.4 蒸汽封闭

蒸汽封闭在日本很流行。后来，也逐步被欧洲采用，但很少在北美洲使用。蒸汽封闭也是一种水合封闭。其特点是，温度高，封闭速度快，封闭不受水质、pH 值等因素影响；封闭质量高，耐蚀性好；对于着色氧化膜封闭时，染料损失比用沸水封闭少。此法的缺点是，要使用密闭的压力容器，费用高；无法处理大型铝材；不能连续操作；氧化膜处理时会骤冷骤热，厚膜易破裂。

蒸汽封闭工艺如下：

水蒸气（用软化水或去离子水）加热产生。

蒸汽压力　　　　　（3～5）×10^5Pa

温度　　　　　　　110～150℃

处理时间　　　　　20～30min

封闭容器应选用耐腐蚀材料，如不锈钢、搪瓷等。蒸汽封闭温度每提高10℃，反应速度增加2～4倍，蒸汽扩散速度提高30%。沸水封闭、蒸汽封闭的耐蚀性见表4-117。

表4-117　沸水封闭、蒸汽封闭的耐蚀性

封闭方法	蒸馏水	自来水	去离子水	蒸汽温度/℃				
				100	110	115	120	125
浸蚀失重（相对值）	135	135	100	63	42	63	48	53

注：1. 浸蚀失重以去离子水处理的为100%。

2. 封闭时间为30min，浸蚀条件为：20℃，50%（质量分数）硝酸，30min。

封闭蒸汽压力（温度）提高，氧化膜的耐蚀性提高，氧化膜的抗污染能力也提高，但耐磨性有所下降。各种压力蒸汽与沸水封闭的耐蚀性、抗污染能力见表4-118，ASTM染色标准级别见表4-119。

表4-118　各种压力蒸汽与沸水封闭的耐蚀性、抗污染能力

封闭方法	封闭条件		膜厚10μm		膜厚20μm	
	压力/MPa	时间/min	JIS滴碱试验耐蚀性/(s/μm)	ASTM染色试验(级别)	JIS滴碱试验耐蚀性/(s/μm)	ASTM染色试验(级别)
蒸汽封闭	0.2	20	5.3	5	5.7	5
	0.2	30	5.8	5	5.9	4
	0.2	45	7.3	5	4.7	5
	0.4	20	8.5	5	5.7	4
	0.4	30	9.6	4	5.7	4
	0.4	45	10.2	4	5.8	4

（续）

封闭方法	封闭条件		膜厚 10μm		膜厚 20μm	
	压力/MPa	时间/min	JIS 滴碱试验耐蚀性/(s/μm)	ASTM 染色试验(级别)	JIS 滴碱试验耐蚀性/(s/μm)	ASTM 染色试验(级别)
沸水封闭		20	3.7	5	4	4
		30	4.1	5	4.4	5～4
		45	3.8	5～4	4.6	5～4
		60	4.3	5	4.7	4
未封闭			2.3	1	3.5	1

表 4-119 ASTM 染色标准级别

级别	染色情况	封闭效果	级别	染色情况	封闭效果
1	染色深	最差	4	极微染色	良好
2	染色	不良	5	不染色	最好
3	有点染色	稍好			

蒸汽封闭最大的问题是容易产生粉霜，而且不能通过使用添加剂的方法解决，只能通过控制封闭温度，缩短封闭时间来解决。蒸汽封闭前，氧化膜必须彻底洗净，否则，残余在氧化膜孔隙里的电解液会在封闭时流出，使氧化膜产生“挂花”“流痕”等缺陷，严重时会导致氧化处理失败。另外，蒸汽封闭处理的能耗大，成本比较高。

4.9.5 重铬酸盐封闭

重铬酸盐封闭最早在英国使用，随后美国也采用了此方法。它可以封闭阳极氧化膜和化学氧化膜，能较大地提高氧化膜的耐蚀性，同时经此工艺处理的工件表面为黄色，因此常用于非装饰性工件的封闭。

重铬酸盐封闭是由两个反应过程组成。

1）重铬酸盐与氧化膜反应，生成碱式铬酸铝和碱式重铬酸铝沉淀。其反应式如下：

$$2Al_2O_3 + 3K_2Cr_2O_7 + 5H_2O \xrightarrow{\Delta} 2Al(OH)CrO_4 \downarrow + 2Al(OH)Cr_2O_7 \downarrow + 6KOH$$

2）氧化膜的水化作用，使氧化膜层体积增大而封闭了孔隙。

重铬酸盐封闭工艺见表4-120。

表4-120　重铬酸盐封闭工艺

项　目	配方号		
	1	2	3
重铬酸钾的质量浓度/(g/L)	100	50	15
碳酸钠的质量浓度/(g/L)	(或18)		4
氢氧化钠的质量浓度/(g/L)	13		3
pH值	6.0～7.0	5.0～6.0	6.5～7.5
温度/℃	94～98	90～100	90～95
时间/min	10	15	10

注意事项如下：

1）工件要求。封闭处理前，氧化膜一定要清洗干净，以免将酸带入封闭槽中。此外，应防止工件与槽体直接接触，以免破坏氧化膜。

2）对封闭液中杂质的限制。当SO_4^{2-}浓度>0.2g/L时，会使封闭工件颜色变淡、发白，可加适当的铬酸钙（$CaCrO_4$）沉淀过滤排除。当Cl^-浓度>1.5g/L时，会对氧化膜产生腐蚀，可将封闭液稀释或更换。

4.9.6　硅酸盐封闭

硅酸盐封闭一般采用硅酸钠（水玻璃）溶液，可以用来封闭阳极氧化膜，也可以用来封闭化学氧化膜。硅酸盐封闭的阳极氧化膜的特点是，耐碱性特别高，同时封闭液对环境无污染。

硅酸盐封闭工艺如下：

硅酸钠溶液（水玻璃）（42°Be）	20%（体积分数）
pH值	≈11
温度	85～95℃

时间 10～15min

或：

硅酸钠 5%（质量分数）

温度 100～90℃

时间 30min

硅酸盐封闭液碱性较强，阳极氧化膜封闭后，容易产生难以除去的白色污迹，同时着色阳极氧化膜封闭处理过程中容易变色。硅酸盐封闭的应用不如热水封闭、醋酸镍封闭、重铬酸盐封闭广泛。

4.9.7 醋酸镍封闭

醋酸镍封闭技术的广泛应用，替代了部分热水封闭工艺。醋酸镍封闭在北美洲非常流行，这得益于它具有较高的封闭质量。醋酸镍封闭的原理是：镍离子被阳极氧化膜吸附后，发生水解反应，生成氢氧化镍沉淀，填充在孔隙内，达到封闭的目的，反应式如下：

$$Ni(CH_3COO)_2 + 2H_2O \xrightarrow{水解} Ni(OH)_2\downarrow + 2CH_3COOH$$

封闭过程包括下列三个步骤：

1）金属盐在孔隙中吸附，产生氢氧化物沉淀，填在孔隙中。

2）对于染色氧化膜，金属氢氧化物沉淀与染料反应生成金属络合物。

3）水合反应产物（透明物）将孔隙封住，这个反应与沸水封闭相同。

醋酸镍（有时用硫酸镍）封闭工艺见表4-121。

表4-121 醋酸钠（有时用硫酸钠）封闭工艺

序号	配方		工艺条件		
	成分	质量浓度/(g/L)	pH值	温度/℃	时间/min
1	硫酸镍	4.2	4.5～5.5	80～85	10～20
	硫酸钴	0.7			
	醋酸钠	4.8			
	硼酸	5.3			

（续）

序号	配方		工艺条件		
	成分	质量浓度/(g/L)	pH 值	温度/℃	时间/min
2	醋酸镍	5~5.8	5~6	70~90	15~20
	醋酸钴	1			
	硼酸	8~8.4			
3	醋酸镍	5	5.5~6.0	85~95	15~25
	硼酸	5			
	添加剂(分散剂、络合剂、表面活性剂等)	5~15			
4	醋酸镍	0.25~1.0	5.5~6.5	98	15~30
	磷酸盐	$\leqslant 15\times10^{-6}$			
	硅酸盐	$\leqslant 10\times10^{-6}$			
	硫酸盐	$\leqslant 50\times10^{-6}$			

在中性盐雾试验和酸溶解失重试验中，用醋酸镍封闭的阳极氧化膜表现出极好的耐蚀性，经它封闭的阳极氧化膜，可以通过至少3000h 的中性盐雾试验和低于 $1mg/dm^2$ 的磷酸-铬酸腐蚀失重试验。对于染色氧化膜，醋酸镍封闭可以防止氧化膜的退色和变色。与沸水封闭相比，醋酸镍封闭允许更高的杂质含量和相对较低的封闭温度。

表 4-121 中配方 4 是典型高温醋酸镍封闭工艺，封闭效果与沸水封闭类似，但封闭速度和杂质允许量稍高，也有沸水封闭的各种缺点，如能耗大，易产生“粉霜”，降低氧化膜的硬度，封闭时间长，水蒸气污染和安全等问题。

表 4-121 中配方 1、2、3 是中温醋酸镍封闭工艺，中温醋酸镍封闭工艺比高温醋酸镍封闭工艺有较高的技术优势。因此，高温醋酸镍封闭工艺基本被淘汰，目前广泛应用的都是中温醋酸镍封闭，在没指明的情况下都是指中温醋酸镍封闭工艺。中温醋酸镍封闭有如下优点：

1）对封闭工艺参数的变化敏感度较低。

2）封闭槽液对水质要求较低，用质量较好的自来水配制封闭槽液，不会损失封闭质量。

3）减少封闭粉霜的产生。

4）减少能源消耗大约30%（相对高温封闭）。

5）沉积在阳极氧化膜孔隙中的氢氧化镍几乎无色，因此可以用来封闭无色光亮阳极氧化膜和染色阳极氧化膜。

醋酸镍封闭也会出现一些缺陷，如在槽液化学成分比例失调、pH值太高、封闭时间太长时，阳极氧化膜表面会产生污迹或粉霜。如果醋酸镍封闭槽的pH值太低或氯离子浓度太高，在高铜铝合金的阳极氧化膜表面会产生腐蚀点。由于醋酸镍封闭包含阳极氧化膜的水合作用，所以会使阳极氧化膜的耐磨性下降。醋酸镍封闭槽液中常添加一些添加剂，如添加分散剂可以减少粉霜的产生，但是，分散剂必须能耐紫外线照射。阳极氧化膜在某些加了分散剂的醋酸镍封闭槽中封闭以后，经太阳光照射，氧化膜会变黄，变黄的程度取决于分散剂的化学成分和使用浓度。必须对醋酸镍封闭工艺的废水包含重金属离子进行处理，才能排放，以免对环境造成污染。

4.9.8 双重和多重封闭

双重和多重封闭技术是为了解决汽车工业中铝合金零件光亮阳极氧化膜的耐腐蚀问题而开发出来的。用单一的封闭工艺不能满足汽车零件的耐蚀性要求，因此选择了双重或多重封闭工艺。采用醋酸镍预封闭的多重封闭工艺，几乎成了高质量封闭的必然工艺。第一步为醋酸镍预封闭，第二步为热水封闭或重铬酸钾封闭，工艺如下：

醋酸镍预封闭（第一步）：

醋酸镍	1.9～2.5g/L
分散剂	1.9～2.5g/L
温度	70～74℃
pH值	7.0～8.0
时间	15～90s
搅拌	空气或机械

过滤　无

热水封闭（第二步）：

水	去离子水
温度	≥98℃
pH值	5.5～5.9
时间	10～15min
搅拌	空气或机械
过滤	连续过滤

或重铬酸钾封闭（第二步）：

重铬酸钾	0.1～0.5g/L
温度	≥98℃
pH值	5.5～7.0
时间	5～12min
搅拌	空气或机械
过滤	连续过滤

4.9.9　低温封闭

低温封闭又称常温封闭或冷封闭，这个工艺是意大利在20世纪80年代首先发明的，目前在我国应用非常广泛。低温封闭使用含镍离子和氟离子的溶液，在30℃左右浸渍5～15min，后来加入少量的醋酸钴，用来防止封闭银白阳极氧化膜时发绿的问题。结果证明，低温封闭同样能保证阳极氧化膜应有的耐蚀性，通过了封闭质量的各项检测。

低温封闭与传统的热水封闭有完全不同的机理，其主要步骤如下：

1）镍离子和氟离子在阳极氧化膜表面和孔壁上吸附。

2）氟离子在孔隙中的扩散，促进了带正电荷的离子（Ni^{2+}）的吸附。

3）孔隙中氟离子和硫酸根离子的交换，导致了孔隙中硫酸根离子减少，并向溶液本体扩散。

4）氟离子和氧化膜中的氢氧根离子发生交换反映，导致氧化膜周围的 pH 值上升。反应式如下：

$$Al(OH)_3 + F^- \rightarrow Al(OH)_2F + OH^-$$

5）孔隙中的氟离子与氢离子结合得到氟化氢分子，同时使孔隙中的 pH 值上升。反应式如下：

$$H^+ + F^- \rightarrow HF$$

HF 在水中是弱酸，它的共轭碱 F^-是强碱，其结果可以看成 F^-和水反应释放出 OH^-。反应式如下：

$$F^- + H_2O \rightarrow HF + OH^-$$

6）一些硫酸铝溶解。

7）孔隙中由于 pH 值上升，导致氢氧化镍沉淀的产生。反应式如下：

$$Ni^{2+} + 2OH^- \rightarrow Ni(OH)_2 \downarrow$$

表 4-122 列出了 20μm 厚的氧化膜低温封闭后，氧化膜不同深度各元素的含量［用 ESCA（电子光谱化学分析）进行分析］。

表 4-122 低温封闭氧化膜不同深度各元素的含量

氧化膜的深度/μm	含量（摩尔分数,%）					
	Al（2p）	S（2p）	Ca（2p）	O（1s）	Ni（$2p^{3/2}$）	F（1s）
0	13.8	1.6	0	54.7	19.1	10.9
1.0	28.0	2.1	0.14	62.0	4.5	3.2
2.5	29.2	3.1	0.24	62.3	2.8	2.3
4.0	30.0	3.1	0.24	63.0	1.1	2.3
5.0	32.3	2.0	0.9	63.0	0	1.8
10	35.5	3.1	0.34	60.4	0	0.9

从表 4-122 中可以看出，金属镍离子主要沉积在氧化膜的 0～4μm 处，这说明低温封闭反应发生在氧化膜表面的 0～4μm 处。

8）氧化膜的老化分两个步骤：第一步发生在封闭结束后的最初几个小时，包括孔隙中的氢氧化镍和其他金属化合物的结晶化；第二步包括氧化膜吸收大气中的水分，使氧化膜膨胀，将孔隙堵塞。

低温封闭工艺如下：

Ni^{2+}	1.5 ~ 2.0g/L
F^-	(450 ~ 650) $\times 10^{-6}$g/L
有机添加物	2 ~ 5g/L
pH 值	5.5 ~ 6.5
温度	25 ~ 35℃
时间	5 ~ 15min

有机添加物一般是一些醇类，如异戊醇和 2-丁醇等，作用是促进金属盐在阳极氧化膜孔隙中沉淀。

目前，我国有大量的低温封闭剂出售，国产和进口的都有，产品质量没有明显差异，使用量为 5 ~ 6g/L。30℃时封闭速度为 2μm/min，比高温封闭的速度快得多。图 4-78 所示为镍的沉积量与温度的关系，图 4-79 所示为镍的沉积量与 pH 值的关系。镍在氧化膜中的沉积量越多，封闭效果越好。封闭液中氟离子的含量影响镍离子的沉积，在不含氟离子的溶液中，镍的沉积量只是含氟离子溶液的 1/3 左右。

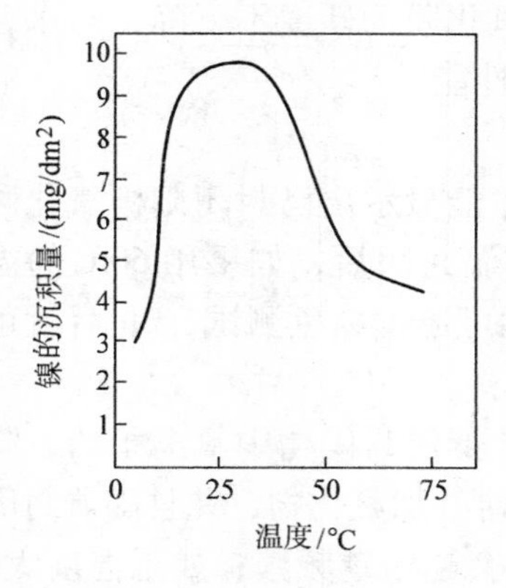

图 4-78　镍的沉积量与温度的关系

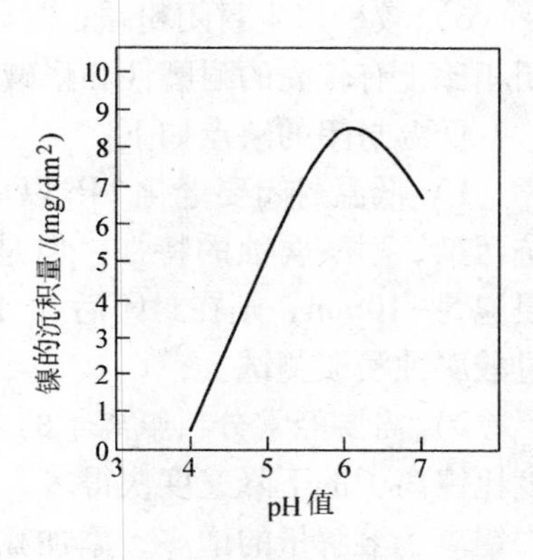

图 4-79　镍的沉积量与 pH 值的关系

低温封闭要严格控制封闭液中的 Ni^{2+}、F^- 的含量和溶液的 pH 值。Ni^{2+} 和 F^- 在封闭过程中会不断消耗，添加封闭剂可以及时补充

Ni^{2+}和F^-，但封闭剂中Ni^{2+}和F^-的比例，与封闭反应Ni^{2+}和F^-的消耗比例并不一致，因此需要额外补加F^-，如添加氟化钠、氟化钾、氟化铵、氟化氢铵、氢氟酸等氟化物。溶液的pH值太高，用醋酸或氢氟酸调整；溶液的pH值太低，用氨水或氢氧化钠调整。封闭液在使用过程中，如果阳极氧化膜封闭前清洗得很干净，则pH值会逐步上升；如果阳极氧化膜膜封闭前清洗得不干净，则pH值会逐步下降。

低温封闭的优点如下：

1）相对于传统的封闭工艺，减少能源消耗费用30%～50%，这还不包括减少的加热设备的维护费用。

2）提供更舒适的工作环境，彻底解决了车间的蒸汽污染问题，使车间更加通风。

3）减少了车间设备因为蒸汽或烟雾而产生的腐蚀。

4）与热封闭相比减少了水的消耗。

5）由于低温封闭的速度比沸水封闭的速度高2～3倍，所以一个低温封闭槽相当于两个沸水封闭槽的处理量。

6）较少产生封闭粉霜，封闭后氧化膜的硬度不下降，与水合封闭相比，有较高的耐磨性和耐碱腐蚀性能。

低温封闭的缺点如下：

1）低温封闭要老化24h以后，才能显示出已封闭阳极氧化膜的抗污染、耐酸腐蚀的特性。但是，低温封闭后，如果用60℃的温水浸泡5～10min，则在封闭后几分钟就可通过染色测试，2h后就可通过酸腐蚀浸渍测试。

2）需要经常分析氟离子的含量。低温封闭槽中氟离子的下降速度比镍离子的下降速度快得多，要及时补加氟化物，并且随着封闭槽中铝离子溶解量的增多，添加氟化物会越来越频繁；如果温度太低，氟离子浓度太低，pH值太低或封闭时间太短，会导致封闭质量劣化。如果温度太高，氟离子浓度太高，pH值太低或封闭时间太长，会导致阳极氧化膜的腐蚀。

3）低温封闭对配槽水质要求并不高，可以使用质量较高的自来水，但对水中的Ca^{2+}和Mg^{2+}十分敏感，如果水中的Ca^{2+}和Mg^{2+}含量太高，会和氟离子反应生成氟化物沉淀，并在阳极氧化膜表面产生粉霜。

4）对染色氧化膜可能不太安全，因此染色时间要稍微延长，以防退色。

5）要防止封闭槽铵离子的累积，如果铵离子的质量分数超过0.4%，就会对封闭产生不良影响。

4.9.10　其他各种封闭方法

1. 电解封闭法

电解封闭法是将阳极氧化膜在无机化合物（如含钙离子、镁离子的化合物）中进行交流电解的方法。在电解过程中，钙离子、镁离子进入氧化膜的微孔中，与孔中的铝及其他化学成分进行电化学或化学反应生成胶状物质，将氧化膜的孔隙封住。胶状物质凝结、硬化为$\{xCaO \cdot yAl_2O_3 \cdot zH_2O,\ Ca_2Al(OH)_7 \cdot nH_2O,\ Ca_3[Al(OH)_6]_2\}$。这种凝结、硬化作用提高了氧化膜的耐蚀性，起到了封闭作用。

钙化物水溶液电解封闭一般采用交流电，通电时间为电流下降到一定值后3～5min。电解封闭法具有温度低（10～30℃），时间短（3～10min），可连续操作，安全，设备费用及管理费用低，氧化膜性能良好等优点。缺点是对染色制品的封闭不够理想。

2. 聚氨基甲酸酯溶液封闭

这种封闭铝阳极氧化膜的方法是用质量分数为10%～30%的聚氨基甲酸酯溶液来渗透膜。这样处理过的氧化膜显示出极好的耐蚀性。

3. 漆封闭

阳极氧化膜是漆膜极好的底层，漆膜牢固地黏附在氧化膜表面上，并有许多油漆渗入氧化膜的孔隙中，将氧化膜紧紧抓住。因而，常常用漆膜来替代封闭。应当使用稀的漆液，以利于漆液渗进膜孔里。只要符合规定的技术条件，可以使用任何类型的漆。

多层膜也能用于产生装饰和保护作用。在恶劣的大气、海洋性气候条件下，阳极氧化膜底层会大大增加氧化膜-漆膜体系的耐蚀性。抗击穿绝缘的氧化膜层也用漆浸，漆可以防止氧化膜吸收水蒸气。对于建筑行业的铝合金型材，可使用耐石灰和水泥的特殊漆。

一般将未封闭的阳极氧化膜（无色或已着色），浸入水分散油漆乳液中，用电泳的方法沉积在氧化膜的表面和孔隙中，得到一层厚约10μm的无色漆膜，然后在180℃的烘槽中，干燥固化20～30min。

4. 蜡封闭

阳极氧化膜也可以用特殊的蜡来封闭孔隙。氧化膜在蜡封闭之前，必须完全干燥，如果氧化膜中含有少量的水分，会严重影响封闭的效果。然后浸入用有机溶剂稀释的蜡溶液中，也可以使用喷或涂擦的方法，烘干使有机溶剂挥发完全。蜡封闭完后，工件表面一般会留下溶剂的流痕，要用布轮抛光才能达到装饰效果。用蜡封闭的阳极氧化膜光亮、滑腻、疏水，有自润滑作用，用于光亮装饰或需要自润滑的铝合金工件。这个封闭方法比较麻烦而且耗费工时，同时存在有机物易爆易燃的危险。

4.9.11　封闭“粉霜”的防止

“粉霜”的产生在沸水封闭和蒸气封闭中很常见。高的pH值、长时间封闭和高温，都促使氧化膜表面产生“粉霜”。但是，高温和1～2μm/min的封闭速度是获得高质量封闭效果的基础。因此，不建议人们用降低水温和缩短封闭时间的办法，来防止“粉霜”的产生。用抗-“粉霜”剂抑制“粉霜”的产生在生产中被广泛接受。虽然磷酸盐和硅酸盐早就被确认为“粉霜”抑制剂，添加质量分数为（3～6）$\times 10^{-4}$%的磷酸盐或硅酸盐于热水中，可以减少或抑制“粉霜”，但实践证明它会降低封闭质量。有报道指出，当磷酸根的质量分数超过5×10^{-4}%时，或硅酸根的质量分数超过10×10^{-4}%时，就会抑制封闭的进行。一些商品抗-“粉霜”剂是有效的。理想的抗-“粉霜”剂具有的功能是仅仅吸附在阳极氧化膜表面，阻止波美特氧化铝的形成，而不能进入氧化膜的孔隙影响封闭的进行。许多化合物可以作为抗-“粉霜”剂，其包括萘磺酸、聚丙烯酸、磷酸盐、明胶、琼脂、苯酚磺酸、磷基羧酸、三嗪衍生物和胺类等。较低的pH值会减少“粉霜”的产生趋势，但也会降低封闭质量。缓冲剂如1g/L的醋酸铵通常被加入沸水中，用来保持封闭槽的pH值在正确范围之内。

虽然铬酸盐封闭也会产生“粉霜”，但是这种“粉霜”与生俱来的黄绿色并不引人注目。铬酸盐封闭的阳极氧化膜干燥后，常常会留下令人厌恶的水印，封闭后用温水洗，可以使这个问题变小。

因为硅酸盐会抑制波美特氧化铝的形成，所以硅酸盐封闭不会产生“粉霜”。与铬酸盐封闭相似，由于化学物质的浓度和封闭的温度较高，所以硅酸盐封闭也存在令人厌恶的干燥水印。封闭后用温水洗，可以使这个问题变小。同时，阳极氧化膜包含的酸如果在封闭之前没有完全洗净，封闭之后再流出来，就会在工件表面产生难看的白色流痕。

醋酸镍封闭工艺是以上谈及的封闭工艺中最有效的封闭工艺。如果醋酸镍封闭处理不当，或封闭溶液各化学成分超出了规定的范围，产生封闭“粉霜”几乎是不可避免的。醋酸镍封闭的下列条件会引起“粉霜”的产生：

1）高 pH 值。

2）高温。

3）长浸渍时间。

4）不适当的抗-“粉霜”剂浓度。

5）已老化的封闭槽液，内含许多已分解的表面活性剂。

氧化膜表面的一些白色粉状污迹，属于氢氧化镍的沉积。如果表面有水印并产生泡沫，是由于表面活性剂控制不当。一种封闭后的氧化膜擦拭时容易起粉，显得很柔软，属于在表面形成了波美特氧化铝。如果表面的水印可以用湿抹布擦去，则最可能是表面活性剂过量产生的痕迹。其他两个原因产生的污迹，这需要用摩擦法才能将其除去。严格控制溶液的 pH 值、温度、各成分的浓度、封闭时间和连续过滤是醋酸镍封闭减少或抑制“粉霜”的必要条件。

镍、氟盐低温封闭由于在封闭期间不会产生波美特氧化铝，所以没有在氧化膜表面留下“粉霜”的趋势。另外，商品镍、氟盐封闭剂中含有抗-“粉霜”剂和分散剂。但某些原因也会使低温封闭产生“粉霜”，如 pH 值的变化，镍离子、氟离子含量过高等。把低温封闭的时间限制在 15min 以内，封闭液的 pH 值、温度、镍离子、氟离子的含量要经常分析和调整，这样可以把“粉霜”的产生降到最低水平。镍、氟盐低温封闭除了“粉霜”问题以外，有时还会出现其他问题，如氧化膜发绿或产生干涉色，有白色或黄色流痕等。氧化膜发绿是由于封闭槽液的镍离子含量太高或镍离子与氟离子的比例太高引起的。出现了这种情况，应该废弃部分旧槽液补充新槽液来解决。为了避免这个问题，建议用氟化铵或氟化氢铵，来调整封闭槽液氟离子的浓度。黄色流痕现象很罕见，除非封闭液中含有过量铁离子或铜离子。一旦发生这种现象，只有将原槽液废弃，配制新的低温封闭液。

“粉霜”现象有时也会来自阳极氧化处理的其他工艺，如腐蚀、出光、阳极氧化、电解着色或染色等。碱腐蚀总是会在工件表面产生污迹的，污迹的产生量取决于工件的合金成分和处理时间。碱腐蚀的污迹要靠后续的去污/出光工艺除去。如果出光溶液酸的浓度不够高，或者浸渍时间太短，有部分污迹会直到封闭处理之后，以“粉霜”的形式留在氧化膜的表面上。这种类型的封闭“粉霜”通过调整封闭槽液参数是不能解决的。这种“粉霜”的除去方法是，将已封闭的氧化膜在质量分数为25%的硝酸溶液，20～30℃浸渍大约10min。这是一个除去预处理时产生粉霜非常有效的方法。但是，这仅仅对已完全封闭的氧化膜才是安全的，否则，阳极氧化膜会受到酸的侵蚀。

有时候，阳极氧化工艺自身也会产生“粉霜”，例如，阳极氧化的温度太高，电流密度过低和（或）太长的处理时间，会导致氧化膜的粉化。这个问题可以通过调整阳极氧化工艺参数来解决。

着色工艺包括无机化学染色、电解着色、有机染色。草酸铁铵（FAO）是用于着金黄色的无机染料，这种槽液在使用期间会变混浊。在这种槽液中如果染色时间太长，氧化膜表面就会有黄色粉状物。为了减少这种“粉霜”，槽液需要连续过滤。“粉霜”还会产生在电解着色工艺中，通常在锡盐电解槽中。如果没有过滤或者滤芯的孔隙太大，细微的粉状氢氧化亚锡颗粒就会吸附在氧化膜的表面上，导致氧化膜封闭以后，仍能看到这种灰色的“粉霜”。保证着色槽中稳定剂有足够的浓度和连续过滤可以解决这个问题。所谓沉积过量也是电解着色产生“粉霜”的另一个原因，正确控制电解着色的处理时间和电解电压，可以抑制这种“粉霜”。如果采用醋酸镍进行封闭工艺，有机染料着色一般不会产生“粉霜”。但是，如果染料槽已经老化，槽液中含有许多染料的分解产物，在工件的边缘、划伤的表面及表面的凹陷部位可能会留下污迹。如果发生了这种现象，更换染色槽液是唯一的解决办法。

第5章　镁及镁合金的化学转化膜

5.1　镁及镁合金简介

镁为银白色金属，熔点为648.8℃，沸点为1107℃；其密度为1.74 g/cm^3，是铝的2/3，铁的1/4。镁合金是一种极轻的工程金属材料，其特点是：密度小，比强度高，阻尼性及切削加工性好，导热性及减振性好，而且易于回收。镁合金能够满足家用电器、通信电子器件高度集成化和轻薄小型化的需要。世界各国高度重视镁合金的开发与应用，将镁资源作为21世纪的重要战略物资，大量应用于汽车、电子、计算机、交通、通信及航空、航天领域。

镁合金化学活性高，在空气中形成的碱式碳酸盐膜具有一定的保护性能，裸露的镁合金比裸露的碳钢耐蚀性要好，只暴露于大气中或间断地接触湿气或射线的镁合金件可以不做表面保护，或只做简单的铬酸处理就可以了。但是作为结构材料使用，必须经过表面保护处理。镁合金的表面处理有许多方法，根据使用要求可采用化学氧化、阳极氧化、喷涂清漆、喷涂颜料、上瓷釉、喷涂塑料、电泳涂覆等。镁合金化学氧化可获得0.5～5μm的薄膜，阳极氧化可获得10μm以上的较厚膜层。由于化学氧化膜薄而软，阳极氧化膜脆而多孔，所以镁合金氧化除做装饰外很少单独使用。为了提高镁合金耐蚀性，一般在氧化后再做油漆、树脂、塑料等的涂覆处理。经过这样的复合处理，镁合金可获得很高的耐蚀性。

5.2　镁及镁合金的牌号

1. 变形镁及镁合金的牌号

（1）变形镁及镁合金的牌号表示方法　按GB/T 5153—2003

《变形镁及镁合金牌号和化学成分》的规定，变形镁及镁合金牌号表示方法如下：

1）纯镁牌号以 Mg 加数字的形式表示，Mg 后的数字表示 Mg 的质量分数。

2）镁合金牌号以英文字母加数字再加英文字母的形式表示。前面的英文字母是其最主要的合金组成元素代号（元素代号符合表 5-1 的规定，可以是一位也可以是两位），其后的数字表示其最主要的合金组成元素的大致含量。最后面的英文字母为标识代号，用以标识各具体组成元素相异或元素含量有微小差别的不同合金。

表 5-1　镁及镁合金中的元素代号（GB/T 5153—2003）

元素代号	元素名称	元素代号	元素名称
A	铝	M	锰
B	铋	N	镍
C	铜	P	铅
D	镉	Q	银
E	稀土	R	铬
F	铁	S	硅
G	钙	T	锡
H	钍	W	镱
K	锆	Y	锑
L	锂	Z	锌

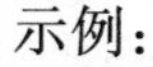
示例：

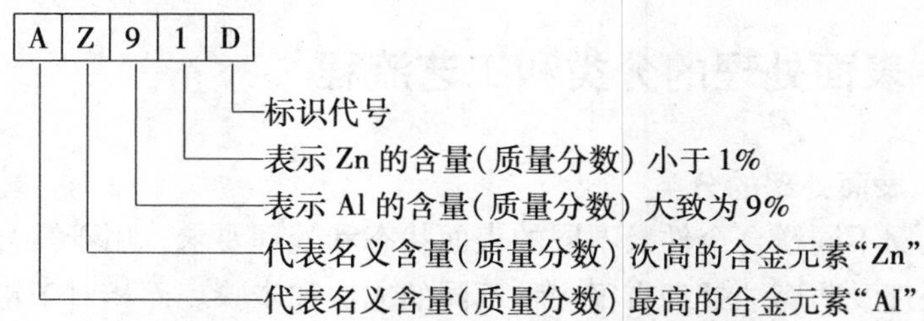

（2）变形镁及镁合金的新旧牌号对照　变形镁及镁合金的新旧牌号对照见表 5-2。

表 5-2 变形镁及镁合金的新旧牌号对照

新牌号	旧牌号
M2M	MB1
AZ40M	MB2
AZ41M	MB3
AZ61M	MB5
AZ62M	MB6
AZ80M	MB7
AE20M	MB8
ZK61M	MB15
Mg99. 50	Mg1
Mg99. 00	Mg2

2. 铸造镁合金的牌号和代号

根据 GB/T 8063—1994《铸造有色金属及其合金牌号表示方法》的规定，铸造镁合金牌号由铸造代号“Z”和基体金属的化学元素符号 Mg、主要合金化学元素符号，以及表明合金化元素名义百分含量的数字组成，如 ZMgZn4RE1Zr。

铸造镁合金还可用合金代号表示。根据 GB/T 1177—1991《铸造镁合金》的规定，铸造镁合金（除压铸外）代号由字母“Z”“M”（它们分别是“铸”“镁”的汉语拼音第一个字母）及其后的一个阿拉伯数字组成。ZM 后面数字表示合金的顺序号，如 ZM6。

5.3 表面处理的分类和工艺流程

1. 表面处理的分类

根据不同镁合金件及不同的表面状态和处理要求，用于镁合金件的预处理及防腐蚀处理有很多种不同的方法和步骤。而相对于铝合金或钢铁，镁合金的酸、碱清洗与浸蚀处理有其特殊性，其后的防腐蚀处理也有很大区别。美国标准 SAE-AMS-M-3171 对镁合金防腐表面处理工艺及工艺流程做了如下的规定，防腐处理共分为六种类型：

1）类型Ⅰ——铬酸腐蚀处理。

2）类型Ⅲ——重铬酸盐处理。

3）类型Ⅳ——阳极氧化处理。

4）类型Ⅵ——铬酸刷涂处理。

5）类型Ⅶ——氟化物阳极氧化加防腐蚀处理。

6）类型Ⅷ——铬酸盐处理。

2. 表面处理的工艺流程

镁合金清洗工艺流程如图5-1所示。表面防腐处理工艺流程如图5-2所示。

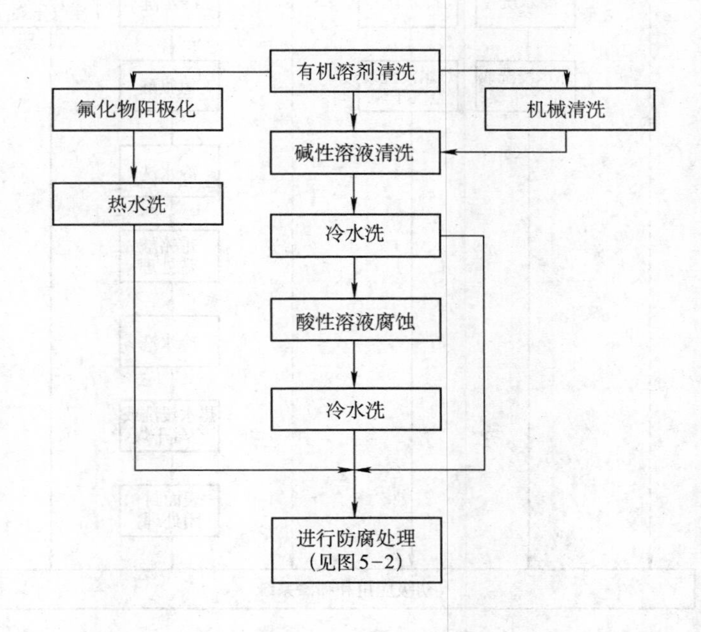

图5-1　镁合金清洗工艺流程

近年来研究开发了镁合金无铬处理、镁合金微弧氧化等新的表面处理技术，这些技术有的还不够成熟、稳定，有的尚处于研究开发之中或处于保密阶段，还没有形成通用的工艺规范。

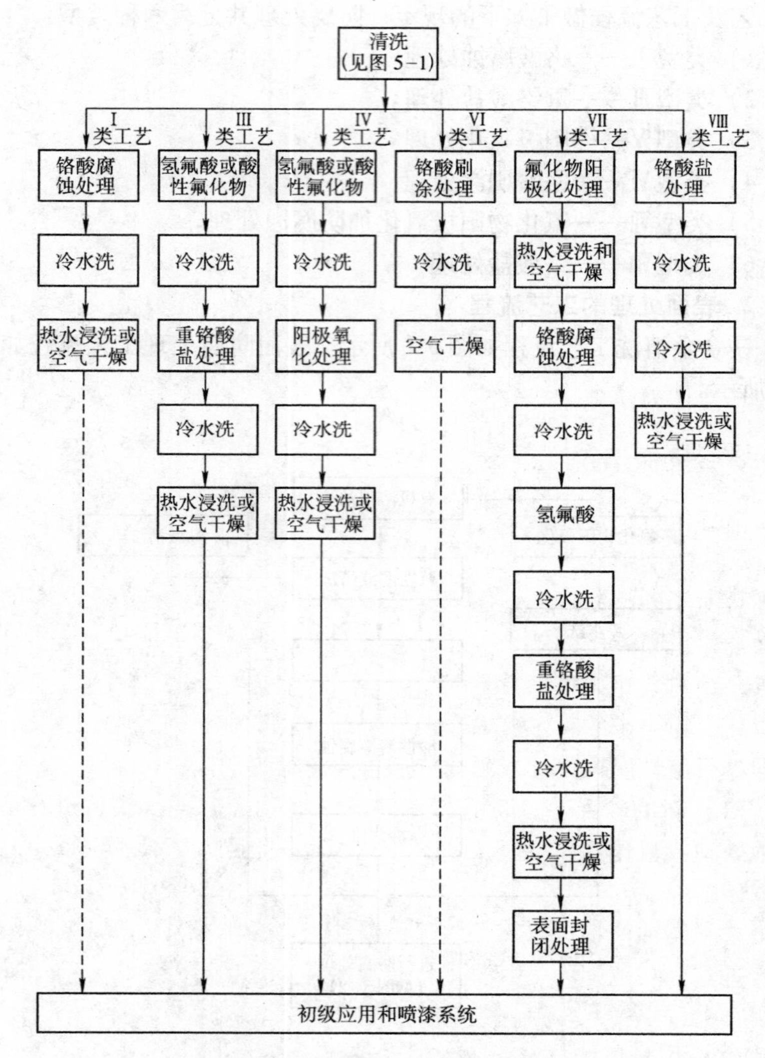

图 5-2　镁合金防腐处理工艺流程

5.4　表面预处理

镁合金的表面预处理包括机械预处理和化学预处理。机械预处理和铝合金的处理相同，可参见第2章。这里主要介绍镁合金的化学预处理部分。化学预处理分溶剂脱脂、碱性脱脂、中性脱脂、腐蚀等。

5.4.1 有机溶剂脱脂

镁合金工件经过铸造、压延、切削等机械加工以后，金属表面会有氧化物、油脂和其他杂质。在有氧化物和很脏时，必须用机械方法清理或酸洗。如果是油脂和其他粘得不牢的污物，可以采用蒸汽脱脂、超声波清洗、有机溶剂清洗、乳液清洗。在这些清洗工艺中可以选用的有机溶剂有：氯代烃、汽油、石脑油、油漆稀释剂等。甲醇和乙醇不能作为镁合金的清洗剂。

5.4.2 机械清洗

清理铝合金表面所使用的机械清理方法，完全适用于镁合金工件。一般采用喷砂、抛丸、蒸汽冲刷、砂纸打磨、硬毛刷、研磨和初抛光。对于砂型铸造的工件，铸造后多用喷砂方法清除硬皮、熔剂和表面油污。喷砂用的砂子应经过干燥，不允许有铜铁和其他金属和杂质等。绝对禁止用喷其他金属的砂子来对镁合金喷砂。镁合金喷砂操作以后，露出来的新鲜表面会极大地增加镁合金的初始腐蚀速度，要立即进行酸性腐蚀处理或氟化物阳极氧化处理。

（1）新的砂铸件　新的砂铸件应该喷砂或抛丸，然后进行酸性腐蚀处理或氟化物阳极氧化处理。

（2）被污染的或有腐蚀的铸件　应该除去未初加工铸件表面的污染物和腐蚀产物。可以采用喷砂或酸性腐蚀的方法，机械零部件如果接近其公差范围，可以采用铬酸腐蚀处理，铬酸对镁合金的腐蚀速度很小。

（3）焊料焊接材料　在焊接工序中如果使用了焊料，在后续的清理工序中应该彻底除去所有残余的焊料。可以接触的区域，用热水和硬毛刷可以彻底除去残余焊料，不能接触的焊接区域，应该用高速水蒸气（最好是热的）冲洗。然后浸入质量分数为2% ~5%的重铬酸钠水溶液中，于82 ~100℃下浸泡1h，取出后用自来水彻底冲洗。

5.4.3 碱性溶液清洗

碱性清洗用于镁合金表面处理前的清洗。碱性清洗槽可使用钢材料，碱性清洗剂的 pH 值要大于 8。如果碱性成分如氢氧化钠超过 2%（质量分数），会腐蚀 ZK60A、ZK60B 等一些镁-锂合金，导致这些合金工件尺寸的改变。如果这些尺寸的改变是不允许的，则碱性清洗剂中的碱性成分不能超过 2%（质量分数）。

（1）碱性清洗工艺

工艺一：

磷酸三钠（Na_3PO_4）	50～60g/L
碳酸钠（Na_2CO_3）	50～60g/L
水玻璃（Na_2SiO_3）	25～30g/L
温度	50～60℃
时间	4～5min

脱脂的工件先用温水（50～60℃）清洗，再用冷水清洗。

工艺二：

氢氧化钠（NaOH）	60g/L
磷酸三钠（$Na_3PO_4 \cdot 12H_2O$）	2.5～7.5g/L
可溶性肥皂或润湿剂	0.75g/L
温度	88～100℃
时间	3～10min
槽体材料	钢

这个工艺可以采用简单的浸泡法，也可以采用电解法，用直流电解，工件作阴极，电压为 6V，电流密度为 1～4A/dm^2。脱脂后，立即用冷水冲洗，直到无水泡为止。

一般不推荐在碱性溶液中使用阳极电解脱脂，因为镁合金在这种情况下会产生有害的氧化膜，或产生点蚀。

（2）石墨润滑剂的清除　镁合金工件在热成形加工过程中，黏附的石墨润滑剂必须除去。清洗工艺是在 98g/L 的 NaOH 水溶液中，88～100℃浸渍 10～20min。这个溶液应该保持其 pH 值在 13 以上。如果表面的矿物油膜比较重，可以在溶液中添加 0.75g/L 的肥皂或润湿剂。清洗后用冷水彻底洗净，然后浸入铬酸－硝酸溶液中，处理大约3min。如果一遍清洗不能完全洗净，可以重复操作直到完全洗净为止。因为很难除去已经过铬酸腐蚀处理的镁合金工件表面的石墨润滑剂，所以镁合金表面的铬酸转化膜被完全清除之前，不能进行热加工成形。

（3）先前应用化学转化膜的清除　在进行新的化学转化之前，镁合金工件先前应用的化学转化膜必须完全除去。有时镁合金工件进行了类型Ⅰ处理，用于贮存、出货和机加工期间的表面防蚀。工件表面未进行机加工区域还保留了类型Ⅰ处理的转化膜，它将会阻碍工件后续类型Ⅲ或类型Ⅳ保护膜的形成，所以必须除去。如果先前的防护膜难以除去，可以浸入下列铬酸中进行腐蚀处理，在碱性清洗液和铬酸腐蚀液中轮流浸渍，可以彻底除去先前的保护膜。

铬酸酐　80～100g/L

温度　室温

时间　10～15min

类型Ⅵ处理，可以用于膜厚较薄的类型Ⅰ或类型Ⅵ的后处理，而不必将先前残余的旧保护膜除去。

5.4.4 化学及电化学抛光

1. 镁及镁合金的化学抛光（见表5-3）

表5-3　镁及镁合金的化学抛光

配方号	1	2	3	4
成分(质量分数,%)	硝酸 750mL/L	铬酸酐5～60 硝酸0.75～2 氢氟酸0～2	铬酸酐18 硝酸钙4 氟化镁0.25	硫酸1～10 酚或联苯二酚0.5～15
温度/℃	20	20	68～86	20～30
时间/min	3s	数秒	0.5～5	数秒
说明		镁溶解十分剧烈，浸3s后立即取出清洗，如此反复几次		出槽后迅速在5%(质量分数)偏硅酸或碳酸钠溶液中清洗，处理后表面生成一层透明膜，耐蚀性良好

2. 镁及镁合金的电化学抛光（见表5-4）

表5-4 镁及镁合金的电化学抛光

配方号	1	2
组分(每1L含量)	磷酸350mL 乙醇625mL	磷酸400mL 乙醇380mL 水250mL
阴极材料	不锈钢、镍	不锈钢
温度/℃	20	20~50
电流密度/(A/dm²)	0.5	20
电压/V	1~2	10
时间/min	60	2
说明	配溶液时把乙醇加入磷酸中。初始电流密度为5A/dm²，以后降至0.55A/dm²。抛光后清洗要快，否则会浸蚀基材	水洗时有时形成固体膜，可用稀硝酸除去

5.4.5 酸性溶液腐蚀

利用酸溶液将镁合金或原材料表面的氧化膜和其他杂质腐蚀掉，使其露出基体金属表面，以便进行转化膜处理。根据镁合金的表面状态、合金成分不同，来选用适当的酸洗溶液。酸性腐蚀工艺见表5-5。

表5-5 酸性腐蚀工艺

处理	组成		浸渍时间/min	操作温度/℃	槽子结构	金属腐蚀量/μm
	材料	质量浓度/(g/L)				
铬酸	铬酸酐 CrO_3	180	1~15	88~94	钢槽衬铅、不锈钢、1100铝材	无
铬酸-硝酸	铬酸酐 CrO_3	180	2~20	16~32	陶瓷、不锈钢、衬铅、衬人造橡胶或衬乙烯基材料	12.7
	硝酸钠 $NaNO_3$	30				
硫酸	硫酸($d=1.84g/cm^3$)	31.2mL/L	10~15s	21~32	陶瓷、衬橡胶或其他适合的槽子	50.8

（续）

处理	组成		浸渍时间/min	操作温度/℃	槽子结构	金属腐蚀量/μm
	材料	质量浓度/(g/L)				
硝酸-硫酸	硝酸($d=1.42g/cm^3$)	19.5～78.1mL/L	10～15s	21～32	陶瓷、衬橡胶或其他适合的槽子	58.4
	硫酸($d=1.84g/cm^3$)	7.8～15.6mL/L				
铬酸-硝酸-氢氟酸	铬酸酐 CrO_3	139～277	1～2	21～32	衬人造橡胶或衬乙烯基材料	12.7～25.4
	硝酸($d=1.42g/cm^3$)	23.4mL/L				
	氢氟酸(60% HF)	7.8mL/L				
磷酸	磷酸(85%)	900mL/L	0.5～1	21～27	陶瓷或衬铅、玻璃、橡胶	12.7
醋酸-硝酸	冰醋酸	195mL	0.5～1	21～27	3003 铝合金，陶瓷或衬橡胶槽	12.7～25.4
	硝酸钠 $NaNO_3$	30～45				
羟基乙酸-硝酸	羟基乙酸(质量分数 70%)	240	3～4	21～27	不锈钢、陶瓷或其他适合的槽子	12.7～25.4
	硝酸镁	202.5				
	硝酸	30mL/L				
点焊铬酸-硫酸	铬酸酐 CrO_3	180	3	21～32	不锈钢、1100 铝材、陶瓷或人造橡胶	7.62
	硫酸($d=1.84g/cm^3$)	0.5mL/L				

注：溶液的剩余部分为水。铬酸溶液也可以在室温下操作，但处理时间要延长。铬酸-硝酸溶液的 pH 值为 0.0～1.7。

（1）一般性腐蚀　一般性腐蚀用于除去氧化层、旧的化学转化膜，燃烧或摩擦黏附的润滑剂和其他水不溶性固体或材料表面的杂质，必须用酸性溶液完全彻底清除干净。最好直接使用铬酸溶液，因为这样只溶解氧化物而不腐蚀金属本身。用其他的酸性溶液，基体金属的溶解可以深达 25μm。

（2）铬酸腐蚀　因为铬酸腐蚀不会引起镁合金工件尺寸的变化，所以可以用于接近公差极限工件的表面处理。它可以用轮流浸入铬酸腐蚀液和碱性清洗液的方法除去先前的化学转化膜。这种腐蚀用于普通工件除去表面氧化物、腐蚀产物效果令人满意。但用它除去砂铸的产物效果不理想，也不能用它处理嵌有铜合金的工件。溶液中阴离子杂质含量不能累积超过规定值，否则会对镁合金表面产生腐蚀。这些阴离子杂质包括氯离子、硫酸根离子、氟离子。硝酸银可以用来沉淀氯离子，以延长溶液的使用寿命。但最好是废弃杂质超标的溶液，配制新溶液。

（3）铬酸-硝酸腐蚀　铬酸-硝酸腐蚀一般不用来清除镁合金表面的氧化物或腐蚀产物，但它可以替代铬酸腐蚀，用来清除烧上的石墨润滑剂。它用来清除砂铸的产物也不能令人满意，同时它不能用于腐蚀嵌有铜合金的工件。如果溶液的 pH 值高于 1.7，将失去化学活性。可以通过添加铬酸的方法，使溶液的 pH 值降到初始的 0.5～0.7 恢复活性。大槽子可以排放 1/4 旧槽液，再用新槽液补充的方法再生。这样可以减少铬酸的使用量，并可减少腐蚀速度和使镁合金着色的深度。处理的温度和时间要严格按表 5-5 中的规定执行。

（4）硫酸腐蚀　硫酸腐蚀用于清除砂铸镁合金的表面产物。这个腐蚀应该在所有机械加工之前进行，因为溶液对金属的溶解速度很快，容易引起工件的超差。

（5）硝酸-硫酸腐蚀　也可以用硝酸-硫酸腐蚀代替硫酸腐蚀。工艺条件见表 5-5。

（6）铬酸-硝酸-氢氟酸腐蚀　铬酸-硝酸-氢氟酸腐蚀溶液可以用来处理铸件，特别是压铸件，它对基体金属的腐蚀速度达 12.7μm/min。

（7）磷酸腐蚀　磷酸腐蚀溶液可以用来处理所有铸件，特别是压铸件。用它来清除 AZ91A 和 AZ91B 镁合金表面的铝特别有效。它还可以用于一些锻造镁合金，如 HK31A 的电镀预处理。它对基体金属的腐蚀速度达 12.7μm/min。

（8）醋酸-硝酸腐蚀　醋酸-硝酸腐蚀用于除去镁合金工件表面的硬壳和其他污染物，以达到最大的防护效果。这种腐蚀可以用于处理锻压镁合金和盐浴热处理镁合金铸件。铸造条件（F）或盐浴热处理和时效条件（T6）不能用醋酸-硝酸溶液除去表面形成的灰色粉状物。镁合金铸件在这种条件下应该用铬酸-硝酸-氢氟酸溶液腐蚀。在大多数条件下，醋酸-硝酸溶液对基体金属的腐蚀速度为 12.7～25.4μm/min，对于接近公差值的工件不能使用这种溶液处理。

（9）羟基乙酸-硝酸腐蚀　采用喷淋方式处理镁合金工件时，醋酸-硝酸溶液会产生酸雾污染环境，这时可用羟基乙酸-硝酸溶液替代之。

（10）点焊铬酸-硫酸腐蚀　一种用于镁合金工件点焊部位清洗的铬酸-硫酸溶液。工件先浸入碱性清洗剂中清洗，用流动冷水清洗，再用弱酸性溶液中和工件表面的碱性，中和溶液的成分为：体积分数为 0.5%～1% 的硫酸或质量分数为 1%～2% 的硫酸氢钠（酸性硫酸钠）。中和后，工件再浸入表 3-1 的点焊铬酸-硫酸溶液中处理，这样可以得到一个低腐蚀的点焊表面。

（11）ZM5 镁合金电镀前的酸性腐蚀

1）酸洗：

磷酸	85%（质量分数）
温度	室温
时间	2～3min

2）表面活化：

磷酸（质量分数为 85%）	250mL/L
氟化氢铵	100g/L
温度	室温
时间	1～1.5min

对于由砂型铸造的 ZM5 镁合金，在毛坯状态下，氧化处理前可在 15～30mL/L 的硝酸（$d=1.42g/cm^3$）溶液中，于室温下酸洗 1～2min。因为溶液腐蚀速度比较快，反应强烈，要严格控制时间。溶液中硝酸含量不得超过 30mL/L，否则易引起零件尺寸超差和起火。

压铸件铬酸盐转化前的预处理，最常用的是含有醋酸、氢氟酸、铬酸的溶液。轧制件一般在质量分数为 10% 的硝酸溶液中酸洗。镁及镁合金铬酸盐转化膜预处理常用下列两种酸洗溶液：

1）

铬酸酐	250g/L
硝酸（$d=1.42g/cm^3$）	20mL/L
氢氟酸	5mL/L
温度	室温

时间 5 ~ 10s

2）铬酸酐 200g/L

硫酸 2mL/L

硝酸钾 2g/L

氟化钾 2g/L

温度 室温

时间 ~10s

在这些溶液中浸渍时，工件最好移动。在溶液2）中酸洗时，表面同时被抛光。为了提高抛光效果，可以把工件在下列溶液中再浸渍1 ~ 2s。

磷酸 150g/L

氟化钾 20g/L

AE20M、Mg99.00的各种型材、板材往往在成形过程中遗留在表面上有许多润滑剂的燃烧物，可在下列溶液中除掉。

铬酸酐 80 ~ 100g/L

硝酸钠 5 ~ 8g/L

温度为 40 ~ 50℃

时间 2 ~ 15min

板材局部表面上有未经烧焦的油膏，可用汽油或二甲苯洗净。黏结的橡胶或嵌入的金属屑，可用玻璃砂布打光或用刮刀刮净。

5.5 铬酸腐蚀处理

这里的铬酸腐蚀处理属于防护处理，一般用于镁合金工件贮存或出货期间的表面防护。铬酸腐蚀是镁合金表面处理最简单、成本最低、最常用的化学处理方法。如工件表面没有油脂或其他有害杂质沉积，碱性脱脂工序可以省去。铬酸腐蚀工艺典型处理剂是由陶氏化学公司（Dow Chemical Company）开发的Dow No. 1处理剂，这种转化膜也可作为涂装的底层。

5.5.1 铬酸腐蚀工艺及注意事项

铬酸腐蚀溶液工艺见表5-6。

表5-6 铬酸腐蚀工艺

<table>
<tr><th rowspan="2">适用范围</th><th colspan="2">组成</th><th rowspan="2">浸渍时间/min</th><th rowspan="2">操作温度/℃</th><th rowspan="2">槽子结构</th><th rowspan="2">挂钩或挂篮结构</th></tr>
<tr><th>材料</th><th>质量浓度/(g/L)</th></tr>
<tr><td rowspan="2">锻造工件</td><td>重铬酸钠 $Na_2Cr_2O_7 \cdot 2H_2O$</td><td>180</td><td rowspan="2">0.5~2
沥干5s</td><td rowspan="2">21~43</td><td rowspan="2">不锈钢或衬玻璃、陶瓷、人造橡胶或乙烯基材料</td><td rowspan="2">不锈钢或同种镁材</td></tr>
<tr><td>硝酸($d=1.42g/cm^3$)</td><td>187mL/L</td></tr>
<tr><td rowspan="3">铸造工件</td><td>重铬酸钠($Na_2Cr_2O_7 \cdot 2H_2O$)</td><td>180</td><td rowspan="3">0.5~2
沥干5s</td><td rowspan="3">21~60</td><td rowspan="3">最好用316不锈钢①，槽子用人造橡胶或乙烯基材料</td><td rowspan="3">316不锈钢①</td></tr>
<tr><td>硝酸($d=1.42g/cm^3$)</td><td>125~187mL/L</td></tr>
<tr><td>钠、钾、铵的酸性氟化物($NaHF_2$、KHF_2、NH_4HF_2)</td><td>15</td></tr>
</table>

注：1. 溶液的余量为水、蒸馏水或去离子水。

2. 如果使用$NaHF_2$，应先用少量的水或稀硝酸溶解再加入，因为氟化氢钠不溶于当前浓度的硝酸。

① 相当于我国的06Cr17Ni12Mo2。

(1) 锻造工件处理工艺 锻造工件的铬酸腐蚀溶液组成和工艺参数见表5-6。硝酸含量最大时，浸渍时间为0.5min；硝酸含量最小时，浸渍时间为2min。浸渍时搅拌溶液。在通常控制的溶液条件下，1min的浸渍时间是足够的。浸渍完成后，工件需从溶液中取出，在槽液上方沥干5s。这样使溶液从工件表面充分沥干，并获得较好色彩的保护膜。然后工件用冷水冲洗，再用热水浸洗，以便干燥，或用热空气干燥。其他方法，如喷淋用于大型露天工件的铬酸腐蚀处理。

(2) 铸造工件处理工艺 镁合金铸造工件的铬酸腐蚀溶液组成

和工艺参数见表5-6。压铸件和旧的砂铸件在铬酸溶液处理之后，应立即用热水浸渍15～30s。如果铬酸溶液的温度为49～60℃，则铬酸浸渍10s就足够。如果温度较低，则浸渍时间要延长。过长的浸渍时间会得到粉状膜，先用热水预热铸件会使处理失败导致无转化膜。如果这种溶液对铸件无效，压铸件和旧的砂铸件可以使用锻造工件处理溶液。砂铸件在溶液中的处理条件按表5-6中的规定为室温，铬酸浸渍后按锻造工件后处理工艺执行。

（3）刷涂应用　如果工件尺寸太大，用浸渍法会有困难。刷涂可以使用大量的新鲜处理剂。处理溶液必须允许在工件表面逗留至少1min，期间必须来回反复刷涂以保证工件始终处于润湿状态，避免形成粉状膜层，然后用大量干净的冷水冲洗掉。这样形成的转化膜颜色均匀性不如浸渍法，但用于涂装底层效果好。在处理铆接工件时，要小心防止处理溶液流进铆接部位。刷涂可应用于所有类型破损区域的修复。铬酸腐蚀涂层适合用于预处理时，电器连接部位被屏蔽无保护膜区域的修补。

对于有些工件（比如槽子）的处理，可以采用如下的方法：采用表5-6中用于锻造工件处理的溶液，以等量的水稀释后，充满腔体浸渍处理，然后排出溶液，清空腔体，处理时间应该保证工件的所有面积都生成转化膜。同样，为了满足生产自动线时间的要求，允许加水稀释处理液。

（4）注意事项　铬酸腐蚀溶液在处理期间溶去的金属厚度约为15.2μm，除非工件的尺寸公差在此范围之内，否则不能采用此工艺处理。镁合金中嵌有钢铁部件也可以采用此工艺。工件处理后的色彩、光泽、腐蚀量取决于溶液的老化程度、镁合金的成分及热处理条件。多数用于涂装底层的转化膜为无光灰色到黄红色、彩虹色，它在放大的条件下是一种网状的小圆石腐蚀结构。光亮、黄铜状转化膜，显示出相对平滑的表面，它在放大时仅偶尔有几个圆形的腐蚀小点。这种转化膜作为涂装底层不能获得满意的效果，但它作为贮存、出货期间的防腐蚀处理却很理想。这种颜色由浅到深的变化，显示出溶液中硝酸或硝酸盐的逐步累积。

5.5.2 铬酸腐蚀工艺的控制

1. 重铬酸钠的测定

用吸液管吸取1mL铬酸腐蚀溶液，放在装有150mL蒸馏水的250mL的锥形瓶中，加5mL浓盐酸和5g碘化钾，反应最少2min。然后摇动锥形瓶并用标准的0.05mol/L硫代硫酸钠溶液滴定，直到溶液的碘黄色几乎完全退去。滴加几滴淀粉指示剂，继续用0.05mol/L硫代硫酸钠溶液滴定至溶液紫色消失。注意：碘黄色消失之前不能滴加淀粉指示剂，否则会得到不正确的分析结果，最后溶液颜色的变化是由浅绿色到蓝色。

计算：0.05mol/L硫代硫酸钠溶液滴定的毫升数×4.976＝重铬酸钠（$Na_2Cr_2O_7 \cdot 2H_2O$）的浓度（g/L）。

2. 硝酸的测定

用吸液管吸取1mL铬酸腐蚀溶液，放在装有50mL蒸馏水的250mL的烧杯中，用pH值大约为4.0的标准缓冲溶液（pH的准确值与缓冲溶液组成、浓度、测定时的温度有关）校准由玻璃电极组成的pH测定仪。搅拌并用0.1mol/L的标准NaOH溶液滴定至pH值为4.0~4.05。

计算：0.1mol/L NaOH溶液滴定的毫升数×6.338＝硝酸（$d=1.42g/cm^3$）的浓度（mL/L）。

3. 铬酸腐蚀溶液的寿命

溶液的损耗会表现在工件处理后颜色变白，腐蚀变浅，金属在溶液中反应迟钝。处理工件颜色变白也可能是工件从铬酸溶液中取出后，在空气中沥干的时间太短，不要混淆这两种原因。不含铝的镁合金铬酸处理液仅能再生1次，其他镁合金铬酸处理液可以再生7次。每次到溶液运行的终点就必须再生，溶液运行的终点是其中的硝酸（$d=1.42g/cm^3$）含量降至62.5mL/L。铬酸溶液各成分再生值见表5-7。

如果镁合金工件铬酸腐蚀处理的目的仅仅是用于贮存、出货期间的防腐，处理溶液可以再生30~40次以后再废弃。也可以通过不断废弃部分旧槽液，补加新槽液的方法再生铬酸腐蚀溶液，这种溶液在保证处理工件质量合格的前提下，可一直使用下去。

表 5-7　铬酸溶液各成分再生值

运行次数	溶液的化学成分	
	$Na_2Cr_2O_7 \cdot 2H_2O$ 的质量浓度/(g/L)	硝酸($d=1.42g/cm^3$)的体积分数(%)
1	180	18.7
2	180	16.4
3	180	14.0
4~7	180	10.9

5.5.3　铬酸腐蚀常见的问题及对策

铬酸腐蚀常见的问题及对策见表 5-8。

表 5-8　铬酸腐蚀常见的问题及对策

常见问题	产生原因	对　策
棕色、无附着力、粉状转化膜	工件水洗前空气中停留时间太长	停留时间应严格按工艺要求执行
	酸含量与重铬酸钠含量的比值太高	降低酸含量（稀释槽液），或提高重铬酸钠含量（补加重铬酸钠）
	少量的溶液处理大量的工件，导致溶液温度太高	冷却溶液或使用更多的槽液
	金属脱脂不彻底，工件含油部位会产生棕色粉末	工件脱脂要干净
	溶液再生次数太多，导致溶液中硝酸盐累积	废弃槽液
铸件上的灰色、无附着力、粉状转化膜	氟化物含量太低	槽液中加入氟化物
	工件在溶液中浸泡时间过长，导致过处理	冷水彻底清洗后浸全损耗系统用油再拆卸
		严重时可用 10%~20%（质量分数）的氢氟酸溶液浸泡 5~10min 除去粉状膜

为了获得更平滑的镁合金铬酸腐蚀表面，可在表 5-6 铬酸腐蚀溶

液中添加 30g/L 硫酸镁。这种调整的工艺只能用于贮存、出货期间暂时防腐处理，不能用于油漆底层的转化膜。铬酸腐蚀处理如果添加硫酸镁，则不适合有机涂装系统。

5.6 重铬酸盐处理

5.6.1 重铬酸盐处理工艺

重铬酸盐处理工艺见表 5-9。

表 5-9　镁合金的重铬酸盐处理工艺

溶液	组成		金属溶解量/μm	处理时间/min	操作温度/℃	槽子材料	挂钩和挂篮材料
	材料	质量浓度/(g/L)					
氢氟酸处理	氢氟酸(质量分数为60%)	297mL/L	2.5	0.5～5	21～32	衬铅、橡胶、人造橡胶、聚乙烯塑料	蒙乃尔铜-镍合金、316 不锈钢①或有乙烯基塑料涂层的钢材
酸性氟化物处理	钠、钾或铵的酸性氟化物($NaHF_2$、KHF_2、NH_4HF_2)	30～45	2.5	≥5	21～32	衬铅、橡胶、人造橡胶	蒙乃尔铜-镍合金、316 不锈钢①
重铬酸盐处理	重铬酸钠($Na_2Cr_2O_7 \cdot 2H_2O$)	120～180		30～45	沸腾	钢	
	钙或镁的氟化物(CaF_2 或 MgF_2)	2.5					

注：溶液余量为水，用蒸馏水或离子交换水。

① 相当于我国的 06Cr17Ni12Mo2。

对于除了 EK30A、EK41A、HM31A、HM21A、HK31A、La141A 和 ML1A 以外的其他标准镁合金，重铬酸盐处理或铬酸盐处理可提供满意的涂漆底层和防腐品质。正常的转化膜的颜色根据合金成分的不同由无色到深棕色。对于 AZ91C-T6 和 AZ92A-T6 铸件转化膜是灰色的。这种处理不会引起明显的尺寸变化，通常用于机械加工后处理。一些铸件中包含了其他材料，如黄铜、青铜和钢等，经封闭之后才能进行处理。虽然处理溶液不会腐蚀这些不同的材料，但是这些材料与镁合金同时处理会增加镁合金的活性。铝在氢氟酸浸渍时会快速腐蚀，而氢氟酸浸渍又是本处理的重要步骤。如果嵌有铝合金或锻件含有铝铆钉，可用酸性氟化物浸渍替代氢氟酸浸渍。采用重铬酸盐处理工艺处理 AZ31B-H24 镁合金时，必须精确控制工艺参数。铬酸盐处理为了获得最大的耐蚀效果，处理之前要采用酸性腐蚀，如铬酸-硝酸腐蚀、醋酸-硝酸腐蚀、羟基乙酸-硝酸腐蚀。与先前的铬酸盐处理相比，重铬酸盐处理具有和铬酸盐处理相同的基本特性，并无性能损失。

（1）氢氟酸处理　镁合金工件在用其他方式清洗以后，应该进行氢氟酸腐蚀处理。氢氟酸溶液的工艺参数见表 5-9，其作用是进一步清洗并活化镁合金表面。AZ31B 合金的浸渍时间为 0.5min，其他镁合金的浸渍时间应大于 5min。浸渍之后，工件必须用冷水彻底清洗。如果将少量的氟化物带入铬酸盐处理槽，将会使这个槽液报废，所以氢氟酸处理后的清洗至关重要。

（2）酸性氟化物处理　酸性氟化物处理应该用于所有包含铝合金的工件，如铝合金镶嵌物、铆钉等，代替包括预处理在内的所有氢氟酸腐蚀工艺，工艺参数见表 5-9。特别是 AZ31B 和 AZ31C 合金，用酸性氟化物处理不仅更经济，而且更安全。但是，酸性氟化物腐蚀不能除去铸件表面在喷砂和腐蚀后形成的黑色污迹，这时必须使用氢氟酸腐蚀。工件酸性氟化物处理后，必须用冷水彻底清洗干净，也可采用由表面处理供应商提供的其他酸性氟化物处理工艺。

（3）重铬酸盐处理　镁合金经过表 5-9 的氢氟酸或氟化物处理之后，用冷水彻底洗净，然后在重铬酸盐溶液中沸煮至少 30min，根据合金成分的不同可以得到无色至深棕色的保护膜。接着用冷水清洗，浸热水，然后沥干，或用热空气干燥。工件上的水分完全干燥后，应该立即进行有机涂膜。由于 ZK60A 合金的重铬酸盐成膜速度较快，15min 的沸煮处理就相当于其他镁合金的 30min。

5.6.2　重铬酸盐处理工艺的控制

1. 氢氟酸的测定

氢氟酸溶液在使用过程中消耗很慢。使用中游离 HF 的质量分数不能低于10%，低于10%的 HF 溶液会剧烈腐蚀镁合金。HF 含量的分析：取2mL 氢氟酸溶液，酚酞做指示剂，用1mol/L 的 NaOH 溶液滴定。控制 HF 含量，使1mol/L 的 NaOH 溶液的滴定消耗量在10～20mL之间。这种 HF 的质量分数一般为10%～20%。吸液管由3～4mL 的玻璃吸液管涂覆石蜡校准而得，以避免 HF 腐蚀玻璃造成分析误差。试样吸取后，必须用至少100mL 的去离子水稀释，并立即滴定。

2. 二氟化物的测定

二氟化物（酸性氟化物）的分析应该用1mol/L 的 NaOH 溶液滴定，酚酞指示剂变微红色为滴定终点。要将溶液的浓度范围控制在100mL 的试样消耗45～55mL1mol/L 的 NaOH 溶液范围之内。

3. 重铬酸盐溶液的控制

重铬酸钠的分析应按5.5.3节中的方法进行，控制重铬酸钠的含量在120～180g/L 的范围之内。重铬酸盐溶液的 pH 值必须用添加铬酸的方法谨慎控制，必须保证溶液的 pH 值为4.1～5.2。铬酸配成质量分数为10%的水溶液，然后再适量添加。溶液的 pH 值用玻璃电极组成的 pH 计精确测定。大量处理镁合金工件时，需要严格控制工艺参数，低铝含量的镁合金应该采用 pH 值范围内的较低值，这样可以获得较好的转化膜。

5.6.3　重铬酸盐处理常见的问题及对策

重铬酸盐处理常见的问题及对策见表5-10。

表5-10　重铬酸盐处理的常见故障及解决办法

常见问题	产生原因	对　策
不规则的大量疏松粉状氧化膜	氢氟酸溶液或酸性氟化物溶液太稀	调整溶液 HF 的含量使其达到工艺规定的要求
	重铬酸盐溶液的 pH 值太低	控制 pH 值不能低于4.1，可用 NaOH 调整

（续）

常见问题	产生原因	对　策
不规则的大量疏松粉状氧化膜	可能是工件处理时与槽体接触，或接触到和槽体相连的金属挂具及挂篮等	应避免工件处理时与槽体、金属挂具及挂篮形成电接触
	在重铬酸盐溶液中处理时间太长	应严格控制处理时间
失败的膜层或不均匀的膜层	重铬酸盐溶液的 pH 值太高	对于先前采用氢氟酸溶液浸渍的低铝含量镁合金，如 AZ31B 来说，是导致转化膜失败的重要原因。可用铬酸调整溶液的 pH 值到 4.1，频繁调整溶液是必要的
	溶液中重铬酸盐的浓度太低	重铬酸盐的浓度不能低于 120g/L
	清洗不彻底，氢氟酸溶液或重铬酸溶液中有油膜累积，使工件表面存在油状物，导致有些区域有膜，有些区域无膜	注意彻底清洗工件，并保持氢氟酸溶液和重铬酸溶液清洁无油污
	先前铬酸腐蚀产生的转化膜没有完全除净	应该用铬酸腐蚀溶液和碱性脱脂溶液交替处理除去先前的转化膜
	工件不适合用氟化物处理	改用其他处理
	前面所述的工件材质不适合采用重铬酸处理	改用其他合适的工艺
	氢氟酸浸渍时间太长	对于 AZ31B 这样的镁合金，氟化物膜不容易在正常时间内均匀除净，会产生点状转化膜，氢氟酸处理的时间要控制在 0.5～1min
	溶液在处理期间没有始终保持在沸腾状态	温度对于 AZ31B 合金的转化膜处理格外重要，温度不能低于 93℃
	氢氟酸浸渍后清洗不彻底，如果将氢氟酸或可溶性氟化物带入重铬酸盐溶液中累积超过溶液的 0.2%（质量分数）时，则无转化膜形成。在到达此值之前会形成条纹状膜	在溶液中添加 0.2%（质量分数）的铬酸钙（$CaCrO_4$），使溶液中的氟离子生成不溶性的氟化钙（CaF_2）而将其除去。如果采用这种方法处理，可不必将重铬酸盐溶液废弃

5.7　阳极氧化处理

5.7.1　阳极氧化处理工艺

阳极氧化处理适用于所有镁合金，特别是能适用于那些采用铬酸盐处理不能得到保护膜的镁合金。阳极氧化处理不会引起镁合金尺寸变化，镁合金经过处理后也可以进行机械加工。工件在经过脱脂和酸腐蚀预处理后，再进行铬酸盐处理工艺中的氢氟酸溶液或酸性氟化物溶液浸蚀处理，处理工艺见表5-9。镁合金的阳极氧化处理工艺见表5-11。

表5-11　镁合金的阳极氧化处理工艺

组成		电流密度/(A/dm²)	处理时间/min	操作温度/℃	阴极	槽子材料	挂具材料
材料	含量						
硫酸铵[$(NH_4)_2SO_4$]	30g/L	0.22~1.08	10~30	49~60	钢	钢	蒙乃尔铜-镍合金、不锈钢或磷青铜
重铬酸钠($Na_2Cr_2O_7 \cdot 2H_2O$)	30g/L						
氨水($d=0.880g/cm^3$)	2.6mL/L						

注：溶液余量为水，用蒸馏水或离子交换水。

工件经过氟化物溶液处理之后，在表5-11中所示阳极氧化溶液中阳极电解最少10min或最长30min。钢槽可同时用作阴极。如果槽子是用非金属材料制成，则必须使用钢阴极板。操作时工件、槽子或阴极板的电连接必须良好可靠。如果钢槽同时用作阴极，工件放置必须小心，不能与槽子电接触。电路中必须连接电流表和可变电阻器。在处理期间电流密度不能超过1.08A/dm²，工件通过至少7A·min/dm²的电量才能得到可靠均匀的膜层。一般使用7~15A·min/dm²的电量效果较满意。如果处理工件的尺寸太大，超过了槽子的额定处理能力，工件的处理电流密度可能低于0.22A/dm²，这时可再添加一台电源同时使用，将总阳极电流密度调整到工艺要求的范围之内。工件阳极氧化处理之后，用冷水清洗，再用热水浸洗，沥干或用热空气干燥。工件的水分完全干燥后，可立即进行有机涂装处理。

5.7.2　阳极氧化工艺的控制

1）氢氟酸溶液、酸性氟化物溶液的分析和控制方法按上一节的规定进行。

2）硫酸盐-重铬酸盐-氨水阳极氧化溶液的分析和控制：用含5%（质量分数）的铬酸（CrO_3）和5%（质量分数）的硫酸（H_2SO_4）溶液调整溶液的pH值，使其在5.6~6.0的范围之内。

3）膜层颜色。正确应用类型Ⅳ处理的镁合金工件，其膜层是棕黑色到黑色。处理的时间、溶液条件、工件的合金成分将影响膜层的颜色。灰色和不均匀的膜层表示工件阳极氧化处理前脱脂不彻底，或阳极氧化溶液有损耗。无附着力的氧化膜通常是由太高的电流密度、太长的处理时间或太低的pH值引起的。如果需要增加处理时间，才能获得均匀的氧化膜，也说明溶液有损耗。工件在阳极氧化处理时，必须用夹具夹紧，夹具材料可以是蒙乃尔铜-镍合金、不锈钢或磷青铜等。

5.8　铬酸刷涂处理

5.8.1　铬酸刷涂处理工艺

铬酸刷涂处理可以应用于能够接触到的镁合金工件。这个工艺类似于铬酸腐蚀处理，一般用于再精饰处理或太大无法浸渍工件的处理。和5.5节中介绍的刷涂处理相比，铬酸刷涂处理可应用于更小的工件，同时处理成本较低，对表面凹陷部位和连接处无损伤，没有铬酸腐蚀处理时的有毒物质释放。铬酸刷涂处理适用于所有合金。其主要工艺是先进行脱脂等预处理，然后用铬酸刷涂处理，溶液刷、浸或喷都行。铬酸刷涂处理溶液及操作工艺见表5-12。

表 5-12　铬酸刷涂处理溶液及操作工艺

组成		温度/℃	槽子材料
材料	质量浓度/(g/L)		
铬酸酐(CrO_3)	2.5～7.5	21～32	不锈钢、铝，或衬聚乙烯，或橡胶
硫酸钙($CaSO_4 \cdot 2H_2O$)	7.5		

注：1. 溶液余量为水，多数用自来水或纯化水。
2. 将化学品加入水中，然后用机械或压缩空气搅拌至少 15min。
3. 可以使用工业级铬酸（纯度 99.5%）。

5.8.2　铬酸刷涂的应用

铬酸刷涂处理要求工件表面被刷涂溶液润湿至少 1～3min，产生棕色转化膜。工件处理之后用流动冷水清洗。用下列两种方法之一干燥；或者热风吹干，或者热水洗、沥干。和 5.4 节的铬酸腐蚀处理相比，铬酸刷涂处理后，到流动冷水洗的时间或长或短无关紧要。事实上，工件有些地方无法用流动冷水清洗，水洗这一步可以省去而对膜层质量无实际影响。作为油漆底层，铬酸刷涂处理膜层的特性等同于 5.4 节的铬酸腐蚀处理膜层。膜层的棕色不受镁合金化学成分的影响。和 5.4 节的铬酸腐蚀处理一样，铬酸刷涂处理可用于其他各种类型薄膜处理破损区域或遗漏区域的修补。

铬酸腐蚀处理和铬酸刷涂处理相比，铬酸腐蚀处理所用溶液价格较贵，同时含有更多的有害物质，需要严格控制工艺，谨慎清洗工件的润湿部位。铬酸刷涂溶液不适合处理镁合金的电连接部位，但可以用来处理含有管道的各种镁合金工件。处理后如要曝露在室外的大气中过夜，必须涂装或进行封闭处理。根据处理时间的长短，膜层颜色为金黄彩虹色到棕黑色。处理 1min 得金黄色膜，2～3min 得棕黑色膜，处理时间不能低于 30s 或超过 3min，处理时间过长会产生粉状疏松膜。棕黑色膜层涂装时结合力最佳。

5.9　氟化物阳极氧化处理

氟化物阳极氧化处理本质上是一个阳极氧化处理，然后用后处理工艺将阳极氧化膜腐蚀脱去，再做转化膜处理，以获得保护作用。类型Ⅶ处理的阳极氧化和脱膜工艺，可以用于所有镁合金和所有的加工形式。工艺中的阳极氧化处理适用于除去镁合金喷砂、抛丸清理后表面留下的铸造砂，阳极氧化处理可以除去工件表面的杂质。采用氟化物阳极氧化处理，可以省去喷砂、抛丸清理后的酸性腐蚀。

5.9.1　氟化物阳极氧化处理工艺

氟化物阳极氧化处理的工艺见表5-13。

表5-13　氟化物阳极氧化处理工艺

溶液	组成		时间/min	温度/℃	最小电流密度/(A/dm²)	电压/V	槽子材料
	材料	质量浓度/(g/L)					
阳极氧化	酸性氟化铵(NH_4HF_2)	143~285	10~15	16~30	0.5	0~120(AC)	钢、陶瓷衬橡胶或衬乙烯基材料
铬酸	铬酸酐(CrO_3)	71~143	1~15	88~99			衬铅钢槽、不锈钢、1100铝
重铬酸盐-硝酸	重铬酸钠($Na_2Cr_2O_7 \cdot 2H_2O$)	71~143	2~30	16~32			钢、陶瓷衬人造橡胶或衬乙烯基材料
	硝酸($d=1.42g/cm^3$)	199~250mL/L					
重铬酸盐	重铬酸钠($Na_2Cr_2O_7 \cdot 2H_2O$)	97.5~112.5	40~60	沸腾			钢

注：重铬酸盐-硝酸处理的时间应足够腐蚀工件表面50.8μm的深度。

阳极氧化处理是在氟化氢铵水溶液中，用高压交流电电解，产生一种均匀白色透明或珍珠灰色的膜层。对于QE22A合金，由于含有银，所以膜层具有乳白或乳黄的外观。镁合金工件氟化物阳极氧化处理之前，要屏蔽不同类型的金属部分。屏蔽材料可以采用聚乙烯丁缩醛。钢钉可以用橡胶或塑料遮蔽，铜管或钢管可以用橡胶塞子堵住。

有时，镁塞子或镁的盘片可以用来遮蔽不需要阳极氧化处理的区域。某些含氯的塑料已知是有害的，因此，所有用于遮蔽的材料要经过事先的测试。

要进行阳极氧化处理的工件不需要采用常规的方法清洗，铸件表面疏松的砂粒可以用敲击和刷的方法将其除去。工件浸入阳极氧化处理溶液前，必须用有机溶剂除去厚的油脂层。镁合金必须悬挂在阳极氧化溶液中处理。工件要成对固定在槽中，分别与电源两极连好，并与槽子绝缘。工件必须悬挂在液面23cm以下。连接工件两极排列的面积要大致相等。所有浸入槽液液面下的夹具必须采用富镁镁合金，如AZ31、AZ63A、AZ91或EZ33A。因为膜层在相对高的电压中形成，同时溶液具有极好的极化特性，所以溶液在阳极氧化成膜期间具有强烈的清洁镁表面的作用。进一步除去镁合金表面微量的外来物质、石墨、腐蚀产物和其他非金属膜。保持良好的电连接是这步操作的关键。阳极氧化的溶液成分及工艺参数见表5-13，处理时电阻会逐步增加。为了维持一定的电流密度，处理电压要不断提高，电压一直上升到极限值（120V），然后保持在最高电压，直到阳极氧化处理完成。开始时电流很大，但随着镁合金表面杂质的除去和该区域形成的氟化镁膜层的破裂，电流迅速下降。这时可以认定处理已经完成。如果处理的电量已经达到额定值，保持电压直到处理时间达到10～15min，或电流下降到低于0.5A/dm^2，然后将工件取出，用流动热水洗，吹热风快速干燥。

阳极氧化处理产生厚度低于2.5μm的薄氟化镁膜层。膜的厚度本身不能测量。但工件接近尺寸极限时，处理会导致不可预计的尺寸损失，引起装配困难。这种氟化物膜将在后续工艺或其他铬酸盐处理中脱去。

5.9.2　氟化物阳极氧化后处理

1. 铬酸溶液腐蚀

工件用氟化物阳极氧化处理之后，应该在表5-13或表5-5列出的铬酸腐蚀溶液中沸煮1～15min，脱去工件表面的氟化镁膜层，然后用流动冷水清洗。

2. 重铬酸盐处理

经过脱膜和清洗的工件应该浸入酸性氟化物溶液（见表 5-9）中，室温下处理 5min。工件经过清洗后，浸入沸腾的重铬酸盐溶液中处理 30min。经过这样处理，工件应该用流动冷水清洗，浸热水，沥干，或用热空气干燥。重铬酸盐处理的工艺管理和质量控制应该按 5.6 节的规定进行。

3. 其他铬酸盐处理

有时根据合同的要求或需方图样的规定，可以采用其他铬酸盐处理来替代上述的铬酸溶液腐蚀和重铬酸盐处理。表 5-13 和表 5-6 中的铬酸-硝酸溶液可以替代沸腾的铬酸溶液，用来脱去工件表面的氟化镁膜层。铬酸-硝酸溶液用于室温，对工件有部分腐蚀，不能用于尺寸接近公差极限的工件。工件阳极氧化处理后，在表 5-13 列出的重铬酸盐溶液中沸腾 40～60min，可以获得满意的铬酸盐转化膜。把经过以上两个处理的工件用流动冷水洗、热水浸、沥干或用热空气干燥。然后将工件立即进行有机涂层处理，或先进行一次封闭处理再涂有机涂层。

镁合金阳极氧化产生的氟化物膜，还不能直接进行常温重铬酸盐溶液处理。这是因为常温下，镁合金的氟化物膜被铬酸盐膜取代非常缓慢。只有氟化物阳极氧化膜已用沸腾的铬酸溶液除去，才能进行重铬酸盐溶液处理。在铬酸处理之后，被取代的氟化物阳极氧化膜表面会留下细微触摸不到的粉状物或污迹。这不会影响最后有机涂层与基体的结合力。如果太严重，它也可以用软布逐步刷去或擦去。最佳的处理是重铬酸盐转化膜取代所有氟化物膜，这是由于疏松的氟化物膜会被其表面吸附的潮气腐蚀。

5.9.3 表面封闭处理

工件经过上述氟化物阳极氧化处理，特别是铸件，如果后续采用涂装工艺，应该进行封闭处理以进一步提高耐蚀性。工件在重铬酸盐处理后，尽快加热到 200℃，保持 30min。这不但能有效地干燥工件表面，而且能驱赶表面缺陷中的湿气。然后，工件冷却到 60℃，并浸入烘烤型环氧树脂涂料中。取出，待溶剂挥发以后，工件再次加热到200℃，保持15min。冷却，再涂环氧树脂，加热，循环操作，共涂三层环氧树脂。这三层环氧树脂漆膜的总厚度不低于25.4μm，或膜重为17～34g/m²。

这种封闭工艺可以应用在镁合金表面处理的所有类型中，用于工件干燥后和涂装前。

5.9.4　氟化物阳极氧化处理的挂具

在阳极氧化处理工序中，使用镁合金如AZ31B、AZ63A、AZ91C做挂具，橡胶、人造橡胶或聚氯乙烯包裹的钢制挂钩也可使用。挂具的设计必须保证能够使导电杆与工件牢固相连。导电杆应该用铜、黄铜或青铜制作，并容易固定挂具。挂具必须与镁合金工件连接良好，钢制挂钩只能露出与镁合金工件接触的部分，其他部分可以用聚氯乙烯带缠绕，或用橡胶或聚乙烯包裹。因为阳极氧化膜是绝缘的，所以镁合金挂钩重复使用时，应该用砂纸打磨接触点，或者用铬酸腐蚀溶液将氧化膜退去。

5.9.5　氟化物阳极氧化处理工艺的控制

氟化物阳极氧化处理溶液在处理过程中消耗缓慢。如果处理的工件表面粗糙或发生腐蚀，这说明溶液已经消耗。可以通过添加氟化氢铵使溶液再生，或用标准的分析方法控制氟化物的含量。氟化物的含量不能低于工艺参数中的最低值。

5.9.6　氟化物阳极氧化处理常见的问题及对策

氟化物阳极氧化处理常见的问题及对策见表5-14。

表5-14　氟化物阳极氧化处理常见的问题及对策

常见问题	产生原因	对　　策
膜层发白或呈浅灰色	铸件处理时间太短，工件表面有些区域还没有发生反应	延长处理时间
处理后部分区域发黑	局部区域残留有铸造砂或污染物	用金属丝或硬毛刷等机械方法将其除去，然后再进行短时间的氟化物阳极氧化处理

（续）

常见问题	产生原因	对　策
槽液被杂质污染，效能下降或消失	有电镀层或有机涂层的工件处理前未除尽或未保护，处理时进入槽液	或做保护或须除尽
形成非常薄的半透明膜层	电压太低或处理时间太短	除非在机械加工面或锻件的表面需要这样的薄膜层，否则需升高电压或延长时间
有空腔或有凹角的工件，处理后局部发黑	凹陷处聚积气体	处理中将工件翻转几次，确保槽液充满工件的所有部分
处理后工件有腐蚀	槽液温度太高、工作电压太高或槽液中氟化氢铵的浓度太低	做相应调整
浓厚的膜层	槽液中引入了氟离子以外的其他酸根或有机物	除去杂质或更换槽液，查明来源并消除
发生点蚀	槽液中可能含有氯离子	
工件上下处理不均匀	连续生产可能使槽液上下浓度或温度不均匀	最好循环槽液或搅拌槽液
电流下降	槽液浓度变稀，工件镶嵌、铆接或附加其他金属材料，液面下的挂具与工件不是镁合金或其合金牌号不正确，工件污染或铸件含有焊剂	除去污染物、铁零件，使阳极氧化处理电流恢复到正常值

5.10 铬酸盐处理

铬酸盐处理适应于所有镁合金，可采用浸渍或刷涂方式进行，膜层可作为涂装底层或单独作为防护性膜层。当工件不适应于其他类型工艺处理时，可采用铬酸盐处理工艺。膜层有时类似重铬酸盐处理，具有带浅红的棕色到棕黑色外观。这种处理不会引起工件尺寸的变化，主要用于机械加工后的工件。

5.10.1　铬酸盐处理工艺

镁合金铬酸盐处理工艺见表 5-15。

表 5-15　镁合金铬酸盐处理工艺

溶液	组成		金属腐蚀量/μm	浸渍时间/s	处理温度/℃	槽子材料	挂钩和挂篮材料	加热器
	材料	质量浓度/(g/L)						
1 号铬酸盐溶液	铬酸盐	37.5	1.3	15～30	23.9～37.8	聚氯乙烯，聚乙烯，聚丙烯	钢涂覆 PVC	钛质或石墨浸入式加热器
	盐酸（$d=1.161g/cm^3$）	27.3～54.7mL/L						
	润湿剂	0.25						
2 号铬酸盐溶液	铬酸盐	37.5	1.3	15～30	23.9～37.8	聚氯乙烯，聚乙烯，聚丙烯	钢涂覆 PVC	钛质或石墨浸入式加热器
	盐酸（$d=1.161g/cm^3$）	15.6mL/L						
	润湿剂	0.25						

注：1. 溶液余量为水，用蒸馏水或离子交换水。

2. 金属腐蚀量为浸渍 15s 后所测得的腐蚀量。

3. 浸渍时间是对于机械加工面或进行了酸性腐蚀处理的工件而言的。对于非机械加工面或没有进行酸性腐蚀处理的工件，浸渍时间可长达 2min。

w(Al) 达到或大于 1% 的镁合金可以按本章前几节提供的方法先清洗。*w*(Al) 不大于 3.5% 的镁合金，如 AZ31，碱性脱脂后应该使用铬酸-硝酸溶液腐蚀（见 5.4.2 节）。*w*(Al) 大于 3.5% 的镁合金，如 AZ61 和 AZ91，碱性脱脂后应该使用铬酸-硝酸-氢氟酸溶液腐蚀（见 5.4.2 节）。如果工件进行过研磨处理，应该用酸腐蚀 15～30s。如果工件是未经研磨的铸件，则应该用酸腐蚀 2～3min。工件水洗后，浸入表 5-15 的 1 号铬酸盐溶液中 15～30s，然后用两道流动冷水洗，浸热水，沥干，或用热空气干燥，温度为 71～93℃，干燥后得到硬度增加和可溶性减少的黑棕色膜层。

w(Al) 小于 1% 的镁合金可以按本章前几节提供的方法先清洗。碱性脱脂后应该使用铬酸-硝酸溶液腐蚀（见 5.4.2 节）。如果工件进

行过研磨处理，则应该酸性腐蚀处理 15 ~ 30s。如果工件是未经研磨的铸件，则应该酸性腐蚀处理 2 ~ 3min。工件水洗后，浸入表 5-15 的 2 号铬酸盐溶液中 15 ~ 30s，后处理方法和 w(Al) 达到或大于 1% 镁合金的方法相同。

5.10.2 铬酸盐处理工艺的控制

1. pH 值的控制

铬酸盐处理溶液的 pH 值要严格控制。表 5-15 中 1 号铬酸盐溶液的 pH 值范围为 0.2 ~ 0.6，2 号铬酸盐溶液的 pH 值范围为 0.6 ~ 1.0，通过添加铬酸盐和盐酸的方法来调整。润湿剂根据每 5g 铬酸盐加 0.034g 润湿剂的比例添加。如果溶液放置了一个星期或更长的时间，处理时槽液表面不会产生一层薄的泡沫，就应该按每升槽液 0.26g 的比例添加润湿剂，以保证槽液处理时会产生泡沫层。

2. 溶液寿命

在溶液的参数和工艺条件都正确的情况下，溶液可以重复添加药品长期使用，直到溶液中杂质离子增加，导致得不到合格的膜层为止。这时，药品的累计补加量大约可达到槽液原始量的 1.5 倍，并且总的处理面积达到每升槽液 4.3m^2。

5.10.3 铬酸盐处理常见的问题及对策

铬酸盐处理常见的问题及对策见表 5-16。

表 5-16 铬酸盐处理常见的问题及对策

常见问题	原　因	解决办法
成膜失败	溶液的 pH 值太高	控制溶液的 pH 值在规定的范围内
	溶液温度太低	控制溶液温度在规定的范围内
	工件铬酸盐处理之前没有进行酸性腐蚀、脱脂和清洗不彻底	严格按工艺要求做好预处理
	使用了浓度不正确的原料酸，导致溶液中酸浓度相对铬酸盐浓度比例太低	调整酸的浓度

（续）

常见问题	原　　因	解决办法
无附着力的粉状膜	工件合金成分中铝的质量分数低于1%，但选择了1号铬酸盐溶液处理	按不同的镁合金正确选用不同的铬酸盐溶液处理
	溶液的pH值太低	控制溶液的pH值在规定的范围内
	工件铬酸盐处理之前没有进行酸性腐蚀、脱脂和清洗不彻底	严格按工艺要求做好预处理
	使用了浓度不正确的原料酸，导致溶液中酸浓度相对铬酸盐浓度比例太高	调整酸的浓度
表面产生过度污迹	铬酸盐处理时间太长	严格控制铬酸盐处理时间

5.11　HAE和Dow No17阳极氧化处理

镁合金HAE和Dow No17阳极氧化处理，可以提高基体材料的耐蚀性、耐磨性和表面硬度，同时还可以提高涂漆的附着力。

5.11.1　HAE和Dow No17阳极氧化的分类

HAE和Dow No17阳极氧化的分类方法参考了美国军用标准MIL-M-45202C。其分类方法如下：

1）类型Ⅰ——轻膜分为：种类A和种类C。

种类A为茶色膜（HAE）。其中，级别1为无后处理（染色膜）；级别2为用氟氢化物-重铬酸盐后处理。

种类C为浅绿色膜（Dow No17）。

2）类型Ⅱ——重膜分为：种类A和种类D。

种类A为硬棕色膜（HAE）。其中，级别1为无后处理；级别3为用氟氢化物-重铬酸盐后处理；级别4为用氟氢化物-重铬酸盐后处理，包括湿热老化；级别5为用二次氟氢化物-重铬酸盐后处理

种类D为暗绿色膜（Dow No17）。

5.11.2　HAE 和 Dow No17 阳极氧化工艺

镁合金阳极氧化的工艺流程：碱性脱脂→水洗→酸性腐蚀→水洗→阳极氧化→水洗→冷去离子水洗→热去离子水洗→封闭→水洗→干燥。

阳极氧化的槽液组成和工艺条件见表 5-17～表 5-21。

表 5-17　阳极氧化类型Ⅰ，种类 A 和类型Ⅱ，种类 A 的槽液组成和工艺条件

<table>
<tr><td colspan="2">槽液组成</td><td>质量浓度/(g/L)</td></tr>
<tr><td colspan="2">氢氧化钾</td><td>165</td></tr>
<tr><td colspan="2">氢氧化铝</td><td>34</td></tr>
<tr><td colspan="2">无水氟化钾</td><td>34</td></tr>
<tr><td colspan="2">磷酸三钠 $Na_3PO_4 \cdot 12H_2O$</td><td>34</td></tr>
<tr><td colspan="2">锰酸钾或高锰酸钾</td><td>19</td></tr>
<tr><td>阳极氧化条件</td><td>类型Ⅰ,种类 A</td><td>类型Ⅱ,种类 A</td></tr>
<tr><td>温度</td><td>室温</td><td>室温(需要冷却)</td></tr>
<tr><td>电流密度/(A/dm²)</td><td>1.9～2.2</td><td>1.9～2.7</td></tr>
<tr><td>电压/V</td><td>0～60(AC)</td><td>0～85(AC)</td></tr>
<tr><td>时间/min</td><td>8</td><td>60</td></tr>
</table>

表 5-18　阳极氧化类型Ⅰ，种类 A 的后处理工艺条件

<table>
<tr><td rowspan="2">后处理</td><td colspan="2">级别 1</td><td colspan="2">级别 2</td></tr>
<tr><td>材料</td><td>质量浓度/(g/L)</td><td>材料</td><td>质量浓度/(g/L)</td></tr>
<tr><td rowspan="4">氟氢化物-重铬酸盐溶液</td><td>—</td><td>—</td><td>氟化氢铵(NH_4HF_2)</td><td>81</td></tr>
<tr><td>—</td><td>—</td><td>重铬酸钠($Na_2Cr_2O_7 \cdot 2H_2O$)</td><td>20</td></tr>
<tr><td>—</td><td>—</td><td>温度</td><td>室温</td></tr>
<tr><td>—</td><td>—</td><td>时间/min</td><td>1</td></tr>
<tr><td>水洗</td><td colspan="2">成膜后用冷水洗再热水洗</td><td colspan="2">无</td></tr>
</table>

（续）

后处理	级别1		级别2	
	材料	质量浓度/(g/L)	材料	质量浓度/(g/L)
染色	Sandoz 铝黑 3B 等	10~12	—	—
	温度/℃	66	—	—
	时间/min	5	—	—
封闭	Rohm 和 Haas 丙烯酸剂 B66 等			

注：染色膜应该喷上一层透明的丙烯酸树脂漆以封闭孔隙。

表5-19 阳极氧化类型Ⅱ，种类A的后处理工艺条件

后处理	级别1		级别3		级别4		级别5	
	材料	质量浓度/(g/L)	材料	质量浓度/(g/L)	材料	质量浓度/(g/L)	材料	质量浓度/(g/L)
氟氢化物-重铬酸盐溶液	—	—	氟化氢铵 NH_4HF_2	81	氟化氢铵 NH_4HF_2	81	氟化氢铵 NH_4HF_2	81
	—	—	重铬酸钠 $Na_2Cr_2O_7 \cdot 2H_2O$	20	重铬酸钠 $Na_2Cr_2O_7 \cdot 2H_2O$	20	重铬酸钠 $Na_2Cr_2O_7 \cdot 2H_2O$	20
工艺条件	—	—	温度	室温	温度	室温	温度	室温
	—	—	时间/min	1	时间/min	1	时间/min	1
	—	—	水洗	无	水洗	无	水洗	无
老化	—	—	—	—	温度/℃	85	温度/℃	85
	—	—	—	—	相对湿度	(85±5)%	相对湿度	(85±5)%
	—	—	—	—	时间	6~12h	时间/h	3~4

注：老化时的湿度要防止工件表面凝露。

表5-20 阳极氧化类型Ⅰ，种类C和类型Ⅱ，种类D的槽液组成

工艺	材　料	含量范围	初始含量
交流电阳极氧化	氟化氢铵(NH_4HF_2)	225~450g/L	240g/L
	重铬酸钠($Na_2Cr_2O_7 \cdot 2H_2O$)	50~120g/L	100g/L
	磷酸(85%，$d=1.69g/cm^3$)	51~109mL/L	90mL

（续）

工艺	材　料	含量范围	初始含量
	氟化氢铵（NH_4HF_2）	300～450 g/L	360g/L
直流电阳极氧化	重铬酸钠（$Na_2Cr_2O_7 \cdot 2H_2O$）	50～120g/L	100g/L
	磷酸（85%，$d=1.69g/cm^3$）	51～109mL/L	90mL

表 5-21　阳极氧化类型Ⅰ，种类C和类型Ⅱ，种类D的工艺条件

工艺	项目	类型Ⅰ,种类C		类型Ⅱ,种类D	
阳极氧化处理	温度/℃	71～82		71～82	
	电流密度/（A/dm^2）	0.5～5.4		0.5～5.4	
	电压/V	上升到75		上升到100	
	电解电量/（$A \cdot min/dm^2$）	AC	DC	AC（最小）	DC（最小）
		8.6～10.8	5.4～6.5	49.5	32.3
	电流密度为2.2 A/dm^2 的处理时间①/min	4～5	2.5～3	23	15
	清洗	水			
封闭处理	硅酸钠溶液（$d=1.38～1.41/g/cm^3$）	10%（体积分数）			
	水	余量			
	温度/℃	94～100			
	时间/min	15			
	清洗	流动冷水洗，然后热水洗以促进干燥			

① 处理时间根据电流密度的大小而变化，如果电流密度为1.1 A/dm^2，则处理时间应为表中数据的两倍。

使用交流电时，工件应该分成两组，每组接电源一个极，每组的面积应该大致相等。使用直流电时，槽子可以做阴极并且要接地。但是，如果槽子是用不导电材料制成或衬有不导电材料，应该用钢板做阴极，浸入槽液中。

阳极氧化过程采用恒电流方法，交流电的频率为（60±10）Hz。

处理复杂工件时，应该搅拌溶液，防止气体在工件的空腔和不通孔处聚积。工件处理期间要定期从溶液中取出，重新装挂，防止空腔中的溶液—空气界面对工件的侵蚀。

5.11.3 槽液的配制与补加

1. HAE 溶液（用于类型Ⅰ，种类A和类型Ⅱ，种类A）

可用11.3g/L的纯铝（防止铝屑中的杂质污染）铝屑代替氢氧化铝，另外，铝屑必须在另外的容器中用氢氧化钾溶液反应溶解，分离除去其中的不溶物再加入槽中。锰酸钾也可以等量的高锰酸钾替代，但高锰酸钾应该先用热水完全溶解后才能加入。

随着溶液中锰酸盐的消耗，膜层颜色会变浅，槽液一般不需要化学分析。溶液中铝离子和锰酸盐的含量主要根据处理工件的面积来补加。如果溶液处理镁合金类型Ⅰ，种类A膜面积达$13m^2$或类型Ⅱ，种类A膜面积达$1.4m^2$后，补加氢氧化铝64g，锰酸钾35.4g。铝先用足够的氢氧化钾溶解，分离掉不溶物再添加。锰酸钾先用质量分数为5%的氢氧化钾溶液溶解后再添加。如果使用高锰酸钾，则先用热水溶解再加两倍量的氢氧化钾混合后再添加。游离碱的量维持在游离氢氧化钾为10%～12%。氟化物和磷酸盐的消耗速度很慢。

2. Dow No17 溶液（用于类型Ⅰ，种类C和类型Ⅱ，种类D）

先将需求量一半的水加热到71℃，分批添加氟化氢铵，搅拌溶解，然后添加其他化学品和余量的水。加热到82℃，并搅拌5～10min。当槽液的处理量达到$0.5m^2/L$时，或处理电压比正常值高了，交流氧化时电压高于5V，直流氧化时电压高于10V时补加药品。补加的量应该根据后面提供的标准分析方法，按分析数据计算而得。如果化学品补足后，处理电压低于正常值，则添加氟化氢钠或氟化氢铵，直到电压升到正常值为止。

5.11.4 阳极氧化表面要求

镁合金阳极氧化膜应该均匀地覆盖工件表面的所有地方，无擦伤及其他无规则的损伤，除了电连接点以外，膜层无缺损处。对于相同的镁合金来说，同一槽处理的工件，以及不同槽相同工艺处理的工件，其膜层的性质和颜色要基本一致。不同的镁合金可以是不同的颜色。

镁合金经过阳极氧化处理，随着氧化膜的生成，工件的尺寸是增加的。各种镁合金阳极氧化每面增加的尺寸见表5-22。超出表中厚度范围最大值的氧化膜，与厚度在此范围之内的氧化膜相比，并没有更大的优点。

表 5-22 镁合金阳极氧化每面增加的尺寸

阳极氧化类型	每面增加的尺寸/μm	
	范围	典型值
类型Ⅰ，种类 A	2.5～7.6	5.1
类型Ⅰ，种类 C	2.5～12.7	7.6
类型Ⅱ，种类 A	33～73	38
类型Ⅱ，种类 D	23～41	30

注：典型值是用 AZ31B 镁合金测定的。

如果工件的尺寸是可变的或形状不规则，则氧化膜的厚度不便测量。也可以用测量膜重的方法确定阳极氧化膜的质量，这时先应该用各种合金的标准试片做出膜重与膜厚的关系曲线，然后找出工件不同膜重下对应的膜厚。

5.11.5 阳极氧化的设备

1. 材料要求

所有的槽子、管道、阀门、泵等其他有可能接触槽液的设备，都应该采取表5-23规定的材料。

表 5-23 槽子等设备的材料要求

分类		可以使用材料	避免使用材料
类型Ⅰ，种类A和类型Ⅱ，种类A工艺	阳极氧化槽	黑铁	镀锌铁、黄铜
	阀	黑铁或纯铜	青铜、锡、锌
	氟化氢盐-重铬酸盐槽	槽子衬聚乙烯或类似的惰性材料	橡胶、所有易氧化的材料

（续）

分类		可以使用材料	避免使用材料
类型Ⅰ，种类A和类型Ⅱ，种类A工艺	夹具	镁或镁合金	
	导电杆	纯铜	
类型Ⅰ，种类C和类型Ⅱ，种类D工艺	槽子	未衬钢槽或衬人造橡胶、乙烯基材料槽	纯铜、镍、铅、铬、锌、铝、蒙乃尔铜-镍合金
	挂具	镁、镁合金或5052、5056铝合金	

2. 处理槽

每一个工件在处理期间必须单独悬挂，不允许互相接触。工件到槽壁的距离至少为51mm。

3. 加热和冷却设备

为了保证阳极氧化处理时，温度在规定的范围之内，并保持恒定，有必要安装加热和冷却设备。这可以用泵将槽液抽出，在槽外用热交换器将槽液温度调整到额定值，然后再循环回到槽中，也可以在槽中安装蛇形管通冷水、热水、蒸汽、制冷剂等一切可以用来加热或冷却的介质。

4. 运动部件的润滑

润滑油、脂等润滑剂不能用于阀、泵及其他运动部件的润滑。因为这些润滑剂会污染槽液，或导致槽液化学成分的改变。

5. 挂具

阳极氧化处理的挂具应该使用表5-23规定的材料，挂具的溶液—空气界面部分必须用乙烯绝缘带缠绕，防止挂具腐蚀、烧断。镁合金挂具重复使用时，必须用质量分数为20%的铬酸溶液脱膜处理。如果使用前用锉刀除去挂具触点的氧化膜，则可以不进行退膜处理。如果使用铝质挂具，通常不用清理触点。

5.11.6　阳极氧化的膜厚与膜重的测定

1. 阳极氧化膜厚的测量

选择好的试片，在阳极氧化前应该用千分尺准确测定其厚度，精确到2.5μm。然后将试片和其他工件一起通过全部的处理工序。处理后再一次用千分尺在同一位置测定试片的厚度。两次测量厚度的差即为镁合金阳极氧化尺寸的改变量。如果试片两边都有氧化膜，则结果要除以2。对于类型Ⅰ阳极氧化处理，在膜层生长过程中，几乎无基体金属溶解，其材料氧化前后尺寸的改变量即为氧化膜的膜厚。而对于类型Ⅱ阳极氧化处理，在膜层生长过程中，也伴随着基体金属的溶解，其材料氧化前后尺寸的改变量要乘以校正系数1.3才等于氧化膜的膜厚。膜厚还可以用金相显微镜法和涡流法测定。

2. 阳极氧化膜重的测量

（1）类型Ⅰ阳极氧化膜　切取一块已知面积的试样，准确称重，然后在300g/L化学纯铬酐（无硫酸盐）溶液中脱膜，室温浸渍5min。在此处理过程中，要将一片工业纯铝始终浸在处理液中，以使镁合金基体腐蚀速度最小，处理时镁合金试片和铝合金试片不能相互接触。然后水洗、干燥、再称重。重复上述操作，直到两次称重的差别在3.9mg/dm^2以内为止。最后计算出单位面积的膜重，单位是mg/dm^2。

（2）类型Ⅱ阳极氧化膜　脱膜溶液的成分及处理过程和上述类型Ⅰ阳极氧化膜的相同，但温度改为（49±3）℃，每次浸渍10min。脱膜重复操作，直到两次称重的差别在15.5mg/dm^2以内为止。

5.11.7　阳极氧化溶液的分析方法

1. 磷酸盐的测定

（1）原理　磷以磷钼酸铵沉淀的形式从溶液中分离出来，然后用标准碱滴定，这是在该溶液条件下最接近真实值的分析方法。唯一可能的干扰是氟离子会阻碍这个沉淀的生成，氟离子可以用蒸发的方式除去。

（2）试剂　钼酸铵试剂：混合100g质量分数为85%的钼酸于

400mL 水中，加 80mL 氨水，溶液完全溶解后过滤。准备第二杯溶液，成分为 400mL 硝酸和 600mL 水。用空气强烈搅拌第二杯溶液，同时滴管缓慢滴加前面的钼酸铵溶液，滴加完成后，继续用空气搅拌 1h。让其静置，如有沉淀则过滤，然后保存在有玻璃塞子的瓶中。

0.1mol/L 的氢氧化钠溶液，用标准邻苯二甲酸氢钾溶液标定。

0.1mol/L 的硝酸，用标准氢氧化钠溶液标定。

标样：磷酸氢二钠标样。

（3）分析步骤　吸取 2mL 槽液放于 250mL 锥形瓶中；加 20mL 水并缓慢加入 20mL 硝酸溶液；加 1g 硝酸钠，10mL，质量分数为 70% ~72% 的高氯酸并加热至发烟，发烟 5min。

冷却，稀释至 100mL，用定量滤纸过滤；用少量水洗涤滤纸数次，收集所有滤液（约 200mL）于带磨口塞子的锥形瓶中。用氨水调整溶液使其正好使甲基红指示剂显碱性。然后用浓硝酸调至酸性并过量 10mL。

加 10g 硝酸铵，加热溶液至 40℃并加 60mL 钼酸铵试剂；塞上玻璃塞，摇动 5min，静置至少 1h。

用古氏漏斗和定量滤纸过滤，洗涤烧杯、沉淀、滤纸过滤 2 次，每次用 5mL 体积分数为 1% 的稀硝酸。然后洗涤烧杯、沉淀 5 次，每次用 15 ~20mL 质量分数为 1% 硝酸钠溶液继续洗涤沉淀，直到洗涤液用甲基橙指示剂指示不显酸性为止。

用搅拌棒把滤纸和沉淀转移到 400mL 的烧杯中，用蒸馏水洗涤漏斗，将洗涤水一起加入该烧杯中。用移液管加入 50mL，0.1mol/L 的标准氢氧化钠溶液，用少量水把烧杯壁上黏附的沉淀冲入烧杯溶液中，用磁力搅拌器搅拌使沉淀完全溶解。加 5 滴质量分数为 0.1% 酚酞溶液作指示剂，用 0.1mol/L 的标准硝酸溶液滴定至粉红色消失为终点。

（4）计算　$Na_3PO_4 \cdot 12H_2O$ 的质量浓度（g/L）按下式计算：

$$Na_3PO_4 \cdot 12H_2O\text{的质量浓度} = [(AB)-(CD)] \times 0.3802 \times 1000 \div (23E)$$

式中　A——碱的用量（mL）；

B——碱的当量浓度；

C——硝酸的用量（mL）；

D——硝酸的当量浓度；

E——试样的采集量（mL）。

2. 铝的测定

（1）原理　在氨性溶液下，铝可以用8-羟基喹啉定量地从磷酸盐和氟化物中沉淀，并分离出来。可能的干扰是镁，它的来源是被处理材料和锰盐。可先用光谱法测定溶液中是否含有镁，锰盐可以在碱性介质下，加过氧化氢生成二氧化锰沉淀的形式除去。

（2）试剂　8-羟基喹啉溶液：将5g的8-羟基喹啉溶于100mL 2mol/L的醋酸中。

2mol/L醋酸溶液：将60mL，冰醋酸用水稀释至500mL。

6mol/L氨水：将200mL氨水（$d=0.90g/cm^3$）用水稀释到500mL。

标样：含量为99.99%（质量分数）纯铝标样。

（3）分析步骤　吸取2mL槽液放于250mL锥形瓶中；加50mL水并加热至沸腾；向这个沸腾的溶液中缓慢滴加10mL质量分数为30%的过氧化氢溶液，滴完后，继续加热溶液直到溶液的量减少到25mL。冷却，用定量滤纸过滤并用水洗涤，合并滤液及洗涤水，用水稀释至150mL，并用体积分数为50%的盐酸溶液调整至石蕊试纸刚好显酸性。将溶液加热至75～80℃，然后用移液管加入6mL，8-羟基喹啉溶液，在搅拌下缓慢加入6mol/L氨水，使溶液用石蕊试纸指示正好显碱性再过量1～2mL。将溶液静置1h或更长的时间。

当沉淀完全固定下来，上层溶液显示出过量试剂的黄色。如果上层溶液不是黄色，则用体积分数为50%的盐酸溶液和1mL的8-羟基喹啉溶液重复上面的操作，直到沉淀上方的溶液显黄色为止。

用中等孔隙的烧结玻璃过滤器过滤，并用冷水洗涤。130℃烘干1h，在干燥器中冷却0.5h，称重。

（4）计算　铝的质量浓度（g/L）按下式计算：

$$铝的质量浓度 = A \times 0.05872 \times 1000 \div B$$

式中　A——沉淀的重量（g）；

B——试样采集量（mL）

3. 氟化物的测定

（1）原理　该方法使用氯氟化铅（PbClF）沉淀法。

（2）试剂　酚酞指示剂：将1g酚酞粉末溶于80mL体积分数为95%的乙醇中，用水稀释到100mL。

溴酚蓝指示剂：将研碎的0.4g溴酚蓝粉末溶于6mL 0.1mol/L的NaOH溶液，用水稀释到100mL。

氯氟化铅洗涤溶液：将10g硝酸铅溶于200mL水中，并将其倒入100mL含有1.0g氟化钠，2mL盐酸的水溶液中。充分混合，静置，小心倒出浮在上面的大约200mL液体，将沉淀部分用水稀释至1L。偶尔搅拌，让溶液静置至少1h，然后过滤，如果需要更多的洗涤溶液，则再加水到沉淀中，重复上述操作。

（3）分析步骤　吸取5mL槽液放于400mL烧杯中，稀释至50mL，加热至沸腾，离开热源，乘热滴加10mL，质量分数为30%的过氧化氢。再次加热此溶液至沸腾，蒸发至溶液只有25mL。冷却，用水稀释至50mL，用定量滤纸过滤，用冷水洗涤，收集滤液及洗涤水于400mL烧杯中。稀释滤液至200mL，加6g氢氧化钠。将胶状过滤物倒回原烧杯2次，每次用洗涤水彻底搅开，再过滤。加2滴溴酚蓝指示剂和体积分数为50%的硝酸溶液直到溶液接近中性。使溶液还残余轻微的碱性。沸煮溶液，直到体积减少到250mL。加体积分数为5%的硝酸使溶液刚好变黄，加质量分数为10%的氢氧化钠使溶液刚好变蓝，然后加3mL质量分数为10%的氯化钠溶液。加2mL体积分数为50%的盐酸和5g硝酸铅，水浴加热。在加了硝酸铅后，立即加入5g醋酸钠，搅拌并在沸腾的水浴中加热至少0.5h。冷却溶液并在室温条件下放置过夜，用中等孔隙的烧结玻璃过滤器过滤，用冷水洗涤烧杯和沉淀1次，用事先配好的洗涤溶液再洗4~5次，再用1次冷水洗。沉淀在130℃烘干1h，在干燥器中冷却0.5h，称重。

（4）计算　氟化钾的质量浓度（g/L）按下式计算：

$$\text{氟化钾的质量浓度} = A \times 0.2220 \times 1000 \div B$$

式中　A——氯氟化铅的重量（g）；

B——试样采集量（mL）。

4. 游离碱的测定

（1）原理　直接用酸来滴定溶液中的碱是不切实际的，稀释和酸化 K_2MnO_4 会使其分解并产生氢氧根离子。溶液中的磷酸三钠和碳酸盐也会同时被滴定。硝酸钡可以用来沉淀溶液中的锰酸盐、磷酸盐、碳酸盐和氟离子，同时不会引起游离碱发生变化。

（2）试剂　0.25mol/L 氢氧化钠溶液：将 50g 化学纯氢氧化钠溶于 50mL 水中，待其冷却至室温，离心分离，吸取上层无碳酸盐的清液 13mL 于 1L 的容量瓶中，用无 CO_2 的水稀释至 1L。将溶液混合均匀后转移至派热克斯玻璃或耐碱玻璃瓶中，配上有两孔的塞子。一个孔的末端装苏打石棉管，另一个孔装玻璃管插入溶液中，苏打石棉管装一个有双阀的橡胶球。不用时玻璃管用橡胶管封口。标定：准确称取约 2g 邻苯二甲酸氢钾于 250mL 烧杯中，加 50mL 无 CO_2 的水，用氢氧化钠溶液滴定，酚酞做指示剂。

0.25mol/L 盐酸溶液：用上述 0.25mol/L 氢氧化钠溶液标定，用 pH 计指示终点，终点的 pH 值为 10.5。

（3）分析步骤　吸取 2mL 槽液放于 25mL 带玻璃塞子的烧杯中，小心滴加 10.00mL 0.25mol/L 的氢氧化钠溶液，加 0.5g 硝酸钡晶体，盖上瓶塞连续摇动至少 1min。用定量滤纸过滤，用冷水小心清洗烧杯、塞子、滤纸等，滤纸和沉淀必须用冷水洗 7～8 次。收集滤液于 250mL 的烧杯中，烧杯要尽可能盖上。滤纸和沉淀最后用 10mL 水清洗，加 1 滴 0.1mol/L 的盐酸和 1 滴酚酞指示剂，看其是否显碱性，如果显碱性则继续洗涤滤纸和沉淀。用 0.25mol/L 盐酸溶液滴定滤液，终点的 pH 值为 10.5。

（4）计算　KOH 的质量浓度（g/L）按下式计算：

$$\text{KOH 的质量浓度(g/L)} = [(AB) - CD \times 0.0561 \times 1000] \div E$$

式中　A——酸的用量（mL）；

B——酸的当量浓度；

C——碱的用量（mL）；

D——氢氧化钠的当量浓度；

E——试样采集量（mL）。

5. 锰的测定

（1）原理　铋酸盐方法是首选，因为它一般被认为是测定锰的最精确方法。在这个方法中，反应是按化学式量进行的。

（2）试剂　0.1mol/L高锰酸钾溶液：用草酸钠标定。

0.05mol/L硫酸亚铁铵溶液：将40g硫酸亚铁铵溶于500mL，体积分数为5%的硫酸中，并用这种硫酸溶液稀释至1L。

质量分数为3%的硝酸溶液：将40mL浓硝酸沸煮至无色，通空气5min，取其中30mL混于975mL水中。

（3）分析步骤　用中等孔径的烧结玻璃过滤器过滤槽液，除去溶液中不溶性的锰化合物。吸取经过过滤的槽液10mL放于400mL的烧杯中，加50mL水，盖上玻璃表面皿加热至微沸。缓慢滴加10mL质量分数为30%的过氧化氢，摇动烧杯使溶液产生泡沫1min，溶液沸腾15min。冷却，用中等孔径的烧结玻璃过滤器过滤，用少量水洗涤沉淀。用60mL质量分数为6%的亚硫酸溶解沉淀，并用少量亚硫酸溶液洗涤烧杯和表面皿。缓慢添加5mL浓硫酸，并沸腾溶液15min。冷却，加25mL浓硝酸并沸腾溶液除去其中的氮氧化物。稀释溶液至100mL并冷却至10℃。加1g铋酸钠并搅拌1min，加100mL，10℃的水。用中等孔径的烧结玻璃过滤器过滤于吸气瓶中，用10℃质量分数为2%的硝酸溶液洗涤沉淀，直到洗涤水无色。加2mL质量分数为85%的磷酸到滤液中。用滴定管将10mL过量的硫酸亚铁铵溶液放于滤液中，用标准高锰酸钾溶液滴定至溶液显微红色。

做空白试验，采用同样的操作步骤和同样的试剂。最后，加精确量的硫酸亚铁铵溶液于样品中，并用0.1mol/L高锰酸钾溶液滴定。

（4）计算　锰的质量浓度（g/L）按下式计算：

$$锰的质量浓度=[(A-B)\times C\times 0.0110\times 1000]\div D$$

式中　A——空白溶液高锰酸钾的用量（mL）；

B——测定时高锰酸钾的用量（mL）；

C——高锰酸钾溶液的当量浓度；

D——试样采集量（mL）。

6. 六价铬的测定

（1）原理　铬酸盐用过量的硫酸亚铁反应，过量的铁离子用重铬酸钾滴定。

（2）试剂　体积分数为 20% 的硫酸溶液：取 1 体积份浓硫酸加入 4 体积份水中。

0. 05mol/L，标准硫酸亚铁溶液：将 39. 2g 的 $FeSO_4 \cdot (NH_4)_2SO_4 \cdot 6H_2O$ 和 50mL 硫酸溶于水中，并稀释至 1L。使用前用标准重铬酸钾溶液标定。

体积分数为 50% 的磷酸溶液：将质量分数为 85% 的浓磷酸与等体积的水混合。

0. 05mol/L 标准重铬酸钾溶液：将 4. 9035g 重铬酸钾溶于水，并稀释到 1L。使用前用已知含量的纯铁丝标定。

二苯胺磺酸钡指示剂：将 0. 32g 二苯胺磺酸钡溶于 100mL 水中。

（3）分析步骤　吸取 14mL 槽液放于称量瓶中，并称重，然后转移至 500mL 容量瓶中并稀释到刻度，吸取其中 50mL 溶液放于 500mL 锥形烧瓶中，加 100mL 体积分数为 20% 的硫酸溶液稀释，用标准 0. 05mol/L 硫酸亚铁溶液滴定，并轻微过量。加 5mL，1∶1 磷酸溶液，几滴二苯胺磺酸钡指示剂，用标准重铬酸钾溶液滴定过量的硫酸亚铁。

（4）计算　铬的含量（质量分数,%）按下式计算：

铬的含量 = 标准 0. 05mol/L 硫酸亚铁溶液的净用量(mL) ×
0. 001734 ×100 ÷ 样品的采集量(g)

7. 六价铬的测定（另一分析方法）

（1）原理　将盐酸和碘化钾加入试样中，分解出游离碘，然后淀粉做指示剂，用硫代硫酸钠滴定。

（2）试剂　化学纯浓盐酸；碘化钾；0. 05mol/L 硫代硫酸钠溶液；淀粉指示剂。

（3）分析步骤　吸取 1mL 槽液放于 250mL 烧杯中，加 150mL 蒸馏水，加 5mL 盐酸和 5gKI。让其反应至少 2min，摇动并用 0. 05mol/L 硫代硫酸钠溶液滴定到黄色几乎消失，滴几滴淀粉指示剂，继续用硫代硫酸钠溶液滴定到蓝色刚好消失。

（4）计算　铬的质量浓度（g/L）按下式计算：

铬的质量浓度 = 标准 0. 05mol/L 硫代硫酸钠溶液量(mL) ×

0.001734×1000÷样品的采集量(mL)

5.12　氧化膜的质量检验

1. 外观检查

镁合金经氧化后的表面应有一层均匀的氧化膜，因氧化溶液和原材料不同，允许氧化膜颜色不一样，除有夹具接触印外，不允许有：不连续的氧化膜；氧化膜上有露出基体金属的亮点；用手能擦掉的疏松氧化膜；严重的氧化膜划伤、擦伤，局部表面没有氧化膜的现象。

2. 点滴试验法

将一滴质量分数为1%的 NaCl 和质量分数为0.1%的酚酞酒精溶液，点滴在氧化膜的表面上，由于溶液透过氧化膜与镁发生反应的结果，点滴表面变成玫瑰红色。若变化时间超过规定的标准时间，说明膜层耐蚀性合格。其标准时间见表5-24。

表 5-24　镁合金氧化膜点滴法的标准时间（单位：min）

牌号	点滴试验时的温度/℃				
	20	25	30	35	40
ME20M	2	1.33	1.05	0.86	0.66
M2M	2	1.33	1.05	0.86	0.66
ZM5	1	0.66	0.58	0.43	0.33

3. 不合格氧化膜的退除

原材料带来的旧氧化膜或氧化后质量不合格的氧化膜，按下列方法退除：

1）各种尺寸公差小的机械加工零件，经过化学脱脂后可在铬酸溶液中退除。

2）铸件、压铸件，在毛坯状态尺寸尺寸公差较大的情况下，允许喷砂除掉。

3）变形镁合金工件上的旧氧化膜，在质量浓度为260～310g/L的氢氧化钠溶液中，于70～80℃下处理20min，退膜后经热水、冷水洗净，在铬酸溶液中中和0.5～1.0min。

5.13　无铬转化膜处理工艺

随着镁合金应用领域和用量的扩大，特别是人们基于对镁合金应用前景的科学分析所进行的充分认识和估计，对节约资源、保护环境的日益重视，以及对提高镁合金表面处理工艺水平和膜层性能的强烈要求，镁合金表面处理技术的研究开发进入了一个新的快速发展时期，无铬、清洁环保的六价铬替代工艺不断被开发出来，这些工艺尚未作为标准工艺方法执行，这里略做介绍。

5.13.1　磷化处理

镁合金通过磷化处理形成磷酸盐转化膜，根据溶液组成分别得到含磷酸镁、磷酸锰的磷化膜。以磷酸锰为主要成分的镁合金磷化液有迪戈法特浓缩液、马赫夫浓缩液等几种典型的溶液。镁合金的磷化方法见表5-25。

表5-25　镁合金的磷化方法

编号	溶液组成	质量浓度/(g/L)	工艺条件	
			温度/℃	时间/min
1	迪戈法特浓缩液	30.0	96~98	20~30
	氟化钠或氟硅酸钠	0.3		
2	磷酸氢二锰	30.0	98~100	30~40
	氟化钠或氟硅酸钠	0.3~0.5		
3	马赫夫浓缩液	27~32	96~98	30~40
	氟化钠	0.3		
4	马赫夫浓缩液	60.0	18~25	4~5
	硝酸锌	25		
5	磷酸	15.0	75~85	0.5
	硝酸锌	22.0		
	氟硼酸钠	15.0		

表5-25中迪戈法特浓缩液成分（质量分数）为：$P_2O_5$49.5%，

Mn15.5%，Fe0.57%，SO_4^{2-}1.18%，F0.17%。马赫夫浓缩液成分（质量分数）为：$P_2O_5$50%～53%，Mn18%～20%，Fe1.5%～2%。影响膜的质量的决定性因素是合金的组成，它影响到膜的颜色、膜与金属表面的结合牢度、膜的组成和结晶粗细。有时，成膜过程会完全被抑制。

槽液消耗快是铝镁合金磷化溶液的一个大缺点。在每升溶液仅仅磷化0.08m^2面积后，就需要调整溶液的酸度和成分，否则磷化膜的质量会迅速地恶化，此时磷酸亚铁的浓度对膜的颜色有显著的影响。

磷化膜的化学成分取决于溶液的组成。用含氟化钠的溶液（表5-25中编号3）产生的膜主要由磷酸锰组成，而用含氟硼酸钠的溶液（表5-25中编号5）得到的膜主要是磷酸镁。这样，改变溶液的成分就可以改变磷化膜的成分和性质。

表5-26列举了其他几种镁合金磷化处理工艺，其中含锌的磷化液转化体系能够在镁合金表面形成外观均匀、细致，结合牢固的转化膜。

表5-26　镁合金磷化处理工艺

溶液组成及工艺条件		1	2	3	4	5
质量浓度/(g/L)	Na_2HPO_4	20				
	H_3PO_4	7.4mL/L	17.5			
	$NaNO_2$	3	0.83			
	$NaNO_3$	1.84	0.18			
	$Zn(NO_3)_2$	5				
	NaF	1	1.7			0.3
	ZnO		3.2			
	有机胺		0.18			
	酒石酸		2.2			
	$KMnO_4$			40		
	K_2HPO_4			150	22.3	
	KH_2PO_4				11.2	
	$NaHF_2$				2.4～4.3	

（续）

溶液组成及工艺条件		1	2	3	4	5
质量浓度/(g/L)	$NaVO_3$				2.0~5.0	
	表面活性剂				0.1%~1.0%（体积分数）	
	TRITONX-100					
	$(Mn,Fe)H_2PO_4$					25~30
	$Ce(NO_3)_4$					少量
工艺条件	温度/℃			40~70	≈54	20~80
	pH 值	3.4±0.2		3~6	5~7	
	时间/min			10	20~30	20~40

5.13.2 锰酸盐（高锰酸盐）转化处理

锰酸盐（高锰酸盐）转化膜作为另外一种有前景的无铬转化膜同样受到人们的关注。通常用磷酸盐与锰酸盐（高锰酸盐）组成的混合液作为化学转化液的主要成分，日本学者 Umehara 等将镁合金 AZ91D 浸入含 HF 的高锰酸盐化学转化液中，得到主要由锰的氧化物和镁的氟化物形成的无定形复合转化膜。此种高锰酸盐转化膜具有与铬酸盐转化膜相当的耐蚀性。进一步研究发现，若将镁合金浸入到含有 HNO_3 的高锰酸盐转化液中，形成的转化膜比浸入含有 HF 酸的转化液中所形成的转化膜厚，且此转化膜主要由锰的氧化物组成。在此基础上，又研究出一种含有 $Na_2B_4O_7$ 和 HCl 的更稳定的高锰酸盐化学转化液。以上介绍的高锰酸盐化学处理液配方见表 5-27。

表 5-27 高锰酸盐化学处理液配方（单位：mol/m^3）

序号	$KMnO_4$	$Na_2B_4O_7$	HF	HNO_3	HCl
1	20	—	20~200	—	—
2	20	—	—	20~200	—
3	20	100	—	—	50~200

5.13.3 MAGIC 无铬转化处理

MAGIC 是一种尚未公开的镁合金无铬转化处理工艺。

1. 工艺流程

1）使用MAGIC工艺，根据对产品表面不同的功能性要求，应按表5-28确定处理工序。

表5-28　不同性能要求采用的处理工序

不同目的的处理工序	脱脂	成膜处理	导电化处理	调整处理	后处理
后序涂装、耐蚀性	✓	✓		✓	
后序不涂装、耐蚀性	✓	✓		✓	✓
整个工件涂装、附着力功能	✓	✓			
导电功能	✓	✓	✓	✓	

2）MAGIC工艺各工序的效应及其使用的处理剂见表5-29。

表5-29　MAGIC工艺各工序的效应及其使用的处理剂

工序	处理剂	溶液特性	
脱脂	MgCC脱脂剂	碱性	清洁镁表面而不侵蚀工件
成膜处理	MgCC-A MgCC-B （A与B一同使用）	中性	形成微小孔洞，以增强膜层与工件表面的附着力
导电化处理	MgCC-D	酸性	在镁表面成为导电薄膜
调整处理	MgCC-CNT	强碱性	增强表面耐蚀性
后处理			进一步提高耐蚀性
干燥			处理后应尽快干燥，以防止腐蚀

注：每个工序间需进行两道清洗。

2. 溶液控制方法

（1）脱脂剂BGF-220HF

1）外观特性：淡黄色粉末；pH值为12.4（质量分数为5%溶液）；碱度：15.0（质量分数为5%溶液）；表面张力：0.0389N/m（质量分数为5%溶液，温度25℃）。

2）操作条件：质量浓度为40～60g/L（标准为50g/L）；镀槽选用钢槽；温度为40～80℃（标准为60℃）；时间为1～15min；搅动

溶液会有更佳效果。

（2）MgCC-A、MgCC-B 成膜处理剂

1）溶液特性：中性。

2）操作条件：MgCC-A 体积分数为 20%（15%～22%），MgCC-B 质量浓度为 25g/L（25～30g/L）；温度为 60℃（55～65℃）；pH 值为 8.0（7.5～8.5），配槽时以氨水调节；时间为 2min（1～5min）。

3）控制方法：每生产 $10dm^2$ 的转化膜约需补充 2mL 的 MgCC-A。

MgCC-B 的补加如下：

①根据 pH 值来控制补加量（pH 值会随生产量增加而上升），pH 值范围为 7.5～8.5，降低 pH 值补充 MgCC-B，升高 pH 值添加氨水。

②以浓度分析来补加。分析方法（滴定法）如下：

a. 以移液管取 2mL 槽液放入 300mL 的锥形瓶，并加入 100mL 去离子水。

b. 加入 10mL 硫酸（体积分数为 50%），并加热至 70℃。

c. 以 0.1mol/L 的 $KMnO_4$ 标准液来滴定。

d. 滴定终点为过量高锰酸根的淡粉红色，并维持 30s 以上。$KMnO_4$ 的滴定量为 b（mL）。

MgCC-B 的质量浓度（g/L）按 $3.1bf_1$ 计算，f_1 是 0.1mol/L $KMnO_4$ 标准液的实际浓度。

（3）MgCC-D 导电化处理剂

1）溶液特性：酸性。

2）操作条件：体积分数为 2.5%（2%～5%）；温度为 55℃（50～60℃）；pH 值为 2.0（1.8～2.3）；时间为 2min（2～5min）。

3）控制方法如下：

①根据 pH 值来控制补加量（pH 值随生产量增加而上升），pH 值控制范围为 1.8～2.3，补加 MgCC-D 以调节 pH 值。

②根据浓度分析来补加。分析方法（滴定法）如下：

a. 以移液管取 25mL 槽液放入 300mL 的锥形瓶，然后加入 20mL 质量分数为 20% 的氟化钾溶液，加入去离子水至 100mL。

b. 加入数滴酚酞指示剂，然后以0.1mol/L的NaOH标准溶液滴定，终点为淡粉红色。NaOH标准液的滴定量为d（mL）。

游离MgCC-D的体积分数（%）按0.377df_2计算，f_2是0.1mol/L NaOH标准液实际浓度。

（4）MgCC-CNT调整处理剂

1）溶液特性：强碱性。

2）操作条件：体积分数为30%（25%～30%）；温度为90℃（80～100℃）；时间为10min（5～30min）。

3）控制方法：以控制游离碱度来控制浓度，分析游离碱度的方法如下：

①以移液管取5mL槽液放入一个300mL的锥形瓶。

②加入约100mL去离子水。

③加入数滴酚酞指示剂，然后以0.5mol/L的硫酸标准液滴定，终点为淡粉红色。0.5mol/L硫酸标准液的滴定量为c（mL）。

游离MgCC-CNT的体积分数（%）按2.4cf_3计算，f_3是0.5mol/L硫酸标准液的实际浓度。

5.14　无铬阳极氧化工艺

5.14.1　锰酸盐-氟化物阳极氧化工艺

1. 锰酸盐-氟化物阳极氧化工艺

镁合金的锰酸盐-氟化物阳极氧化工艺见表5-30。

2. 溶液的配制

（1）锰酸铝钾的制备　按下列配料比将原料充分混合。

高锰酸钾（$KMnO_4$）	60%（质量分数，下同）
氢氧化钾（KOH）	37%
氢氧化铝[$Al(OH)_3$]（可溶性或干溶胶）	3%

将混合后搅拌均匀的混合物放入开口的铁容器（或瓷坩埚）中，然后放入带有鼓风的烘箱中，在245℃烘焙3h以上。待冷却后，把生成物溶解在预先配制好的5%（质量分数）的氢氧化钾溶液中（不

可以氢氧化钠代替氢氧化钾，更不能把生成物溶于水中）。所得溶液呈绿色，经过滤，分析 MnO_4^{2+} 含量后备用。100g 混合料大约生成 MnO_4^{2+} 24～26g。

表 5-30　镁合金的锰酸盐-氟化物阳极氧化工艺规范

序号	配方		工艺条件				膜层特点
	溶液成分	质量浓度/(g/L)	温度/℃	起始电流密度/(A/dm²)	最终电压/V	时间/min	
1	锰酸铝钾(PAM)(按 MnO_4^{2+} 计算)	50～70	<30	2～4	交流 65～67	到最终电压为止	薄膜为浅棕色，厚膜为深棕色，膜层耐磨性较好
	氢氧化钾(KOH)	>160					
	氟化钾(KF)	120					
	氢氧化铝[$Al(OH)_3$]	45～50					
	磷酸三钠($Na_3PO_4 \cdot 12H_2O$)	40～60					
2	氢氧化钠(NaOH)	140～160	70～80	0.5～1	直流 4～6	20	膜呈青灰色，膜层均匀、厚实。缩孔、棱角均能氧化成膜，适用于铸镁锭的防护
	酚(C_6H_5OH)	3～5					
	水玻璃	15～18					

（2）溶液的配制　量取计算用量的锰酸铝钾溶液，将其倒入槽中，将定量的氢氧化钾加入溶液中，另外把两倍于氢氧化铝用量的氢氧化钾溶于适量的水中（浓度不要过稀），然后将所需量的氢氧化铝、氟化钾加入上述氢氧化钾溶液中，加热至 65～90℃，使之完全溶解后加入槽中。再将余量的氢氧化钾和磷酸三钠加入槽中使之溶

解。搅拌均匀，溶液经过滤，加水至规定体积。

（3）工艺维护　表5-31中1号溶液采用直流电氧化，钢槽本身做阴极，工件与电源正极相连接，阴、阳极面积比为2:1，不允许工件与槽体相接触。

氧化时，用不断升高电压来保持电流密度恒定，如果电流不下降和电压升不上去，这表明溶液各组分含量失调，需进行分析调整。

5.14.2　微弧氧化

镁合金的微弧氧化是近年来开发出的新工艺，是一种特殊形式的阳极氧化。国内外都做了大量研究，下面介绍较为典型的工艺。

1. Anomag微弧氧化工艺

Anomag微弧氧化工艺是1998年由新西兰国立研究所开发、新西兰镁业技术公司推出的无铬阳极氧化工艺。这种工艺的氧化过程介于普通阳极氧化与微弧氧化之间，通过控制槽液成分使氧化过程中抑制火花产生。控制Anomag工艺可以得到透明的氧化膜，外观与铝合金氧化膜接近，可以直接相匹配，耐蚀性、耐磨性远优于传统的阳极氧化膜。

Anomag微弧氧化工艺所用电解液的主要成分为氨水，以磷酸盐、铝酸盐、过氧化物、氟化物为添加剂，同时也可向溶液中加入硅酸盐、硼酸盐、柠檬酸盐、苯酚等。电解液中氨水的主要作用是抑制火花的产生，减少阳极氧化时产生的热量，使得该方法区别于传统的阳极氧化法和微弧氧化法，无需冷却设备。当氨水的含量过低时，会产生火花放电现象，形成的氧化膜与传统的阳极氧化膜相类似。磷酸盐的加入是为了得到透明的阳极氧化膜，浓度越低，膜层的透明性越好；磷酸盐浓度过高，得到的氧化膜不透明，同时在高压下会产生火花放电现象。过氧化钠的加入是为了降低成膜电压，但浓度较低时，对成膜不会有明显影响；浓度过高时，会产生破坏性火花，工件表面不会成膜。如果对阳极氧化膜颜色有特别的要求，还可以向溶液中添加染色剂，可产生不同颜色膜层，对氧化膜的性能并无影响。另外，该氧化过程采用氨水为电解液，温度应低于40℃，同时应具有良好的通风设备。

同其他处理方法所得到的氧化膜一样，该氧化膜层也具有多孔微观结构。膜层组成主要为MgO、Mg（OH）$_2$的混合物。以磷酸盐为添加剂时，膜层中存在$Mg_3(PO_4)_2$。以铝酸盐或氟化物为添加剂时，膜层中会存在氟化镁、铝酸镁。膜层为透明或珍珠色，取决于电解液中添加剂的种类和浓度。一般的阳极氧化技术，由于产生火花放电现象，得到的氧化膜粗糙多孔且部分烧结，电流效率低，而Anomag工艺得到的氧化膜孔隙分布比较均匀，电流效率较高，具有较好的耐蚀性、耐磨性，操作简单，膜生长速度快（达1μm/min）。氧化膜层可单独使用，也可以进行着色、封孔、涂覆有机聚合物。

2. Magoxid-Coat 微弧氧化工艺

Magoxid—Coat微弧氧化是由德国AHC有限公司于20世纪90年代推出的氧化工艺。该电解液组成中每种阴离子的浓度大于0.1mol/L，总量小于2mol/L；阳离子的选择以电解质的浓度与黏度最大化为原则，通常选用碱金属、碱土金属、铝离子以及铵根离子，总量为小于1mol/L；同时以尿素、乙二醇、丙三醇、六甲基四胺等有机物为稳定剂，恒温恒电流操作。电解液的温度为-30~15℃，可采用直流电、交流电、三相交流电及脉冲电压。当频率达到500Hz以上时，电压方式对成膜的过程几乎没有任何影响；当达到预设终止电压时，氧化过程完成，该方法适用于几乎所有镁合金。

工艺实例如下：

磷酸根	0.214mol/L
硼酸根	0.238mol/L
氟离子	0.314mol/L
钠离子	0.13mol/L
铵根	0.28mol/L
六甲基四胺	0.6mol/L
温度	12℃ ±2℃
电流密度	4A/dm^2
终电压	250V
时间	40min

3. Tagnite 微弧氧化工艺

Tagnite 微弧氧化工艺是由 Technology Application Group 发明的一种氧化工艺。工艺实例如下：

（1）工艺步骤

1）将镁合金浸入含有 0.5～1.2mol/L 的 NH_4F 溶液中进行预处理。

2）水洗后进行氧化处理，电解液的组成如下：

氢氧化钾	5g/L（5～7g/L）
氟化钾	5g/L
硅酸钾	16g/L
pH 值	12.5

（2）溶液配制　先将氢氧化钾（5g/L）溶于水，再加入硅酸钾溶液（如质量分数为 20% 的硅酸钾溶液 80mL/L），再加入氟化钾（5g/L）。

浸氟化铵的目的是去除镁合金表面的杂质，形成氟化铵底层，以利于微弧氧化陶瓷层的沉积，增加氧化物陶瓷层与基体的结合力。如果处理时间太短，则不能完全除去杂质，在镁基体上也不能形成足够的氟化铵底层，会影响氧化陶瓷层的耐蚀性，以及与基体的结合力；如果处理时间过长，就会造成经济上的浪费。随着处理时间的延长，膜层的性能并没有明显的变化，一般情况下形成的氟化铵层厚度为 1～2μm。该层有一定的耐蚀性，但耐磨性和硬度较低。预处理后进行电化学氧化，如果电解液的温度过高或酸性太强，阳极氧化反应会过快，对基体造成局部腐蚀，不利于氧化成膜；如果溶液的碱性太强或温度太低，阳极氧化成膜反应速度又太慢，在进行阳极氧化时应严格控制电解液的温度和酸碱度。Tagnite 微弧氧化工艺在碱性液中生成白色硬质氧化陶瓷层，膜层含有 SiO_2，厚度为 10～30μm。由于该方法采用预处理步骤，所得到的氧化膜与基体的结合力是目前最强的，盐雾腐蚀试验 700h 可达 9 级（按 ASTMB117 标准试验）。载荷 1kgf (9.8N) 的 CS-17 耐磨试验可达 4000 周期。表面的 SiO_2 膜层多孔，阳极氧化后可进行有机或无机封孔及涂覆处理，以提高耐蚀性及增强表面装饰性。

4. 其他微弧氧化工艺

国内期刊或专利报道的一些微弧氧化工艺见表5-31。

表5-31　部分公开报道的微弧氧化工艺

溶液组成及工艺条件		1	2	3	4	5	6
质量浓度/(g/L)	硅酸钠	26	3			12	15
	六偏磷酸钠					10	
	硼酸钠		1				
	氢氧化钾		0.5				10
	氟化钾	12		29			8
	氢氧化钠	10				4	
	氟化钠			31		2	
	甘油	32				少量	
	一水磷酸氢钠			80			
	铝酸钠		5	41			
	添加剂A			4			
	添加剂B			2mL/L			
	植酸				10		
	氢氟酸				20		
	磷酸				48		
	氟硼酸				10		
	pH(氨水或二乙烯三胺调)				8~10		
工艺条件	温度/℃			≤40	16	20~40	
	电流密度/(A/dm²)	1.1	10	1	40		5~12
	电压/V	180		550	350		600
	频率/Hz	700	50	450	600		500
	占空比(%)	20	20	30	15		20
	时间/min	30	60	20	2	5~60	

第6章 锌、镉及其合金的化学转化膜

6.1 锌、镉及其合金简介

锌是一种蓝白色金属，锌的密度为7.17g/cm^3，熔点为420℃。锌较脆，只有加热到100～150℃时才有一定延展性，250℃以上时易于发脆。在适当的温度下，可以进行滚轧、拉拔、模锻、挤压等加工，还可用于浇铸。锌易溶于酸，也溶于碱，所以称它为两性金属。锌能够抗空气腐蚀，它在干燥的空气中几乎不发生变化，因而用作建筑材料（例如屋顶材料），用于充当其他金属（尤其是钢铁）的保护层（例如热浸镀锌、电解镀锌）。锌也可以用于生产合金，锌基合金按用途分，可分为铸造锌合金、热镀锌合金两大类。铸造锌合金主要是锌铝合金，通常加有铜或镁，具有熔点低，流动性、铸造性好等优点，可用于压铸件和复杂的铸件，在汽车、仪表等行业获得广泛的应用。锌铜合金（钮扣金属合金），用于浇铸、冲压等。热镀锌合金则应用于钢件的镀锌行业，延长镀件的使用寿命。锌基合金还可用于制造出比普通锌强度更大的薄板、冲压模具，也可用作阴极保护阳极（防蚀消耗阳极）以保护管道、冷凝器等，使其不受腐蚀。

锌合金或镀锌层经钝化处理后，因钝化液不同得到不同色彩的钝化膜或白色钝化膜。彩虹色钝化膜的耐蚀性比无色钝化膜高5倍以上。这是因为彩虹色钝化膜较白色钝化膜厚；另一方面，彩虹色钝化膜表面被划伤时，在潮湿空气中，划伤部位附近的钝化膜中六价铬有对擦伤部位进行“再钝化作用”，修补了损伤，使钝化膜恢复完整。因此，锌合金或镀锌层多采用彩虹色钝化。无色钝化膜外观洁白，多用在日用五金、建筑五金等要求有白色均匀表面的制品上。此外，还有黑色钝化、军绿色钝化等，在工业上也有应用。

镉是一种银白色金属，密度为8.65g/cm^3，熔点为320.9℃，沸点为767℃。其硬度比锡硬，比锌软，可塑性好，易于锻造和碾压，也易于抛光，在国防、航天、航空工业上都有广泛的用途。在民用领域，其主要用作电镀层。镉的化学性质与锌相似，但不溶解于碱液中，溶于硝酸和硝酸铵中，在稀硫酸和稀盐酸中溶解很慢。在室温干燥的空气中几乎不发生变化，但在潮湿的空气中易氧化，生成一层薄的氧化膜（碱式碳酸盐）覆盖于表面后，防止了金属继续被氧化，起到了一定的保护作用。镉的标准电极电位比铁稍正。在质量分数为3%的氯化钠溶液中，镉的电极电位则比铁负。因此，镉镀层对钢铁件来说，其保护性能随使用环境而变化。在一般条件下或在含硫化物的潮湿大气中，镉镀层属阴极性镀层，起不到电化学保护作用；而在海洋和高温大气环境中，镉镀层属阳极性镀层，其保护性能比锌好。镉蒸气及可溶性镉盐均有毒，所以不允许用镉镀层来保护盛食品的器皿及自来水管等。由于镉的价格昂贵且污染危害极大，故镉镀层的应用受到限制，通常采用锌镀层或合金镀层来代替镉镀层。目前镉镀层只用于某些无线电零件、电子仪器的底板及某些军工产品上，特别是用于与铝接触的钢零件以及湿热地区使用的精密仪表的零件上。

6.2　铬酸盐转化膜的机理

铬酸盐转化是指在以铬酸、铬酸盐或重铬酸盐做主要成分的溶液中，处理金属或金属镀层的化学或电化学处理的工艺。这样处理的结果，在金属表面上产生由三价铬和六价铬化合物组成的防护性转化膜。锌和镉的铬酸盐转化膜习惯上称为铬酸盐钝化膜。

采用金属铬酸盐转化工艺的目的如下：

1）提高金属或金属防护层的耐蚀性，在后一种情况下，可能延长在镀层金属和基体金属上出现第一个腐蚀点的时间。

2）使金属表面不容易产生指纹或其他污染。

3）增加漆及其他有机涂层的结合力。

4）得到彩色或装饰性效果。

锌、镉的铬酸盐转化膜是在含有起活化作用的其他添加剂的铬酸或铬酸盐溶液里产生的，这些添加剂往往是无机酸或有机酸。铬酸盐转化膜的形成过程是金属表面在铬酸盐溶液里氧化，同时基体金属离子转入溶液并释放出氢。放出的氢把一定量的六价铬还原成三价状态。基体金属的溶解导致金属—溶液界面处pH值升高，直至三价铬以胶态氢氧化铬的形式沉积出来。来自溶液的一定数量的六价铬和由经受铬酸盐转化的金属离子形成的化合物被吸藏在胶体里。

为了触发铬酸盐转化过程和得到特定性质的铬酸盐转化膜，在铬酸酸盐溶液里除了六价铬化合物之外，还有无机和有机添加剂。常用的添加剂为：硫酸、氯化物、氟化物、硝酸盐、醋酸盐和甲酸盐，也使用许多别的物质（这些物质大多已申请成为专利）。

铬酸盐转化膜的颜色和厚度随铬酸盐转化的条件而改变，特别与溶液的成分、pH值、温度及处理时间有关。决定铬酸盐转化膜形成的最重要因素是铬酸盐转化溶液的pH值。铬酸盐转化膜的形成一定紧跟在与表面活化相关的基体金属溶解之后发生。生成的金属离子参加反应。从这一点看，最合适的pH范围可以由相应的图中找出，例如锌的pH值与溶解速度的曲线见图6-1。从图中曲线的走向可以看出，在pH值在4以下和13以上锌的溶解是很显著的。对锌的铬酸盐转化过程有重要意义的pH值范围在1~4之间，pH值在13以上几乎完全没有应用。pH值越低，锌基体受到的腐蚀越严重，这种溶液同时具有的抛光作用越明显。在铬酸盐转化过程中，把pH值升到高于1，膜加速成长。在一特定的pH值下，膜的生成速度最高，pH值进一步增高，膜的生成速度会逐步降低。pH值在1~4之间，金属表面的抛光和铬酸盐转化膜的生成需要10~120s；而pH值更高时，金属的腐蚀非常少，金属基体表面可能浸渍数小时也没有很大变化。在硫酸和盐酸溶液里，锌氧化同时放出氢气，而在硝酸和重铬酸溶液里，锌氧化时不放出氢气。当放氢时，锌—溶液界面处的pH值发生显著的变化。在硝酸溶液里，界面处的pH值有相当大的改变。而在重铬酸溶液里，界面处的pH值几乎不变，在铬酸和稀硫酸的混合溶液里，铬酸和硫酸含量的比值，决定了界面处的pH值的改变量，从而决定了转化膜的形成速度及膜的组成。当pH值升高到4左右时，便形成难溶的碱式铬酸盐及其水化物，沉积在锌表面，形成转化膜。

转化膜是由三价和六价的碱式铬酸盐及其水化物组成的。其中，三价铬呈绿色，六价铬呈红色，由于各种颜色的折光率不同，形成转化膜的彩虹颜色。三价铬难溶，强度高，在转化膜中起骨架作用；六价铬易溶，较软，但对锌基体具有再钝化作用。

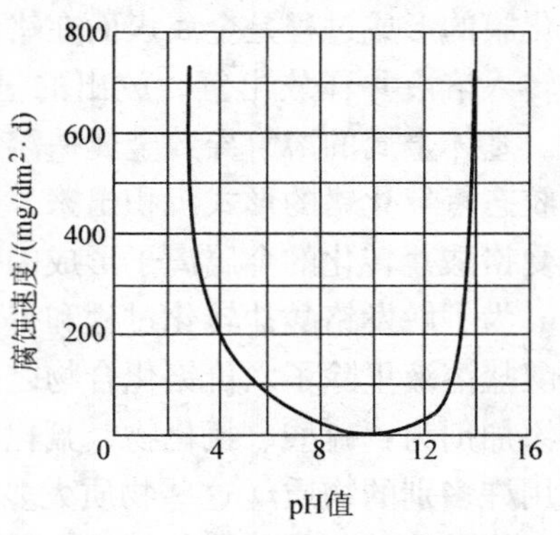

图 6-1　锌的腐蚀速度与pH 值的关系

当锌合金或镀锌层浸入铬酸盐溶液时，发生了下列三个反应过程。

(1) 锌的溶解与六价铬被还原的过程　锌与酸反应被溶解，生成锌离子，六价铬被还原为三价铬离子，反应式如下：

$$3Zn + Cr_2O_7^{2-} + 14H^+ \rightarrow 3Zn^{2+} + 2Cr^{3+} + 7H_2O$$

$$3Zn + 2CrO_4^{2-} + 16H^+ \rightarrow 3Zn^{2+} + 2Cr^{3+} + 8H_2O$$

$$3Zn + 2NO_3^- + 8H^+ \rightarrow 3Zn^{2+} + 2NO + 4H_2O$$

$$Zn + 2H^+ \rightarrow Zn^{2+} + H_2\uparrow$$

(2) 由 pH 升高而形成转化膜的过程　由于锌的溶解，使锌层表面附近铬酸盐溶液的 H^+ 离子浓度减少，OH^- 离子浓度相应增加而使 pH 值上升。在此情况下，溶液的重铬酸根就转变为铬酸根离子，反应式如下：

$$Cr_2O_7^{2-} + H_2O \rightarrow 2CrO_4^{2-} + 2H^+$$

这时在铬酸根和氢氧根离子作用下，生成碱式铬酸铬、碱式铬酸锌、三氧化二铬及亚铬酸锌，在锌表面生成凝胶状膜层，反应式如下：

$$Cr^{3+} + OH^- + CrO_4^{2-} \rightarrow Cr(OH)CrO_4\text{（碱式铬酸铬）}$$

$$2Cr^{3+} + 6OH^- \rightarrow Cr_2O_3 \cdot 3H_2O\text{（三氧化二铬）}$$

$$2Zn^{2+} + 2OH^- + CrO_4^{2-} \rightarrow Zn_2(OH)_2CrO_4\text{（碱式铬酸锌）}$$

$$Zn^{2+} + 2Cr^{3+} + 8OH^- \rightarrow Zn(CrO_2)_2 \cdot 4H_2O\text{（亚铬酸锌）}$$

铬酸盐转化膜组成比较复杂，它的化学式大致如下：

$Cr_2O_3 \cdot Cr(OH)CrO_4 \cdot Cr_2(CrO_4)_3 \cdot ZnSO_4 \cdot Zn_2(OH)_2CrO_4 \cdot Zn(CrO_2)_2 \cdot xH_2O$

（3）铬酸盐转化膜的溶解过程　当转化膜形成到一定程度，若继续将锌放在铬酸盐溶液内，由于离子的扩散作用，转化膜表面附近溶液中的氢离子浓度又会升高，pH值降低，转化膜会溶解掉一些，所以处理时间太长，转化膜不但不会厚起来，而会越来越薄。

以上三个过程是同时进行的，即整个处理过程中，包含着锌的溶解、膜的生成及膜的溶解。其中膜的生成是主要方面，但由于溶液中酸度很高，在溶液中转化膜溶解的速度大于成膜的速度，生成的转化膜是较薄的。只有当锌离开处理溶液，在空气中仍进行上述反应。由于残留在锌上的溶液较少，反应的结果使氢离子浓度迅速降低，残留溶液的pH值迅速升高，使锌与铬酸盐等起反应，形成凝胶状转化膜。

以前一直使用铬酐浓度较高的处理液，处理液稳定，转化膜质量好。缺点是铬酐消耗大，且大多数从清洗水中排出，增加废水处理的负担。为解决这个问题，现采铬酐浓度很低的工艺。它大大减少了废水中六价铬的含量，缺点是钝化液要经常调整，化学抛光性能差，这些缺点在实践中将逐步予以克服。

近来，还开发一种处理后不用水洗，而直接烘干的“超低铬酸彩虹钝化”工艺，正在进一步试验之中。

6.3 铬酸盐转化膜的性能

6.3.1 铬酸盐转化膜的物理性能

从铬酸盐转化膜的颜色深浅可以粗略地估计出它们的厚度，一般认为铬酸盐转化膜的厚度大约为1μm，范围是0.15～1.5μm。膜重为：透明膜0.3mg/dm^2，彩色膜10～15mg/dm^2，草绿色膜18～30mg/dm^2。锌在铬酸盐处理时，表面会有一部分金属溶解掉，金属溶解的数量与转化膜处理条件有关，对透明膜和黄色膜是0.25～

0.5μm，对草绿色膜是 0.5 ~ 1.5μm，对光亮的铬酸盐转化膜是 1 ~ 2μm。

1. 溶解度

新形成的铬酸盐转化膜能部分溶于冷水，在热水里则易溶得多。转化膜因失水和氧化，溶解度会显著降低。转化膜在温暖干燥的条件下至少老化 2d 之后，溶解度达到最佳值。过久地曝露在高温之下而过度干燥，会使膜完全不可溶，或者更坏情况是导致转化膜开裂。

2. 颜色

转化膜的颜色变化相当大，并且与许多因素有关系，如基体金属的性质和粗糙程度，溶液的成分（特别是三价铬与六价铬的含量比）、温度和 pH 值，活化物质，操作条件（处理时间、清洗和干燥的方法），以及可能采用的后处理（漂白、用油封闭）。

铬酸盐转化膜可以有各种颜色，从无色透明、浅乳白到黄色、金黄色、淡绿色、绿色、草绿色到暗绿至褐色，锌的黑色铬酸盐转化膜在生产中应用非常广泛。

3. 亮度

铬酸盐转化膜的亮度变化很大。它可以是铬酸盐处理前基体金属表面光亮所致，或者是由于铬酸盐处理溶液的抛光作用造成的。后一种作用可以很方便地用来在基体金属上产生光亮彩色的铬酸盐转化膜，也能用于装饰。选用适当的铬酸盐处理溶液和工艺程序，可以得到在大气腐蚀条件下仍保持高度光亮的转化膜。

当采用有抛光性能的溶液时必须知道，铬酸盐处理时，观察到基体金属的溶解在某些情况下会深达 2μm。对于比较薄的电镀层进行铬酸盐转化处理，这一点特别重要。在这种情况下应当计算溶解速度，并以此为根据适当增加电镀层的厚度。最好的办法是从溶液里直接镀出光亮电镀层，再在不会降低亮度但能提高膜的耐蚀性，而且能产生彩色效果的溶液里进行铬酸盐转化处理。

4. 孔隙率

干燥之前铬酸盐转化膜是多孔的，可以吸收或存留染料，因此可以利用这个特性改变它们的颜色。但原则上讲，厚度适当并且是用适当的方法产生的转化膜没有孔隙。薄的膜、无色的膜以及在粗糙表面上产生的膜容易是多孔的，而厚的膜和在平滑或光亮的表面上产生的膜孔隙少。在含有悬浮颗粒的处理溶液里，会产生孔隙非常多的沉积物，以至于降低铬酸盐转化膜的耐蚀性。

5. 硬度

铬酸盐转化膜的硬度在很大程度上取决于它的形成条件。对铬酸盐处理过的镉电镀层的研究表明，处理液的温度越高，产生的膜的硬度越大。光亮镉镀层上铬酸盐转化膜的硬度比无光泽镉镀层上的膜要高些。为了得到较硬的转化膜，可以采用较高的溶液温度，但会使操作成本提高，同时热的铬酸盐处理溶液所释放的蒸汽危害更大。

6. 耐磨性

耐磨性差是铬酸盐转化膜的一个严重缺点。厚的膜（黄色或草绿色），尤其是湿的膜，耐磨性特别差，但干燥之后耐磨性会提高。用铬酸盐转化膜作外层时，以及处理过程中，工件从溶液里取出之后进行干燥时，取出和放入时，应该考虑到这一性质。

只要仔细地选择处理条件，有可能得到在湿的情况下仍然耐磨的铬酸盐转化膜。提高 pH 值，降低处理过程中工件的移动速度，降低溶液的搅拌强度，以及正确选取处理时间和处理液的温度，这样一些因素都可以利用。

在湿的情况下，薄的铬酸盐转化膜比厚的膜更耐磨。因此，可以适当选取溶液的工作条件，使它既可以处理小工件也可以处理大工件；既可以手工操作，也可以自动化生产。

7. 电气性能

铬酸盐转化膜的优点之一是电阻率低，这一点近来很受重视。这和电工技术和电子工业关系特别大。人们把铬酸盐转化膜用在有电接触要求的零件上。铬酸盐转化膜的电阻率随基体金属的类型及其表面粗糙度、转化膜厚度和所用压力而改变。有时电阻率可以低到 $8\mu\Omega/cm^2$，而在相同的接触压力下阳极氧化膜的电阻率为 $14\mu\Omega/cm^2$。锌、镉和铝铬酸盐转化膜的电阻率见表 6-1。

深颜色膜的电阻率大约比铬酸盐未处理的金属表面高 50%。草绿色膜的电阻率最高。

一般来说，由于金属表面上生成铬酸盐转化膜，而引起的电阻升高是相当小的，这并不妨碍在大多数电器和电子方面的应用中使用铬酸盐转化膜。铬酸盐转化膜特别适用于连接器的现场修理，因为可以用擦或刷的办法在局部区域涂转化膜。结果表明，生成铬酸盐转化膜进一步延迟了表面与环境的反应，从而使电性能稳定。同时，产生均匀的颜色，这些零件的外观得到了改善。

表 6-1　铬酸盐转化膜的电阻率

基体金属	转化膜的颜色与种类	接触压力为 70N/cm² 时的电阻率/(μΩ/cm²)
电镀锌	无转化膜	3 ~ 8
电镀锌	透明	8 ~ 15
电镀锌	黄色	15 ~ 150
电镀锌	草绿色-灰色	150 ~ 300
电镀镉	透明	11 ~ 20
电镀镉	黄色	15 ~ 150
电镀镉	草绿色-灰色	150 ~ 300
铝	未处理	30 ~ 125
铝	黄色	140 ~ 300

8. 结合力

因为铬酸盐转化膜是通过在金属—溶液界面上反应而生成的，又由含有基体金属和溶液主要成分两者形成的化合物所组成，所以膜与基体金属表面的结合力通常是非常好的。

铬酸盐转化膜一般具有良好的延展性，可以经受压力和成形加工。虽然会发生磨损，但因为曝露的锌基体会被来自周围区域的可溶性铬酸再钝化，所以仍具有耐蚀性。

6.3.2　铬酸盐转化膜的防护性能

铬酸盐转化膜的防护性能与基体金属的种类和表面状态有关，也和膜的厚度和结构有关。而膜的厚度和结构又与处理方法（表面准备、清洗、溶液成分、温度、pH 值及处理时间）和可能采用的附加处理（浸亮、涂装或涂油）有关。

铬酸盐转化膜的老化对于膜的耐蚀性也有很大的影响。老化使钝化膜变硬、开裂，并使铬酸盐从膜里脱附出来和漂洗掉的速度降低。由于转化膜的耐蚀性不仅取决于三价铬氢氧化物的性质，而且取决于吸附的铬酸盐对腐蚀的抑制作用，所以老化对膜的耐蚀性有很大的影响。

处理溶液中的金属离子含量对转化膜的耐蚀性也有影响。研究表明，含15g/LCrO_3的镀锌钝化液里的锌含量增大时，锌上转化膜的耐蚀性下降。镀锌钝化溶液里加入镁盐，由于生成$MgCrO_4$，转化膜耐质量分数为3% NaCl盐雾试验的时间由21h提高到55h。

只要采用适当的方法进行铬酸盐转化处理，转化膜的耐蚀性高于未钝化的金属表面。对于在湿度相当高的室内使用的金属零件，情况就是这样。

至于室外曝露，一般认为，铬酸盐处理确实提高了耐蚀性。但是，研究表明，铬酸盐处理后的锌层远比未处理的锌层更耐包括含有各种气象因素作用的大气腐蚀。表6-2为镀锌层各种铬酸盐转化膜耐蚀性比较。表6-3为镀锌层和镀镉层在不同条件下的耐蚀性。

表6-2 镀锌层各种铬酸盐转化膜的耐蚀性

转化膜类型	中性盐雾试验/h										
	24	48	72	96	120	144	168	192	216	…	500
	泛白点零件的个数										
彩色钝化	0	0	0	0	2	4	5			…	
蓝白色钝化	0	2	4	5						…	
黑色钝化	0	0	0	0	0	2	5			…	
草绿色钝化	0	0	0	0	0	0	0	0	0	…	2

表6-3 镀锌层和镀镉层在不同条件下的耐蚀性

转化膜类型		表面第一次出现变化痕迹的时间		
		潮湿试验/h	中性盐雾试验/h	人造工业大气条件循环数
锌	未钝化	24	10	0.5
	无色钝化膜	200	200	1

（续）

转化膜类型		表面第一次出现变化痕迹的时间		
		潮湿试验/h	中性盐雾试验/h	人造工业大气条件循环数
锌	光亮钝化膜	250	225	1
	黄色钝化膜	700	500	3
	草绿色钝化膜	1100	1000	5
镉	未钝化	24	24	1
	无色钝化膜	200	150	1
	光亮钝化膜	250	200	1
	黄色钝化膜	950	800	4
	草绿色钝化膜	1400	1200	5

注：1. 潮湿试验：24h 一循环，其中 8h 在 40℃的饱和水蒸气里，接着 16h 在 20℃的普通大气条件。

2. 中性盐雾试验：每小时喷雾 1min，喷质量分数为 3% NaCl 溶液，喷雾量为 30mL/L。

3. 人造工业大气试验：温度为 40℃，水蒸气冷凝，试验箱容积为 300L，在每一循环开始时加 2L 二氧化硫、2L 二氧化碳。

6.4 表面预处理

6.4.1 铬酸盐转化膜处理工艺流程

铬酸盐转化处理之前的表面预处理对转化膜的质量有很大的影响。转化处理之前金属表面应当仔细地清洗和脱脂。铬酸盐转化膜要求除去油、脂、黏附在表面上的灰尘和其他颗粒，然后用水清洗，使表面处于润湿状态。铬酸盐溶液一般脱脂能力差。

一定要用化学清洗的方法除去要铬酸盐处理的金属表面的氧化物。化学清洗方法包括浸酸，或者通常用来除去金属表面氧化层，并使金属表面活化的其他浸蚀。

用铬酸盐转化处理金属电镀层时，只要电镀后把零件清洗干净，刚沉积出的镀层可以立即进行转化处理。

铬酸盐处理之前先用酸中和，特别是当有痕量碱性镀液残留在表面上时，则更需要先中和。除去残留的碱液是非常重要的。

大多数工件按表6-4中所列的步骤进行铬酸盐处理。电镀锌层、电镀镉层、锌压铸件进行铬酸盐处理的典型操作步骤如下：

（1）电镀锌层和电镀镉层的光亮铬酸盐处理工序（浸渍法） 电镀→水洗→水洗→铬酸盐处理（15～38℃，10～60s，pH值为0～1.0）→水洗→漂白（有时可以省去）→水洗→热水洗（≤60℃，视情况选用）→干燥（≤60℃）。

（2）电镀锌层和电镀镉层的黄色、青铜色、草绿色铬酸盐转化膜处理工序（浸渍法） 电镀→水洗→水洗→铬酸盐处理（15～38℃，10～60s，pH值为0.9～3.5）→水洗→染色→水洗→热水洗（≤60℃，视情况选用，染色工件不能用热水洗）→干燥（≤60℃）。

（3）锌压铸件的黄色、青铜色、草绿色铬酸盐转化膜处理工序（浸渍法） 蒸汽脱脂（用于除去厚的油和脂）→碱性脱脂（60～100℃）→水洗→浸酸（体积分数为1%～2%的硫酸，视情况选用）→水洗→铬酸盐处理（15～38℃，10～60s，pH值为0.9～3.5）→水洗→热水洗（≤60℃，视情况选用）→干燥（≤60℃）。

表6-4 铬酸盐处理的典型工序

编号	铸造或轧制合金	编号	电镀层
1	用三氯乙烯或四氯乙烯初步脱脂	1	用酸性或碱性溶液电镀
2	用碱性溶液脱脂、水洗	2	用稀的无机酸浸渍、水洗
3	用质量分数为1%～5%的无机酸或以铬酸为主的浸亮溶液浸渍	3	铬酸盐转化处理、水洗
4	铬酸盐转化处理、水洗	4	转化膜的浸亮或染色、水洗
5	转化膜的浸亮或染色、水洗	5	干燥
6	干燥	6	用脂膜或漆膜进行附加保护
7	用脂膜或漆膜进行附加保护		

6.4.2　锌合金压铸件的预处理

1. 去除表面缺陷

工件首先应抹去表面的毛刺、分模线、飞边等表面缺陷后，可采用下列三种方法处理。

（1）布轮磨光　在布轮或连续布带上黏附粒度为 0.045 ~ 0.069mm 的磨料，以润滑脂膏为辅助磨料。新粘的磨料用前要倒去锐角，布轮磨光工件表面时，用 1100 ~ 1400m/min 的速度，磨光时不得干磨，磨光的压力也不宜大。这样才能够防止工件的局部过热和避免磨削量过多。

（2）滚光　在装有磨料（花岗石、陶瓷）和滚光液（质量分数为 5% 的 38 洗净剂、质量分数为 3% 的除蜡水）的滚筒中进行滚动磨光。磨料与工件的质量比约为 2.25∶1.00。滚筒转速不宜高，以防止损坏工件表面，通常以 5r/min 为好，时间为 1.5 ~ 2.0h。

（3）振光　在装有磨料和振光液（质量分数为 1% 的 NaCN、质量分数为 1% 的 38 洗净剂）的振动筒内，进行振动磨光，振动频率为 10 ~ 50Hz，振幅为 0.8 ~ 6.4mm，时间为 1 ~ 4h。

（4）抛光　大部分锌合金的预处理仍然是用普通布轮或通气布轮，与硅藻土抛光膏在抛光机或自动机上进行抛光。必要时在抛光前用金刚砂进行磨光。抛光时应注意少用、勤用抛光膏，这是因为抛光膏多时会使抛光蜡粘在工件的凹处，给脱脂带来困难，抛光膏少时会使工件表面局部过热而出现密集的细麻点。抛光轮直径和转速不宜太高，最大圆周速度不应超过 2150m/min。较小或复杂的零件采用 1100 ~ 1600m/min。

2. 物理脱脂

由于锌的化学活性，应该用物理脱脂法除去大部分抛光膏。

（1）液相—气相三氯乙烯脱脂　在沸腾的溶液中适当加入一些固体，可以产生轻微的刷光作用，提高脱脂效果。

（2）乳化溶液洗涤　采用石油溶剂或水 + 三氯乙烯 + 乳化剂，用压力喷淋法处理。

3. 碱性脱脂

锌合金的碱性脱脂液的 pH 值为 11 或稍大于 11，比用于清洗钢铁的碱性要弱，但如果碱性脱脂的温度过高或时间过长也会产生斑点。下面介绍几种锌压铸件的碱性脱脂工艺。

（1）一步浸渍Ⅰ

碳酸钠	6g/L
氢氧化钠	6g/L
温度	90℃
时间	30～60s

（2）一步浸渍Ⅱ

碳酸钠	10～20g/L
磷酸三钠	20～40g/L
硅酸钠	5～10g/L
除蜡水	5mL
或 OP	0.5～1.0g/L
温度	70～80℃
时间	1～2min（使用超声波效果更好）

（3）电解脱脂

碳酸钠	15g/L
磷酸三钠	15g/L
硅酸钠	10g/L
温度	60～70℃
阴极电流密度	3～5A/dm²
时间	15～40s

（4）两步浸渍

先浸入：

磷酸三钠	25g/L
温度	75℃
时间	20s

然后浸入：

氢氧化钠	38g/L

温度　90℃

时间　15s

热镀锌的碱性脱脂：

氢氧化钠　20g/L

温度　65～75℃

时间　30～60s

热镀锌的电解脱脂：

磷酸三钠　25g/L

温度　80℃

阴极电解电压　6V

时间　15～40s

4. 酸性浸渍

工件脱脂之后，用水仔细清洗，然后用弱酸浸渍，以中和残留的碱，再次用水清洗后，浸入铬酸盐处理溶液中。

（1）硫酸浸渍

硫酸　1%～2%（质量分数）

温度　室温

时间　15～30s

（2）磷酸浸渍

磷酸　1%～2%（质量分数）

温度　室温

时间　15～30s

（3）氢氟酸浸渍

氢氟酸　3%（质量分数）

温度　室温

时间　15～30s

5. 碱性浸渍

有时对酸性浸渍溶液的浓度、纯度、浸渍时间控制不好，而导致以后的铬酸盐转化膜附着力不高，可以采用以下碱性浸渍，经浸渍后将脱脂清洗后残留的挂灰全部除去，使基体金属充分曝露。

NaCN　30%（质量分数）

间硝基苯磺酸钠 30%（质量分数）
温度 室温
时间 30~50s

6.4.3 电镀件的预处理

为使铬酸盐转化膜光亮，特别是采用抛光作用很小的低铬钝化液，往往在铬酸盐处理前将镀锌件在稀硝酸溶液中浸渍（俗称出光），经清洗后再钝化，这样就提高了转化膜的光亮度。但这样处理会溶解部分锌层，使镀层减薄。若镀层很光亮，此工序可以省去。镀锌层常用出光溶液的配方和处理条件见表6-5。

表6-5 常用出光溶液的配方和处理条件

配方号	材料	含量或参数	备注
1	硝酸	30~40mL/L	常用，简便
2	硝酸	30~40mL/L	光亮度高
	氢氟酸	2~4mL/L	
3	硝酸	30~40mL/L	颜色略黄，适用于彩虹色钝化
	盐酸	5~10mL/L	
	或氯化钠	10g/L	
4	硝酸	5~10mL/L	出光后要彻底洗净，防止过氧化氢带入钝化液中
	过氧化氢	15~20mL/L	
温度		室温	—
时间		3~5s	—

镀镉层的出光工艺如下：
铬酸酐 80~120g/L
硫酸 3~4g/L
温度 室温
时间 5~15s

6.4.4 化学抛光及电化学抛光

锌、镉及其合金件的化学抛光工艺见表6-6。锌、镉及其合金件的电化学抛光工艺见表6-7。

表6-6 锌、镉及其合金件的化学抛光工艺

配方号		1	2	3	4	5
质量浓度/(g/L)	铬酸酐	100~150	200~250	250		
	硫酸(98%)	0.1%~0.2%	0.3~0.4%	—	0.6%~0.9%	0.3%
	硝酸(65%)	—	0.6%~10%	—	—	—
	铬酸酐	100~150	200~250	250	—	—
	硫酸(98%)	0.1~0.2%	0.3%~0.4%	—	0.6%~0.9%	0.3%
	硝酸(65%)	—	6%~10%	—	—	—
工艺条件	温度/℃	室温	室温	室温	室温	室温
	时间/s	2~30	2~30	10~30	5~10	15~20

注：表中百分数为体积分数。

表6-7 锌、镉及其合金件的电抛光工艺

基材		锌					镉	
配方号		1	2	3	4	5	6	7
质量浓度/(g/L)		氢氧化钾 250	铬酸酐 250 硼酸 12	磷酸 500mL	硫酸 150 铬酐 4	硫酸60% 铬酸酐10% 水30%	磷酸 45%	磷酸5% 硫酸5% 铬酸酐40% 水50%
工艺条件	阴极材料	钢铁	铅	不锈钢	不锈钢,铅	铅	不锈钢	铅
	温度/℃	20	21~32	20	>25	18~25	20	18~25
	电流密度/(A/dm^2)	15	16	1.5~2.5	40	3~8	5	3~8
	电压/V	2~6	—	2.5~3.5	—	—	2	—
	时间/min	10~15	15s	50	1~2	1~2	30	1~2
说明		加入氢氧化钠20~50g/L可提高抛光质量	用于锌镀层的抛光	抛光质量好				

注：表中百分数为体积分数。

6.5　铬酸盐转化膜工艺

6.5.1　彩色及无色铬酸盐转化膜工艺

锌、镉及其合金的铬酸盐转化膜一般情况都呈彩虹色，或称彩色。这种转化膜最普遍。在彩色铬酸盐转化膜中，三价铬和六价铬的含量及其比例是随着各种因素的改变而变化的，因而转化膜的色彩也随之变化。转化膜的色彩是判别转化膜质量好坏的标志。质量好的转化膜应具有光亮的偏绿彩虹色。深褐色和疏松、呈堆积状的膜层都不合乎要求。

目前彩色铬酸盐转化膜的工艺方法很多，有低浓度、中等浓度和高浓度的铬酸盐转化膜工艺；有三酸一次彩色转化膜工艺（以铬酸、硝酸和硫酸为主）；有三酸两次转化膜工艺处理。

1. 低浓度铬酸盐转化膜工艺

低浓度铬酸盐转化膜工艺的优点是废水中铬含量低，可以节省大量铬酸酐，废水处理成本低，转化膜的质量与高浓度铬酸盐转化膜工艺基本相同。但工艺控制要求严格，溶液本身没有抛光作用，对杂质影响敏感。其处理液配方及工艺条件见表6-8～表6-10。

表6-8　低浓度铬酸盐彩色转化膜的处理液配方及工艺条件（Ⅰ）

配方号		1	2	3
质量浓度/(g/L)	铬酸酐	5	5	3
	硝酸钠			3
	硫酸钠			1
	硫酸	0.4mL/L	0.3mL/L	
	硝酸	3mL/L	3mL/L	
	冰醋酸		5 mL/L	
	高锰酸钾	0.1		
工艺条件	pH值	0.8～1.3		
	温度	室温	室温	室温
	时间/s	3～7	3～7	10～30

注：1、2号配方适用于手工操作；2、3号配方适用于自动化操作。

表 6-9　低浓度铬酸盐彩色转化膜的处理液配方及工艺条件（Ⅱ）

配方号		4	5	6
质量浓度 /（g/L）	铬酸酐	5	3～5	6
	硝酸	5～8mL/L		5mL/L
	硫酸	0.5～1mL/L		0.6mL/L
	硫酸锌		1～2	
	高锰酸钾	1		
工艺条件	pH 值	1～1.6		
	温度	室温		
	时间/s	10～45s（不需要在空气中搁置）		

表 6-10　低浓度铬酸盐蓝白色转化膜的处理液配方及工艺条件

配方号			1	2
质量浓度 /（g/L）	铬酸酐		2～5	2～5
	氯化铬		0～2	0～2
	氟化钠		2～4	2～4
	硝酸		30～50mL/L	30～50mL/L
	硫酸		10～15mL/L	10～15mL/L
	盐酸			10～15mL/L
工艺条件	温度		室温	室温
	时间 /s	溶液中	2～10	2～10
		空气中	5～15	5～15

注：新配溶液中加入氯化铬，有利于出现青蓝色的色调，如果无色调要求，也可以不加氯化铬。

氯化钠可以用氢氟酸、氟化铵、氟化钾等氟化物来代替。

2. 中浓度铬酸盐转化膜工艺

表 6-11 为中浓度铬酸盐彩色转化膜的处理液配方及工艺条件。

3. 高浓度铬酸盐转化膜工艺

表 6-12 为高浓度铬酸盐一次彩色转化膜的处理液配方及工艺参数。表 6-13 为高浓度铬酸盐二次彩色转化膜的处理液配方及工艺条件。

表6-11　中浓度铬酸盐彩色转化膜的处理液配方及工艺条件

项　目		一次处理	二次处理
质量浓度/(g/L)	铬酸酐	60～80	4～6
	硝酸	8.5～11.5mL/L	0.56～0.76mL/L
	硫酸	7.5～11mL/L	0.5～0.7mL/L
工艺条件	温度	室温	室温
	时间/s	10～20	5～15

注：在第一溶液中进行一次处理，而后直接进入第二溶液进行二次处理，二次处理后，用流动水洗。

表6-12　高浓度铬酸盐一次彩色转化膜的处理液配方及工艺条件

配方号			1	2	3	4
质量浓度/(g/L)	铬酸酐		150～180	180～250	250～300	
	硫酸		5～10	5～10	15～20	8～10
	硝酸		10～15	30～35	30～40	
	重铬酸钠					200
工艺条件	温度		室温	室温	室温	室温
	时间/s	溶液中	10～15	5～15	5～10	5～10
		空气中	5～10	5～10	5～10	5～10

表6-13　高浓度铬酸盐二次彩色转化膜的处理液配方及工艺参数

配方号		1（一次）	1（二次）	2（一次）	2（二次）
质量浓度/(g/L)	铬酸酐	150～180	40～50	250～270	17～18
	硫酸	6～8	2～3	15～30	1～2
	硝酸	7～9	5.0～6.5	15～25	1～2
	硫酸亚铁	10～15	5～8		
	锌粉	1.2～1.7	6～7		
	氧化锌		4～6		
工艺条件	温度	室温	室温	室温	室温
	时间/s	3～10	5～10	10～20	5～10

高浓度铬酸盐转化膜工艺的工艺参数范围宽，对杂质离子含量不敏感，这种工艺在处理前必须清洗工件。在第一次处理溶液中，需抖动工件，待工件达到所需的亮度后，将工件直接浸入第二次处理液中去。第一次处理液具有化学抛光作用。

新配处理液使用一定时间后，要进行调整。在第一次处理液中，处理不亮，应补充铬酸酐，硝酸；转化膜发雾，可能是硝酸过量，加硫酸消除；转化膜发暗，发黑，可能是硫酸过多，应降低酸度，用水稀释，再加铬酐调整。在第二次处理中，浓度超过工艺规范，要用水稀释。酸度低了，要适当延长处理时间。硝酸含量过高，可缩短处理时间。硝酸含量过多，转化膜易发花和发暗，而且结合不牢。调整方法是加入少量氧化锌，降低酸度即可。在第二次处理液中，一般不补充铬酸酐和硫酸。

4. 彩色转化膜的漂白处理

这种工艺又称转化膜的钝白处理。它是将已经形成的彩色转化膜在漂白处理溶液中溶解掉一层，使彩色转化膜变成白色。这样也大大降低了转化膜的防护性能，其目的仅仅是为了获得银白色的外观。彩色转化膜的漂白溶液配方及工艺条件见表6-14。

表6-14　彩色转化膜的漂白溶液配方及工艺条件

配方号		1	2	3	4
质量浓度/（g/L）	铬酸酐	150~200			
	碳酸钡	1~6			
	氢氧化钠		10~20	10~20	
	硫化钠			3~7	
	硫化钙				40~50
工艺条件	温度	室温	室温	室温	室温
	时间/s	10~30	10~30	10~30	10~30
	膜的颜色	白色	白色	淡蓝的白色	淡蓝的白色

5. 超低浓度铬酸盐转化膜工艺

表6-15为超低浓度铬酸盐转化膜的处理液配方及工艺条件。

表 6-15　超低浓度铬酸转化膜的处理液配方及工艺条件

项目	含量及工艺参数	项目	含量及工艺参数
铬酸酐	1.2～1.7g/L	锌粉	0.1g/L
硫酸钾	0.4～0.5g/L	pH 值	1.6～2.0
氯化钠	0.2～0.3g/L	温度	室温
硝酸	0.5mL/L	时间	30～50s
醋酸（质量分数为 36%）	4～6mL/L	搅拌	空气激烈搅拌

6. 镀镉层彩色铬酸盐转化膜工艺

镀镉层的铬酸盐转化膜工艺，可以参考镀锌层的处理工艺，也可以按表 6-16 的工艺参数执行。

表 6-16　镀镉层铬酸转化膜处理液的配方及工艺参数

配方号		1	2	3	4	5	6	7
质量浓度/(g/L)	铬酸酐	40～50	15～25	180～220		3～5	3～7	100～150
	硫酸	4～5		20～30	8～11		0.3～0.8	2～4
	硝酸	6～8	7～14	20～25			5～8	
	重铬酸钠				190～205			
	硫酸钠		10～20	10～20				
	硫酸镍					1～2		
	氧化锌	4～6						
	硫酸亚铁	5～8						
	锌粉	6～7	0.5～1					
工艺条件	温度	室温	室温	室温	室温	室温	室温	室温
	时间/s	10～20	5～15	3～10	5～15	5～15	5～15	3～5

6.5.2　草绿色铬酸盐转化膜工艺

草绿色铬酸盐转化膜有时也称五酸钝化膜，膜的外观为油光草绿色，能获得最大的膜厚，防护性、耐磨性、装饰性均较好，但其工艺性、耐温性较差，处理时镀层损失约 3μm。草绿色铬酸盐转化膜的处理液配方及工艺条件见表 6-17。

表 6-17　草绿色铬酸盐转化膜的处理液及工艺条件

项目	含量及工艺参数	项目	含量及工艺参数
铬酸酐	30 ~ 35g/L	磷酸	10 ~ 15m/L
硝酸	5 ~ 8m/L	温度	20 ~ 35℃
硫酸	5 ~ 8m/L	pH 值	1 ~ 1.5
盐酸	5 ~ 8m/L	时间	45 ~ 90s

转化膜处理时的夹具或容器可采用铝、塑料或镀过锌的金属网，不能有裸露的金属丝。处理时不得遮挡或碰撞工件，要轻轻晃动工件或缓慢来回移动。转化膜未干时较软，不能用手摸，清洗时间也不能太长，防止六价铬溶解。处理过程中产生的三价铬与溶液中的六价铬比例不能小于 4.5，低于此比例要调整，溶液 pH 值不能高于 2，锌离子的质量浓度不大于 10g/L。处理后要在空气中搁置 5 ~ 10s 使膜层老化。膜层允许轻微淡绿色、淡黄色或嫩色，允许轻微干涉色，允许轻微划伤。要求导磁、导电和焊接的工件不应进行这种处理，滚镀、篮镀的小工件，6mm 以下螺纹紧固件也不适合使用这种工艺。

6.5.3　黑色铬酸盐转化膜工艺

黑色铬酸盐转化膜的处理液配方及工艺条件见表 6-18。溶液配制时，先在容器中放入 3/4 容积的蒸馏水，在不断搅拌下，一次加入硫酸铜、铬酸酐、甲酸和醋酸，加水至规定体积，以稀硫酸或氢氧化钠溶液调整 pH 值在 2 ~ 3 范围，搅拌均匀即可使用。

表 6-18　黑色铬酸盐转化膜的处理溶液及工艺条件

配方号		配方 1	配方 2
质量浓度/(g/L)	铬酸酐	15 ~ 30	10 ~ 40
	硫酸铜	30 ~ 50	
	甲酸钠	20 ~ 30	
	醋酸	70 ~ 120ml/L	10 ~ 100ml/L
	硫酸		5 ~ 30
	银离子（用硝酸银）		0.2 ~ 0.4

（续）

配方号		配方1	配方2
工艺条件	温度/℃	室温	15～30
	pH值	2～3	
	时间/s	120～180	10～30

镀锌层的无铬黑色转化膜的处理液配方及工艺条件见表6-19。

表6-19 无铬黑色转化膜的处理溶液及工艺条件

配方号		1	2	3
质量浓度/(g/L)	醋酸铅	15～17	2	
	硫酸镍	70～80	20	
	硫氰酸铵	15～20		
	氯化锌	15～17		
	硫酸锌		10	
	硫代硫酸钠		6	
	醋酸铵		10	
	硝酸银		2	
	钼酸铵/g			300g
	氨水/mL			600mL
	水/mL			100mL
工艺条件	温度	室温	室温	室温
	时间/min	3～5	2～3	2～5

6.6 铬酸盐转化膜的工艺参数对膜性能的影响

溶液成分和处理条件对铬酸盐转化膜的性能有重要的影响，其中最重要的因素包括硫酸根浓度、处理液的酸度、三价铬浓度和溶液温度。

6.6.1 硫酸根和锌离子浓度的影响

硫酸根浓度对铬酸盐转化膜重量和锌溶解量的影响见表6-20。处理溶液的条件是：重铬酸钠 200g/L，硫酸钠 0 ~ 10g/L，pH 值为 1.2，用添加铬酸酐的方法维持溶液的 pH 值并使之不变，处理时间为 5s。从表 6-20 中的数据可以看出，硫酸盐浓度提高时，转化膜的重量和锌的溶解量也增加。

表 6-20　硫酸根浓度对铬酸盐转化膜重量和锌溶解量的影响

硫酸根浓度/(g/L)	膜重/(mg/dm²)	锌溶解量/mg	转化膜的颜色
0	0	0.3	不变
2	0.2	3.6	浅黄色
5	8.9	8.4	偏黄的彩虹色
10	10.0	9.8	深棕色

当硫酸根浓度一定时，pH 值对铬酸盐转化膜重量的影响见表 6-21。处理溶液的条件是：重铬酸钠 200g/L，硫酸钠 10g/L，用添加铬酸酐的方法改变溶液的 pH 值。

表 6-21　pH 值对铬酸盐转化膜重量的影响

处理时间/s	pH 值 2.1		pH 值 1.2	
	膜重/(mg/dm²)	膜的颜色	膜重/(mg/dm²)	膜的颜色
2	0.5	不变	6.4	浅金黄色
5	1.0	浅黄色	10.0	深棕色
15	2.0	浅绿黄色	21.0	深紫棕色

从表 6-21 可以看出，当硫酸根浓度一定，处理溶液的酸度升高时，锌上铬酸盐转化膜的重量就增加，即膜厚增加。这与酸度一定，硫酸根浓度升高时膜重增加的情况是类似的。有人认为，这与铬酸溶液电镀铬时相似，硫酸根参与铬酸盐转化膜的形成过程，并影响转化膜的成分。除了硫酸盐以外，氯化物也有这种特性，但硝酸盐和磷酸盐则没有这种特性。

当硫酸盐浓度和酸度同时增加时，转化膜的重量先增加，达到最大值，然后下降，如图 6-2 所示。处理条件是：重铬酸钠 200g/L，时间 30s。

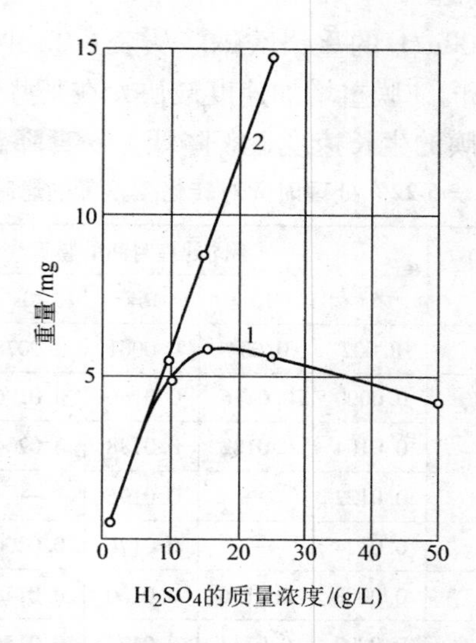

图6-2　硫酸浓度与膜重、锌的溶解量的关系

1—膜重　2—锌的溶解量

图6-3所示为处理溶液的pH值与膜重、锌的溶解厚度的关系。处理条件是：时间20s，温度20℃。

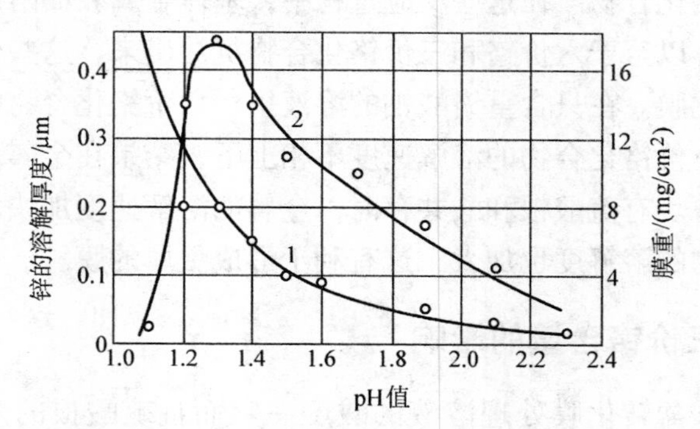

图6-3　处理溶液的pH值与膜重、锌的溶解厚度的关系

1—膜重　2—锌的溶解量

6.6.2　处理时间的影响

表6-22列出了不同硫酸浓度条件下的处理时间对转化膜重量的

影响，溶液含有200g/L的重铬酸钠。从表6-22中的数据可以看出，在处理的最初15s内，膜重增加速度最快，在某些铬酸盐转化膜处理溶液中，15～60s膜的生长速度显著降低，一直降到零。

表6-22 处理时间对转化膜重量的影响

硫酸($d=1.84g/cm^3$)体积分数(%)	不同处理时间的膜重/(mg/cm^2)					
	5s	10s	15s	20s	30s	60s
0.3	0.002	0.004	0.0061	0.0078	0.0086	0.0096
0.5	0.0090	0.0136	0.0166	0.0196	0.0213	0.0176
0.8	0.0104	0.0182	0.0188	0.0204	0.0234	0.0236
1.0	0.0122	—	0.0196	—	0.0224	0.0260
1.5	0.0124	—	0.0176	0.0200	0.0230	0.0250
3.0	0.0088	0.0136	0.0150	0.0148	0.0170	0.0164
6.0	0.0092	0.0114	0.0128	0.0154	0.0134	0.0108

一般认为，锌在铬酸盐溶液里生成的转化膜由带数量不定的水化铬酸铬组成。转化膜的形成是锌的溶解和同时伴随的六价铬化合物还原成三价铬化合物。在这些反应过程中，基体金属表面附近溶液里的酸度下降，以至于六价铬和三价铬化合物沉淀出来，这些化合物形成铬酸盐转化膜。在只含重铬酸钠的溶液里，六价铬化合物的溶解速度很慢，和三价铬化合物的溶解速度不相上下，结果在金属表面形成的转化膜很薄。有硫酸根和酸共存时，金属的溶解速度加快。同时，三价铬化合物的溶解度也加大，这有利于形成更厚的膜。

6.6.3 三价铬含量的影响

在铬酸盐转化膜处理溶液的酸度一定而且硫酸根的浓度也相同时，如果溶液中含有三价铬，转化膜则更厚。表6-23列出了铬酸盐处理溶液的三价铬含量对转化膜重量和锌的溶解量的影响。

表6-23中1号溶液还含有50g/L铬矾，2号溶液加入适量的铬酸酐，两种溶液的pH值都保持在2.3。2号溶液按计算量加入硫酸钠，使两种溶液的硫酸根含量相同。处理时间为5min。从表6-23中可以

看出，含三价铬的1号溶液的转化膜重量和锌的溶解量都比较高。此外，三价铬的硫酸盐还可提高处理溶液的pH缓冲能力。

表6-23 铬酸盐处理溶液的三价铬含量对转化膜重量和锌的溶解量的影响

编号	溶液成分	膜重/(mg/dm^2)	锌的溶解量/mg	膜的颜色
1	200g/L $Na_2Cr_2O_7$ 50g/L $K_2SO_4 \cdot Cr_2(SO_4)_3$	5.4	3.4	深黄色
2	200g/L $Na_2Cr_2O_7$ Na_2SO_4，CrO_3	2.2	1.7	彩虹色

6.6.4 三价铬与六价铬含量之比

性能好的铬酸转化膜处理溶液，其三价铬与六价铬的含量之比必须非常合适。但是，pH值的变化会使三价铬与六价铬的比例失调，结果产生质量低劣的转化膜。这种膜要么是吸水性的，要么三价铬含量太低，而没有足够好的防护性能。

为了得到最好的防护性能而需要采用昂贵的高比值（六价铬与三价铬之比）铬酸盐处理溶液。三价铬的积累是使溶液报废的最主要因素。如果pH值太低或工件搅动过分激烈，三价铬的形成速度将大大加快。

6.6.5 六价铬与硫酸根含量之比

铬酸盐转化膜的颜色是由处理溶液里的六价铬[Cr(Ⅵ)]与其他阴离子的含量比决定的，而不是取决于溶液里某种成分的浓度高或六价铬的浓度高。如图6-4所示，当转化溶液的总浓度一定时，可以绘出一条曲线，这条曲线代表产生膜的颜色和六价铬与阴离子含量比的关系。从曲线可以看出，Cr（Ⅵ）与SO_4^{2-}质量比不同时，可以得到颜色相同的膜。因此，适当地选择比值能够在每一种浓度的铬酸盐处理溶液中得到全部范围颜色的转化膜。在总浓度低的溶液中，容易获得透明的和金黄色的转化膜。硫酸根和氯离子具有控制颜色的作用。实际上，这两种离子相比，硫酸根比较好，因为用CrO_3-H_2SO_4溶液处理得到的转化膜，比用CrO_3-HCl溶液处理得到转化膜有更高的耐蚀性和更好的装饰效果。

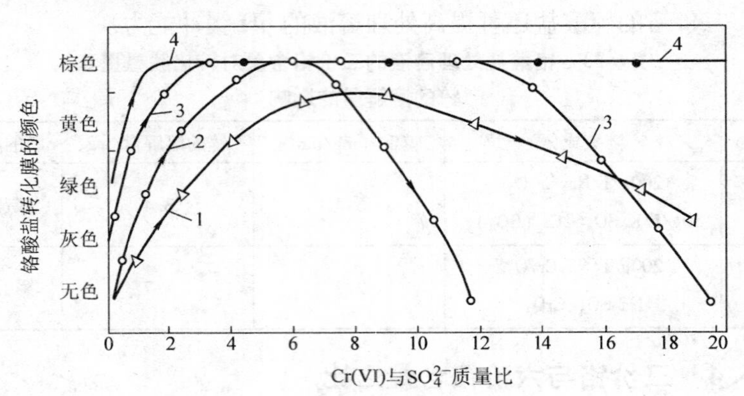

图 6-4　Cr（Ⅵ）与 SO_4^{2-} 质量比不同时，锌层上铬酸化膜的颜色变化

起始总质量浓度：1—0.7g/L　2—1.1g/L　3—7.7g/L　4—22.2g/L

可以采用多种化合物把硫酸根加入到处理液中，如硫酸、硫酸钠、硫酸锌或硫酸铬。试验证明，用含硫酸铬的溶液处理可得到最好的结果和转化膜。这种溶液操作一开始就含有三价铬，有利于转化膜的形成，也就不用另外加三价铬化合物了。

采用 $CrO_3-Cr_2(SO_4)_3$ 型溶液，若溶液总质量浓度高达 20g/L，可以得到高质量的金黄色转化膜。如果溶液总质量浓度为 12g/L，可以得到防护性能相当好的透明转化膜。透明转化膜的耐蚀性较低是由于六价铬的含量相当低。

用含有硫酸铵的 CrO_3-$Cr_2(SO_4)_3$ 的溶液处理，可以得到三价铬含量高的透明转化膜。在不加其他添加剂的前提下，选用适当的处理溶液总浓度和 Cr（Ⅵ）与 SO_4^{2-} 质量比，应得到高质量的黄色转化膜。在处理液中添加一定数量的硫酸铵，可以得到透明的转化膜。如果铬酸盐浓度和 Cr（Ⅵ）与 SO_4^{2-} 的质量比升高时，硫酸铵的添加量也要增加。用这样的溶液处理得到透明膜的六价铬的含量高，其耐蚀性并不比黄色转化膜低多少，这大概是由于转化膜中含有铵离子，铵离子和铬可形成络合物。

6.6.6 金属离子的影响

铬酸盐转化膜溶液中含有各种金属离子，对转化膜的形成过程、膜的成分、颜色和耐蚀性都有影响。试验表明，除了Pd^{2+}之外，其他金属离子都促进了析氢，同时也显著改善了转化膜的表面状态。

在质量分数为5%～6%的铬酸溶液中，加入质量分数为0.5%的Mg^{2+}后，锌的溶解量由$1.44mg/cm^2$降低到$0.05\ mg/cm^2$，同时提高了处理溶液的稳定性和转化膜的耐蚀性。

往某些铬酸盐处理液中加入银离子或铜离子，可以得到黑色的转化膜，这也是一个金属离子改变转化膜颜色的一个实例。

6.6.7 处理温度的影响

处理温度的提高会增加转化膜的形成速度。有人研究了铬酸盐处理溶液的温度（0℃、10℃、20℃和30℃）对不同浸渍时间得到的黄色转化膜重量的影响，如图6-5所示。从图6-5中曲线可以算出，当浸渍时间为20s时，若处理溶液温度升高10℃，转化膜的重量大约增加5%。当浸渍时间为40s或60s时，处理溶液的温度升高10℃，转化膜的重量大约增加10%。

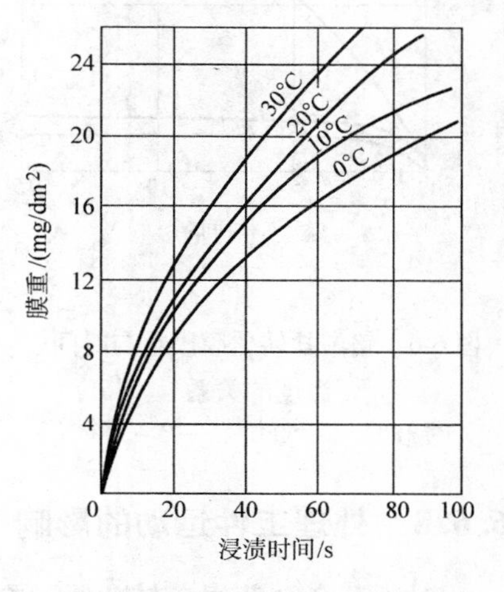

图6-5 锌上黄色铬酸盐转化膜膜重与时间、温度的关系

注：pH值为1.5。

有人在更宽的温度范围，研究了处理温度对转化膜膜重及金属的溶解量的影响，如图6-6和图6-7所示，其中膜重的变化规律和处理温度在30℃以下的情况不一样。研究的溶液含有200g/L的重铬酸钠，50g/L的铬矾，pH值为2.1。可以看出，当处理溶液的温度升高时，特别是高于50℃时，转化膜的厚度明显降低。同时，基体金属的溶解量也减少，减少幅度比较小。pH值

为1.2的处理溶液也有类似的现象，这与溶液中的三价铬含量无关。由于溶液温度的升高，会生成含有未水化反应的转化膜。如果处理溶液里含有三价铬，在50℃就可以看出温度的影响。如果处理溶液不含三价铬，在50℃时转化膜仍继续增厚，只有温度达到75℃以后，转化膜的厚度才降低。在室温下，胶体沉积物的形成过程进行得相当慢，转化膜比较厚。温度升高时，转化膜形成比较快，结果生成较薄的膜，这些薄膜的进一步增厚受到相当大的抑制。但是，如果用氯离子取代处理液中的硫酸根，即使在溶液沸腾的温度下，也能得到相当厚的转化膜。由于加温会消耗能源，同时会有更多的有毒物挥发，所以锌、镉及其合金的铬酸盐转化膜处理一般是在室温条件下进行的，只有室温低于10℃时，才需要加温。

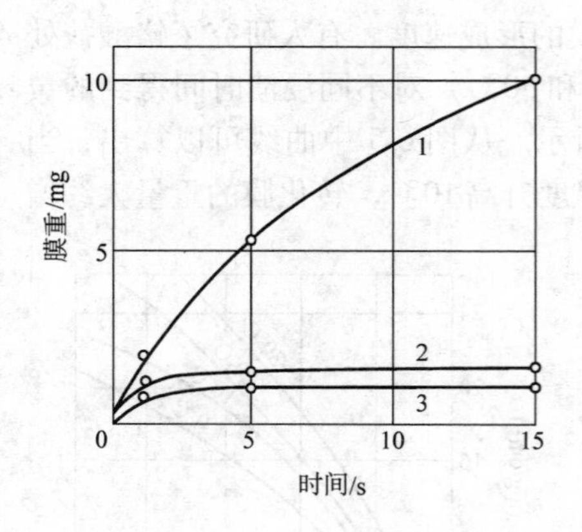

图6-6　铬酸盐转化膜膜重与时间、温度的关系

1—18℃　2—50℃　3—75~100℃

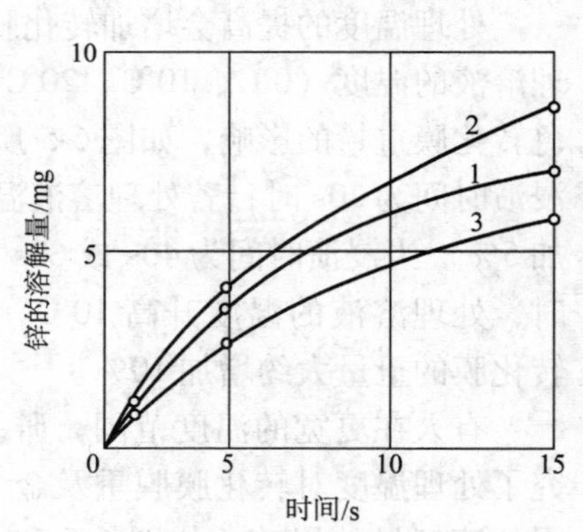

图6-7　锌的溶解量与时间、温度的关系

1—18℃　2—50~70℃　3—100℃

6.6.8　处理工件运动的影响

对于黄色和草绿色转化膜，在处理过程中，工件运动会使转化膜明显增厚，几乎是在静止的条件下相同时间内生成转化膜的2倍，如图6-8所示。

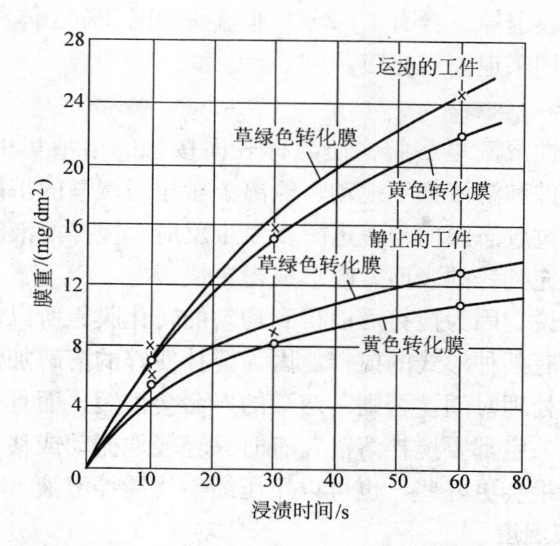

图6-8 室温下在铬酸盐处理溶液中运动的和静止的工件转化膜膜重与浸渍时间的关系

6.7 铬酸盐转化膜处理的维护与管理

6.7.1 工艺控制

1. 铬酸盐处理溶液的配置

要用纯度合乎要求的化学药品来配置溶液。例如，如果重铬酸钠中有过多的硫酸盐，处理溶液的 pH 值就不容易控制。不一定要用蒸馏水配制溶液。自来水只要含氯不太高也可以用。市场上有各种钝化剂成品出售，这些钝化剂一般是浓缩液或固体浓缩物，要按产品说明书的要求配制。

正确控制溶液的 pH 值很重要，在整个铬酸盐转化膜处理过程中，pH 值总要保持在规定的范围内。

六价铬对电沉积有影响，铬酸盐处理一定要小心操作，不要让铬酸盐污染镀液，污染特别严重时，在规定的电流密度范围内根本镀不出金属。因此，挂具和滚筒再次使用之前，先把挂具接点和滚筒导电部分的转化膜退掉。含有 1 ~2g/L 亚硫酸钠的 2% （体积分数）硫酸水溶液可以用来退掉转化膜。

2. 搅拌

锌在酸性溶液里溶解，使与锌表面接触的溶液里的氢离子消耗掉。如果工件和溶液都不搅动，氢离子靠相当缓慢的扩散过程由溶液补充，它穿过胶态膜而与锌进一步发生反应。搅拌溶液时，由于氢离子不断地补充到锌的表面，膜形成得更快。

一般来说，因为搅拌可以得到均匀的转化膜，所以大多数钝化工艺都建议要有某种形式的搅拌。因为搅拌使锌的溶解加快，一般要尽可能地缩短处理时间。否则，溶液的寿命会缩短，而且会溶解掉过多的锌。并不一定都要搅拌溶液，有时只轻轻地振动或移动浸在溶液里的挂具，效果会更好些。也可以用压缩空气搅拌溶液。

3. 溶液温度

一般来说，铬酸盐转化膜处理实际上是在室温（15 ~30℃）下进行的，低于15℃，转化膜形成得很慢。在有些溶液里完全不能形成转化膜。只有在自动化设备上钝化时，才有必要使钝化液的温度保持恒定。手工操作时，可以用缩短或延长处理时间的办法来补偿温度变化带来的影响。

虽然有一些钝化溶液加温时可以得到更硬的转化膜，但仅仅这一点好处，不足以补偿随之而来的操作成本高、放出有毒害的酸雾而必须加装通风设备的缺点，而且在比较高的温度下产生的钝化膜结合力较差。

4. 浸渍时间

延长浸渍时间，铬酸盐转化膜的厚度增大，颜色变深，但是较厚的膜耐磨性较差。因此，希望得到比较薄的转化膜，它干得快，耐磨性，尤其是尖角部位的耐磨性比较好。虽然有的工艺要浸渍 3min 或 3min 以上，但大多数工艺浸渍时间一般只在 5 ~60s 之间。

铬酸盐转化溶液的 pH 值如下：光亮透明的转化膜，pH 值为 1.0 ~1.5；黄色转化膜，pH 值为 1.0 ~2.5；草绿色转化膜 pH 值为 2.5 ~3.5。

当然，这一规律也有例外。因为浸渍时间与钝化溶液的 pH 值成正比，所以为了能够采用较长的处理时间，可以提高 pH 值，尤其是在自动化设备上可以这样做。

5. 干燥

干燥温度对铬酸盐转化膜外观的影响比最后一道清洗水的温度影响小。但是，干燥温度不合适，往往使转化膜开裂及铬化合物转变为不溶状态。严重时它可以使通常条件下防护性能很高的厚转化膜变得几乎无防护性能。因此，在铬酸盐转化膜的干燥过程中，避免使用高温是很重要的。虽然人们对干燥时允许使用的最高温度看法不一致，但大多数人都认为，在加温情况下，干燥形成的钝化膜更脆、裂纹更多，而且耐蚀性比较低。

可以用流速为7～10m/s的温暖但不热的空气流来进行干燥。建议使用合适的空气过滤器，以便得到清洁和干燥的空气流。

应当尽量使铬酸盐转化膜干燥，同时要尽可能仔细。这一点很重要，其原因有两个：首先，湿的铬酸盐转化膜很容易受到机械损伤；其次，靠缓缓蒸的办法除水，会使钝化膜的结合力不好，形成孔隙，有时甚至出现裂纹。一般来说，刚干燥的转化膜有一定的硬度，但在以后几天里转化膜会继续变硬。

转化膜处理后不再进行涂装的工件，在50～60℃以上的温度下干燥或除氢时，会使铬酸盐转化膜的防护性能明显地下降。已经涂装的转化膜受高温的影响要小得多。

6.7.2　后处理

为了使表面达到所要求的色泽，表面不易划伤，可以将铬酸盐转化膜浸亮，颜色较深的厚转化膜也可以浸亮。可以用各种弱酸或弱碱溶液使锌和镉的铬酸盐转化膜变亮。最常用的配方及处理工艺如下：

1）氢氧化钠20g/L，室温，浸渍时间为5～10s。

2）碳酸钠15～20g/L，温度为50℃，浸渍时间为5～60s。

3）磷酸1mL/L，室温，浸渍时间为5～30s。

浸亮后，应仔细清洗工件以除去碱迹，否则，碱迹会降低抗指纹污染性能和后面涂漆工序的漆层结合力。

不要用热水清洗，因为热水会漂洗掉钝化膜里的颜色成分，加热也会使膜开裂，从而降低防护性能。

在浸亮和清洗过程中，没有除去的“白雾”，可以用无色的油、蜡和清漆掩盖。

浸亮溶液会溶解掉一部分有色的铬酸盐转化膜，使防护性能下降。因此，除非万不得已，不要浸亮 。对锌和镉上金色和浅黄绿色带雾的钝化膜最好不要用这种工艺。

6.7.3 常见问题及对策

1. 低铬彩虹色转化膜常见问题及对策（见表6-24）

表6-24 低铬彩虹色转化膜常见问题及对策

常见问题	原因及对策
不出现彩虹色或颜色极淡	1）处理液pH值不在工艺范围，调整pH值在1~1.6 2）硫酸含量偏低，补充硫酸或硫酸盐 3）处理时间不恰当 4）镀层本身光亮度太差
膜层易脱落或易擦去	1）镀层夹杂过多表面活性剂，镀液用活性炭处理 2）处理液老化，pH值偏高，补充硝酸或硫酸 3）硫酸含量偏低 4）处理时间过长 5）处理液温度过高 6）清洗不良
膜层不光亮	1）膜层原来不光亮，改进镀层质量 2）出光溶液成分不正常 3）处理液pH值偏低 4）硝酸含量偏低 5）处理时间过长

2. 低铬酸白色转化膜常见问题及对策（见表6-25）

表6-25 低铬酸白色转化膜常见问题及对策

常见问题	原因及对策
转化膜发“雾”	1）处理液老化，pH值偏高，补充硝酸或硫酸 2）氟化物不足或过量 3）处理液中锌、三价铬或铁离子含量过高，更换或稀释处理液 4）空气中氧化时间短，处理后延长空气搁置时间 5）处理液温度太高 6）铬酸含量偏高，加入少量硝酸

（续）

常见问题	原因及对策
转化膜不光亮	1）硝酸含量太低 2）离子不足，不加氢氟酸 3）镀层本身光亮度差，改进镀层质量 4）处理液温度太高
转化膜色泽不均匀或带淡薄彩虹色	1）铬酸含量偏高，加入少量硝酸 2）氟化物含量偏高，稀释，平时不宜多加 3）镀锌后清洗不良，加强清洗，尽快钝化 4）热水清洗中含有过多的铬酸或水质太差 5）翻动不均匀 6）硫酸含量偏低
转化膜不呈淡蓝色	1）新配液三价铬离子少，加锌粉或三氯化铬 2）硫酸含量偏低 3）空气中搁置时间不足

3. 高铬酸彩色转化膜常见问题及对策（见表6-26）

表6-26 高铬酸彩色转化膜常见问题及对策

常见问题	原因及对策
转化膜呈浅黄色	1）空气中搁置时间短 2）铬酸含量偏高或硫酸含量偏低，稀释调整
转化膜呈棕褐色	1）铬酸含量偏低 2）硫酸含量偏高，适量补充硝酸
转化膜暗淡无光	1）硝酸含量偏低 2）铬酸含量偏低
膜层易脱落或易擦去	1）处理液温度太高 2）硫酸含量偏低 3）处理后搁置时间太长 4）镀层夹杂添加剂过多，镀液用活性炭处理，或转化膜处理前把镀件用质量分数为5%氢氧化钠清洗处理，再用水清洗进行转化膜处理

（续）

常见问题	原因及对策
转化膜呈红色，而且色泽淡	硝酸含量偏高，适量补充硫酸
转化膜上带有铬酸迹	处理后水洗不彻底

6.7.4 溶液的分析与控制

在使用过程中，由于溶液成分的消耗和带出损失，铬酸盐处理溶液的浓度会降低。而且，清洗过的零件表面上有水，水带入处理液使溶液被稀释。因此，为了维护溶液的成分正常，要经常分析，并补加消耗了的成分。如果铬酸处理溶液的体积小，其组分的浓度变化可能相当大，这时最好重新配制处理液。

在形成铬酸盐转化膜的反应过程中，要消耗氢离子。因此，处理溶液的 pH 值会升高，这使成膜速度下降。钝化液使用过几天或几星期之后（取决于使用的情况），在相同的时间里产生的膜要比新配溶液里产生的膜薄。可以延长处理时间来补偿成膜速度的下降，或者适当用无机酸调整 pH 值，来使成膜速度恢复正常。可以用 pH 试纸来测 pH 值。用玻璃电极测定 pH 值，需要用适当的仪器，测量比较麻烦。此外，若铬酸盐钝化溶液含较高的氟化物就不能使用玻璃电极了。

钝化过程中六价铬的含量会下降。不过，铬酸和重铬酸盐的反应消耗往往比钝化液的工件带出消耗要小。

如果铬酸盐钝化溶液的 pH 值正常而钝化效果不好，应该分析六价铬的含量，并计算出补充铬酸盐的量，可以用碘量法，或者用硫酸亚铁还原，并用高锰酸钾返滴亚铁离子来测定六价铬。

实际上，特别是在小的工厂里，溶液的维护仅限于测定和调整 pH 值。如果这样还不行就要配制新处理溶液。

在刚配的溶液里，产生的转化膜质量可能不太好。处理过少量工件之后，若 pH 值在规定范围内，溶液就可以连续使用，只要溶液的基本成分没有因消耗而明显下降，转化膜的质量不会有很大的变化。

可以用下述的一种或多种方法来监测和调整铬酸盐处理溶液的工

作情况。

1）通过所产生的转化膜的颜色和外观来监测，有经验的操作人员往往把这种方法当作唯一的调整方法。

2）取一定体积的铬酸盐溶液做试样，加入已知量的硫酸，不断地用金属片试验，直至浸入溶液的金属片上不再能得到具有一定性质的转化膜为止。然后通过换算，往实用的转化溶液里加入适量硫酸。溶液废弃之前，一般已经累积加入了原始量2~3倍的硫酸。最好不要加重铬酸钠。

3）把得到的转化膜的外观与标准样片做比较。

4）通过测定pH值来调整。这种方法适用于酸性溶液，而且要用到电化学测试技术。由于铬酸盐有颜色并且有氧化性，试纸或其他指示剂由于其性质或颜色等方面的原因往往测定结果不准。

5）以溴甲酚绿做指示剂，用0.1mol/L氢氧化钠滴定溶液试样来测定硫酸含量。因为在中性溶液里其他金属如锌或镉含量过高时，可能发生沉淀，需要经过一定的训练才能准确地判定终点。

6）用硫酸亚铁铵和高锰酸钾滴定，来测定重铬酸钠的含量。

维护铬酸盐处理溶液时，要少加料，勤加料。如果工作负荷变化不大，根据前几天或前几周的操作情况，可以确定一个加料时间表，以后隔一段时间做一下实验室分析就可以了。

除非带出量很大，在反复加料之后，铬酸盐处理溶液将不能再继续使用而只能废弃。这是由于还原态铬（三价铬）的积累和由被处理工件溶解而引起金属杂质的积累。大多数供应铬酸盐处理溶液的厂家会提供一个简单的滴定方法，用以指示处理液什么时候快不能用了。用离子交换技术再生铬酸盐处理液已证明是成功的，但由于操作的复杂性和处理成本昂贵，实际上不常用。

铬酸盐处理溶液不能无限期地加料使用，添加量至多达到初配用量的2倍或3倍。决定溶液必须更换的主要因素是，即使分析结果说明溶液正常，而得到的转化膜却质量不好。假如维护溶液时必须添加过多的化学药品，也说明溶液必须更换了。化学药品消耗过多的原因一般是由于造成了污染，比如在成膜反应期间产生的三价铬化合物，以及工件溶解而带来的金属杂质与由外面带入的杂质。

很难估计处理溶液的正常寿命，因为这与多种因素有关，比如与处理方法、脱脂效果、表面预处理和水洗效果有关。有人认为，100L 溶液大约可以钝化面积为 10000cm^2 的金属表面。

6.7.5 处理溶液的再生

由于钝化液里三价铬和被处理金属离子的积累，转化膜的质量变坏。过去，处理溶液使用一阶段之后，不得不废弃。废处理溶液在排放之前必须进行处理，这不仅消耗化学药品，而且造成难处置的废渣。因此，最近关于处理溶液再生的研究工作进展很快，所用的方法涉及化学法、电解法、离子交换法和电渗析等多种方法。

电解再生废处理溶液的方法用薄膜将阳极室和阴极室隔开。在阳极室里放有处理溶液，阴极室里放有铬酐溶液，阳极液的 pH 值调至 7 以上，Cr^{3+} 和 Zn^{2+} 以泥渣形式沉淀下来。过滤除去沉淀之后，将滤液送回处理槽再次使用。

再生废处理溶液的化学法用氢氧化钠将废处理溶液的 pH 值调到 8.5，使三价铬和锌、镉等有害金属离子以氢氧化物形式沉淀出来，滤去沉淀，用硝酸调整滤液的 pH 值之后即可回用。用这种方法可以回收 80% 的溶液。由此而积累起来的硝酸钠达到 500g/L 之前，并没有不利影响。电渗析法用离子选择性膜做隔膜，用 Pb-Sn［w(Sn) 为 5% ~6%］合金做电极，废处理溶液用做阳极液，用硫酸溶液做阴极液。当体积电流密度为 60 ~75A/L 时，4 ~5h 内，80% ~100% 的阳离子将迁移到阴极液里。

电渗析方法还可以连续再生处理溶液，电渗析时阳极室、处理溶液室、阴极室之间用阳离子交换膜隔开，阳极室和阴极室里循环流动着有金属离子络合基团的高分子化合物，而处理溶液则流过中间的处理溶液室，这样就可以连续除去三价铬。

用离子交换法再生处理溶液的方法是采用大孔径强酸性阳离子交换树脂，除去 Cr（Ⅲ）和 K^+、Na^+，溶液经浓缩之后即可回用。

6.7.6 铬酸盐转化膜的退除

把工件浸入热的铬酸溶液（200g/L）中数分钟，可以把没有达到质量要求的铬酸盐转化膜退掉，也可以用盐酸退掉转化膜。

在重新钝化前，工件要在碱性溶液里清洗，并经过二次水洗。

6.8 锌及锌合金的磷化处理

锌及锌合金磷化常用于电镀锌、热浸镀锌、压铸锌及某些合金，多采用锌系磷化。可以在钢铁磷化液的基础上做某些调整，或添加特殊的添加剂来获得锌及锌合金的磷化液。往往添加某些阳离子如铁、锰或镍，以调节晶核生成与生长过程，改善磷化膜的均匀性及晶粒粗细。

锌合金的磷化处理液配方及工艺参数见表6-27。磷化前的活化可采用钛-磷酸盐溶液浸渍，或喷涂不溶性磷酸锌浆料。后处理主要是铬酸盐转化处理，可在30~100g/L的重铬酸钾水溶液中，在70~95℃条件下浸渍3~15s。

表6-27 锌合金的磷化处理液配方及工艺条件

配方号		1	2	3	4
质量浓度/(g/L)	磷酸锰铁盐	55~65		30~40	
	磷酸二氢锌[$Zn(H_2PO_4)_2$]		35~45		
	硝酸锌[$Zn(NO_3)_2 \cdot 6H_2O$]	50		80~100	60~80
	硝酸锰[$Mn(NO_3)_2 \cdot 6H_2O$]			30~40	
	亚硝酸钠($NaNO_2$)				1~2
	磷酸(H_3PO_4)		25		20~30
	氧化锌(ZnO)	12~15			20~30
	氟化钠(NaF)	7~10			
工艺条件	游离酸度/点		12~15	6~9	2~5
	总酸度/点		65~75	80~100	50~60
	pH值	3~3.2			
	温度/℃	20~30	90~95	50~70	30~35
	时间/min	25~30	8~12	15~20	20~30
备注		配方4用于镀层,用硝酸调pH值			

用室温下工作的溶液效果很好，在这种条件下，由于溶液的腐蚀性不强，锌溶解得不快。甚至镀锌的工件也能磷化，并得到满意的效果。钢件和镀锌的工件不应当在一起磷化。

最难于磷化的是锌-铝合金。溶解在溶液里的铝是极强的负催化剂，0.5g/L这样低的含量就可以使成膜过程完全停止。为了消除这一有害影响，建议采取如下措施：

1）用室温下工作的溶液磷化，因为这种溶液里铝溶解很慢。

2）先用质量分数为10%的氢氧化钠或氢氧化钾，选择性地溶去合金表面的铝。因为锌较难溶，表面层几乎完全由锌组成。

3）往溶液里加2g/L氟化钠或氟硅酸钠，促使铝从溶液中沉淀出来。

4）在碱性溶液里阳极磷化。对此最适用的溶液含有422g/L的K_2CO_3和75g/L的H_3PO_4。这种溶液锌磷化的最佳工作条件是：电压36～40V，室温下处理30～40min。

近来，已经研究出几种能同时磷化不同金属，特别是钢、锌和铝的溶液。所有这些溶液都含有氟化物添加剂。这样的溶液处理铝的数量最多可以占被处理总表面积的10%，但是这种溶液并不适用于所有的锌表面，例如，用森氏钢氮化浸渍镀锌法生产的镀锌表面其效果不稳定，磷化前要增加特殊的预处理。

6.9 锌、镉及其合金的阳极氧化处理

锌在氢氧化钠或重铬酸钾溶液中，能够生成阳极氧化膜。镉在碱性溶液中也能形成阳极氧化膜。锌及镉生成氧化膜的强度都比较低。锌、镉阳极氧化的处理液配方及工艺条件见表6-28。

在锌的阳极氧化配方1中，不同的锌合金采用不同的处理时间，$w(\mathrm{Al})$为4%的锌合金，处理7～8min；$w(\mathrm{Al})$为7.5%、$w(\mathrm{Cu})$为2.5%的锌合金，处理40～60min。用铅板做阴极，阴极对阳极的面积比应是2:1。氢氧化钠的质量浓度提高到30～60g/L时，溶液的分散能力会有所改善，在这种条件下，20℃的处理时间最佳为12～15min，氧化膜为黑色。锌的阳极氧化配方2中，用于钢镀锌层的阳

极氧化，氧化膜的颜色为绿色。镉的阳极氧化膜是白色的。

表6-28 锌、镉阳极氧化的处理液配方及工艺条件

项目		锌,配方1	锌,配方2	锌,配方3	镉
质量浓度/(g/L)	氢氧化钠	20			25
	重铬酸钾		150~250	55~65	
	硼酸		20~40		
	硫酸		4~7mL/L		
	碳酸钠				50
工艺条件	电流密度/(A/dm^2)	8~12	0.1~0.2	3~6	5
	温度/℃	40~45	15~30	室温	15~25
	时间/min	7~50	5~10	10~15	1~2

6.10 锌、镉及其合金的无铬转化膜

铬酸有毒，从对鱼类的毒害作用看，铬酸盐的最大允许质量浓度应为1mg/L。当铬酸的质量浓度达到30mg/L时，在人体器官里就可以看到中毒的症状，最近发现六价铬有致癌作用。因此，含铬酸盐的废水必须经过无公害处理才能排放，处理费用昂贵，许多国家正在逐步限制，甚至完全禁止六价铬的使用。有许多研究机构从事无铬化学转化膜的开发工作，锌、镉的无铬化学转化膜的开发，远没有铝的无铬化学转化膜成功。前面介绍的锌、镉的磷化膜和不含铬的阳极氧化膜都属于无铬化学转化膜。

6.10.1 三价铬转化膜

三价铬的毒性比六价铬的毒性要小得多，废水处理也相对简单，其成膜机理也与六价铬钝化大不一样，因此把其规在无铬钝化类型中。

美国一家公司开发的锌及锌合金的三价铬转化膜处理工艺，在美

国、英国和德国取得了专利权。这种钝化溶液含有 Cr（Ⅲ）化合物、F^- 及除 HNO_3 以外的其他酸，用氯酸盐或溴酸盐做氧化剂，或者用过氧化物（例如，K、Na、Ba、Zn 等过氧化物）和 H_2O_2 做氧化剂。Cr（Ⅲ）化合物可以用硫酸铬、硝酸铬，但最好用 Cr（Ⅵ）溶液的还原产物，溶液里还加有阴离子表面活性剂，处理温度在 10～50℃之间。转化膜处理之后可以涂装。其典型的工艺配方如下：

1）Cr（Ⅲ）化合物　　1%（体积分数）

硫酸（质量分数为96%）　　3mL/L

氟化氢铵　　3.6g/L

过氧化氢（质量分数为35%）　　2%（体积分数）

表面活性剂　　2.5 mL/L

2）用 7g/L 溴酸钠代替 1）中的过氧化氢。

3）用 10g/L 氯酸钠代替 1）中的过氧化氢。

4）用 4mL/L 浓盐酸代替 1）中的硫酸。

上述配方中的三价铬化合物是由 94g/L 铬酸和 86.5g/L 偏重亚硫酸钾及 64g/L 偏重亚硫酸钠反应而得到的产物。

表面活性剂是一种胺系表面活性剂水溶液（体积分数为 3.2%）。Cr（Ⅲ）化合物也可以用硫酸铬（Ⅲ）或醋酸铬（Ⅲ），质量浓度为 0.5g/L。用这种铬盐配制的溶液在使用前必须在 80℃加热，以使 Cr（Ⅲ）水化。

溶液的 pH 值在 1～3 之间，使用温度为 20～35℃，浸渍时间为 10～30s。

美国另一家公司开发的锌、镉及合金的三价铬转化膜处理工艺，也含有 Cr（Ⅲ）化合物和 F^- 离子。其中 Cr（Ⅲ）化合物是铬绿（Ⅲ）和铬蓝（Ⅳ）的混合物。铬绿（Ⅲ）可用还原 Cr（Ⅵ）的方法制备，铬蓝（Ⅳ）是 Cr（Ⅵ）还原之后，再在 pH 值 <1 的条件下，加入酸和 F^- 制备的。

一个英国专利详细地叙述了制备三价铬化合物的还原方法。还原六价铬时，可以使用有机还原剂，如甲醇、乙醇、乙二醇、甲醛、对苯二酚；也可以使用无机还原剂，如碱金属碘化物、亚铁盐、二氧化硫、碱金属亚硫酸盐。使用有机还原剂时，用量要至少足以使全部六价铬还原为三价铬。但使用硫化物或多硫化物时，却不应过量，不然在钝化时有时会产生“红锈”，过量不能超过1%（质量分数）。如果还原不完全，最好用有机还原剂或其他无机还原剂来完成反应。例如，把300质量份铬酐溶在204质量份水里，在冷却条件下，滴入含55质量份甲醇和144质量份水的溶液。在加完甲醇之后几小时内，在搅拌下加入900质量份浓盐酸。加盐酸的过程中温度控制在44～88℃之间。其中盐酸也可以用850质量份浓硝酸、550质量份冰醋酸或465质量份浓硫酸来代替。又如把7.8质量份铬酐溶在80质量份水里，在搅拌下慢慢加入12.2质量份固体亚硫酸氢钠，添加过程中温度不应超过65℃。由于使用过程中pH值应在3.5～6.0之间，常用pH值在4.0～5.0之间，所以用有机还原剂制备的溶液要用碱中和，而用亚硫酸氢盐还原的溶液要用硫酸中和。钝化时所用溶液的铬的质量分数在0.01%～0.2%之间，配制的溶液在使用前要稀释。

美国另一个专利工艺，采用的是Cr(Ⅲ)、磷酸盐和悬浮的硅酸混合物，其组成为Cr(Ⅲ)$:PO_4:SiO_2=1:(0.3\sim30):(0.5\sim10)$(当量比)，钝化后直接干燥，可得到重达$0.6g/m^2$的膜。

三价铬转化膜处理也可以采用电解方法。溶液里含有Cr（Ⅲ），如0.02～1mol/L$Cr_2(SO_4)_3$或$CrCl_3$和三价铬的络合剂，如羟基乙酸、乙酸，柠檬酸等。溶液中还可以含有导电盐，以及防止Cr（Ⅲ）还原为铬的负催化剂。使用温度在35℃以下，电流密度在$20A/cm^2$以下，处理时间不到3min。

6.10.2　其他无铬转化膜

其他无铬转化膜大体可以分为以下几类：单宁酸型、钛或锆盐型、钼酸盐或钨酸盐型、硅酸盐型、过氧化氢型，也有这几类化合物并用的，下列提供几个实例：

1）单宁或单宁酸　　0.1%～20%（质量分数）

此溶液用于处理镀锌钢板，可以提高耐蚀性和涂装的附着力。

2）硅酸　　20～100g/L

碱金属或碱土金属氢氧化物　　20～50g/L

镀锌钢板在此溶液中浸5～10s，然后在50～100℃干燥1～5min。

3）钼酸钠	2%（质量分数）
pH 值	7.4

这种溶液可以用来处理钢、锌、铜、铅或铅合金。

4）H_2O_2	1.5～58g/L
SiO_2	3～33g/L
H_2SO_4	0.2～45g/L
有机磷或有机氮化物添加剂	适量

这种溶液可以用来处理锌、镉、银、金、铝和镁。

第7章 铜及铜合金的化学转化膜

7.1 铜及铜合金简介

铜是淡红色带光泽的金属，熔点为1083℃，沸点为2595℃，密度为8.9g/cm^3。铜在干燥空气中稳定，在潮湿空气中易氧化，溶于硝酸及热浓硫酸，稍溶于盐酸和稀硫酸，与碱也起反应，具有良好的导电性和导热性。铜的延展性好，易加工，在工业上用于电器、电线、化学药品、工艺品及各种耐用日用品。

铜及铜合金比钢铁材料具有较好的耐蚀性，但在实际使用过程中仍会变色或发生腐蚀，为了提高其防护性能，可采用电镀层、涂装保护层、化学转化膜层来提高耐蚀性，其装饰性的表面处理也在其中占有重要的地位。

由于铜的电位比铁正，属阴极性镀层，不能达到电化学保护的目的。但镀铜具有价格低廉，镀层紧密细致，结合力好和容易抛光等优点，在电镀中往往作为底层、中间层或合金镀层中的一个主要品种。铜能够赋予零件表面各种不同颜色，例如氧化亚铜可得到黄、褐、红、紫、黑色；氧化铜可得到褐、黑色；硫化铜可得到褐、烟灰、黑色；硒化铜可得到褐、黑色；碱性铜盐可得到绿色等多彩颜色，光学仪器中的零件进行黑色氧化处理，工艺美术品中进行仿古处理得到所需颜色后，还可进行轻度抛光、拉丝等处理，使其表面轮廓清晰，呈现立体感，然后涂上一薄层罩光漆，达到良好的装饰效果。

铜及铜合金的应用以铜合金为主，铜合金有黄铜（铜锌合金，锌的质量分数在50%以下），青铜（铜锡合金，锡的质量分数在35%以下），白铜（铜镍合金，镍的质量分数为15%～25%），锰铜（铜锰镍合金，锰的质量分数约为12%，镍的质量分数约为4%），洋银（铜镍锌合金，镍的质量分数为5%～33%，锌的质量分数为

13% ~35%）等。

铜及铜合金表面处理的一般工序与其他金属基本相同。铜对氢脆不敏感，预处理时不必采取防氢脆措施，材料中不含易形成浸蚀残渣的非金属元素，浸蚀液本身具有较强的去灰能力，浸蚀后也不必再做去灰处理。铜及铜合金的装饰性处理（抛光与着色）是其表面处理的主要内容。

7.2 表面预处理

7.2.1 化学脱脂

对于未经精细加工，且黏附油污较多的铜及铜合金工件，最好事先用有机溶剂蒸汽或碱性溶液脱脂。较重的油污，如炭化的油、漆等需要先在冷的乳化剂溶液里浸泡，再喷热的乳化液清洗。用水清洗后，再进行碱脱脂。虽然铜是在碱溶液中难溶解的金属，但高浓度的强碱溶液仍会腐蚀这类工件，产生难以除去的表面附着物，即当脱脂溶液中含有大量氢氧化钠时，高温下工件表面会生成褐色的氧化膜。反应如下：

$$2Cu + 4NaOH + O_2 \rightarrow 2Na_2CuO_2 + 2H_2O$$

$$Na_2CuO_2 + H_2O \rightarrow CuO + 2NaOH$$

因此，大量的油应当用有机溶剂（汽油或三氯乙烯）清除，而后再用氢氧化钠含量很低的碱性溶液进行补充脱脂。

对于已进行过精加工的铜及铜合金工件，一般经有机溶剂脱脂后，不再使用含氢氧化钠的碱性溶液补充脱脂。特别是对于黄铜（铜-锌合金）和青铜（铜-锡合金），如果采用氢氧化钠溶液脱脂，工件就会遭到腐蚀而消光。反应如下：

$$Zn + 2NaOH \rightarrow Na_2ZnO_2 + H_2\uparrow$$

$$Sn + 2NaOH + O_2 \rightarrow Na_2SnO_3 + H_2O$$

腐蚀的结果是合金工件表面层的锌或锡溶解了，呈现出粗糙的红色外观。

铜合金表面处理之前，采用阴极电解脱脂来清除表面是很有必要的。短时间阴极脱脂既无损于表面粗糙度，又将残余油污彻底清除，并使极薄的氧化膜得以还原。事实证明它是获得良好结合力的有效手段。铜及铜合金的化学脱脂溶液配方及工艺条件见表7-1，电解脱脂溶液配方及工艺条件见表7-2。

表7-1 铜及铜合金的化学脱脂溶液配方及工艺条件

溶液组成及工艺条件		配方1	配方2	配方3
质量浓度/(g/L)	氢氧化钠(NaOH)	10~15		
	碳酸钠(Na_2CO_3)	20~30		10~20
	磷酸三钠($Na_3PO_4 \cdot 12H_2O$)	50~70	70~100	10~20
	硅酸钠(Na_2SiO_3)	5~10	5~10	10~20
	OP-10		1~3	2~3
工艺条件	温度/℃	70~80	70~80	70
	时间	除净为止		

表7-2 铜及铜合金的电解脱脂溶液配方及工艺条件

溶液组成及工艺条件		配方1	配方2	配方3
质量浓度/(g/L)	氢氧化钠(NaOH)	10~15		10~20
	碳酸钠(Na_2CO_3)	20~30	30~40	20~30
	磷酸三钠($Na_3PO_4 \cdot 12H_2O$)	30~40	40~50	
	硅酸钠(Na_2SiO_3)	5~10	10~15	5~10
工艺条件	温度/℃	70~80	70~80	50~80
	阴极电流密度/(A/dm^2)	2~3	2~3	6~12
	槽电压/V	8~12	8~12	
	处理时间/min	3~5	3~5	0.5

7.2.2 化学抛光和电解抛光

铜和单相铜合金可以在磷酸-硝酸-醋酸或硫酸-硝酸-铬酐型溶液中进行化学抛光。其化学抛光溶液配方及工艺条件见表7-3。

表7-3中配方1适用于较精密的工件；配方2适用于铜和黄铜工件；配方3适用于铜和黄铜工件，当温度降至20℃左右时，可用来抛白铜工件。在使用过程中，需经常补充硝酸。抛光时，如果二氧化

氮（黄烟）析出较少，工件表面呈暗红色时，可按配制量的 1/3 补充硝酸。为了防止过量的水带入槽内，工件应干燥后或充分抖去积水后，再行抛光。图 7-1 所示为铜合金的化学抛光件。铜及铜合金传统采用三酸化学抛光，生产过程中产生大量 NO_x 气体，造成环境污染，并影响操作工人身体健康。目前研究人员开发出无黄烟化学抛光工艺，用于铜及大部分铜合金，能获得似镜面光亮的表面。铜的无黄烟抛光工艺：采用硫酸和过氧化氢溶液，温度为 30～50℃，时间为 10～20s。主要问题是过氧化氢容易分解，槽液稳定性差。因此，一般还需要添加过氧化氢的稳定剂，以提高槽液的使用寿命，同时还可添加少量表面活性剂，以提高抛光的亮度。

表 7-3　铜及铜合金化学抛光溶液配方及工艺条件

溶液组成及工艺条件		配方 1	配方 2	配方 3
体积分数（%）	硫酸（$d = 1.84\mathrm{g/cm^3}$）	250～280mL		
	硝酸（$d = 1.50\mathrm{g/cm^3}$）	45～50mL	10	6～8
	磷酸（$d = 1.70\mathrm{g/cm^3}$）		54	40～50
	冰醋酸		30	35～45
	铬酐	180～200g		
	盐酸（$d = 1.19\mathrm{g/cm^3}$）	3mL		
	水	670mL	6～10	5～10
工艺条件	温度/℃	20～40	55～65	40～60
	时间/min	0.2～3	3～5	3～10

图 7-1　铜合金的化学抛光件

铜及铜合金的电解抛光，广泛采用磷酸电解液。其电解抛光溶液配方及工艺条件见表 7-4。

表 7-4 铜及铜合金电解抛光溶液配方及工艺条件

溶液组成及工艺条件		配方 1	配方 2	配方 3	配方 4	配方 5
体积分数(%)	磷酸($d=1.70g/cm^3$)	1100g/L	670mL	470mL	74	41.5
	硫酸($d=1.84g/cm^3$)		100mL	200mL		
	铬酸				6	
	甘油					24.9
	乙二醇					16.6
	乳酸(质量分数为 85%)					8.3
	水		300mL	400mL	20	8.7
工艺条件	温度/℃	20	20	20	20 ~ 40	25 ~ 30
	阳极电流密度/(A/dm^2)	6 ~ 8	10	5 ~ 10	30 ~ 50	8
	时间/min	15 ~ 30	15	抛亮为止	1 ~ 3	几分钟
	阴极材料	铜	铜	铜	铅	铅
使用合金		黄铜、青铜等	铜、铜锡合金[$w(Sn)<6\%$]	高低青铜	铜、黄铜、镀铜层	黄铜、其他铜合金

在单一的磷酸溶液中，由于在阳极表面上，形成磷酸铜难溶盐的饱和溶液黏液层，故能提高抛光亮度。为了不破坏这个黏液层，需要在低温下进行搅拌。在使用过程中，溶液的密度和各组成含量将发生变化，应经常测定密度，并及时调整。表 7-4 配方 4 溶液中三价铬的质量浓度（以 Cr_2O_3 计算）超过 30g/L 时，可以在阳极电流密度为 $10A/dm^2$ 和温度为 45 ~ 50℃ 的条件下，用大面积阳极氧化法，将三价铬氧化为六价铬。

不工作时，应将溶液盖严，以防溶液吸收空气中的水分而被稀释。阴极表面的铜粉应经常除去。

7.2.3　酸性浸蚀

铜及铜合金的浸蚀通常是在 HNO_3、H_2SO_4、HCl 的混合酸液中进行的。当工件表面有厚的黑色氧化皮时，要进行三道连续的浸蚀工序：先在质量分数为 10% ~20% 的 H_2SO_4 溶液中，进行疏松氧化皮的处理，溶液最好保持在 60℃，此温度下效果较好；其次是进行无光浸蚀；最后进行一道光泽浸蚀。工件在每道浸蚀工序之后，应进行仔细的清洗，然后再转入下道工序。铜合金工件进行强浸蚀时，要根据合金的成分，正确选用浸蚀液中各种酸的比例。如对黄铜工件而言，其中的铜和锌在各种酸中的溶解情况是不一样的。实践的结果指出，铜的溶解速度与硝酸的含量成正比，而锌的溶解速度则几乎与盐酸的含量成正比。由图 7-2 中可以看出，当 HNO_3 及 H_2SO_4 的质量浓度一定时，锌的溶解速度随盐酸质量浓度增大而上升，而铜的溶解速度却稍有降低。锌的溶解主要按下反应式进行：

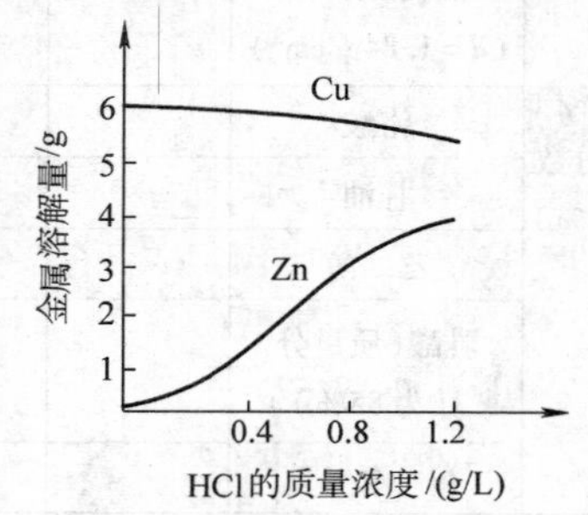

图 7-2　HNO_3 及 H_2SO_4 的质量浓度一定时，金属溶解量与 HCl 的质量浓度的关系

注：处理时间为 15min。

$$ZnO + 2HCl \rightarrow ZnCl_2 + H_2O$$

$$Zn + 2HCl \rightarrow ZnCl_2 + H_2\uparrow$$

由图 7-3 中可以看出，当 H_2SO_4 及 HCl 的质量浓度一定时，随着 HNO_3 质量浓度的增大，铜的溶解速度迅速上升，且大量冒出黄烟，而锌的溶解速度却保持不变。铜的溶解反应式如下：

$$CuO + 2HNO_3 \rightarrow Cu(NO_3)_2 + H_2O$$

$$Cu + 4HNO_3 \rightarrow Cu(NO_3)_2 + 2NO_2\uparrow + 2H_2O$$

铜和锌在 H_2SO_4 中也是可溶的，但其溶解速度相对于 HNO_3、HCl 而言要小些。在浸蚀溶液中添加 H_2SO_4，可以延长溶液的使用寿命。

通过上述分析可以认为，在浸蚀黄铜时，当两种金属的溶解速度符合它们在黄铜中的含量时，则各种酸的含量比才是最正确的。若溶液中盐酸含量不足时，浸蚀后黄铜表面呈淡黄色；当盐酸过多时，浸蚀后的黄铜表面会出现棕褐色的斑点。当溶液中硝酸含量过高或过低时，情况与上述盐酸的含量过低或过高相类似。

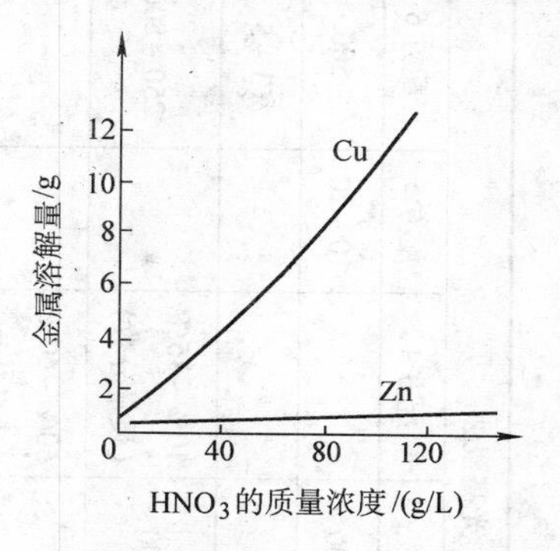

图7-3　H_2SO_4 及 HCl 的质量浓度一定时，金属溶解量与 HNO_3 的质量浓度的关系

注：处理时间为15min。

当浸蚀铸造铜合金工件时，为了除去裹挟的砂粒，要在溶液中添加一定量的氢氟酸。当浸蚀锡青铜时，可不加 H_2SO_4，因为锡在盐酸中溶解较快，同时浸蚀液中硝酸的浓度也应高一些，这是因为锡在较浓的 HNO_3 中才能较快地溶解。反应式如下：

$$SnO + 2HCl \rightarrow SnCl_2 + H_2O$$

$$Sn + 2HCl \rightarrow SnCl_2 + H_2\uparrow$$

$$SnO + 2HNO_3 \rightarrow Sn(NO_3)_2 + 2H_2O$$

$$3Sn + 8HNO_3 \rightarrow 3Sn(NO_3)_2 + 2NO\uparrow + 4H_2O$$

铜及铜合金的强浸蚀通常都是室温作业。高温会使溶液分解，而且操作环境恶化，设备腐蚀严重。铜及铜合金的浸蚀工艺规范见表7-5。

表7-5　铜及铜合金的浸蚀工艺规范

溶液组成		无光泽浸蚀		有光泽浸蚀	
		铜合金	铸件	黄铜	锡青铜
质量浓度/(g/L)	HNO_3	300～330	750	500～600	1000
	H_2SO_4	300～330		300～400	
	HCl	5		7	4
	NaCl	(3～6)	20	(5～10)	
	HF		1000		

注：加入NaCl时，就可以不加入HCl。

表 7-6　铜及铜合金的二次浸蚀工艺规范

溶液组成及工艺条件		预浸蚀				光亮浸蚀					
		配方 1	配方 2	配方 3	配方 4	配方 1	配方 2	配方 3	配方 4	配方 5	配方 6
质量浓度/(g/L)	H_2SO_4	500	150～250	200～300			700～850	600～800		10～20	500
	HCl	微量		100～120			2～3				3～5
	HNO_3	200～250			600～1000	600～1000	100～150	300～400	10%～15%（质量分数）		250～800
	H_3PO_4								50%～60%（质量分数）		
	CrO_3									100～200	
	HAC								25%～40%（质量分数）		
	NaCl					0～10		3～5			
工艺条件	温度/℃	20～30	40～50	室温	80～100	≤45	≤45	≤45	20～60	室温	≤30
	时间/s	3～5	几分钟			几分钟				1～3	
适用合金		一般铜合金			铍青铜	铜、黄铜、铍青铜	铜、黄铜	铜 HPb-59-1 黄铜、低锡青铜、磷青铜等	铜、黄铜、铜-锌-镍合金	铜、铍青铜	一般铜

表 7-6 是铜及铜合金的二次浸蚀的工艺规范，铜合金工件先在预浸蚀溶液中第一次浸蚀，水洗后，再在光亮浸蚀溶液中进行第二次浸蚀。

对于用薄壁材料加工的铜及铜合金制品，为了防止因腐蚀坏而报废，通常都不使用浓度高的 HNO_3 和 HCl 进行强浸蚀，而是采用浓度不太高的 H_2SO_4，在适当高一点的温度下浸蚀。此时铜的氧化物能很好地溶解，而金属铜的溶解却很缓慢。有时也加入一些铬酸（或重铬酸盐），它可以把低价铜的氧化物氧化成 CuO，促使工件表面更均匀地溶解。为了同样的目的，也有添加硫酸铁的。但由于使用了氧化剂，所以浸蚀后工件表面具有钝化膜，这可以在浓硝酸中进行快速出光来消除。薄壁铜合金的浸蚀工艺规范见表 7-7。

表 7-7　薄壁铜合金的浸蚀工艺规范

溶液组成及工艺条件		配方 1	配方 2	配方 3
质量浓度/(g/L)	H_2SO_4	30~50	100	100
	$K_2Cr_2O_7$	150	50	
	$Fe_2(SO_4)_3$			100
温度/℃		40~50	40~50	40~50

7.3　钝化

铜及铜合金虽然比钢铁有较好的耐蚀性，但在实际使用过程中，仍会变色或发生腐蚀。为了提高其防护性能，除可采用电镀层或涂装保护外，对在较好介质环境中使用的工件，广泛使用酸洗钝化的办法，来提高耐蚀性。可防止硫化物侵蚀发暗，同时具有装饰功能。酸洗钝化的工艺特点是操作简便，生产率较高，成本低。质量良好的钝化膜层能赋予工件一定的耐蚀性。

铜及铜合金的钝化工艺常用铬酸法、重铬酸盐法、钛酸盐法及苯骈三氮唑法。铬酸盐和重铬酸盐法钝化膜的生成基本上与镀锌钝化相似。当铜及铜合金材料浸入钝化溶液中时，第一步是铜或铜合金的溶解。溶解过程消耗了工件与溶液接触面的酸，使在接触面处溶液的 pH 值升高到一定数值（约为 4）时，形成碱式盐及水合物，覆盖在金属表面上成为膜层。同时溶液中的阴离子将穿过碱性区和膜层（扩散作用）继续发生对膜和金属的溶解，而使碱性区不断地扩大，pH值继续升高，因而使钝化膜的形成速度也加快，随时间的增长膜层不断加厚。当膜达到一定厚度以后，形成保护层，使阴离子无法再穿过。此时膜的溶解与生成速度接近，膜不再增长。

膜的生成速度及最大厚度与溶液配方和工作条件等因素有关。溶液中的铬酐或铬酸盐是主要物质，其浓度高，氧化能力强，对金属的出光能力强，使钝化膜光亮。钝化膜的厚度和形成速度与溶液中酸度和阴离子种类有关。在仅有硫酸的钝化液中生成膜很薄，耐蚀性很差，只有在加入穿透能力较强的氯离子以后，才能得到厚度较大的膜层。溶液中的酸度即硫酸含量的影响同镀锌钝化一样。当硫酸含量太高时，膜层疏松，并得不到光亮及厚的钝化膜；含量太低时，膜的生成速度较慢。温度对钝化的影响较大，温度较高时，应使硫酸含量降低，反之则应提高其含量。合金成分也对溶液有不同的要求。

7.3.1　钝化工艺流程

铜合金的钝化工艺流程为：有机溶剂脱脂→化学或电解脱脂→热水洗→冷水洗→预腐蚀→冷水洗→强腐蚀→冷水洗→弱腐蚀→冷水洗→钝化→冷水洗→干燥。

铜及铜合金钝化处理的工艺规范见表7-8。

表7-8　铜及铜合金钝化处理的工艺规范

溶液组成及工艺条件		配方1	配方2	配方3	配方4	配方5
质量浓度/(g/L)	CrO_3	80~100				
	$Na_2Cr_2O_7\cdot 2H_2O$		180			
	$K_2Cr_2O_7$			150		
	$TiOSO_4$				6~12	
	苯骈三氮唑					0.05%~0.15%（质量分数）
	H_2SO_4 ($d=1.84/g/cm^3$)	35~50	10	10mL/L	35~45	

（续）

溶液组成及工艺条件		配方 1	配方 2	配方 3	配方 4	配方 5
质量浓度/(g/L)	NaCl	1 ~ 3	10			
	H_2O_2（质量分数为 30%）				40 ~ 60mL	
	HNO_3 （$d = 1.42/g/cm^3$）				15 ~ 40	
工艺条件	温度/℃	15 ~ 25	18 ~ 25	室温	15 ~ 25	50 ~ 60
	时间/min	5 ~ 15	5 ~ 10	2 ~ 5	0.3 ~ 0.5	2 ~ 3

由铬酸法和重铬酸盐法生成的钝化膜，需及时用冷水清洗并吹干，再在 70 ~ 80℃条件下烘干进行老化处理。由钛酸盐法生成的钝化膜可在质量浓度为 0.1 ~ 1.5g/L 的铬酸水溶液中，于室温下浸渍 10s 进行封闭处理。

用苯骈三氮唑法处理前，工件需进行活化处理。典型活化处理工艺如下：

草酸	3.7% ~ 4%（质量分数，下同）
氢氧化钠	1.4% ~ 1.7%
苯骈三氮唑	0.025% ~ 0.05%
过氧化氢	6% ~ 10%
pH 值	3 ~ 4
温度	30 ~ 40℃
时间	1 ~ 3min

7.3.2 钝化膜的检验和退除

1. 外观检验

工件表面应色彩均匀，颜色从彩虹色到古铜色。深褐色为不合格品，外观检验应与标准样板相比较。

2. 结合力检验

当用滤纸或棉布轻擦时，膜层不允许脱落。

3. 耐蚀性检验

以质量分数为 5% 的硝酸溶液滴在工件表面，观察气泡产生时间，大于 6s 为合格。

4. 不合格工件的退钝化膜处理

1）在热的碱液中退除，碱液中氢氧化钠的质量浓度为 200 ~ 400g/L。

2）在盐酸或硫酸中退除，浓盐酸或硫酸的质量分数为 10%。

时间以退完为止，需防止过腐蚀。不合格工件退除膜层以后，可重新进行钝化。

7.3.3 钝化工艺实例

表 7-9 为某厂黄铜件酸洗钝化生产流水线工艺过程。

表 7-9 黄铜件酸洗钝化生产流水线工艺过程

工序号	工序名称	溶液各组分的质量浓度/(g/L)	温度/℃	时间/s	备注
1	装挂				行车水平速度 50m/min，上下速度 25m/min
2	化学脱脂	氢氧化钠 15 ~ 30 磷酸钠 5 ~ 15 碳酸钠 30 ~ 45 硅酸钠 5 ~ 15	70 ~ 80	除净为止	电解脱脂使用阴极电解
3	热水洗				
4	酸洗	硫酸 120 ~ 180	40 ~ 70	60 ~ 90	
5	冷水洗				
6	初钝化	铬酐 >60 硫酸 50 ~ 120 氯化钠 5 ~ 10	20 ~ 45	10 ~ 20	出亮，除去腐蚀残渣
7	流动水洗				
8	基钝化	铬酐 125 ~ 150 硫酸 15 ~ 30 氯化钠 5.5 ~ 7	15 ~ 25	30 ~ 36	增亮，去除表面不均匀成分，铜离子质量浓度小于 16g/L，铬酐最大允许质量浓度为 200g/L

（续）

工序号	工序名称	溶液各组分的质量浓度/(g/L)	温度/℃	时间/s	备　注
9	强钝化	铬酐 240～300 硫酸 24～30 氯化钠 5.5～7	15～25	4	进一步增亮，得到钝化膜，铜离子质量浓度小于 25g/L
10	流动冷水洗				
11	中和	碳酸钠 3～8	30～60	3～8	中和残余酸液
12	流动冷水洗				
13	热水洗		80		
14	烘干	热风吹干			
15	检验				

7.4 氧化处理

铜及铜合金上获得的氧化膜由氧化铜组成，其颜色为深蓝、蓝黑、黑褐色。氧化膜的硬度和耐磨性均比金属本身高，厚度一般为 1～2μm。氧化膜有较好的耐水分作用，具有一定的耐蚀性。

铜及铜合金的化学氧化膜主要用于在较好介质环境条件下的防护和装饰，广泛用于光学仪器、仪表制造工业和日用品的装饰。

氧化膜可以用化学和电化学方法获得。在化学方法中，广泛采用氨水溶液氧化和过硫酸盐碱性溶液氧化法两种方法。化学氧化法操作简单，生产率高（特别是小工件）。其中过硫酸盐氧化法的膜层硬度较高，稳定性好，质量比氨水溶液氧化法好。但只适用 w(Cu) 在 90% 以上的铜合金，溶液使用时间较短。氨水溶液氧化适用于黄铜，特别是适用 w(Cu) 为 57%～56% 的黄铜氧化。氧化膜随铜含量的不同也不一样。电化学氧化适用于任何一种铜合金。溶液稳定性较好，缺点是生产率低，操作麻烦。

7.4.1 过硫酸盐碱性溶液氧化处理

过硫酸盐碱性溶液氧化处理的溶液配方及工艺条件如下：

氢氧化钠（NaOH） 50g/L
过硫酸钾（$K_2S_2O_8$） 15g/L
工作温度 60～65℃
处理时间 5min

处理时，氧化进行到生成一定厚度的氧化膜就自行停止。在工件表面如果强烈析出气泡，这说明氧化终结。

氧化时，必须严格地掌握温度和溶液的成分。温度低，得到的膜层疏松易脱落；温度过高，加快溶液中过硫酸钾的分解，增加消耗。氢氧化钠的质量浓度超过 50g/L 时，加快工件的腐蚀，形成疏松而厚的氧化膜，并加速过硫酸钾的分解；质量浓度低于 45g/L 时，膜层呈褐色或微带绿色，膜层很薄。过硫酸钾的质量浓度高于 15g/L 时，生成较薄的氧化膜；质量浓度低于 5g/L 时，生成厚而疏松的氧化膜。

铜合金进行氧化前，需先镀上 3～5μm 的纯铜。在氧化过程中，需经常摆动工件以免产生斑点。使用旧的铜制夹具时应将其上氧化膜退除，才能使用。氧化好的工件经仔细清洗烘干后，进行油封保存。氧化的工艺过程与钝化处理过程相同。

7.4.2 氨水溶液氧化处理

氨水溶液氧化处理的溶液配方及工艺条件如下：
氨水（质量分数为 25%） 200mL/L
碳酸铜［$CuCO_3 \cdot Cu(OH)_2$］ 40g/L

氧化在室温下进行，时间为 5～15min，可视氧化速度有所增减。

溶液配制是获得高质量氧化膜的根本条件。配制溶液时，最好用新鲜的碳酸铜，以碳酸钠溶液与硫酸铜反应而制取，库存溶液的碳酸铜含量应比配方含量稍有增加。配制时，先将按量计算好的氨水及碳酸铜混合放置在密闭的容器中，溶解若干小时（最好是放置 24h 以上），以使反应完全。使用时，加水冲稀到所需浓度。复杂工件可使用比配方稍高的浓度。

氧化的工艺过程和钝化表面处理基本相同，脱脂要求较彻底，精密件可不酸洗。氧化前应认真做好下列几道工序。

1）在下面溶液中处理3～8s：

重铬酸钠（$Na_2Cr_2O_7$）	100～150g/L
硫酸（H_2SO_4）	5～10g/L
氯化钠（NaCl）	4～7g/L

2）在下面溶液中处理5～15s：

铬酐（CrO_3）	30～90g/L
硫酸（H_2SO_4）	15～30g/L

3）在上述两溶液中可反复进行几次，直到工件表面合金成分均匀为止。然后在质量分数为10%的硫酸中处理5～10s，即可氧化。氧化时使用的挂具，可用铝、钢、黄铜等材料制成，不可使用纯铜材料。

调整溶液最好使用浓缩液。单独加药时，需待其反应以后，才能观察出是否恰当。

氧化工件如有未氧化上的地方，可用热水浸洗后直接补充氧化处理，也可用水砂纸打磨后重新氧化。

氧化工件应干燥充分，在100～110℃下烘干30min以上后，涂油浸蜡和涂干性油保护。

7.4.3　阳极电解氧化处理

阳极电解氧化处理的溶液配方及工艺条件如下：

氢氧化钠 NaOH	100～250g/L
温度	80～90℃
电流密度	0.6～1.3A/dm^2
处理时间	20～30min
阴阳极面积比	（5～8）∶1
阴极材料	不锈钢

工件在入槽后先预热1～2min，并以0.1～0.5A/dm^{2}的电流密度进行电解，然后才将电流密度升高到正常的电流密度。

阴极采用不锈钢板，阴阳极面积比不小于5∶1。

新配制的电解液用铜阳极处理至溶液为浅绿色。

电解氧化时，温度不得低于60℃，否则形成微绿色的疏松膜层；

温度太高则使铜溶解加快，形成致密的薄氧化膜。升高温度和提高电流密度相适应，则可缩短氧化时间，但容易造成腐蚀。

为了得到深黑色的氧化膜，可在电解液中加入质量分数为0.1%~3%的钼酸钠或钼酸铵。

氧化处理所需时间，可观察电解变化情况来掌握。当阳极开始析出氧气和槽电压急速升高时，说明氧化膜形成已经结束，在带电情况下出槽。

青铜的氧化可在稍低温度下进行，或采用先镀一层3~5μm的铜，再进行氧化。

7.4.4　氧化膜的检验和退除

氧化膜的检验主要是外观检验，外观检验应与标准件比较进行。氧化膜应均匀细致。合格的氧化膜为均匀的蓝黑、深黑、深褐等颜色。

不合格的膜层可在下列两种溶液中除去：

1）浓盐酸或硫酸　　10%（质量分数）

2）铬酐　　30~90g/L

　　硫酸　　15~30g/L

时间以退完为止，防止过腐蚀。退除氧化膜以后，应重新进行表面预处理，然后再进行氧化处理。

7.5　着色

铜合金的着色实际上是钝化或氧化的另一种形式，也可用化学方法或电解方法制得。铜合金着色的色泽较多，是所有金属中着色色彩最多的金属。其色彩通常与生成膜的组成有关，如绿色是碳酸铜，黑色是硫化铜或氧化铜，红色是氧化亚铜，蓝色是碱性铜氨络合物等。氧化膜也因其厚度不同而呈现不同的色泽。铜合金氧化膜的增厚与色彩的变化见表7-10。

表7-10 铜合金氧化膜的增厚与色彩的变化

膜厚/0.1nm	颜色	膜厚/0.1nm	颜色
380	深棕色	880	灰亮绿
420	红棕色	970	草绿色
450	紫红色	980	黄色
480	紫色	1100	古金色
500	深蓝色	1200	橙色
830	灰湖绿	1260	红色

7.5.1 铜的着色

1. 铜着红色工艺

铜着红色工艺见表7-11。

表7-11 铜着红色工艺

工艺号		1	2
质量浓度/(g/L)	硫酸铜	25	
	氯化铜	200	
	亚硫酸钠		100
	氯化铵		30
温度/℃		50	160
时间/min		5~10	5~10

表7-11中，对于工艺1，铜中如含有砷、铁、铅等杂质元素，有时会使膜层呈褐色，并使着色速度迟缓。

表7-11中工艺2是在熔融盐中处理的，若长时间地浸渍，铜很快被侵蚀。就表面而言，薄的氧化铜很快就剥离了，底层成为红色。高温加热工件后，立即急速冷却浸入处理溶液中，表面的氧化层剥离而产生红色。铜的加热温度为950~1000℃，时间为5~10min，要避免长时间的加热。

2. 铜着蓝色工艺

铜着蓝色工艺表见表7-12。

表 7-12 铜着蓝色工艺

工艺号		1	2	3	4	5	6
质量浓度/(g/L)	硫酸铜	130					
	氯化铵	13		3	50		
	氨水	30mL					
	醋酸	10mL					
	氯酸钾		100				
	硝酸铵		100				
	硝酸铜		1	10			
	醋酸铜			30		30	
	明矾			10			
	氯化汞			3			
	碳酸铵				50		
	明胶					3	
	醋酸铅						40
	硫代硫酸钠						160
温度/℃		室温	室温	150	室温	室温	40～沸腾
阴极电流密度/(A/dm²)						0.15～0.45	
时间/min		数分至数十分	数分	涂布后放置数小时	涂布后放置数小时	5	1～10

对于表 7-12 中的工艺 6，在浸渍过程中，色泽会由浅至深，过程是：浅红(20s)→深红(40s)→淡紫(60s)→深紫(80s)→浅蓝(120s)→深蓝(140s)。时间过长会变成银灰色。

3. 铜着褐色工艺

铜着褐色工艺见表 7-13。

对于表 7-13 中工艺 5，为增加膜层的耐磨性，可进一步在同样成分的 2 倍浓度溶液中浸渍，再在硫酸铜溶液中浸渍 5s。

4. 铜着黑色工艺

铜着黑色工艺见表 7-14。

表7-13　铜着褐色工艺

工艺号		1	2	3	4	5	6	7	8	9	10	11	12
质量浓度/(g/L)	硫酸铜	6	30				25	24	19	100~125			180
	醋酸铜	4							25				
	明矾	1											
	氯酸钾		10				14			50~60			
	氯化铜			250									
	硫化锑				250~400	12.5							
	氢氧化钠					50							
	硫酸镍						25						21
	高锰酸钾						7						
	醋酸镍							30					
	硫化钡							24			10~12.5	4	
	氯化铵							24					
	碳酸铵											2	
	氯化钾												41
温度/℃		90~100	80	90~100	95~100	50	80	45	82	50	<20	室温	90~100
时间/min		10	数十分	数分	数十秒	10~20s	10	数分	数分	数分	数分	数分	

表7-14　铜着黑色工艺

工艺号		1	2	3
质量浓度/(g/L)	亚硫酸钠	124		见铜合金的阳极电解氧化
	醋酸铅	38		
	硫化钠或多硫化钠		0.9	
温度/℃		95~100	室温	
时间/min		1~3		

5. 铜着绿色工艺

铜着绿色工艺见表 7-15。

表 7-15 铜着绿色工艺

工艺号		1	2	3	4	5
质量浓度/(g/L)	氯化钙	32				
	硝酸铜	32			30	
	氯化铵	32			30	40
	盐酸		330			
	醋酸铜		400			
	碳酸铜		130			
	亚砷酸		65			
	氯化铵		400	16		
	硫酸铜			32		
	氯化钠			16		
	氯化锌			16		
	醋酸			2		
	氯化铜					40
温度/℃		100	100	80	80	室温
时间/min		数分	10 ~ 12	数十分	数十分	数分

6. 铜着古铜锈绿色工艺

铜着古铜锈绿色工艺见表 7-16。

表 7-16 铜着古铜锈绿色工艺

工艺号		1	2		3	4
			A	B		
质量浓度/(g/L)	硫酸铜	200	200 ~ 300	130		
	氯化钠	50			30 ~ 180	
	硫酸铵	200				25
	酒石酸钾	50				
	水	100				

（续）

工艺号		1	2		3	4
			A	B		
质量浓度/(g/L)	酒石酸钾钠			27		
	盐酸				5~35	
	醋酸铜				5~120	
	碱式碳酸铜				2~100	
	硝酸铜				5~30	
	氯化铵			53	5~150	
	碳酸铜					75
	硫酸铵					
	硝酸铵					10
pH 值						6~9
阴极电流密度/(A/dm^2)						10
温度						室温
时间/min						2

工艺 1 可采用浸涂或喷涂，室温下干燥。

工艺 2 先涂 A 液，再涂 B 液，数秒内形成铜绿，在室温下干燥。

工艺 3 采用喷涂、擦拭、浸渍均可。

7. 铜的多层着色工艺

铜的多层着色工艺见表 7-17。

表 7-17　铜的多层着色工艺

工艺号		1	2	3
质量浓度/(g/L)	醋酸铅	22		
	硫代硫酸钠	75		
	柠檬酸钠	12		
	硫化钾		1.2	
	硫化钠		1.8	
	硫化钡		0.5	

（续）

工艺号		1	2	3
质量浓度/(g/L)	硫酸铵		1.5	
	高锰酸钾			4
	氢氧化钾			2
温度/℃		35	室温	室温

工艺1的变色过程：金红(3～6min)→杨梅红(9～12min)→宝蓝(12～18min)→铁灰(18～21min)。提高温度，则会加快着色过程，色调不易控制。

工艺2采用硫化物与氧化剂的组合着色溶液。膜从褐色到黑色过程中，缓缓出现褐色→红褐色→红紫色→青银色→银色→白金色→黄金色→赤金色→青橙色→绿色→绿紫色→藤紫色→藤青色→鼠色→铁灰色→青黑色。

工艺3的变色过程：褐色(30s)→红色(45s)→橙红(1min)→淡黄(1.5min)金色(2min)→黄金(2.5min)→桃红(5min)→紫色(7min)→绿色(10min)→红黑(14min)→黑红(15min)→黑(16.5min)。

8. 铜着古铜色工艺

铜着古铜色工艺见7.4节过硫酸钾化学氧化工艺和氨水溶液化学氧化工艺。

7.5.2　铜合金的着色

铜合金中，黄铜着色最简便，其次是青铜、铝青铜和硅青铜等。除在光学仪器上应用外，主要用作装饰。

铜合金的着色溶液与铜的着色溶液有很多配方是通用的，可参照试用。

1. 化学着色

铜合金的化学着色工艺见表7-18～表7-21。

表 7-18　铜合金的化学着色（Ⅰ）

颜色及工艺号		红色	橙色	蓝色			古铜色					
				1	2	3	1	2	3	4	5	6
质量浓度/(g/L)	硝酸铁	2			50							
	亚硫酸钠	2										
	氢氧化钠		25									
	碳酸铜		50									
	亚硫酸钠			2	6.3							
	醋酸铅			1		15~30						
	硫代硫酸钠					60						
	醋酸					30					1 份	
	饱和碳酸铵										30 份	
	氯化铵						300	125				
	醋酸铜						200					32
	氯化钠							125				
	氨水							100				
	氯化铵								12.5	125		32
	硫酸铜								75			
	氯化钙									125		32
温度/℃		75	60~75	100	75	82	100	室温	100	40	30~40	25
时间/h		数分	数分	数分	数分	数分	数分	24	数分	涂覆	数分	数分

表 7-18 着古铜色工艺 4、5 中，工件涂覆后放置。工艺 6 中，工件先镀铜，再用 5g/L 硫化钡溶液浸渍，然后在此溶液中着色。

表 7-19 铜合金的化学着色（Ⅱ）

颜色及工艺号		红黑色	巧克力色		橄榄绿色	古铜锈绿色		褐色			
			1	2		1	2	1	2	3A	3B
质量浓度/(g/L)	硫酸镍铵	25	25		50						
	硫代硫酸钠				50						50
	氨水					250					
	碳酸铜					250					
	碳酸钠					250					
	硝酸铜						30				
	氯化铵						30				
	甲酸						60				
	硫化钡							12.5			
	硫化铵								0.5		
	氧化铁								12		
	硫化钾										
	硫酸铜	25	25	60						50	
	醋酸铅										12.5～25
	氯酸钾	25	25								
	高锰酸钾			7.5							
温度/℃		80	100	95～98	65	30～40	30～40	50	室温	82	100
时间/min		2～3	数分	2～3	2～3s	数分	数分	数分			
说明					硫代硫酸钠要经常补充				涂覆后放置	先浸A液，再浸B液，生成褐色。若要生成绿色，可直接浸B液	

表 7-20　铜合金的化学着色(Ⅲ)

颜色及工艺号		淡绿褐色						灰绿色		灰黄色
		1	2	3A	3B	4	5	1	2	
质量浓度/(g/L)	氢氧化钠	50								
	酒石酸铜	30								
	硫化钾		5	5						
	氯化铵			20						
	硫酸				2～3mL					
	五硫化锑					适量	1			
	硫					同量				
	氢氧化钠						1.5			
	氨水						2.5mL/L			
	硫化铵									饱和溶液
	亚砷酸							0.5～1		
	盐酸							0.5mL/L		
	硫化钾							0.1		
	硫化锑								12.5	
	氢氧化钠								35	
	氨水								2.5ml/L	
温度/℃		30～40	80				100		70	
时间/min		30	数分		室温	室温	数分		数分	
说明				按A、B顺序浸渍		用乙醇调合，做膏状涂覆，干燥后除去				

2. 电解着色

铜合金电解着色工艺见表 7-22。

表 7-21 铜合金的化学着色(Ⅳ)

颜色及工艺号		黑色								
		1	2	3	4	5A	5B	6	7A	7B
质量浓度/(g/L)	硫酸铜	25					62			
	氨水	少量	350ml/L			少量				
	碳酸铜		400							
	亚砷酸			1.5~2			125		13	
	黄色硫化锑			0.04~0.1						
	氰化钠			1.5~2					32	
	亚硫酸钠				142					
	醋酸钠				38					
	碱式碳酸铜					饱和溶液				
	氢氧化钠						16			
	硫化钾									6.3
	盐酸									25
温度/℃		80~90	80	100	100	室温		室温	30	室温
时间/min		数分	数分	数分	1~3	至黑色为止				
说明		调整时徐徐加氨水。若加稳定剂氢氧化钾16g/L,可在室温下浸渍		硫化锑不能添加过量	本法膜层较易变色	在A液着上黑色,水洗,再浸B液,使膜层稳定		配好后要放置24h再使用	先A液,再B液,时间均为数分钟	

表7-22 铜合金电解着色工艺

成分		黑色			灰黑色		青铜着色			
		1	2	3	1	2	褐色A	褐色B	朱红色	黑色
质量浓度/(g/L)	亚砷酸	200		31	200	31			表面用硼砂液及硫酸铜32g、氯化钠39g及少量水调合涂覆。用明火加热至赤红在徐徐冷却，抛光，在浸入醋酸溶液或烟熏等方法	把着色件用醋煮或用稻草熏，使油烟黑膜附着，再涂清漆，这是自古以来采用的方法
	硫酸镍	25								
	硫酸铜	5					120	42		
	盐酸	1000mL								
	氢氧化钠			75	200	35				
	氰化钠				0.25					
	醋						1000mL			
	醋酸铜						65	63		
	氯化钠						22			
温度/℃		室温				27	40~100			
时间/min		10	10		27	5	A液浸渍30min以上，再浸渍B液着色			
说明		阳极用镍板	阳极用铁板	阳极用铁板	阳极可使用镍板					

第8章 钛及钛合金的化学转化膜

8.1 钛及钛合金简介

纯钛是银白色的金属，它具有许多优良性能。钛的密度为 $4.54g/cm^3$，比钢轻43%，比镁稍重一些。其强度却与钢相差不多，比铝大2倍，比镁大5倍。钛耐高温，熔点为1942K，比黄金高近1000K，比钢高近500K。

钛及钛合金是一种高速发展着的新型结构材料，具有许多特别值得注意的优良性能。钛及钛合金的耐高温、耐腐蚀、耐磨损、耐疲劳、抗断裂而且质轻是作为航空、航天、核反应堆中的金属材料最需具备的优良性能。另外，钛及钛合金的非磁性、高熔点、低的热导率、生物惰性等及其他类似的性质也是非常有意义的。钛与其他结构金属材料的各种性能对比见表8-1，从对比中可见钛的性能优势。钛在国民经济中广阔的应用前景将会被人们更充分地认识到。

表8-1 钛与其他结构金属材料的各种性能对比

项　目	钛	铝	镁	铁	镍	铜
在地球表面的分布(%)	0.61	8.07	2.08	5.05	0.018	0.01
密度/(kg/m^3)	4500	2700	1740	7860	8800	8900
熔点/℃	1660	600	650	1535	1455	1083
沸点/℃	5100	2100				
线胀系数/(10^{-1}/℃)	9	24	25	12	14	16
热导率/[1.055kJ/(cm·℃)]	16.76	217.88	145.65	83.8	59.49	385.48
抗拉强度/MPa	343	98	98	196	323	245
比强度	8	4	6	2.5	4	3
伸长率(%)	40	40	50	40	40	50
硬度　HBW	1030	230	230	580	780	420
弹性模量/MPa	110250	69580	42140	196000	195020	127400

钛属于化学性质比较活泼的金属。加热时能与 O_2、N_2、H_2、S 和卤素等非金属作用。在常温下，钛表面易生成一层极薄、致密的氧化物保护膜，可以抵抗强酸甚至王水的作用，表现出很强的耐蚀性。因此，一般金属在酸、碱、盐的溶液中变得千疮百孔而钛却安然无恙。液态钛几乎能溶解所有的金属，因此可以和多种金属形成合金。

随着钛的冶炼技术、加工技术的不断创新，钛及钛合金的表面处理技术水平必将会有更大的提高，从而钛及钛合金将会得到更广泛的应用。

8.2　表面清理和脱脂

清理铝合金表面所使用的机械清理方法，完全适用于钛合金工件。一般采用喷砂、抛丸、蒸汽冲刷、砂纸打磨、硬毛刷、研磨和初抛光。对于砂型铸造的工件，铸造后多用喷砂方法清除硬皮、熔剂和表面油污。喷砂用的砂子应经过干燥，不允许有铜、铁和其他金属和杂质等。绝对禁止用喷其他金属的砂子来对钛合金喷砂。

钛合金经机械清理以后，可以采用有机溶剂脱脂，除去表面的油污。有机溶剂为汽油、石脑油、油漆稀释剂、醇类等，要避免使用卤代溶剂。脱脂方式可以采用蒸汽脱脂、超声波清洗、有机溶剂清洗、乳液清洗。

钛合金在酸、碱、盐溶液中有极高的稳定性，可以使用各种浓度的碱性溶液脱脂，钢铁、铝合金、不锈钢的脱脂工艺完全可以应用于钛合金。可以采用浸渍、喷淋或采用超声波清洗，也可以采用电解脱脂。一般采用阳极电解脱脂，而不采用阳极电解脱脂。这是因为阴极电解会产生氢气，导致钛合金吸氢。

钛合金的碱性脱脂通常采用磷酸盐-硅酸盐型。典型的脱脂工艺如下：

硅酸钠	30%（质量分数，下同）
氢氧化钠	35%
碳酸钠	9%
磷酸钠	26%

将上述材料均匀混合制成脱脂剂，根据钛合金工件表面的油污情况，用水配制成不同浓度的脱脂溶液，处理温度为65～95℃，时间为5～10min。

8.3　化学抛光和电解抛光

钛及钛合金也可以采用化学抛光和电解抛光，使其表面达到镜面光亮效果。

1. 化学抛光

化学抛光工艺如下：

硝酸	75%（体积分数，下同）
氢氟酸	25%
温度	室温
时间	几分

2. 电解抛光

钛及钛合金电解抛光的溶液都含有氢氟酸或氟化物。许多电解液的工作温度较低而使用的电流密度较高，工作中发热量大，必须注意降温。钛及钛合金的电抛光工艺见表8-2。

表8-2　钛及钛合金的电抛光工艺

工艺号		1	2	3	4	5	6	7	8	9
组分含量(体积分数,%)	磷酸	75～80	60～80						70～80g/L	
	氢氟酸	15～20	10～15	10～18	20～25	0	20～30	100ml/L	170～200g/L	50～55g/L
	硫酸			80～85	40～50		50～65			950～960g/L
	铬酸酐							400g/L	450～500g/L	
	甲醇		5～30							
	氟化氢氨									185～190g/L

（续）

工艺号		1	2	3	4	5	6	7	8	9
组分含量(体积分数,%)	氨基磺酸									65～70g/L
	氟钛酸钾									18～20g/L
	乙二醇				22～28	88				
	乙醇氨				1～2				2.5～5	
	硝酸						7～16			
	草酸钛钾									
温度/℃		15～20	15～20	15～20	40～65	25～40	20～40	15～20	10～60	25～50
电流密度/(A/dm²)		50～100	50～100	50～100	100～140	8～10	80～100	20～50	20～60	40～60
电压/V		6	8～17	5～6	8～13		8～15	3～7		8～10
时间/min					2～3	数分	0.5～1	数分	3～5	数分

表8-2中工艺2用甲醇代替水，可减低对基材的侵蚀作用。工艺2所用溶液的使用寿命很长，可达2000Ah/L。

8.4 腐蚀

钛与氧极易结合，在空气中或水溶液中，会立即生成一层致密的二氧化钛，阻止了金属与介质的接触。因此，钛合金在化学处理之前，必须用酸性溶液将这层氧化膜腐蚀掉。钛及钛合金的酸性腐蚀一般采用硝酸-氢氟酸溶液，也可以使用硫酸-氢氟酸或硫酸-盐酸溶液。

8.4.1 化学腐蚀

硝酸-氢氟酸化学浸渍的典型工艺如下：

1）浓硝酸（体积分数为68%） 3体积份

氢氟酸（体积分数为50%） 1体积份

温度　　室温

时间　　0.5～2min

操作时需小心，曾有在酸洗操作时发生爆炸的事故。酸洗时温度不能过高，酸洗槽不能太深，使生成的氮氧化物等气体及时排除。

2）HNO_3　　35%（体积分数，下同）

HF　　2.5%

温度　　室温

时间　　几分

3）氢氟酸二步腐蚀工艺如下：

第1步：氢氟酸(50%)　　5%（体积分数）

温度　　室温

时间　　几分

第2步：氢氟酸（体积分数为50%）　　1%（体积分数，下同）

过氧化氢（体积分数为30%）　　10%

浓硝酸（体积分数为68%）　　3%

温度　　室温

时间　　0.5～1min

8.4.2 电解腐蚀

钛可在下列条件下进行阳极电解腐蚀（其中含量为质量分数）：

1）氢氟酸　　15%

乙二醇　　29%

水　　余量

温度　　55～60℃

电流密度　　15.5A/dm^2

时间　　15～30min

2）磷酸　　54%

氢氟酸　　12.5%

氟化氢铵　　15.5%

水　　余量

温度　　35～45℃

电流密度　$3\sim5A/dm^2$

8.4.3　脱脂腐蚀一步法工艺

当表面锈蚀和油污都不严重时，可将脱脂和腐蚀合为一步处理，称为一步法工艺，一步法工艺可省去几道处理，简化操作，提高效率。

1. 配方及工艺条件

一步法工艺配方中必须含有酸类，以便除锈；含有乳化剂，以脱脂；含有缓蚀剂，以防止氢脆及基体腐蚀。典型配方及工艺条件如下：

1）浓硫酸　200～250g/L
OP 乳化剂　6～8g/L
硫脲　3～5g/L
温度　60～50℃
时间　40～90min

2）浓硫酸　180～200g/L
氯化钠　15～20g/L
OP 乳化剂　510g/L
若丁　5g/L
温度　50℃
时间　5～50min

以上两种工艺适合于自动线生产，适合于手动生产的配方及工艺条件如下：

1）浓硫酸　30mL/L
浓盐酸　700mL/L
浓硝酸　15mL/L
温度　55℃
时间　1～3min

2）浓硫酸　70～100mL/L
十二烷基硫酸钠　8～12g/L
若丁　2～3g/L

温度	70～90℃
时间	锈除尽为止

2. 设备

一步法工艺酸性强，需加温，所以要求槽体和加热器应耐酸、耐热。较好的槽体材料是玻璃钢，其中以不饱和聚酯为好。温度为60℃以下时，槽体材料可使用聚氯乙烯。

8.5 磷化处理

钛及钛合金表面有一层自然氧化膜，结构致密，如果在其表面涂覆有机涂层则结合力很差。一般采用化学转化膜处理，最成功的是使用磷酸盐处理。钛合金的磷酸盐转化膜用作涂层的底膜，同时磷酸盐转化膜具有润滑作用，可用于钛合金的冲压成形和拉拔加工。如果钛合金磷化处理的主要目的是用于防腐蚀，磷化处理后，要用肥皂或油封闭。

磷化处理工艺如下：

1）	磷酸三钠	30～50g/L
	氟化钠	20～40g/L
	醋酸（质量分数为36%）	50～70g/L
	温度	室温
	时间	几分
2）	$Na_3PO_4 \cdot 12H_2O$	50g/L
	$KF \cdot 12H_2O$	20g/L
	HF（质量分数为50%）	26mL/L
	温度	25℃
	时间	2min

8.6 阳极氧化

阳极氧化处理是钛及钛合金最成功的表面保护技术。钛合金的阳极氧化膜可以提高基体的抗大气腐蚀性能，可用于高温成形加工的润滑和抗咬死，作为绝缘膜用于防止电化学电偶腐蚀，用于抗摩擦和作为涂覆固体润滑膜的预处理。有些阳极氧化膜具有鲜艳的色彩可作为钛合金防腐、装饰性涂层。

钛及钛合金在各种性质的溶液中（如酸性溶液、碱性溶液或中性盐溶液）进行阳极氧化处理，都可以得到阳极氧化膜。

8.6.1　酸性阳极氧化

这类阳极氧化膜非常薄（0～200nm）、无孔隙、透明。有光的干涉作用呈彩虹色，颜色鲜艳，具有很好的装饰性。氧化膜的厚度取决于阳极氧化处理最初的电压。

酸性电解液可以采用下列两种配方中的任何一种：

1）硫酸　165～200g/L

2）硫酸　200g/L

草酸　10g/L

处理温度为室温，生产时应控制温度在±2℃内变化，以使产品的颜色一致。电流密度为 $2A/dm^2$。电解开始时采用恒定电流密度；达到额定电压时，采用恒定电解电压直到处理完成。处理时间为4～5min。每提高1V的电解电压，膜厚增加2～3nm。表8-3为在165g/L的硫酸电解液中，23℃处理4～5min，所得到的钛合金阳极氧化膜颜色、膜厚与电解电压的关系。

表8-3　钛合金阳极氧化膜颜色、膜厚与电解电压的关系

电解电压/V	膜的颜色	膜厚/0.1nm
2	银色	—
6	亮棕色	241
10	金黄棕色	362
15	紫蓝色	491
20	深蓝色	586
25	天蓝色	702
30	浅蓝色	815
35	钢蓝色	926

（续）

电解电压/V	膜的颜色	膜厚/0.1nm
40	亮草绿色	1036
45	绿黄色	1147
50	柠檬黄色	1246
55	金黄色	1319
60	粉红色	1410
65	亮紫色	1573
75	蓝色	1769

在下面溶液里也能得到同样的氧化膜（处理条件相同）：

磷酸三钠　　5%（质量分数，下同）

碳酸钠　　5%

这种氧化膜的特点是膜颜色鲜艳，装饰性强。颜色的获得是由于氧化膜对光的散射等物理作用产生的，因此具有极高的稳定性，在大气中长期曝露、阳光照射也不会改变颜色。但表面任何附加物，如手指印等，却有可能改变其局部的颜色。阳极氧化处理的工艺参数微小的改变，哪怕是膜厚产生了 10nm 的差别，就会得到两个完全不同的颜色。

8.6.2　弱酸性阳极氧化

弱酸性阳极氧化典型工艺采用的电解液是硫酸铵溶液。钛合金硫酸铵阳极氧化的工艺如下：

$(NH_4)_2SO_4$　　5% ~10%（质量分数）

电压　　25 ~35V

时间　　10 ~72h

当供电电源容量不够时，可采用溶液逐步连续加入的办法，避开高的电流峰值。当供电电源不能连续工作时，可以中途停电，调换电源。

阳极氧化过程以 TiAl 合金为例，电流变化规律如图 8-1 所示。在通电以后，电流密度急剧上升，在 0.2s 左右到达顶峰，峰值高达 $90mA/cm^2$；然后迅速下降，经 1s 后，电流密度稳定在 $1mA/cm^2$ 以下；随着阳极处理时间的延长，电流密度进一步下降，最后达 $100\mu A/cm^2$ 左右。

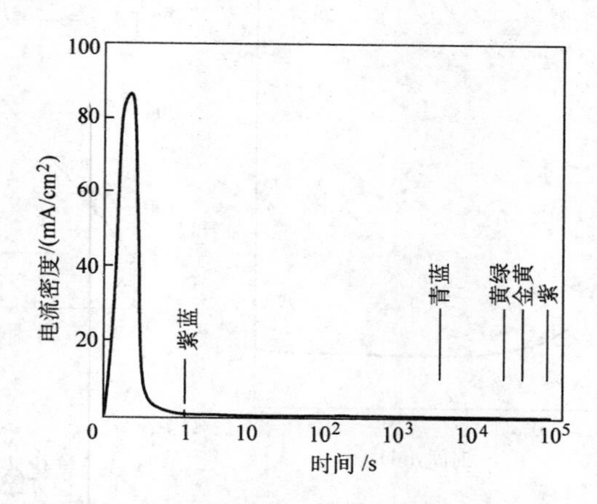

图 8-1　TiAl 在质量分数为 5% 硫酸铵溶液中的电流—时间曲线

注：电压为 25V。

电流密度峰很窄，表明钛极易氧化；稳定的电流密度很低，表明氧化膜很致密，漏电很小。阳极氧化过程中，钛合金表面的颜色也发生变化，其规律是：氧化初期呈紫蓝色，1h 呈青蓝色，10h 呈黄绿色，24h 呈金黄色，72h 呈紫色。

阳极氧化断电以后，钛阳极的电位急剧下降，到达 1000mV 以下后，以较缓慢的速度继续下降，逐渐趋于稳定，如图 8-2 所示。在进行阳极氧化处理时，在阴极、阳极上都有气体析出，开始时尤为明显。在阳极氧化过程中，如果中途断电，再进行通电时，都重新出现电流密度峰值，峰值的高度随通电次数增加逐渐降低。但是，当断电时间延长以后，再通电时，电流密度峰值有所回升。

阳极氧化处理时，初始阶段氧化膜的厚度增加很快，随着处理时间的增长，膜厚的增长速度趋于缓慢。如果用处理时间的对数与膜厚做曲线，几乎可以成为一条直线，所以膜厚与时间的对数具有线性关系，如图 8-3 所示。

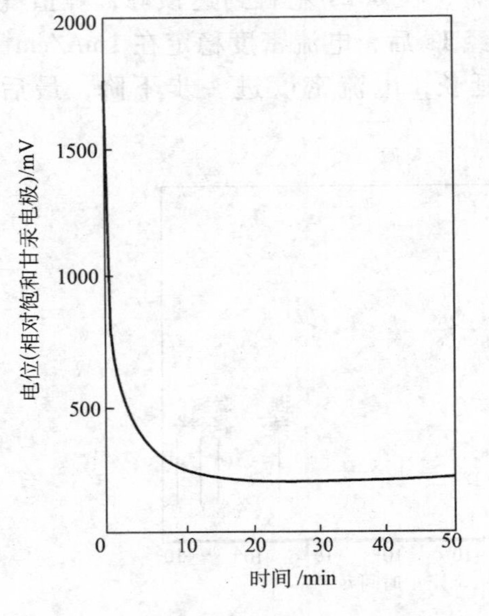

图 8-2　断电后阳极（TiAl）的电位—时间曲线

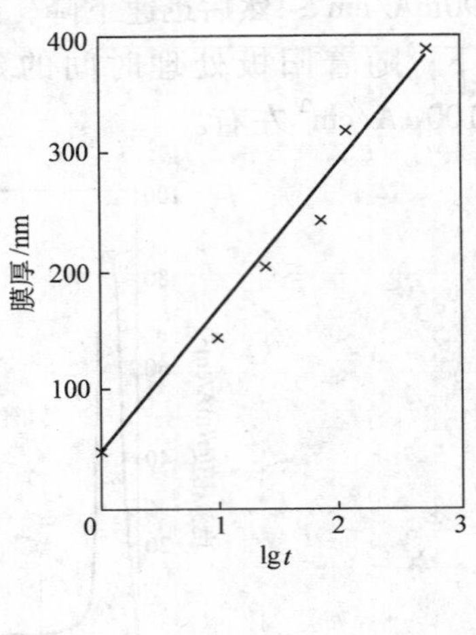

图 8-3　氧化膜厚与时间的对数之间的关系

注：时间 t 的单位是 h。

硫酸铵阳极氧化主要用于清除钛合金表面的铁质污染。钛合金在制造过程中，特别是在焊接过程中，表面容易被铁质污染。污染铁质的钛合金表面，在有电解质的情况下，铁与钛会形成原电池。由于电化学的作用，钛合金表面的自然氧化膜会遭到破坏，反应产生的氢气会进入钛中，导致钛的氢化变脆。采用硫酸铵阳极氧化，能清除铁质污染，提高钛工件的抗渗氢能力，同时还能加厚钛合金的自然氧化膜，提高耐蚀性。TiAl 合金经不同规范的阳极氧化处理的硫酸腐蚀试验见表 8-4。将试样浸入质量分数为 30% 的 H_2SO_4 溶液中，50℃时进行腐蚀试验，每周期为 30min。

从表 8-4 中可以看出，未经阳极氧化处理试样的腐蚀速度很高，其中点焊污染试样，第一周期的腐蚀速度更高，这主要是污染的铁质溶解。然而，经过阳极氧化处理，腐蚀速度明显下降，这说明阳极氧化处理能使钛表面产生一层保护膜。同时，点焊污染的试样经阳极氧化后，腐蚀速度与未污染的腐蚀速度相近，这说明阳极氧化处理能清除钛合金表面的铁质污染。

表 8-4　TiAl 合金经不同规范的阳极氧化处理的硫酸腐蚀试验

序号	试验状况				腐蚀速度 /[g/(m²·h)]①	
	阳极氧化前试样状态	阳极氧化处理规范			第一周期	第二周期
		$(NH_4)_2SO_4$(质量分数,%)	电压/V	时间/h		
1	原始				1.60 1.90	2.80 3.20
2	点焊				5.90 1.90	4.00 3.20
3	擦伤				2.00 2.00	4.10 3.30
4	原始	1	25	24	0.20 0.30	微 0.40
5	原始	5	25	24	0.40 0.20	0.50 0.50
6	原始	10	25	24	0.30 微	微 3.10
7	原始	5	25	1	微 0.40	2.50 0.40
8	原始	5	25	10	微 微	0.30 0.50
9	原始	5	25	72	0.20 0.40	0.30 0.30
10	点焊	5	25	24	0.20 0.30	0.60 0.40
11	擦伤	5	25	24	0.30 0.30	0.30 0.50

① 此列中有两行数值，第一行是阳极氧化前的，第二行是阳极氧化后的。

8.6.3　碱性阳极氧化

钛及钛合金可以在碱性溶液中得到几微米或 10μm 厚的阳极氧化膜，主要用于润滑和作为高温成形加工的抗咬死保护膜，作为抗电偶腐蚀的绝缘膜，以及提供耐磨损和作为涂覆固体润滑膜的底层。工艺如下：

工艺 1：

NaOH	0.5 ~ 5mol/L
H_2O_2	0.1 ~ 1mol/L
温度	(25 ±3)℃
电压	3 ~ 15V
阴极	不锈钢
时间	20 ~ 45min

钛合金阳极氧化处理后，用热水洗 20min，然后 70℃ 干燥 10min。

工艺 2：

NaOH	0.5 ~ 10mol/L，最佳 7.5mol/L
酒石酸	0.1 ~ 1mol/L，最佳 0.33mol/L
乙二胺四乙酸	0.01 ~ 1mol/L，最佳 0.067mol/L
硅酸钠	0.02mol/L
温度	70 ~ 80℃，最佳 75℃
时间	5 ~ 90min，最佳 15min
电压	3 ~ 50V，最佳 10V
电流密度	$1A/dm^2$

8.6.4 铬酸-氟化物阳极氧化

钛合金的铬酸-氟化物溶液阳极氧化膜用于防腐蚀和作为涂膜的底层。工艺如下：

铬酸	5%（质量分数）
氢氟酸	添加量：使电流密度上升至 $0.05 \sim 0.3A/dm^2$
温度	16 ~ 21℃
电压	3.5 ~ 4.5V
时间	20 ~ 22min

阳极氧化后用冷水冲洗至少 5min，然后用 60 ~ 71℃ 的热空气干燥 72h。

第 9 章　其他材料的化学转化膜

9.1　银及银合金的化学转化膜

在大气中或与银直接接触的溶液中，如果含有硫或卤素化合物，这将导致银表面变黄、变黑。银的表面变色不仅对珠宝首饰和其他装饰性应用有害，而且对电子部件、工程器件的应用特别有害。因为这将导致银工件接触电阻增加，焊接性能下降，以及腐蚀损害等。

防止银变色的方法很多，可用抗变色能力强的银合金，也可用有机涂膜或化学转化膜，其中最常用的是铬酸盐转化膜，因为它的成膜方法简单，化学和电化学方法都可采用。

9.1.1　在银表面涂一层有机膜

在银表面涂一层有机膜的配方如下：

松香	25%（质量分数，下同）
合成地蜡	20%
聚苯乙烯	30%
101 型环氧树脂	25%

配置方法：将松香研成粉末，与称好的环氧树脂混合加热至 150～180℃，再加入地蜡，倾入不锈钢容器或蒸发皿中，加入聚苯乙烯，升温到 250℃，保持 10min 使其熔化。冷却后，呈黄色固体。

使用方法：将上述配好的混合物研细，溶解在丙酮∶二甲苯∶甲苯为 1∶1∶1（体积比）的混合溶剂中，使其配成质量分数为 3% 的溶液，搅拌溶解后过滤。将银件在此溶液中浸 3～5s，取出在烘箱中干燥。

这种方法是利用有机膜将空气隔开，来防止银层变色。其优点是耐蚀性较高，成本低，操作方便。缺点是提高表面电阻，对于接触电阻要求较低的工件不宜采用。

9.1.2 铬酸盐化学钝化

银表面的抗变色膜，只有很薄的、完全透明的无色膜才有实际意义。银在铬酸盐溶液里钝化时，表面上生成一层很薄的保护膜，它由铬酸酐或铬氧化物的水化物组成。不能同时加入别的酸做活化剂，因为加别的酸会和银激烈的反应，并生成由铬和银的化合物组成的厚有色膜。用只含铬酸的溶液产生的膜是无色的。

除了以铬酸为主的溶液之外，也用含重铬酸盐的碱性溶液。工艺如下：

工艺1：

重铬酸钾	1%（质量分数）
pH值	3～4.5
温度	15～25℃
时间	20min

该工艺产生的膜是无色的，提高了银的抗变色能力，同时保留了银的良好的导电性。

工艺2：

重铬酸钾	6.5g
氢氧化钾	2.5g
碳酸钠	20.0g
氰化钾	0.5g
水	500mL
温度	90～100℃
时间	2min

银用此溶液处理，其外观保持不变，但它的防护性能得到了改善。这种钝化膜的显著优点是，在用松香作为焊剂时，对焊接性能几乎没有影响。

工艺3：

铬酸钾	20g/L
碳酸钠	40g/L

氰化钾	2g/L
pH	10.5

这种钝化工艺对工件的外观没有影响。

工艺4：

铬酸钾	19.4g/L
氰化钾	2.0g/L
硝酸银	0.001g/L（按银算）
氢氧化钾	调pH值至12.2
pH值	12.2
温度	90℃
时间	5min

工艺5：

重铬酸钾	6～10g/L
硝酸	18～20g/L
铬酸酐	2～5g/L
温度	15～25℃
时间	3～6s

工艺6：

苯骈三氮唑	2.5～3g/L
碘化钾	2g/L
pH值	5～6
温度	15～25℃
时间	2～5min

工艺7：

1）首先在溶液中生成一层较疏松的膜。

铬酸酐	30～50g/L
氯化钠	1～3.5g/L
温度	室温
时间	5～10s

将工件在上述溶液中处理，表面生成一层由AgCl、Ag_2CrO_4和$Ag_2Cr_2O_7$组成的黄膜。然后用氨水将黄膜溶解掉，此时银层细微而

有光泽。再用以下溶液钝化处理。

2）重铬酸钾　10～15g/L
硝酸（质量分数为68%）　10～15mL/L
温度　室温
时间　20～30s

工件经上述溶液处理后，表面生成了一层由 Ag_2O、Ag_2CrO_4 和 $Ag_2Cr_2O_7$ 组成的钝化膜，这种钝化膜防变色能力较差，优点是设备简单，操作方便。

9.1.3　铬酸盐电解钝化

在碱性铬酸盐溶液里，或在含有重铬酸盐和硝酸盐的近中性溶液里，对银进行阴极电解处理，能强化铬酸盐的防护作用。电解处理有利于形成较厚的膜，其主要成分是铬的氧化物。这样膜的力学性能比只在铬酸或重铬酸盐里浸渍得到的膜要好。工艺如下：

工艺1：

铬酸钾　20g/L
硫代硫酸钠　20g/L
pH 值　7～10
温度　20～90℃
时间　1～3min
阴极电流密度　$1A/dm^2$

工艺2：

重铬酸钾　30～40g/L
氢氧化铝　0.5～1g/L
pH 值　5～6
温度　10～30℃
时间　30s
阴极电流密度　$2～3A/dm^2$

工艺3：

铬酸钾　50g/L
碳酸钾　50g/L

pH值	8.8
温度	室温
阴极电流密度	2.5A/dm^2
电压	4~6V
时间	30~150s

工艺4：

重铬酸钠	200g/L
温度	20~30℃
阴极电流密度	0.3~3.2A/dm^2
时间	3min

工艺5：

硝酸钾	12g/L
铬酸钾	36g/L
电压	2~3V
时间	1~5min

9.1.4 银及银合金的着色

1. 蓝黑色

银及银合金着蓝黑色的工艺如下：

工艺1：

硫化钾	5g/L
碳酸铵	10g/L
温度	80℃
时间	至所需颜色

浸渍时要动摇，必要时可取出摩擦。温度过高结合力差。

工艺2：

硫化钾	2g/L
氯化铵	6g/L
温度	60~80℃
时间	至所需颜色

2. 蓝黄色

银及银合金着蓝黄色的工艺如下：

硫化钾	1.5g/L
温度	80℃
时间	至所需颜色

3. 灰色

银及银合金着灰色的工艺如下：

工艺1：

亚砷酸	60g
三氯化锑	30g
铁粉	150g
盐酸	1000mL

配制溶液时依次加入盐酸、亚砷酸、三氯化锑、铁粉，搅拌溶解，冷却后使用。若溶液配好后放置几天，效果更好。

工艺2：

灰色	
硝酸铜	20g/L
氯化汞	30g/L
硫酸锌	30g/L
温度	室温
时间	至所需颜色

工艺3：

灰色	
硝酸铜	10g/L
氯化铜	10g/L
硫酸锌	30g/L
氯化汞	15g/L
氯化钾	25g/L
温度	室温
时间	至所需颜色

9.2 镍及镍合金的化学转化膜

9.2.1 镍和镀镍层的铬酸盐钝化

镍和镀镍层的铬酸盐钝化工艺如下：

工艺 1：

重铬酸钾	0.5%（质量分数）
pH	5.5
温度	95℃
时间	2h

工艺 2：

铬酸酐	200g/L
硫酸（$d = 1.84g/cm^3$）	30mL/L
时间	10s

工艺 3：

铬酸酐	0.1% ~0.5%（质量分数，下同）
铬酸盐	5% ~15%
时间	5 ~60s

9.2.2 镍及镍合金的着色

1. 灰色

镍及镍合金的着灰色工艺如下：

亚砷酸	32g/L
氢氧化钠	75g/L
氰化钠	2g/L
温度	室温
时间	5min

把工件挂在阴极上电解。

2. 蓝黑色

镍及镍合金的着蓝黑色工艺如下：

亚砷酸 200g/L

盐酸 1000mL

溶解后，继续添加下列药品：

硫酸镍 25g

硫酸铜 6g

盐酸 1000mL

把工件挂在阴极上，此混合液在电解时，阴极析出砷，着上蓝黑色。

3. 褐色

此色系在500～600℃的温度下加热生成。工件首先要脱脂，然后放入500～650℃恒温炉中，数秒后取出，在全损耗系统用油中急冷即生成褐色。此膜因时间不同而异，时间长结合差，时间短外观不好，一般取25～45s较好。若要缩短处理时间，可把温度提高到750～800℃，数秒就可以。但这种瞬间生成膜的温度分布不匀，外观较差。

9.3 铬和镀铬层的化学转化膜

铬和镀铬层铬酸盐钝化，主要用于提高涂装层与镀铬层的结合力和铬层的耐蚀性。一般采用阴极电解处理，膜的唯一成分是水化的氧化铬。这样处理的结果是，镀铬层的孔隙和不连续部分出现点状腐蚀的趋势下降了。工艺如下：

工艺1：

重铬酸钠	5g/L
温度	22℃
阴极电流密度	0.1A/dm^2
时间	30s

工艺2：

重铬酸钠	50g/L
硫酸铬	1g/L
pH值	2.0～2.5（用重铬酸钠或铬酐调整）

温度　85~95℃
阴极电流密度　0.32~0.64 A/dm^2
时间　1min
阳极材料　不锈钢

9.4　锡及锡合金的化学转化膜

锡的铬酸盐钝化用于使锡层保持光亮的外观，防止变色，保持表面的焊接性，以及提高涂装层的结合力。

1. 锡的铬酸盐钝化

锡的铬酸盐钝化工艺如下：

重铬酸钠　2.8g/L
氢氧化钠　11g/L
润湿剂　2g/L
温度　90~95℃
时间　3~5s

2. 锡-锌合金的铬酸盐钝化

锡-锌合金的铬酸盐钝化工艺如下：

工艺1：

铬酸酐　20g/L
温度　80℃
时间　30s

此工艺产生黄色或棕色钝化膜，50℃处理可得无色钝化膜。

工艺2：

重铬酸钠　10g/L
硫酸　0.0033%（质量分数）

锡-锌合金进行铬酸盐钝化，通常用于防止产生指纹。

9.5　铍合金的化学转化膜

单金属铍一般不做化学转化膜处理，在镀铍合金上着色有一定装饰效果。

1. 黑色

铍合金的着黑色工艺如下：

硫化钾　10～15g/L

氯化铵　1～2g/L

温度　38～40℃

时间　10～15s

2. 灰黑色

铍合金的着灰黑色工艺如下：

砷　113g

盐酸　2268g

温度　82℃

时间　至上色为止

用此溶液把工件表面润湿，内表面可用刷子刷涂，抹去后就生成鲜明的黑色。

3. 多层次色

铍合金的着多层灰色工艺如下：

硫酸钾　15g/L

氢氧化钠　22.5g/L

温度　70～80℃

时间　至所需的颜色

把工件在温水中洗净，用刷子涂抹，颜色由红→灰绿色→褐色→蓝黑色逐步变化，至符合要求颜色，然后清洗干燥，并涂上罩光涂料。

9.6　硅和锗的化学转化膜

硅可以在 80V 或 180V 下，于硝酸或磷酸中阳极氧化，或在 560V 下，于含 0.4g/L 硝酸钠的甲基乙酰胺溶液中阳极氧化。在非水溶液中，可以得到无孔的氧化膜。

锗可在含 0.25mol/L 硝酸钠的冰醋酸溶液中阳极氧化。氧化膜主要成分是二氧化锗。

9.7 钽和锆的化学转化膜

钽用于制造电解电容。钽可以在很多水电解液（如稀硫酸、稀硝酸或在亚硫酸钠溶液）中进行阳极氧化，生成无定形的或细结晶的五氧化二钽（Ta_2O_5）。在这样的电解液中 Ta_2O_5 是微溶的，也可以使用非水电解液。膜由两层组成：第一层直接在金属表面上形成，由 Ta_2O_5 组成，它与从水电解液里沉积出来的膜具有同样的性质；第二层的结构目前尚未搞清楚。

金属锆在核反应堆里作为燃料外壳材料，已经得到广泛的应用。

锆的铬酸盐钝化工艺如下：

铬酸钠	30g/L
pH 值	2～6
温度	20℃
时间	5～10min

锆可以使用硫酸、硼酸、柠檬酸、磷酸及硝酸的稀溶液，或低浓度的硼酸钠，或硼酸铵、碳酸钠，或碳酸钾溶液进行阳极氧化处理。生成的氧化膜由二氧化锆（ZrO_2）组成，ZrO_2 在大多数电解液中是微溶的，因此，锆的阳极氧化膜薄而无孔隙。

参考文献

[1] 李鑫庆，陈迪勤，余静琴．化学转化膜技术与应用[M]．北京：机械工业出版社，2005.

[2] 顾纪清．不锈钢应用手册[M]．北京：化学工业出版社，2007.

[3] 赵树萍，吕双坤，郝文杰．钛合金及其表面处理[M]．哈尔滨：哈尔滨工业大学出版社，2003.

[4] 陈振华，等．镁合金[M]．北京：化学工业出版社，2004.

[5] 中国航空材料手册编辑委员会．中国航空材料手册[M]．北京：中国标准出版社，1988.

[6] 全国金属与非金属覆盖层标准化技术委员会．覆盖层标准应用手册[M]．北京：中国标准出版社，1999.

[7] 陈梅仙，佟博仁．阴极电泳漆前磷化工艺研究[J]．航天工艺，1994(6)：9-14.

[8] 王辉，杜兴胜，王荣．氧化磷化工艺技术研究[J]．中国新技术新产品，2013(4)：28-28.

[9] 陈春成，王雪康．氟锆酸盐纳米转化膜技术[J]．电镀与环保，2013(4)：34-36.

[10] 王双红，王磊，刘常升．冷轧钢板表面陶瓷膜的制备及其性能[J]．材料保护，2011(5)：59-61.

[11] 许斌，刘春明，王双红，等．电镀锌钢板上氟锆酸盐协同硅烷复合膜的结构与耐蚀性能[J]．材料保护，2011(7)：67-70.

[12] 中国腐蚀与防护学会．化学转化膜[M]．北京：化学工业出版社，1988.

[13] 梁成浩，郑润芬．一种镁合金表面处理方法：中国，1632169[P]．2005-06-29.

[14] Chidambaram D，Clayton C，Halada R，et al. The role of hexafluorozirconatein the formation of chromate conversion coatings on aluminum alloys[J]. Electrochimica Acta，2006，51(15)：2862-2871.

[15] Verdier S，van der Laak N，Dalard F，Metson J，et al. An electrochemical and SEM study of the mechanism of formation，morphology，and composition of titanium or zirconium fluoride-based coatings[J]. Surface and Coatings Technology，2006，200(9)：2955-2964.

[16] Gonzalez-NuneZ M A，Nunez-Lopez C A. A Non-chromate conversion coating

for magnesium alloys and magnesium-based metal matrix composites[J]. Corrosion science, 1995, 37(11): 1763-1772.

[17] Gonzalez-NuneZ M A., Skeidon P, Thompson G E, et al. Kinetics of the development of a nonchromate conversion coating for magnesium alloys and magnesium-based metal matrix composites[J]. Corrosion, 1999, 55(12): 966-972.

[18] Anicai L, Masi R, Santamaria M, et al. A photoelectrochemical investigation of conversion coatings on Mg substrates[J]. Corrosion Science, 2005, 47(3): 2883-2900.

[19] 朱立群，李卫平，刘慧丛. 溶胶作用下的镁合金基体表面阳极氧化处理方法：中国，1724719[P]. 2006-01-25.